U0246481

DIANZISHI HUGANQI YUANLI YU SHIYONG JISHU

电子式互感器原理与实用技术

主　编　肖智宏

副主编　罗苏南　宋璇坤　于文斌　刘东伟

中国电力出版社
CHINA ELECTRIC POWER PRESS

内 容 提 要

电子式互感器是国内外电力行业翘首期待的一种先进的电力测量设备，其技术发展将为电力系统带来诸多变革。我国智能电网全面建设开启了电子式互感器工程应用的序幕，电子式互感器的实用化又持续推动了互感器的技术进步。

本书共分为10章，包括概述，有源电子式互感器，无源光学互感器，中低压电子式互感器，特种电子式互感器，合并单元，电子式互感器工程应用方案、试验与调试、运维与检修，工程案例。本书总结了电子式互感器设备研制和工程应用中取得的创新成果，建立了以基础原理、设备制造、设计方案和检测运维为重点的完备的电子式互感器实用技术体系，对推动我国电子式互感器的理论研究、技术应用和工程建设具有重要的参考价值。

本书可供从事电子式互感器研究与设计工作的专家学者、工程技术人员阅读，也可供高等院校相关专业的师生参考。

图书在版编目（CIP）数据

电子式互感器原理与实用技术 / 肖智宏主编．—北京：中国电力出版社，2018.11
ISBN 978-7-5198-2414-3

Ⅰ．①电… Ⅱ．①肖… Ⅲ．①互感器 Ⅳ．①TM45

中国版本图书馆CIP数据核字（2018）第212153号

出版发行：中国电力出版社
地　　址：北京市东城区北京站西街19号（邮政编码100005）
网　　址：http://www.cepp.sgcc.com.cn
责任编辑：马　青（010-63412784，610757540@qq.com）
责任校对：黄　蓓　太兴华
装帧设计：张俊霞
责任印制：石　雷

印　　刷：三河市万龙印装有限公司
版　　次：2018年11月第一版
印　　次：2018年11月北京第一次印刷
开　　本：787毫米×1092毫米　16开本
印　　张：21.75
字　　数：540千字
印　　数：0001—2000册
定　　价：105.00元

《电子式互感器原理与实用技术》

编　委　会

主　　编　肖智宏

副 主 编　罗苏南　宋璇坤　于文斌　刘东伟

编写组成员　韩　柳　陈旭海　余宏伟　肖　浩

张国庆　李建光　陈　盼　卢　为

陈　启　谷松林　周　源　徐　明

李震宇　刘有为　易永辉　叶国雄

须　雷　王贵忠　黄宝莹　闫培丽

刘　颖　于　熙　刘亚辉　李永兵

刘文轩　庄　博　李建华　吕铭镝

史京楠　李深旺　程　嵩　刘博阳

序

电子式互感器是电网的新生事物，它做两件事情。第一件事是“测”，就是测量电流或电压，这是互感器的原本功能；第二件事是“传”，就是将电流或电压信息传输到信息网络中，这是电子式互感器的特有功能。可以将电子式互感器理解为是具有物联功能的互感器。如果认为智能电网是物联网的电网体现，电流和电压是电网最重要的运行物理量，那么就会同意电子式互感器是智能电网关键设备的说法。

作为智能电网的关键设备，电子式互感器的普及应用对智能电网建设具有重要意义。目前看来，距离这个目标还有一段路要走。应用实践表明，电子式互感器出现的技术问题都不是颠覆性的，假以时日都是能够解决的。在电力界相关单位和人员的共同努力下，电子式互感器一定会有灿烂的明天。

实用化的电子式互感器要具备长期运行的可靠性，就是要“用得住”。运行情况表明，与常规互感器相比，电子式互感器故障率较高，尚未达到预期，一个重要原因是电子式互感器含有电子部件。电子式互感器不仅使电子部件走入了一次设备，而且还从户内走到了户外。提高复杂环境下电子部件的运行可靠性是电子式互感器实用化必须解决的技术问题。令人高兴的是，在研制、试验、生产和运行人员的共同努力下，电子式互感器的运行可靠性得到了不同程度的提高，可靠运行了 7 年的整站工程已经出现。

实用化的电子式互感器应该具有更高的测量精度，就是要“测得准”。常规互感器的稳态工频测量精度还是令人满意的，但是暂态精度差强人意。暂态测量准确且迅捷的电子式互感器是显著提高电网保护装置可靠性和速动性的关键。基于已有测量原理的“技术改良”可以提高测量精度。如罗柯夫斯基线圈电流互感器，测量原理还是法拉第电磁感应原理，但由于用空心线圈代替了铁芯线圈，有效解决了测量故障大电流时的磁路饱和问题。采用全新测量原理的“技术革命”可以提高测量精度。如基于法拉第磁致旋光效应的光学电流互感器，不仅不存在电磁式电流互感器的磁路饱和问题，而且在原理上没有测量频带问题，具有理想的暂态测量精度。

实用化的电子式互感器必须满足电网一次设备集成化的需求，就是要“组得成”。在传统意义上，互感器是独立的电网一次设备。电网一次设备集成是智能电网的重要发展方向，要求电子式互感器丧失独立性，“寄生”在高压开关、组合电器等其他一次设备上，共用绝缘甚至省去绝缘，恢复其“传感器”的本来面目。

电子式互感器的实用化还需要运行及维护人员了解和掌握必要的电子式互感器原理和相

关技术。本书面向电网运行及维护人员，从类别、原理、技术、标准、试验、应用等方面对电子式互感器实用化技术进行了理论联系实际的、全面系统的阐述。

本书的写作人员均来自电子式互感器研究、生产、试验和使用的第一线，有着较高的学术与技术水平；主编肖智宏博士对不均匀磁场环境光学电流传感理论和技术进行过深入系统的研究。本书聚合了写作人员对电子式互感器的理解和体会。本书的出版对提高电子式互感器的运行维护水平是一件很有意义的事情，感谢写作团队的辛勤付出。

刘志忠

2018 年 10 月于北京

前　言

随着我国新能源的大规模开发利用，能源生产消费的再电气化转型，我国电网已经发展为具有广泛互联、智能互动、灵活柔性、安全可控、开放共享等特征的新一代电力系统。在交直流混联、电力电子化特征明显的新型电力系统中，需要研究传统电气设备的适应性，以期能够适应智能电网的发展要求。电流、电压互感器是电网测量的重要设备，为继电保护、安全稳定控制、同步相量测量、调度 SCADA、电能计量等提供基础的电流电压数据，其可靠性与精度在电网中占有举足轻重的地位。常规电磁型互感器存在诸如暂态测量准确度低、绝缘安全性差、体大笨重、存在磁路饱和和铁磁谐振等缺点。而电子式互感器具有无磁路饱和、绝缘性能好、动态范围大、频率响应宽、可准确测量暂态信号、消除铁磁谐振、数字化输出等优点。目前电子式互感器在直流工程中已作为首选方案普遍应用，但在交流电网中应用不多。但随着特高压远距离输电以及交直流混联电网的发展，对继电保护速动性、动态监测宽频性、暂态录波准确性提出了更高要求，电子式互感器可为保护控制设备提供快速、准确的暂态量电流和电压，从而可提升互联电网抵御故障的能力。发展小型化、轻量化电气设备是智能电网建设的重要方向，电子式互感器体积小、重量轻，更容易与高压电器一体化集成设计，从而可推动变电站更加节能、节材、节地。电力电子化特征下的智能电网，要求互感器对谐波具有较强的适应性，电子式互感器无磁路饱和现象，可以准确监测宽频、高次谐波，是多谐波源背景下理想的测量设备。虽然目前电子式互感器在长期运行可靠性方面还有待进一步检验，但因其具有理想互感器的诸多优点，越来越引起国内外的广泛关注，未来有望成为电磁型互感器的替代产品。

一、电子式电流电压传感测量技术取得重大突破

电子式互感器是国内外电力行业领域翘首期待的一种电力设备，将带来诸多变革，自1963 年世界上第一台电子式电流互感器“Tracer”在美国问世以来，电子式互感器的发展已经经历了半个多世纪。在发展进程中，有源电子式互感器和无源光学互感器同时存在、共同发展。在不同的阶段，人们的关注重点不同。20 世纪 70 年代，由于存在高压侧供能等问题，有源电子式互感器未能实现实用化。直到 20 世纪 80 年代中期，激光技术和光电池技术的发展使得利用高压侧激光供能成为可能，以空心线圈为代表的有源电子式互感器才得到快速发展。20 世纪 90 年代以后，有源电子式互感器的研究呈现多类型、多用途的发展趋势，取得了显著的研究成果，有源电子式互感器开始应用于换流站等场合，并逐步与封闭组合电器和断路器集成设计。基于法拉第磁光效应的无源光学电流互感器的研究从磁光玻璃型开始，1967 年由日本东京大学的学者研制。20 世纪 70 年代中后期，随着对光纤的各种物理特性研究的不断深入，英国电力研究中心提出了全光纤光学电流互感器，但受困于光纤的固有双折射问题。于是，研究者的重点又转向了磁光玻璃型光学电流互感器。从 20 世纪 80 年代开始，随着温度补偿理论和方法的发展，磁光玻璃型光学电流互感器的研究进入突破性发展期，其标志性成果是1986年在美国田纳西州161kV电网中挂网运行。20世纪90年代中期，随着特种光纤技术的发展，光纤传感新结构和抑制双折射的研究取得了进展，全光纤光学电流互感器再次引起了研究者的关注，在此期间成立的加拿大NxtPhase公司成为全光纤电流传感技术领域的领跑者，并逐步推出了实用化的全光纤电流互感器及与其他设备组合的产品。

我国电子式互感器的研究始于20世纪70年代，早期主要是跟随国外技术研究，研究人员主要是以高校为主。进入21世纪，许多企业单位和科研院所加入到研究中，电子式互感器的研究逐步实现产业化，出现了一批生产电子式互感器的企业，产学研结合使我国电子式互感器技术取得了长足进步。目前我国已在电子式互感器的高精度测量技术、温度稳定性提升技术、抗外磁场干扰技术和抗外部振动干扰技术等关键技术方面取得了多项自主知识产权，并在运行规模和运行数量上国际领先，取得了丰富的现场运行和维护经验。

二、智能电网发展推动电子式互感器的工程应用

我国2009年启动了智能电网建设，智能变电站作为智能电网的重要环节，自2011年开始全面推广建设，智能变电站以数字化采集、网络化传输、智能化分析、模块化建设为特征，电子式互感器因数字化、易集成的优点，在智能变电站中得到大量应用，截至2017年底，交流电子式互感器在我国的应用数量达到3500台。目前电子式互感器在直流换流站中已处于主导地位，但在交流变电站中尚处于试点示范阶段，且交流电网比直流电网具有更广阔的应用空间。在中低压配电网中，因电子式互感器体积小，便于在现有屏柜中加装，适应配电自动化改造要求，也开始了小范围的应用。针对有高频、宽频、暂态大电流及暂态电压等特殊测量要求的冶金、可控核聚变等特种工业用户，具有动态范围大、频率响应宽、故障响应快等特征的特种电子式互感器也得到了一定应用。

“在科学上没有平坦的大道”，电子式互感器在实用化进程中也暴露出诸多问题，科研人员不停地改进电子式互感器技术，使其满足长期可靠运行的需求。近10年电子式互感器的研究工作着重解决了制约其实用化的测量准确度、温漂影响、电磁兼容、抗外部振动以及有源供能等问题，完善了设备功能，提高了设备质量；同时，通过制定更为严格的技术及检测标准，推动企业改进产品设计与元器件制造工艺，提高了电子式互感器长期运行的稳定性，电子式互感器也逐渐被用户认可与接受。

三、本书的特色和亮点

本书总结了编写组历年研究成果，建立了以基础原理、设备制造、设计方案和检测运维为重点的电子式互感器完整的实用技术体系。本书包含有源、无源电子式电流和电压互感器，囊括了在交流变电站、直流换流站、中低压配电网、特种环境等各类场景的工程应用，实现了各类型、全电压、多用途电子式互感器全覆盖。围绕推动电子式互感器实用化，本书系统分析了电子式互感器的4大类关键技术、35个难点解决方案、13个工程应用实例。本书深入浅出地阐述了基本原理、分析了技术演进、提出了实用化解决方案、展望了发展趋势，对推动电子式互感器从理论研究向工程应用，指引未来电子式互感器科学发展具有指导意义。

本书可供从事电子式互感器研究与设计工作的专家学者、工程技术人员阅读。全书共分10章。第1章介绍了电子式互感器的发展背景、技术分类和标准体系；第2章介绍了有源电子式互感器的整体结构、传变特性及其一次转换器，重点论述了高精度测量、温度稳定性提升、电磁干扰防护、可靠性设计与制造工艺4项关键技术；第3章介绍了无源光学互感器的整体结构、传变特性及其二次转换器，重点论述了小电流精确测量、高次谐波精确测量、温度稳定性提升、抗外磁场干扰、抗外部振动、状态监测、高可靠性设计与制造工艺 7 项关键技术；第 4 章介绍了中低压电子式互感器的整体结构、传变特性及其一次转换器，重点论述了温度稳定性提升、安全使用、环氧树脂浇注制造工艺 3 项关键技术；第 5 章介绍了脉冲大电流、工频大电流有源空心线圈互感器，直流大电流、宽频大电流无源全光纤互感器，无源光学电压互感器 5 类典型特种电子式互感器的参数结构和技术特征等；第 6 章介绍了电子式互感器接口装置合并单元的功能特征、整体结构、关键技术、接口协议和工程应用等；第 7 章论述了在交流变电站、直流换流站和中低压配电网 3 种典型场景中电子式互感器的工程设计方案；第 8 章介绍了交流、直流电子式互感器试验标准与调试要求；第 9 章介绍了交流、直流电子式互感器检修操作、巡视维护要求；第 10 章对不同形式和用途的 4 类实例工程进行分析。

本书由国网经济技术研究院有限公司组织编写，第 1 章由于文斌、张国庆、肖智宏编写，第 2 章由罗苏南、卢为、肖智宏编写，第 3 章由刘东伟、肖浩、肖智宏、于文斌、于熙编写，第 4 章余宏伟、陈启编写，第 5 章由肖浩、李建光、余宏伟编写，第 6 章由宋璇坤、谷松林编写，第 7 章由陈旭海、陈盼、肖智宏、闫培丽编写，第 8 章由王贵忠、刘颖、刘文轩编写，第 9 章由韩柳、刘亚辉、黄宝莹编写，第 10 章由谷松林、卢为、余宏伟、肖浩编写。全书由肖智宏统稿。

本书在编写期间得到国家电网公司、南瑞继保电气有限公司、武汉和沐电气有限公司、北京世维通光智能科技有限公司、易能乾元（北京）电力科技有限公司、中国电力科学研究院有限公司、南瑞科技股份有限公司、许继电气股份有限公司、北京四方继保自动化股份有限公司、ABB（中国）有限公司、哈尔滨工业大学、华中科技大学、浙江大学、北京交通大学、中国电建集团福建省电力勘测设计院有限公司、中国能源建设集团辽宁电力勘测设计院有限公司、中国电建集团河北省电力勘测设计研究院有限公司等单位的大力支持与无私帮助，在此深表感谢。本书中还参考了其他学者的部分论著，在此也向这些学者表示由衷感谢。此外，对在本书编写过程中给予大力支持的中国电力出版社马青编辑表示由衷感谢。

由于本书编写工作量大、时间仓促，难免存在不足之处，希望广大专家和读者批评指正。

编　者

2018 年 10 月

目　录

第1章 概　　述

电子式互感器作为电网的基础测量设备，经历了长达半个多世纪的发展，在理论、技术和应用方面取得了丰硕的研究成果。本章介绍了电子式互感器的发展背景、分类和标准的相关内容，对电子式互感器的发展历程进行了回顾。首先从电力系统对互感器的需求角度介绍了发展电子式互感器的必要性以及电子式互感器的优势，并对电子式互感器进行分类和说明；然后对电子式电流互感器、电子式电压互感器和电子式直流互感器的国内外研究现状和技术发展历程进行了回顾，对电子式互感器现有标准的部分概念和定义进行解读，并简要介绍了电子式互感器新标准的发展情况和对旧标准的替代关系；最后介绍了电子式互感器在我国智能变电站的应用情况以及在产品制造和使用过程中需要重点关注的关键技术。电子式互感器易于数字输出，天然绝缘，便于寄生安装，是互感器未来的发展方向。

1.1 电子式互感器的发展背景

1.1.1 电力系统对互感器的需求

互感器是电力系统中不可缺少的重要测量设备，包括电流互感器（Current Transformer，CT）和电压互感器（Voltage Transformer，VT）。它们实现了一次与二次系统的电气隔离，将高压侧的大电流或高电压变换为低压侧的小电流或低电压，为电力系统的继电保护、电能计量和测量控制提供所需的电流和电压信息。

长期以来，具有优良品质的互感器一直是世界电力工程与学术界研究的热点。随着智能电网建设的全面展开，我国将加快建设以特高压电网为骨干网架，各级电网协调发展，具有信息化、数字化、自动化、互动化特征的统一的坚强智能电网，这使得传统互感器因其自身传感机理的原因难以适应现代电网建设的需要。

从电力系统发展和需求的角度考虑，理想的互感器应同时满足以下几方面的要求：

（1）测量准确度满足电能计量要求——稳态测量品质。电力系统电能计量要求稳态测量准确度必须达到0.2级或0.2级以上。现代工业的发展，特别是随着电力电子技术的发展，电力电子设备的增多导致电网谐波含量较大，理想的电流互感器还应同时具有较高的谐波测量准确度，以满足电能质量测量和监控的需要。

（2）具有良好的动态测量能力——动态测量品质。动态测量品质是推动电流互感器研究的重要驱动力，良好的动态测量品质是保证电力系统安全、稳定和可靠运行的需要：

1）提高继电保护正确动作率和动作速度的需要。电力系统的飞速发展对继电保护不断提出新的要求，电子技术、计算机技术与通信技术的飞速发展又为继电保护技术的发展不断地注入新的活力。随着国民经济的发展和电网规模的不断扩大，对电网的稳定性和可靠性的要求越来越高，对继电保护快速性的要求也越来越高。保护跳闸越快，制动面积越小，系统稳定裕度越大，单纯依赖工频分量保护已无法满足快速切除故障的要求。随着人们对电力系统故障暂态过程认识的逐渐深入，新型的基于暂态量的保护逐渐为人们所重视和接受。理想的电流互感器应该能够更好地获得电力系统暂态信息，并为进行相应的保护算法研究提供信息基础，客观上促进保护新原理的研究。

2）提高电网动态观测能力的需要。电力系统的监测与控制正在从时间断面逐步走向时间过程，电力系统的保护与控制正在从电网的点和局部逐步走向系统全局。为了阻止破坏性越来越大的电力系统灾难性事故发生，人们正在构建电力系统安全防御体系。以相量测量单元（Phase Measurement Unit，PMU）为基础的提供电网准确动态过程测量数据的广域测量系统（Wide Area Measurement System，WAMS）将成为电网保护控制的基础测量系统，电网保护与控制要求电流互感器具有良好的动态响应能力。

3）提高故障录波波形准确性的需要。在电力系统故障、操作、雷电等扰动过程中，电流电压信号含有丰富的频率分量，蕴含着大量的系统状态信息。如果对这些信息进行提取分析，可以实现对系统结构、参数的快速辨识，实现电力系统的暂态高速控制和电网故障的准确定位。所以电流互感器用于故障分析时，应具有精准地描绘故障信号波形的能力。

（3）满足数字电力需要。数据传输光纤化、接口数字化是电流互感器的发展趋势，是现代变电站综合自动化技术发展的需求。随着电力系统自动化装置应用的普及，迫切需要互感器提供标准的数字接口信号，以简化接口，实现数据共享。

（4）制造成本明显降低。传统高压电流互感器的绝缘造价和绝缘结构复杂程度随着电压等级的提高而大幅度增加，制约了其在电力系统的发展。光纤具有优良的绝缘性能，实现电流互感器数据传输的光纤化，将很好地解决绝缘问题。

（5）满足高压直流测量需求。传统的零磁通直流电流互感器虽然在直流系统中有多年应用，但仍存在较多缺陷：动态范围小、频率范围窄、阶跃响应慢。传统的零磁通直流电流互感器不能适应高压直流输电系统的发展需要，基于分流器传感和光纤传感技术的直流电子式电流互感器具有绝缘可靠、准确度高、动态范围大、阶跃响应快的特点，成为高压直流输电的直流测量设备的首选。

（6）满足设备小型化和集成化需求。设备小型化、集成化是智能变电站的发展趋势。由于绝缘结构简单，电子式互感器体积小、重量轻，使得电子式互感器更容易与变压器、气体绝缘全封闭组合电器（Gas Insulated Switchgear，GIS）、隔离断路器（Disconnecting Circuit Breaker，DCB）等高压电器集成设计，减少占地，降低造价。

1.1.2 电子式互感器的优点

在电力系统中，一般将电磁式电流互感器、电磁式电压互感器和电容式电压互感器统称为传统互感器。电子式互感器具有传统互感器的全部功能，且在暂态性能和绝缘性能上有较大提升。电子式互感器与传统互感器对比见表 1－1。

表1-1 电子式互感器与传统互感器对比

比较内容	传统互感器	电子式互感器
绝缘结构	复杂	简单、可靠
安全性	存在CT开路风险	无开路风险、安全性高
与一次设备集成	难以集成	易于集成
体积、重量	体积大、重量大	体积小、重量轻
CT动态范围	范围小、存在磁路饱和	范围大、无磁路饱和
VT谐振	易产生铁磁谐振	无铁磁谐振
测量准确度	准确度易受负载影响	准确度与负载无关
环保性	耗费有色金属，环保性差	无噪声、污染小、环保性好
输出方式	模拟量输出、电缆	数字量输出、光纤
智能化水平	低	易实现在线监测，智能化水平高

与传统互感器相比，电子式互感器具有如下一系列优点：

（1）消除磁路饱和现象。对于电磁式电流互感器，由于稳态对称电流幅值变大，或短路电流中存在非周期分量及铁芯中存在的剩磁，电流互感器会进入饱和状态，造成二次电流失真，引起测量误差或保护装置的误动、拒动。而电子式互感器没有铁芯结构，不存在饱和问题，大大提高了暂态状态下的测量准确度，从而提高了继电保护装置的正确动作率。

（2）优良的绝缘性能。随着电压等级的提高，电磁式互感器的绝缘难度加大，而电子式互感器高电位侧和低电位侧之间的信号传输结构采用绝缘材料制造，体积小、重量轻、绝缘性能好。

（3）动态范围大，频率响应范围宽。电子式互感器不存在磁路饱和问题，具有很宽的动态范围，测量对象可不局限于工频，能同时满足计量和保护的需要，实现谐波精准测量。

（4）故障响应快。电子式互感器可以准确测量暂态信号，具有良好的动态性能，能够满足暂态保护的需要。

（5）消除铁磁谐振。电子式互感器不具备产生铁磁谐振的条件，其抗电磁干扰能力较强。

（6）适应数字化发展。电子式互感器可以直接提供数字信号供计量、保护装置使用，便于与二次设备集成，省去了这些装置的数字信号变换电路，简化了智能电子设备（Intelligent Electronic Device，IED）的结构。

（7）提高现场的安全性。由于电子式电流互感器输出为光信号，二次侧开路时不会产生高电压，保证了现场人员的安全和设备的可靠性。采用电子式互感器，实现了数据共享，减少了电流互感器、电压互感器内部的绕组数量。此外，一、二次设备完全隔离，开关场对二次设备的电磁干扰将大为降低，可大大提高设备运行的安全性。

（8）简化检测与调试。电子式互感器不存在电流互感器饱和及10%误差曲线问题，也就减少了现场针对电流互感器10%误差曲线的试验项目。不存在绝缘电阻问题，因此无需测试回路的绝缘电阻。

1.2 电子式互感器的发展历程

在20世纪60年代，美国、日本等一些技术发达国家就已经开始了电子式互感器的研究。20世纪70年代初，光纤的问世与实用化进一步促进了电子式互感器的研究，但由于存在高电位供能困难、测量准确度低、温度稳定性差等问题，电子式互感器未能实现实用化。从20世纪80年代开始，随着激光供能技术、光纤技术和光通信技术的发展，有源电子式互感器与无源光学互感器的研究相继进入了快速发展的关键时期，研究机构开始投入大量的人力物力和财力从事电子式互感器的研究。20世纪90年代开始，国外大型电气制造商陆续推出有源电子式互感器与无源光学互感器实用化产品，如瑞士的ABB公司、法国的AREVA公司（原GEC ALSTHOM公司）、加拿大的NxtPhase公司、日本的日立和东电公司等。我国电子式互感器的研究虽然起步较晚但发展很快，早期主要以高等院校研究团队为主，进入21世纪，逐步从高校转移到企业。目前，电子式互感器产品呈现多类型、多用途、智能化、集成化方向发展趋势。

1.2.1 电子式电流互感器的发展

1.2.1.1 有源电子式电流互感器

有源电子式电流互感器既利用了实用的电流传感技术，又利用了光纤信号传输的优点。有源电子式电流互感器主要的传感元件有空心线圈和低功率铁芯线圈。相对于无源电子式电流互感器，有源电子式电流互感器的一次转换器部分由电子电路组成，需要进行供能。目前最常用的供能方式是激光供能和线圈取能，或是这两种供能方式结合的混合供能方式。

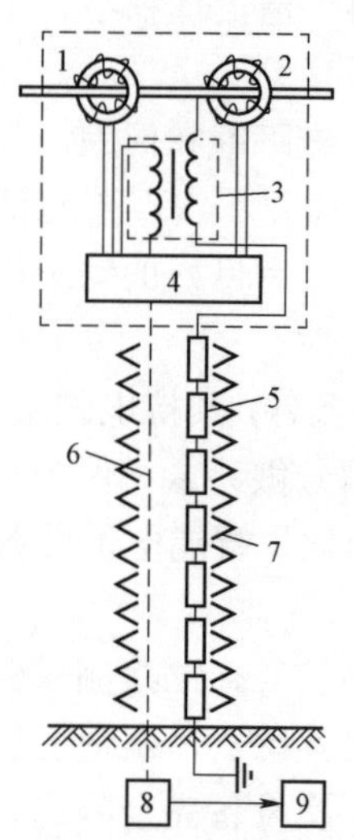

图1－1 Allis－Chalmers公司研制的有源电子式电流互感器

1—利用母线电流供能的小电流互感器；2—取电流信号用的小电流互感器；3—小电压互感器；4—电子设备；5—大电阻；6—导光纤维；7—绝缘子；8—信号处理设备；9—控制及计量设备

世界上第一台有源电子式电流互感器“Tracer”利用线圈取能，它通过玻璃波导传输光脉冲，1963年安装在美国俄勒港州的230kV电网上，1964年“Tracer”的改进型装置“Tracer System”采用低损耗光纤实现信号传输，由当时的美国变压器制造公司Allis－Chalmers研制，其示意图如图1－1所示。

线圈取能是指采用特制线圈直接从线路上取能，为高压侧电路供能。此供能方式简单易行，体积小，易于与传感元件集成，因此被广泛应用。但另一方面，此供能方式的输出会受到一次电流的不稳定性的影响。当一次电流很小，如变电站空载运行时，特制线圈不能提供足够的能量输出，因此无法供能，使得互感器不能正常工作。当一次电流较大，如短路故障电流等，特制线圈会相应地感应出过高的电压输出，对后续电路造成危险。线圈取能方面的研究主要集中在减小线圈输出受线路电流不稳定性影响和降低最小启动电流等方面。

1981 年，美国西屋电气公司的 Lee E.B、S Shan 与美国电力科学研究公司的 Stig N 等人研制了一套利用线圈供能的电子式电流互感器，其主要采用了一套基于切换策略的双线圈供能方案，当一次瞬时电流较小时，采用高电流线圈供能；当一次瞬时电流较大时，采用低电流线圈供能，以维持正常的激励状态。

20 世纪 80 年代开始，电子式互感器的研究进入了发展关键和极具成果的时期。20 世纪 80 年代中期，激光技术和光电池技术的发展使得利用激光器向高电位处的电子电路供电成为可能，出现了激光供能的有源电子式互感器。激光供能，即由低电位侧的激光器通过光纤将能量传送到高电位侧，由光电池在高电位侧将光能量转换为电能量，为采集器提供工作电源。此供能方式通过从低电位侧发送能量，使得电源输出更加稳定可靠，同时利用光纤传输能量，不会受到变电站电磁干扰的影响。但是，此供能方式的不足之处是失效率较高，使用寿命有限，极易发生故障，且成本昂贵。

国外的激光器工业比较发达，在激光供能方面开展的研究也比较早。其中，ABB 公司于 1985 年将这种激光供能的电子式电流互感器用于 400kV 输电线路电流的测量，1988 年用于超高压串补电容器组。图 1－2 为 ABB 公司研制的数字光学仪用互感器（Digital Optical Instrument Transformer，DOIT），DOIT 是一种有源电子式电流电压组合互感器。这类电子式互感器将传统的电磁式电流互感器感应的信号在高压侧通过光电转换方式，由光纤传输至低压侧测量和控制端进行二次信号处理，构成电磁式光电电流互感器，即低功率电流互感器。它既利用了光纤的高绝缘性的优点，使电流互感器的制造成本、体积和重量显著降低，又充分发挥了电力系统广泛接受的传统电流互感器测量装置的优势，具有很强的实用性。

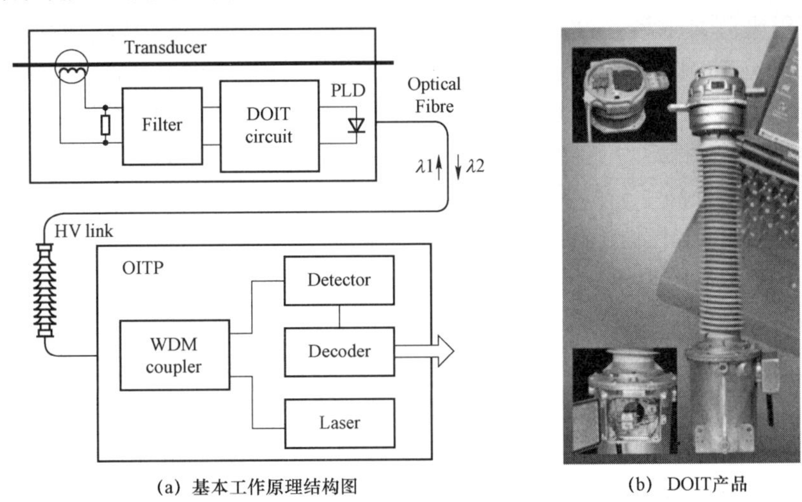

(a) 基本工作原理结构图　　(b) DOIT产品

图 1－2　ABB 公司研制的数字光学仪用互感器

组合供能技术是指一种将线圈取能和激光供能组合形成的供能技术。如图 1－3 所示，高压侧电路有两个直接的供能来源：线圈取能电路和光电池。当一次线路电流较大时，激光器自动关闭，采用线圈取能方式，由取能线圈直接从线路上取能，经过整流、滤波、稳压等电路进行处理后，为高压侧采集器提供工作电源；当一次线路无电流或电流较小时，激光器开启，通过光纤将光能传送至高压侧的光电池，由光电池在高电位侧将光能量转换为电能量，为采集器提供工作电源。这种方法既可以避免线圈取能方式的输出受一次线路电流的影响，也可以降低大功率激光器工作的时间，从而延长激光器的使用寿命。

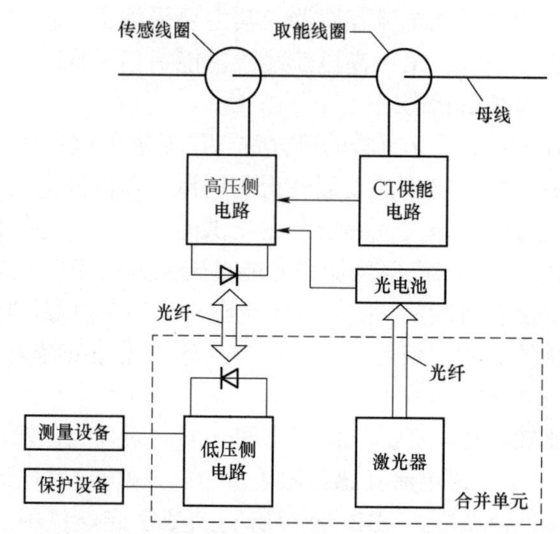

图 1－3　有源电子式电流互感器的组合供能原理图

空心线圈因其频率响应好、准确度高、结构简单且成本低廉而被公认为是较理想的电流采样元件。因此，基于空心线圈的有源电子式电流互感器受到国内外研究人员的格外重视。空心线圈于 1912 年首次被用于磁场的测量，Rogowski 与其同伴 W.Steinhaus 发表了题为 *The Measurement of Magnet Motive Force* 的论文，作者根据麦克斯韦第一方程证明了围绕导体的线圈端电压可用来测量磁场强度，并且此电压与线圈形状无关，这种线圈被称为 Rogowski 线圈。由于 Rogowski 线圈的骨架为非磁性材料，所以也被称为空心线圈。后来人们根据全电流定律证明了空心线圈可以用来测量脉冲大电流，不过刚开始获得的准确度并不高（2%～3%），而且性能也不够稳定。直到 1966 年西德的 Heumamn 改变了空心线圈的结构，并将空心线圈的测量准确度提高了一个数量级（0.1%），才使得空心线圈又被逐渐重视起来。20 世纪 80 年代初，英国 Rocoil 公司已经实现了空心线圈系列化和产业化。20 世纪 80 年代中后期，以空心线圈为传感元件的电子式电流互感器装置的研制成功，进一步加速了它的应用步伐。

从 20 世纪 90 年代中期到现在，世界各国研究工作者在提高空心线圈有源电子式电流互感器性能方面做了大量研究工作。研究表明，空心线圈的结构和制造工艺对测量准确度和频带有重要影响。研究人员通过理论分析、试验、仿真等方法研究了空心线圈性能对线圈几何形状、被测导体位置、绕组的均匀性等结构方面的依赖性。Ljubomir A Kojovic 等研究人员将空心线圈的传统绕制方式改成印刷电路板（Printed Circuit Board，PCB）模式，提高了线圈的整体测量性能。Ramboz J D 提出了采用激光刻蚀工艺制作空心线圈的方法，测量准确度为 0.2%左右。

20 世纪 90 年代，有源电子式电流互感器的研究呈现全球化、多类型、多用途的发展趋势，取得了显著的研究成果。成立于 1991 年的美国 Photonic Power System 公司是激光供能技术领域较为领先的公司，其性能优越的光供能数据传输链（Optically Power Data Link，OPDL ）技术先后被应用于 ABB 公司、Siemens、Nokia 等公司的电子式互感器产品中。比如，Siemens 公司的激光供能型电子式电流互感器已经用于我国天生桥—广州 500kV 换流站。

我国有源电子式互感器的研究始于20世纪70年代，清华大学与北京宣武互感器厂合作于1973年研制了一种母线供能的有源电子式电流互感器的实验装置。此样机曾在四平电业局进行挂网，取得了一定的实验效果。由于高电位有源电路供能的困难及电子电路工作的不稳定，这项研究停顿了下来。直到20世纪90年代末，大功率激光器和高效太阳能电池技术逐步传入我国，这种激光供能技术重新激发了国内研究人员对有源电子式互感器的研究热情，这一阶段主要以清华大学、原华中理工大学（现为华中科技大学）等高等院校研究团队为主。清华大学罗承沐教授历经多年研制了有源电子式电流互感器样机，其准确度已接近0.2级电流互感器国家标准。华中科技大学张冈博士研制了基于空心线圈的有源电子式电流互感器，进行了2年挂网试运行，其准确度已达到0.5级。

进入21世纪，随着光纤技术、计算机技术、光通信技术的发展，有源电子式互感器的研发逐步从高校转移到企业。其中，南京新宁光电自动化有限公司是国内最早大规模生产、销售和推广电子式互感器的单位，其OET700系列产品采用低功率电流互感器和空心线圈作为电流采样元件，分别用于计量和保护，计量准确度达到0.1S、0.2S级，保护准确度为5P级。在此期间出现了一批生产有源电子式互感器的单位，如南京南瑞继保电气有限公司、国电南京自动化股份有限公司、西安华伟光电技术有限公司、北京浩霆光电技术有限责任公司、珠海成瑞电气有限公司等。

为适应GIS变电站的需求，南京南瑞继保电气有限公司、清华大学、河南平高电气股份有限公司等单位的研究人员还开发了用于GIS的电子式电流电压组合互感器。图1－4是南瑞继保研制的220kV GIS电子式电流电压组合互感器，于2008年5月在青岛午山变电站投运，是国内首个220kV GIS数字化变电站工程。其中，GIS电子式电流互感器采用LPCT传感测量电流信号，采用空心线圈传感保护电流信号，具有较高的测量准确度、较大的动态范围及较好的暂态特性；GIS电子式电压互感器采用同轴电容分压器传感被测电压，利用远端模块就地采集LPCT、空心线圈及电容分压器的输出信号。

图1－4 运行在青岛午山变电站的220kV GIS电子式电流电压组合互感器

1.2.1.2 无源光学电流互感器

早在20世纪60年代，美国、日本等一些技术发达国家就已经开始了无源光学电流互感器的研究。日本东京大学的Saito等人于1967年研制成基于法拉第磁光效应的光学电流互感器的实验样机，如图1－5所示。该样机的传感元件为一条状重火石玻璃块，由于没有成熟的半导体发光器件，此样机的光源采用的是氦—氖气体激光器。试验表明：在被测电流达到5kA时，此光学电流互感器的输出仍能保持良好的线性。

随着对光纤的各种物理特性研究的不断深入，研究者们开始谋求用光纤作为传感元件。1977年，英国电力研究中心的A.M.Smith和A.J.Rogers等人初步提出了FOCT基本原理，如图1－6所示，并研制出全光纤光学电流互感器实验装置，于1979年在变电站试运行。德国A.Papp等人也开展了全光纤电流互感器的系列专题研究，在FOCT的信号处理、结构等方面

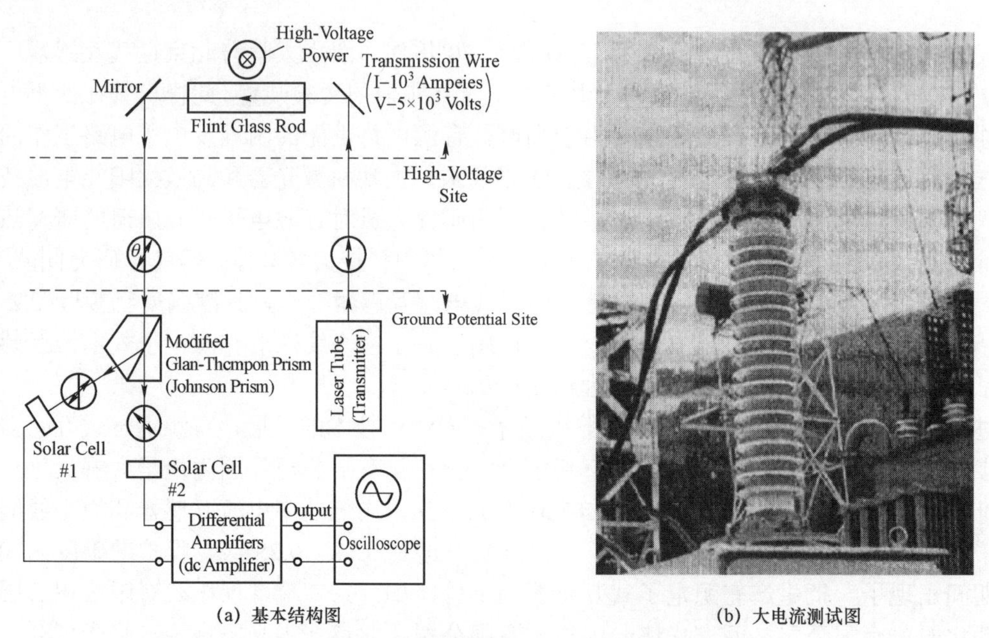

(a) 基本结构图　　(b) 大电流测试图

图 1－5　Saito 等人研制的光学电流互感器试验样机

进一步地完善了相关工作。由于存在光纤的固有双折射问题，这一时期全光纤光学电流互感器的测量准确度低、稳定性差。

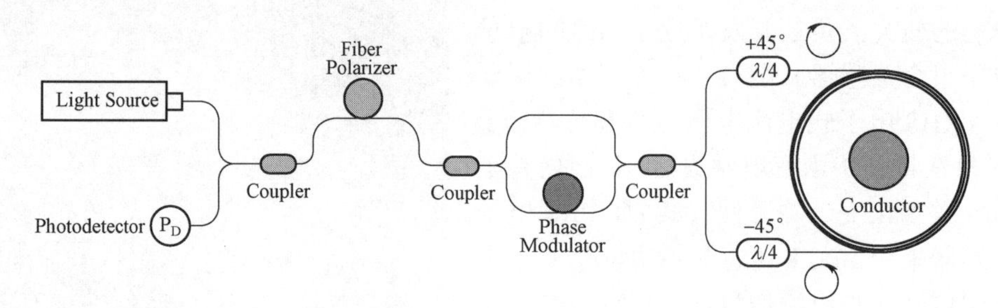

图 1－6　Sagnac 式全光纤光学电流互感器结构示意图

在遇到光纤的固有双折射问题之后，研究者的重点转向了磁光玻璃光学电流互感器。从 20 世纪 80 年代开始，磁光玻璃光学电流互感器的研究进入了发展关键和极具成果的时期。1986 年美国西屋公司（Westinghouse）研制的块状玻璃光学电流互感器在田纳西州流域电力管理局所属的 Chickamauga 水坝电力编组站 161kV 电网上挂网运行，该光学电流互感器的测量带宽为 10kHz，计量误差为 0.08%，运行两年后拆除。图 1－7 为这种光学电流互感器的典型结构示意图。西屋公司的这个光学电流互感器部门于 1990 年被 ABB 公司收购。

1987 年美国的田纳西州流域电力管理局和西屋电气公司合作，在光学电流互感器的研究方面取得了很大进展，以 E.A.Ulmer 等知名学者为主的课题组针对光学电流互感器的“温度变化—线性双折射—叠加到法拉第旋转角上的干扰”问题，提出了一种简单而独特的消除双折射影响的方法，其基本思想是：任何具有线性双折射、表现出一定各向异性的磁光介质都存在两个相互垂直的特征方向，将起偏器的透光轴定位于与材料的特征方向构成一个特定的角度，并据此提出了独特的十步理论计算方法，这项研究成果在当时被认为是光学电流互感器在基础理论研究方面取得的突破性进展。这种方法在理论上能很好地消除线性双折射的影

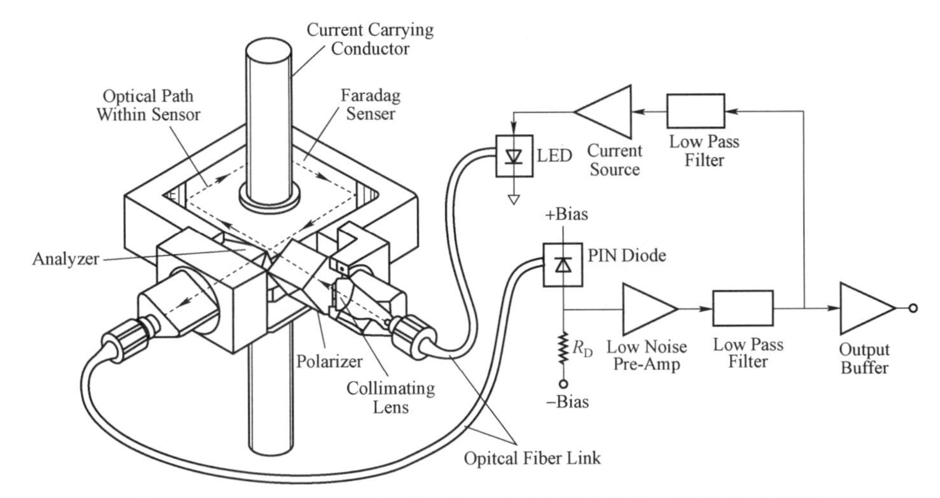

图 1－7　Westinghouse 研制的磁光玻璃光学电流互感器结构示意图

响，但并没有被应用于实际装置中。1987 年田纳西州流域电力管理局在其所属的 Moccasin 变电站（161kV）安装了三相计量用的光学电流互感器，与传统的油浸式电磁互感器相比，误差在 1%左右。日本在光学电流互感器的研究方面也取得了很大的进展，分别于 1989 年 2 月和 7 月推出了磁光式光学电流互感器和组合式光学电流/电压互感器的样机，他们分别使用了具有法拉第效应的磁光材料（YIG、铅玻璃）和 Pockels 与法拉第两种效应的硅酸铋晶体（Bismuth Silicate Crystal，BSO）作为传感元件，其中组合式光学电流/电压互感器方案也成为一个新的研究方向。

与其他类型电子式电流互感器相比，磁光玻璃光学电流互感器抗电磁干扰能力强、测量准确度和稳定性较高，某些场合已达到实用化要求。但块状磁光玻璃光学电流互感器存在加工难度大、传感头易碎等缺点。与全光纤式相比，块状磁光玻璃光学电流互感器光学材料选择范围宽、稳定性好、受线性双折射影响较小，但却引入了反射相移。所以早期的块状磁光玻璃光学电流互感器主要以闭合式块状光学玻璃型为主，它利用全反射使线性偏振光在磁光玻璃材料内围绕穿过材料中心的通电导体闭合，测量线偏振光的法拉第旋转角，从而间接地测量电流。传感头的结构有平面多边形、四角形、三角形、环形和开口形等多种。传感头的材料普遍采用温度系数小的逆磁性材料 ZF_7、ZF_6，其缺点是 Verdet 常数较小，从而影响灵敏度。闭合式块状磁光玻璃光学电流互感器的测量特性只和传感头的材料有关，影响因素较少，但光在反射过程中不可避免地引入反射相移，使两两正交的线偏振光变成椭圆偏振光，从而影响系统的性能。为克服反射相移的影响，各国的研究者们又提出了各种保偏方法，主要有双正交反射保偏、反射面镀膜保偏和临界角反射保偏等。

20 世纪 90 年代开始，闭合式块状磁光玻璃光学电流互感器进入了实用化进程。如 ABB 电力 T&D 有限公司成功推出 72.5kV～800kV 电压等级的无源块状玻璃光学电流互感器（Magneto－Optic Current Transducer，MOCT），如图 1－8 所示，在额定一次电流 5A～2000A 的范围计量准确度优于 IEC 标准的 0.2 级，输出额定二次电流为 1A。法国阿尔斯通 T&D 的产品目录上列出 123kV～756kV 的光学电流互感器（Current Transformer with Optical sensor，CTO）也采用这种结构，其计量准确度也达到 IEC 标准 0.2 级，保护达到 5P20 级。

(a) 闭合式磁光玻璃传感头

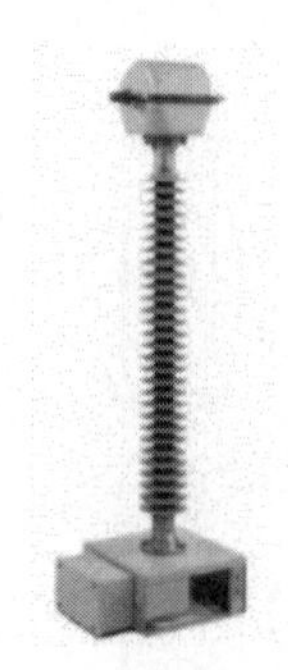

(b) MOCT 互感器产品

图 1－8　ABB 公司的磁光玻璃光学电流互感器

为满足美国军方全电气化舰船的需求，美国 Airak 公司发布了一种低成本、易于安装的微型光学电流互感器，采用条状磁光玻璃结构，如图 1－9 所示。

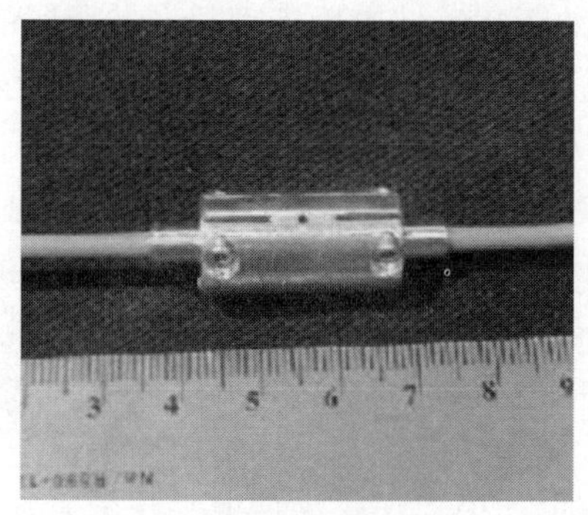

(a) 条状磁光玻璃传感头

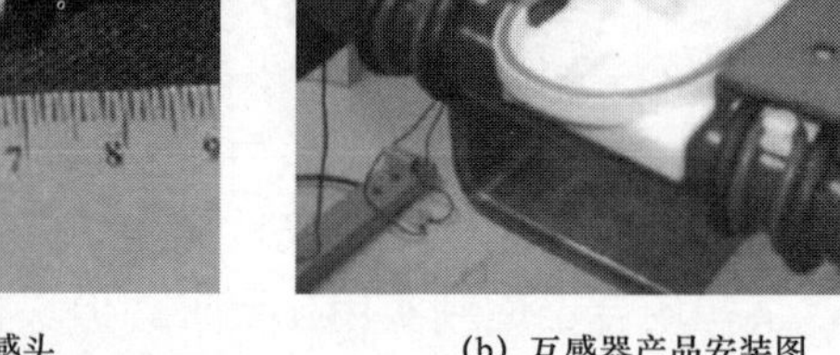

(b) 互感器产品安装图

图 1－9　Airak 公司的磁光玻璃微型光学电流互感器

日本相继有集磁环式的光学电流互感器研究成功的报道，材料方面的研究也取得了很大的进步，YIG 晶体等新型材料的应用增强了传感灵敏度。磁光玻璃光学电流互感器的研究则继续围绕提高测量准确度和运行稳定性的实用化问题进行。光学电流互感器不仅用于计量和保护，也成功应用于其他方面，如将光学电流互感器应用于故障定位。

进入 20 世纪 90 年代中期，随着特种光纤技术的发展、光纤传感新结构和抑制双折射的研究取得了进展，全光纤光学电流互感器引起了研究者的关注。1994 年，Frosio 等人基于 Sagnac 干涉陀螺仪技术，提出了反射式全光纤电流互感器，其结构如图 1－10 所示。这种结构使得传感信号保持在线性区域，增强了感应被测电流的能力，与 Sagnac 式结构相比具有更高的灵敏度，不易受环境变化影响，成为 FOCT 的主流技术。为了解决测量准确度的温度漂移问题，全光纤电流互感器普遍采取了基于温度传感器的温度补偿方案，该方案能够在一定程度上抑制温度漂移问题，使全光纤电流互感器具有较理想的温度适应性。其中，J.Blake 对基于温度传感器的补偿算法研究较为深入，也取得了较为理想的结果。同时，特种光纤也取得了发展，3M 公司研发出椭圆包层型保偏光纤，Fibercore 生产出领结型保偏光纤和 Corning 公司生产出熊猫型保偏光纤，保证了传感信号能够远距离传输而不会改变其偏振态。

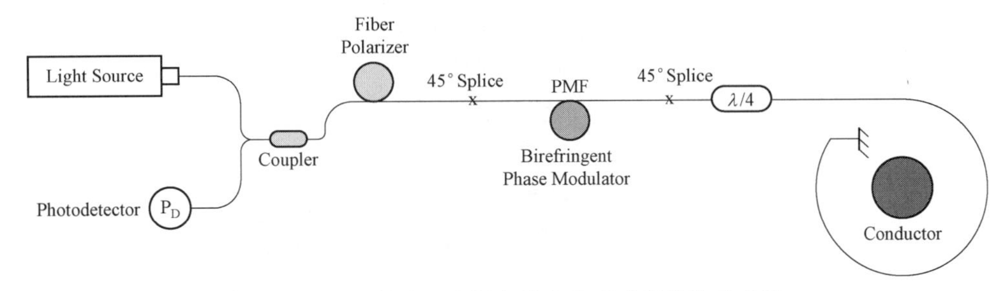

图 1-10 反射式全光纤光学电流互感器结构示意图

基于 J.Black 团队的技术，1997 年，Carmanah 工程公司研发的全光纤电流互感器首次在美国 Cholla 电厂上投入使用。随后于 1999 年，该工程公司与 Honeywell 公司联合创办了 NxtPhase 公司，并成为全光纤电流传感技术领域里的领跑者。2000 年推出了 115kV～765kV 电压等级的全光纤光学电流互感器（NxtPhase Optical Current Transformer，NXCT），如图 1-11 所示，在额定一次电流 1A～3600A 的范围，计量准确度优于 IEC 标准的 0.2S 级和 IEEE 标准的 0.3 级。

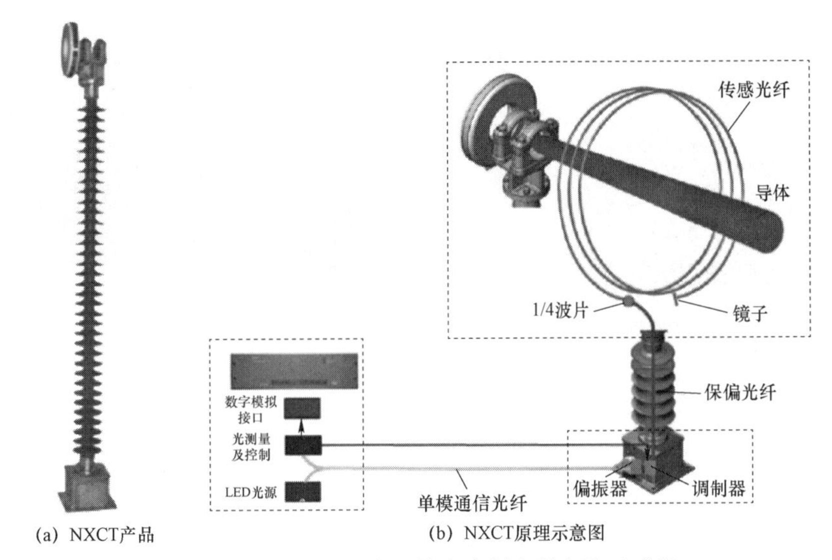

图 1-11 NxtPhase 公司的全光纤光学电流互感器

2000 年，该公司首台全光纤电流互感器在加拿大 BC 省 Surrey 的 Hydro’s Ingledow 变电站 230kV 输电线路上正式投入运行。图 1-12 为 2004 年在意大利 Terna 的 420kV 变电站应用的第一套 NXCT 与断路器集成案例。NxtPhase 于 2009 年 1 月起成为 Areva T&D 的一员。

2005 年，ABB 公司研发成一种测量直流电流的全光纤电流互感器，并应用于电解铝行业，其测量范围可达 500kA，在大电流情况下测量准确度为±0.1%。2014 年，ABB 公司宣称研发的新一代 FOCT 适用于 245kV～800kV 变电站。图 1-13 为 ABB 公司的全光纤光学电流互感器。

国外对全光纤电流互感器的研究较早，提出的反馈结构有效地解决了非线性问题，提出的补偿方案在一定程度上抑制了温度漂移现象，奠定了全光纤电流互感器的技术基础。

图 1-12　NXCT 与断路器集成案例（意大利 Terna，420kV 变电站）

(a) 应用于电解铝行业的 FOCT

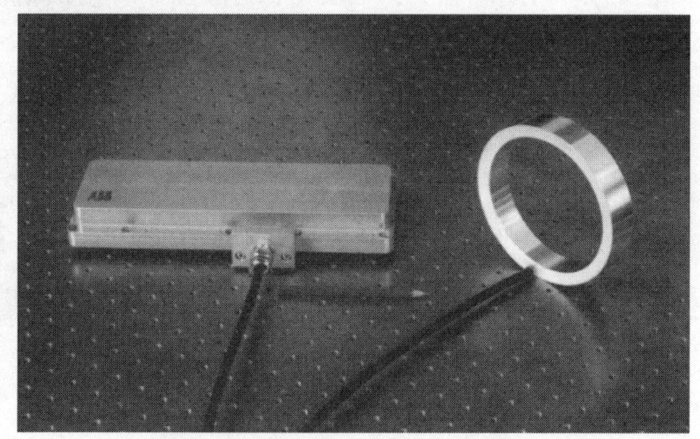

(b) 应用于高压变电站的 FOCT

图 1-13　ABB 公司的全光纤光学电流互感器

我国无源光学电流互感器的研究始于 20 世纪 80 年代中期，当时主要有清华大学、上海大学、原华中理工大学等单位的研究人员开展研究。其中，清华大学于 1985 年研制完成了一种基于法拉第效应的全光纤电流互感器试验样机，该原理样机的最大测量电流为 2500A，准确度为 0.5%。同一时期，上海大学的研究人员研制了一种磁光玻璃光学电流互感器原理样机。进入 20 世纪 90 年代之后，国内有更多的单位和研究人员投入到无源光学电流互感器的研究中。这一时期我国的清华大学、原华中理工大学、哈尔滨工业大学和西安交通大学等多家科研院所对光学电流互感器的研究也取得了可喜的进展。其中，原华中理工大学研制的计量用光学电流互感器于 1993 年在广东新会 110kV 电网试运行，尽管未达到计量目标，但标志着我国的光学电流互感器研究已向实用化迈进一步。

进入 21 世纪，无源光学电流互感器进入实用化和产品化阶段。西安同维电力技术有限责任公司在磁光玻璃的配方和磁光玻璃传感头的制造工艺方面取得了进展，其生产的光学电流互感器采用类似于 ABB 公司（如图 1-13 所示）的环形闭合光路结构的块状磁光玻璃作为传感头，并在一些数字化变电站进行试验。但是，这种块状闭合光路结构的光学电流传感头结构比较复杂，其运行稳定性受到了影响。

哈尔滨工业大学郭志忠教授提出了简化光路结构，采用直通光路结构的条状磁光玻璃作为光学电流传感单元（Optical Current Sensing Cell，OCSC），如图1－14（a）所示，利用多个相同结构的OCSC形成多点传感，如图1－14（b）所示，利用几何对称性的多点零和抗干扰结构技术解决了外磁场干扰问题和振动干扰问题，利用自愈光学电流传感技术解决了温度稳定性问题，利用等价非互易光学电流传感技术解决了不均匀磁场对测量准确度的影响问题，取得了实用化成果。采用该技术的磁光玻璃型光学电流互感器在智能变电站中得到了规模运用。

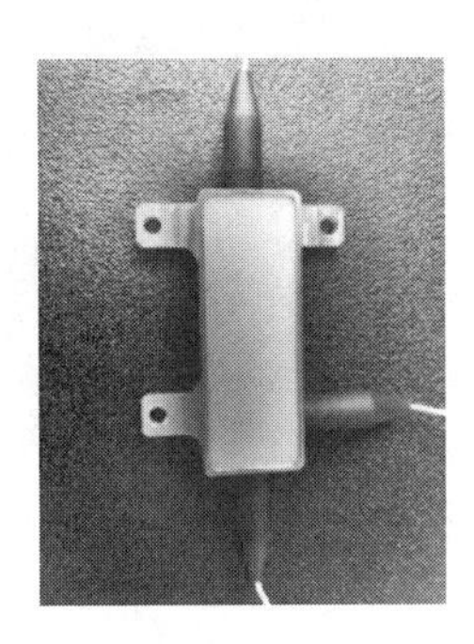

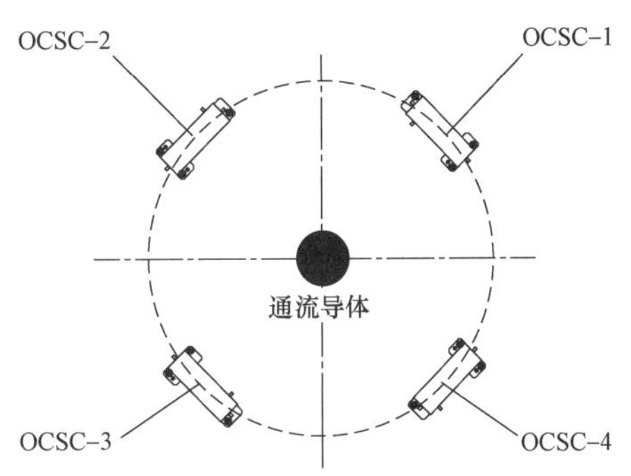

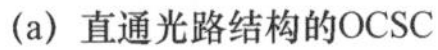
(a) 直通光路结构的OCSC　　(b) 多点零和抗扰结构技术

图1－14　直通光路结构的磁光玻璃光学电流互感器的传感头

2010年，哈尔滨工业大学研制的支柱式磁光玻璃型光学电流互感器在辽宁大石桥220kV智能变电站投运，如图1－15（a）所示，该工程是我国第一个全部采用光学电流互感器的智能变电站工程；2012年，外卡式磁光玻璃型光学电流互感器在辽宁何家220kV智能变电站投运，如图1－15（b）所示，该外卡式结构的磁光玻璃型光学电流互感器与GIS本体组合方便灵活又层次分明，巧妙地解决了设备高集成度与检修更换便利性两者的矛盾，改变了过去互感器与GIS的依附关系。

(a) 支柱式（辽宁大石桥，2010年）　　(b) 外卡式（辽宁何家，2012年）

图1－15　磁光玻璃型光学电流互感器

近年来，全光纤型光学电流互感器的发展也比较快，国内已有多家单位研究并掌握了全光纤型光学电流互感器的关键技术，在实用化方面取得了较大的进展，并且各自都推出了相应的全光纤型光学电流互感器产品。主要有南瑞航天（北京）电气控制技术有限公司、易能乾元（北京）电力科技有限公司、南瑞继保电气有限公司、北京世维通光智能科技有限公司和中国电力科学研究院等。

易能乾元（北京）电力科技有限公司研制的全光纤电流互感器在抗振动干扰技术、高低温环境适应性、长期稳定性等关键技术方面取得了实用化进展。2016 年，将全光纤电流互感器集成在隔离断路器中，在河南长葛南 220kV 新一代智能变电站和陕西富平 330kV 新一代智能变电站投运，如图 1－16 所示，互感器敏感环集成在隔离断路器的中间法兰处，结构紧凑，节约占地，成为新一代智能变电站的技术亮点。

图 1－16 与隔离断路器集成的全光纤光学电流互感器

1.2.2 电子式电压互感器的发展

1.2.2.1 有源电子式电压互感器

有源电子式电压互感器按照分压元件不同，主要分为电阻分压、电容分压和阻容分压等实现形式。

电阻分压器作为电压传感器的应用由来已久，其主要用于高压试验或作为工频电压比例标准器。随着传统互感器弊端的显现，人们自然地想到了基于电阻分压器原理来研究电子式电压互感器，图 1－17（a）为其基本原理图。目前在国外，ABB 公司已有用于智能开关柜的电阻式电压互感器产品，Trench 公司的 LOPO 系列产品中也包括电阻式电压互感器，SIEMENS 公司同样有此类产品投入市场。国内一些高校和科研单位也展开了相应的研究，包括华中科技大学、大连理工大学、西华大学、沈阳工业大学等。包括许继在内的国内多个厂家生产的中低压开关柜中均使用电阻分压型电子式电压互感器（Electronic Voltage Transformer，EVT）配合微机保护装置和电子测量仪表，对于减小开关柜体积、提高设备性能发挥了重要作用。

电容分压器技术比较成熟，传统电容式电压互感器就是基于电容分压原理，电容分压器也常常被用在高压试验中，在接插式组合电器中也获得了成功应用，还有报道其用于获取电能。20 世纪 90 年代以后国内外都开始了基于电容分压的 EVT 研究，其基本原理图如图 1－17（b）所示。目前国外各大公司如 ABB、ALSTOM、SIEMENS 公司等都有相关产品，国内在该方面的研究也已达到较实用的水平，具备小规模生产电容分压型电子式电压互感器能力的厂家包括西安华伟光电、南瑞继保、许继电气、国电南自等。目前国内用于 110kV 及以上高压系统的 EVT 绝大多数是电容分压型 EVT。

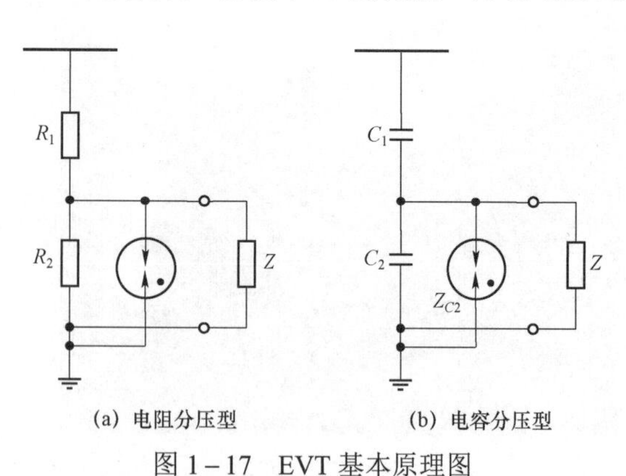

图 1－17 EVT 基本原理图

另外还有一种基于感应分压器的 EVT，国电南自南京新宁光电公司的数字式电压互感器采用了这种分压器原理。

1.2.2.2 无源光学电压互感器

经过近 30 年的研究，光学电压互感器已经趋于成熟，国外已研制出 72.5kV～765kV 系列光学电压互感器，我国也已研制出 110kV～500kV 光学电压互感器样机。从目前已研制出的光学电压互感器来看，基本原理都是基于电光晶体的 Pockels 效应，信号处理部分也基本一样，不同之处主要是由高压绝缘部件与光学电压传感器构成的一次部分。根据光学电压互感器一次部分的结构不同依次出现了四种类型的光学电压互感器（Optical Voltage Transformer，OVT），它们分别是电容分压型 OVT、全电压型 OVT、叠层介质分压型 OVT、分布式 OVT。

（1）电容分压型 OVT。电容分压型 OVT 主要由电容分压器和光学电压传感器（Optical Voltage Sensor，OVS）组成。它利用电容分压器从被测高压线路分出一个较低电压加于 OVS 上。这种结构的 OVT 有两种分取电压的方式：一种为从电容分压器的低压端取电压，如图 1－18（a）所示；另一种为从电容分压器的高压端取电压，如图 1－18（b）所示，一般用于组合式光学电流电压互感器的结构中。这是较早出现的一种光学电压互感器类型，电容分压器分出的电压一般在几千伏，OVS 既可以采用横向调制方式也可采用纵向调制方式。

日本日立公司于 1985 年研制的 70kV 电压等级 OVT 和东电公司于 1987 年研制的 300kV OVT 均采用了图 1－18（a）所示的电容分压器和横向调制光学电压传感器结构，原华中理工大学于 1993 年在广东新会市大泽变电站挂网运行的 110kV OVT 也采用了类似结构。原法国 GEC ALSTHOM 公司研制的 123kV～765kV OVT 采用了图 1－18（b）所示的电容分压器和纵向调制光学电压传感器结构，在－50℃～＋70℃温度范围内 OVT 的计量准确度可达 0.2%，图 1－19 为原法国 GEC ALSTHOM 公司研制的组合式光学电流电压互感器（Combined Measurement current－voltage transformer with Optical sensors，CMO）。

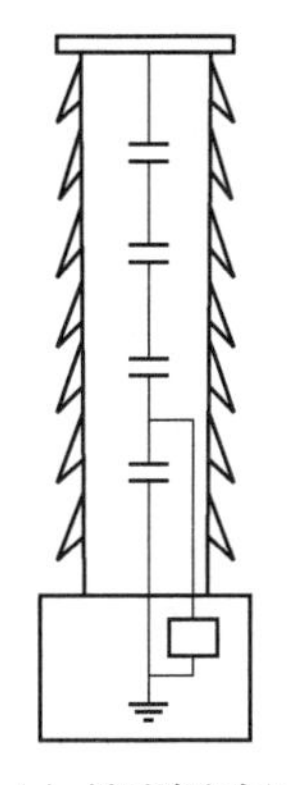

(a) 低压端取电压

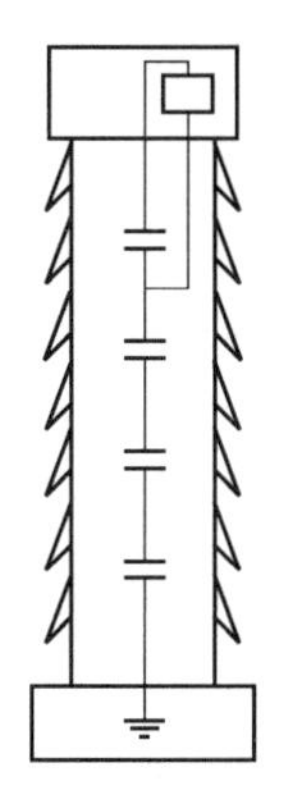

(b) 高压端取电压

图 1－18 电容分压型 OVT 结构示意图

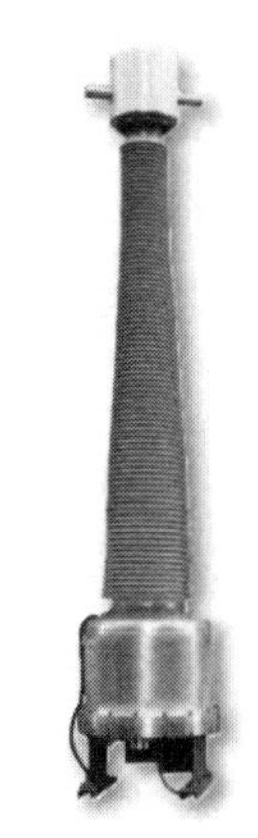

图 1－19 GEC ALSTHOM 公司研制的组合式光学电流电压互感器（CMO）

电容分压型 OVT 易于根据 OVS 的要求为其提供适宜数值的电压，但是由于采用了电容分压器，长期运行分压比会受外界电场干扰和环境温度变化的影响而产生误差，这将降低 OVT 的测量准确度，同时 OVS 本身测量准确度受环境因素影响而不高，因此提高电容分压型 OVT 的测量准确度是其要解决的首要问题。

（2）全电压型 OVT。为了去除电容分压型 OVT 中电容分压比误差的影响，出现了全电压型 OVT，即光学电压传感器直接承受被测高压的 OVT。由于电压等级越高横向调制光学电压传感器受外电场的干扰越严重，因此全电压型 OVT 一般采用纵向调制光学电压传感器。ABB 公司研制的 115kV～550kV 电流电压组合式光学测量单元（Optical Measurement Unit，

OMU）采用了全电压型 OVT，如图 1－20 所示，电流传感器位于 OMU 的顶部，纵向调制光学电压传感器位于绝缘子中部，被测电压直接加于光学电压传感器上，硅橡胶复合绝缘子内充 SF_6 绝缘气体。电流传感器的工作基于法拉第磁光效应，电压传感器的工作基于纵向调制 Pockels 电光效应。OMU 可方便地分解为磁光玻璃电流互感器（MOCT）及电光电压互感器（Eletro－Optic Voltage Transformer，EOVT）。242kV OMU 的重量为 142.9kg，550kV OMU 的重量为 276.7kg，电压测量准确度达到 IEC 186 准确度等级 0.2。

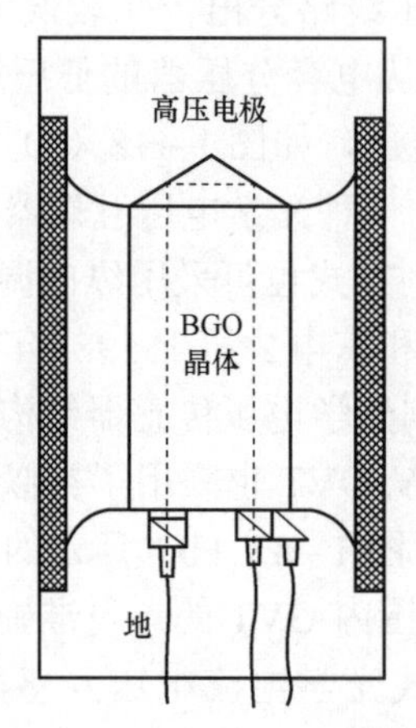

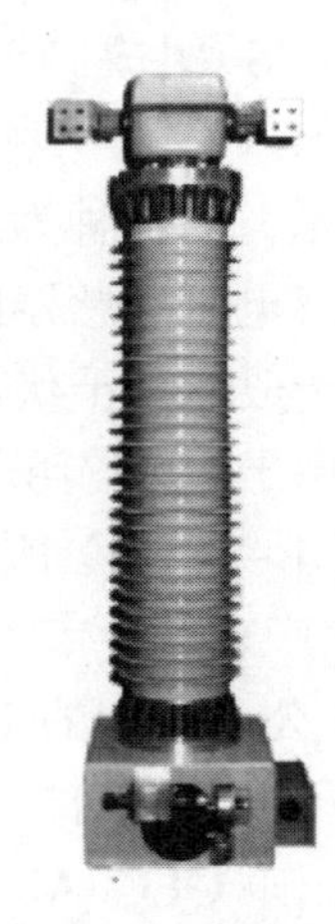

图 1－20　全电压型 OVT 结构

华中科技大学也采用全电压型 OVT 结构进行了 220kV 组合式光学电流电压互感器的研究。全电压型 OVT 实现了被测高压的真正直接测量，加在晶体上的电压不受环境温度的影响，纵向调制结构的 OVS 不受外电场的影响，这使 OVT 的测量准确度与稳定性得以提高。但是研制全电压型 OVT 存在两个方面的问题：一方面制作能够直接耐受被测高电压的性能优良的长条晶体非常困难，并且成本很高；另一方面电光晶体的半波电压通常只有几十千伏，远远小于被测电压，为了重建被测信号，信号解调原理对光路和电路要求均较高。

（3）叠层介质分压型 OVT。为了消除和解决全电压型 OVT 遇到的问题，研究者提出了叠层介质分压型 OVT 结构，如图 1－21 所示。

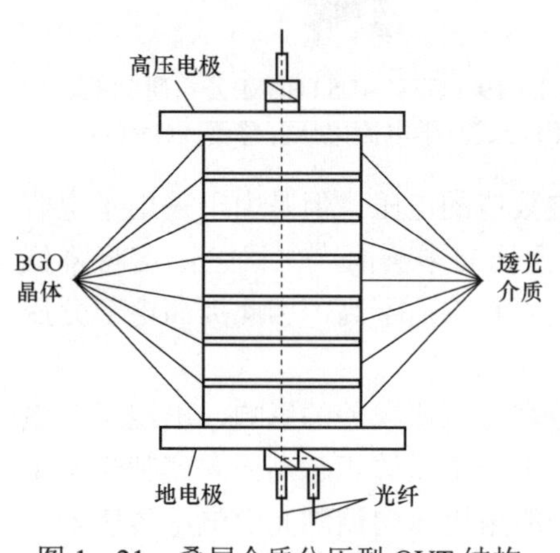

图 1－21　叠层介质分压型 OVT 结构

该结构的 OVT 通过介质和电光晶体进行分压以达到扩大电压测量范围的目的，其光学电压传感器采用横向调制方式或纵向调制方式。丹麦学者 Lars Hofmann Christensen 开发了用于 132kV～150kV 的 SF_6 气体介质与 BGO 晶体分压的横向调制 OVT，光学电压传感器通过一接地金属管置于上金属帽中，通过测量光学晶体处的电场间接地测量母线电压。1998 年华中科技大学报道了他们研制的 110kV 无电容分压型光学电压互感器，其传感器结构实质上采用了绝缘固体介质和 BGO 晶体分压的横向调制方式；2000 年又研制出采用同样结构的 220kV OVT，其光学电压传感器通过上下金属管固定在绝缘支柱的中部；2001 年再次报道了采用类似光学电压传感器结构的550kV组合式光学电压/电流互感器，不过其光学电压传感器置于绝缘支柱的顶部。日本的Josemir Coelho Santos等人介绍了他们1997年研制的基于多片纵向Pockels效应的250kV叠层介质分压型OVT，其光学电压传感器通过几个较薄的电光晶体小片与另外几个介电常数较小的无电光效应的透光介质相互粘接而成，这种结构可使纵向调制光学电压传感器的半波电压得以提高。2006～2007年中国科学技术大学和厦门大学也分别报道了他们在多片式叠层介质分压型纵向调制OVT方面的研究成果。

叠层介质分压型OVT和电容分压型OVT一样，本质上也是基于分压原理的OVT，其分压比会受温度等因素影响而变化。对于横向调制结构的叠层介质分压型OVT，晶体的热胀冷缩及电极间距离的波动均会降低测量准确度，同时极板间电场的分布均匀性与外界电场的干扰也会影响测量准确度。对于纵向调制结构的叠层介质分压型OVT，晶片和透光介质的加工及粘接非常复杂，传感器性能难以保证，同时还存在透光电极的问题。

（4）分布式OVT。前面三种类型OVT的基本设计思路是利用电光晶体的Pockels效应直接进行电压的测量，然而在高电压测量情况下均面临着各种难题需要解决。为了克服这些不足，加拿大NxtPhase公司提出了利用多个微型电场传感头进行电压测量的分布式OVT结构，并做了大量的理论和试验研究工作，图1－22（a）为NxtPhase公司的光学电压电流组合互感器NXVCT的结构示意图。

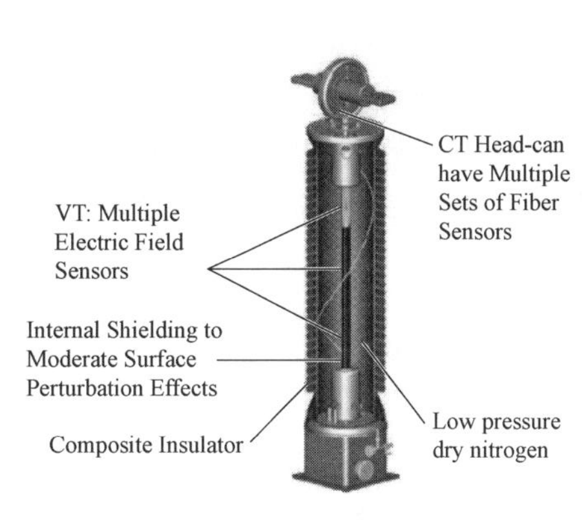

(a) NXVCT的结构

(b) 运行中的NXVCT
(加拿大Surrey, Hydro’s Ingledow变电站)

图1－22 NxtPhase公司的光学电压电流组合互感器

2000年3月，NxtPhase公司在加拿大BC省Surrey的Hydro’s Ingledow变电站安装了230kV光学电压电流组合互感器NXVCT，如图1－22（b）所示，其在额定电压下具有0.2%的测量准确度，测量相位误差为±10′，已经满足了IEC 60044－7标准中对电压互感器的测量准确度要求。

国内也有研究人员对分布式OVT进行了探索性研究，但尚未见到样机研制成功的报道。

分布式OVT将数个（通常是3个）纵向调制式微型光学电场传感头沿绝缘子轴线方向从高电位处向地电位处分布放置，由各微型光学电场传感头完成其自身所在位置处的电场强度测量，将多个位置上微型光学传感头测得的电场强度值通过数值积分运算即可得到被测高电压。有文献介绍了在分布式OVT中微型光学电场传感头个数与分布位置的确定方法，提出了一种使用修正系数的求积方法来提高分布式OVT的测量准确度，比较了不同积分方法对分布式 OVT 测量准确度的影响。

分布式 OVT 不需要分压结构，不需要透光电极，具有测量准确、高压部分结构简单、能够方便实现空气隔离等一系列优点。但微型电场传感头的安装位置以及外界干扰电场对测量准确度有很大影响，尽管通过高斯算法能较好地控制测量结果的误差，但是数据处理相对比较复杂，需要经过大量的实验研究来确定最优的设计方案。

1.2.3 直流电子式互感器的发展

1.2.3.1 直流电子式电流互感器

直流电流互感器是 1936 年德国克莱麦尔教授研制成功的，它利用被测直流改变带有铁芯扼制线圈的感抗，间接地改变辅助交流电路的电流，从而反映被测电流大小。常用的测量直流电流的方法有直流比较仪法、核磁共振法、霍尔变换器法、巨磁阻抗效应法、光学测量法和分流器法等。

目前，直流工程中采用的直流电流互感器主要有零磁通型直流电流互感器和直流电子式电流互感器。零磁通型直流电流互感器采用磁调制结构，其基本原理是直流比较仪法。直流电子式电流互感器分为两种类型，一种是基于分流器原理的有源直流电子式电流互感器，另一种是基于法拉第磁光效应原理的无源光学直流电流互感器。零磁通型直流电流互感器一般用于直流中性线上，而直流电子式电流互感器一般用于直流极线上。

（1）有源直流电子式电流互感器。有源直流电子式电流互感器的典型结构如图 1－23 所示，直流分流器串联于被测直流线路上，取出正比于被测直流电流的电压信号，空心线圈感应出正比于谐波电流的微分电压信号。高压侧调制电路将这两路电压信号调制后转换为光信号，经光纤传输至低压侧解调电路还原，高压侧调制电路供电可由激光供能实现。

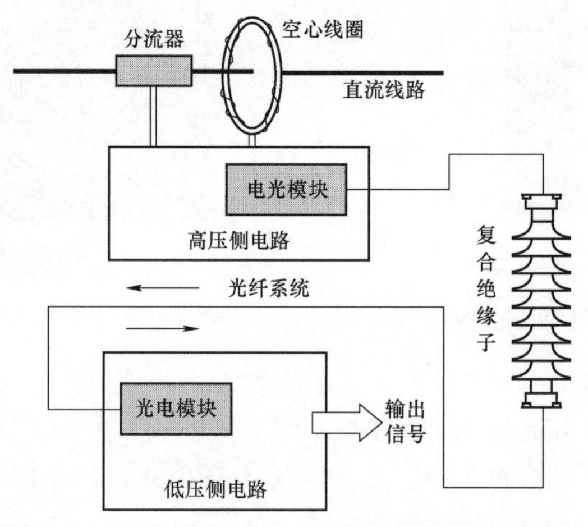

图 1－23 有源直流电子式电流互感器的典型结构

国外 Siemens 公司和 ABB 公司都有相应的有源直流电子式电流互感器产品，在国内直流输电工程中得到了应用。例如，Siemens 公司的有源直流电子式电流互感器应用在我国天广直流输电工程，整体测量准确度优于 0.75%；ABB 公司有源直流电子式电流互感器应用在我国三常直流输电工程，300A～3000A 的测量范围内准确度为 0.5%。图 1－24 为 Siemens 公司在换流站使用的有源直流电子式电流互感器。图 1－25 为 ABB 公司在换流站滤波器保护中应用的有源直流电子式电流互感器。

图 1-24 Siemens 公司在换流站使用的有源直流电子式电流互感器

图 1-25 ABB 公司在换流站滤波器保护中应用的有源直流电子式电流互感器

国内对有源直流电子式电流互感器的研究较为深入，主要集中在分流器的集肤效应与结构设计、供电技术和高压侧低功耗设计等。南瑞继保、华中科技大学、西安西电高压开关有限责任公司、国网电力科学研究院等单位都对有源直流电子式电流互感器进行了研究和产品设计。

图 1-26 为南瑞继保研制的有源直流电子式电流互感器，利用分流器传感直流电流、利用空心线圈传感谐波电流、利用基于激光供电的远端模块就地采集分流器及空心线圈的输出信号，利用光纤传送信号，利用复合绝缘子保证绝缘。产品有悬挂式及支柱式两种结构方式，可以满足不同的现场安装需求。图 1-26（a）为 2010 年运行在广州换流站的 500kV 直流电子式电流互感器，图 1-26（b）为 2014 年运行在金华换流站的 800kV 直流电子式电流互感器。

(a) 500kV（广州换流站，2010 年）

(b) 800kV（金华换流站，2014 年）

图 1-26 运行在换流站中的直流电子式电流互感器

（2）无源直流光学电流互感器。基于法拉第磁光效应原理的无源光学电流互感器既可用于交流测量，也可用于直流测量。2008 年，日本东京电力公司将反射式全光纤直流互感器在

图 1-27　与直流断路器集成的全光纤光学电流互感器

250kV 高压直流输电线路上挂网运行。原 ALSTOM 公司也将 NXCT 型全光纤电流互感器应用于高压直流输电工程。近年，南瑞继保、国电南瑞、易能乾元（北京）电力科技有限公司也都开展了无源直流光学电流互感器的研制工作。

2017 年，易能乾元（北京）电力科技有限公司研制的集成于 ±200kV 高压直流断路器的全光纤电流互感器在浙江舟山 ±200kV 柔性直流工程投运，如图 1-27 所示，互感器与直流断路器高度集成，安装灵活。

1.2.3.2　直流电子式电压互感器

直流高电压的测量方法通常有：采用测量球隙等的直接测量法，采用分压器和光学电压传感器进行测量。目前，直流输电工程中采用的直流电压互感器主要是基于阻容分压器原理的分压器型直流电压互感器。

有源直流电子式电压互感器的典型结构如图 1-28 所示，由阻容分压器作为一次传感器，转换器将分压器提供的直流电压信号转换成数字光信号，采用光纤传输至二次端，转换器模块供电可由激光供能实现。

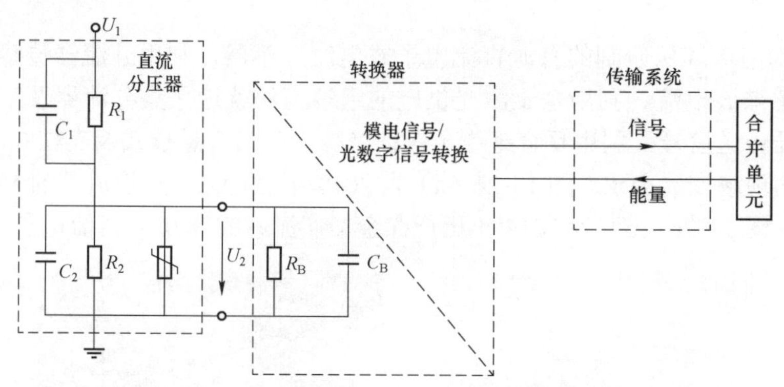

图 1-28　有源直流电子式电压互感器的典型结构

1.3　电子式互感器的分类

根据互感器测量对象的不同，电子式互感器可分为电子式电流互感器、电子式电压互感器和电子式电流电压组合式互感器。

根据其一次转换器部分是否需要工作电源，电子式互感器可分为有源式和无源式。

根据应用场合的不同，电子式互感器可分为直流电子式互感器和交流电子式互感器。

根据用途不同分类，电子式互感器可分为测量用电子式互感器和保护用电子式互感器。

根据应用额定电压的不同，电子式互感器一般分为高压电子式互感器（110kV 及以上电压等级）和中低压电子式互感器（35kV 及以下电压等级）。

根据外形和装配方式的不同，电子式互感器可分为支柱式、悬挂式、集成式。

根据一次传感器所采用的物理原理和主要元器件的不同，电子式互感器还可以进行更多的细分。图 1－29 为电子式互感器的分类示意图。

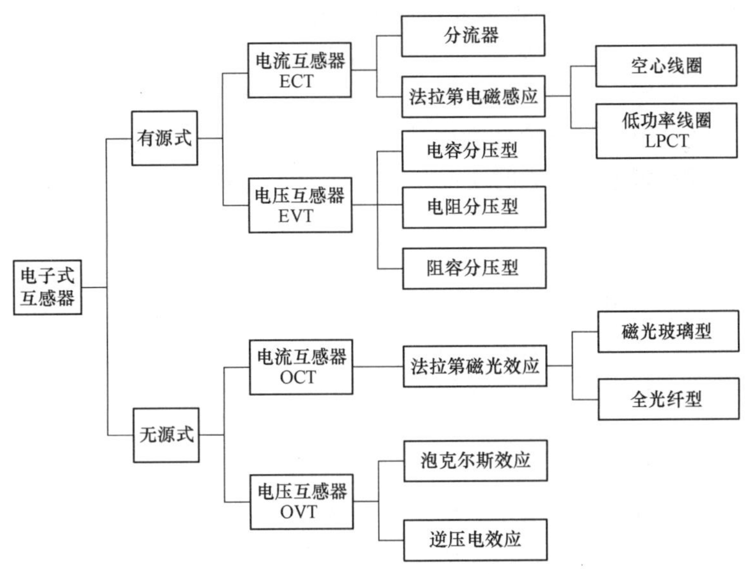

图 1－29　电子式互感器分类示意图

1.3.1　电子式电流互感器的分类

1.3.1.1　有源电子式电流互感器

有源电子式电流互感器（Electronic Current Transformer，ECT）包括分流器型和基于法拉第电磁感应型。基于法拉第电磁感应型的电子式电流互感器主要有低功率线圈式（Low Power Current Transformer，LPCT）和空心线圈式两种。

（1）低功率线圈式（LPCT）。LPCT 是在传统电磁式电流互感器基础上进行的一种改良。结合光纤传输技术，将传统的电磁式电流互感器感应的信号在高压侧通过光电转换方式，由光纤传输至低压侧测量和控制端进行二次信号处理。它利用了光纤的高绝缘性的优点，既使电流互感器的制造成本、体积和重量显著降低，又充分发挥了传统电流互感器测量装置的优势，具有很强的实用性。其按照高阻抗电阻设计，在电网发生故障时，线圈铁芯的饱和特性得到改善，扩大了测量范围，降低了功率消耗。但由于传感机理的限制，这种电流互感器仍存在着传统电流互感器难以克服的一些缺点，总体上仍未能摆脱传统电流互感器的束缚。

（2）空心线圈式。空心线圈式电流互感器又称为 Rogowski 线圈式电流互感器。空心线圈基于电磁耦合原理，是均匀密绕于非磁性骨架上的空心螺绕环，又称为磁位计。空心线圈的骨架采用塑料、陶瓷等非铁磁材料，其相对磁导率与空气的相对磁导率相同，这是空心线圈有别于带铁芯的电流互感器的一个显著特征。它的二次输出是电压信号，与一次电流的微分成比例关系。空心线圈式电流互感器的高低压之间信号的传输也是利用光纤，与 LPCT 相比，其取样灵敏度相对较小，当一次电流在 100A 以下时，二次输出电压为 μV 量级，要精确地测量这么小的电压比较困难，所以它更适合大电流的测量。

空心线圈式电流互感器基本能解决磁路饱和的问题，与电磁式电流互感器相比提高了动态响应范围，但仍然存在一些问题。如：① 原理导致实现高精度难度较大；② 高压传感头必然是有源方式；③ 不能传变直流分量，呈现带通频率特性，不能高保真地反映电网的动态过程；④ 线圈结构的非理想性、温度和电磁干扰的影响都不可忽略。

LPCT 具有体积小、测量准确度高、可带高阻抗等优点，特别适用于提供稳态测量信号的场合，但仍存在铁芯饱和问题。空心线圈解决了传统互感器铁芯饱和问题，频率响应好，线性度高，暂态特性灵敏，但小信号测量时准确度低。因此，通常采用 LPCT 与空心线圈组合使用的电子式电流互感器，稳态时 LPCT 提供测量用电流信号，暂态时空心线圈提供保护用电流信号。

（3）分流器。分流器主要在高压直流系统中用于测量直流电流。分流器设计成两个电流端和两个电压端，电流端串接入一次线路，电压端间的电位差就是电压降。分流器的输出信号通过电缆传至一次转换器转换成光信号再通过光纤传输至低压侧二次转换器进行处理。分流器一般与空心线圈一起应用在直流系统中，利用分流器传感直流电流，利用空心线圈传感谐波电流。

1.3.1.2 无源电子式电流互感器

无源电子式电流互感器主要指光学电流互感器（Optical Current Transformer，OCT）。按传感原理的不同，光学电流互感器可以分为以下几大类：① 利用电热效应测量的光学电流互感器；② 利用磁流体热透镜耦合光磁效应测量的光学电流互感器；③ 利用铁氧体磁畴效应测量的光学电流互感器；④ 利用法拉第磁光效应测量的光学电流互感器。其中，前三种光学电流互感器的研究主要还处于实验室研究阶段，目前已经实用化的是基于法拉第磁光效应原理的光学电流互感器。

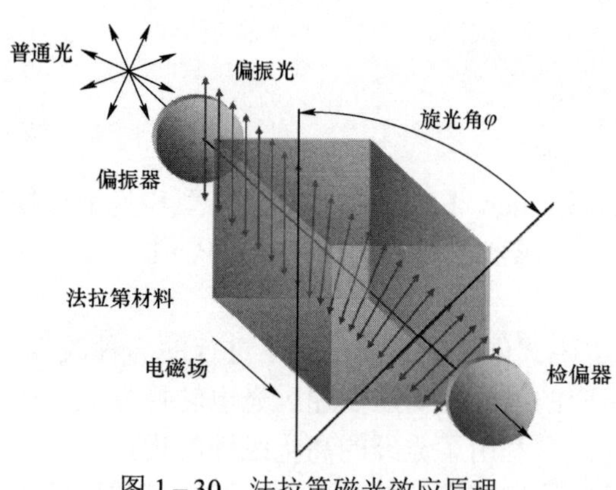

图 1－30　法拉第磁光效应原理

基于法拉第磁光效应的光学电流互感器的测量原理是对被测电流 i 周围磁场强度的线积分，即线偏振光通过磁光介质时，在磁场 H 的作用下其偏振面旋转了 φ 角度，如图 1－30 所示，可以用式（1－1）描述

$$\varphi = \int_l \vec{H}\mathrm{d}\vec{l} = VKi \tag{1-1}$$

式中：V 为磁光介质的费尔德（Verdet）常数；l 为通光路径长度，m；K 为磁场积分与被测电流的倍数关系。

基于法拉第磁光效应的光学电流互感器主要包括磁光玻璃型光学电流互感器（Magnet－optic Current Transformer，MOCT）和全光纤型光学电流互感器（Fiber－optic Current Transformer，FOCT）两种。两种类型的电流互感器原理相同，但传感器的传感头结构不同，全光纤光学电流互感器是将传感光纤缠绕在被测通电导体周围，传感和传光部分都采用光纤，又称为功能型光学电流互感器。磁光玻璃型光学电流互感器传感部分采用块状磁光玻璃，如重火石玻璃 ZF_7 等。根据玻璃加工的结构型式，磁光玻璃型光学电流互感器可分为闭合光路和直通光路两种。

与传统电磁式电流互感器相比，光学电流互感器具有绝缘强度高、动态范围大、频带宽、抗干扰能力强、不会产生磁路饱和、体积小、重量轻等一系列优点。利用其动态范围大的特点可实现保护和测量数据共享，减少互感器的使用量；利用其无磁路饱和、频带宽的优势，可改善传统保护的性能及实现新的继电保护和控制原理。由于法拉第磁光效应原理的光学电流互感器潜在的优势，过去的很长时间里其一直是新型电子式电流互感器的研究热点。

1.3.1.3 电子式电流互感器之间的性能差异比较

在电子式电流互感器中，LPCT 是对传统电磁式电流互感器的发展，二次绕组接取样电阻，将二次电流转换为电压输出，从而避免了传统电磁式电流互感器二次侧不能开路的弊端。空心线圈式电流互感器依据法拉第电磁感应原理，采用的是空心螺绕环，取样灵敏度相对较小，比较适合大电流的测量。光学电流互感器依据法拉第磁光效应原理，实现高压传感的无源化，解决了磁路饱和的问题。

以上几种电子式电流互感器性能比较如表 1－2 所示。

表 1－2 电子式电流互感器间的性能比较

比较内容	LPCT 电子式电流互感器	空心线圈电子式电流互感器	光学电流互感器
基本原理	法拉第电磁感应原理		法拉第磁光效应
传感结构	铁芯线圈	空心线圈	法拉第磁光玻璃（玻璃/光纤）
稳态品质	品质优良	满足要求	满足要求
暂态品质	不满足要求	满足要求	品质优良
测量频带	频带窄	不能测直流	频带宽
磁路饱和	存在磁路饱和现象	不存在磁路饱和现象	不存在磁路饱和现象

1.3.2 电子式电压互感器的分类

1.3.2.1 有源电子式电压互感器

有源电子式电压互感器有电容分压、电阻分压及阻容分压等类型。被测电压由电容器、电阻器或阻容分压后取分压电压，经一次转换器后，变为光信号经光纤传输至二次转换器，进行解调得到被测电压。

有源电子式电压互感器解决了铁磁谐振问题和磁路饱和问题，提高了常规电压互感器的动态响应能力，但存在几个关键问题：① 高压传感头必然是有源方式；② 温度和电磁干扰的影响不能忽略；③ 受杂散电容的影响，测量准确度难以保证。

此外，电阻分压型电子式电压互感器因受电阻功率和准确度的限制而在超高压交流电网中难以实际使用，多用于 10kV 和 35kV 电压等级；电容分压型电子式电压互感器在一次传感结构和电磁屏蔽方面需要完善，并且存在线路带滞留电荷重合闸引起的暂态问题，故其应用尚需要积累工程经验。

1.3.2.2 无源电子式电压互感器

无源电子式电压互感器主要是指基于光学效应原理的光学电压互感器。按传感原理的不同，光学电压互感器可分为四类：① 利用克尔（Kerr）效应测量的光学电压互感器；② 利用逆压电效应测量的光学电压互感器；③ 利用 Pockels 效应测量的面调制型光学电压互感器

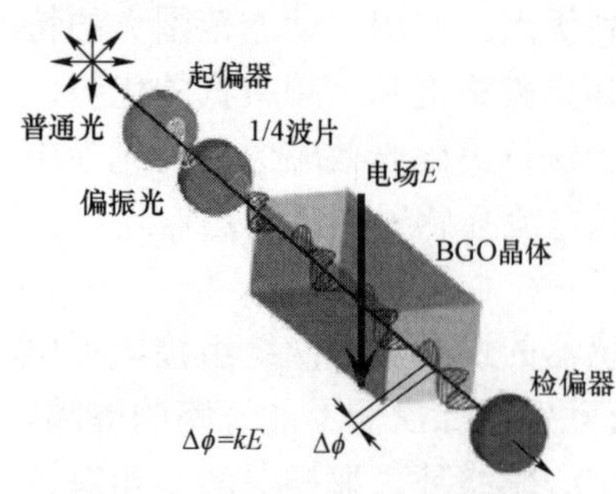

图 1－31　Pockels 电光效应原理

（即集成光学电压互感器）；④ 利用 Pockels 效应测量的体调制型光学电压互感器。其中，前三种光学电压互感器的研究主要处于实验室研究阶段。

基于泡克尔斯（Pockels）电光效应的体调制型光学电压互感器的测量原理是：利用线偏振光在电场 E 的作用下通过电光材料时，其发生双折射后两光波之间的相位差 δ 来反映被测电压 U 的大小，传输系统采用光缆，输出电压正比于被测电压。Pockels 电光效应原理如图 1－31 所示。

Pockels 效应可以用式（1－2）描述

$$\delta = \alpha E = k\alpha U \tag{1-2}$$

式中：α 为与晶体材料的电光特性、通光波长和通光长度有关的常数；k 为与外加电压方向有关的系数，rad/V；E 为外加电场，N/C；U 为引起外加电场的外加电压，V。

与常规电压互感器相比，光学电压互感器具有绝缘结构简单、动态范围大、测量频带宽、瞬变响应快、抗干扰能力强、不会产生磁路饱和以及铁磁谐振、体积小、重量轻、输出数字化等一系列优点。

根据光学电压互感器一次部分的结构不同，依次出现了四种类型的光学电压互感器，它们分别是电容分压型 OVT、全电压型 OVT、叠层介质分压型 OVT、分布式 OVT。

1.3.2.3　电子式电压互感器之间的性能差异比较

电子式电压互感器中，有源电子式电压互感器基于分压原理，解决了铁磁谐振和磁路饱和问题，提高了常规电压互感器的动态响应能力。光学电压互感器基于 Pockels 电光效应原理，其瞬变响应特性好，不存在线路带滞留电荷重合闸引起的较大暂态测量误差的问题。

以上两种电子式电压互感器性能比较如表 1－3 所示。

表 1－3　　电子式电压互感器间的性能比较

比较内容	有源电子式电压互感器	光学电压互感器
基本原理	分压原理	Pockels 电光效应原理
传感结构	电阻/电容分压器	Pockels 电光晶体
稳态品质	满足要求	满足要求
暂态品质	满足要求	品质优良
工作方式	有源式	无源式
技术难点	供电技术（GIS 例外），远端模块可靠性	传感材料、组装工艺、温度对测量准确度影响，长期运行稳定性

1.3.3　电子式电流电压组合互感器

电子式电流电压组合互感器可以是有源电子式电流互感器与有源电子式电压互感器或无源光学电压互感器的组合，也可以是无源光学电流互感器与有源电子式电压互感器或无源光学电压互感器的组合。目前，主流电子式电流电压组合互感器主要包括：① 利用空心线圈（或与 LPCT 组合）传感被测电流和电容分压器传感被测电压的有源电子式电流电压组合互感器；

② 利用磁光玻璃或全光纤传感被测电流和电容分压器传感被测电压的混合电子式电流电压组合互感器；③ 利用磁光玻璃传感被测电流和电光晶体传感被测电压的无源光学电流电压组合互感器。

1.4 电子式互感器的标准体系

IEC/TC 38，即 IEC 互感器技术委员会分别于 1999 年和 2002 年先后完成了电子式电压互感器标准 IEC 60044－7：1999 *Instrument transformer－Part7：Electronic voltage transformers* 和电子式电流互感器标准 IEC 60044－8：2002 *Instrument transformer－Part8：Electronic current transformers* 的制定，其中包含了数字通信协议标准的有关内容。随后，我国全国互感器标准化技术委员会在 2003 年的全国标准化年会上提出了根据 IEC 60044－7 制定中国国家标准《互感器 第 7 部分：电子式电压互感器》和根据 IEC 60044－8 制定中国国家标准《互感器 第 8 部分：电子式电流互感器》的建议。2007 年，中国国家标准 GB/T 20840.7—2007《互感器 第 7 部分：电子式电压互感器》和 GB/T 20840.8—2007《互感器 第 8 部分：电子式电流互感器》获得国家质量监督检验检疫总局和国家标准化管理委员会的正式批准。

1.4.1 电子式互感器的基本概念

根据国家标准 GB/T 20840.8—2007 规定：电子式互感器（Electronic Instrument Transformer）是一种装置，由连接到传输系统和二次转换器的一个或多个电流或电压传感器组成，用以传输正比于被测量的量，供给测量仪器、仪表和继电保护或控制装置。在数字接口的情况下，一组电子式互感器共用一台合并单元完成此功能。

电子式互感器摒弃了原有的铁芯结构，其信号传输采用光纤实现，信号处理均为光路与电子电路系统，电流或电压传感部分也采用了有别于法拉第电磁感应定律的新的物理原理。电子式电流/电压互感器二次转换器的输出实质上正比于一次电流/电压，且相位差在连接方向正确时接近于已知相角。一次侧传感器包括电气、电子、光学和其他类型的装置，二次部分可接计量、继电保护、自动装置等设备。

1.4.2 电子式互感器的通用结构

以单相电子式互感器为例，其通用结构框图如图 1－32 所示。从信号传感到数据传输，依次为一次传感器、一次转换器、传输系统、二次转换器和合并单元。如果系统配有一次或者二次转换器，则分别需要附加一次或者二次电源，一个完整体系共含七个功能模块。

（1）一次传感器。它是一种电气、电子、光学或其他类型的装置，用于将一次电流或电压转换成另一种便于测量或传输的物理量，通常也称为传感头或传感单元。例如模拟小电压、阻值、霍尔电势、光强、光偏角、光相位等。

（2）一次转换器。将传感器输出的物理量转换成适合传输和标定的数字信号或模拟信号，通常也被称作远端模块或采集器。一次转换器如果置于高压侧，则需要将模拟信号转换为数字信号（即 A/D 转换），经光纤发送，并且需要在高压侧有电源支持，习惯上称作“有源式”。光学类传感器直接输出模拟光信号，经传输系统直接传至低压侧，经二次转换器输出，不需要一次电源，故被称为“无源式”。

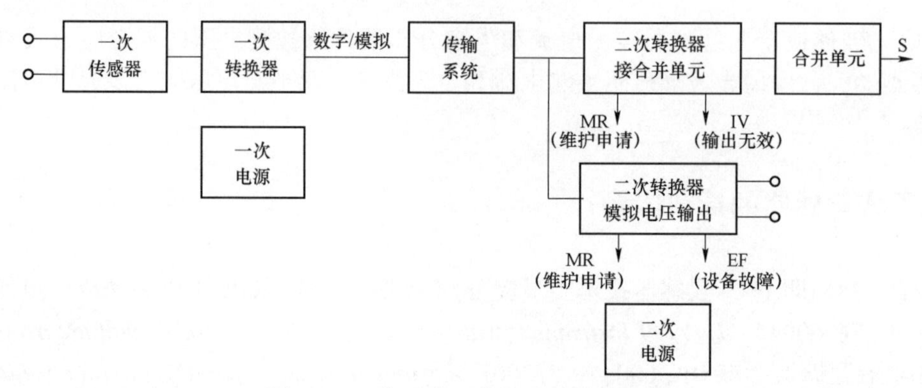

图 1－32　电子式互感器通用结构框图

（3）传输系统。承担着将一次传感器或者转换器输出信号传至二次转换器的任务，采用光纤传输模拟或数字信号，也作为高低压之间的绝缘隔离。

（4）二次转换器。按照标准约定的格式，完成到合并单元或二次仪表的标准信号输出，通常也称作采集器。二次转换器包括以下四种功能：① 对来自传输系统的数字输入，完成必要的通信规约转换（如果一次转换器未含此功能）；② 对光模拟信号进行解调并数字化，并作通信规约转换；③ 调理并输出标准模拟电压信号（如果系统设计有此要求）；④ 显示、输出互感器的本机（或称本地）自诊断和维修请求信息。在大部分电子式互感器结构中，一、二次转换器只有二者之一，例如无源电子式互感器只有二次转换器，而有源电子式互感器大部分只有一次转换器。

（5）合并单元。也称合并通信单元。它是多台电子式互感器输出数据报文的合并器和以太网协议转换器，可以接入多达 12 台互感器的数字输入。合并单元应具备三种功能：① 具有接收全球定位系统（Global Positioning System，GPS）信号的对时和守时能力，为互感器的测量采样值打上时标和序列；② 接收、校验 12 路输入数据并按照固定的帧格式排序；③ 按照 FT3 或者 IEC 61850－9－1/2 协议以串口报文方式发送数据帧到二次仪表系统。

（6）一次电源。为一次转换器供电的电源。如果一次转换器装在高压侧，则需要一次电源，通常采用激光或线圈取能方式供电。

（7）二次电源。为二次转换器供电的电源。由于二次转换器处于低电位，通常直接采用直流电源供电。

1.4.3　电子式互感器的输出说明

依据国家标准 GB/T 20840.8—2007，电子式互感器具有数字输出和模拟电压输出两种形式。除少数直接输出模拟信号外，在大量的变电站应用中，转换为数字信号传送是更为普遍和先进的方式。采用光纤数字传输可有效抗御长线传输过程中的电磁干扰，平均造价低于铜线传输，具有节能环保优势，已成为一种通用做法。表 1－4 列出了 ECT、EVT 的输出标准以及与传统互感器的对照。

表 1－4　　电子式互感器与传统互感器的二次额定输出对比

类型	传统互感器	电子式互感器（数字）	电子式互感器（模拟）
测量类别	传统输出值	数字输出值	模拟输出值

续表

类型		传统互感器	电子式互感器（数字）	电子式互感器（模拟）
电流	计量	5A，1A	2D41H	2，4（V）
	保护	5A，1A	01CFH 00E7H	22.5，150，200 225（mV），4V
电压	线间	100V	2D41H	1.625，2，3.25， 4，6.5（V）
	对地	$100/\sqrt{3}$ V	2D41H	上栏各值除以 $\sqrt{3}$

（1）模拟输出。模拟输出主要针对中低压电压等级应用。中低压 ECT、EVT 通常与计量、保护装置同装在一个或相邻的柜体内，相距仅有几米，以模拟小电压信号直接传送的方式比光纤数字化传输更为实用。

（2）数字输出。数字输出采用连续的数字序列表达电流和电压波形幅值的瞬时变化。工频交流信号的表达规则如图 1－33 所示。

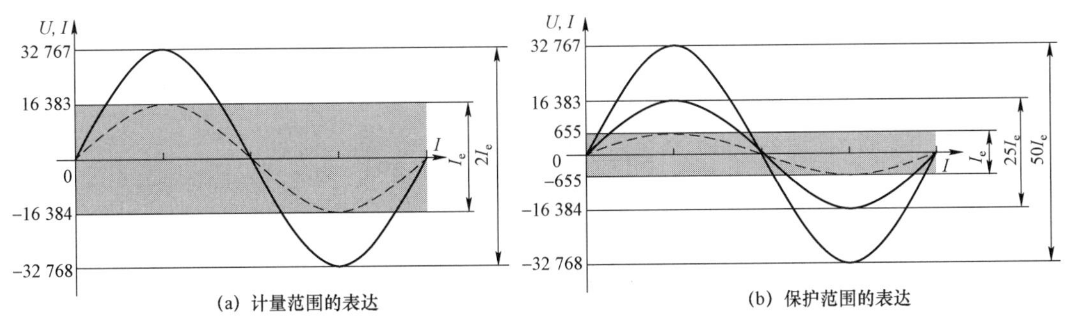

图 1－33 正弦交流信号的数值表达规则

1）数值范围。采用 16 位二进制有理数表达交流信号的瞬时幅值，正负数值的最大变化范围为－32 768～32 767。采用二进制补码表达电流或电压的极性，即最高位为“0”表示正极性，为“1”则表示负极性。

2）计量范围。图 1－33（a）表示计量电流（或电压）测量值的数字表示规则，规定最大数值变化范围对应 2 倍的额定电流或电压的变化范围（$2I_e$ 或 $2U_e$）。这样，额定电流、额定电压的变化范围占最大数值表达范围的 1/2，即－16 384～16 383，而额定有效值为 11 585（2D41H）。所以，电子式互感器通常标称额定电流为 I_e＝2D41H，额定电压为 U_e＝2D41H，但数值表达范围可以达到 2 倍的额定值。

3）保护范围。图 1－33（b）所示为保护电流测量值的数字表示规则，规定最大数值范围为 50 倍额定电流变化范围（$50I_e$），即额定电流为最大数值范围的 1/50，即－655～655，额定电流的有效值为 463（01CFH）。所以，电子式电流互感器通常标称保护电流为 I_e＝01CFH，但数值表达范围可以达到 50 倍，所以保护限值系数可以在 50 倍以内选择，特殊情况下，也可以扩大到 100 倍（对应 I_e＝00E7H）。

4）采样率。采样率也叫数据速率，即对传感器输出的信号作 A/D 转换的频率。标准规定采样率可选择：$256f_\tau$、$80f_\tau$、$48f_\tau$、$20f_\tau$，f_τ 为交流额定频率。针对 f_τ＝50Hz，实际采样率可以是 12.8kHz、4kHz、2.4kHz、1kHz，在我国的实际应用中，以 4kHz 最为普遍。

1.4.4 电子式互感器的误差定义

电子式互感器的误差与传统互感器的计算方法有很大不同，特别是数字输出式电子式互感器。由于数字输出式电子式互感器中增加了一些模拟信号（或光路）处理环节和数字信号传输环节，如信号调理、A/D、滤波、合并单元等，其输出方式发生了改变，其误差定义也发生了变化。

（1）比值误差定义。以电子式电流互感器为例（电子式电压互感器与电子式电流互感器定义相同）。

电流误差 ε（比值误差）为电子式电流互感器测量电流时出现的误差，是由于实际变比不等于额定变比而产生的。

1）对模拟量输出，电流误差百分数用下式表示

$$\varepsilon=\frac{K_{ra}u_s-i_p}{i_p}\times100\% \tag{1-3}$$

式中：K_{ra}为额定变比；i_p为一次剩余电流为 0 时实际一次电流的方均根值，A；u_s为二次直流偏移电压与二次剩余电压之和为 0 时二次转换器输出的方均根值，V。

2）对数字量输出，电流误差百分数用下式表示

$$\varepsilon=\frac{K_{rd}i_s-i_p}{i_p}\times100\% \tag{1-4}$$

式中：K_{rd}为额定变比；i_p为一次剩余电流为 0 时实际一次电流的方均根值，A；i_s为二次直流偏移电流与二次剩余电流之和为 0 时二次转换器输出的方均根值，A。

对于电子式互感器比值误差来说，其定义与传统互感器的比值误差定义是一致的。比值误差主要是将一次电流（电压）转化为对应数字信号时引起的误差。影响比值误差的主要因素是电子式互感器将模拟量转化为数字量的准确程度，而采样起点对其影响不大。因为比值误差是通过一段时间的有效值计算得到，而在短时间内（1s～2s），信号幅度波动不大，信号的有效值基本上没有变化，所以采样起点的不同，不会影响电子式互感器的比差。

（2）相位误差定义。对于传统的电磁式互感器而言，相位差定义等同于相位误差定义；对于电子式互感器，相位误差 φ_e 定义为相位差 φ_m 减去由额定相位偏移和额定延迟时间构成的相位偏移。

1）对模拟量输出，电子式电流互感器相位差 φ_m 为一次电流相量和二次输出相量的相位之差，相量方向选定为在额定频率下理想互感器的相位差角等于其额定值。当二次输出相量超前于一次电流相量时，相位差为正值，通常用分或厘弧表示。相位差用下式表示

$$\varphi_m=\varphi_s-\varphi_p \tag{1-5}$$

式中：φ_p为一次相位移，rad；φ_s为二次相位移，rad。

2）对数字量输出，电子式电流互感器相位差为一次侧某一电流的出现瞬时，与所对应数字数据集在合并单元输出的传输起始瞬时，两者时间之差（用额定频率的角度单位表示）。

电子式电流互感器相位误差φ_e等于相位差φ_m减去由额定相位偏移φ_{or}和额定延迟时间φ_{tdr}构成的相位偏移。相位误差是对额定频率而言。

$$\varphi_e = \varphi_m - (\varphi_{or} + \varphi_{tdr}) \tag{1-6}$$

$$\varphi_{tdr} = -2\pi f t_{dr} \tag{1-7}$$

对于与时钟脉冲同步的数字量输出，相位误差是时钟脉冲与数字量传输值对应的一次电流采样瞬时两者之间的时间差（用额定频率的角度单位表示）。采用时钟脉冲同步的数字接口的相位定义如图 1－34 所示。

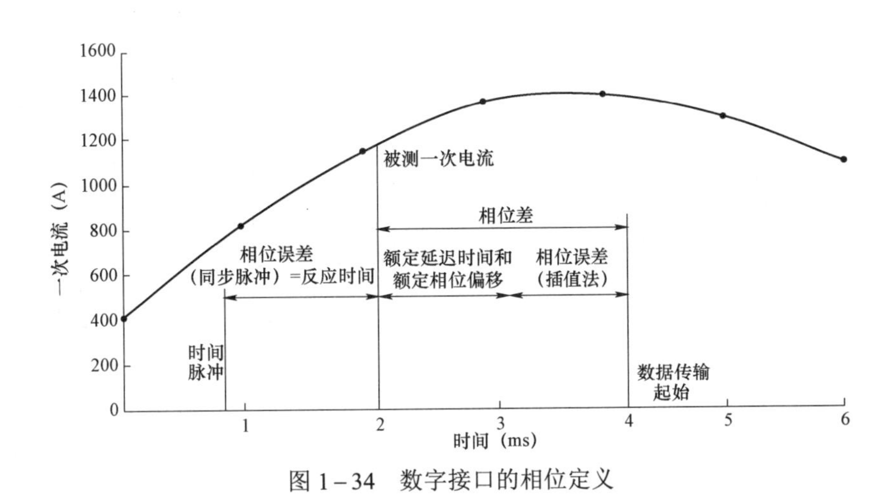

图 1－34　数字接口的相位定义

电子式互感器误差定义与传统互感器误差定义的区别见表 1－5。

表 1－5　　传统电流互感器与电子式电流互感器相位差定义比较

项目	传统电流互感器	电子式电流互感器
定义	相位差（角差）： 互感器的一次电流与二次电流相量的相位差。相量方向是按理想互感器的相位差为零来决定的	（1）相位差 φ_m：对数字输出，相位差为一次端子某电流的出现瞬时与所对应数字量数据集在合并单元输出的传输起始瞬时之间的时间差（用额定频率的角度单位表示）。此定义仅在正弦波电流时严格正确。对模拟输出和数字输出，理想电子式互感器的相位差 φ 可认为由两个分量组成：额定相位偏移 φ_{or} 和额定延时时间 t_{dr}。 （2）相位误差 φ_e：相位误差等于相位差减去由额定相位偏移和额定延时时间构成的相位移。相位误差是对额定频率而言。 对数字输出，如果采用时钟脉冲同步，相位误差是时钟脉冲与数字量传输值对应的一次电流采样瞬时之间的时间差（用额定频率的角度单位表示）
公式	无	$\varphi_e = \varphi_m - (\varphi_{or} + \varphi_{tdr})$
注释	本定义只在电流为正弦时正确	此定义仅在电流为正弦时严格正确，并有： （1）额定延时时间 φ_{tdr}：数字量数据处理和传输所需时间的额定值。 （2）额定相位偏移 φ_{or}：ECT 的额定相位移，依据所采用的技术，它不受频率影响

此外，对于电子式互感器相位差来说，其定义与传统互感器的相位差（也称为角差）定义有较大改变。主要原因是电子式互感器以数字帧形式输出后，其相位差不仅仅只是模拟量传变的延时，同时引入了数字量处理和传输的延时，如图 1－35。其中，t_a、t_b、t_c、t_d、t_e 分别为传感、采样、传输、合并、通信过程的延时，累积表现为总的相位差。所以数字量传输的特性对电子式互感器相位差有较大的影响。

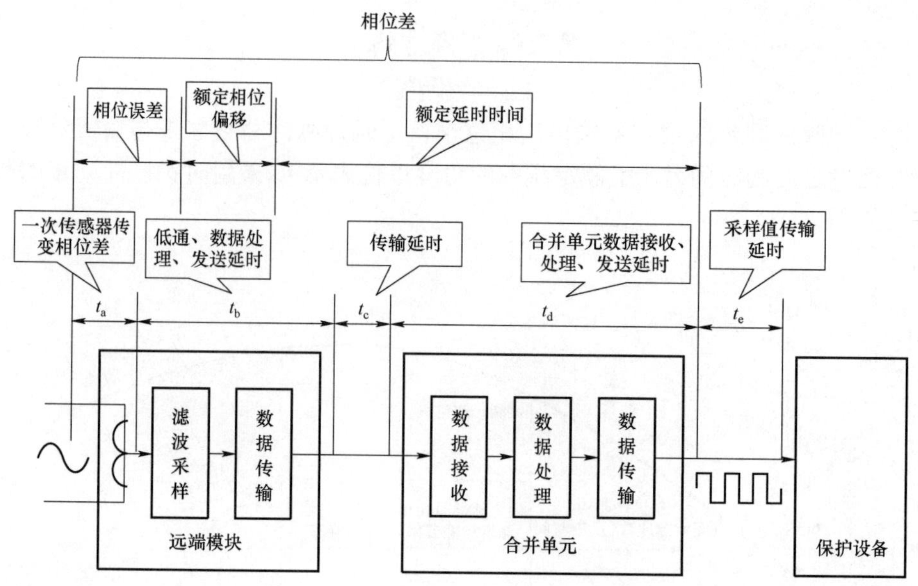

图 1-35　电子式互感器的相位差定义

（3）复合误差定义。复合误差沿用电磁式电流互感器概念。在故障电流时，电磁式电流互感器铁芯饱和，二次输出出现高次谐波，上述情况已不再适合用基本误差表示，于是，用励磁电流有效值与一次电流有效值的比值表示，引入复合误差概念。对于电子式电流互感器，复合误差为一次电流的瞬时值和实际二次输出的瞬时值乘以额定变比后两者之差的方均根值。

1）对模拟量输出，复合误差 ε_c 通常按下式表示为一次电流方均根值的百分数

$$\varepsilon_c = \frac{100}{I_p}\sqrt{\frac{1}{T}\int_0^T [K_{ra}u_s(t) - i_p(t - t_{dr})]^2 dt}\% \tag{1-8}$$

式中：K_{ra} 为额定变比；I_p 为一次电流方均根值；i_p 为一次电流；u_s 为二次电压；T 为一个周波的周期；t 为时间瞬时值；t_{dr} 为额定延迟时间。

2）对数字量输出，复合误差 ε_c 通常按下式表示为一次电流方均根值的百分数

$$\varepsilon_c = \frac{100}{I_p}\sqrt{\frac{T_s}{kT}\sum_{n=1}^{kT/T_s}[K_{rd}i_s(n) - i_p(t_n)]^2}\% \tag{1-9}$$

式中：K_{rd} 为额定变比；I_p 为一次电流方均根值；i_p 为一次电流；i_s 为二次的数字量输出；T 为一个周波的周期；n 为样本计数；t_n 为一次电流（电压）第 n 个数据集采样完毕的时间；k 为累计周期数；T_s 为一次电流两样本之间的时间间隔。

1.4.5　电子式互感器的标准介绍

2007 年开始，TC38 陆续发布了 IEC 61869 系列标准，用于逐步替代 IEC 60044 系列标准。这种替代不仅仅是一个编辑的过程，更重要的是一个技术更新的过程。2007 年首先推出了 IEC 61869-1 通用要求标准，之后每发布一个 IEC 61869 系列中的标准，都会替代相应的 IEC 60044 系列中的一个标准。同样的策略也将应用到非常规互感器标准上。IEC 61869 系列互感器标准如表 1-6 所示。截至 2017 年 12 月，IEC 61869 已经发布了 IEC 61869-1、IEC 61869-2、IEC

61869－3、IEC 61869－4、IEC 61869－5、IEC 61869－6、IEC 61869－9、IEC 61869－10、IEC 61869－11 9个标准。

表1－6　IEC 61869互感器系列标准

<table>
<tr><th colspan="2">通用部分标准号及名称</th><th>专用部分标准号</th><th>专用部分标准名称</th><th>发布时间</th><th>对应的原标准号</th></tr>
<tr><td rowspan="13">IEC 61869－1：2007
通用要求</td><td rowspan="4"></td><td>IEC 61869－2</td><td>电流互感器的补充要求</td><td>2012</td><td>60044－1
60044－6</td></tr>
<tr><td>IEC 61869－3</td><td>电磁式电压互感器的补充要求</td><td>2011</td><td>60044－2</td></tr>
<tr><td>IEC 61869－4</td><td>组合互感器的补充要求</td><td>2013</td><td>60044－3</td></tr>
<tr><td>IEC 61869－5</td><td>电容式电压互感器的补充要求</td><td>2011</td><td>60044－5</td></tr>
<tr><td rowspan="9">IEC 61869－6：2016
低功率互感器的补充通用要求</td><td>IEC 61869－7</td><td>电子式电压互感器的补充要求</td><td>—</td><td>60044－7</td></tr>
<tr><td>IEC 61869－8</td><td>电子式电流互感器的补充要求</td><td>—</td><td rowspan="3">60044－8</td></tr>
<tr><td>IEC 61869－9</td><td>互感器的数字接口</td><td>2016</td></tr>
<tr><td>IEC 61869－10</td><td>低功率无源电流互感器的补充要求</td><td>2017</td></tr>
<tr><td>IEC 61869－11</td><td>低功率无源电压互感器的补充要求</td><td>2017</td><td>60044－7</td></tr>
<tr><td>IEC 61869－12</td><td>组合电子式互感器和组合互感器的补充要求</td><td>—</td><td>—</td></tr>
<tr><td>IEC 61869－13</td><td>独立式合并单元</td><td>—</td><td>—</td></tr>
<tr><td>IEC 61869－14</td><td>直流电流互感器的补充要求</td><td>—</td><td>—</td></tr>
<tr><td>IEC 61869－15</td><td>直流电压互感器的补充要求</td><td>—</td><td>—</td></tr>
</table>

其中，IEC 61869－1是关于互感器的通用要求标准，IEC 61869－6标准提出了低功率互感器的补充通用要求，于2016年发布，是对IEC 61869－1标准的补充。这里的低功率互感器（Low－power Instrument Transformers，LPIT）就是通常所说的非常规互感器（Non－conventional Instrument Transformers，NCIT）。该标准适用于额定频率在15Hz～100Hz的交流系统以及直流系统中的低功率互感器。它与IEC 61869－1及相应的专用标准一起规范相关产品。但本标准并不适用于那些提供数字量输出的互感器。它仅仅规定了数字误差，而数字接口特性体现在IEC 61869－9中。IEC 61869－9是IEC 61850标准的横向拓展，它对于变电站的通信结构部分给出了详细的描述，于2016年发布。

IEC 61869－7和IEC 61869－8分别是对电子式电压互感器和电子式电流互感器的补充要求，这两个标准是用来替代IEC 60044－7和IEC 60044－8的主体标准，目前还没有发布。

IEC 61869－10是对低功率无源电流互感器的补充要求，于2017年发布。该标准适用于新制造的低功率无源电流互感器，其额定频率为15Hz～100Hz，用于电气测量仪表或电气保护装置。该标准涵盖了用于测量或保护的低功率无源电流互感器，以及用于测量和保护的多用途低功率电流互感器，包含了空心线圈和低功率铁芯线圈的电流互感器。IEC 61869－10与IEC 61869－1、IEC 61869－6、IEC 61869－8和IEC 61869－9一起取代了在2002年发布的电子式电流互感器标准IEC 60044－8。

IEC 61869－11 是对低功率无源电压互感器的补充要求，于 2017 年发布。该标准适用于新制造的低功率无源电压互感器，其额定频率为 15Hz～100Hz，用于电气测量仪表或电气保护装置。该标准涵盖了用于测量或保护的低功率无源电压互感器，以及用于测量和保护的多用途低功率电压互感器。低功率无源电压互感器只有模拟输出（对于数字输出或使用任何一种有源电子元件的技术，都指的是未来的 IEC 61869－7）。这种低功率的无源电压互感器可以包括次级信号电缆（传输电缆）。低功率无源电压互感器的二次电压与主电压成正比。IEC 61869－11 与 IEC 61869－1、IEC 61869－6 和 IEC 61869－7 一起取代了在 1999 年发布的电子式电压互感器标准 IEC 60044－7。

鉴于 IEC/TC 38 的标准体系进行了重新调整，即将原 IEC 60044 系列标准重新调整为现在的 IEC 61869 系列标准。为了更好地采用国际标准，经全国互感器标准化技术委员会（SAC/TC 222）研究决定，将我国目前的互感器国家标准体系参照 IEC/TC 38 的新标准体系进行调整，即将原 IEC 60044 系列标准对应的各单项互感器国家标准与 IEC 61869 系列标准的对应关系进行重新制定，构成一套“通用技术要求”通用部分和“补充技术要求”专用部分相配套的新互感器系列国家标准。

目前，我国拟构成和已发布及实施的新的互感器系列国家标准总体情况如表 1－7 所示。

表 1－7　　新的互感器系列国家标准

<table>
<tr><th colspan="2">通用部分标准号及名称</th><th>专用部分标准号</th><th>专用部分标准名称</th><th>对应的原标准号</th></tr>
<tr><td rowspan="13">GB 20840.1 通用技术要求</td><td rowspan="13">GB/T 20840.6 低功率互感器的补充通用技术要求</td><td>GB 20840.2</td><td>电流互感器的补充技术要求</td><td>GB 1208
GB 16847</td></tr>
<tr><td>GB 20840.3</td><td>电磁式电压互感器的补充技术要求</td><td>GB 1207</td></tr>
<tr><td>GB 20840.4</td><td>组合互感器的补充技术要求</td><td>GB 17201</td></tr>
<tr><td>GB/T 20840.5</td><td>电容式电压互感器的补充技术要求</td><td>GB/T 4703</td></tr>
<tr><td>GB/T 20840.7</td><td>电子式电压互感器的补充技术要求</td><td>GB/T 20840.7</td></tr>
<tr><td>GB/T 20840.8</td><td>电子式电流互感器的补充技术要求</td><td rowspan="3">GB/T 20840.8</td></tr>
<tr><td>GB/T 20840.9</td><td>互感器的数字接口</td></tr>
<tr><td>GB/T 20840.10</td><td>低功率独立电流传感器的补充技术要求</td></tr>
<tr><td>GB/T 20840.11</td><td>低功率独立电压传感器的补充技术要求</td><td>GB/T 20840.7</td></tr>
<tr><td>GB/T 20840.12</td><td>组合电子式互感器和组合独立传感器的补充技术要求</td><td>—</td></tr>
<tr><td>GB/T 20840.13</td><td>独立合并单元</td><td>—</td></tr>
<tr><td>GB/T 20840.14</td><td>直流电流互感器的补充技术要求</td><td>—</td></tr>
<tr><td>GB/T 20840.15</td><td>直流电压互感器的补充技术要求</td><td>—</td></tr>
</table>

截至 2018 年 6 月，国内已完成对 IEC 61869－1、IEC 61869－2、IEC 61869－3、IEC 61869－4、IEC 61869－5、IEC 61869－6、IEC 61869－9 标准的转化，发布了 GB 20840.1、GB 20840.2、GB 20840.3、GB 20840.4、GB/T 20840.5、GB/T 20840.6、GB/T 20840.9 七个标准。

1.5 电子式互感器的应用研究

1.5.1 电子式互感器的应用情况

2009年我国启动了智能电网示范工程建设工作，智能变电站作为智能电网建设的重要环节之一，是电网最为重要的基础运行参量采集点、管控执行点和未来智能电网的支撑点。

在智能变电站建设方面，截至2012年底，国家电网公司先后安排2批47座智能变电站试点工程的建设工作，电子式互感器在约90%的试点站内得到应用，数量超过2000台；南方电网公司在广东电网数字化变电站使用了492台各电压等级电子式互感器。2013年和2015年，国家电网公司又先后组织建设了6座新一代智能变电站示范工程和50座示范工程扩大应用，全部采用了电子式互感器。在直流换流站工程方面，国家电网公司在直流工程中有20个工程配置了电子式电流互感器，总数共计2710个。

（1）第一代智能变电站/数字化变电站（2009～2012年）。据不完全统计，截至2012年底，国家电网公司110（66）kV及以上电压等级在运电子式互感器共计2041台，占所有在运互感器总数0.45%，主要应用于110kV系统，且多为电流互感器。其中，电子式电流互感器以有源型为主（33.3%为无源型），电子式电压互感器基本为有源型。电子式电流互感器1359台（其中20.5%用于GIS，其余均为独立式结构），占所有在运电子式互感器总数的66.6%；电子式电压互感器共411台（其中43.3%用于GIS，其余均为独立式结构），占所有在运电子式互感器总数的20.1%；电子式电流电压组合型互感器共计271台（其中77.5%用于GIS，其余均为独立式结构），占所有在运电子式互感器总数的13.3%。各种电子式互感器在不同电压等级交、直流系统中的应用情况如表1－8所示。

表1－8　　国家电网公司第一代智能变电站电子式互感器应用情况

电压等级（kV）	电子式电流互感器（台）	电子式电压互感器（台）	电子式电流电压组合互感器（台）	合计（台）
800（直流）	38	4	0	42
750	21	11	0	32
660（直流）	28	8	0	36
500（含直流）	318	6	0	324
330	25	17	0	42
220	135	91	96	322
110	749	256	85	1090
66	45	18	90	153
总计	1359	411	271	2041

据不完全统计，截至2012年底，南方电网公司中广东电网在运各电压等级电子式互感器共计492台，主要应用于110kV电压等级。其中，在运电子式电流互感器50%以上均是空心线圈＋LPCT型有源电子式电流互感器，无源光学互感器占10%左右；在运电子式电压互感

器 50%以上均是电感分压型，暂无光学电压互感器运行。各种电子式互感器在不同电压等级系统中的应用情况如表 1－9 所示。

表 1－9　　南方电网公司广东电网数字化变电站电子式互感器应用情况

电压等级（kV）	电子式电流互感器（台）	电子式电压互感器（台）	电子式电流电压组合互感器（台）	合计（台）
220	33	13	33	79
110	115	35	0	150
10	62	15	186	263
总计	210	63	219	492

（2）新一代智能变电站（2013～2016 年）。电子式互感器在第一代智能变电站和数字化变电站中曾出现较多问题，引起了广泛关注。在 2013 年启动研究与建设的新一代智能变电站特别注重解决其电磁兼容问题，以有效提升可靠性和稳定性。通过制定较原有国标更加严格的技术与检测标准，改进产品设计，提高设备可靠性，增加暂态地电位耐受检测及与一次设备联调试验，有效提高了电子式互感器的运行稳定性。

国家电网公司于 2014 年底投运的 6 座新一代智能变电站示范工程共计使用 162 台有源电子式互感器，采用了独立安装以及与隔离断路器、GIS、变压器套管集成等多种安装方式。在电子式电流互感器运行方面，未发生电磁兼容缺陷。北京未来城站、北京海鹊落站、天津高新园站 GIS 集成电子式电流互感器运行 1 年零缺陷。与常规互感器相比，电子式电流互感器从源头实现了采样数字化，提升了基础数据质量，减少了二次装置重复交流采样；与“常规互感器＋合并单元”模式相比，提高了信号传变环节的动态性能。在电子式电压互感器运行方面，所发生的 2 个电子式电压互感器本体缺陷，原因是某生产厂商设备更改了分压电容屏设计，制造工艺不合理，造成产品质量不稳定，经完善设计后设备运行稳定。

2015 年，国家电网公司又启动了 50 座新一代智能变电站扩大示范工程建设。一期 6 座示范工程运行的 ECT 设备已较好解决了电磁兼容类缺陷，但有源供能仍是薄弱环节。在 50 座扩大示范工程中继续推广应用了电子式互感器，并基于不同类型互感器的成熟度，优化选用 ECT 与隔离断路器本体集成方案，推广应用 ECT 与 GIS 整体集成方案，试点应用高可靠性无源光学互感器集成方案。新一代智能变电站电子式互感器应用情况如表 1－10 所示。

表 1－10　　国家电网公司新一代智能变电站电子式互感器应用情况

电压等级（kV）	配电装置	座数（个）	电子式互感器选型
500	HGIS	1	选用有源电子式互感器
330	DCB	1	选用无源全光纤电流互感器
220	GIS	10	8 座选用有源电子式互感器，1 座选用无源磁光玻璃型光学互感器，1 座选用无源全光纤型光学互感器
	DCB	8	7 座选用有源电子式互感器，1 座选用无源全光纤型光学互感器
110（66）	GIS	20	19 座选用有源电子式互感器，1 座选用无源全光纤型光学互感器
	DCB	10	9 座选用有源电子式互感器，1 座选用无源全光纤型光学互感器

(3) 直流换流站。由于原理所限，电磁式互感器不适用于直流量测量，目前直流换流站主要依靠零磁通互感器和电子式互感器。零磁通互感器具有准确度高、运行可靠的优点，但由于体积大、重量重、绝缘要求高等原因，在直流高压测点不易安装，仅用于中性母线有限的几个直流低压测点。直流工程保护用电子式互感器有光电式和纯光纤两类，其中光电式互感器包括电阻分流器、低功率线圈和空心线圈三类。电阻分流器主要用于直流场测量，低功率线圈和空心线圈主要用于交流滤波器场测量。国家电网公司在直流工程中有20个工程配置了电子式电流互感器，总数共计2710台，具体应用情况如表1-11所示。

表1-11 国家电网公司直流换流站电子式互感器应用情况

直流工程	电子式CT类型	应用数量（台）	应用场合
向家坝—上海±800kV复奉线直流输电工程	光电式	213	直流场、交流滤波场
锦屏—苏南±800kV特高压直流输电工程	光电式	72	锦屏直流场和交流滤波场
	纯光纤式	114	苏州直流场和交流滤波场
哈密—郑州±800kV特高压直流输电工程	光电式	258	直流场、交流滤波场
宜宾—金华±800kV特高压直流输电工程	光电式	168	宜宾直流场和交流滤波场、金华直流场
	纯光纤式	102	金华交流滤波场
灵州—绍兴±800kV特高压直流输电工程	光电式	196	直流场、交流滤波场
祁连—韶山±800kV特高压直流输电工程	光电式	274	直流场、交流滤波场
雁门关—淮安±800kV特高压直流输电工程	纯光纤式	172	直流场、交流滤波场
锡盟—泰州±800kV特高压直流输电工程	纯光纤式	312	直流场、交流滤波场
扎鲁特—青州±800kV特高压直流输电工程	纯光纤式	94	扎鲁特直流场和交流滤波场
	光电式	211	广固直流场和交流滤波场
葛洲坝—上海南桥±500kV直流输电工程	光电式	20	直流场
三峡—常州（龙政）±500kV直流输电工程	光电式	104	直流场、交流滤波场
	纯光纤式	18	政平交流滤波场
江陵—鹅城±500kV直流输电工程	光电式	162	直流场、交流滤波场
宜昌—上海华新±500kV直流输电工程	光电式	96	直流场、交流滤波场
宝鸡—德阳±500kV直流输电工程	光电式	16	直流场
银川—山东±660kV直流输电工程	光电式	40	直流场
宜昌—上海南桥±500kV直流输电工程	光电式	16	直流场、交流滤波场
伊敏—穆家±500kV直流输电工程	光电式	16	直流场
柴达木—朗塘（柴拉）±400kV直流输电工程	光电式	24	直流场
中俄黑河±500kV直流背靠背联网工程	光电式	2	直流场
东北—华北（高岭）直流背靠背联网工程	光电式	10	直流场

1.5.2 电子式互感器的关键技术

电子式互感器在我国得到了推广和规模化应用，但在实践过程中也曾出现过诸多问题。

鉴于上述情况，电子式互感器的科研工作者和生产厂商进行了系统的研究，提出了一系列有针对性的解决方案，实现了电子式互感器的技术创新，并提高了实用化水平。表 1－12 为电子式互感器在产品制造和使用过程中需关注的重点内容，同时系统总结了本书中交流、直流、中低压和特种电子式互感器所涉及的 4 大类关键技术和 35 项实用解决方案。

表 1－12　电子式互感器在产品制造和使用过程中需重点关注的几个方面

类型	关注点	关键技术	本书中有关内容摘要
有源电子式互感器	测量准确度	低功率线圈零负载变换技术	分析了影响 LPCT 测量准确度的因素，介绍了零负载变换技术。通过在 LPCT 后级联小容量电流互感器，将电流缩小到毫安级，并由运算放大器进行阻抗变换，减小了二次回路负载，降低了测量误差并扩大了线性量程
		交流分压器高精度测量技术	分析了串联分压器、同轴电容分压器、电阻分压器的测量准确度影响因素，通过电容值和分压比优化、同轴电容偏心控制、全屏蔽设计及增加屏蔽电极等方法，减小外部杂散电容的影响，提高了测量准确度
		直流分流器高精度测量技术	分析了集肤效应和导体间干扰对于鼠笼式分流器测量准确度的影响，论述了鼠笼式分流器的优化措施。通过控制锰铜导体的截面半径，加大相邻导体的间距，提高了鼠笼式分流器的测量准确度
		直流分压器高精度测量技术	分析了高电压下泄漏电流对直流分压器测量准确度的影响，设计了基于等电位屏蔽的直流分压器。通过增加辅助分压器，在分压电阻表面建立等电位点，可有效阻断沿分压电阻表面的泄漏电流，提高了直流分压器的测量准确度
	温度稳定性	空心线圈温度稳定性技术	提出了空心线圈的抗温度干扰措施，通过选用热膨胀系数小、材质均匀的骨架材料和恰当的绕制工艺，减小了温度变化对空心线圈的影响
		低功率线圈温度稳定性技术	阐述了温度变化对低功率线圈的影响主要体现在取样电阻的变化，通过选择温度系数小的定制电阻作为取样电阻，提高了测量准确度，可在极端温度下满足 0.2S 级准确度要求
		分压器温度稳定性技术	分析了串联分压器、同轴电容分压器、电阻分压器的温度稳定性影响因素，提出了温度补偿措施。电容分压器采用膜纸绝缘、分布式分压结构和输出端并联精密小电阻的设计形式，电阻分压器采用低温度系数的分压电阻器件，均可有效提高电压分压器的温度稳定性
	运行可靠性	一次转换器可靠性技术	阐述了电磁干扰是影响一次转换器运行可靠性的主要因素。通过采用硬件积分与软件积分自动切换、双 AD 采样数据比对、GIS 整体封装设计等方法，提高一次转换器的电磁兼容性能，解决快速暂态过电压影响问题，保证一次转换器在强电磁干扰环境中可靠运行
		光纤复合绝缘子技术	介绍了基于气体填充或硅胶填充的填充式光纤复合绝缘子和缠绕式光纤复合绝缘子的两种制造工艺，总结了制造工艺中应关注的问题，提高了光纤复合绝缘子的可靠性
	抗电磁干扰能力	空心线圈抗电磁干扰技术	提出了减小外部磁场对空心线圈影响的措施，通过控制绕线工艺使空心线圈的匝数密度和截面积尽量均匀，同时采用设置屏蔽罩、在骨架中心绕制与感应线匝走向相反的回线等措施，提高空心线圈的抗电磁干扰能力
无源光学互感器	测量准确度	小电流高精度测量技术	阐述了 FOCT 散粒噪声是影响小电流测量准确度的主要因素，分析了噪声特性，建立了系统信噪比多参数量化模型，提出了基于光路功率匹配、偏置工作点调节的噪声抑制方法，有效提高了信噪比和小电流测量精度
		高次谐波准确测量技术	建立基于传感单元和输出单元的 FOCT 一阶传递函数模型，仿真分析了不同参量下的系统带宽，提出了高速闭环反馈和带宽稳定控制技术，解决了 FOCT 高次谐波精确测量的难题
		FOCT 数字闭环信号处理技术	提出了基于方波调制技术的 FOCT 数字闭环信号处理方法，在提高系统响应灵敏度的同时，抑制了低频噪声，实现对微弱信号的检测；应用数字阶梯波反馈调制技术实现闭环检测，使系统的输出响应由非线性转换为线性，扩大了系统理论测量范围并提高了系统测量准确度

续表

类型	关注点	关键技术	本书中有关内容摘要
无源光学互感器	温度稳定性	FOCT 一次传感器温度补偿技术	建立了全温度范围内不同 1/4 波片相位延迟角对 FOCT 变比的影响模型，提出了光纤费尔德常数与 λ/4 波片相位延迟角之间的自补偿方法，确定了最佳波片工作长度并介绍了其标准制作方法，提高了 FOCT 一次传感器的温度适应能力
		FOCT 二次转换器温度软件补偿技术	提出了一次传感器与二次转换器的双模型温度特性补偿方法，建立了 FOCT 系统级分段补偿模型，补偿后互感器准确度满足 0.2 级要求
		MOCT 自愈光学电流传感技术	采用两个相互独立的传感器，构造两组独立输出量，通过对这两组独立量的运算，获得与温度干扰无关的测量输出结果，解决了 MOCT 测量结果的温度漂移问题
	运行可靠性	高圆双折射光纤制作工艺	阐述了传感光纤线双折射率及圆双折射率与传感误差大小之间的关联关系，提出了基于高圆双折射光纤拉制的保圆光纤制作方法，提出了基于显微对轴系统的保偏光纤熔接方法，提高了 FOCT 长期运行可靠性
		MOCT 非接触光连接工艺	采用金属化封装技术，将光学电流传感单元的光学器件固定在金属基板上并进行整体气密封装，实现光学器件的非金属光连接，提高了 MOCT 长期运行的可靠性
		状态监测技术	分析了影响 FOCT 测量准确度的关键状态量（包括光源管芯温度、光源发射光功率、探测器接收光功率、相位调制器半波电压和传感环工作温度），提出了对各关键状态量的监测及控制方法，实现对 FOCT 运行状态的自诊断，提高了 FOCT 在线智能化监测程度
	抗振动干扰能力	FOCT 光路结构抗振动技术	分析了振动环境对环型、反射式等不同互易度光路结构的影响程度，针对易受振动影响的环型光路结构，介绍了环型传感光纤同向绕制技术，有效降低了陀螺效应的影响面积，提高了系统抗振动干扰的性能
		MOCT 共模差分消振技术	利用光学电流传感单元两路输出信号的共模特性，采用共模差分消振方法，结合光学电流传感单元的非接触光连接技术，软硬件配合消除了 MOCT 机械振动干扰问题
	抗磁场干扰能力	MOCT 零和御磁结构技术	基于离散环路磁场积分理论，建立了多边形离散环路的零和模型，提出了应用多传感单元的多边形离散环路零和御磁结构，利用几何对称性解决了 MOCT 外磁场干扰问题
中低压电子式互感器	测量准确度	电流传感技术	分析了空心线圈的结构参数和输出阻抗对其测量准确度的影响因素，提出了改进空心线圈生产工艺的解决方法，提升了中低压系统中的电流测量准确度
		电压传感技术	分析了电阻分压和电容分压的输出特性、负载特性及其影响测量准确度的原因，提出了中低压系统中电压分压器的选型原则，介绍了电子式电压互感器实现零序电压测量的原理
		传感器补偿技术	提出了电流电压传感器的补偿技术，空心线圈采用高精度骨架加工、密绕等措施提高测量准确度和抗外磁场干扰能力，分压器采用同温度系数和电压系数的高低压电阻实现分压比恒定。介绍了双层屏蔽补偿线圈的对地电容技术和对称屏蔽补偿分压器的相位误差及其温度特性
	温度稳定性	一次线圈温升控制技术	介绍了一次线圈温升控制方法，优先采用弯折小、连接点和焊接点少的一次线圈，推荐采用一根母线和直线结构，材料上选用优质的导电体，结构上采用小电流密度设计
		LPCT 和电阻分压器温升控制技术	分析了采用环氧树脂浇注形式的中低压电子式互感器的传热特性，提出了 LPCT 采样电阻和电阻分压器中高压电阻的选型原则，介绍了电路布置和电场屏蔽方式
	运行可靠性	光电线性隔离技术	介绍了自补偿光电隔离电路及其正负半波分别隔离合成技术，通过采用具有相同光敏特性的光敏管并与发光管的整体封装，可实现隔离电路的同温度特性
		环氧浇注技术	介绍了采用高温、真空浇注提高产品绝缘性能和局部放电水平的方法，通过采用阶梯降温方式，使浇注逐步降温达到均匀收缩的目的，使中低压互感器具备了平整的外观、良好的光泽度和憎水性
		电位安全使用技术	介绍了中低压系统的等电位技术，采用使内部电场均匀分布的方法，解决了局部电场强度过高而导致的绝缘材料损坏或空气极化引起的放电

续表

类型	关注点	关键技术	本书中有关内容摘要
特种电子式互感器	大电流测量	分布式互感器准确测量技术	分析了空心线圈传感器组的测量准确度，提出了分布式空心线圈大电流互感器结构设计方法，解决了大体积分布结构时并联导体中超大电流的准确测量问题
		大电流非线性误差修正技术	分析了 FOCT 检测相位差与传感光纤费尔德常数、线性双折射及 $\lambda/4$ 波片等参数的定量关系，介绍了光纤波片和光源中心波长的选用原则及线性双折射抑制方法，实现了大电流测量时的非线性误差修正
	高频测量	空心线圈高速信号处理技术	介绍了空心线圈的高速自积分信号处理技术和自积分式空心线圈测量准确度的计算方法，分析了空心线圈采样电阻和分布电容等结构参数对测量特性的影响及其选型设计原则
		快速暂态过电压测量技术	介绍了对快速暂态过电压的光学测量方法，与电容式测量方法相比，在同等测试带宽条件下其输出信号具有更高的频谱分辨率，支持的频谱测量范围更广
	宽频测量	闭环反馈控制的宽频测量技术	建立了 FOCT 高阶离散域数学模型，介绍了 FOCT 频率响应和阶跃响应特性。通过优化配置前向增益和滤波器阶数，在抑制超调的同时，可提高 FOCT 宽频电流测量准确度及其带宽

参考文献

[1] 凌子恕. 高压互感器技术手册［M］. 北京：中国电力出版社，2004.

[2] 宋璇坤，李敬如，肖智宏，林弘宇，李震宇，邹国辉，黄宝莹，李勇. 新一代智能变电站整体设计方案［J］. 电力建设，2012，33（11）：1－6.

[3] Emerging Technologies Working Group & Fiber Optic Sensors Working Group. Optical Current Transducers for Power Systems：A Review［J］. IEEE Trans. on Power Delivery. 1994，9（4）：1778－1787.

[4] 宋璇坤，肖智宏，蔡中勤. 电力系统监测与控制［M］. 北京：中国电力出版社，2016.

[5] I. Kamwa. Wide－area Measurement Based Stabilizing Control of Large Power Systems－a Decentralized/Hierarchical Approach［J］. IEEE Trans. on Power Systems. 2001，16（1）：136－153.

[6] 刘延冰，李红斌，余春雨，叶国雄，王晓琪. 电子式互感器原理、技术及应用［M］. 北京：科学出版社，2009.

[7] 罗承沐，张贵新. 电子式互感器与数字化变电站［M］. 北京：中国电力出版社，2004.

[8] 邱红辉，段雄英，邹积岩. 基于 LPCT 的激光供能电子式电流互感器［J］. 电工技术学报，2008，23（4）：66－72.

[9] 罗苏南，田朝勃，赵希才. 空心线圈电流互感器性能分析［J］. 中国电机工程学报，2004，24（3）：113－118.

[10] 邱红辉. 电子式互感器的关键技术及其相关理论研究［D］. 大连理工大学，2008.

[11] 张艳. 直流输电系统的光纤电流测量技术［D］. 华中科技大学，2008.

[12] P. M. Cavaleiro，F. M. Araujo，A. B. L. Ribero. Metal－coated Optical Fibre Bragg Grating for Electric Current Sensing［J］. SPIE，1998，3483：550－554.

[13] 李洪杰，张广益，陈晓炜. 磁流体热透镜耦合光磁效应应用于高电压电流的光学测量［J］. 激光杂志. 1998，19（6）：43－46.

[14] Y. S. Didosyan，H. Hauser，V. Y. Barash. Magneto－optical Current Sensor by Domain Wall Motion in Orthoferrites［J］. IEEE Trans. On Instrumentation and Measurement. 2000，49（1）：14－18.

[15] 于文斌. 光学电流互感器光强的温度特性研究 [D]. 哈尔滨：哈尔滨工业大学，2005.

[16] Y. N. Ning. Recent Progress in Optical Current Sensing Techniques [J]. Rev. Sci. Instrum.，1995，66（5）：3097-3111.

[17] Culshaw，J. Dakin. 光纤传感器. 李少慧，宁雅农等译 [M]. 湖北：华中理工大学出版社，1997.

[18] 方春恩，李伟，王佳颖. 基于电阻分压的 10kV 电子式电压互感器 [J]. 电工技术学报. 2007，22（5）：59-62.

[19] 肖霞，张忠学，徐雁，等. 基于电容分压原理的电子式 TV 一次侧设计 [J]. 高电压技术. 2006，32（5）：15-17.

[20] 王红星. 电容分压型光学电压互感器研究 [D]. 哈尔滨：哈尔滨工业大学，2010.

[21] R. Hebner，E. Cassidy，J. Jones. Improved Techniques for the Measurement of High-Voltage Impulses Using the Electrooptic Kerr Effect. IEEE Transactions on Instrumentation and Measurement. 1975，IM-24（4）：361-366.

[22] L. Fabiny，S. T. Vohra，F. Bucholtz. High-Resolution Fiber-Optic Low-Frequency Voltage Sensor Based on the Electrostrictive Effect. IEEE Photonic Technology Letters. 1993，5（8）：952-953.

[23] P. Niewczas，L. Dzitida，G. Fusiek，et al. Design and Evaluation of a Pre-Prototype Hybrid Fiber-Optic Voltage Sensor for a Remotely Interrogated Condition Monitoring System. IEEE Transaction on Instrumentation and Measurement. 2005，54（4）：1560-1564.

[24] K. Hidaka. Progress in Japan of Space Charge Field Measurement in Gaseous Dielectrics Using a Pockels Sensor. IEEE Electrical Insulation Magazine. 1996，12（1）：17-28.

[25] 邹建龙，刘晔，王采堂，等. 电力系统适用光学电压互感器的研究新进展 [J]. 电力系统自动化. 2001，25（9）：64-67.

[26] G. A. Sanders，J. N. Blake，A. H. Rose，et al. Commercialization of Fiber-Optic Current and Voltage Sensors at NxtPhase. Optical Fiber Sensors Conference Technical Digest. 2002：31-34.

[27] 段雄英，邹积岩，张可畏. 电压/电流组合型电子式互感器的研究[J]. 电工技术杂志，2002(05)：9-12，16.

[28] 罗苏南. 组合式光学电压/电流互感器的研究与开发 [D]. 华中科技大学，2000.

[29] Optical H. V. Sensors 123 to 765k，Balteau Series CTO-VTO-CCO，Production Demonstration Documents of GEC ALSTOM，1997.

[30] ABB Power T&D Company. Type OMU Optical Metering Unit. Product Bulletin 38-454，1997.

[31] C. H. Moulton，H. W. Brack. Light-coupled Current Measurement for EHV. Allis-Chalmers Engineering Review，1966，31（2）：18-21.

[32] 罗承沐，张贵新，王鹏. 电子式互感器及其技术发展现状 [J]. 电力设备，2007，8（1）：20-24.

[33] 李维波. 基于 Rogowski 线圈的大电流测量传感理论研究与实践 [D]. 华中科技大学，2005.

[34] 严冰. 光推动 PCB-Rogowski 探头的光电式电流传感器的研究 [D]. 燕山大学，2016.

[35] 祝金金. 有源型电子式电流互感器供能问题的研究 [D]. 华中科技大学，2015.

[36] S. Saito，Y. Fujii，K. Yokoyama，J. Hamsaki，Y. Ohno. The Laser Current Transformer for EHV PowerTransmission Lines [J]. IEEE Journal of Quantum Electronics，1966，2（8）：255-259.

[37] S. Saito，J. Hamasaki，Y. Fujii，K. Yokoyama，Y. Ohno. Development of the Laser Current Transformer for Extrahigh-Voltage Power Transmission Lines [J]. IEEE Journal of Quantum Electronics，1967，3（11）：

589–597.

[38] A. M. Smith. Optical Fibers for Current Measurement Applications [J]. Optics and LaserTechnology，1980，(2)：25–29.

[39] Smith A M. Polarization and Magneto–optic Properties of Singlemodeoptical Fibers [J]. Applied Optics，1978，17 (1)：52–56.

[40] A. J. Rogers. Optical Methods for Measurement of Voltage and Current on Power Systems [J]. Optics and Laser Technology，1977，(12)：273–283.

[41] A. Papp，H. Harms. Magneto–Optical Current Transformer：Principles [J]. Applied Optics，1980，19 (22)：3729–3734.

[42] Adolfsson，M. et al. EHV Series Capacitor Banks a New Approach to Platform to Grounds Signalling Relay Protection and Supervision [J]. IEEE Trans. Power Delivery，1989，4 (2)：1369–1378.

[43] ABB Switchgear Product Instruction. DOIT–Digital Optical Instrument Transformer. Publ. SESWG，Edition 1，1994.

[44] T. W. Cease，Paul Johnston. A Magneto–optic Current Transducer，IEEE Trans. on Power Delivery. 1990，5 (2)：548–555.

[45] E. A. Ulmer. A High–Accuracy Optical Current Transducer for Electric Power Systems. IEEE Trans. on Power Delivery. 1990，5 (2)：892–898.

[46] T. W. Cease，J. G. Driggans，S. J. Weikel. Optical Voltage And Current Sensors Used in a Revenue Metering System. IEEE Trans. on Power Delivery. 1991，6 (4)：1374–1379.

[47] E. Aikawa，A. Ueda，M. Watanabe，H. Takahashi，M. Imataki. Development of New Concept Optical Zero–Sequence Current/Voltage Transducers for Distribution Network. IEEE Trans. on Power Delivery. 1990，6 (1)：414–420.

[48] 孙伟民，王政平，黄宗军. 反射相移对光学玻璃电流传感器抗电磁干扰能力的影响 [J]. 光学学报. 1998，18 (9)：1249–1254.

[49] 王政平，孙晶华，李庆波，王晓忠，王和平. 块状光学材料电流传感器研究新进展 [J]. 激光与光电子学进展. 1999，36 (8)：5–9.

[50] X. Y. Ma，C. M. Luo. A method to Eliminate Birefringence of a Magneto–optic AC Current Transducer with Glass Ring Sensor Head. IEEE Trans. On Power Delivery. 1998，13 (4)：1015–1019.

[51] A. E. Pertersen. Portable Optical AC–and Proposed DC–Current Sensor for High Voltage Application. IEEE Trans. on Power Delivery. 1995，10 (2)：595–599.

[52] O. Kamada，H. Minemoto，N. Itoh. Magneto–Optical Propertie of (BiGdY) 3Fe5O12 for Optical Magnetic Field Sensors. J. of Applied Physics. 1994，75：6801–6803.

[53] 肖智宏. 不均匀磁场磁致旋光效应及其电流传感技术应用研究 [D]. 哈尔滨：哈尔滨工业大学，2017.

[54] T. Sawa，K. Kurosawa，T. Kaminishi，et al. Development of Optical Instrument Transformers. IEEE Transactions on Power Delivery. 1990，5 (2)：884–891.

[55] J. C. Santos，M. C. Taplamacioglu，K. Hidaka. Pockels High–Voltage Measurement System. IEEE Transactions on Power Delivery. 2000，15 (1)：8–13.

[56] Patrick P. Chavez，Farnoosh Rahmatian，Nicolas A. F. Jaeger. Accurate Voltage Measurement With Electric Field Sampling Using Permittivity–Shielding. IEEE Transactions on Power Delivery. 2002，17 (2)：

362－368.

[57] 费烨，王静静. 高压直流互感器实用技术 [M]. 北京：中国电力出版社，2016.

[58] 张艳. 直流输电系统的光纤电流测量技术 [D]. 华中科技大学，2008.

[59] Ammon J，Huang H. Innovations in HVDC Tech－nology [R]. http：//www.Photonicpower.com.

[60] ARNLOV B. HVDC 2000－a new generation of high－voltage DC converter stations [J]. Fuel and Energy Abstracts，1996，37（4）：273－273.

[61] 罗苏南，曹冬明，须雷，胡桂平，石亲民. 500kV 直流电子式电流互感器及其应用 [J]. 电工电气，2013（09）：41－44.

[62] 杨雯，杨奖利，侯彦杰，张地生. ±800kV 直流电子式电流互感器的研制 [J]. 高压电器，2011，47（01）：10－17.

[63] 费烨，王晓琪，汪本进，吴士普，余春雨，陈晓明. ±1000kV 特高压直流互感器的选型与研制 [J]. 高电压技术，2010，36（10）：2380－2387.

[64] 徐雁，韩小涛，肖霞，饶宏，傅闯. ±500kV 电子式直流电流互感器集肤效应分析 [J]. 电工技术学报，2008，23（11）：53－58.

[65] TASKHASHI M，SASAKI K，HIRATA Y，et al. Field Test of DC Optical Current Transformer for HVDC Link [C]. IEEE 2010 Power and Energy Society General Meeting. July 25－29，2010，Minneapolis，Minnesota，USA：1－6.

[66] 罗苏南，曹冬明，王耀，丁晔，阎嫦玲，须雷，石亲民. ±800kV 特高压直流全光纤电流互感器研制及应用研究 [J]. 高压电器，2016，52（10）：1－7.

第2章 有源电子式互感器

有源交直流电子式互感器采用了较为成熟的传感技术，广泛应用于智能变电站、直流换流站中，近年来在国内积累了较丰富的现场运行经验，具有多种应用场景，是现阶段电子式互感器工程应用的主要型式。本章对有源电子式互感器的结构及部分关键技术进行了阐述。首先简述了有源交流电子式互感器和有源直流电子式互感器的整体结构；其次对构成有源交直流电子式互感器的各类一次传感器及一次转换器的原理和主要特性进行了介绍；最后对有源电子式互感器的高精度测量技术、温度稳定性提升技术、电磁干扰防护技术和高可靠性设计与绝缘子制造工艺等关键技术进行了论述。本章从工程实用化的角度出发，系统分析了具有成熟应用经验的几类有源电子式互感器，对深入了解设备生产制造和性能提升相关技术有所借鉴。

2.1 有源电子式互感器的整体结构

2.1.1 有源交流电子式互感器

2.1.1.1 有源交流电子式电流互感器

有源交流电子式电流互感器在智能变电站有多种应用型式，根据应用结构型式的不同，可分为空气绝缘开关设备（Air Insulated Switchgear，AIS）独立式结构、隔离断路器（DCB）集成安装结构、GIS集成安装结构三种结构型式。

（1）AIS独立式结构。有源AIS独立式电子式电流互感器主要用于敞开式变电站，根据一次转换器布置位置不同，AIS 电子式电流互感器可分为高压端布置和低压端布置两种结构型式。图2－1和图2－2分别为有源AIS电子式电流互感器的两种典型结构示意图。

如图2－1所示，对于一次转换器高压端布置的AIS电子式电流互感器的结构，一次电流传感器（空心线圈及 LPCT）和一次转换器均位于高压端。一次电流传感器的输出信号由一次转换器就近处理，一次转换器的工作电源由取能线圈和合并单元内的激光器提供，产品绝缘由光纤复合绝缘子保证。如图2－2所示，对于一次转换器低压端布置的AIS电子式电流互感器的结构，一次电流传感器（空心线圈及 LPCT）位于高压端，一次转换器位于低压端。一次电流传感器的输出信号通过屏蔽双绞线送至低压端的一次转换器进行处理，一次转换器的工作电源由变电站 220V 或 110V 直流电提供，产品绝缘由绝缘套管、绝缘盆子及套管内 SF_6 气体保证。

（2）DCB集成安装结构。有源DCB集成电子式电流互感器是适合与隔离断路器进行集成安装的电子式电流互感器，其典型结构如图2－3所示。

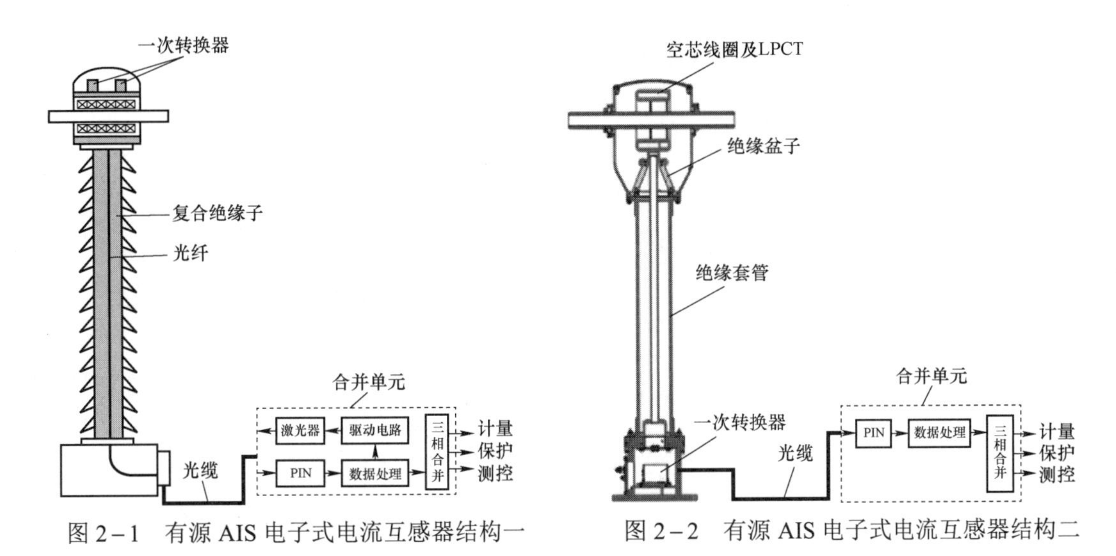

图 2-1 有源 AIS 电子式电流互感器结构一　　图 2-2 有源 AIS 电子式电流互感器结构二

如图 2-3 所示，环形一次电流传感器（空心线圈及 LPCT）套于 DCB 中部法兰外，一次电流传感器和一次转换器均位于高压端。一次电流传感器的输出信号由一次转换器就近处理，一次转换器的工作电源由取能线圈及合并单元内的激光器提供，产品绝缘由悬式光纤复合绝缘子保证。

（3）GIS 集成安装结构。有源 GIS 集成电子式电流互感器是适合与 GIS 进行集成安装的电子式电流互感器，其典型结构如图 2-4 所示。

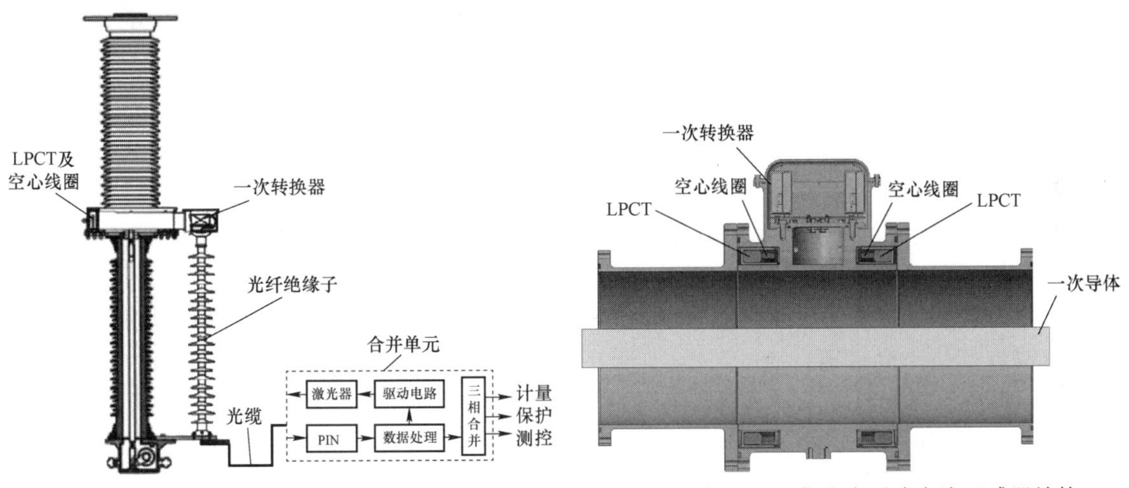

图 2-3 有源 DCB 集成电子式电流互感器结构　　图 2-4 有源 GIS 集成电子式电流互感器结构

如图 2-4 所示，一次电流传感器（空心线圈及 LPCT）嵌于接地罐体内，一次转换器位于罐体外屏蔽箱体内，一次电流传感器和一次转换器均位于低压端。一次电流传感器的输出信号由一次转换器就近处理，一次转换器工作电源由变电站 220V 或 110V 直流电提供，产品绝缘由罐体内 SF_6 气体保证。

表 2-1 给出了 AIS 独立式、DCB 集成式及 GIS 集成式有源电子式电流互感器的结构对比。

表 2-1　有源电子式电流互感器间的结构比较

结构	AIS 独立式	DCB 集成式	GIS 集成式
一次电流传感器	（1）位于高压侧，包括低功率铁芯线圈和（或）空心线圈。 （2）测量级电流信号多用 LPCT 传感，保护级电流信号多用空心线圈传感，也有只采用空心线圈或 LPCT 同时传感测量级和保护级电流信号的方案	同 AIS 独立式	（1）位于低压侧，包括低功率铁芯线圈和（或）空心线圈。 （2）测量级电流信号多用 LPCT 传感，保护级电流信号多用空心线圈传感，也有只采用空心线圈或 LPCT 同时传感测量级和保护级电流信号的方案
一次转换器	（1）具有高压端和低压端两种型式，接收并处理 LPCT、空心线圈的输出信号。 （2）一次转换器位于高压端时，其工作电源主要由母线电流取能线圈及合并单元内的激光器提供。一次转换器位于低压端时，其工作电源由站内直流电源直接供能	（1）位于高压侧，接收并处理 LPCT、空心线圈的输出信号。 （2）工作电源由母线电流取能线圈及合并单元内的激光器提供	（1）位于低压侧，接收并处理 LPCT、空心线圈的输出信号。 （2）工作电源由变电站内直流电源提供
合并单元	（1）为一次转换器提供供能激光。 （2）接收并处理三相电流互感器一次转换器下发的数据。 （3）为其他二次设备提供数字化电流信号	同 AIS 独立式	（1）接收并处理三相电流互感器一次转换器下发的数据。 （2）为其他二次设备提供数字化电流信号

由表 2-1 可知，三种有源电子式电流互感器，结构型式不同，应用场合不同。

1）一次转换器高压端布置的电子式电流互感器绝缘结构简单，但一次转换器需采用激光供能，为保证激光供能长期工作的可靠性，对光纤回路损耗、供能器件及工程实施的要求相对较高；一次转换器低压端布置的 AIS 电子式电流互感器一次转换器供能简单，但绝缘结构相对复杂，在 500kV 及以上电压等级实现难度较大。

2）DCB 集成电子式电流互感器将电子式电流互感器与 DCB 进行集成安装，可有效减少变电站的占地面积，发挥 DCB 的集成优势。一次转换器位于高压端，需采用激光供能，对光纤回路损耗、供能器件及工程实施的要求相对较高。

3）GIS 集成电子式电流互感器将电子式电流互感器与 GIS 进行集成，充分利用了 GIS 气体绝缘的优势，绝缘简单。一次转换器位于低压端，供能简单可靠，但运行易受刀闸操作引起的快速暂态过电压（Very Fast Transient Overvoltage，VFTO）影响，产品设计时应充分考虑对 VFTO 的抗干扰措施。

2.1.1.2　有源交流电子式电压互感器

根据应用结构型式的不同，有源交流电子式电压互感器可分为 AIS 独立式结构及 GIS 集成安装结构两种结构型式。

（1）AIS 独立式结构。AIS 电子式电压互感器主要用于敞开式变电站，图 2-5 和图 2-6 分别为有源 AIS 电子式电压互感器的两种典型结构示意图。

如图 2-5 所示，对于基于叠状电容分压器的 AIS 电子式电压互感器的结构，一次电压传感器采用叠状电容分压器，一次转换器位于低压端。一次转换器就近采集电容分压器的输出信号，工作电源由变电站 220V 或 110V 直流电提供，产品绝缘由叠状电容分压器保证。如图 2-6 所示，对于基于同轴电容分压器的 AIS 电子式电压互感器结构，一次电压传感器采用同轴电容分压器，中间电极位于高压端，一次转换器位于低压端，中间电极距一次转换器的距离随电压等级的升高而增大。一次转换器的工作电源由变电站220V或110V直流电提供，产品绝缘由SF_6气体及绝缘套管保证。

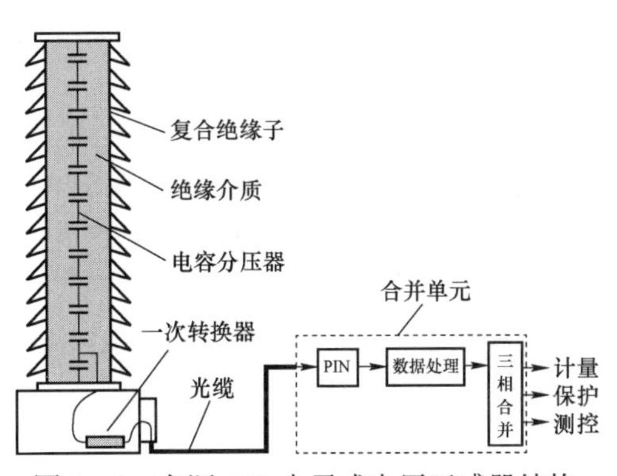

图2-5 有源AIS电子式电压互感器结构一

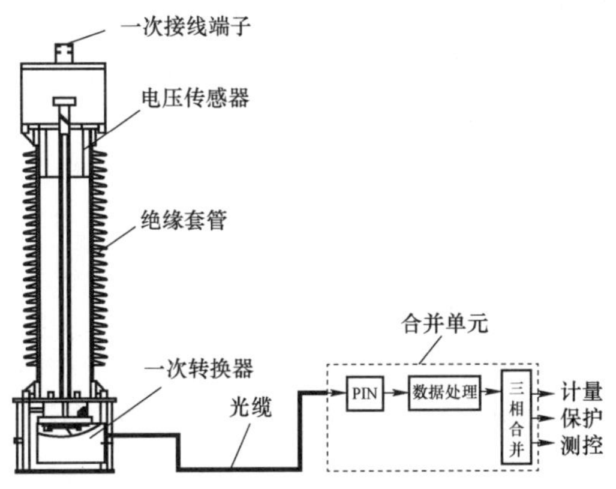

图2-6 有源AIS电子式电压互感器结构二

（2）GIS集成安装结构。图2-7是有源GIS集成电子式电压互感器的典型结构示意图。

如图2-7所示，一次电压传感器由同轴电容分压器构成。其中，电容分压器高压电容C_1由电容分压环与一次导体构成，电容分压器低压电容C_2由电容分压环与分压器外壳构成。一次电压传感器的输出信号由一次转换器就近处理，一次转换器位于罐体外屏蔽箱体内，工作电源由变电站220V或110V直流电提供，产品绝缘由罐体内SF_6气体保证。

表2-2给出了AIS独立式及GIS集成式电子式电压互感器的结构对比。

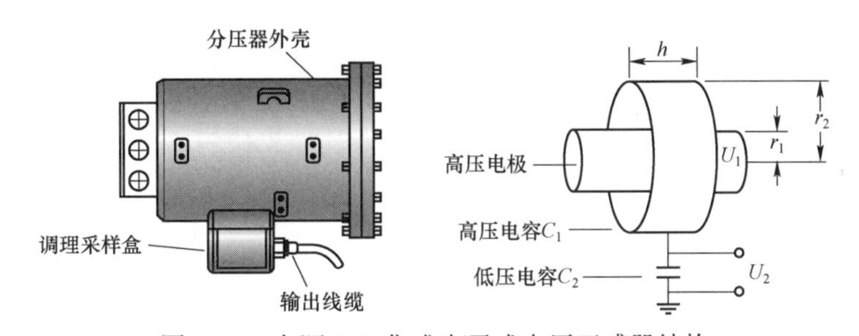

图2-7 有源GIS集成电子式电压互感器结构

表2-2 有源电子式电压互感器间的结构比较

结构	AIS独立式	GIS集成式
分压器	（1）采用叠状电容分压器或同轴电容分压器。 （2）叠状电容分压器采用油绝缘，同轴电容分压器采用SF_6气体绝缘	（1）采用同轴电容分压器。 （2）同轴电容分压器采用SF_6气体绝缘
一次转换器	（1）位于AIS电子式互感器底座内，接收并处理分压器的输出信号。 （2）一次转换器的输出为串行数字光信号	（1）位于GIS电子式互感器壳体上屏蔽箱体内，接收并处理分压器的输出信号。 （2）一次转换器的输出为串行数字光信号
合并单元	（1）接收并处理三相电压互感器一次转换器下发的数据。 （2）为其他二次设备提供数字化电压信号	同AIS独立式

由表2-2可知：① 基于叠状电容分压器的电子式电压互感器采用油绝缘，基于同轴电

容分压器的电子式电压互感器采用 SF_6 气体绝缘。考虑到同轴电容分压中间电极距一次转换器的距离随电压等级的升高而增大，因此对于高电压等级，基于叠状电容分压器的电子式电压互感器抗干扰性能相对较好。② GIS 集成电子式电压互感器将电子式互感器与 GIS 进行集成，充分利用了 GIS 气体绝缘的优势，绝缘简单。一次转换器位于低压端，供能简单可靠，但与 GIS 集成式电流互感器相同，易受刀闸操作引起的 VFTO 影响。

2.1.1.3 有源电流电压组合电子式互感器

电子式电流互感器和电子式电压互感器可方便地组合在一起，构成电流电压组合电子式互感器。根据应用结构型式的不同，可划分为 AIS 电流电压组合电子式互感器及 GIS 电流电压组合电子式互感器两种型式。

（1）AIS 电流电压组合电子式互感器结构。图 2－8 和图 2－9 分别为有源 AIS 电流电压组合电子式互感器的两种典型结构示意图。

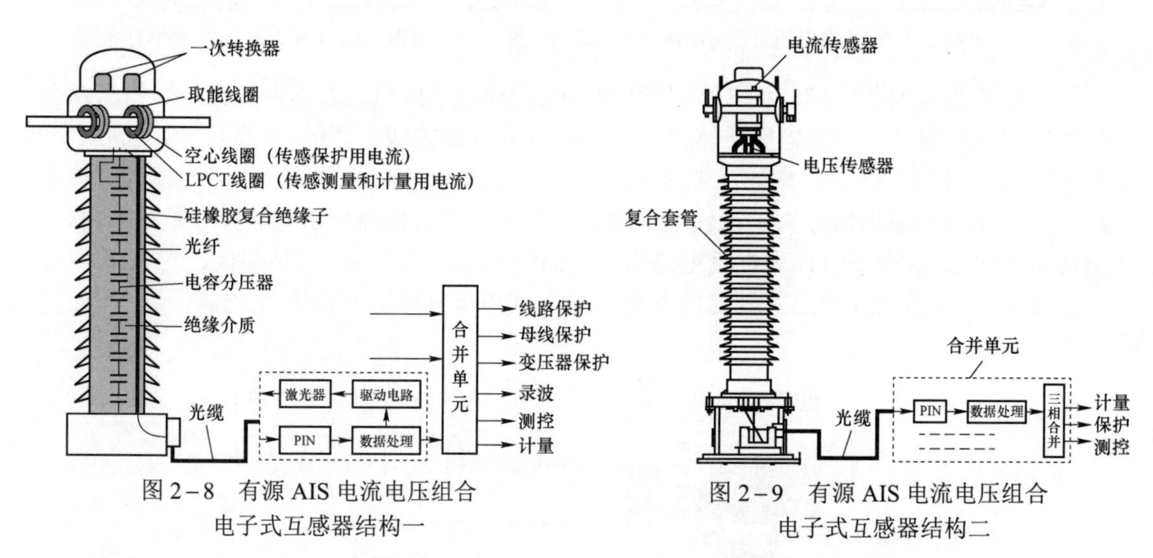

图 2－8　有源 AIS 电流电压组合电子式互感器结构一

图 2－9　有源 AIS 电流电压组合电子式互感器结构二

如图 2－8 所示，对于采用叠状电容分压器的有源 AIS 电流电压组合电子式互感器，一次电流传感器（空心线圈及 LPCT）和一次转换器均位于高压端。一次电流传感器和一次电压传感器的输出信号由一次转换器就近处理，一次转换器的工作电源由取能线圈及合并单元内的激光器提供。如图 2－9 所示，对于采用同轴电容分压器的 AIS 电流电压组合互感器，一次电流传感器（空心线圈及 LPCT）位于高压端，一次转换器位于低压端。一次电流传感器和一次电压传感器的输出信号通过屏蔽双绞线送至低压端的一次转换器进行处理，一次转换器的工作电源由变电站 220V 或 110V 直流电提供。

（2）GIS 电流电压组合电子式互感器结构。

图 2－10 是 GIS 集成有源电流电压组合电子式互感器的典型结构示意图。

如图 2－10 所示，GIS 电流电压组合电子式互感器的一次电流传感器（空心线圈及 LPCT）嵌于接地罐体内，一次电压传感器由同轴电容分压器构成。一次转换器位于互感器壳体上的屏蔽箱体内，一次电流传感器、一次电压传感器和一次转换器均位于低压端；一次电流传感器和一次电压传感器的输出信号由一次转换器就近处理，一次转换器工作电源由变电站 220V 或 110V 直流电提供。

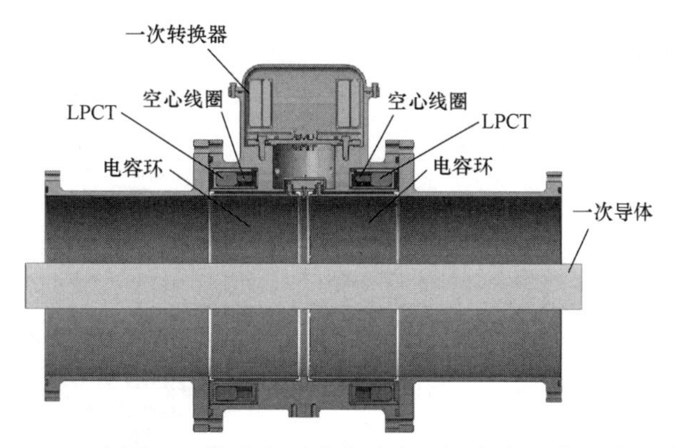

图 2-10　有源 GIS 集成电子式电流电压组合电子式互感器结构

由表 2-3 可知：① AIS 独立式电流电压组合电子式互感器主要用于敞开式变电站。其中，采用叠状电容分压器的组合电子式互感器的一次转换器位于高压端，工作电源由取能线圈及合并单元内的激光器提供；采用同轴电容分压器的组合电子式互感器的一次转换器位于低压端，工作电源由站内直流电源提供；对于高电压等级，前者的抗干扰性能相对较好。② GIS 集成电流电压组合电子式互感器将电子式电流互感器和电子式电压互感器与 GIS 进行集成，充分利用了 GIS 气体绝缘的优势，绝缘简单，一次转换器位于低压端，供能简单可靠，但需考虑对 VFTO 的抗干扰措施。

表 2-3　有源电子式电流电压组合互感器间的结构比较

结构	AIS 独立式	GIS 集成式
一次电流传感器	位于高压侧，包括低功率铁芯线圈和空心线圈	位于低压侧，包括低功率铁芯线圈和空心线圈
分压器	（1）采用叠状电容分压器或同轴电容分压器。 （2）叠状电容分压器采用油绝缘，其分压信号从高压端引出。 （3）同轴电容分压器采用 SF_6 气体绝缘	（1）采用同轴电容分压原理。 （2）导体为高压电极，外套金属圆筒为低压电极，从而构成同轴电容的两极。 （3）圆筒间隙充 SF_6 气体绝缘，构成高压电容，与串联在高压电容下端的接地电容构成串联分压回路
一次转换器	（1）采用叠状电容分压器的组合电子式互感器的一次转换器位于高压侧，工作电源由取能线圈及合并单元内的激光器提供。 （2）采用同轴电容分压器的组合电子式互感器的一次转换器位于低压侧，工作电源由站内直流电源提供	（1）位于低压侧，同时接收并处理 LPCT、空心线圈、分压器的输出信号。 （2）工作电源由站内直流电源提供
合并单元	（1）对于采用叠状电容的组合电子式互感器，合并单元需为一次转换器提供供能激光。 （2）接收并处理三相电流电压组合电子式互感器一次转换器下发的数据。 （3）为其他二次设备提供数字化电流电压信号	（1）接收并处理三相电流电压组合电子式互感器一次转换器下发的数据。 （2）为其他二次设备提供数字化电流电压信号

2.1.2 有源直流电子式互感器

2.1.2.1 有源直流电子式电流互感器

有源直流电子式电流互感器可分为悬挂式和支柱式两种结构型式。图 2-11 和图 2-12

分别为有源直流电子式电流互感器的两种典型结构示意图。

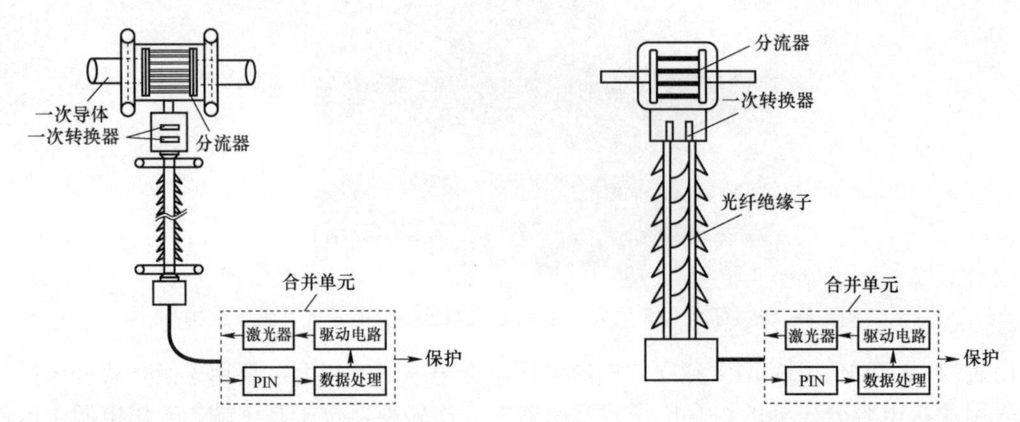

图 2-11　悬挂式有源直流电子式电流互感器结构　　图 2-12　支柱式有源直流电子式电流互感器结构

如图 2-11 和图 2-12 所示，有源直流电子式电流互感器由分流器传感直流电流，分流器串接于一次回路中，将被测电流转换为电压信号输出。分流器及一次转换器均位于高压侧，基于激光供能的一次转换器就近采集分流器的输出信号，并将输出信号通过光纤下送，利用光纤绝缘子保证绝缘。

2.1.2.2　有源直流电子式电压互感器

图 2-13 和图 2-14 分别是有源直流电子式电压互感器的典型结构示意图。

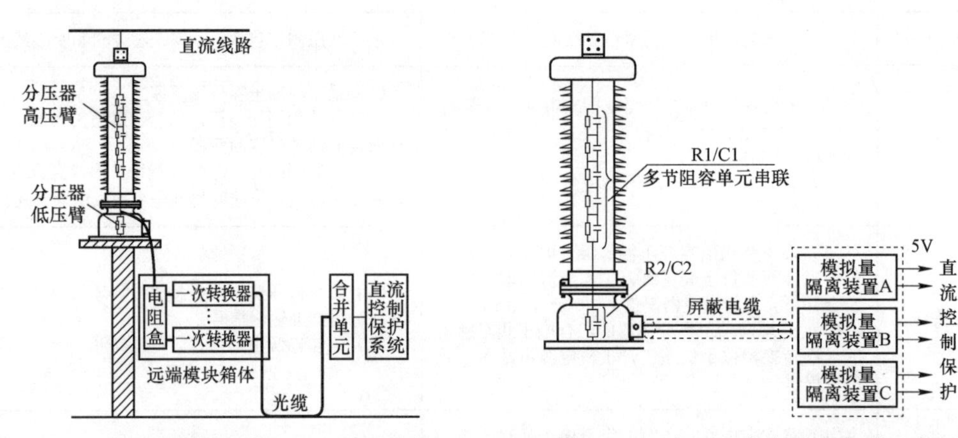

图 2-13　有源直流电子式电压互感器结构一　　图 2-14　有源直流电子式电压互感器结构二

如图 2-13 所示的有源直流电子式电压互感器主要由直流分压器、一次转换器及合并单元三部分构成。直流分压器由多节阻容单元串联构成，分压器输出模拟信号由基于激光供能的一次转换器就近采集，一次转换器的输出信号通过光缆传输至合并单元。如图 2-14 所示的有源直流电子式电压互感器主要由直流分压器及隔离装置构成。直流分压器也由多节阻容单元串联构成，隔离装置布置于控制室，分压器的输出信号通过屏蔽电缆直接传输至控制室中的隔离装置。

2.2 有源电子式互感器的传变特性

2.2.1 有源交流电子式互感器

2.2.1.1 有源交流电子式电流互感器

（1）空心线圈。空心线圈也称罗氏线圈或 Rogowski 线圈，不含铁芯，其相对磁导率为空气的相对磁导率，不存在磁路饱和问题，线性度好，动态范围大，适合用于传感保护用电流信号。空心线圈体积小、重量轻、价格低且易于生产制造。空心线圈基于法拉第电磁感应定律，在实际应用中，有多种变型设计。

1）空心线圈的测量原理。如图 2－15（a）所示，在一个由非磁性材料构成的、截面均匀的环形骨架芯上均匀密绕 n 匝小线匝后，再在线圈两端接上终端电阻 R_S，就构成空心线圈，用于测量交变电流。骨架截面一般为矩形，在加工空心线圈时，要求必须“回绕”一周，即沿着任意闭曲面环绕线圈，当绕到终点后再稀疏回绕到起点，如图 2－15（b）中虚线所示。

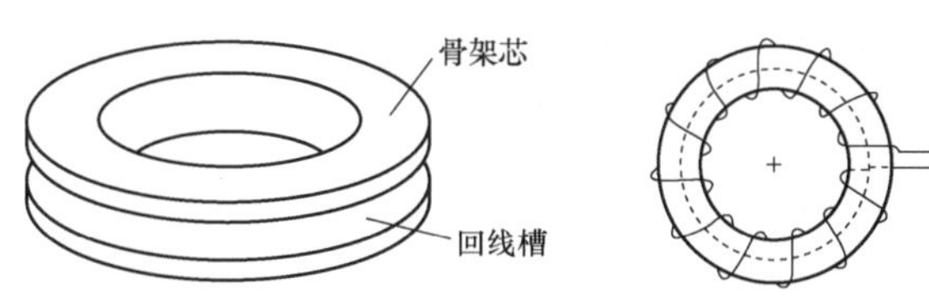

(a) 空心线圈骨架芯　(b) 空心线圈回绕方法

图 2－15　空心线圈骨架芯与回绕结构示意图

空心线圈的输出信号 e 与被测电流 i 的关系如式（2－1）所示

$$e(t)=-\frac{\mathrm{d}\Phi}{\mathrm{d}t}=-\mu_0 ns\frac{\mathrm{d}i(t)}{\mathrm{d}t}=-M\frac{\mathrm{d}i(t)}{\mathrm{d}t} \tag{2-1}$$

式中：Φ 为磁链，Wb；μ_0 为真空磁导率，H/m；n 为线圈匝数密度，即线圈单位长度的匝数，匝/m；s 为线圈截面积，m^2。

由式（2－1）可知，在一个轴对称均匀绕制空心线圈的传感关系式中，磁导率基本是一个常数，空心线圈基本上不存在传统电磁式互感器的铁芯饱和问题，测量信号的转换特点为：

a. 直接输出量 $e(t)$是电动势，它是一次电流 $i(t)$的时间微分 $\mathrm{d}i(t)/\mathrm{d}(t)$，当且仅当 $i(t)$是标准正弦波时，$e(t)$在幅值上与 $i(t)$有比例关系，但相位超前 90°，需要通过积分电路进行还原处理，即增加一个积分过程使相位还原为 0°。若直接采用不加积分器的微分输出，需要保护和测控设备中采用微分算法。不同积分实现方式的比较详见 2.4 节。

b. 当 $i(t)$含非正弦分量时，$e(t)$输出与输入不成正比关系，但经过精确积分过程也可还原该分量，从而可以看出空心线圈不能测量稳恒直流分量。

c. 传感变比由 M 值确定。M 是空心线圈与载流导体母线之间的互感系数。即

$$M=\mu_0 ns=-\frac{\mu_0 Ns}{2\pi r_c} \tag{2-2}$$

式中：n 为线圈匝数密度，匝/m；N 为空心线圈小线匝的总匝数，匝；r_c 为线圈中心半径，m。

由式（2－2）可知，互感系数 M 的表达式是在没有考虑空心线圈结构参数影响前提下获得的理论值。在应用空心线圈进行工频交流电流测量时，M 可以按式（2－2）求得；但在进行特种电流测量时，则需要计及线圈结构参数和分布电容的影响，详见 5.2 节有关论述。此外，M 值的任何变化必然导致测量准确度的变化。因此，考虑到空心线圈性能易受温度及外磁场等干扰因素的影响，采取如下措施可有效减小温度及外磁场干扰：一是骨架材料选用温度系数低的非磁性材料；二是线圈沿骨架均匀密绕；三是采用绕制回绕线。

综上分析，式（2－1）成立有三个前提条件：一是骨架芯截面面积 S 处处相等（即 S 为常值）；二是骨架芯截面上各处磁感应强度 B 处处相等（即 B 为常值）；三是小线匝均匀围绕载流导体，每匝所铰链的磁通 Φ 均相等（即 Φ 为常值）。要满足上述三个假设条件，最为关键之处在于既要均匀绕制小线匝，还要控制空心线圈骨架芯与温度的依赖关系，确保骨架芯截面面积 S 处处相等，这就需要选择温度系数尽可能小的材料制作骨架芯。此外，还需要进行热校核计算，选取合适功率的终端电阻，控制终端电阻和线圈骨架芯的温升，确保上述假设条件尽可能得到满足，使得空心线圈的互感系数 M 为一常数值，以提高测量准确度。

2）空心线圈的绕制型式。空心线圈有骨架绕线型和印制电路板型两种制作方式，其中有源交流电子式互感器多采用骨架绕线型空心线圈。

对于骨架绕线型：空心线圈是在绝缘骨架上绕制线圈，是工业化制造的通用方法，利于批量加工生产，也可以根据不同的需求多层绕制，以提高输出电压以及电感量。但绕制过程较难满足均匀对称的要求，对加工工艺要求较高。

对于印制电路板型：印刷电路板加工精度高，布线方式灵活，能够轻松解决多匝绕线均匀对称分布问题。印制电路板型空心线圈的布线密度高，可有效增大互感系数，并保证较高的温度稳定性。基于印刷电路板的空心线圈近年来发展迅速，主要结构有平板型、组合型、窄带型和螺旋线型。前三种与传统空心线圈结构相仿，最后一种借鉴了螺旋线型霍尔电流传感器的设计思路。其中：① 平板型空心线圈与传统空心线圈结构最为相近，一般由一对或多对印刷电路板制成的线圈串行连接而成。每对成镜像的印刷电路板为一组，引出一对出线端子；主板用来连接多对成镜像的印刷电路板，将其串联起来可以增大感应电势。② 组合型空心线圈由若干小贴片和一块主印刷电路板组合而成。小贴片的作用是获得磁场变化所产生的感应电势，主印刷电路板的作用是给小贴片提供回路并将它们串联起来。③ 窄带型空心线圈指的是构成这种空心线圈的多块印刷电路板均为长方形，看起来就像一条条长长的“带子”。每条印刷电路板包含上、下两个绕组，它们的分布间隔、绕线长度均完全一致，但是绕行方向相反。在电气的连接上，分别将多条带状印刷电路板上、下绕组首尾相连，形成总体的上绕组和下绕组，然后将上下绕组反向串联即形成窄带型空心线圈。

（2）低功率线圈。低功率电流互感器（Low Power Current Transformer，LPCT）是一种具有低功率输出特性的电磁式电流互感器，具有输出灵敏度高、技术成熟、性能稳定、易于大批量生产等特点。此外，由于其二次负荷较小，加上高磁导率铁芯材料的应用，可以实现对大动态范围电流的测量。

用低功率铁芯线圈传感测量电流具有技术成熟、测量精度高、受温度影响小、动态范围较大等特点。LPCT 是传统电磁式电流互感器的一种发展，由于现代电子设备的低输入功率要求，LPCT 可以按照高负载阻抗 R_b 进行设计，扩大了测量范围。LPCT 是一种输出功率很小的电流互感器，因此其铁芯截面及体积均较小。与传统电流互感器的 *I/I* 变换不同，LPCT 通过并联电阻 R_{sh} 将二次电流转换为电压输出，实现 *I/V* 变换。电流到电压的转换器是 LPCT 的固有元件，即 LPCT 的二次输出为电压信号。图 2－16 和图 2－17 分别为 LPCT 的原理示意图和等效电路图。

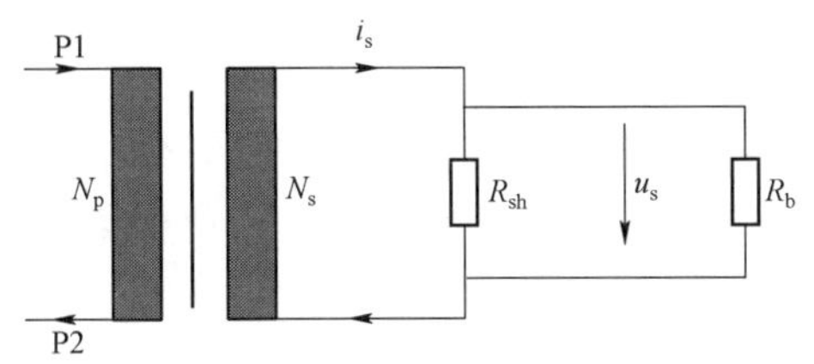

图 2－16　LPCT 原理示意图

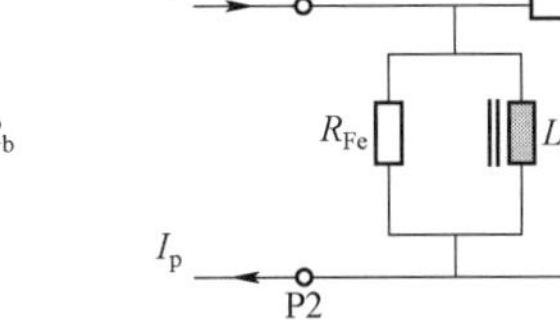

图 2－17　LPCT 等效电路图

在图 2－16 和图 2－17 中，i_p 为一次电流；i_s 为二次电流；u_s 为二次电压；R_{Fe} 为等效铁损电阻；L_m 为等效励磁电感；R_t 为二次绕组和引线的总电阻；R_{sh} 为并联电阻（电流到电压的转换器）；C_c 为电缆的等效电容；R_b 为负载电阻；N_p 为一次绕组匝数；N_s 为二次绕组匝数；P1，P2 为一次端子；S1，S2 为二次端子。

如图 2－16 所示，LPCT 包含一次绕组 N_p、小铁芯和损耗极小的二次绕组 N_s，后者连接并联电阻 R_{sh}。此电阻是 LPCT 的固有元件，对互感器的功能和稳定性极为重要。如图 2－17 所示，原理上 LPCT 提供电压输出。若 R_b 为远大于 R_{sh} 的高阻抗，则 LPCT 的二次侧输出电压近似为

$$u_s = R_{sh}\frac{N_p}{N_s}i_p \tag{2-3}$$

并联电阻 R_{sh} 的设计使互感器的功率消耗很小。二次电流 i_s 在并联电阻上产生电压降 u_s，其幅值正比于一次电流且同相位。互感器的内部损耗及负荷要求的二次功率越小，其测量范围越广且准确度越高。

2.2.1.2　有源交流电子式电压互感器

电压互感器根据分压原理的不同，主要分为电容分压和电阻分压两种形式，如图 2－18 所示。

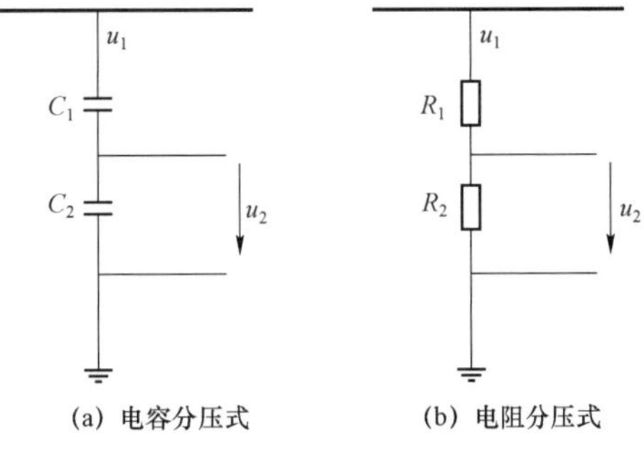

图 2－18　电子式电压互感器原理示意图

（1）电容分压式。图 2－18（a）为电容分压原理图，由高压电容 C_1 和低压（接地）电容 C_2 两部分组成，其中 C_1 承受一次侧高压，C_2 接地。C_2 作为二次侧分压电容，输出二次电压 u_2，由于 C_2 电容值远大于 C_1，这样在 C_2 两端可以得到按比例缩小的电压 u_2，电压变换关系为

$$u_2 = \frac{C_1}{C_1 + C_2}u_1 = K_c u_1 \tag{2-4}$$

式中：u_1 为一次电压，V；K_c 为变比系数。

高压电容 C_1 承受了几乎全部的一次电压，其绝缘可靠性是在设计和制造中最重要的指标；高压电容运行情况复杂，要求在工作温度范围内容值稳定，设计时需注意选用温度稳定性足够好的型号。接地电容 C_2 具有大电容值，电子式电压互感器要求其分压一般在 1V～4V，分压比较常规电容分压器大幅降低，且 C_2 与 C_1 应具有相同的温度系数。由于电子式电压互感器分压器输出电压 U_2 的后续采样电路具有重新调节和校准的功能，所以分压器的变比允许有微小差异。

电容分压可分为支柱式和同轴式两类，其结构示意图分别见图 2-5 和图 2-7。支柱式主要用于 AIS 独立式安装，同轴式主要用于 GIS 集成安装。区别在于支柱式电容分压器的高压电容的电容量较大（通常＞1000pF），以抵御外界杂散电容的影响；GIS 罐体具有较好的屏蔽结构，GIS 同轴电容分压器的高压电容的电容量通常较小。电容分压形式是目前电子式电压互感器最常用的分压方式，其优点是技术成熟、稳定性好、安全可靠。

（2）电阻分压式。图 2-18（b）为电阻分压原理图，一、二次电压关系为

$$u_2 = \frac{R_2}{R_1 + R_2} u_1 = K_r u_1 \tag{2-5}$$

式中：R_1 为电阻分压器的高压电阻，Ω；R_2 为电阻分压器的低压电阻，Ω；u_1 为一次电压，V；K_r 为变比系数。

与电容分压不同的是，电阻上流过的是有功电流，分压器内电流过大，会直接产生有害温升，影响互感器温度稳定性，甚至对设备造成永久性损坏，所以电阻分压器最大的限制是不允许承载过大的电流。这使互感器设计在抵御外场干扰、提高测量精度方面的技术难度有所增加，通常电阻分压多用于中低压场合。

电容和电阻分压有各自的优缺点。其中，电容分压的优点是可通过较大的电流，绝缘性能好，抗干扰能力强；但易受环境温度的影响，其测量稳定性相对较差，电容内存留电荷会导致暂态过电压以及谐振产生的容升现象。电阻分压的优点是可以选择较好的温度系数，分压器本体无存留电荷，无暂态响应过程；但分压电流小，有散热问题，绝缘和抗干扰能力不如电容分压器。

2.2.2 有源直流电子式互感器

2.2.2.1 有源直流电子式电流互感器

有源直流电子式电流互感器的一次传感器通常采用分流器，分流器是根据被测电流通过已知电阻上的电压降来确定被测电流大小的。分流器一般由锰镍铜合金制成，有两个电流端钮和两个电位端钮。分流器具有结构简单、不需要辅助电源、不易受外磁场影响等显著优点，结合光纤信号传输，可将分流器无电隔离的不足转化为易于绝缘的优势。

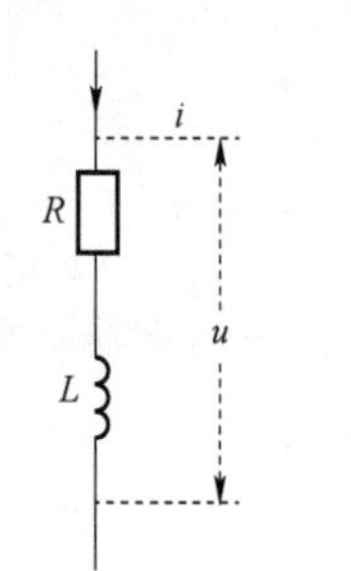

图 2-19　分流器等效电路图

分流器实际是具有分布参数的无源四端元件，其等效电路如图 2-19 所示。

分流器的二次输出信号 u 与一次电流 i 有如下关系

$$u = Ri + L\frac{\mathrm{d}i}{\mathrm{d}t} \tag{2-6}$$

式中：R 为分流器的电阻，Ω；L 为分流器的分布电感，H。

根据结构型式的不同，分流器有绞线式、折带式、同轴式、盘式及笼式等多种型式。直流电子式电流互感器的分流器通常采用鼠笼式结构，鼠笼式分流器是一种特殊形式的笼式分流器，其结构如图2-20所示。鼠笼式分流器整体结构关于中心轴线对称，中间的柱状体为多根锰铜合金棒，两端为圆盘形端子。此结构分流器电感影响较小，热容量大，适用于长时间、大电流的测量。

图2-20 鼠笼式分流器

分流器是直流电子式电流互感器的关键部件，其性能优劣直接关系到互感器整体性能。对分流器的基本要求如下：

（1）良好的温度稳定性。分流器由锰铜合金制成，其额定二次输出通常为75mV或100mV，被测电流一般为数千安。分流器的阻值多为微欧级，其微小变化就会对测量精度产生较大影响。在被测电流作用下，分流器锰铜合金棒的温度会升高，阻值也会相应发生变化，当温度为 t 时，分流器的实际电阻值 R_t 由下式决定

$$R_t = R_{\mathrm{m}}[1+\alpha(t-20)+\beta(t-20)^2] \tag{2-7}$$

式中：R_{m} 为20℃时分流器的实际电阻值，Ω；α、β 为温度系数。

为使分流器具有良好的温度稳定性，其温度系数 α 和 β 应较小。

（2）良好的散热性能。分流器在通过被测电流时，会发热并引起温度升高，温升在影响分流器电阻值的同时，还会产生热应力等问题，合理设计并控制分流器的温升是保证准确测量的重要因素。

（3）良好的阶跃响应特性。直流电子式电流互感器在运行中应具有良好的暂态特性，为此要求分流器具有良好的阶跃响应特性。由式（2-6）可知，分流器的分布电感 L 对分流器的阶跃响应特性具有较大影响，为使分流器具有良好的阶跃响应特性，应尽量减小分流器的分布电感 L 值。

2.2.2.2 有源直流电子式电压互感器

有源直流电子式电压互感器采用直流分压器传感被测电压，直流分压器是直流电压测量设备的核心部件，其性能直接关系到直流电压互感器的绝缘性能、测量精度、阶跃响应、频率特性及温度稳定性等主要指标。

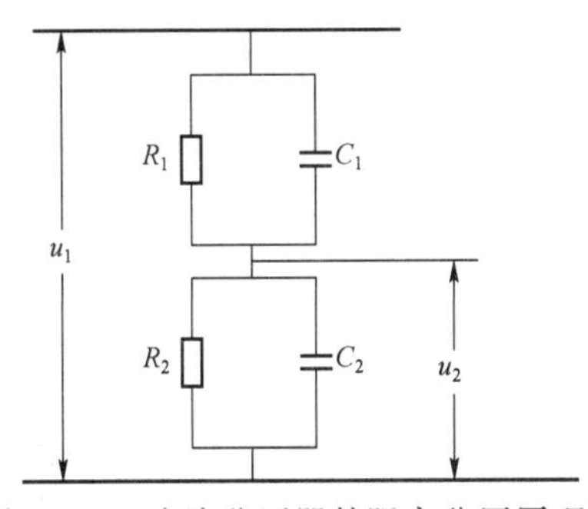

图2-21 直流分压器的阻容分压原理图

直流分压器利用精密电阻分压器实现对直流电压的分压测量。分压电阻的大小决定了流过分压电阻的工作电流，而分压电阻工作电流的大小直接影响分压器的温升。对于高压直流用直流分压器，为减小温升，分压器高压臂电阻通常设计为数百兆欧。为减小杂散电容影响，提高直流分压器的频率特性，通常在电阻分压器上并联电容分压器。所并联的电容分压器同时也可起到均压作用，提高直流分压器的绝缘性能。图2-21为直流分压

器的阻容分压原理图。

如图 2－21 所示，根据直流分压器等效电路有

$$\frac{u_2}{u_1}=\frac{Z_2}{Z_1+Z_2}=\frac{\frac{R_2}{1+\mathrm{j}\omega C_2R_2}}{\frac{R_1}{1+\mathrm{j}\omega C_1R_1}+\frac{R_2}{1+\mathrm{j}\omega C_2R_2}}=\frac{R_2}{R_2+R_1\frac{1+\mathrm{j}\omega C_2R_2}{1+\mathrm{j}\omega C_1R_1}} \tag{2-8}$$

式中：R_1 为分压器高压臂电阻，Ω；R_2 为分压器低压臂电阻，Ω；u_1 为分压器一次电压，V；u_2 为分压器二次输出，V。

若 $C_1R_1=C_2R_2$，则式（2－8）可简化为

$$u_2=\frac{R_2}{R_1+R_2}u_1 \tag{2-9}$$

由式（2－9）可知，当分压器高压臂阻容时间常数 R_1C_1 与低压臂阻容时间常数 R_2C_2 相等时，则直流分压器二次输出与电容分压器的电容无关，仅与分压电阻有关，此时直流分压器具有最优的频率特性。选择分压器的阻容参数满足 $R_1C_1=R_2C_2$，是设计直流分压器的基本原则。

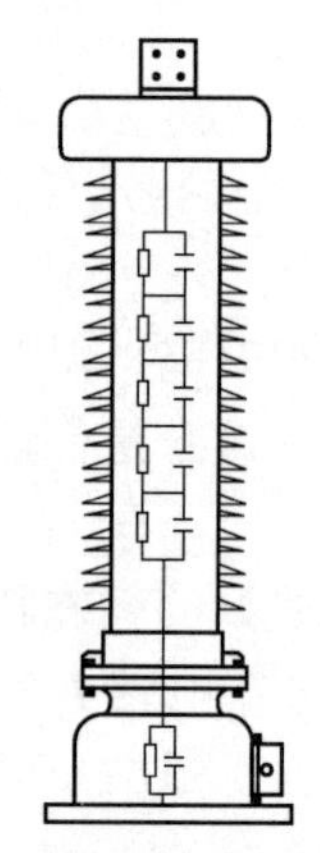

图 2－22　直流分压器结构示意图

根据电压等级的不同，分压器高压臂通常采用多节阻容单元串联构成，如图 2－22 所示，多节阻容单元通常固定于套管内，套管内充有 SF_6 气体以保证绝缘。

对直流分压器的基本要求如下：

（1）可靠的绝缘性能。通常直流分压器在直流电压作用下电压分布比较均匀，但在雷电冲击电压下，由于不同高度对地杂散电容不同，电压分布可能极不均匀。直流分压器高压侧单个电阻元件承受的冲击电压将远远超过中低部，易造成绝缘击穿；为改善电场分布，需要在电阻元件的两端并联电容元件。直流分压器的设计还需充分考虑径向绝缘问题。直流分压器长时间运行后外表面污秽分布将不均匀，雨天时污秽分布可能更不均匀，从而造成电压沿套管外表面的纵向分布也发生不均匀变化，而套管内电压沿阻容分压单元的纵向分布是均匀的，这样就会形成径向电压差。若分压器径向绝缘裕度不够，则可能造成径向绝缘击穿。

（2）稳定的分压比。直流分压器分压比的稳定性直接影响直流电压互感器测量准确度的稳定性，为此分压器分压电阻应选用温度系数小的电阻，同时高低压臂的分压电阻应有相同的温度系数。

（3）较小的温升特性。温升对直流分压器长期运行的可靠性及设备寿命有较大影响。直流分压器的温升与其分压电阻的大小有直接关系，分压电阻越小，分压器的工作电流越大，分压器的功耗越大，温升则越大。分压器分压电阻阻值的设计应综合考虑测量准确度及温升影响，在保证测量准确度的同时尽量降低分压器的温升。

（4）良好的频率特性。直流分压器在传变直流电压的同时，对谐波电压也要求能够正确传变。为使分压器具有较好的频率特性，应合理设计分压器高压臂阻容参数及低压臂阻容参

数，使高压臂阻容时间常数与低压臂阻容时间常数相等。

2.3 有源电子式互感器的一次转换器

2.3.1 基本功能

一次转换器对一次传感器送入的电流测量信号和电压测量信号进行调理、采样、编码，输出至合并单元。传感器输出的模拟信号经滤波与信号调理电路，转化为高质量的电压小信号送入一次转换器中进行信号采集，采集得到的数字信号按约定通信协议编码后，以光信号形式通过光纤传输至合并单元。交流电子式互感器和直流电子式互感器两者所用一次转换器的结构、功能基本相同，主要区别是供能方式不同。

一次转换器通常包括电源模块、数据采集模块、主控制模块和数据转发模块四个部分，其组成结构如图2-23所示。

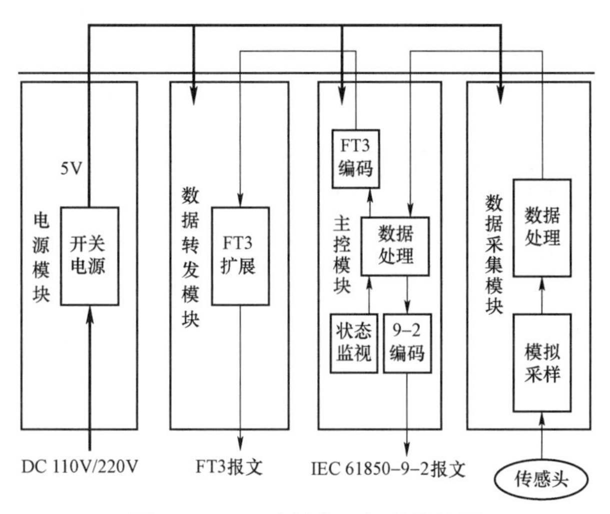

图2-23 一次转换器组成结构图

一次转换器各部分完成功能如下：

（1）电源模块对由变电站内直流电源提供或由激光供能方式提供的电能进行变换，输出5V或3.3V电源供转换器内其他板卡使用。

（2）数据采集模块完成采集单元工作。该模块将空心线圈及低功率线圈等一次传感器送出的信号进行信号调理以及必要的积分运算，抗混叠滤波后送入模数转换器。模数转换器高速准确地进行数据采集，并将模拟量转化为数字量后送入存储器。

（3）主控模块和数据转发模块完成采集器中的控制及通信功能。主控模块采用数字信号处理芯片加可编程逻辑器件的架构，一方面对数据采集模块送入的数据进行信号处理和通信组帧；另一方面实现系统内部状态实时监视。根据合并单元的接口需求，采集器一般按FT3格式输出采样数据。FT3格式报文通过背板转发到数据转发模块进行发送。

2.3.2 供能方式

对于有源电子式互感器，其一次转换器必须有稳定可靠的电源供电，这是互感器电子化附加的必要条件，也因此称为有源电子式互感器。互感器电源分为一次辅助电源和二次辅助电源，对于一次转换器高压侧安装的交流 AIS 独立支柱式电流互感器及直流电子式电流互感器，辅助电源安装在高压侧，可避免电信号长距离传输引入的干扰。因此高压侧如何获取电源是电子式互感器研发中的核心技术之一。对于一次转换器在低压侧安装的交流 AIS 独立支柱式电流互感器及交流 GIS 电子式电流互感器，供电电源安装在低压侧，电源获取不存在难度，但长距离的电缆信号传输带来的电磁干扰成为新的技术难题。目前交流电子式互感器的供能方式主要有激光供能、高压母线取能与站用电供能三种方式，直流电子式互感器均采用激光供能。

2.3.2.1 激光供能

激光供能装置是由光源、传输光纤、光电池组成的一个能量传输系统，采用半导体激光二极管作为激光光源，利用汇聚透镜将激光束汇聚在光纤内进行传输。在光纤出口末端，将光束投射到光电池板上，转换为电能输出，为一次转换器供电。采用激光供能具有以下优点：一是高、低压侧实现了电气隔离，绝缘可靠。二是激光供能无需金属导线引入高压侧，降低了传感器电源对测量区域电磁分布的影响。图 2－24 为激光供能示意图。

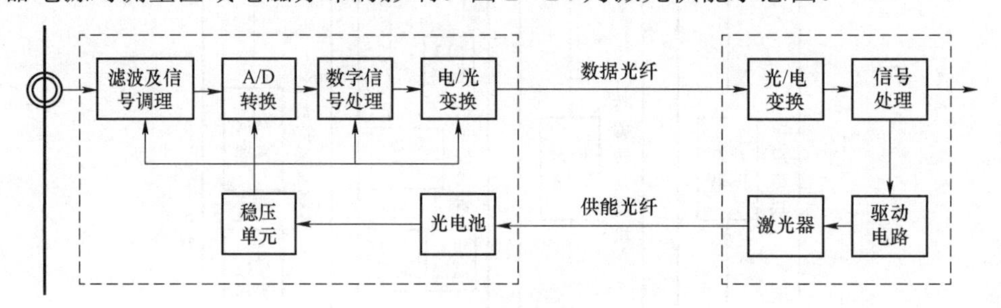

图 2－24 激光供能示意图

对于一次转换器高压侧安装的交流 AIS 支柱式电流互感器或交流电流电压组合电子式互感器，目前通常采用激光供能与高压母线取能相结合的供电方式。当一次电流较大时，利用高压母线取能为一次转换器供电；当一次电流较小时，利用激光供能为一次转换器供电，两者供电方式应能实现无缝切换。

2.3.2.2 高压母线取能

高压母线取能是指直接从一次导体电流磁场获取能量的方法，被称为“自供电、自励源”技术，多用于交流 AIS 变电站中，为 AIS 支柱式电流互感器高压侧一次转换器供电。这种自供电方式因不受外部运行条件的约束，可靠性和寿命周期远高于外部送能方式。对于此类供电方式应满足以下要求：

（1） 减小唤醒电流。唤醒电流是指使传感器和变送电路启动进入正常工作的最小一次电流。为了在一次电流很小时采集器仍能正常工作，应尽可能减小唤醒电流；同时减小唤醒电流对于小负荷线路也可以减少激光供给时间，提高电子式互感器电源供给可靠性。

（2） 缩短唤醒时间。唤醒时间是指从一次合闸带电到传感器启动工作的时间。采用特殊裂相整流、非线性滤波、事先储能启动等技术可将唤醒时间缩短至 2ms 以内，大大缩短母线取能的唤醒时间。

（3）抑制大电流，避免铁芯饱和。磁芯线圈工作在磁路饱和状态时会输出高压尖脉冲。为了克服电磁干扰，自励源装置采用两种不同结构参数的磁场取能磁环或其他手段进行分段取能，保证一次电流在较大区间内稳定取能。

（4）增加断电延时。在一次线路因故障跳闸后至重合闸的过程中，要求ECT保持连续输出。一般高压母线取能不能作为单一供电方式，需由两种供电方式切换。在切换过程中，应确保连续工作，不能中途断电。

2.3.2.3 站用电供能

站用电供能直接采用站用电通过电缆为一次转换器供电。该方案简单可靠，但仅适用于为低压侧安装的一次转换器供能，多用于为GIS集成式电子式互感器的一次转换器供电。在AIS站中，一次转换器安装在低压侧的AIS支柱式电流互感器也可采用该供能方式。

2.3.3 安装方式

直流工程用电子式电流互感器一次转换器均安装于高压侧，电子式电压互感器一次转换器均安装于低压侧，且均采用激光供能。交流工程用AIS电子式互感器和GIS电子式互感器一次转换器安装方式不同，需要关注的重点问题也不同。

2.3.3.1 AIS型式

在AIS变电站中，一次转换器安装一般有高压侧安装和低压侧安装两种方式。

（1）高压侧安装。一次转换器高压侧安装方案中，一次转换器、传感线圈均处于高电位，电子式互感器的传感头无须复杂的绝缘方式（如充气绝缘），通过光纤与合并单元实现可靠电气隔离，没有对地电位短路的绝缘风险，安全可靠。而且高压侧的传感线圈在短距离内转换为数字信号，在传输过程中不受干扰，信号更稳定，测量准确度高。但需考虑一次转换器供电的可靠性及一次转换器在高压环境下的电磁兼容问题。

（2）低压侧安装。一次转换器低压侧安装方案中，采用外供电源方案，可靠性得到保证，一次转换器处于低电位环境，电磁环境得以改善。但需着重考虑一次转换器与一次传感器传输线抗干扰问题。另外，电子式互感器的传感头物理上接近一次导体，却需要和低压侧一次转换器等电位，通常需要充气保证线圈绝缘性能，造成传感头体积的增大。

表2-4是有源电子式互感器一次转换器高、低压侧安装方式的优缺点对比。

表2-4　有源电子式互感器一次转换器安装方式间的比较

安装方式	高压侧安装	低压侧安装
传感头	体积小（体积不随电压等级变化），传感头和高压侧等电位，与合并单元间通过光纤实现隔离	体积大（电压等级越高，体积越大），传感头和低压侧等电位，绝缘通常需要充气保证，存在漏气风险
绝缘结构	绝缘结构简单，光纤绝缘子	绝缘结构复杂，传统绝缘子
供电方式	激光供电+高压母线取能，需要切换	站用电，供电方式简单
电子回路工作环境（温度、干扰）	一次导体附近，浮地，温度高，电磁干扰大	底座下方，低压地电位，温度较低，电磁环境较好
信号传输及抗干扰	短距离内完成A/D转换，抗干扰能力强	传输距离长，且为小信号传输，传输路径易受干扰

续表

安装方式	高压侧安装	低压侧安装
维护难易	电子部件在高压侧维护，难度大、时间长	电子部件在低压侧维护，方便快捷
可靠性	可靠性相对较低	可靠性相对较高

2.3.3.2 GIS 型式

在 GIS 变电站中，一次转换器通常安装在 GIS 壳体上，属于低压侧安装。传感元件输出的模拟小信号在很短的距离、优良的电磁环境下传输至封装罐体内部的一次转换器，并转化为数字信号输出至合并单元，解决了小信号出罐体长走线造成的衰减问题和电磁干扰问题。当 VFTO 干扰强烈时，采取信号双绞屏蔽、采集单元浮地设计、强化信号调理回路、切断电源耦合干扰路径等方式，能有效提高电子式互感器抑制 VFTO 干扰的能力，详见 2.6 节。

2.4 高精度测量技术

相对于传统的电磁式互感器，有源电子式互感器的构成部分较多，如电流传感器、一次转换器、分压器和合并单元信号处理等，影响准确度的因素也相应增加。为提高有源电子式互感器的测量准确度，需要对影响测量准确度的主要因素进行分析，从而指导设备的研发与制造。

2.4.1 交流电流传感器高精度测量技术

2.4.1.1 空心线圈输出信号积分处理

根据 2.2.1 节对空心线圈传感原理分析可知，空心线圈的输出电动势 $e(t)$ 是一次电流 i 的时间微分，即测量的是电流的微分信号。为获得原始测量信号，需要增加一个积分环节，使微分信号恢复或接近恢复到与原始信号固定变比和相位的关系。

根据空心线圈的自感与内阻、负载电阻等电气参数大小关系，输出信号积分处理可划分内积分法和外积分法两种，分别适用于不同频率的电流测量。其中，内积分法用于十万赫兹以上频率的电流测量，较适合频率高的场合；外积分法用于对工频电流和谐波电流的测量，较适合中低频段的应用。两种积分方法需根据被测电流特性进行选择，当选择不合理时测量的准确度将大幅下降，甚至会出现错误的测量结果。

（1）内积分法。无源 RL 内积分法如图 2－25（a）所示，当空心线圈内阻 R_0 与感抗 L 相比足够小，即满足 $R_0 \ll L$ 时，则有

$$e(t) = L\frac{\mathrm{d}i(t)}{\mathrm{d}t} + R_L i(t) \qquad (2-10)$$

式中：R_L 为输出负载电阻。

如果使 R_L 也足够小，式（2－10）可简化为：$e(t) = L\frac{\mathrm{d}i(t)}{\mathrm{d}t}$，则输出 $u(t)$的近似表达式为

$$u(t) = \frac{R_L}{L}\int_0^t e(t)\mathrm{d}t = -\frac{MR_L}{L}i = -\frac{R_L}{N}i \qquad (2-11)$$

无源内积分法是在 $R_0 + R_L \leqslant L$ 的条件下近似实现的，此时，负载电阻上的电势与被测电

流大小呈正比关系，比例系数为负载电阻与空心线圈匝数 N 的比值。内积分法中空心线圈的传感表达式与传统电磁式互感器的传感原理是一致的，即传感系数与线圈匝数有关。考虑空心线圈结构参数和分布电容对内积分法影响的具体分析见 5.2.2 节。

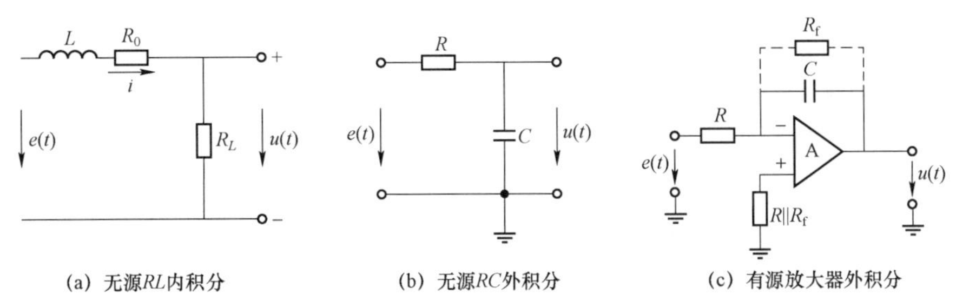

图 2-25　三种典型的积分器等效电路

（2）外积分法。外积分法是指在空心线圈的输出端接上专用的积分器，可划分为无源积分法和有源积分法两种。其中，有源积分方式信噪比较高，增益灵活可调，是现在普遍采用的空心线圈积分信号处理方法。有源积分法又可分为模拟积分法和数值积分法。

1）无源外积分法。无源外积分法采用由电阻 R 和电容 C 连接组成的积分器，工作时无需外部电源，故称为无源积分器。图 2-25（b）为一个单极 RC 积分器，输出 $u(t)$ 的近似表达式为

$$u(t)=-\frac{1}{RC}\int_0^t e(t)\,\mathrm{d}t \tag{2-12}$$

无源外积分法输出信号与真实信号处理过程的近似度取决于电路的时间常数 RC。当 RC 值远大于交流输入信号周期 T 时，输出信号越接近于理想积分效果。此外，该方法存在两个明显缺陷：一是对信号幅值有衰减，二是输出阻抗较大。这两个缺陷也会带来较大的测量误差。

2）有源模拟积分法。有源模拟外积法为采用运算放大器实现的一种积分方法，运算放大器接成反相比例放大器形式。图 2-25（c）所示的运算放大器电路输出 $u(t)$的近似表达式为

$$u(t)=-\frac{1}{R_f C_f}\int_0^t e(t)\,\mathrm{d}t \tag{2-13}$$

对比式（2-12）与式（2-13），两者具有相同的形式，但式（2-13）是一种接近理想的积分变换（暂忽略 R_f 的作用），它与 RC 积分器相比，可一次实现 90°的相位补偿，不以压缩输出幅值为代价。该方法的主要问题是低频增益很大，导致低频段时噪声较大。

有源模拟积分器易于实现，但当信号的频率较低、幅值较小并且积分时间较长时，积分器中元器件（如电容、电阻等）随时间、温度的漂移等将会影响积分的效果。

3）数值积分法。有源数值积分法可划分为采用压频转换器和计数器、采用 A/D 转换器和数字信号处理两种实现方式。由于 A/D 转换器性能比压频转换器更具有优势，因此对后者研究和应用较多。

空心线圈的数字积分器实现过程如图 2-26 所示。首先对空心线圈的输出电压进行 A/D 模数转换，然后在微处理器中作积分变换运算。数字积分变换运算常用的算法主要是一些数值积分公式，如复化矩形公式、复化梯形公式、复化辛普森公式以及它们之间的线性组合。

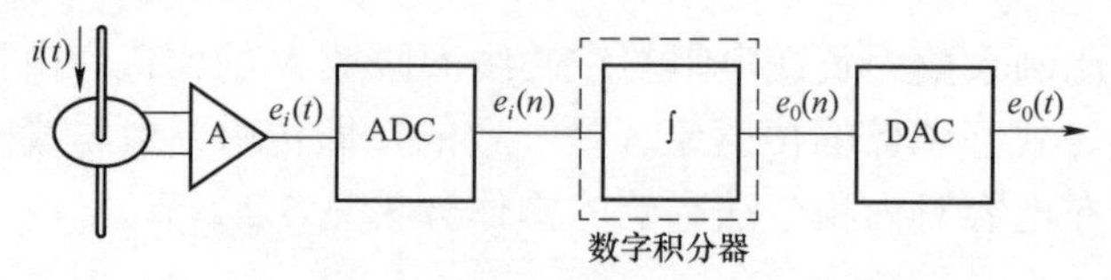

图 2-26 数字积分器结构示意图

数字积分器的基本要点是：对输入采样值作连续累加；对累加和中的直流分量作非线性衰减一防溢出处理；按一定比例对当前积分值作比例系数调整并最终输出测量值。数字积分器比硬件模拟积分器更具有数据处理的灵活性，但处理程序需要占用一定的时间段，对积分时间常数以及防溢出的处理需要慎重；注意暂态响应特性。

4）积分器引起的拖尾问题。当采用模拟积分时，由硬件电路实现输出信号积分功能，能够很好地跟随输入波形，一般无拖尾问题。当采用数字积分时，通常先将空心线圈输出的电压转换成离散的数字量，再通过微处理器进行积分变换运算；对于短时间内快速变化的电流，由于采样率有限，采样波形相对于输入波形有损失，无法完全跟随输入波形，在积分计算后可能出现直流偏置，造成电流波形的拖尾现象。目前工程应用中多采用空心线圈及有源模拟积分技术实现对保护用电流的测量，采用 LPCT 实现对测量用电流的测量，可使电子式电流互感器具有较好的暂态特性和较高的稳态测量准确度。

2.4.1.2 低功率线圈零负载变换

根据 2.2.1 节中 LPCT 传感原理可知，应用 LPCT 的有源电子式电流互感器依据磁势平衡原理来实现电流的转换与测量。其中，一次绕组连接一次线路，常用一匝结构；二次绕组即测量线圈。当考虑励磁电流作用时，其一、二次传感关系的磁势平衡方程为

$$i_p N_p + i_s N_s = i_0 N_p \tag{2-14}$$

式中：i_p 为 LPCT 一次电流，A；i_s 为 LPCT 二次电流，A；N_p 为一次绕组匝数，N；N_s 为二次绕组匝数，N；i_0 为励磁电流，A。

考虑应用高磁导率铁芯材料，在实际正常测量时所需要的励磁电流 i_0 非常小，式（2-14）所示的传感关系式近似为 $i_p N_p + i_s N_s = 0$。但当进行高精度测量时，应计及由于铁芯励磁所导致的低功率线圈误差。

通过铁芯磁回路中主磁通 $\boldsymbol{\Phi}$ 建立一、二次绕组以及铁芯参数之间的关系来进行分析。为简化计算，忽略漏磁电抗以及铁损角的影响，假设并联电阻纯阻性，一、二次电流均为标准正弦波，则有

$$\boldsymbol{\Phi}_p = \frac{\mu A i_0 N_p}{L} \tag{2-15}$$

$$\boldsymbol{\Phi}_s = \frac{i_s Z_s}{2\pi f N_s} \tag{2-16}$$

式中：$\boldsymbol{\Phi}_p$ 为励磁电流与一次绕组产生的主磁通；$\boldsymbol{\Phi}_s$ 为二次电流与二次绕组产生的主磁通；A 为铁芯截面积；L 为平均磁路长度；Z_s 为二次回路总阻抗。

根据磁链守恒定律，一、二次绕组铁芯主磁通一致，即有 $\boldsymbol{\Phi}_p = \boldsymbol{\Phi}_s$。定义 LPCT 的复合误差 $\boldsymbol{\varepsilon}$ 为 i_0 在 i_p 中所占的百分比，则有

$$\varepsilon = \frac{i_0}{i_p} = \frac{Z_s L}{2\pi f \mu A N_s^2} \times 100\% \tag{2-17}$$

由式（2－17）可知，影响低功率线圈二次电流精度的主要因素为铁芯材料、铁芯结构、二次绕组匝数 N_s 和二次回路总阻抗 Z_s。其中 Z_s 是 LPCT 并联电阻 R_{sh} 与负载电阻 R_b 的并联阻抗。因此可采用增大 N_s 与减小 R_{sh} 的方法来减小二次回路功耗，降低测量误差，同时扩大线性量程范围。

装置设计中使用零负载变换技术来实现 LPCT 的“零负载”，即将二次回路电流进一步缩小到毫安级。零负载变换原理电路如图 2－27 所示，零负载变换电路是在 LPCT 等效电路之后再级联一个小容量 CT。小容量 CT 通过适当调整变比将电流进一步缩小到毫安级，等效于进一步增大了总变比。

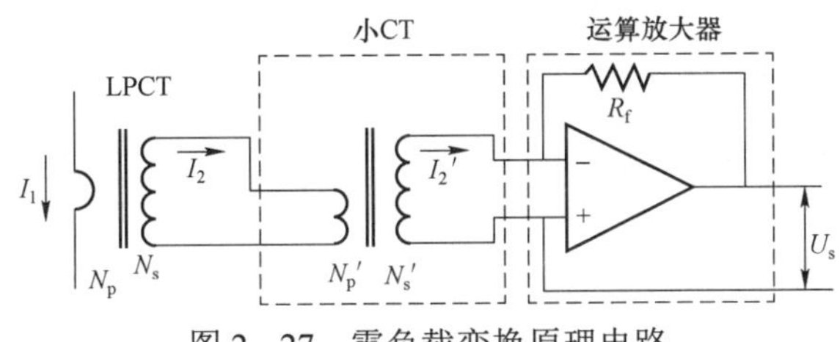

图 2－27　零负载变换原理电路

如图 2－27 所示，将毫安级的电流连接到运算放大器的输入端，由运算放大器将小电流转换为采集电压 u_s，供给 A/D 采集电路。U_s 的大小可由电阻 R_f 设定。u_s 与 i_p 的变比关系如下

$$i_p = \frac{N_s}{N_p} \frac{N_s'}{N_p'} \frac{u_s}{R_f} \tag{2-18}$$

式中：N_p' 为小 CT 一次绕组匝数，匝；N_s' 为小 CT 二次绕组匝数，匝。

这一方法借助了运算放大器具有的阻抗变换功能，实现了 LPCT 的“零负载”。运算放大器在放大工作状态，正负输入端间总会保持等电位状态，相当于 N_s' 绕组被短路，即接入了零负载。将其换算到 LPCT 的输入端，则有效负载也为零，由此实现了最大限度地降低回路负载，而且最终输出电压 U_s 可由 R_f 设定。

由于小 CT 体积小，相当于一个电子元件，可以直接插装在 PCB 电路板上，实现完全电子式模拟信号的比例变换。实验表明，采用零负载措施较直接电阻负载可扩大线性测量范围数十倍，将测量准确度提高一个数量级，对缩小体积和减轻质量也非常有效。

2.4.2　交流电压分压器高精度测量技术

2.4.2.1　串联电容分压器

如图 2－18（a）所示，电容分压型电压互感器的传感器是一个电容分压器，在被测装置的相和地之间接有电容 C_1 和 C_2，C_1 承受几乎全部的一次电压，C_2 分得一个小电压信号。

串联型电容分压器由多个电容器叠置串联而成，这一方式广泛用于 CVT 中的分压部分，测量准确度高。串联电容分压器测量误差主要受分布电容影响，串联式的高压电容因元件与高压引线、地面之间存在分布电容，其等值电容与各元件电容的串联计算值不同。当杂散电容变化时，等值电容也随之改变，对测量准确度有一定的影响。总体来说，串联电容分压器

的技术较为成熟，在选择合适的电容值和分压比时，具有较高的测量准确度，可以满足0.2/3P级的要求。

2.4.2.2　同轴电容分压器

由GIS集成安装结构可知，外部环形安装的GIS集成式EVT采用同轴电容分压原理，其纵截面和横截面结构分别如图2－28和图2－29所示。高压电极和中间电极构成高压臂电容 C_1，中间电极和屏蔽环构成低压臂电容 C_2。为了改善电压测量的暂态特性，在低压臂电容两端并联一个小阻值电阻 R，电阻上的电压 U_0 即为同轴电容分压器的输出信号。

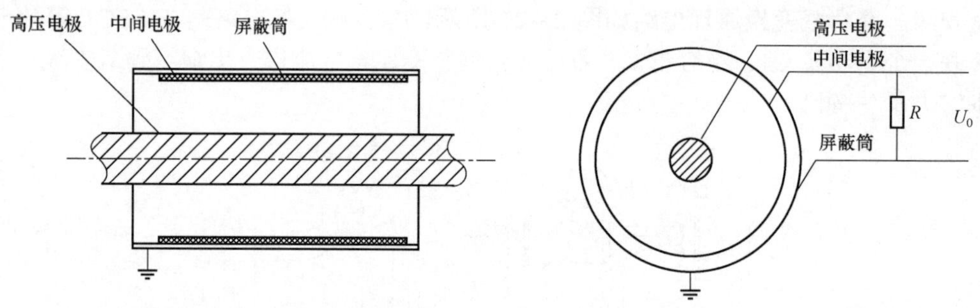

图2－28　同轴电容分压器纵截面图　　图2－29　同轴电容分压器横截面图

分压器低压臂输出电压 u_0 与被测电压 u_i 和高压臂电容 C_1 有如下关系

$$u_0 = RC_1\frac{\mathrm{d}u_i}{\mathrm{d}t} = RC_1\omega u_i \tag{2-19}$$

式中：C 为分压器高压电容，F；R 为分压器低压电容并联小电阻，Ω；u_i 为被测一次电压，V；u_0 为分压器输出电压，V；ω 为被测电压角频率，rad/s。

对于同轴电容有

$$C = \frac{2\pi\varepsilon_r\varepsilon_0 l}{\ln D/d} \tag{2-20}$$

式中：$\varepsilon_0 = 8.85\times10^{-12}$F/m；$l$ 为同轴环有效长度，m；D 为中间电极直径，m；d 为一次导体直径，m。

同轴电容分压器的一次电容值易受到结构偏心、电容介质变化、外界电场干扰等影响而发生变化，从而影响电子式电压互感器测量准确度，在设计时需考虑短路状态和正常运行两种情况。当系统短路后，若电容环的等效接地电容上积聚的电荷在重合闸时还未完全释放，将在系统工作电压上叠加一个误差分量，严重时会影响到测量结果的正确性以及继电保护装置的正确动作。此外，长期工作时等效接地电容会因温度等因素的影响而变得不够稳定，从而影响准确度，可采用以下几种方法提高应用同轴分压器的电子式电压互感器的准确度。

（1）通过建立数学模型，可计算得到同轴电容偏心小于4mm时输出比差变化小于0.2%的结论。因此应保证同轴电容分压器的同轴电容偏心小于4mm，使电子式电压互感器输出准确度满足要求。

（2）同轴电容屏设计时，应采用空心铝管结构，其强度高，不易发生变形和偏心。

（3）互感器紧固设计时，应留有5倍的紧固余量，提高其抗振动性能。

（4）由于同轴电容的绝缘介质主要是 SF_6 气体，当气体密度变化时会导致绝缘介质的介电常数发生变化，从而影响电容值，并导致输出电压偏差。通过数学建模与长期观察可知，在额定充气压力和闭锁充气压力范围内，气体压力的变化对准确度的影响可以忽略不计。但在长期运行后，当互感器 SF_6 气体压力泄放至报警压力时，必须及时充气，才能保证电容分压传感器的输出无较大偏差。

（5）对同轴电容分压器应进行全屏蔽设计，使电子式电压互感器不受外界电场干扰的影响。

2.4.2.3 电阻分压器

如图 2－18（b）所示，电阻分压器一般由高压臂电阻 R_1、低压臂电阻 R_2 和过压保护的气体放电管组成，将一次电压按比例转换为小电压信号输出。为提高应用电阻分压器电子式电压互感器的测量准确度，应重点考虑以下几个方面。

（1）温度是影响阻值稳定性的主要因素。电阻的选择除考虑耐受工频电压、冲击电压外，阻值大小的选取应与通过电阻的电流大小相适应。电流太大会增大电阻功耗引起较大温升，太小则易受外界电磁场、电晕放电电流等的干扰。目前，多采用耐高压，几何尺寸、温度系数和阻值误差均很小的厚膜电阻。

（2）电阻分压器设计应满足绝缘要求，还应该尽量减小对地电容的影响。电子式电压互感器工作在开关设备周围恶劣的电磁环境中，这对传感器的电磁兼容性能提出了较高的要求。在分压器的高压端加以合适的屏蔽电极可以改善高压端杂散电容引起分压器上电压分布不均匀的现象。分压器对地杂散电容会随周围现场条件发生变化。在接地端加设屏蔽电极，可对杂散电容起到一定的抑制作用。屏蔽电极的尺寸可以从电场的角度采用数值方法理论计算得到，也可以依据实际工程经验获得，采用试验法可以得到满足分压比误差要求的屏蔽尺寸。

（3）在传感器内部，整个分压器用接地金属屏蔽罩与外界电磁干扰隔离开来，低压侧信号出线和地线组成双绞线，这种设计减少了能够产生感应电压的回路和区域，提高了传感器的抗干扰性能。

2.4.3 直流电流分流器高精度测量技术

高压直流回路中的电流应为直流电流，但实际还包含因换流阀整流和逆变所产生的一定量的谐波电流。另外，在过渡过程和干扰时也可能产生相应的谐波电流。当交变电流通过导体时，由于在近导体中心处比导体表面处所交链的磁通量多，在近表面处的感应电动势较中心小，因而在同一外加电压下，导体表面处的电流密度较大，导体内部的电流密度较小，这种现象即为集肤效应。集肤效应会增大导体的交流电阻，影响直流电子式电流互感器的测量准确度。

理论分析表明，对于长度为 L、半径为 α 的圆柱形长直导体，其电阻 R 与流过长直导体的电流角频率 ω 有如下关系

$$R=\frac{L}{\pi\alpha^2\gamma}\left(1+\frac{\omega^2\mu^2\gamma^2}{192}\alpha^4\right) \tag{2-21}$$

式中：γ 为电导系数；μ 为磁导系数。

由式（2－21）可知，式中第一项为直流电阻，第二项为对应频率下的交流电阻。集肤效应与谐波角频率、圆柱截面半径的平方成正比，对交流电阻值中的第二项会产生影响。

为减小集肤效应的影响，直流分流器结构设计中必须控制锰铜导体的截面半径。对实际

应用的鼠笼式分流器，多个锰铜导体是相互靠近并联排布的。相互靠近的导体通以交变电流时，每一导体不仅处于自身电流产生的电磁场中，同时还处于其他导体电流产生的电磁场中。显然，各导体中的电流分布与其单独存在时是不一样的。采用磁矢位法进行分析，半径为 a，轴间距为 b 的两导体因对方影响而产生的单位长度附加阻抗为

$$Z_{\text{prox}}=\sum_{n=1}^{\infty}\frac{\mathrm{j}\omega\mu_0}{\pi a}\left(\frac{a}{b}\right)^{2n}\frac{I_n(ma)}{\dfrac{n}{a}I_n(ma)+mI'_n(ma)}=\sum_{n=1}^{\infty}\frac{m}{\pi a\gamma}\frac{I_n(ma)}{I_{n-1}(ma)}\left(\frac{a}{b}\right)^{2n} \tag{2-22}$$

式中：$m=\sqrt{\mathrm{j}\omega\mu r}$；$I_n$ 为 n 阶第一类变型的贝塞尔函数。

由式（2－22）可知，导体间相互影响产生的附加阻抗与导体间的距离成反比，导体间距离越近，相互间影响产生的附加阻抗越大，导体间距离越远，相互间影响产生的附加阻抗越小。

综上所述，对于实际应用的鼠笼式分流器，为减小集肤效应引起的交流阻抗及锰铜导体相互间近距离排布引起的附加阻抗的影响，提高直流电流分流器的测量精度，必须控制锰铜导体的截面半径，同时要尽量加大相邻导体的间距。

2.4.4 直流电压分压器高精度测量技术

直流电压分压器利用电阻分压实现对直流电压的测量。对于高电压等级的直流电压分压器，分压器高压臂电阻阻值较高，通常为数百兆欧姆，分压电阻的表面电阻对测量准确度影响不可忽略。若分压电阻的表面电阻不够大，在高电压作用下，将有可能产生泄漏电流，给直流电阻分压器的分压比带来误差，因此，高精度直流电压分压器的设计必须考虑泄漏电流对分压器测量准确度的影响。

分析及试验发现，防止泄漏电流最有效的方法是采用等电位屏蔽措施，其原理是两个相同电位之间不会产生电流。方法是在电路上增加一路辅助分压器，在分压电阻表面两端人为地建立等电位点，使这段的等效电阻为无穷大。该方法可以有效阻断沿分压电阻表面的泄漏电流，且不影响分压器的分压比，从而可有效保证直流分压器分压比的稳定，提高直流电压分压器的测量准确度。等电位屏蔽直流分压器电路如图 2－30 所示。

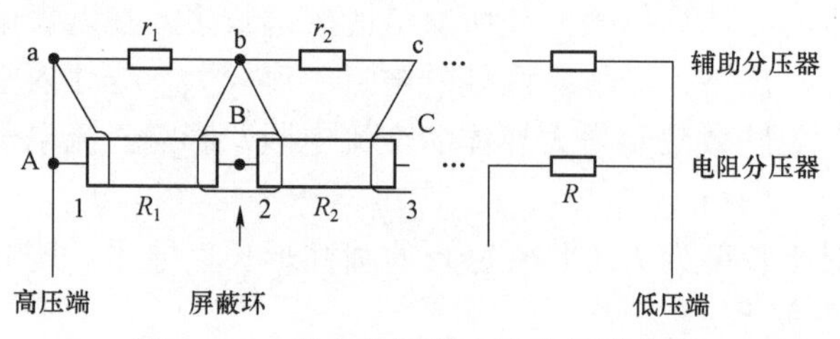

图 2－30　等电位屏蔽直流分压器电路

在图 2－30 中，R_1，R_2 是直流分压器的分压电阻，r_1，r_2 是辅助分压器的分压电阻，两组分压器的分压比相同，即 $R_1{:}R_2=r_1{:}r_2$。在直流分压器的分压电阻两端分别安装屏蔽铜环，铜环与辅助分压器的相关电位点相连，如图 2－30 所示，环 1 上的电位与 A 点相同，环 2 上的电位与 b 点相同，而 b 点电位与 B 点是等电位。以此类推，屏蔽环与相邻的电阻具有相等的电位，使该段等效电阻趋于无穷大，从而可消除泄漏电流，而电阻两环之间的表面电阻上即

使有泄漏电流，也会流经辅助电阻，不会影响电阻分压器的测量准确度。

2.5 温度稳定性提升技术

2.5.1 空心线圈温度稳定性技术

空心线圈用于测量电流时必须要进行热校核，主要原因包括以下两个方面：一是控制线圈骨架芯的温升，确保空心线圈的互感系数为一常值；二是控制空心线圈终端电阻的温升，便于选取合适功率的电阻，以减少测量误差。

有源电子式互感器户外工作温度范围为 –40℃～+70℃，户内工作温度范围为 –10℃～+55℃。空心线圈电子式互感器工作运行时，随外部工作环境温度的变化，须满足相应可靠性要求和准确级要求。如图 2–31 所示，空心线圈主要由骨架和线圈两部分组成，因此可从温度对线圈骨架和线圈绕组的影响来分析空心线圈的温度特性，从而提出空心线圈的抗温度干扰措施。

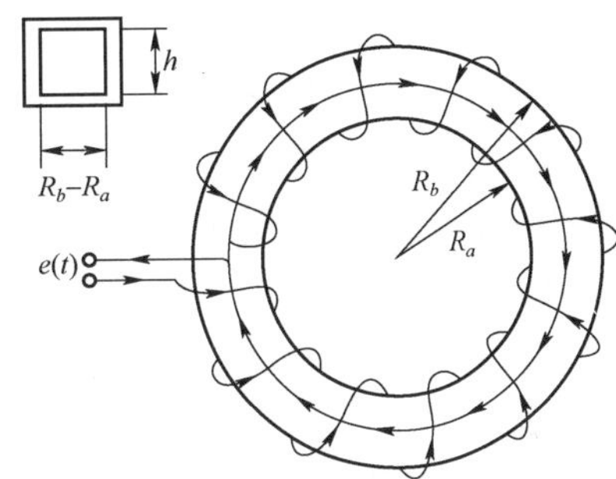

图 2–31 空心线圈结构示意图

计及线圈内外半径长度的空心线圈的互感系数 M 可表示为

$$M=\frac{\mu_0 hN}{2\pi}\ln\frac{R_a}{R_b} \tag{2–23}$$

式中：μ_0 为真空磁导率；h 为空心线圈的截面高度，mm；N 为空心线圈匝数，匝；R_a 为空心线圈内半径，mm；R_b 为空心线圈外半径，mm。

对于由常规工艺和材料制作的空心线圈，温度变化会使骨架和线圈发生热胀冷缩效应，使线圈尺寸发生改变，从而使线圈截面积 S 和线圈匝数密度 n 的大小也发生改变，导致了线圈内外径 R_a 与 R_b 改变。由式（2–23）可知，互感系数 M 随线圈内外径相应改变，最终使输出电压值 $e(t)$ 发生改变。情况严重时线圈会发生变形，M 变化量增大，测量值严重偏离。

当温度变化时，定义空心线圈变化导致输出电压的相对误差为

$$\left.\frac{\Delta u(t)}{u(t)}\right|_{\Delta T=1}=\frac{u(t)-u_0(t)}{u(t)}=\frac{\Delta M}{M} \tag{2–24}$$

由式（2–24）可知，温度通过改变骨架和绕组尺寸来改变互感系数 M，进而改变输出电压测量值。因此，在分析温度对空心线圈影响时，可划分为线圈骨架和线圈本体影响两种情况进行分析。

（1）温度变化对空心线圈骨架的影响。设线圈骨架的热膨胀系数为 ε_1，则膨胀后骨架截面高度由 h 变为 $h+\varepsilon_1 h$；内外径由 R 变为 $R+\varepsilon_1 R$。由式（2–23）与式（2–24）可得温度变化造成的线圈输出电压相对误差为

$$\left.\frac{\Delta u(t)}{u(t)}\right|_{\Delta T=1}=\frac{\Delta M}{M}\approx\varepsilon_1 \tag{2–25}$$

由此可见，空心线圈的热膨胀相对误差在数值上等于骨架材料的热膨胀系数，而与骨架具体尺寸无关。

（2）温度变化对空心线圈本体的影响。设线圈本体的热膨胀系数为 ε_2，则膨胀后骨架截面高度由 h 变为 $h+2\varepsilon_2 h$；内外径由 R 变为 $R+2\varepsilon_2 R$。由式（2-23）与式（2-24）可得温度变化造成的线圈输出电压相对误差为

$$\left.\frac{\Delta u(t)}{u(t)}\right|_{\Delta T=1}=\frac{\Delta M}{M}\approx 2\varepsilon_2 \tag{2-26}$$

由此可见，空心线圈的热膨胀相对误差在数值上等于线圈材料的热膨胀系数的 2 倍，而与绕组具体尺寸无关。

采用水泥线圈骨架进行实测，对空心线圈电压输出相对误差随温度变化的曲线进行线性拟合，得到电压输出相对误差与温度关系曲线为直线，即二者为线性关系，与前述理论推导结论相同。因此可采用骨架制作工艺优化和数字补偿技术解决温度对空心线圈温度稳定性的影响。

在材料选取方面，首先要选用热膨胀系数小、材质均匀的骨架材料进行压制、打磨等处理。虽然陶瓷骨架的温度变化率比较小，但由于目前国内加工工艺达不到要求，很难在实际中运用。选用纤维材料制作骨架，并进行压制打磨等处理措施，使线圈均匀紧绕在骨架上，可以使其受温度的影响被控制在一定的范围内。一种有效的做法是选取环氧树脂作为理想的非磁性骨架材料，其有足够强的机械强度，在环氧树脂中加入一定量的添加剂还能进一步降低骨架的线性膨胀系数。其次，线圈材料也要尽量选取热膨胀系数小的绕线，并使绕线紧紧地贴绕在骨架上。

2.5.2 低功率线圈温度稳定性技术

如图 2-16 所示，低功率线圈测量系统主要由电磁式电流互感器、取样电阻 R_{sh} 和信号传输单元组成。一次母线电流被转换为二次小电流，取样电阻将二次电流转换为正比于一次电流的小电压信号输出。如 2.2.1 节所述，低功率线圈的基本测量原理为

$$i_p = K_R u_s \quad , \quad \left(K_R=\frac{1}{R_{sh}}\frac{N_s}{N_P}\right) \tag{2-27}$$

由式（2-27）可知，温度变化对低功率线圈输出影响主要体现在取样电阻 R_{sh} 阻值随温度变化而变化，导致输出电压漂移。考虑取样电阻温度系数影响，电子式电流互感器的变比为

$$K_R=\frac{1}{R_{sh}(1+\alpha \mathrm{d}T)}\frac{N_s}{N_p} \tag{2-28}$$

则温度对电子式电流互感器的影响可表示为

$$\frac{\Delta K_R}{K_R}\%=\frac{\alpha \mathrm{d}T}{1+\alpha \mathrm{d}T}\frac{N_s}{N_p}\times 100\% \tag{2-29}$$

式中：α 为取样电阻的温度系数。

分析上式可知，电子式电流互感器的变比与取样电阻的温度系数相关。目前，比较好的

耐受温度变化的常规取样电阻的温度系数为 20ppm～50ppm。若采用的取样电阻温度系数为 20ppm，且环境温度变化为 100℃，则 $\Delta K_R / K_R = 0.2\%$。可见，电流互感器的变比受取样电阻 R_{sh} 的温度系数的影响较大。如选择这种温度系数的电阻进行设计，很难满足电子式电流互感器相关标准给出的准确度要求。

针对上述情况，实际设计中选用了特殊定制电阻，该电阻采用金属箔进行设计，在保证很好的抗冲击性的同时能具有极好的温度系数。在 –40℃～85℃范围内，温度系数能保证不超过 5ppm。按这个温度系数计算比差，环境温度变化仍取 100℃，可得到 $\Delta K_R / K_R = 0.05\%$。这种设计保证了低功率线圈测量系统在极端温度条件下，电压的输出满足计量用互感器 0.2S 级测量准确度要求。

2.5.3 电压分压器温度稳定性技术

电子式电压互感器分压器的性能随温度变化，要保证分压比的温度稳定性，一方面需要减小分压元件的温度系数；另一方面需要使高、低压分压元件温度系数尽量保持一致。

2.5.3.1 电容分压器的温度补偿

（1）串联型电容分压器。串联型电容分压器温度特性主要决定于介质材料的选择。20 世纪 80 年代后期，国内外均采用聚丙烯薄膜与电容器纸复合浸渍有机合成绝缘油介质取代电容器纸浸矿物油介质。薄膜耐电强度是油浸纸的 4 倍，介质损耗则降为后者的 1/10，合成油的吸气性能良好，且薄膜与油浸纸的电容温度特性互补，合理的膜纸搭配可使电容器的电容温度系数自补偿，温度系数大幅降低，大大提高了分压器的温度稳定性。在构成结构上，采用“分布式”分压技术，多个相同电容串联形成高压电容器，多个相同电容并联形成低压电容器，高低压侧采用温度系数一致的电容器，可以提高分压准确度，减小温度对分压比的影响。

（2）同轴电容分压器。如 GIS 结构形式电容分压器，为同轴圆柱体结构，其高压电容由一次导体和中间电极组成，低压电容由中间电极和接地罐体组成，如图 2–32 所示。

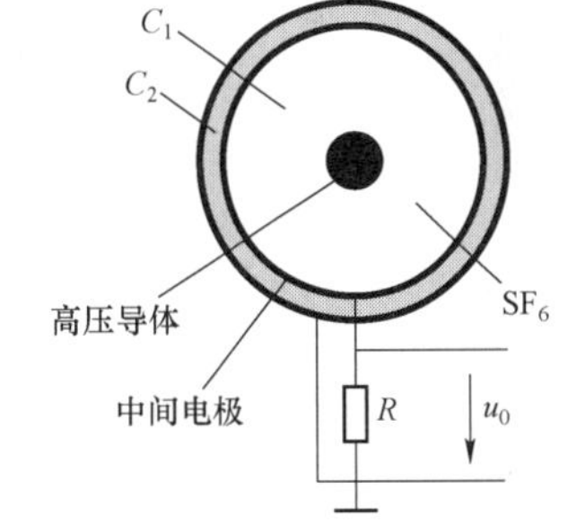

图 2–32 GIS 结构的电容分压器

一次导体和中间电极之间为 SF_6 气体，中间电极和接地罐体一般为固体绝缘材料。压力、温度的变化均会引起压缩气体介电常数发生改变，从而使高压电容值发生变化。通常高压电容的温度系数约为 2×10^{-5}/℃，温度变化对电容值改变直接影响较小；而固体绝缘材料在温度变化时将发生热胀冷缩，使得低压电容受到温度变化的影响较大。为解决这一问题，在电容分压器的输出端并联一个精密小电阻，小电阻的温度系数优于 10^{-5}/℃，且小电阻的阻值远小于低压电容的容抗值。这样一来，电容分压器的输出信号 $u_0(t)$ 与被测电压 $u_i(t)$有如下关系

$$u_0(t) = RC_1 \frac{\mathrm{d}u_i}{\mathrm{d}t} \left(R \ll \frac{1}{\omega C_2} \right) \tag{2-30}$$

式中：C_1 为高压电容，F；C_2 为低压电容，F；R 为精密小电阻的阻值，Ω。

由式（2–30）可知，利用电子电路对电压传感器的输出信号进行积分变换便可求得被测电压。这里的二次输出电压与 C_2 无关，同轴电容分压器的温度特性大大改善。

2.5.3.2 电阻分压器温度补偿

对于电阻分压器，即使微小电流流经电阻也会产生一定功率，将会造成电阻温升，导致电阻阻值发生变化，对测量准确度造成影响。一方面需将温升造成的分压比变化控制在准确度等级要求的范围内，即增大电阻值，减小功率；另一方面，过大的分压电阻值导致对地电流过小，会产生电晕放电、材料漏电或周围分布电容的干扰问题，测量准确度很难得到保证。

电阻分压器的关键器件是电阻。电阻的选择主要考虑阻值稳定性、耐压和阻值大小等因素，当采用温度系数小的电阻时元件本身受温度影响较小；同时应尽量使高低压臂电阻的温度系数接近或相等，则温度变化引起的分压比误差可在比值关系中减小甚至抵消。在采用电阻前，应依据温度系数对电阻进行筛选。一般来说，同种材料、同种工艺的同一批电阻的温度系数比较一致。电阻通电时，因消耗有功功率而产生热量，也会引起电阻元件的温度变化，因此应保证散热良好、温升小，电阻额定功率大于正常工作条件下的功率。电阻分压器的结构设计要满足绝缘要求，还应尽量减小对地电容的影响。

电阻分压器的电阻主体部分为陶瓷材料，表面采用无感螺旋结构的加工导电带，用卡码丝一类精密电阻合金丝绕制精密绕线电阻，以减小电阻分压的电感及温度系数，用固体绝缘材料进行浇注，保证绝缘性能。

2.5.3.3 阻容分压器的温度补偿

阻容分压器的结构复杂，一般用于直流换流站中的直流电压测量，很少用于交流变电站中。如果用于交流变电站中交流电压的测量，应同时保证电容、电阻的温度特性，具体措施可参考上文电容分压器与电阻分压器温度补偿的内容。

2.6 电磁干扰防护技术

由 2.3 节可知，有源电子式互感器一次传感器的输出信号为弱电信号，一次转换器也是由运算放大器及 DSP 等电子器件构成的信号处理模块。在实际运行中，一次传感器及一次转换器周围的电场及磁场均较强，特别是在开关操作过程中，开关触头开合瞬间会产生强电磁辐射，对一次传感器及一次转换器会造成很强的干扰，因此，电子式互感器的设计必须充分考虑电磁干扰防护问题，确保电子式互感器在强电磁环境下可靠工作。

2.6.1 电磁干扰的实现途径

电磁干扰进入采集电路主要有辐射和传导两种方式，并通过信号引线、空间辐射和电源引线三种途径实现。

（1）信号引线进入。经由信号引线进入的干扰有三种起因。一是传感器本身接收的干扰。由于传感器紧靠一次导体，经由一次操作引起电流、电压的突变会激发导体周围电磁场的突变，传感器测量到高于 1kHz 的干扰信号；二是较长的传输线可能接收到的空间电磁辐射干扰；三是传感器与一次转换器所安装的壳体位置之间电位差引起的干扰。由信号引线引入的干扰信号有差模和共模两种形式。差模是指一对信号引线之间的相对干扰电压。这种干扰和真正的测量信号处于同一模式，唯一的区别表现在频率特性上，所以防护的方法是尽量采用屏蔽措施防止干扰进入，对已进入的干扰成分采用低通滤波的方法消除。共模干扰是指信号引线相对于“共地”点之间的电压。共模干扰在输出端呈现的电压通常可以采用合适的接地点选择和差分隔离电路进行消除。

（2）空间辐射进入。空间电磁波可以通过电路盒的插接端口、缝隙进入一次转换器箱体内，直接干扰电子器件的工作，这种干扰已经无法区别是差模还是共模形式，已经进入电路盒的射频干扰，无法采用滤波等方法进行有效的治理，所以对辐射干扰最有效的防护手段就是依靠金属壳体的屏蔽作用，封堵或者削弱辐射波的进入。

（3）电源引线进入。通过电源引线进入的干扰有可能来自电源系统自身干扰、裸露引线接收的强电磁干扰和 VFTO 效应干扰三个方面。其中，对于电源系统自身干扰，通常为所联同一电源上的其他电操动机构所导致的谐波、脉冲群、间歇振荡、浪涌等干扰，一般可以采用常规的 EMC 电源连接器进行防护；对裸露引线接收的强电磁干扰，采用带屏蔽层、穿金属管电缆、有效接地等措施有效防护此类干扰。

对 VFTO 效应所产生的干扰分析如下：如图 2－33 所示 GIS 一段筒体的中分面，内含高压导体和隔离开关 GL，筒体与地间接有地线。当隔离开关做关合或分断操作时，高压导体的带电和掉电过程受拉弧过程的影响，是一个高频的不连续过程，此时高压导体带有逐渐增强（关合时）或逐渐减弱（分断时）的高频电压，应将导体与外壳看成一个同轴电容，而将接地线看作一段电感。VFTO 导致壳体电位突变也会表现在电源引线上，干扰的作用往往是破坏性的。由于电源引线的远端是地电位或近地电位。当出现地电位升高时，一次转换器采集电路箱随 GIS 外壳电位一起大幅度跳变，与电源引线的常态地电位形成上万伏的瞬时电位差，会瞬间击穿一次转换器采集箱内的电源或入口电子元件，表现为一种强烈的共模干扰。

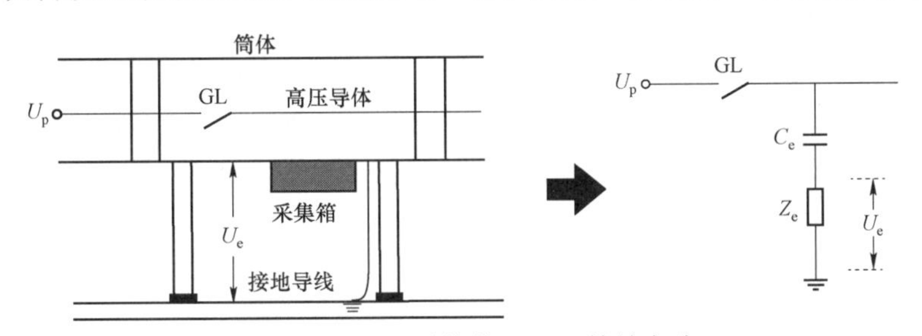

图 2－33 GIS 结构的 VFTO 等效电路

2.6.2 电磁干扰的综合防护

2.6.2.1 壳体屏蔽措施

对空间电磁波最有效的防护措施之一是采用金属壳体作电磁屏蔽，金属壳体的屏蔽作用主要表现为金属良导电体以及良导磁体对电场的平衡、吸收和反射作用。根据不同的屏蔽目的，壳体材料可以采用良导电体或良导磁体，对于兆赫以上的视频信号，采用诸如铝、铜、银等良好的导电材料就可达到电磁屏蔽的目的。采用金属壳体屏蔽的方法如下：

（1）电导率和磁导率。选用电导率和磁导率较高的材料可以提高屏蔽效果，也可采用两层材料屏蔽，一层良导电材料加一层良导磁材料。测量线圈不可用导磁材料做外屏蔽，屏蔽壳不可形成闭合短路环。

（2）厚度和层数。原则上厚板比薄板效果好；在总厚度不变条件下，将一层分成相互隔离的两层，屏蔽效果优于单层，这是由于除了壳体的衰减吸收作用外，还增加了一次反射作用；双层屏蔽盒的接地处理措施如图 2－34 所示。

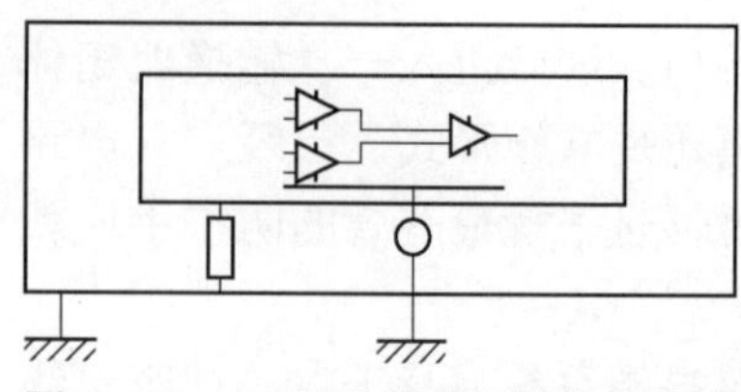

图 2-34 双层屏蔽盒体的接地措施

（3）壳体大小。壳体宜小不宜大，尺寸越大，壳体上感应电位差越大，内空间会有再生电磁波，当电子电路体积较大时，宜将大空间分隔成若干小空间。

（4）闭合性。壳体要求尽量闭合无缝，避免直通的孔洞和缝隙，以削弱电磁干扰影响。对必不可少的插接口，应采用包封、拐弯的结构，避免直通。

2.6.2.2 设备接地措施

根据接地作用的不同，可将接地分为接保护地、中性地、屏蔽地、信号地、逻辑地五种。错误的接地方式往往达不到预期的效果。所以应根据接地的目的，合理选择接地点和接地方式。

（1）有源电子式互感器的低压侧接地为保护接地，避免高电压接触设备的底座，一般在 AIS 电子式互感器的底座、GIS 电子式互感器的外壳上设置接地点，通过人工接地体实现接地。对于一次转换器位于高压侧的电子式互感器，取高压侧电压为参考地电位，在高压侧取一点进行等电位连接。

（2）小信号在传输环节应采用带有屏蔽的线缆与接头，否则可能受到强电磁干扰的影响。比如 GIS 电子式互感器的模拟信号在没有屏蔽措施时易受到 VFTO 影响出现异常数据。屏蔽电缆的接地方式是通过影响屏蔽层中的干扰电流来影响电缆中干扰电压的大小。屏蔽电缆的接地一般分为一端接地、两端接地、多点接地等方式。① 对于一端接地方式，在屏蔽电缆长度不大，并且与干扰波长之比小于等于 0.15 的情况下，可采取该种接地方式。因为一端接地时屏蔽层与地不形成环路，若干扰频率不高，则屏蔽层中不会产生较大的干扰电流，在电缆中也不会引起较高的干扰电压。② 对于两端接地方式，当电缆长度较长，电缆两端可能出现较大的地电位差时，电缆屏蔽可两端接地。此时屏蔽层与地形成环路，为避免屏蔽层中可能出现大的干扰电流，应尽量减小此接地环所围的面积，并且减小两接地点间的阻抗。③ 多点接地方式适用于电缆长度与干扰波长之比大于 0.15 的情况。

对于有源电子式互感器，通常模拟量信号不出一次本体，无长距离的电缆，仅有一次本体内的小模拟量信号的短距离传输，在这种情况下，对于单层屏蔽电缆，屏蔽层一端接地，一般在源端接地；对于双层屏蔽电缆，外层屏蔽两端接地，内层屏蔽一端接地。

（3）有源电子式互感器的一次转换器在一次本体处对模拟小信号进行采集、数据处理、传输，工作于强电磁干扰的环境下，针对这一特点，对于板卡的布置、线缆的连接、板卡的硬件设计、器件选型、PCB 布线都应有针对性的防护措施，主要包括：① 采集板卡需要设计合理的壳体与接地。采集板卡分为电源抗干扰地和屏蔽地两部分，电源抗干扰地不与一次转换器外壳连接，直接连接金属底板；屏蔽地与一次转换器外壳连接。② 硬件设计要从传导干扰、辐射干扰两个方面考虑，电路中既要有适合的抗干扰器件，又要增加干扰的泄放通道，保证电路在强电磁干扰下正常工作。③ 电源入口处选择合适的滤波器减少干扰的进入，可结合使用电容元件；④ 采集板卡的 PCB 设计，可将抗干扰地与屏蔽地、功能地分开布线，分别通过不同紧固件可靠连接在金属底板上，优化信号流向，减小采样回路的长度、面积，尽量做到内层走线，表层铺铜。

2.6.2.3 信号传输线的抗电磁干扰防护

信号传输线的防护目标是尽量做到不受外来干扰。对于已经混入测量信号中的干扰成分，尽量在其进入转换器采集装置前消除，至少抑制干扰电平到不至于发生击穿、扰乱程序运行的故障级别，尤其是信号线不可将射频电磁波引进转换器采集装置。当射频进入采集箱体后，会在装置内空间形成新的射频谐振，使得防护难度加大。常用的防护措施有以下两种：

（1）屏蔽双绞线。信号电缆带有良好屏蔽包层，包层内的信号传输线采用双绞线。双绞线是按一定节距相互缠绕的一对信号线，可以有效抑制外来电磁场感应的差模干扰，如图 2－35 所示。

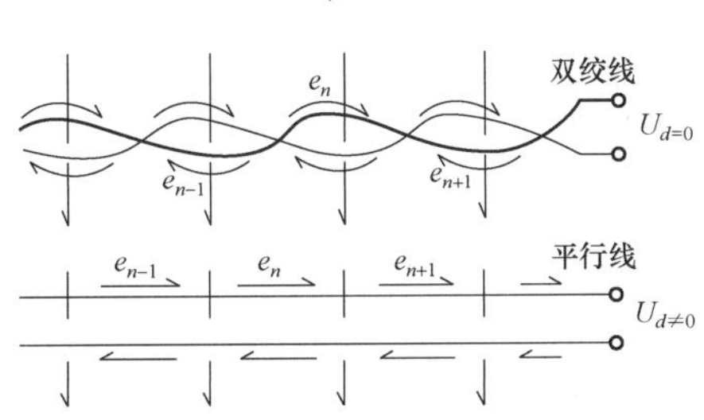

图 2－35　双绞线电磁屏蔽示意图

（2）整体电磁密封。对包括传感器、传输线、转换器在内的所有模拟信号可能涉及的元器件应整体密封，这种密封是指整个模拟信号传输系统采用金属层包裹，不留任何缝隙，并在适当地点接地。

2.6.2.4　电源引线的抗电磁干扰防护

有源电子式互感器在变电站内的电源引线往往较信号线更长，受到的干扰更多。运行中由电源引线引入的干扰导致的故障概率高于信号侧，应选择合适的电磁防护措施防止电源侧的干扰。

（1）一般性抗电磁干扰防护法。图 2－36 所示为常用的电源输入线电磁干扰防护电路，主要针对由电源引线引入的差模和共模干扰。其中，X_1 用于吸收差模干扰（也叫 X 电容），最高瞬时耐压 4kV；Y_1，Y_2 用于吸收共模干扰（也叫 Y 电容），最高瞬时耐压 8kV；C_1，C_2，C_3 是普通高压电容，与 X，Y 电容安装法对称，可以补充吸收高频共模和差模干扰；L 是共模抑制电感，与 C_2，C_3 配合，滤除高频共模干扰。这种滤波最大防护等级为：峰值电压 3kV～5kV，干扰波频率 1MHz 以下。

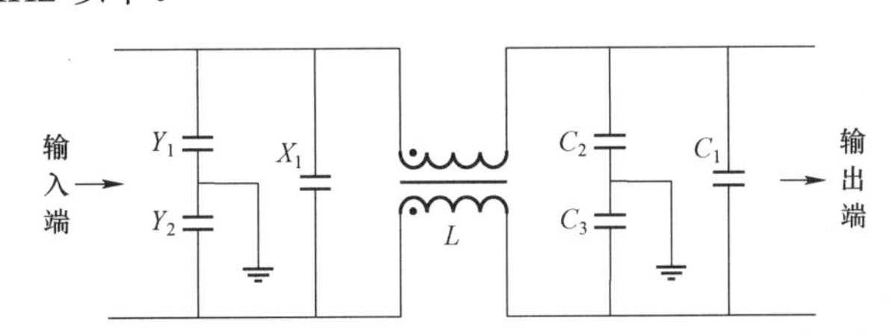

图 2－36　电源输入端一般性抗电磁干扰防护示意图

（2）特殊防护措施。对于防止 10kV～30kV、3MHz～20MHz 的高频高压干扰，目前没有成熟的防护器件和统一的工业标准，但防护原理和方法遵循基本的抗电磁干扰滤波电路规则，高频高压安规电容和能够有效抑制高频高压的共模和差模电感是未来的研制方向。

2.6.3　空心线圈的电磁干扰防护

外界磁场干扰是影响空心线圈应用的重要因素之一，而磁场干扰主要来自空心线圈工作环境中的相邻电力导线，且磁场形式为非均匀场。空心线圈内某处的磁通链 Ψ 可表示为

$$\Psi = N\varphi = NB_{\mathrm{Y}}S \tag{2-31}$$

式中：B_{Y} 为电流 I 产生的磁场在环路径向方向的分量，A/m；φ 为空心线圈截面的磁通量，Wb；N 为空心线圈匝数；Ψ 为空心线圈磁链，Wb；S 为空心线圈截面积，m^2。

根据安培环路定理有：$\oint_l B_{\mathrm{Y}} l = \mu_0 I$ 。考虑环路外电流磁场积分量为 0，则外磁场在空心线

圈内产生的总磁通链为

$$\Psi_Z = \oint_l \Psi \mathrm{d}l = \oint_l N\varphi \mathrm{d}l = NS\oint_l B_Y \mathrm{d}l = 0 \tag{2-32}$$

相邻电力导线产生的非均匀外磁场对线圈产生的总感应电动势为

$$e(t) = \frac{\mathrm{d}\Psi_Z}{\mathrm{d}t} = NS\frac{d\oint_l B_Y \mathrm{d}l}{\mathrm{d}t} = 0 \tag{2-33}$$

由式（2－33）可知，在匝数密度、线圈截面积均匀的条件下，实际电力系统中的非均匀外部磁场对空心线圈不产生干扰，此时空心线圈能够满足准确度要求。然而在实际应用中，匝数密度、线圈截面积并非完全均匀，要满足 0.2 级准确度要求，必须采取适当措施减小外部磁场对空心线圈的影响。

（1）提高加工工艺水平，使空心线圈的匝数密度 n 和截面积 S 保持均匀。只有在生产绕制线圈时，采用先进的工艺和设备，保证空心线圈的匝数密度 n 和截面积 S 均匀的情况下，才能确保外界非均匀干扰磁场不会对互感器产生影响。

（2）采用屏蔽罩方法，在空心线圈外部设置铁磁材料屏蔽罩来屏蔽外部电磁场，可有效防止外部磁场进入线圈。但简单设置全封闭屏蔽罩并不能达到最佳效果，为此采用以下几种优化方法：

1）在屏蔽罩内侧开缝，使电流的主磁场能够进入线圈，如图 2－37 右侧圆圈所示。由于一次导体电流 I 在空心线圈中感应出磁场 B，磁场在铁盖与铁臂的环路中会感应出电流 I_p，I_p 产生磁通将抵消流过空心线圈的磁通的变化，影响空心线圈输出电压的幅值和相位，从而引起附加误差。因此在内侧开一条缝隙，切断铁罩环路，使 I_p 不能形成回路，从而使一次导体的主磁通能够进入屏蔽罩内的空心线圈，不影响其输出性能。

2）在垂直于铁盒轴线的方向开缝，如图 2－37 左侧圆圈所示。由于铁质材料磁导率远大于空气，若铁盒在轴线方向构成环路，大量的磁通就会被导入屏蔽罩中，而流过空心线圈的磁通将大幅减弱。在发生区内短路故障时，电流中将出现较大直流分量，不仅使屏蔽罩发生饱和，还容易产生剩磁，这些现象都会降低空心线圈工作稳定性。因此，在垂直铁盒轴线方向开缝，使铁磁屏蔽材料不形成环路，磁阻增大，降低流过屏蔽罩的磁通，有效防止剩磁出现，从而减小短路故障时直流分量对空心线圈的影响。

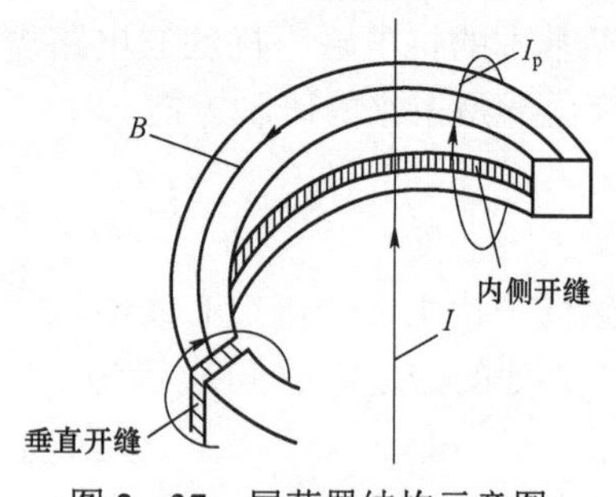

图 2－37　屏蔽罩结构示意图

3）采用回绕线技术减小干扰磁场垂直分量的影响。如图 2－38 所示，外界磁场对空心线圈的影响包括平行干扰磁场和垂直干扰磁场。如图 2－38（a）所示，若在空心线圈匝数密度 n 和截面积 S 均匀的前提下，干扰磁场平行分量 $B_Y(t)$在小线匝 $a-a'$和 $b-b'$中产生的感应电流 i 与 i'大小相等、方向相反，在线圈中相互抵消。因此，使空心线圈的匝数密度和截面积保持均匀，可消除或有效地减小干扰磁场平行分量和一次导体位置变动的影响。如图 2－38（b）所示，在干扰磁场垂直分量的抑制方面，须在空心线圈骨架中心绕制一圈与感应线匝走向相反的回线，从而消除其对互感器的影响。因为干扰磁场垂直分量与干扰磁场穿过线圈的面积成正比，垂直分量在感应线匝与回绕线圈中感应出的电动势大小相等，方向相反，从而可以相互抵消或大幅减小干扰磁场垂直分量的影响。

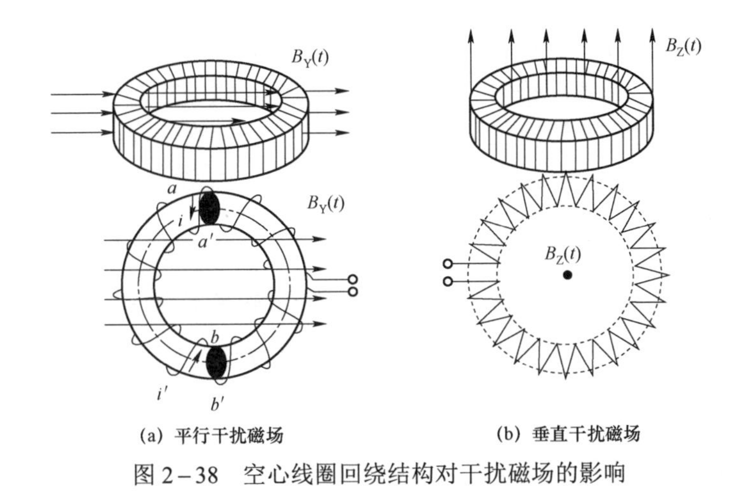

(a) 平行干扰磁场　　(b) 垂直干扰磁场

图2-38　空心线圈回绕结构对干扰磁场的影响

2.7　可靠性设计与制造工艺

一次转换器及光纤复合绝缘子是有源电子式互感器的关键部件。一次转换器就地将一次电流电压传感器输出的模拟信号进行A/D变换并输出数字光信号，一次转换器通常置于互感器本体处，工作环境相对较差，一次转换器的可靠性直接关系着有源电子式互感器的运行可靠性。目前现场运行的电子式互感器故障中一次转换器故障占比最大，其设计需充分考虑户外长期工作的可靠性。有源电子式互感器的绝缘子通常需与光纤进行整合，整合光纤之后的绝缘子既要保证绝缘性能又要对光纤有良好的保护，确保光纤损耗满足应用要求，对制造工艺要求较高。

2.7.1　一次转换器的可靠性设计

对有源电子式互感器而言，一次转换器都是由包含电源的嵌入式电子设备组成的，其安装位置非常靠近一次高电压侧，所以其自身的电磁兼容性能是电子式互感器的一个薄弱环节。此外，由于GIS电子式互感器采集板卡与互感器处于一次侧，会受到较强的电磁干扰，因此对于板卡的布置、线缆的连接、板卡的硬件设计、器件选型、PCB布线等都必须针对性地设计。

2.7.1.1　板卡设计与布线

对于板卡设计，电流通道、电压通道采用硬件积分电路与软件积分电路相结合的方式做互相校验，避免干扰影响采样的正确性。对于板卡布线，应区分模拟与数字电路，采用信号流向的最优，保证板卡的合理接地。

对于电压信号端口，PCB电路板上要有差模干扰抑制措施。在电缆连接的一端，将外皮连接至外壳，将共模干扰转换为差模干扰。内部连接的电缆在一侧加装铁氧体磁环，抑制通过电缆的高频干扰。

2.7.1.2　硬件积分与软件积分自动切换技术

对于空心线圈电子式电流互感器和同轴电容分压型电子式电压互感器，由于传感器输出的是微分信号，在数据处理环节需要进行积分处理。由2.4.1节可知，目前输出信号积分处理主要有模拟积分（硬件积分）和数字积分（软件积分）两种方式。硬件积分的稳定性依赖于所选电阻和电容的温漂、时漂，暂态特性好，温度稳定性稍差；而软件积分的性能取决于积分算法，不存在温漂、时漂的问题，温度稳定性好，暂态特性稍差。可采用软硬件相结合的积分技术还原被测电流和电压波形，稳态时使用软件积分还原电压信号，暂态过程中使用硬件积分还原被测电压信号，软硬件积分自动切换。

2.7.1.3 双 A/D 采样数据比对技术

一次转换器采用双 A/D 采样设计，为防止由于一次转换器硬件故障导致其中某一路 A/D 采样数据异常，合并单元接收到远方模块采样值，对双 A/D 采样数据（A/D1，A/D2）进行比对。理论上，双 A/D 数据应完全一致，保护判据按照一定的可靠系数进行判断。当出现双 A/D 不一致时，应可靠闭锁并置数据无效，防止后续的保护误动。

为保证两路 A/D 采样数据的可靠性，合并单元接收到一次转换器采样值，把双 A/D（A/D1，A/D2）采样数据分别存储到独立的缓存中；对 A/D1 和 A/D2 分别进行系数补偿和插值同步，软件设计上保证两路 A/D 采样数据处理的代码和数据区完全独立，实现双 A/D 采样数据处理冗余。

2.7.1.4 GIS 集成式封装结构技术

GIS 电子式互感器需利用屏蔽外壳对传感线圈、一次转换器等进行组合封装，并将传感线圈输出的模拟小信号经屏蔽双绞线传输至就地化一次转换器。

目前实现 GIS 集成安装的电子式互感器有组合结构和整体封装两种方式。组合结构方式类似于常规互感器，电子式互感器生产厂家仅提供线圈（空心线圈和低功率线圈），互感器罐体由 GIS 生产厂家提供。线圈采集到的毫伏级小模拟信号由屏蔽电缆引出较长距离后传输至二次侧的传感模块实现模数转换。此方案虽然结构简单、价格低，但是作为电子式互感器整体各部分的罐体、线圈、传感模块由不同生产厂家提供，且与常规互感器不同的是，屏蔽电缆中所传输为毫伏级模拟信号，且信号出罐体，信号衰减和抗电磁干扰的问题较为突出。

整体封装方案是由电子式互感器生产厂家提供整体封装结构，包括罐体、传感模块、采样线圈在内，由电子式互感器生产厂家进行整体设计、生产、制造、试验。罐体内包含传感模块和采样线圈，采样获得的模拟小信号能够保证在很短的距离、优良的电磁环境下传输至封装罐体内部的传感模块。传感器的输出信号均采用屏蔽双绞线通过密封端子板引至气室外的一次转换器处，密封端子板为特殊设计的带有玻璃烧结航空插头的金属密封端子板，具有很好的屏蔽性能，能够有效地抑制隔离开关操作产生的瞬态过电压（VFTO）对一次转换器信号采集的影响。两端通过变径法兰和盆式绝缘子能方便地和不同的 GIS 生产厂家配合。

2.7.2 光纤复合绝缘子制造工艺

光纤复合绝缘子与传统绝缘子相比，更加简单可靠，体积小重量轻，便于运输与安装，实现了电子式互感器的轻便化、低造价设计。但光纤复合绝缘子内嵌多根光信号传输光纤，如何在保证绝缘性能条件下实现光纤信号的稳定传输，成为了光纤复合绝缘子设计制造的技术难题。光纤技术方案分为两种：第一种是光纤穿过空心绝缘子中心孔后贯穿于绝缘管中轴线布置，在空心绝缘子内填充相应绝缘材料；第二种是光纤在芯棒周围缠绕，位于芯棒和硅胶伞群之间的方式。

2.7.2.1 填充式光纤复合绝缘子制造工艺

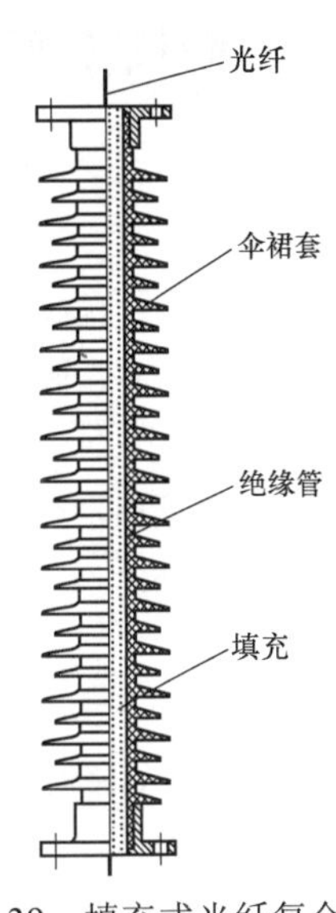

图2-39 填充式光纤复合绝缘子

填充式光纤复合绝缘子由空心复合绝缘管、内部填充物、光纤、伞裙套等组成，如图2-39所示。空心复合绝缘管为空心玻璃钢管，采用不间断玻璃纤维（纱）以一定缠绕角缠绕而成，具有一定的机械强度和电气强度，起到支撑绝缘子的作用。内部填充可分为气体填充与有机硅胶填充两种方式。有机硅胶填充方式可避免气体填充的密封与泄漏问题，光纤复合绝缘子更加稳定可靠；但固体填充物在制作过程中需要对植入光纤进行整体加热，容易造成光纤脆断、光纤包覆层脱落等问题。此外，固体填充材料的热膨胀会导致光纤受到外应力，光纤损耗增大等问题。气体（SF_6）填充对绝缘子密封、抗腐蚀、制造工艺等提出了更高要求，但有效解决了光纤温度稳定性、制作光纤脆断等问题。在气体填充方案中还可以在复合绝缘管内侧贴敷耐腐蚀内衬层，以防止SF_6气体电弧分解物腐蚀绝缘管。

填充式光纤复合绝缘子制造时需关注工艺可靠性问题。在不同环境温度下绝缘子的收缩率和环氧玻璃钢筒（空心引拔棒）的收缩率不一致，从而容易造成二者之间出现界面，产品长时间投运后可能发生内部沿面闪络，从而造成电气事故。对于电压等级高、光纤绝缘子结构尺寸较大的产品，在实际运行使用过程中，绝缘子受外力作用会发生形变，在此情况下，光缆就会不间断地受到拉伸力，长时间运行会影响光纤传输损耗、消光比等性能指标，从而影响产品质量。针对特高压悬挂绝缘子，除第一条问题外，还由于其产品本身结构较长，空心引拔棒、内部光缆、填充硅橡胶三者之间的配合间隙很小，在内部硅橡胶填充过程中产生的气泡很难处理排除，长期运行后易内部击穿闪络。

2.7.2.2 缠绕式光纤复合绝缘子制造工艺

缠绕式光纤复合绝缘子制造工艺是将光纤缠绕在绝缘子棒体外侧与硅橡胶伞套之间，如图2-40所示。

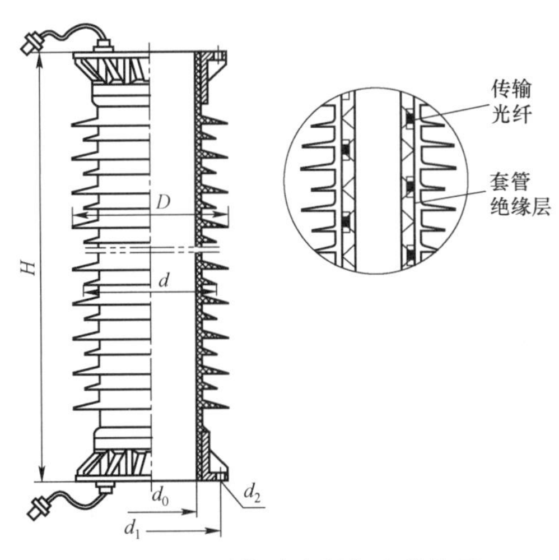

图2-40 缠绕式光纤复合绝缘子

在进行界面处理时，要选用合适的偶联剂，经过特殊处理、防护，设定合理的工艺参数，保证光纤的性能，同时保证绝缘子外部硅橡胶伞套与棒体间、光纤间有效粘接。通过合理参数设计与加工，保证产品两端面的平行度，确保密封。胶装黏结剂经充分混合，进行真空处理，控制注胶的温度和速度，消除黏合剂的气泡，保证胶装强度。该技术方案中的嵌入光纤式复合空心绝缘子的生产工艺可靠，可以满足不同类型光纤（单模、多模等）套管的制作；光纤整体损耗小。光纤的进出线端采用特殊工艺处理，产品密封性能好，具有优异的抗弯、抗扭性能。光纤采用特殊的绕制工艺，保证套管受力弯曲时（顶端发生位移形变）光纤受拉伸力最小，不出现断开、损伤而造成光纤不通或损耗增大。此外，缠绕式光纤复合绝缘子也适用于无源电子式电流互感器与隔离断路器的集成安装。

参考文献

[1] 郭志忠. 电子式互感器评述 [J]. 电力系统保护与控制，2008，36（15）：1－5.

[2] 罗苏南，陈松林，李力，等. 电子式互感器技术发展及应用现状 [J]. 中国电业（技术版），2014（05）：17－20.

[3] 李红斌，张明明，刘延冰，等. 几种不同类型电子式电流互感器的研究与比较 [J]. 高电压技术. 2004，30（1）：4－5.

[4] 谢琼香，何瑞文，蔡泽祥，等. 三种电子式电流互感器的传变特性分析与比较 [J]. 电力系统及其自动化学报，2014，26（5）：18－22.

[5] 徐雁，朱明钧，郭晓华，等. 空心线圈作为保护用电流互感器的理论分析和试验 [J]. 电力系统自动化，2002，26（16）：52－55.

[6] 乔卉，刘会金，王群峰，等. 基于 Rogowski 线圈传感的光电电流互感器的研究 [J]. 继电器，2002，30（7）：40－43.

[7] 廖京生，郭晓华，朱明均. 用于小电流测量的 Rogowski 线圈电流互感器 [J]. 电力系统自动化，2003，27（2）：56－59.

[8] 罗苏南，赵希才，田朝勃，等. 用于气体绝缘开关的新型空心线圈电流互感器 [J]. 电力系统自动化，2003，27（21）：82－85.

[9] 丁国成，王刘芳，甄超. 基于低功率线圈的高压无源电子式电流互感器研制 [J]. 高压电器，2016，52（8）：77－82.

[10] 刘伟，田志国，袁亮. 电子互感器和隔离式断路器一体化关键技术研究 [J]. 高压电器，2014，50（12）：116－120.

[11] 罗苏南，卢为，须雷，等. 集成于隔离断路器的电子式电流互感器 [J]. 高压电器，2013，49（12）：75－79.

[12] 聂一雄，孙丹婷. 阻容分压型电压互感器的性能分析 [J]. 变压器，2007，44（1）：9－14.

[13] 罗苏南，南振乐. 基于电容分压的电子式电压互感器的研究 [J]. 高电压技术，2004，30（10）：7－14.

[14] 徐雁，韩世忠，彭丽，等. 电阻式电压互感器的研究 [J]. 高电压技术，2005，31（12）：12－14.

[15] 任晓，方春恩，李伟，等. 电阻分压式电子式电压互感器的研究 [J]. 变压器，2010，47（4）：18－21.

[16] 钱政，申烛，王士敏，等. 新型 GIS 中电子式光学电流/电压互感器的设计 [J]. 中国电力，2001，34（8）：71－74.

[17] 李文升. 220kV GIS 用电子式电流电压互感器在午山数字化变电站中的应用[J]. 电力系统保护与控制，2010，38（16）157－162.

[18] 张艳，李红斌，张曦，等. 一种用于高压直流输电系统的有源式光纤直流电流传感器 [J]. 仪器仪表学报，2008，29（7）：40－44.

[19] 尹明，周水斌，周丽娟，等. 电子式互感器采集单元关键技术研究 [J]. 高压电器，2012，48（12）：49－53.

[20] 余春雨，李红斌，叶国雄，等. 电子式互感器数字输出特性与通讯技术 [J]. 高电压技术，2003，29（6）：7－8.

[21] 钱政. 有源电子式电流互感器中高压侧电路的供能方法 [J]. 高压电器，2004，40（2）：135－138.

[22] 张曦，张庆伟，张源斌. 混合式 OCT 高压侧电路的供电方式 [J]. 高电压技术，2002，28 (12)：14 – 15.
[23] 谢彬，尹项根，张哲，等. 基于 Rogowski 线圈的电子式电流互感器的积分器技术 [J]. 继电器，2007，35 (3)：45 – 50.
[24] 李伟，尹项根，陈德树，等. 基于 Rogowski 线圈的电子式电流互感器暂态特性研究 [J]. 电力自动化设备，2008，28 (10)：34 – 37.
[25] 宋涛. Rogowski 线圈电流互感器中的高精度数字积分器技术研究 [J]. 高电压技术，2015，41 (1)：237 – 244.
[26] 高迎霞，毕卫红，刘丰，等. 基于 Rogowski 线圈的电流互感器信号处理中积分算法的研究 [J]. 电测与仪表，2006，43 (11)：1 – 5.
[27] 周仕豪，王红星，张健，等. 柔性直流电子式电流互感器分流器建模方法与传变特性 [J]. 广东电力，2018，31 (2)：107 – 112.
[28] 周文中，赵国生，李海洋. Rogowski 线圈测量误差分析及改进措施 [J]. 电力系统保护与控制，2009，37 (20)：99 – 103.
[29] 王鹏，张贵新，朱小梅. 电子式电流互感器温度特性分析 [J]. 电工技术学报，2007，22 (10)：60 – 64.
[30] 张红岭，王海明，郑绳楦. 热膨胀对 Rogowski 线圈测量准确度的影响 [J]. 电工技术学报，2007，22 (5)：18 – 23.
[31] 刘彬，叶国雄，童悦，等. 气体绝缘开关设备的隔离开关分合操作对电子式互感器电磁兼容特性的影响 [J]. 高电压技术，2018，44 (4)：1204 – 1210.
[32] 王鹏，张贵新，李莲子，等. 极端情况下电子式电流互感器防护措施 [J]. 高压电器，2007，43 (2)：136 – 139.
[33] 王涛，张宁，刘琳，等. 有源电子式互感器故障诊断技术的研究与应用 [J]. 电力系统保护与控制，2015，43 (18)：74 – 79.
[34] 罗承沐，张贵新. 电子式互感器与数字化变电站 [M]. 北京：中国电力出版社，2012.
[35] 刘延冰，李红斌，余春雨，等. 电子式互感器原理技术及应用 [M]. 北京：科学出版社，2009.
[36] 刘忠战，任稳柱. 电子式互感器原理与应用 [M]. 北京：中国电力出版社，2014.

第3章 无源光学互感器

无源光学互感器是一门将电气工程、光学和微电子等学科融为一体的新技术，其基于法拉第磁光效应和泡克尔斯（Pockels）电光效应，实现电流和电压测量，在高压绝缘、宽频测量等方面都具有优异的性能，能够在智能变电站、特高压交直流输电工程等多种场合进行应用。本章对无源光学互感器的结构及关键技术进行了阐述。首先介绍了全光纤电流互感器、磁光玻璃电流互感器、Pockels电光晶体电压互感器及直流光学电流互感器等各类无源光学互感器的整体结构；然后对构成无源光学互感器的光路结构及二次转换器的原理和控制方法进行了论述；最后对无源光学电流互感器的小电流精确测量、高次谐波准确测量、温度稳定性提升、抗外部振动、状态监测等关键技术和高可靠性设计与制造工艺进行了详细介绍。本章针对无源光学互感器在工程应用中存在的诸多问题，如光学互感器的安装结构、关键工程技术和重要制造工艺等进行了系统分析，具有较强的实用参考价值。

3.1 无源光学互感器的整体结构

无源光学互感器主要指基于偏振光学原理的光学电流互感器和光学电压互感器，其中基于法拉第磁光效应的光学电流互感器和基于 Pockels 电光效应的光学电压互感器技术更为成熟，产品应用也更为广泛。

3.1.1 无源交流光学互感器

3.1.1.1 无源交流光学电流互感器

根据电气主设备结构型式的不同，无源交流光学电流互感器可分为AIS支柱式结构、DCB集成安装结构、GIS 集成安装结构、外置式安装结构四种型式，其中前三种与有源电子式电流互感器的结构划分方式相同。

（1）AIS 支柱式结构。AIS 支柱式无源光学电流互感器主要用于敞开式变电站，其整体结构如图 3-1 所示。一次电流传感器（光纤或磁光玻璃）位于高压侧，二次转换器位于低压侧，用于对光信号的调制解调，并输出数字化电流信号至合并单元。互感器采用复合光纤绝缘子作为绝缘结构，体积小、安全性高，适用电压等级范围较宽。通常 110kV～500kV 电压等级的 OCT 采用支柱式复合光纤绝缘子，更高电压等级的 OCT 采用悬挂式复合光纤绝缘子。

（2）DCB 集成安装结构。DCB 集成安装结构型式如图 3-2 所示。集成的一次电流传感器安装在绝缘套管的端面法兰内，传输光纤则预埋在套管侧壁与二次侧光路相连。数据处理方式与 AIS 支柱式类似。DCB 集成安装结构具有一些突出的优势，如集成程度高、抗干扰能力强、检修周期长等。

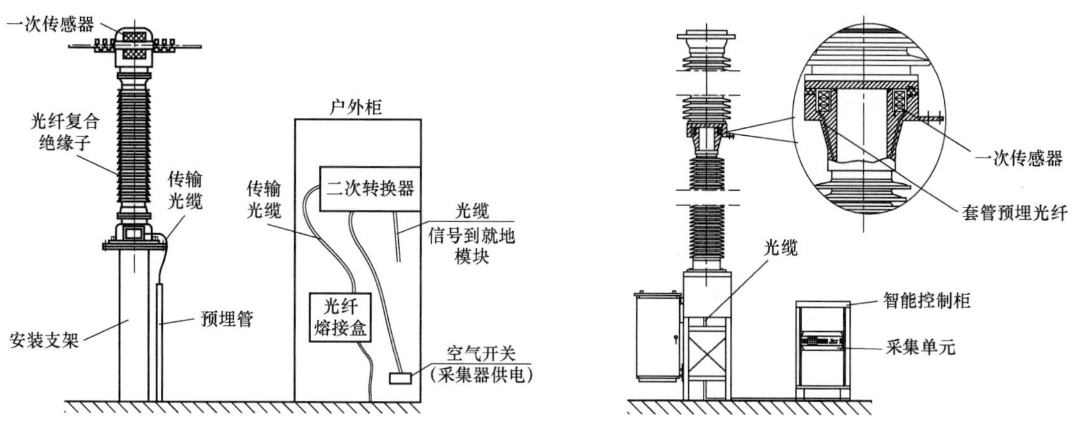

图3-1 无源AIS支柱式光学电流互感器结构　　图3-2 无源DCB集成光学电流互感器结构

（3）GIS集成安装结构。无源光学电流互感器也可与GIS组合电器集成安装，安装结构如图3-3所示。一次电流传感器通过连接法兰与GIS对接安装，在安装结构中应进行防环流设计。传感元件安装在气室外侧，无气密问题，相比传统电磁式互感器能够大幅度减小GIS体积。这种集成安装方式适用于各电压等级的GIS设备。220kV及以上电压等级GIS通常为单相结构，设计更为灵活。

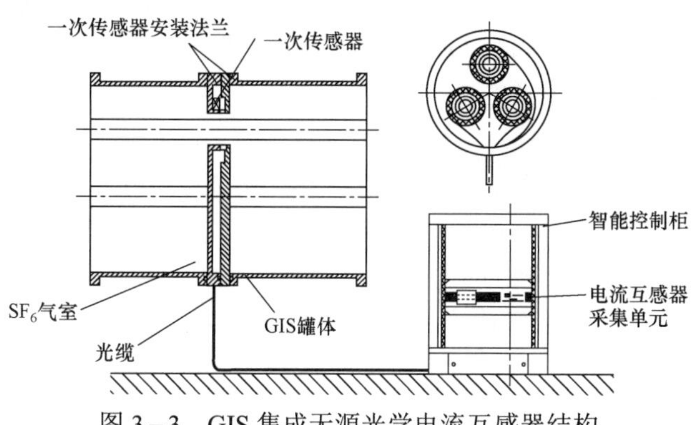

图3-3 GIS集成无源光学电流互感器结构

（4）外置式安装结构。外置式安装结构充分体现了无源光学电流互感器应用灵活的特点。互感器的一次电流传感器受安装位置、大小等结构特征的影响较小，因此可以灵活安装在高压一次设备外侧，如单相式GIS、HGIS、出线套管等。如图3-4所示，外置式光学互感器安装于出线套管法兰外侧地电位处，可以实现现场安装与拆卸，便于设备的调试和维护。

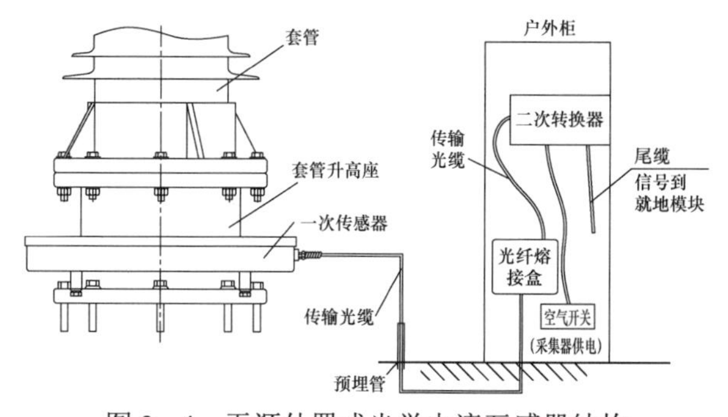

图3-4 无源外置式光学电流互感器结构

表 3－1 给出了 AIS 支柱式、DCB 集成式、GIS 集成式及外置式无源光学电流互感器的结构对比。

表 3－1　　无源交流光学电流互感器间的结构比较

结构	AIS 支柱式	DCB 集成式	GIS 集成式	外置式
高压结构	包括出线套管和独立充气罐体	与 DCB 罐体集成安装	与 GIS 罐体集成安装，无独立气室	与一次设备本体集成安装
一次电流传感器	位于高压侧，出线套管上部金具处	位于高压侧；与断路器法兰集成安装，一般安装于 SF_6 气室外	位于地电位；通过法兰与 GIS 罐体集成安装，一般安装于 SF_6 气室外	位于地电位；可现场安装与拆卸
传输光纤	（1）复合光纤绝缘子；（2）全光纤型采用保偏光纤；磁光玻璃型采用单模光纤	复合光纤套管，光纤类型同 AIS 式	铠装光缆，光纤类型同 AIS 式	铠装光缆，光纤类型同 AIS 式

由表 3－1 可知，四种无源光学电流互感器的结构型式不同，应用场合也不同。AIS 支柱式、DCB 集成式无源光学电流互感器主要应用于敞开式变电站，其中 AIS 支柱式无源光学电流互感器与传统电流互感器安装结构比较类似，DCB 集成式无源光学电流互感器则可以有效减小占地面积，降低检修工作量，但无可见断口，会对检修习惯造成影响。GIS 集成光学电流互感器将 OCT 与 GIS 进行集成，绝缘结构简单，且不受 VFTO 干扰影响，可靠性高。外置式无源光学电流互感器则充分利用 OCT 安装灵活的特点，外置安装在一次设备地电位处，方便现场检修与维护，对一次设备的影响也最小。

3.1.1.2　无源交流光学电压互感器

目前，具备实用化条件的无源交流光学电压互感器基于 Pockels 电光效应原理测量一次电压，根据应用结构型式的不同，可分为 AIS 支柱式结构及内嵌式安装结构两种结构型式。

（1）AIS 支柱式结构。AIS 支柱式无源光学电压互感器包含独立绝缘套管与测量罐体，如图 3－5 所示。通过独立绝缘套管将电极引进测量罐体的气室内，形成屏蔽腔电场。低压侧通过光学晶体测量电场强度，从而获得一次电压值的大小。

（2）内嵌式安装结构。内嵌式无源光学电压互感器适用于 GIS 组合电器，如图 3－6 所

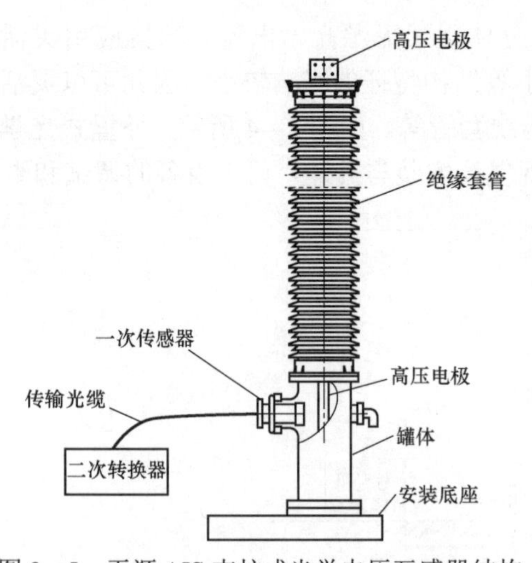

图 3－5　无源 AIS 支柱式光学电压互感器结构

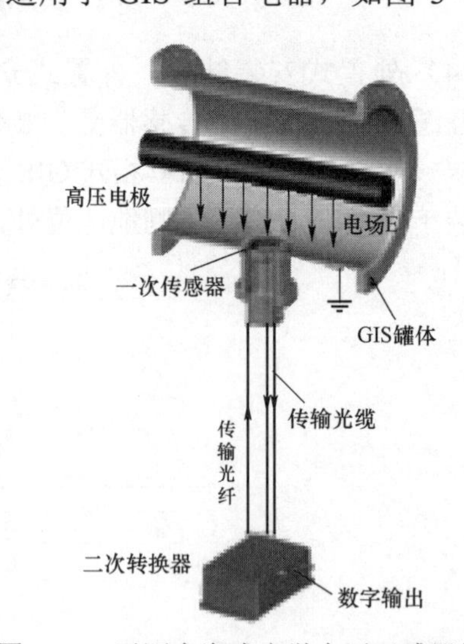

图 3－6　无源内嵌式光学电压互感器结构

示。主要组成部分包括：一次电压传感器、GIS 罐体、电压采集器等。一次电压传感器内嵌式安装在 GIS 罐体上，用于传感被测电场。GIS 罐体内充绝缘气体，GIS 罐体保证高、低压侧的绝缘。电压传输光缆将一次电压传感器的光信号传输至电压采集器，电压采集器对一次电压传感器的光信号进行数据处理并输出。

表 3－2 给出了 AIS 支柱式、内嵌式光学电压互感器的结构对比。

表 3－2　　无源交流光学电压互感器间的结构比较

结构	AIS 支柱式	内嵌式
高压结构	包括出线套管和独立充气罐体	与 GIS 罐体集成安装，无独立气室
一次电压传感器	位于地电位，包括光学 BGO 晶体及信号传输光纤，无需供能	位于地电位，包括光学 BGO 晶体及信号传输光纤，无需供能
二次采集器	（1）接收并处理一次传感器的光信号，转化成数字信号，为其他设备提供数字化电压信息； （2）位于低压侧，工作电源由站用直流电源供能	（1）接收并处理一次传感器的光信号，转化成数字信号，为其他设备提供数字化电压信息； （2）位于低压侧，工作电源由站用直流电源供能

由表 3－2 可知，两种无源光学电压互感器的结构型式不同，应用场合也不同。AIS 支柱式无源光学电压互感器主要应用于敞开式变电站，与传统电压互感器安装结构比较类似。内嵌式无源光学电压互感器可与 GIS 等一次设备进行集成，绝缘结构简单，但与 GIS 共用气室，对集成设计要求较高。

3.1.1.3 无源交流光学电流电压组合互感器

（1）AIS 支柱式结构。无源交流 AIS 支柱式光学电流电压组合互感器适用于 AIS 敞开式变电站，高位布置安装在支架上，用螺栓与支架固定。主要组成部分包括：一次电流传感器、一次电压传感器、安装法兰、光纤复合绝缘套管、传输光缆、采集装置等。一次电流传感器用于传感一次电流，采用基于法拉第磁光效应原理的光纤线圈或磁光玻璃传感单元，通过安装法兰安装在光纤复合套管高压侧。一次电压传感器用于传感一次电压，采用基于 Pockels 电光效应原理的 BGO 晶体，通过安装法兰安装在地电位罐体内。光纤复合绝缘套管保证高、低压侧的绝缘，一次传感器通过传输光缆将光相位信息传输至采集装置，采集装置经过数据处理后将数据通过光纤发送出去。采集装置一般置于户外柜、户外挂箱中或独立防护，便于运维。无源交流 AIS 支柱式光学电流电压组合互感器典型结构如图 3－7 所示。

（2）GIS 集成安装式结构。无源交流 GIS 集成安装式光学电流电压组合互感器适用于 GIS 组合电器，与 GIS 设备组合安装。主要组成部分包括：一次电流传感器、一次电压传感器、安装法兰、GIS 罐体、传输光缆、采集装置等。一次电流传感器用于传感一次电流，采用基于法拉第磁光效应原理的光纤线圈或磁光玻璃传感单元，通过安装法兰套装在 GIS 罐体外，位于地电位，便于现场拆装及运维。一次电压传感器用于传感一次电压，采用基于 Pockels 电光效应原理的 BGO 晶体，通过安装法兰内嵌式安装在 GIS 罐体上，位于地电位。采样数据传输方式与 AIS 支柱式互感器相同。无源交流 GIS 集成安装式光学电流电压组合互感器典型结构如图 3－8 所示。

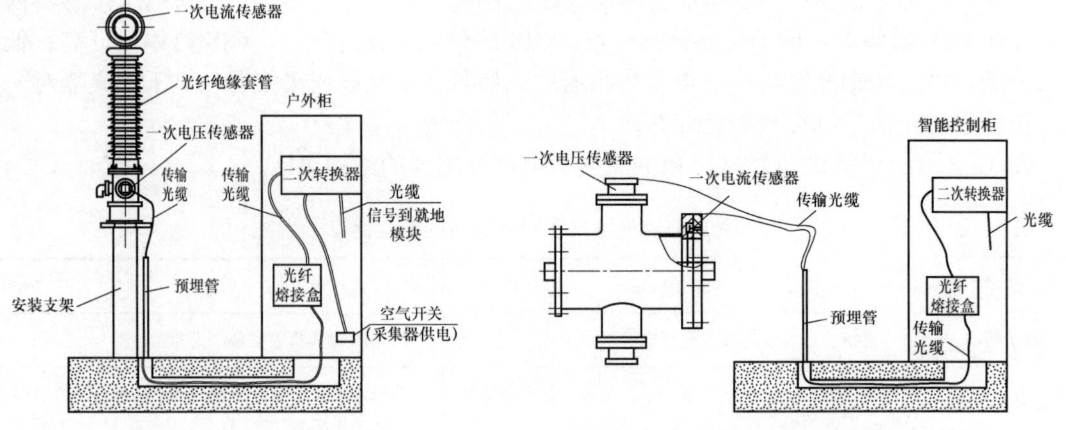

图 3-7　无源 AIS 支柱式光学电流电压组合互感器结构

图 3-8　无源 GIS 集成式光学电流电压组合互感器结构

表 3-3 给出了 AIS 支柱式、GIS 集成安装式光学电流电压组合互感器的结构对比。

表 3-3　　无源交流光学电流电压组合互感器间的结构比较

结构	AIS 支柱式	GIS 集成安装式
引入电极	包括出线套管和与套管相连的罐式气室和导体，整体结构与电流传感部分共用，充 SF_6 气体	包括一个与 GIS 相连的罐式气室和导体，整体结构与电流传感部分共用，充 SF_6 气体
一次电流传感器	位于高压侧，出线套管上部金具处	位于地电位，通过法兰与 GIS 罐体集成安装
一次电压传感器	位于地电位，包括光学晶体及信号传输光纤，无需供能	位于地电位，包括光学晶体及信号传输光纤，无需供能
二次采集器	（1）接收并处理一次电流传感器和一次电压传感器的光信号，转化成数字信号，为其他设备提供数字化电压信息。 （2）位于低压侧，工作电源由站用直流电源供能	（1）接收并处理一次电流传感器和一次电压传感器的光信号，转化成数字信号，为其他设备提供数字化电压信息。 （2）位于低压侧，工作电源由站用直流电源供能

由表 3-3 可知，无源 AIS 支柱式光学电流电压组合互感器主要应用于敞开式变电站，电流、电压共用复合绝缘套管，集成度高。无源 GIS 集成安装式光学电流电压组合互感器与 GIS 等一次设备进行集成，绝缘结构简单，但与 GIS 共用气室，对集成设计要求较高。

3.1.2　无源直流光学互感器

无源直流光学电流互感器（也称直流电流测量装置）同样有多种应用型式，根据结构型式的不同，可分为 AIS 支柱式、AIS 悬挂式及外置式等结构。采用一次光学传感的无源光学电流互感器从原理上既能测量交流电流又能测量直流电流，AIS 支柱式结构、外置式安装结构与交流光学电流互感器安装结构相同。下面仅对悬挂式结构进行介绍。

悬挂式直流光学电流互感器整体结构如图 3-9 所示，采用悬挂式复合光纤绝缘子，适用于高压侧为管型母线的情况，一般依据工程可分为正悬挂和倒悬挂两种方式。与 AIS 支柱式结构相比，悬挂式复合光纤绝缘子无支撑作用，主要作用是将光纤从高压侧引至二次侧进行采集。

此外，随着高压直流断路器技术的发展，直流光学电流互感器以其测量频域宽和响应时间短的优点，成为可集成于直流断路器的传感设备。如图 3－10 所示，一次电流传感器套装在直流断路器的管型母线或母排上，一次电流传感器和二次采集器之间经由绝缘光缆或者悬挂式绝缘子进行连接，解决一、二次之间的绝缘隔离问题。整体结构省去了高压侧金具，安装位置更加灵活，具有结构简单，集成程度高等特点。

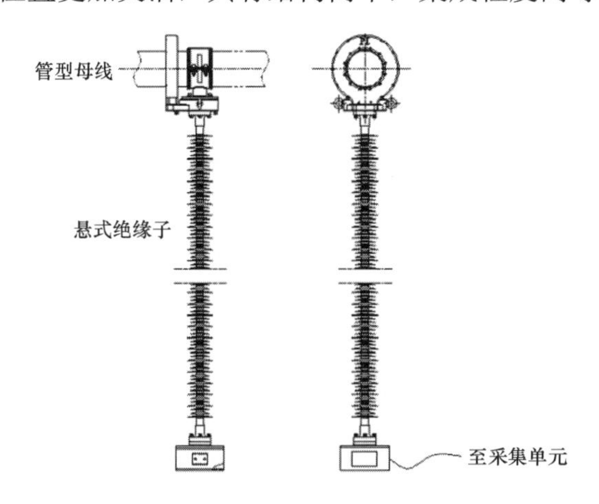

图 3－9 AIS 悬挂式直流光学电流互感器结构

图 3－10 直流断路器集成直流光学电流互感器

表 3－4 给出了 AIS 支柱式、AIS 悬挂式及外置式直流光学电流互感器的结构对比。

表 3－4 无源直流光学电流互感器间的结构比较

结构	AIS 支柱式	AIS 悬挂式	外置式
一次电流传感器	位于高压侧；由独立绝缘子支撑	位于高压侧；由一次设备或母线支撑	位于地电位；可现场安装与拆卸
传输光纤	独立光纤绝缘子	悬挂式光纤绝缘子	特种光缆

由表 3－4 可知，AIS 支柱式、AIS 悬挂式直流光学电流互感器主要区别在于支撑方式不同，可根据换流站现场的安装要求进行设备选型。直流断路器集成安装方式通常要根据直流断路器的安装要求进行专门设计。外置式直流光学电流互感器则充分利用 OCT 安装灵活的特点，外置安装在一次设备或穿墙套管地电位处，方便现场检修与维护，对一次设备的影响也最小。

3.2 无源光学互感器的传变特性

按传感元件不同，无源光学电流互感器可划分为全光纤光学电流互感器和磁光玻璃光学电流互感器；无源光学电压互感器可划分为电光晶体光学电压互感器和全光纤光学电压互感器。

3.2.1 无源全光纤光学电流互感器

3.2.1.1 光纤传感光路

（1）光纤环路。根据法拉第磁光效应，偏振光偏转方向仅由磁场方向决定，与光传播方向无关；偏振光偏转角的大小与平行于光传播方向的磁场强度以及相互作用的距离成正比。

在全光纤电流互感器传感系统中，光纤缠绕载流导线 N 圈并形成闭合环路，由式（1-1）及安培定律可得

$$\varphi_{F} = NV\oint_{l} H\mathrm{d}l = NVi \tag{3-1}$$

由式（3-1）可知，偏振光在匝数为 N 的闭合光纤环路中传播时，穿过环路的载流导线产生的磁场会导致偏振光的相位发生偏转，偏转角度大小与光纤环路的匝数和载流导线中电流大小成正比。

（2）干涉光路。全光纤电流互感器主要利用光学干涉的原理进行检测，方案沿用了光纤陀螺仪中比较成熟的 Sagnac 光路结构。Sagnac 光路结构将同一光源发出的光分成两束偏振光，分别经历法拉第相移后发生干涉，经光电转换后，干涉相移表现为光强变化，通过检测光强变化实现电流检测。FOCT 主要有 Sagnac 干涉式环型光路和反射干涉式光路两种典型结构。

1）Sagnac 干涉式环型光路结构。Sagnac 干涉式环型光路结构如图 3-11 所示。光源发出的光由起偏器转化为线偏振光，由耦合器分为两路，上支路在波片处转化为圆偏振光沿顺时针方向进入传感光纤，出传感光纤后在下支路波片处恢复为线偏振光；下支路在波片处转化为圆偏振光沿逆时针方向进入传感光纤，出传感光纤后在上支路波片处恢复为线偏振光。两束圆偏振光在传感光纤中传输时，在磁场作用下，旋转速度产生相反变化，在恢复为线偏振光后转换为两束光的相位偏移。携带相位偏移信息的两束线偏振光经耦合器后在起偏器处干涉，最终进入探测器。

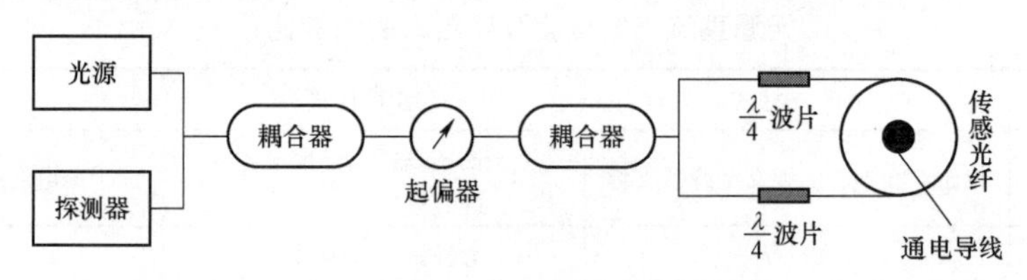

图 3-11　Sagnac 干涉式环型光路结构

整个光路传输过程中，上下支路的圆偏振光各产生一次法拉第相移，且大小相等方向相反，因此两束线偏振光在起偏器处干涉后的光信号相位差为两倍的法拉第相移，即有

$$\varphi_{F} = 2NVi \tag{3-2}$$

Sagnac 干涉式结构引入两倍的法拉第相移，提高了系统灵敏度；但该方案由于传感部分分为上下两个支路，对光学器件的参数一致性要求高，且具有陀螺效应，易受振动等环境影响造成测量误差。

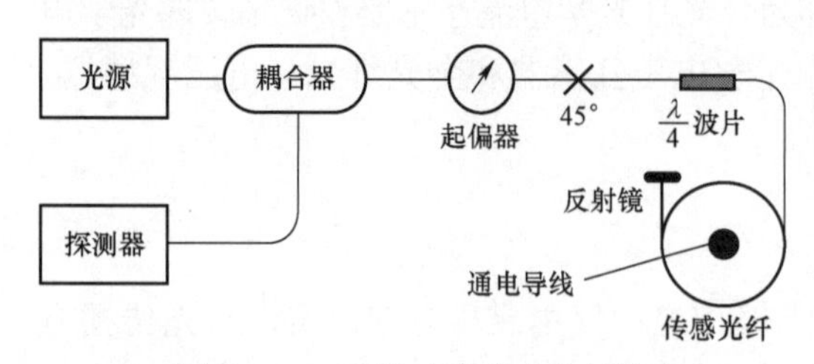

图 3-12　反射干涉式光路结构

2）反射干涉式光路结构。1994 年，ABB 公司和美国德克萨斯 A&M 大学提出反射式光路结构。反射式光路结构具有低漂移、低噪声等优点，并且极大降低了对温度和振动的敏感性。相比 Sagnac 光路结构，需要的光学器件有所减少，测量灵敏度却提高一倍。

如图 3-12 所示，光源发出的光经耦合器进

入起偏器，得到的线偏振光经过 45°熔接点后分为偏振方向互相垂直的两束线偏振光，沿着保偏光纤的两个模式独立传输；两束线偏振光经过波片作用分别被转换为左旋和右旋圆偏振光进入传感光纤；在传感光纤中，在载流导线安培效应产生的磁场作用下，两束圆偏振光各自经历法拉第磁光效应产生法拉第相移；当传输至反射镜处时发生镜面反射，左旋圆偏振光转变为右旋圆偏振光，右旋圆偏振光转变为左旋圆偏振光，然后沿传感光纤逆时针返回；返回过程中，模式互换的两束圆偏振光在磁场作用下再次各自经历法拉第磁光效应产生法拉第相移，最后经波片作用恢复为偏振方向互相垂直的两束线偏振光，经过 45°熔接点在起偏器处发生干涉后进入探测器。整个传输过程中，光波初始顺时针方向传输，左旋和右旋圆偏振光分别产生法拉第相移；经反射镜反射后，光波变为逆时针方向传输，模式互换的左旋和右旋圆偏振光再次产生法拉第相移。因此，在起偏器处干涉后，最终得到的光波信号相位差为四倍法拉第相移，即有

$$\varphi_F = 4NVi \tag{3-3}$$

反射式光路结构具有低漂移、低噪声，且对温度、振动等外界环境敏感度低等特性，并且四倍法拉第相移极大提高了系统灵敏度。

3.2.1.2 关键光学器件

无论是环型还是反射型的全光纤电流互感器，其工作原理都是基于法拉第磁光效应，一次侧的传感头组件采用了纯光学器件，真正意义上实现了物理隔离，绝缘性、安全性得到极大的提升。全光纤光学电流互感器中关键光学器件有 SLD 光源、耦合器、起偏器、相位调制器、PIN－FET 光电探测器和传感光纤反射镜等，各部件作用及原理分述如下：

（1）SLD 光源。SLD 光源是一种特殊的半导体激光器光源，在全光纤电流互感器光路系统中的主要作用就是产生偏振度、光功率满足要求的光。SLD 光源通常分 850nm、1310nm、1550nm 等工作波长，目前国内全光纤电流互感器产品上绝大部分都是选用 1310nm 的 SLD 光源。SLD 光源的发光功率通常在 500μW 到 2mW，驱动电流 100mA 左右，自带半导体制冷器精确控温，根据设计方案不同可以产生低偏振光和高偏振光。常见 SLD 光源实物图如图 3－13 所示。

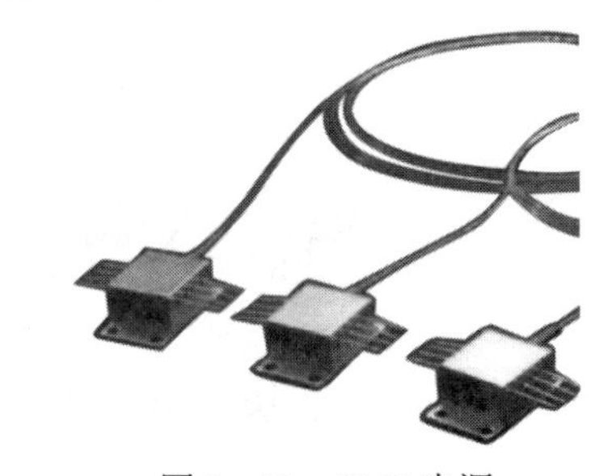

图 3－13　SLD 光源

（2）耦合器。耦合器是分束器的一种，其主要作用就是将光进行分束和合束。全光纤电流互感器光路中的耦合器也可以用其他分束器代替。耦合器根据输入端、输出端数量通常划分为 2×2 耦合器、1×3 耦合器、1×2 耦合器等类型，在互感器光路中使用的耦合器通常为 50:50 分束比的 2×2 光纤耦合器。耦合器基于光波在光纤耦合的原理制作，可以将从任何一个输入端进入的光分成两束或多束，通过对制作工艺的控制，可以精确调整耦合器的分束比。常用的 2×2 耦合器实物图如图 3－14 所示。

（3）起偏器。起偏器主要作用是对光波进行起偏。SLD 光源发出的低偏振或高偏振光并不能直接用于微弱信号检测，需要利用起偏器对光波的偏振方向进行选择。SLD 光源所发出的线偏振光经过起偏器后的出纤光偏振度非常高，通常可以达到 30dB 甚至 40dB 以上，低偏振光则不到 3dB。目前最常用的起偏器有集成铌酸锂光学起偏器、光纤起偏器，图 3－15 为起偏器的实物图。

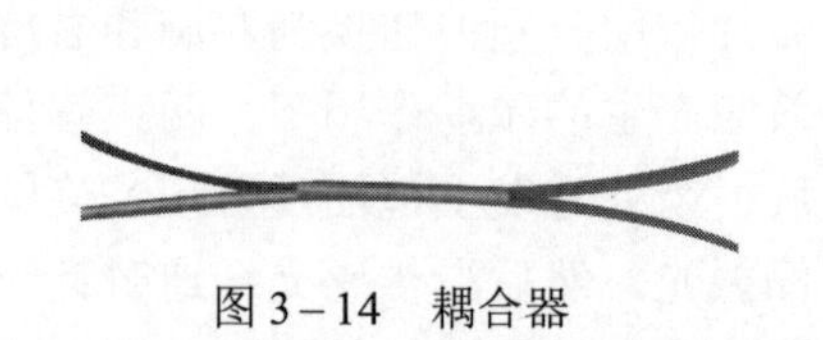

图 3-14　耦合器

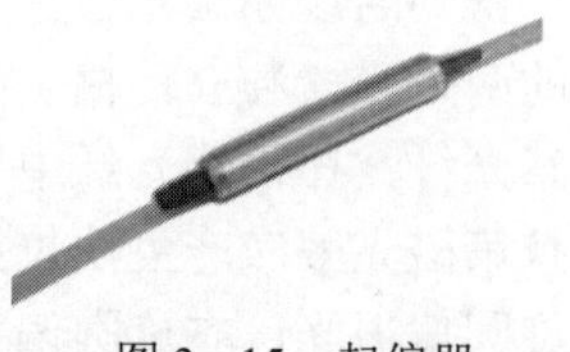

图 3-15　起偏器

（4）相位调制器。相位调制器主要作用是对光波进行相位偏移或相位调制。在互感器光路中，因传感光纤感应待测电流的磁场而产生相位差，用相位调制器的相位调制功能来补偿传感光纤中产生的相位差，从而使光学系统完成闭环。闭环后的互感器测量范围得以极大提升，通常可以达到几十千安甚至几百千安。铌酸锂材料是一种电光晶体，在外界电场的作用下，其折射率将发生线性变化。利用该原理制作而成的集成相位调制器，通过控制外加电压的大小就可以精确控制其折射率的变化，进而导致光波的传播速度发生变化，相位发生偏移，起到相位调制的作用。图 3-16 为相位调制器的实物图。

（5）PIN-FET 光电探测器。PIN-FET 光电探测器是一种光电转换器件，可以将光信号转换成电压信号。PIN-FET 光电探测器基于爱因斯坦提出的光电效应的原理，当光子照射在金属或半导体材料的表面时，光子会撞击原子的外电子，产生光生伏特电流，通过检测该电流大小即可获得光信号大小。通常 PIN-FET 光电探测器内置转换电路、放大电路、滤波电路来提高信噪比，转换效率可达 0.8A/W。PIN-FET 光电探测器在光电行业早已广泛应用，制作工艺非常成熟。PIN-FET 光电探测器的实物图如图 3-17 所示。

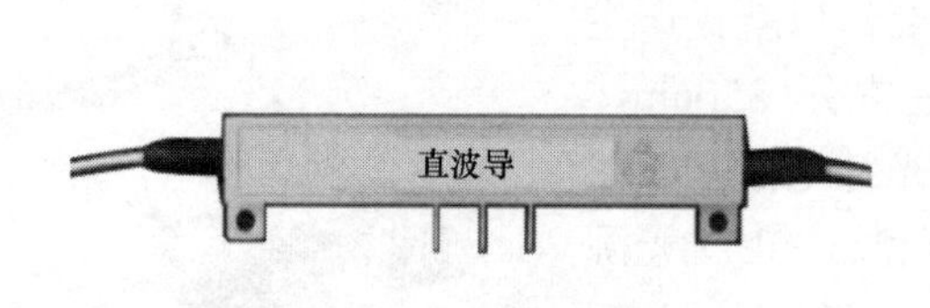

图 3-16　相位调制器

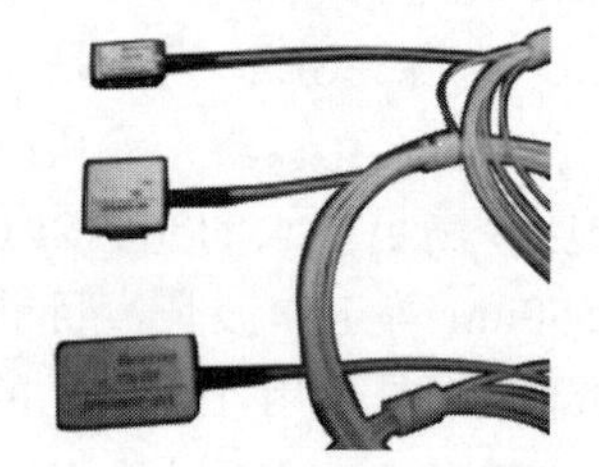

图 3-17　PIN-FET 光电探测器

（6）传感光纤反射镜。在反射式全光纤电流互感器系统中，通常在传感光纤的一个端面进行镀膜，利用特殊的镀膜工艺可使其反射率高达 85%以上，如同反射镜一般。光波经过反射镜光纤后，不仅其波矢量会反向，其偏振矢量也会在垂直、水平方向上互相对调。正因如此，反射回来的光波经过 1/4 波片后才能恢复成线偏振光，以便相位调制器进行相位调制。传感光纤反射镜的实物图如图 3-18 所示。

图 3-18　传感光纤反射镜

3.2.1.3　理想传感模型

由于目前无法实现高精度的相移差角度（光波偏振角度）测量，因此通常将相移差角度转化为光强变化，进而采用干涉检测方法或偏振检测方法实现电流测量。

全光纤光学电流互感器采用干涉检测法，并根据信号处理方法的不同，又可分为偏振调制型和相位调制型，此处以反射干涉式光路进行分析，设光源输出光强为 I_0，当干涉光进入探测器后，输出信号的检测光强 I_D 可表示为

$$I_D = \frac{I_0}{2}(1 + \cos\varphi_F) \tag{3-4}$$

由式（3-4）可知，反射式光路结构中，探测器检测光强为法拉第相移的余弦函数。为使输出信号获得最优的检测性能，应解决检测光强的灵敏度、非线性和光路渡越时间等问题。

（1）灵敏度问题。如图3-19所示，同样大小的输入信号在不同的工作相位点处对应的输出信号幅度大小不同，即不同的相位点处灵敏度不同。对余弦函数而言，零相位处斜率最小，灵敏度最低；±π/2相位处斜率最大，灵敏度最高。

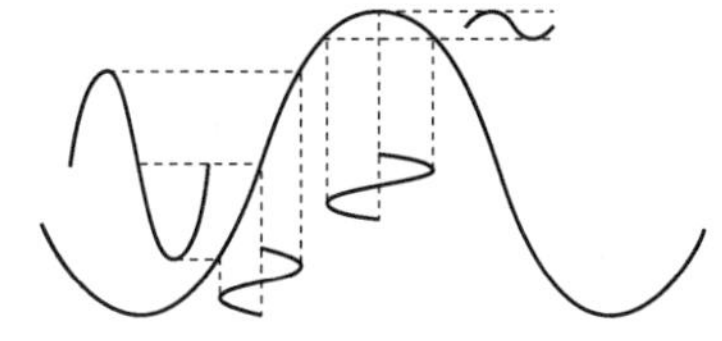

图3-19 余弦函数灵敏度示意

由于余弦函数在零相位处斜率为0，没有有效利用反射式结构引入的四倍法拉第相移，导致系统灵敏度仍然不高。为了提高系统灵敏度，需要改变输出信号检测光强的静态工作点，即引入相位调制器，施加π/2或-π/2相位偏置，使系统工作在灵敏度最高的区域。当在干涉光路中增加四分之一波片产生±π/2相位偏置后，式（3-4）转变为

$$I_D = \frac{I_0}{2}\left[1 + \cos\left(\varphi_F \pm \frac{\pi}{2}\right)\right] = \frac{I_0}{2}(1 \pm \sin\varphi_F) \tag{3-5}$$

对比式（3-4）和式（3-5）可知，检测光强的余弦函数转变为正弦函数。正弦函数在零相位处斜率最大，能有效提高系统的检测灵敏度。

（2）非线性问题。通过增加四分之一波片较好地解决了检测光强灵敏度的问题，但检测光强的正弦函数在 $\sin\varphi_F \approx \varphi_F$ 成立的前提条件为 φ_F 较小时，即只有在小电流时成立。因此输出函数系统线性度较差，载流导线中通入大电流和小电流时并不具备比例一致性。为了解决系统检测非线性的问题，利用相位调制器引入与法拉第相移大小相等、方向相反的反馈补偿相移 φ_R，用公式表示如下

$$I_D = \frac{I_0}{2}[1 \pm \sin(\varphi_F \pm \varphi_R)] \tag{3-6}$$

令 $\varphi_F + \varphi_R \approx 0$，则系统始终工作在线性度最佳的零相位附近，因此能保证系统的线性度和灵敏度，且扩大了系统动态测量范围。由于反馈相移满足 $\varphi_R = -\varphi_F = -4NVi$，因此反馈补偿相移 φ_F 同时能反映待测电流的大小。

（3）延迟光纤的光路渡越时间。从前面的讨论可以得出，相位调制器与法拉第效应在相移作用上是等效的，因此可通过相位调制器引入相移。

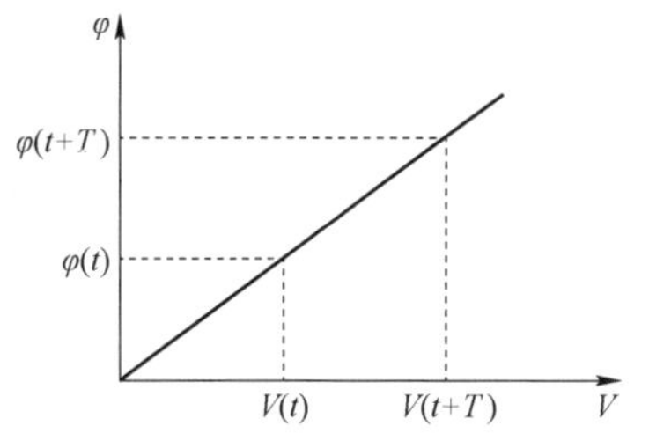

图3-20 相位调制器引入相位与调制电压的关系

相位调制器引入的相移与光路渡越时间 T 和电压差有关。如图3-20所示，假设光束 t 时刻顺时针经过相位调制器时，调制电压为 $V(t)$，对应调制相移为 $\varphi_R(t)$；光束经反射后在（$t+T$）时刻逆时针经过相位调制器时，调制电压为 $V(T+t)$，对应调制相移为 $\varphi_R(t+T)$，其中 T 即光路渡越时间。整个过程中，两次相移方向相反，相位调制器引入的总相移可表示为

$$\varphi_{\mathrm{R}}=\varphi_{\mathrm{R}}(t+T)-\varphi_{\mathrm{R}}(t)\propto[V(t+T)-V(t)] \tag{3-7}$$

由式（3－7）可知，渡越时间 T 表示光束往返经过相位调制器的时间间隔，相位调制器引入的相移与间隔时间为 T 的调制电压差ΔV_{T}成正比。

此外，在电流测量时，对 FOCT 的相位延迟有严格要求，因此应尽可能减小 FOCT 信号输入输出相位差。在相位调制器的调制解调方案中，调制方波的频率和信号解调频率相等，都是 $f=1/2T$。其中，f 为系统的本征频率。因此，为确保调制方波频率与电路调制解调频率匹配，通常通过在光路中加入延迟光纤来控制。图 3－21 所示为加入相位调制器和延迟光纤的全光纤电流互感器光路传感系统。

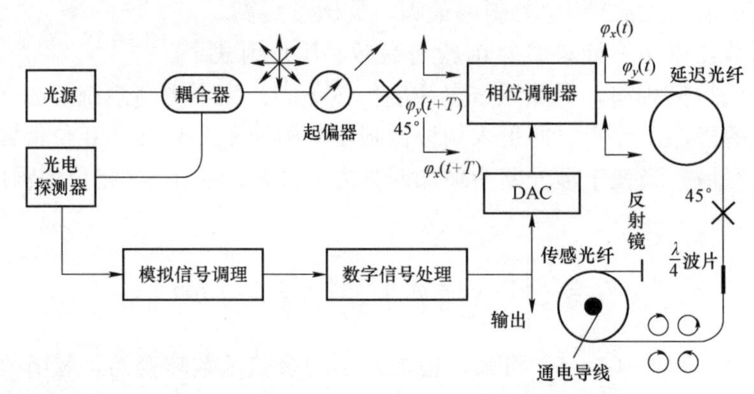

图 3－21　反射干涉式全光纤电流互感器系统图

3.2.1.4　非理想传感模型

（1）全光纤电流互感器线性双折射的产生原因。光束入射到各向异性的传感介质，分解为两束光而沿不同方向折射的现象称为双折射。在光纤介质中可归结为外力造成的应力双折射和由外界场的各种效应产生的双折射。

在没有外部微扰的时候，理想单模光纤的基模是线偏振的，其实际上是由两个传播常数相等且相互垂直的正交偏振模简单合并而成。根据模式理论，如果光纤圆对称并平直放置，则任意输入光的偏振状态可以始终不变地传输下去。理想情况下全光纤电流互感器所检测相位差及其输出光强分别如式（3－3）和式（3－4）所示。但实际光纤的内部结构总存在某种程度的不完善，还会受到外部环境的扰动，从而使两个简单合并模分离，这时输入线偏振光在光纤中会分解为两个相互垂直的偏振光。它们的模式及传播常数均与理想的模式不同，造成了两个相互垂直的模式之间的耦合，从而表现在两个正交偏振模在传输过程中具有不同的相速，产生相移，导致传输光波的偏振状态不断演变，其总的偏振将沿光纤长度方向变化，出现单模光纤双折射，可用归一化双折射系数来表示。

造成单模光纤双折射的原因有光纤本身的内部因素，也有光纤的外部因素。内部因素造成的双折射主要包括光纤截面几何形状畸变引起的波导形状双折射和光纤内部应力引起的应力双折射。外部双折射表达式各不相同，但也可以归纳为两类，一类是外力造成的应力双折射，另一类是外界场的各种效应产生的双折射。波导形状双折射是在拉制光纤过程中，由于各种原因使纤芯由圆变成了椭圆，从而产生了波导形状双折射。光纤内部应力引起应力双折射的原因是，光纤由芯、包层等数层结构组成，它们各自的掺杂材料不一样，热膨胀系数也不一样。因此，在横截面上即使有很小的热应力不对称也会产生很大的应力不平衡，导致纤芯材料各向异性，从而引起应力双折射。外力引起的应力双折射通常指光纤在受到如弯曲、扭绞、振动、受压等机械力的作用时，会产生光弹性效应而引起应力双折射。其中光纤受到扭曲时，由于剪应力的作用，会在光纤中产生圆双折射。

（2）计及线性双折射影响时全光纤电流互感器的传感模型。在全光纤光学电流互感器传感模型及其传输特性的研究中，由于光纤的双折射对多种物理量敏感，要实现电流的精确测量，就必须抑制其他物理量的作用，这也是全光纤光学电流互感器研制的难点所在，其关键就是如何减小线性双折射的影响。

1）仅考虑线性双折射而不考虑圆双折射影响。设光源输出光强为I_0，当仅考虑线性双折射而不考虑圆双折射时，全光纤光学电流互感器输出信号的检测光强表示为

$$I_D=\frac{I_0}{2}\left\{1+\cos[\varphi(t+\tau)-\varphi(t)]\left(\cos^2\phi-\frac{4\varphi_F^2}{\phi^2}\sin^2\phi\right)+\sin[\varphi(t+\tau)-\varphi(t)]\frac{2\varphi_F}{\phi}\sin 2\phi\right\} \quad (3-8)$$

式中：ϕ为偏振光总相位差，且有$\phi=\sqrt{\delta^2+4\varphi_F^2}$，（°）；$\delta$为无圆双折射但有线性双折射造成的相位差，（°）；$\varphi_F$为无线性双折射时偏振光旋转角，（°）。

在采用方波调制条件下$\varphi(t+\tau)-\varphi(t)=\pm\frac{\pi}{2}+\varphi_R$，$\varphi_R$为反馈相移，由闭环条件可得

$$\varphi_R=\arctan\frac{2\varphi_F\phi\sin 2\phi}{\phi^2\cos^2\phi-4\varphi_F^2\sin^2\phi} \quad (3-9)$$

定义全光纤光学电流互感器的尺度因子误差为$\varepsilon=(\varphi_R-4\varphi_F)/4\varphi_F$，在不考虑圆双折射影响下，计算尺度因子误差和线性双折射之间的关系如图3－22所示。

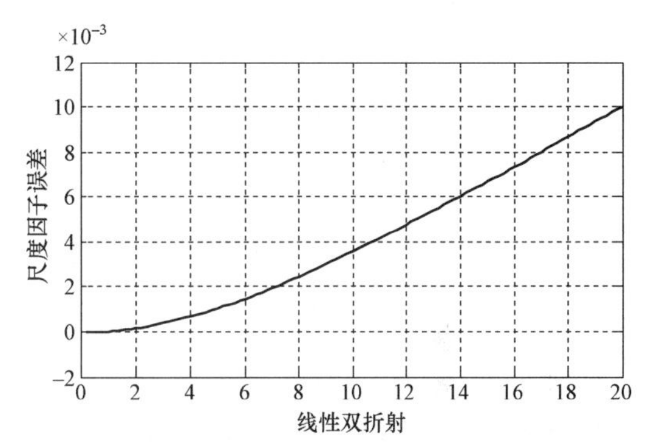

图3－22　线性双折射对输出特性影响（不计圆双折射影响）

2）同时考虑线性双折射和圆双折射影响。当既考虑线性双折射δ同时又考虑圆双折射φ_T时，偏振光正向传输总相位差$\phi_+=\sqrt{\delta^2+4(\varphi_F+\varphi_T)^2}$，反向传输总相位差$\phi_-=\sqrt{\delta^2+4(\varphi_F-\varphi_T)^2}$，全光纤光学电流互感器输出信号的检测光强表示为

$$I_D=\frac{I_0}{2}\left\{1+\cos[\varphi(t)-\varphi(t-\tau)]\left[\left(\cos\phi_+\cos\phi_--\frac{4(\varphi_F^2-\varphi_T^2)}{\phi_+\phi_-}\sin\phi_+\sin\phi_-\right)\right]+\right.$$
$$\left.\sin[\varphi(t)-\varphi(t-\tau)]\left[\frac{2(\varphi_F+\varphi_T)}{\phi_+}\sin\phi_+\cos\phi_-+\frac{2(\varphi_F-\varphi_T)}{\phi_-}\cos\phi_+\sin\phi_-\right]\right\} \quad (3-10)$$

在采用方波调制条件下，由闭环条件可进一步求得：

$$\varphi_R=\arctan\frac{2\phi_-(\varphi_F+\varphi_T)\sin\phi_+\cos\phi_-+2\phi_+(\varphi_F-\varphi_T)\cos\phi_+\sin\phi_-}{\phi_+\phi_-\cos\phi_+\cos\phi_--4(\varphi_F^2-\varphi_T^2)\sin\phi_+\sin\phi_-} \quad (3-11)$$

在考虑圆双折射影响时，计算尺度因子误差和线性双折射之间的关系如图3－23所示。

在圆双折射一定的情况下，随着线性双折射的增大，尺度因子误差会相应地增大。与此同时，随着圆双折射的不断增大，这种变化趋势趋于缓和，尺度因子误差也趋近于零。

如果传感头线性双折射为 20°，则绘制全光纤电流互感器尺度因子与圆双折射之间的关系曲线如图 3-24 所示。当传感头中 φ_{T} 足够大时，由于 $\sin\dfrac{\varphi_{\mathrm{F}}+\varphi_{\mathrm{T}}}{\sqrt{(\varphi_{\mathrm{F}}+\varphi_{\mathrm{T}})^2+(\delta/2)^2}}=1$，$\sin\dfrac{\varphi_{\mathrm{F}}-\varphi_{\mathrm{T}}}{\sqrt{(\varphi_{\mathrm{F}}-\varphi_{\mathrm{T}})^2+(\delta/2)^2}}=-1$，则反馈相移近似变成 $\varphi_{\mathrm{R}}=4\varphi_{\mathrm{F}}$，与理想状态下的干涉表达式一致，即传感头中大量的圆双折射可以有效地抑制线性双折射对全光纤光学电流互感器测量准确度影响，这也为全光纤光学电流互感器降低线形双折射影响提供了解决措施。高圆双折射光纤拉制工艺详见 3.10.1 节。

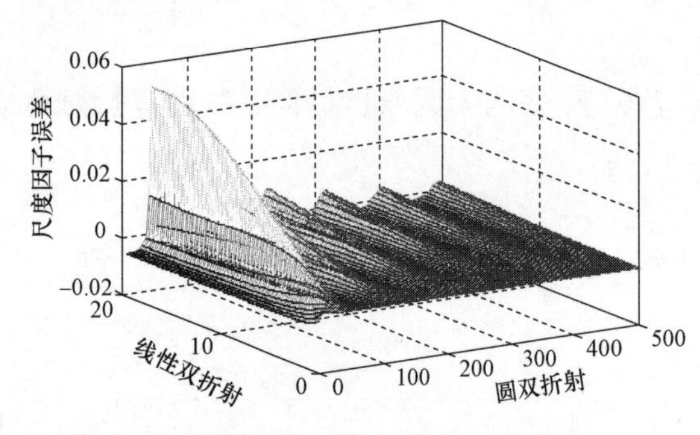

图 3-23　线性双折射对输出特性影响（计及圆双折射影响）

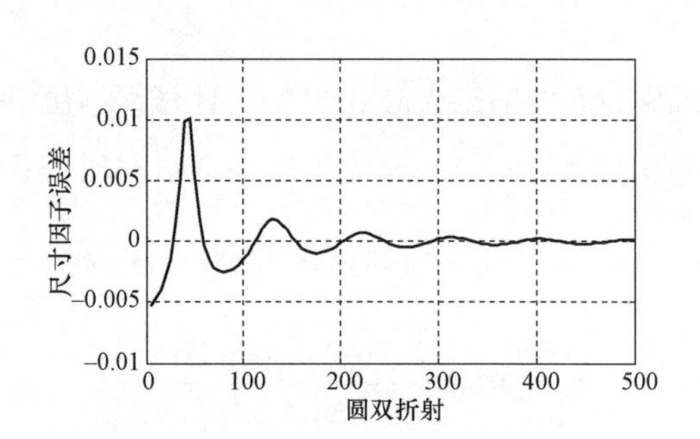

图 3-24　圆双折射对输出特性影响

3.2.2　无源磁光玻璃光学电流互感器

3.2.2.1　磁光玻璃传感光路

典型磁光玻璃光学电流互感器物理结构表现为起偏器、磁光材料元件和检偏器等偏振器件的级联形式。经起偏器后的线偏振光通过传感材料时，在被测电流产生的磁场中偏振面发生了旋转，检偏器将线偏振光偏振面的角度变化转变为输出光强的变化，信号处理系统对光强检测可得到与被测电流成正比的小电压信号。磁光玻璃光学电流互感器可分为闭合光路型和直通光路型两种，它们均采用磁光玻璃作为传感介质材料，传感光路结构有较大差别。

（1）闭合光路结构。如图 3-25 所示，闭合光路型磁光玻璃光学电流互感器的传感头由光源、光缆、准直器、起偏器、反射棱镜、磁光玻璃、检偏器及耦合透镜等组成。准直透镜、起偏器、磁光玻璃、检偏器及耦合透镜按一定的方位要求通过光学环氧胶粘接在一起，构成光学传感头。四块同型条状磁光玻璃和六块反射棱镜构成闭合的传感光路。

闭合光路型磁光玻璃光学电流互感器的设计思想源自安培环路定律，当传感光路绕载流导体形成闭合环路时，沿闭合环路的磁场积分结果与环外电流无关，理论上不受干扰磁场影响。

（2）直通光路结构。如图 3-26 所示，直通光路型磁光玻璃光学电流互感器是对闭合光路型的改进，利用一块条状磁光玻璃取代四块块状磁光玻璃构成直通光路的传感结构，并取消了六个反射棱镜。这种情况下，互感器传感光路由原来的四个传感臂减少为一个，同时取消了六个全反射环节，使得传感光路得到极大简化。直通光路型磁光玻璃光学电流互感器是光路结构最简单的光学电流互感器，但由于没有形成安培环路，易受到杂散磁场的干扰。

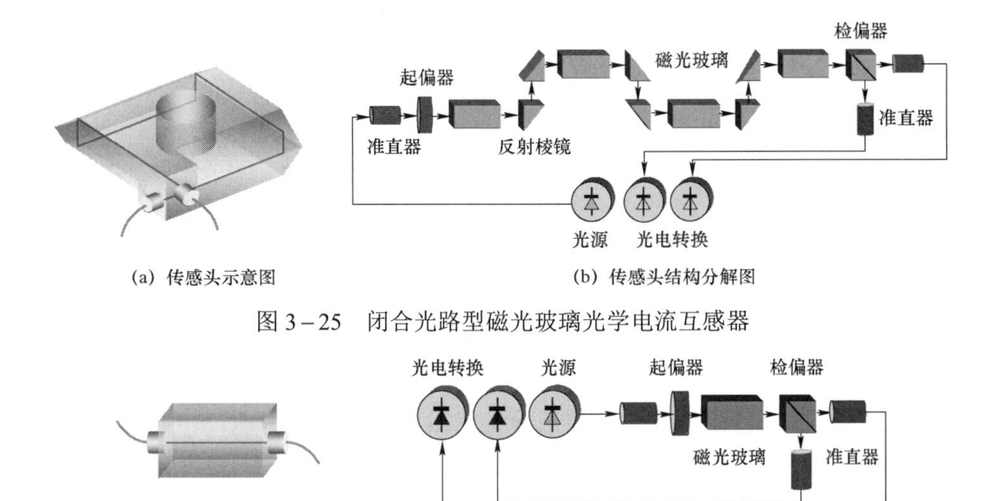

图3－25　闭合光路型磁光玻璃光学电流互感器

图3－26　直通光路型磁光玻璃光学电流互感器

3.2.2.2 关键光学器件

直通光路型磁光玻璃光学电流互感器的物理结构表现为偏振器件的级联形式。光源发出光分别经准直器、起偏器、磁光玻璃、检偏器后进入光电检测单元，该传感单元为最简光路测量系统，具有较高的可靠性。各部件作用及原理分述如下：

（1）磁光玻璃。作为光学电流互感器的传感材料，磁光玻璃要求对磁场敏感和对其他物理作用不敏感，即要具有足够大的费尔德常数，其他因素比如温度、应力等对传感材料影响要尽量小；要求有比较好的各向同性，对于线偏振光来说就是具有小的线性双折射；要求具有比较稳定的化学性质和强度。综合考虑，一般工程上选择 ZF_7 重火石玻璃作为传感材料。磁光玻璃光柱的实物图如图3－27所示。

图3－27　磁光玻璃光柱

（2）光源。传感材料 ZF_7 属于抗磁性材料，它的费尔德常数随波长的增大而减小；另一方面，当波长小于500nm时，一般抗磁性玻璃的吸收比较大，因而550nm～900nm的波长范围较为合适，其中850nm的光源应用较为广泛。常用的850nm的光源有超辐射发光二极管（SLD）和发光二极管（LED）两种。SLD发射光强较大，可达毫瓦级，但需要自带半导体制冷器，相对于LED而言其寿命较短、可靠性低且价格贵。磁光玻璃光学电流互感器需要的光源功率较低，只需要微瓦级，可选用寿命长、可靠性高的LED作为传感头的光源。LED光源的实物图如图3－28所示。

图3－28　LED光源

（3）光缆。光缆构成光源到起偏器、光学传感头到调制解调设备部分的光路，用来传输光信号。选择光缆所依据的主要参数是光缆中光纤的光学参数，即光纤直径、数值孔径、损耗等。光缆中光纤的芯径越大，数值孔径越大，从LED耦合出来的出纤光功率越强，但同时从准直透镜出来的光束发散角越大，到达耦合透镜的光斑直径也越大，最后耦合损耗反而增大。光缆的光纤芯径为62.5/125μm，数值孔径为0.2。光缆的损耗很小，约为0.5dB/km。

（4）准直透镜。准直透镜的作用是将光纤输入的光束变成准直平行光束，便于在传感器内传输。可采用径向梯度折射率透镜，它的直径小，可使光学系统的结构趋于微型化。其端部通光面是平面，便于光学加工，并可与光纤直接用光学胶粘接，使传感器光路部分牢固、紧凑，安装调试方便。准直透镜的实物图如图 3-29 所示。

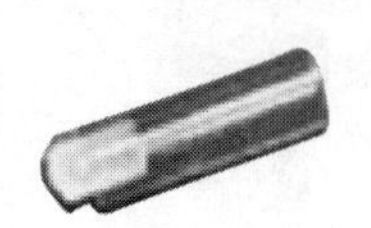

图 3-29　准直透镜

（5）偏振器。偏振器在光学传感器中被用作起偏器和检偏器，分别用来产生和检测线偏振光。偏振器通常利用材料的二向色性或双折射效应制成。选择偏振器的原则是应使其通光孔径大于光束的光斑直径，消光比低，透过率高。一般人造偏振片的透光率低且得到的线偏振光纯度不高，而方解石偏振棱镜的消光比可达十万分之五到百万分之一。偏振器的实物图如图 3-30 所示。

图 3-30　偏振器

（6）耦合透镜。耦合透镜的作用是将从检偏器出射的光耦合进输出光纤中。耦合透镜也是采用梯度折射率透镜。选择耦合透镜的原则是应使透镜的直径大于检偏器输出光斑的直径，以免光束射到透镜边缘上造成损失。另外，需耦合的光到达透镜端面后，经过透镜会聚，其会聚点的光斑直径应尽可能小，以便与接收光纤匹配，取得良好的耦合效果。

3.2.2.3　理想传感模型

磁光玻璃光学电流互感器采用偏振检测方法实现电流测量。设光源输出光强为 I_D，由马吕斯定律可求得理想情况下检测光强为

$$I_D = \frac{I_0}{2}(1 \pm \sin 2\varphi_F) \tag{3-12}$$

电流互感器在电力系统中兼有计量和保护的作用，磁光玻璃光学电流互感器的一个装置可以同时完成计量和保护的任务。为满足不同的要求，信号和数据处理部分有所区别。磁光玻璃光学电流互感器的输出一般采用双光路输出方式，其两个光电转换器输出检测光强 I_{D1} 和 I_{D2} 可以分别表示为

$$\begin{cases} I_{D1} = I_{01}(1 - \sin 2\varphi_F) + n_1(t) \\ I_{D2} = I_{02}(1 + \sin 2\varphi_F) + n_2(t) \end{cases} \tag{3-13}$$

式中：I_{01} 和 I_{02} 分别表示两路输出的基本工作光强电压（静态工作光强电压），$n_1(t)$和 $n_2(t)$分别表示为两路输出的干扰噪声。

（1）用于计量的处理方案。

当用于计量时，光学信号的处理可以采用 Sato 等人提出的改进的差除和信号处理方案，其原理框图如图 3-31 所示，可以用下式表示

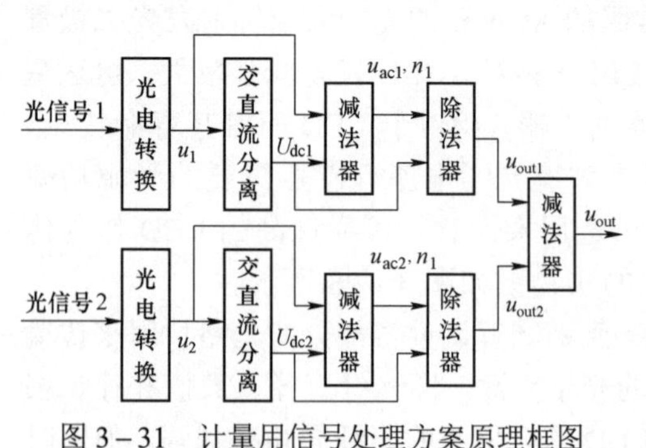

图 3-31　计量用信号处理方案原理框图

$$I_D = \frac{I_{D1} - I_{dc1}}{I_{dc1}} - \frac{I_{D2} - I_{dc2}}{I_{dc2}} \tag{3-14}$$

其信号处理的最终输出 I_D 为

$$I_{\mathrm{D}}=-2\sin 2\varphi_{\mathrm{F}}+\frac{2[I_{\mathrm{D2}}n_1(t)-I_{\mathrm{D1}}n_2(t)]}{I_{\mathrm{D1}}I_{\mathrm{D2}}} \tag{3-15}$$

理想状态下，即两路输出噪声近似相同，基本工作光强相等时，有

$$I_{\mathrm{D}}\approx -2\sin 2\varphi_{\mathrm{F}} \tag{3-16}$$

该方案对两路检测信号中的每一路都先进行“去掉直流后再除以直流”的处理，降低了各路光强波动对系统输出的影响，有效地抑制了光电共模噪声，有利于提高系统输出的稳定性。

（2）用于保护的处理方案。

在故障电流下，由于被测电流不仅含有周期分量还有非周期分量，就不能用上述交流与直流相除的方法消除光源波动的影响，而必须采用双光路系统的差和除法信号处理方案，其原理框图如图 3－32 所示，可以用下式表示

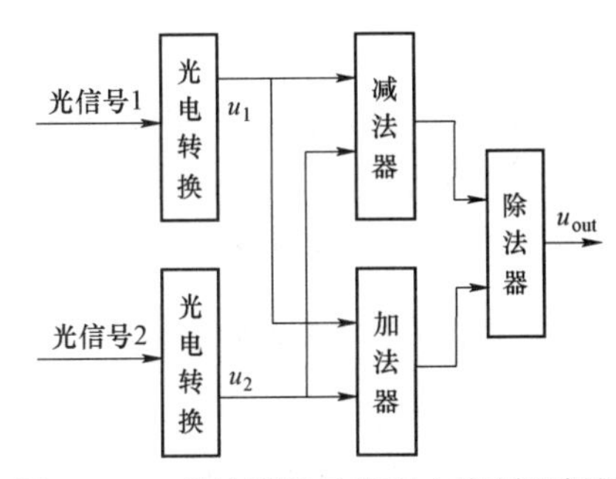

图 3－32　保护用信号处理方案原理框图

$$I_{\mathrm{D}}=\frac{I_{\mathrm{D1}}-I_{\mathrm{D2}}}{I_{\mathrm{D1}}+I_{\mathrm{D2}}} \tag{3-17}$$

其信号处理的最终输出 I_{D} 为

$$I_{\mathrm{D}}=\frac{\frac{I_{\mathrm{D1}}-I_{\mathrm{D2}}}{2}-\frac{I_{\mathrm{D1}}+I_{\mathrm{D2}}}{2}\sin 2\varphi_{\mathrm{F}}+[n_1(t)-In_2(t)]}{\frac{I_{\mathrm{D1}}+I_{\mathrm{D2}}}{2}-\frac{I_{\mathrm{D1}}-I_{\mathrm{D2}}}{2}\sin 2\varphi_{\mathrm{F}}+[n_1(t)+In_2(t)]} \tag{3-18}$$

理想状态下，即两路输出噪声近似相同，基本工作光强相等时，有

$$I_{\mathrm{D}}\approx -2\sin 2\varphi_{\mathrm{F}} \tag{3-19}$$

3.2.2.4 非理想传感模型

（1）磁光玻璃电流互感器线性双折射的产生原因。磁光玻璃光学电流互感器采用磁光玻璃作为光学电流传感头的传感材料，在磁光玻璃介质中主要由于热应力和玻璃加工时残余应力产生相应双折射。理想情况下，光学玻璃为各向同性介质，即介质中各个方向的折射率是一致的，磁光玻璃电流互感器所检测出的相位差及其输出光强分别如式（1－1）和式（3－12）所示。

但是在某些外界条件作用下，磁光玻璃就会由各向同性介质变为各向异性介质，如光学玻璃加工时，退火不严密，玻璃中将存在残余应力；光学玻璃安装过程中出现外加应力；强电场作用下产生电致双折射；垂直光波强磁场作用下产生磁致双折射。其中，前两种情况为应力引起的双折射，称为光弹性效应，也是影响测量精度的主要因素。由于应力的大小与外界温度密切相关，这种各向异性对温度比较敏感，线性双折射的存在改变了磁光玻璃的电磁特性，因此导致磁光玻璃电流互感器的测量精度出现温度漂移问题。

（2）计及线性双折射影响时磁光玻璃光学电流互感器的传感模型。设光源输出光强为 I_0，输入起偏角为 θ，考虑线性双折射时磁光玻璃电流互感器输出信号的检测光强表示为

$$I_{\mathrm{D}}=\frac{I_0}{2}\left[1\pm\frac{2\varphi_{\mathrm{F}}}{\phi}\sin\phi\mp\frac{\delta^2}{\phi^2}\sin^2\left(\frac{\phi}{2}\right)\sin 4\theta\right] \tag{3-20}$$

当线性双折射造成的相位差远大于法拉第磁光旋转角时，即有 $\phi\approx\delta$。在此情况下，采用双检测器检测法时输出信号的检测光强表达式进一步改写为

$$I_{\mathrm{D}}=I_0\left[\pm\frac{2\varphi_{\mathrm{F}}}{\phi}\sin\phi\mp\sin^2\left(\frac{\phi}{2}\right)\sin 4\theta\right] \tag{3-21}$$

当双折射小到可忽略时，非理想系统模型将趋近于理想模型 $I_{\mathrm{D}}=\pm I_0 2\varphi_{\mathrm{F}}$。非理想系统的输出电压不仅与法拉第旋转角有关，而且与线性双折射、入射起偏角有关，线性双折射对于尺度因子有一个具有抽样函数形式的影响因子 $\sin\phi/\phi$。同时，线性双折射与起偏角共同作用，使系统输出产生一直流分量 $\mp\sin^2\left(\frac{\phi}{2}\right)\sin 4\theta$，其大小随起偏角呈正弦变化，其幅度与线性双折射大小有关。

为了直观表现线性双折射对磁光玻璃光学电流互感器的影响，并探寻其影响规律，对非理想的磁光玻璃光学电流互感器进行了计算机仿真。磁光玻璃采用重火石材料 ZF_7，其费尔德常数为 Verdet $=2.23\times10^{-5}$rad/A，磁光玻璃的四个传感单元长度均为 $L=9.0$cm。

1）线性双折射对非理想系统输出特性曲线的影响。令待测电流 $I=0$A～1000A，入射起偏角为 45°，线性双折射 $\delta=0.5°$/cm、1.0°/cm、2.0°/cm 和 3.0°/cm，系统输出特性的仿真结果如图 3－33 所示，可见线性双折射的存在明显改变了输出曲线的斜率。

2）线性双折射对非理想系统输出电压的影响。令待测电流 $I=1000$A，入射起偏角为 45°，当线性双折射变化范围为 $\delta=0°$/cm～3.0°/cm 时，仿真结果如图 3－34 所示，可见线性双折射明显地改变了输出曲线的幅度。

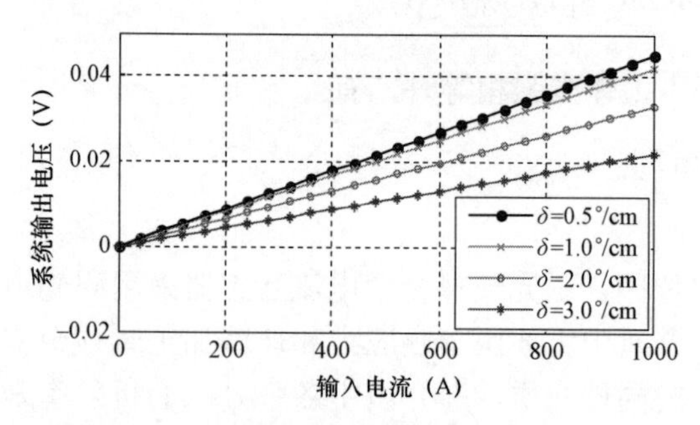

图 3－33　不同线性双折射对输出特性影响

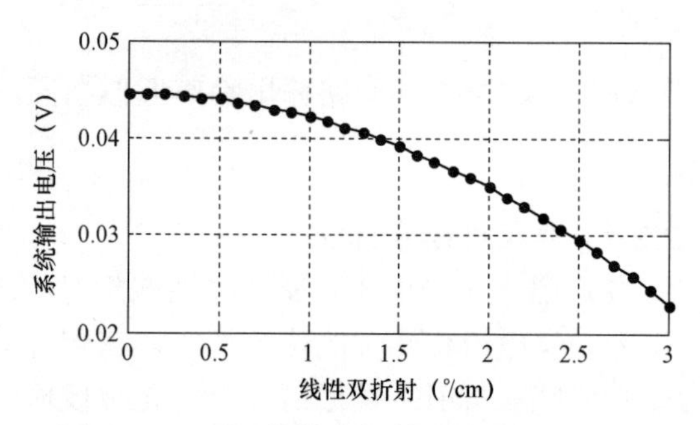

图 3－34　不同线性双折射对输出电压影响

3）入射起偏角对非理想系统输出特性曲线的影响。令待测电流 $I=0$A～1000A，线性双折射 $\delta=0.5°$/cm，入射起偏角分别为 60°、45° 和 30°，输出特性如图 3－35 所示。当线性双折射不为零时，入射起偏角明显地引起了输出曲线截距的变化。

4）入射起偏角对非理想系统输出电压的影响。令待测电流 $I=1000$A，入射起偏角为 45°，当线性双折射 $\delta=0.5°$/cm、1.0°/cm 和 3.0°/cm，仿真结果如图 3－36 所示。输出电压随起偏角增大按正弦曲线的规律变化，其变化幅度与线性双折射大小有关。

如图 3－33～图 3－36 所示的仿真结果表明，线性双折射的存在可以改变磁光玻璃电流互感器的输出特性，使磁光玻璃电流互感器的测量品质下降。仿真结果与理论分析的结论基本吻合，证明了理论分析的正确性。

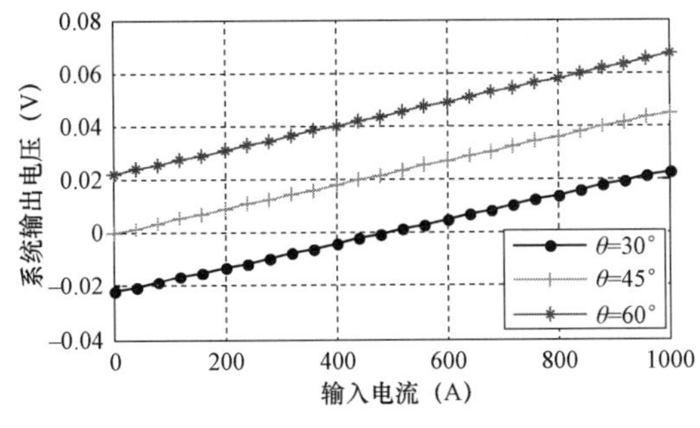

图 3－35　入射起偏角对输出特性影响

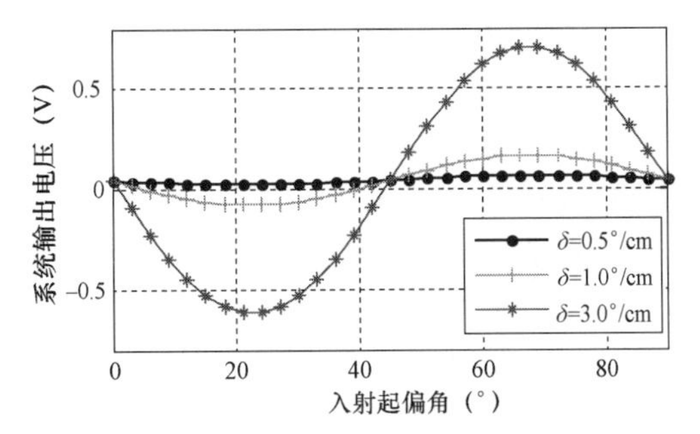

图 3－36　入射起偏角对输出电压影响

3.2.3　无源电光晶体光学电压互感器

3.2.3.1　电光晶体传感光路

目前较为成熟的光学电压互感器产品原理是基于 Pockels 电光效应，是指某些晶体材料在外加电场作用下，其折射率随外加电场发生变化的一种现象，也称为线性电光效应。

晶体介质在没有外加电压作用时是各向同性的，而在外加电压作用下变为各向异性的双轴晶体，从而导致其折射率和通光偏振态发生变化，产生双折射，一束光变成两束线偏振光。对于横向电光调制、纵向电光调制方式，出射线偏振光的相位差可分别表示为

$$\delta = \frac{2\pi}{\lambda} n_0^3 \gamma_{41} \frac{l}{d} U = \frac{\pi}{U_{\pi 1}} U \tag{3-22}$$

$$\delta = \frac{2\pi}{\lambda} n_0^3 \gamma_{41} U = \frac{\pi}{U_{\pi 2}} U \tag{3-23}$$

式中：λ 为光波波长，μm；n_0 为晶体的折射率；γ_{41} 为晶体的电光系数；d 为晶体的厚度，mm；l 为晶体的通光长度，mm；U 为外加电压，kV；$U_{\pi 1}$ 为横向电光调制时使两束光产生 π 相位差所需的半波电压，kV；$U_{\pi 2}$ 为纵向电光调制时使两束光产生 π 相位差所需的半波电压，kV。

（1）横向电光调制。横向电光调制就是外加电场方向和通光方向互相垂直，如图 3－37 所示。横向电光调制时，晶体的半波电压与晶体的尺寸有关，减小晶体的厚度，加大晶体通光方向的长度，可减小半波电压，提高传感器的灵敏度。同时，无需透明电极，制造比较容易。此外，调整电极间的距离，可改变晶体所承受的电场强度，使传感器易适用于高电压的测量。但横向电光调制实质上测量的是晶体中光线所在处的电场强度，晶体的热胀冷缩及电极间距离的波动均会影响测量准确度。

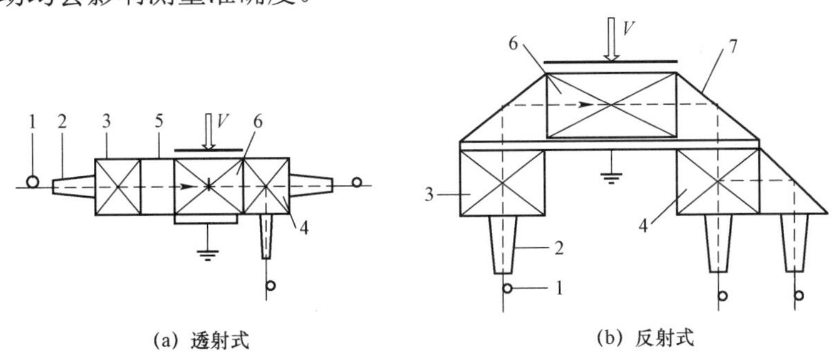

图 3－37　横向调制光学电压互感器原理图

1—光纤；2—准直透镜；3—起偏器；4—检偏器；5—λ/4 波片；6—电光晶体；7—转角棱镜

（2）纵向电光调制。纵向电光调制就是通光方向与外加电场方向一致，且沿两极间的电场积分与路径无关，即 $V_a^b = \int_a^b \vec{E} \cdot \mathrm{d}\vec{l}$ 与路径无关，如图 3－38 所示。纵向调制实现了对加于晶体两端电压的直接测量，且测量结果不受因晶体热胀冷缩而引起的电极间距离变化的影响，亦不会受外界电场等干扰因素的影响。但纵向电光调制光学电压传感器在高电压下的应用遇到两个方面的困难，一个是绝缘问题，另一个是当被测电压大于电光晶体的半波电压时引起的信号难以解调的问题。

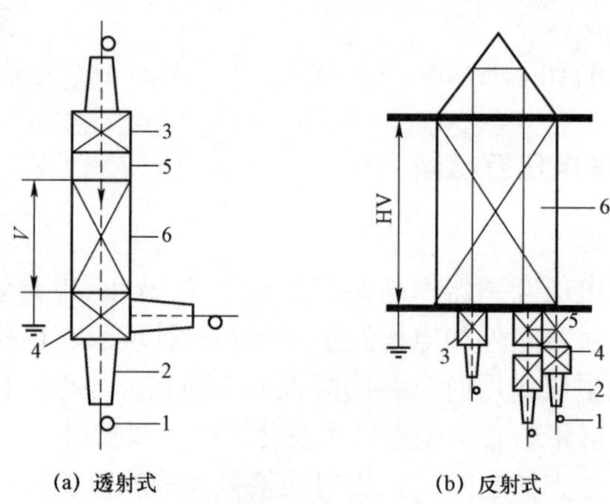

(a) 透射式　　(b) 反射式

图 3－38　纵向调制光学电压互感器原理图

1—光纤；2—准直透镜；3—起偏器；4—检偏器；5—$\lambda/4$ 波片；6—电光晶体

3.2.3.2　理想传感模型

基于 Pockels 效应的光学电压互感器的光路系统的物理结构是自然光依次通过起偏器、$\lambda/4$ 波片、电光晶体和检偏器，表现为偏振器件的级联形式，由偏振光学系统的琼斯矩阵分析法可知，其在数学上表现为琼斯矩阵的连乘，如图 3－39 所示。

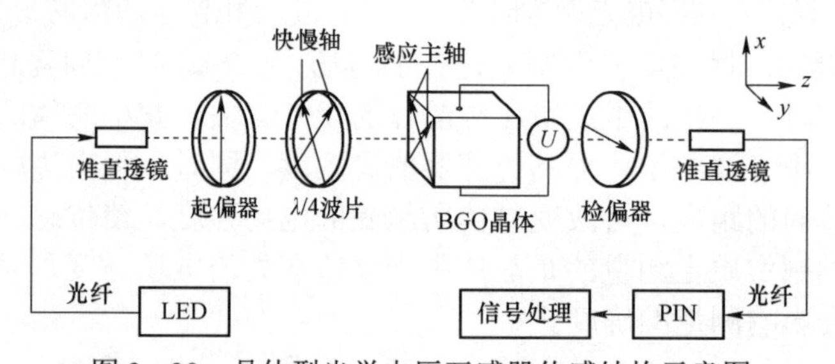

图 3－39　晶体型光学电压互感器传感结构示意图

根据偏光干涉检测分析，当起偏器的偏振轴与双折射晶体的两个本征偏振方向成 45°夹角，且检偏器的偏振轴与起偏器的偏振轴垂直或平行时，由检偏器输出的光强中含有最大的偏光干涉量，输出光强对相位延迟 δ 的变化最灵敏。因此光学电压互感器通常将起偏器和检偏器的本征偏振方向与彼此正交或者平行；$\lambda/4$ 波片的快慢轴分别与电光晶体的感应主轴平行，同时与起偏器的本征偏振方向成 45°夹角。

由晶体光学知识可知，光学电压传感器中的电光晶体元件实质上是一个双折射光学元件（其性质类似于相位补偿器）。设光源输入光强为 I_0，假定其因感应被测电压而引起的电光效应相位差为 δ，则输出光强表达式为

$$I_{D\pm}=\frac{I_0}{2}(1\mp\sin\delta) \tag{3-24}$$

线性电光效应相位差 δ 与被测电压的关系为 $\delta=\pi V/V_\pi=(\pi/V_\pi)V_m\sin\omega t$。采用 $\lambda/4$ 波片光偏置法可获得较好的线性响应，当外加正弦电压的幅值 V_m 远小于电光晶体元件的半波电压 V_π 时，传感器电光晶体的相位差 δ 和 $\sin\delta$ 很接近，检偏器输出光强可简化为

$$I_{D\pm}=\frac{I_0}{2}(1\mp\delta)=\frac{I_0}{2}\left(1\mp\frac{\pi}{V_\pi}V\right) \tag{3-25}$$

无源光学电压互感器的光路结构及信号处理方法均与磁光玻璃电流互感器比较相似，其光源、准直透镜、偏振器等部分器件也与磁光玻璃光学电流互感器相同。

经过多年的发展，OVT 虽然在理论研究方面取得了巨大进步，原理较为成熟，方案多种多样，但大多仍在实验研究和探索阶段，目前仍然没有实现广泛的工业应用，其产业化的进程远远落后于无源光学电流互感器，主要原因有：

（1）OVT 的温度稳定性和长期运行的可靠性还不理想，离实用化的要求还有一定距离。影响 OVT 稳定性的主要因素是其核心传感单元电光晶体。虽然常用的电光晶体在理论上较为理想，但实际上存在一定的自然双折射及加工过程中引入的应力双折射等，易受温度和应力的影响，这将影响互感器的测量准确度及稳定性，需要通过一些补偿措施来进行消除。

（2）基于 Pockels 效应的 OVT 通常包含光源、起偏器、波片、电光晶体、检偏器等分立的光学元件，需要精密的光路调试和可靠的固定封装，材料及加工成本较高。

（3）目前 OVT 在测量基本准确度方面与传统的电磁测量方法相比仍存在一定差距。引起 OVT 测量误差的主要原因包括光源的光功率和中心波长受环境影响会发生变化，绝缘气体气压变化对光学晶体产生压力双折射，光电探测器的响应线性度以及长期工作稳定性，系统组装过程中偏振角度的对准、各元件之间方位角的偏差、粘胶和封装材料的长期稳定性以及电光晶体自身的缺陷引入的双折射等。

3.2.4 无源全光纤光学电压互感器

无源全光纤光学电压互感器基于石英晶体的逆压电效应。被测电压加在石英晶体两端金属电极，使其产生径向应变，并将椭圆芯双模光纤缠绕和感知应变。调制光纤中 2 个传导模式间相位差，利用零差相位跟踪技术测量相位调制量，可得被测电压的大小和相位。

逆压电光学电压互感器结构原理如图 3－40 所示，系统由传感头、光源、相位跟踪器和干涉仪等组成。在石英晶体构成的传感头施加交变电压时，某方向将产生交变的压电应力从而晶体的周长被调制，使得双模光纤中传播的两种模式（LP_{01} 模和 LP_{11} 模）产生相位差

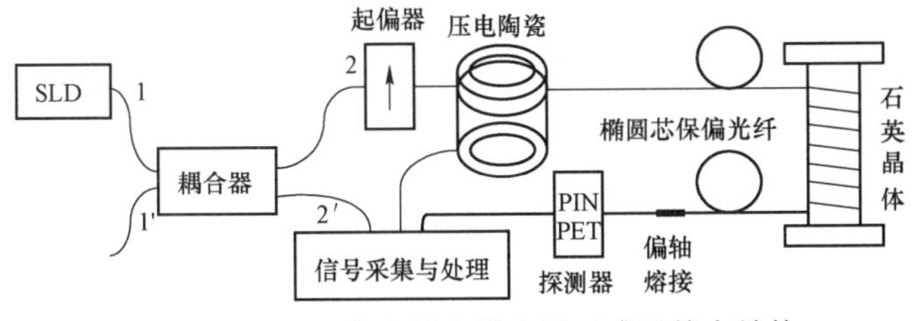

图 3－40 无源全光纤光学电压互感器基本结构

$$\Delta\phi = -\pi\frac{Nd_{11}EL_{\mathrm{t}}}{\Delta L_{2\pi}} \tag{3-26}$$

式中：N 为光纤的匝数；E 为电场强度，N/C；L_{t} 为压电陶瓷的压电系数；d_{11} 为晶体的压电系数；$\Delta L_{2\pi}$ 为晶体产生 2π 相位差时光纤长度变化量，mm。

通过采用相干干涉法，在选择合适的双模光纤长度后，利用压电陶瓷构成的相位跟踪器实现调制相位，并根据相位跟踪器的控制电压实现对电压大小和相位的测量。方案采用全光纤结构后，无需分离光学玻璃器件，对提高系统的抗干扰能力和长期稳定性具有良好作用。但是该方案的结构比较复杂，对光源和光纤的配合要求严格，需要仔细调节光纤的长度来满足式（3-26）的要求，对熔接和耦合的工艺要求非常严格，尤其是在工业批量生产中具有较大困难。目前，基于逆压电效应的全光纤光学电压互感器还处于实验室研究阶段。

3.3 无源光学互感器的二次转换器

3.3.1 全光纤光学电流互感器

3.3.1.1 基本功能

无源全光纤电流互感器的二次转换器集成了光发射、光起偏、光相位调制、光延时和光电探测与放大等功能，其目的是为一次侧的光纤传感环提供输入光信号，以及从传感环返回的光信号中解调出被测电流信息，解调的数字信号按照约定通信协议编码后，再以光信号形式通过光纤传输至合并单元。

二次转换器通常包括光路模块、电路模块和电源模块三部分。其中，光路模块部分主要包括光源、耦合器、起偏器、相位调制器、反射镜及检测器等光学元件；电路模块部分主要包括数模转换 D/A、模数转换 A/D、运算放大器和 FPGA 等模拟电路器件；二者之间的接口为探测器和相位调制器。二次转换器组成结构如图 3-41 所示。

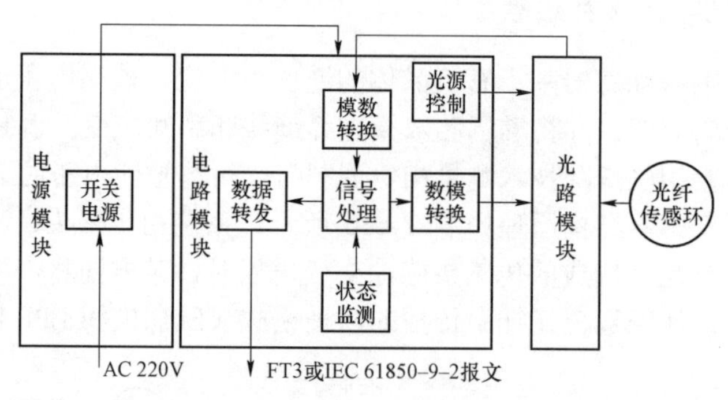

图 3-41　FOCT 的二次转换器组成结构图

二次转换器各部分完成功能如下：

（1）光路模块完成对光纤传感环中返回光信号的原始采集。该模块将光路中的干涉光强信号经光电转换和前置放大后转换为模拟电压信号，送入电路模块的高速模数转换器进行数据采集。

（2）电路模块完成二次转换器中的信号处理、光源控制和数据转发等功能。① 信号处理部分是二次转换器的核心部分，其逻辑电路通常采用现场可编程门阵列（FPGA）实现，所完成功能包括：实现整个信号处理流程的时序控制；实现数字相关解调，进行数字积分，产生数字相位阶梯波以及偏置调制信号；生成反馈信号实现闭环控制；内部状态量的实时监测；获取数字量信号，进行数字滤波，并作为互感器的数字输出。对于测量准确度要求高的场合，信号处理电路中还需使用第二闭环回路，通过控制反馈通道中D/A转换器的参考电压或运算放大器的增益来减小因相位调制器半波电压随温度变化导致的复位误差。② 光源控制部分主要实现对光源管芯温度和驱动电流的准确控制，以保证互感器的测量准确度。③ 数据转发部分依据合并单元的接口需求将互感器的输出数据按照FT3或IEC 61850-9-2等标准格式输出。

（3）电源模块提供直流稳压电源供电路模块使用。

3.3.1.2 闭环控制

（1）工作原理。二次转换器从功能实现角度可划分为传感环节和输出环节两部分，主要完成光强测量、调制解调、闭环控制及数字输出等功能。其中，调制解调功能应用方波调制技术使相差信息产生±π/2偏置，使系统工作在较灵敏的区域，提高互感器的响应灵敏度；闭环控制功能借鉴数字闭环光纤陀螺技术，应用阶梯波反馈调制产生反馈相位差，补偿电流所引起的法拉第相移，从而减小系统输出非线性误差并增大动态测量范围。闭环控制功能也是全光纤电流互感器信号处理的核心算法，图3-42给出了FOCT闭环控制工作原理。

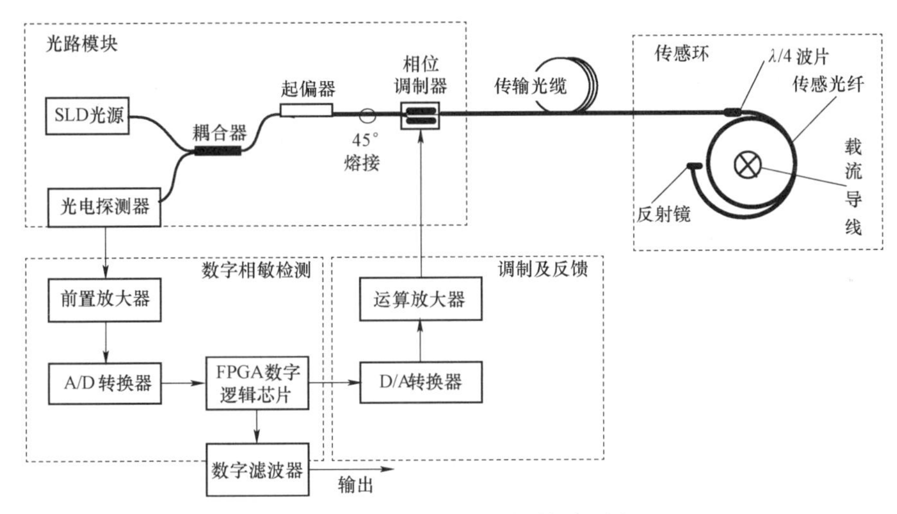

图3-42 FOCT闭环控制原理图

如图3-42所示，由传感光纤感知外部磁场并经干涉后的光信号到达光电探测器，经光电转换后进入后续电路进行处理，闭环控制具体实现过程如下：① 首先该信号由电流信号经过前置放大器转换为电压信号，到达A/D转换器后转换为数字信号，并在数字逻辑电路中完成数字差分解调，获得闭环补偿后的相位误差数字量。② 该数字量经数字积分后一方面通过向下抽样滤波处理作为互感器的输出信号；另一方面作为闭环反馈的输入信号，经数字累加产生阶梯波。所产生的阶梯波的台阶宽度为光路渡越时间（即光信号连续两次经过相位调制器的时间间隔），台阶高度等于互感器的输出，并且其台阶的变化与偏置调制信号同步。③ 该阶梯波信号再与偏置调制信号叠加后送入D/A转换器，经过放大后作用于相位调制器。如前文所述，阶梯波会在经过相位调制器的两束线偏振光之间产生一个相位差，大小等于台阶高度，与电流引起的法拉第相移大小相等，符号相反，这就使得互感器的工作点恒定在偏置相位点附近，实现了闭环控制。

闭环控制具体包含了方波调制技术、数字相关性解调技术和阶梯波调制技术。

（2）方波调制。调制解调的目的是改变系统静态工作点，提高系统灵敏度。通过调制，信号频率从低频段转移到高频段，能减少低频噪声干扰。在理想情况下，全光纤电流互感器中光电探测器的输出光电流是一种微弱信号，该信号的交流分量与被测电流信号呈线性关系，因此二者具有相同的带宽，相比于系统的本征频率（通常高达数百 kHz），光电探测器的输出光电流可看作缓慢变化的信号或直流信号，因此可使用调制和解调技术。首先使用一个高频载波信号（频率为系统本征频率或本征频率的整数倍）对全光纤电流互感器的干涉信号进行调制，调制后的输出频率与载波频率相同，然后对调制信号进行交流放大，提供给后续电路进行解调处理。

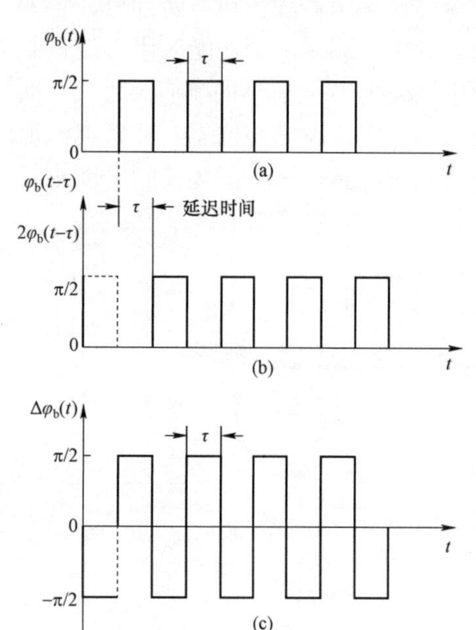

图 3－43　方波调制示意图

通常 $LiNbO_3$ 电光相位调制器的带宽高达 GHz 量级，因此可使用方波信号进行相位偏置调制，如图 3－43 所示。

如图 3－43（a）所示，在数字逻辑电路中产生时间间隔为渡越时间 τ、大小与 $V_\pi/2$ 对应的数字量，送入 D/A 转换器中转换为模拟电压，施加到 $LiNbO_3$ 电光相位调制器上，对其中一个传播方向（从光源发出的光波首次经过调制器时即被调制）的光波产生调制相移 $\varphi_b(t)$。由于存在时延 τ，对另一个传播方向（从光源发出的光波首次经过调制器时未被调制，经过传感光路后返回调制器时被调制）的光波产生调制相移 $\varphi_b(t-\tau)$，如图 3－43（b）所示。则光波两次经过调制器后返回探测器时的调制相移之差为：$\Delta\varphi_b(t)=\varphi_b(t)-\varphi_b(t-\tau)$，如图 3－43（c）所示。

偏置调制电压信号施加到 $LiNbO_3$ 相位调制器以后，即可实现±π/2 相位的方波偏置调制。此时，全光纤电流互感器的干涉响应及探测器的输出如图 3－44 所示。

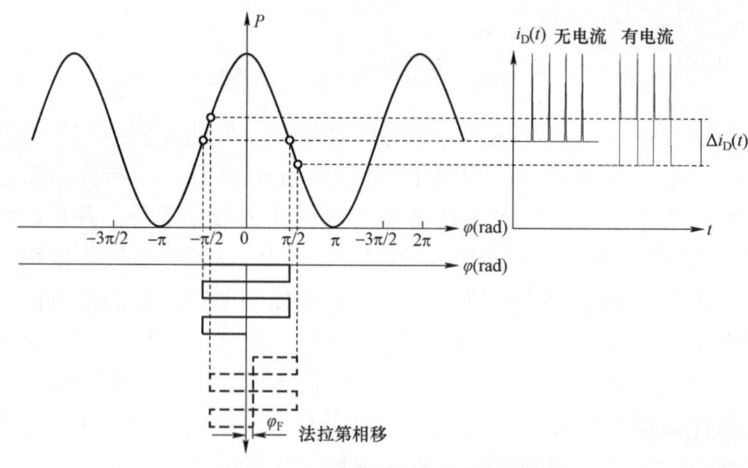

图 3－44　相位偏置调制原理图

由图 3－44 可知，通过方波偏置调制，在两束相干光之间引入了非互易相移

$$\Delta\varphi(t)=\pm\pi/2 \tag{3-27}$$

故 FOCT 闭环测量系统交替工作±π/2 的工作点上。当无电流输入时，全光纤电流互感器的干涉输出为一条直线，其表达式为

$$i_{\mathrm{D}}(0,\ -\pi/2)=i_{\mathrm{D}}(0,\ \pi/2)=i_0 \tag{3-28}$$

式中：$i_{\mathrm{D}}(x,y)$ 为探测器的输出电流，其中 x 为法拉第相移，y 为偏置相移；i_0 为无电流输入时探测器的输出电流。

当有电流输入时，FOCT 的干涉输出变成一个与调制方波同频同相的方波信号

$$i_{\mathrm{D}}(\varphi_{\mathrm{F}},\ \pi/2)=i_0(1-\sin\varphi_{\mathrm{F}}) \tag{3-29}$$

$$i_{\mathrm{D}}(\varphi_{\mathrm{F}},\ -\pi/2)=i_0(1+\sin\varphi_{\mathrm{F}}) \tag{3-30}$$

两式相减即可得到方波信号的幅值为

$$\Delta i_{\mathrm{D}}(t)=i_0(\varphi_{\mathrm{F}},\ -\pi/2)-i_0(\varphi_{\mathrm{F}},\ \pi/2)=i_0(1+\sin\varphi_{\mathrm{F}})-i_0(1-\sin\varphi_{\mathrm{F}})=2i_0\sin\varphi_{\mathrm{F}} \tag{3-31}$$

式中：Δi_{D} 为探测器输出方波的前后半周期高度差。

由式（3－31）可知，FOCT 中的干涉输出是一个与调制方波同频同相的方波信号。该方波信号的周期为 2τ，幅值代表了被测电流的大小。

（3）数字相关性解调。由于法拉第相移 φ_{F} 是淹没在各种噪声中的微弱信号，利用被测信号的周期性和噪声信号的不相关性，采用相关检测的方法可实现信号的检测和噪声的抑制。通常能够实现相关检测的仪器称为锁相放大器（Lock－in Amplifier，LIA），FOCT 闭环检测电路本质上也是一个数字锁相放大器。

根据相关检测理论，用与调制方波同频同相的幅值为±1 的方波 $h(t)$作为锁相放大器的参考信号，FOCT 的干涉输出信号与参考信号进行互相关

$$S_{\mathrm{out}}=\int i_{\mathrm{D}}(t)h(t)\mathrm{d}t \tag{3-32}$$

在 FOCT 的信号检测电路中，通常采用数字相关性方法实现互相关，图 3－45 给出了数字相关解调原理。

如图 3－45 所示，FOCT 的干涉输出经光电转换、前置放大后由 A/D 采样变为数字信号，假设每个方波周期采样点数为 $2M$，即正负半周期各采样 M 次，然后用正半周期的数据之和减去负半周期的数据之和，所得值即为相关检测的输出值。

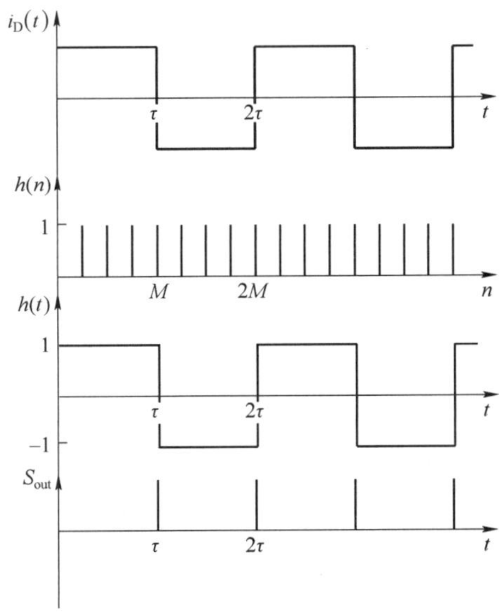

图 3－45 数字相关解调原理图

设输入信号为 x_{in}，输出信号为 S_{out}，输入信号的正半周期的数据之和为 $x_{\mathrm{in+}}$，负半周期的数据之和为 $x_{\mathrm{in-}}$，可得

$$S_{\text{out}}=\sum_{n=1}^{M}i_{\text{D}}(n)-\sum_{n=M+1}^{2M}i_{\text{D}}(n)=\sum_{n=1}^{M}i_{\text{D}}(n)+\sum_{n=M+1}^{2M}-i_{\text{D}}(n)=\sum_{n=1}^{2M}i_{\text{D}}(n)\cdot h(n) \tag{3-33}$$

当采样频率趋于无穷大时，$M\to\infty$，则式（3－32）与式（3－33）等效。

（4）阶梯波调制。随着被测电流增大，响应信号的余弦特性将使输出信号出现严重的非线性，导致大电流的测量误差增大，因此可通过相位调制器在两束光之间引入一个与法拉第相移大小相等、方向相反的反馈补偿相移 φ_{R}，用来抵消法拉第效应相移 φ_{F}。反馈补偿相移与方波调制相移原理一致，不同之处在于方波调制相移大小恒为±π/2，而反馈补偿相移则需要随被测电流大小与方向的改变而改变。

反馈补偿相移借鉴数字闭环光纤陀螺技术，可采用阶梯波反馈调制产生反馈补偿相移 φ_{R}，并通过解调结果作累加积分，形成数字阶梯波的阶梯高度。调制阶梯波时序图如图 3－46 所示，台阶宽度等于渡越时间 τ，台阶高度决定了它在两束相干光之间引入的反馈相移 φ_{R}，它的大小与法拉第相移 φ_{F} 相等，符号相反。在数字闭环达到平衡时，阶梯波的阶梯高度增量同待测电流成正比。阶梯波高度一方面驱动相位调制器形成反馈相位差，并经过 D/A 转换及其辅助电路形成模拟阶梯波后驱动相位调制器，另一方面作为 FOCT 的数字输出，反映感知待测电流的大小和方向。

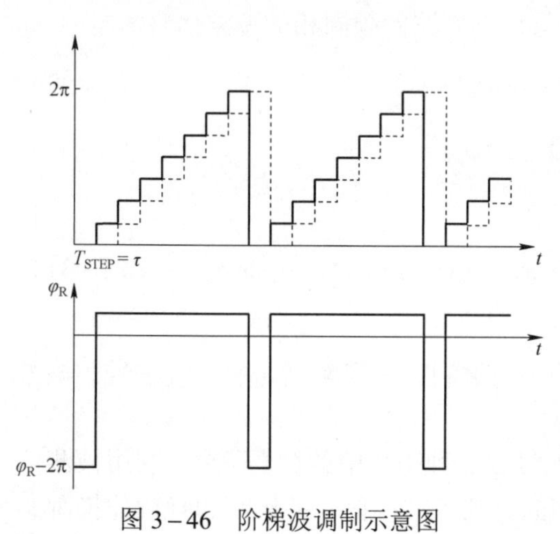

图 3－46　阶梯波调制示意图

在相位调制器上施加图 3－46 所示的阶梯波，此时 FOCT 干涉输出方波信号变为

$$\begin{cases}i_{\text{D}}(\varphi_{\text{F}},\pi/2+\varphi_{\text{R}})=i_0[1-\sin(\varphi_{\text{F}}+\varphi_{\text{R}})]\\ i_{\text{D}}(\varphi_{\text{F}},-\pi/2+\varphi_{\text{R}})=i_0[1+\sin(\varphi_{\text{F}}+\varphi_{\text{R}})]\end{cases} \tag{3-34}$$

理论上需要不断上升的阶梯波来抵消法拉第相移，但在实际中无法实现。由于干涉输出的信号是以 2π 为周期，所以在设计应用中，采用（0，2π）的阶梯波来代替（－∞，+∞）的阶梯波。理想情况下，采用这种方法理论上不会对系统准确度产生影响。将阶梯波电路产生的输出电压信号 $V(t)$加到相位调制器的输入端，其产生的反馈相移为

$$\varphi_{\text{R}}(t)=K_{\text{fp}}[V(t)-V(t-\tau)] \tag{3-35}$$

式中：K_{fp} 为相位调制器的调制系数。

阶梯波的台阶高度为 $V(t)$与 $V(t-\tau)$之间的电压差，即

$$\Delta V(t)=V(t)-V(t-\tau) \tag{3-36}$$

由前文可知，阶梯波是由数字累加通过 D/A 转换器形成的，测量输出信号也是台阶高度的数字形式，表示为 $S_{\text{out}}(t)$，因此有

$$V(t)-V(t-\tau)=K_{\text{DA}}S_{\text{out}}(t) \tag{3-37}$$

$$K_{DA}=\frac{V_{pp}}{2^m} \tag{3-38}$$

式中：K_{DA}为数字量与模拟量之间的转换系数；V_{pp}为阶梯波的峰峰值或D/A转换器的满量程输出电压，V；m为D/A转换器的位数。

由式（3-35）、式（3-37）和式（3-38）可进一步求得

$$\varphi_R(t)=K_{fp}\frac{V_{pp}}{2^m}S_{out}(t) \tag{3-39}$$

当闭环稳定时有

$$\varphi_R(t)=-\varphi_F(t)=-4VNi(t) \tag{3-40}$$

根据式（3-39）和式（3-40）有

$$S_{out}(t)=-\frac{\varphi_F(t)}{K_{fp}\dfrac{V_{pp}}{2^m}}=-\frac{4VNi(t)}{K_{fp}\dfrac{V_{pp}}{2^m}}=-4VN\cdot\frac{2^m}{K_{fp}V_{pp}}i(t) \tag{3-41}$$

式（3-41）即是全光纤电流互感器的闭环检测输出与一次电流的关系表达式。

综上分析，通过采用阶梯波调整技术的闭环控制系统使$\varphi_R=-\varphi_F$，即$\varphi_R+\varphi_F=0$，此时FOCT系统始终工作在线性度最好的零相位附近区域，因此测量灵敏度最高；同时由于实现闭环检测，也扩大了系统的测量范围。当$\varphi_R+\varphi_F\neq0$时，将$S_{out}(t)$作为控制量去控制闭环反馈阶梯波产生值，改变阶梯波在递增阶段产生的相位值。当闭环回路达到平衡时，阶梯波的每次递增高度保持不变，始终保证$\varphi_R+\varphi_F=0$。

3.3.2 磁光玻璃光学电流互感器

3.3.2.1 基本功能

MOCT的二次转换器主要包括LED光发送模块、光接收模块、模数转换模块与数据处理和发送模块4个功能模块，其组成结构如图3-47所示。

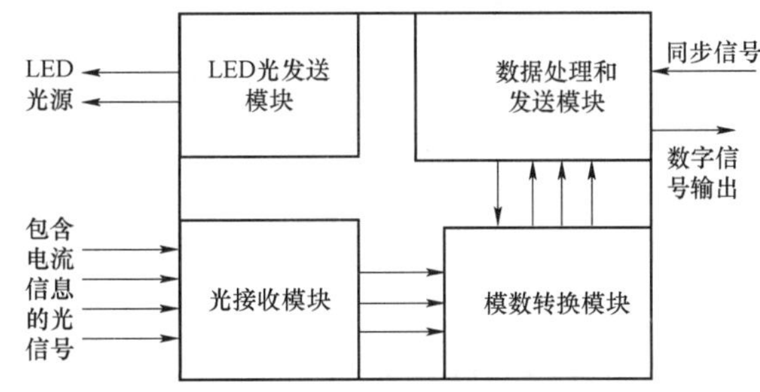

图3-47 MOCT的二次转换器组成结构图

各个模块实现的功能如下：

（1）LED光发送模块：向一次光学电流传感器发送LED光信号。

（2）光接收模块：接收一次光学电流传感器传送的经过调制的包含电流信息的光信号，并进行光电转换。

（3）模数转换模块：接收光电转换的模拟电压信号，经低通滤波电路进入模数转换回路转换为数字信号。

（4）数据处理和发送模块：数据处理和发送模块是二次转换器的核心部分，一般采用32位DSP处理器，其工作频率为150MHz。数据处理和发送模块接收模数转换模块送入的数字信号，经过光学传感算法处理恢复一次电流值，按照与合并单元约定好的协议进行数据组帧后向合并单元发送数字信号。数据处理和发送模块可接收同步信号，以保证不同信号采样的同步。

3.3.2.2 系统控制

数据处理和发送模块的软件系统框图如图 3－48 所示，其各部分软件功能如下：

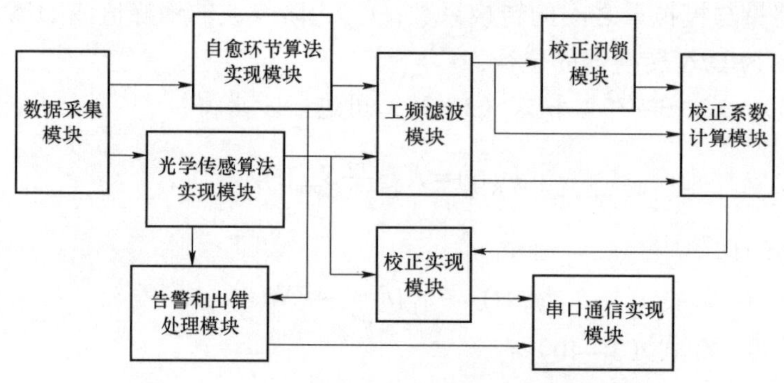

图 3－48　MOCT 的二次转换器软件系统框图

（1）数据采集模块：根据采样中断的设置，对 A/D 转换数据进行实时采样。

（2）自愈环节算法实现模块：对实时采集的自愈环节数据进行解调处理，得到自愈环节实测的一次电流数据。

（3）光学传感算法实现模块：依照光学电流传感信号处理算法，对实时采集的光学传感数据进行解调处理，得到光学电流传感器实测的一次电流数据。

（4）工频滤波模块：分别对自愈环节和光学电流传感器得到的电流数据进行滤波处理，得到各自的基波有效值信息。

（5）校正闭锁模块：依照设定的判据，对自愈环节的计算结果进行判断，决定校正的启用。

（6）校正系数计算模块：根据得到的自愈环节和光学电流传感器的基波有效值计算校正系数。如果校正闭锁打开，则输出计算得到的校正系数；否则，则保持不变。

（7）校正实现模块：根据校正系数计算模块得到的结果，对光学传感算法实现模块得到的光学电流传感器实测的一次电流数据进行校正，实现输出结果的补偿。

（8）串口通信实现模块：依照约定的通信规约对实测的电流数据进行组帧，实现与合并单元的数据通信。

（9）告警和出错处理模块：对自愈环节算法实现模块和光学传感算法实现模块的数据信息进行实时监测，并将监测结果送至串口通信实现模块的数据帧。

3.4　小电流精确测量技术

全光纤电流互感器具有较好的线性度，理论上可同时满足计量和保护的要求。在实际工程应用中，当输入电流较小时（十几安培以下），互感器噪声会对测量准确度带来影响。下面对小电流精确测量时噪声特性及其抑制措施进行分析。

3.4.1　噪声源的影响

与传统电磁式互感器相比，全光纤电流互感器的一个主要特性是存在较大的白噪声，在小电流测量时更为突出，这是由构成互感器的光学元件的特性所决定的。全光纤电流互感器通过光学检测来获取信号，那么其中必定含有光学散粒噪声，该噪声项可用 FOCT 系统输出的白噪声描述。

从 FOCT 感知磁场到信号检测的过程中，产生的噪声主要包括光信号产生的噪声、干涉仪噪声、信号检测的噪声和外界环境引起的噪声。① 光信号噪声是指光源发出的光信号本身的噪声，包括光子噪声、相对强度噪声和热相位噪声。② 干涉仪噪声指由于不同的相位偏置产生的噪声，通常可以通过选择合适的相位偏置点，使 FOCT 既工作在较为灵敏的工作点，同时又具有较低的噪声。③ 光信号经光路产生干涉后，从光纤耦合器进入探测器，转换为光电流信号，并由信号处理电路进行后期处理，此过程中产生了探测器散粒噪声、热噪声、探测器的相对强度噪声和量化噪声等。④ FOCT 工作时易受环境因素影响，主要因素为振动引起的输出噪声和环境温度引起的噪声。上述噪声都具有白噪声的统计特性，是 FOCT 噪声的主要组成成分。FOCT 噪声源的成因与计算方法详见表 3-5。

表 3-5　　FOCT 噪声源分析

类别	分类	成因	公式与说明
光信号的噪声	光子噪声	光源发出的光子数随时间存在波动，形成了光子噪声	$\sigma_P=\sqrt{2P\Delta f\dfrac{hc}{\lambda}}$ 式中：P 为光功率；$h=6.63\times10^{-34}\text{J}\cdot\text{s}$ 为普朗克常数，Δf 为测量带宽
	相对强度噪声	相对强度噪声是光源光谱中不相关的频率分量之间的随机拍频引起的光功率涨落	$\sigma_{\text{RIN}}=P\sqrt{\Delta f\tau_c}=P\sqrt{\dfrac{\Delta f\lambda^2}{\Delta\lambda c}}$ 式中：P 为光功率；τ_c 为光源的自相干时间；λ 为光波波长；$\Delta\lambda$ 为光谱宽度；c 为真空光速
	热相位噪声	根据奈奎斯特（Nyquist）定律，当温度在绝对零度以上时，光纤折射率将产生涨落，导致光纤中的相位发生变化，相向传播的两束光波干涉后，将产生相位差	$\sigma_\varphi(l)=\sqrt{\dfrac{4\pi kT^2Dl}{\kappa\lambda^2\omega_0^2}}\left(\dfrac{\text{d}n}{\text{d}T}+n\alpha_\text{L}\right)\cdot\left[1-\left(\dfrac{2.405\omega_0}{2a}\right)^2\right]^{\frac{1}{2}}$ 式中：k 为波尔兹曼常数；T 为热力学温度；D 为光纤的热扩散系数；l 为光纤长度；κ 为光纤的热导系数；λ 为光波波长；ω_0 为光纤的模场半径；$\text{d}n/\text{d}T$ 为光纤折射率的温度系数；α_L 为光纤的线性膨胀系数；n 为光纤折射率；a 为光纤的纤芯直径
信号检测的噪声	散粒噪声	散粒噪声是探测器将光子转换为电子过程中产生的一种具有泊松分布特性的随机噪声	$\sigma_{\text{sv}}=\sqrt{2e\Delta fR^2(R_\text{D}P_\text{D}+i_{\text{dark}})}$ 式中：e 为电子电量；R 为放大器的跨阻抗；R_D 为探测器的响应度；P_D 为探测器的接收光功率；i_{dark} 为探测器的暗电流
	热噪声	热噪声是由探测器跨阻抗放大器转换电阻上电荷载流子的热运动引起的	$\sigma_{\text{hv}}=\sqrt{4k\Delta fTR}$
	量化噪声	FOCT 中的模数转换器和数模转换器在实现模拟量和数字量之间的相互转换时，存在量化噪声	$\sigma_{\text{DA}}=\dfrac{\pi\sqrt{\Delta f}}{2^N f_\text{m}}$ 式中：N 为 D/A 转换器的位数；f_m 为调制频率
外界环境引起的输出噪声	振动噪声	振动会引起附加相位差，叠加在法拉第效应引起的相位差上无法分辨，从而产生误差信号	$\Delta\varphi_\text{V}=\dfrac{2\pi l_\text{p}}{L_\text{B}^2}\cdot\dfrac{\partial L_\text{B}}{\partial S}\cdot\dfrac{\partial S}{\partial t}\cdot t$ 式中：l_p 为受振动干扰的光纤长度；L_B 为该段光纤的拍长；$\partial L_\text{B}/\partial S$ 表示拍长随振动的变化；$\partial S/\partial t$ 表示振动随时间的变化，t 表示受振动干扰处距离反射镜的时间延时
	温度噪声	温度会影响热相位噪声、热噪声、暗电流噪声等，这些噪声随着温度的升高而增大	

白噪声呈现为一种短期的随机变化，在 FOCT 比值误差测试中，反映到测试结果中就是比值误差的高频波动。FOCT 比值误差的不确定度或称比值误差漂移是指 FOCT 比值误差的低频波动或趋势性变化，如图 3－49 所示。很显然，噪声和比值误差漂移是 FOCT 两个不同的概念，它们产生的机理和特性不同，对系统性能的影响也是不同的。

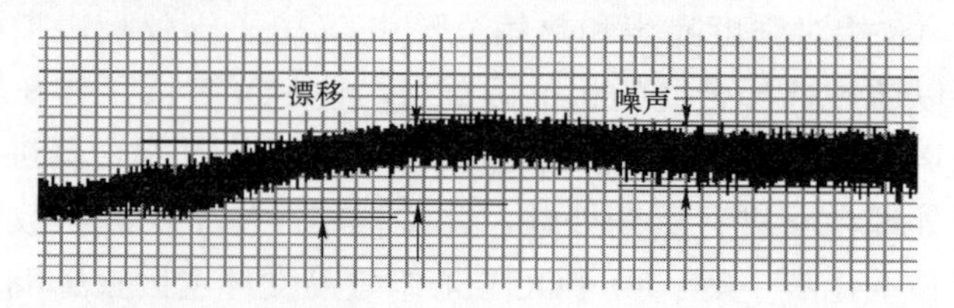

图 3－49　比值误差漂移和 FOCT 白噪声引起的比值误差噪声

产生比值误差漂移的原因很多，如环境扰动（高低温环境）、残余“非互易性”等因素。抑制 FOCT 比值误差漂移是实现其工程化的关键，而 FOCT 白噪声过程是一个随机游走的统计过程。其中每一个输出数据都是由一个统计学上独立的事件构成，彼此不相关。其主要特征呈现正态分布，均值趋于零，同时与输入信号无关。

3.4.2　噪声特性分析

（1）FOCT 统计特性分析。图 3－50 为某型号 FOCT 在零电流输入下的典型试验测试的实测数据（额定电流 600A，采样频率 4kHz），分别显示了互感器的时域输出波形和频域输出波形，电流值基本分布在－4A～4A 范围内。从有效计算频率 2kHz 以内的频域波形来看，FOCT 噪声数据在各频率段分布均匀，无明显特征频率点。

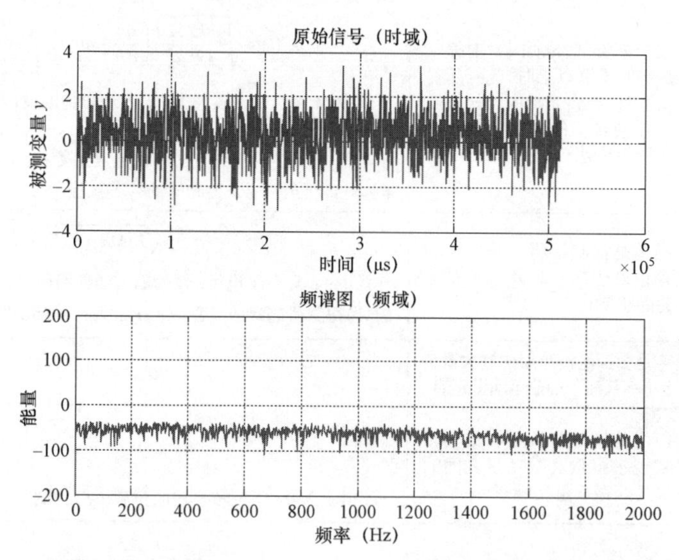

图 3－50　零输入电流下 FOCT 白噪声时域、频域波形

对该数据进行统计学计算，噪声均值为－0.004A，均方差为 2A，位于电流值区间［－2A，2A］（σ）内的实测采样数据个数占数据总数的 68.21%，位于电流值区间［－6A，6A］（3σ）内的实测采样数据个数占数据总数的 99.68%，符合正态分布特征。图 3－51 为实测采样数据在不同电流值区间的分布情况，虚线包络为正态分布函数曲线。

（2）不同输入电流下的频域特性分析。FOCT白噪声的另一典型特征就是与输入信号无关。在一次电流较小时，FOCT信噪比较低，噪声对信号的影响比较明显，如图3－52（a）所示。继续增大一次电流输入有效值至120A，FOCT时域、频域波形如图3－52（b）所示。

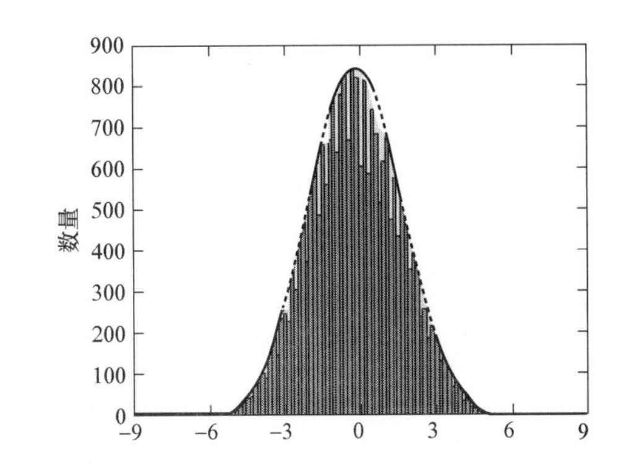

图3－51　噪声电流值的统计特性

对比图3－50与图3－52（a）的频域波形可见，在6A（额定电流600A的1%）一次电流下，除了50Hz频率主峰附近，白噪声频域波形无明显改变。如图3－52（b）所示，在一次电流较大时，提高了FOCT信噪比，噪声对信号的影响仍比较小。

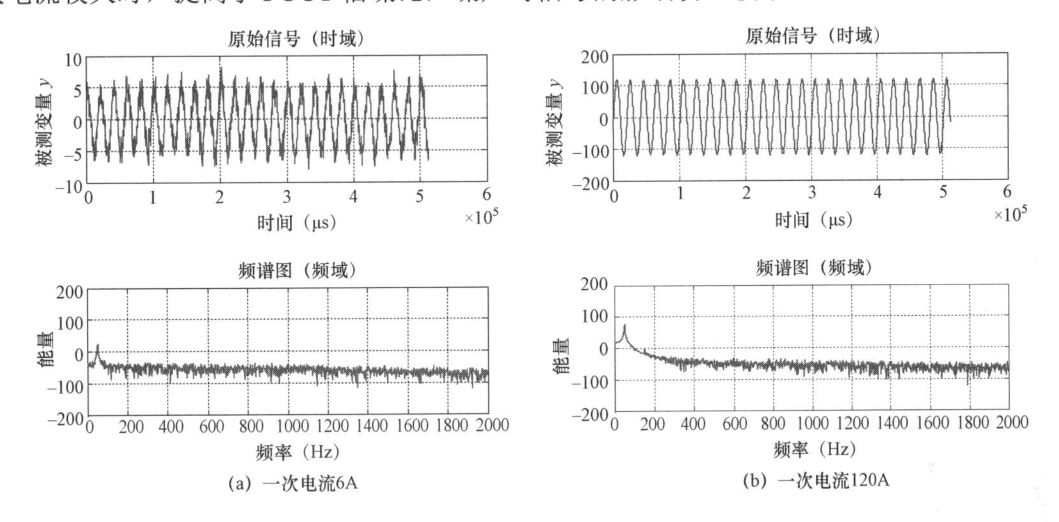

图3－52　不同输入电流下FOCT白噪声时域、频域波形

综上分析，在不同的输入电流下，白噪声频域波形无明显改变，表明FOCT白噪声与输入信号无关。

3.4.3　提高信噪比方法

（1）FOCT白噪声评价指标。FOCT白噪声有信噪比（Signal Noise Ratio，SNR）与随机游走系数（Random Walk Coefficient，RWC）两种表征方法。根据GB/T 20840.8中信噪比指标来定义FOCT的信噪比为

$$SNR = 20\lg(S_{RMS} / \sigma_N) \tag{3-42}$$

式中：S_{RMS}为额定二次电流的有效值；σ_N为噪声均方差。

在标准所规定的频带宽度内，FOCT 输出的最小信噪比应为 30dB（相对于额定二次输出）。此外，FOCT白噪声过程的特点是其均值为零，由于均方差σ_N与采样率有关，σ_N与检测带宽Be的平方根成正比，因此可借鉴光纤陀螺仪的随机游走系数指标定义FOCT的随机游走系数为

$$RWC = \sigma_{\mathrm{N}} / \sqrt{B_{\mathrm{e}}} \tag{3-43}$$

FOCT 的 RWC 指标的特点是与检测带宽无关，其值大小可采用 Allan 方差来进行估算，从而可以对光学互感器的噪声水平进行量化。

（2）FOCT 信噪比仿真计算。FOCT 干涉仪的相位差响应为余弦函数，当偏置相位为零时，信号功率和噪声均达到最大值，当偏置相位为 π 时，信号功率和噪声达到最小值，偏置相位越接近 π，系统的噪声越小，但灵敏度却为零，为了获得较高的系统信噪比，需使 FOCT 工作在较灵敏的工作点，同时又具有较低的噪声。表 3－5 给出了 FOCT 中各类噪声的计算方法，FOCT 的理论信噪比为灵敏度与单位带宽内噪声比值的平方。对于相位偏置 φ_{b}，当 FOCT 无电流输入时，探测器输出电压的增量表示为

$$V = RR_{\mathrm{D}}P_0(1+\cos\varphi_{\mathrm{b}}) \tag{3-44}$$

式中：R 为探测器跨阻抗值；R_{D} 为探测器响应度；P_0 为无偏置相位时的探测器接收光功率。

灵敏度为响应曲线的斜率，对式（3－44）求微分可得

$$V' = -RR_{\mathrm{D}}P_0\sin\varphi_{\mathrm{b}} \tag{3-45}$$

热噪声和量化噪声一般小于散粒噪声和强度噪声，因此，忽略热相位噪声和量化噪声的 FOCT 信噪比可以表示为

$$\begin{aligned} SNR &= 10\times\lg\left(\frac{V'}{\sigma_{\mathrm{sv}}^2+\sigma_{\mathrm{hv}}^2+\sigma_{\mathrm{rv}}^2}\right)^2 \\ &= 10\times\lg\left\{\frac{(-2RR_{\mathrm{D}}P_0\sin\varphi_{\mathrm{b}})^2}{2eR^2\{R_{\mathrm{D}}P_0[1+\cos(\varphi_{\mathrm{b}}+\varphi_{\mathrm{F}})]+i_{\mathrm{dark}}\}+4k_{\mathrm{B}}TR+\dfrac{R^2R_{\mathrm{D}}^2R_0^2[1+\cos(\varphi_{\mathrm{b}}+\varphi_{\mathrm{F}})^2\lambda^2]}{\Delta\lambda\cdot c}}\right\} \end{aligned} \tag{3-46}$$

式中：σ_{sv} 为探测器散粒噪声，dB；σ_{hv} 为探测器电阻热噪声，dB；σ_{rv} 为探测器相对强度噪声，dB。

由式（3－46）可知，光源中心波长和谱宽、到达探测器的光功率、探测器响应度、探测器转换电阻、光纤传感环的圈数以及偏置相位点的选择均会对 FOCT 的信噪比产生影响。为量化分析上述各因素对 FOCT 信噪比的影响程度，对 FOCT 信噪比进行数字仿真，选取某 FOCT 的典型设计参数如表 3－6 所示。

表 3－6　某 FOCT 的典型设计参数

参数名称	符号	单位	取值	参数名称	符号	单位	取值
电子电量	e	C	1.6×10^{-19}	光谱宽度	$\Delta\lambda$	nm	50
波尔兹曼常数	k_{B}	J/K	1.38×10^{-23}	探测器响应度	R_{D}	A/W	0.9
真空中的光速	c	m/s	3×10^8	探测器暗电流	i_{dark}	nA	5
费尔德常数	V	rad/A	1.1×10^{-6}	探测器跨阻抗	R	kΩ	200
温度	T	K	293.15	到达探测器功率	P_{D}	μW	10
光源平均波长	λ	nm	1310	相位偏置工作点	φ_{b}	rad	π/2

仿真不同变量下的归一化 SNR，FOCT 信噪比分别与 R, R_D, P_0, N, φ_b, $\Delta\lambda$ 的仿真关系曲线如图 3－53 所示。

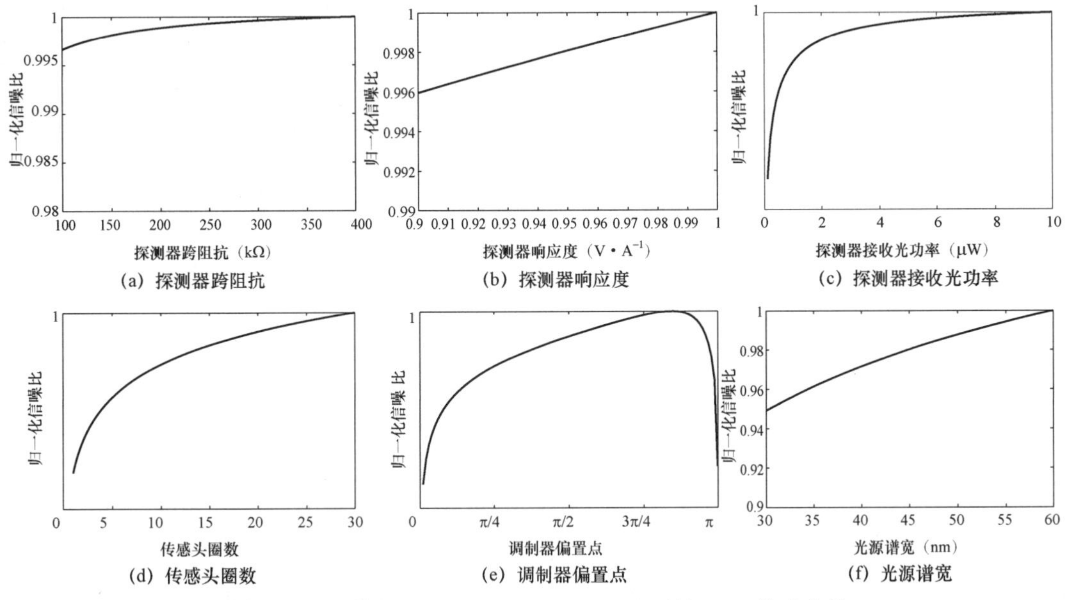

图 3－53 不同 R、R_D、P_0、N、φ_b、$\Delta\lambda$ 下的 SNR 仿真曲线

从仿真结果可知：探测器跨阻抗 R 和响应度 R_D 对信噪比的影响十分微弱，可忽略不计；光源谱宽$\Delta\lambda$ 对信噪比有一定的影响，但在实际器件的选型中，光源谱宽的选择范围较小，所带来的增益并不显著，因此该项也可以忽略；探测器接收光功率 I_0、相位调制偏置工作点 φ_b 和敏感光纤圈数 N 对信噪比的影响则较为显著，同时也易于优化操作，可作为信噪比优化设计的关键参数。

因此可通过提高探测器接收光功率 I_0、寻找最佳相位调制偏置工作点 φ_b、增加传感光纤圈数 N 等方法，理论上有效实现信噪比的优化设计，提高小电流的测量准确度。

（3）FOCT 信噪比试验测试。选取全光纤电流互感器样机进行 FOCT 白噪声实验测试。当使用 SNR 表征小电流测量能力时，可忽略外界环境引起的输出噪声影响，并由上节分析可知，探测器接收光功率 I_0、调制相移 φ_b、传感头敏感光纤圈数 N 等参数对 SNR 的影响较为显著，因此选取以下三组不同的初始参数进行试验测试：

① FOCT 光源额定功率为 1.2mW、探测器跨阻抗为 200kΩ、响应度为 0.2V/μW、光路损耗为 21.44dB、相位调制偏置工作点为 π/2、传感头敏感光纤的圈数为 14 圈、待测电流值为 6A，测试得到不同探测器接收光功率下的 SNR 曲线如图 3－54 所示。② FOCT 光源额定功率为 1mW、光路损耗为 22dB、闭环反馈的相位调制偏置工作点为 π/2、待测电流值为 10A，测试得到不同传感头圈数下的 SNR 曲线如图 3－55 所示。③ FOCT 光源额定功率为 1mW、光路损耗为 22dB、传感头圈数为 10 圈、待测电流值为 10A，测试得到不同偏置工作点时的 SNR 测试曲线如图 3－56 所示。

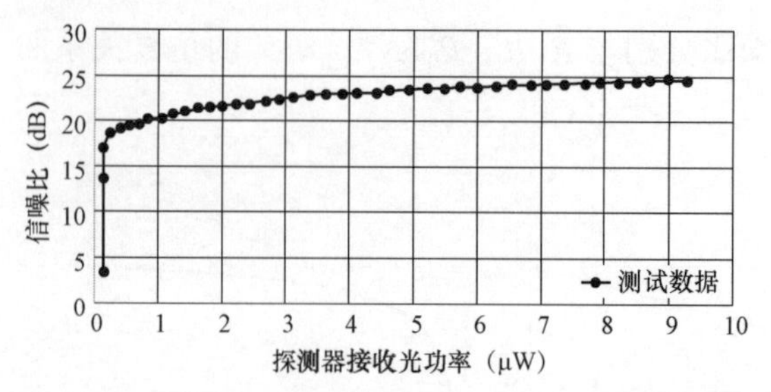

图 3－54　不同探测器接收光功率下的 SNR 测试曲线

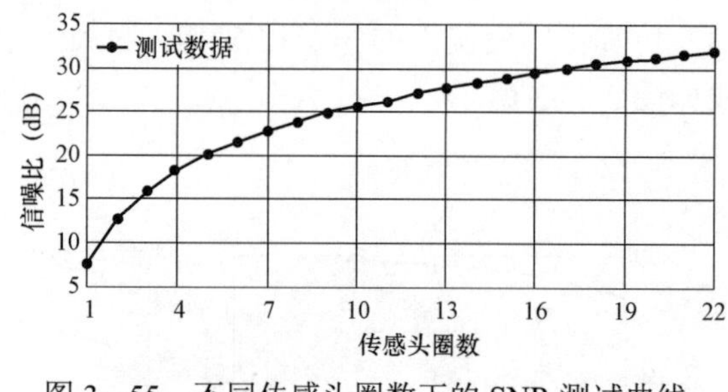

图 3－55　不同传感头圈数下的 SNR 测试曲线

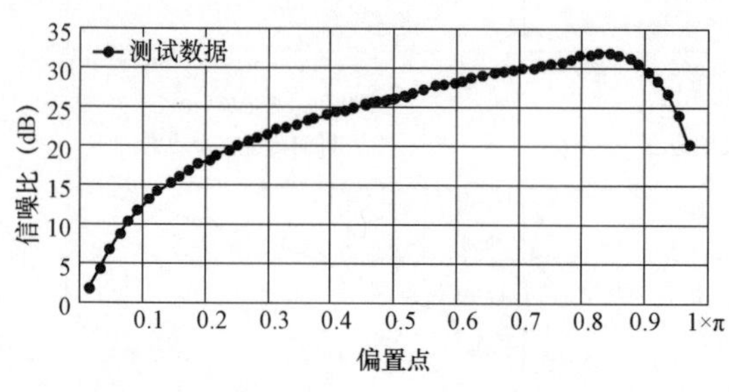

图 3－56　不同调制相移的 SNR 测试曲线

试验结果显示，探测器接收光功率 I_0、传感头圈数 N 和相位调制偏置工作点 φ_b 对 FOCT 信噪比的影响基本与仿真结果吻合。

综上分析，在实际应用中，为了提高小电流的测量准确度，通常需要综合考虑各系统参数与信噪比的关系。具体说明如下：① 提高探测器光功率可以增加信噪比，但也需要考虑探测器的饱和输出阈值，应使探测器的输出光电流经转换电阻放大为电压信号后，仍在 A/D 转换器的采样输出量程之内。② 增加传感环圈数可以提高信噪比，但随着光纤圈数的增加，当传感环的直径不变时，光纤中累积的弯曲所致线性双折射就会增大，从而引起系统的测量误差，应在光纤圈数与光纤传感环直径之间选取一个最优值，在可接受的成本范围内最大程度提升信噪比，而又不会引入较大的线性双折射。③ 通过选取最优偏置相位点可以使得信噪比达到最高值，但在实际的光路中，最佳相位偏置点往往对应着较低的探测器光功率值，考虑到光功率在全温（－40℃～70℃）范围内的固有变化量，以及长期使用中光源输出光功率会不断衰减，一旦探测器的接收光功率衰减至接近无光时，将会降低 FOCT 闭环系统的运行稳定性，因此在实际设计中需选择合适的调制深度，以保证光功率不会过低。

3.5　高次谐波精确测量技术

随着电力电子装置及非线性负载接入到电网系统，所产生的电力谐波导致电能质量恶化，也对电网的安全稳定运行造成影响。谐波信息的准确测量是谐波监测与治理的前提和基础，国家标准 GB/T 20840.8—2007《互感器　第 8 部分：电子式电流互感器》中要求 50 次谐波的品质测量比值误差小于 5%、相位误差小于 5°，而传统电磁式电流互感器由于原理上的限制，技术上难以满足上述谐波测量要求。

由于法拉第磁光效应的传变带宽很高，通常认为光学电流互感器具有优异的谐波测量性能。但全光纤电流互感器所采用的光学相位反馈闭环控制系统以及后端数据处理方法大大限制了其输出带宽。目前智能变电站中所应用的全光纤电流互感器的输出－3dB 带宽一般不大于 1kHz，也无法满足电能品质测量的需求。因此对于满足特定谐波测量要求的 FOCT 的宽频带测量指标需要进行特殊设计。

3.5.1 FOCT 传递函数模型

由闭环控制框图 3－42 可知，FOCT 系统传输模型由基于光器件结构的传感环节和基于模拟电路的输出环节两部分组成。其中，传感环节是 FOCT 感知磁场及调制解调环节，输出环节是指采样数据处理环节。为分析 FOCT 高次谐波的测量准确性，需要建立 FOCT 传递函数来研究其动态特性。

3.5.1.1 传感环节的传递函数

（1）一阶动态数学模型。动态建模根据全光纤电流互感器的物理模型推导出传递函数，从而对互感器的动态性能进行评估。FOCT 传感环节通常采用闭环反馈的控制方法，前向传输主要是对光电探测器接收的信号进行放大滤波、A/D 转换、解调后，经过数字控制运算得到电流值；反向传输主要对数字控制运算后的信号进行累加生成数字斜坡信号，经过 D/A 及放大驱动后，加到相位调制器，以使相位调制器在光纤环中施加反馈补偿相移。通过对信号闭环控制过程进行建模分析，可将如图 3－42 所示的 FOCT 闭环控制系统简化为一阶动态数学模型。

简化后传感环节的一阶模型如图 3－57 所示，G_1 代表光学传感增益，与光纤圈数 N 和 Verdet 常数有关；G_2 代表前向通道增益，与光功率、A/D 转换位数和前置放大倍数有关，$\int$为积分环节，与 FPGA 解调周期有关；F 为反馈通道增益，与 D/A 转换位数、闭环系数、阶梯波电路增益以及相位调制器调制系数有关。

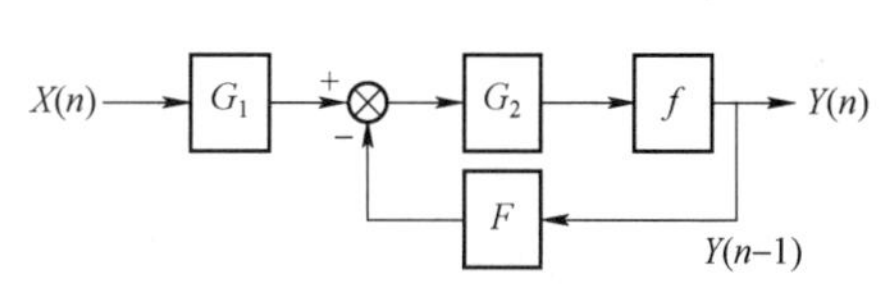

图 3－57　FOCT 传感环节的一阶模型

（2）传感环节的传递函数。如图 3－57 所示，假设系统 $X(n)$ 代表第 n 次输入量，$Y(n)$ 为第 n 次输出数据，$Y(n-1)$ 为第 $n-1$ 次输出数据，则简化后的 FOCT 传感环节的方程式为

$$Y(n)=G_1G_2X(n)-G_2FY(n-1)+Y(n-1) \tag{3-47}$$

引入系统解调周期 τ，并考虑 $Y(n-1)\approx Y(n)$，对式（3－47）进行拉氏变换后求系统传递函数为

$$\frac{Y(s)}{X(s)}=\frac{\dfrac{G_1}{F}}{\dfrac{\tau}{G_2F}s+1}=\frac{K_1}{T_1s+1} \tag{3-48}$$

式中：K_1 代表系统增益 G_1/F；T_1 代表时间常数 τ/G_2F。

由式（3－48）可知，FOCT 传递函数为典型的一阶惯性系统环节，其系统增益为 G_1/F，时间常数为 τ/G_2F。光波在 FOCT 光路中的传播时间称为 FOCT 光路的本征周期。为了便于时序控制，通常将 FPGA 算法中的解调周期选定为光路本征周期的二倍。因此，式（3－48）所示传递函数的幅频特性和相频特性分别为

$$A_1(f)=\frac{K_1}{\sqrt{(2\pi T_1f)^2+1}} \tag{3-49}$$

$$\theta_1=-\arctan(2\pi T_1f) \tag{3-50}$$

3.5.1.2 输出环节的传递函数

FOCT在每个解调周期都会产生一个解调数据。由于解调周期选取为光路本征周期的二倍，通常为μs量级，因此解调速率会高达250kHz～1MHz。若按如此高的速率输出初始解调数据，将导致FOCT输出噪声的显著增大；同时也会因为数据量过多，严重影响通信效率。

为了解决这一矛盾，通常会将系统调制解调的初始数据在输出环节进行基于数值平均原理的程序算法处理，再按照标准规约输出至合并单元，如此数据输出的采样率可降至4kHz～12.8kHz。数值平均算法的原理如图3－58所示，将初始数据分成多组，计算每组的所有数据的平均值作为输出。如假定解调速率为400kHz，将初始数据按100个一组来进行数值平均计算后，输出采样率可降低为4kHz。

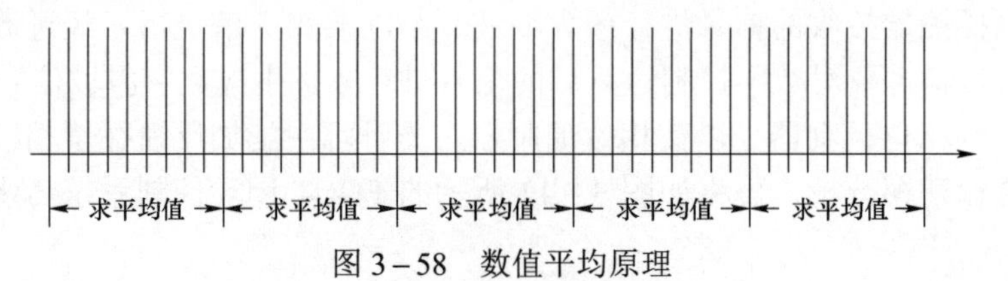

图3－58 数值平均原理

假设FOCT所检测到的导线电流在t时刻表达式为

$$I(t)=I\sin(\omega t+\phi) \tag{3-51}$$

若数值平均的时间长度为T_2，则与t_0时刻的正弦电流$I(t_0)=I\sin(\omega t_0+\phi)$相比，数值平均计算后所输出的幅值比例降低为

$$A_2 f=\frac{\frac{2I}{\omega T_2}\sin\frac{\omega T_2}{2}}{I}=\frac{1}{\pi f T_2}\sin(\pi f T_2) \tag{3-52}$$

3.5.1.3 FOCT整体的传递函数

整合传感环节与输出环节的传输模型之后，FOCT整体的传递函数模型如图3－59所示。

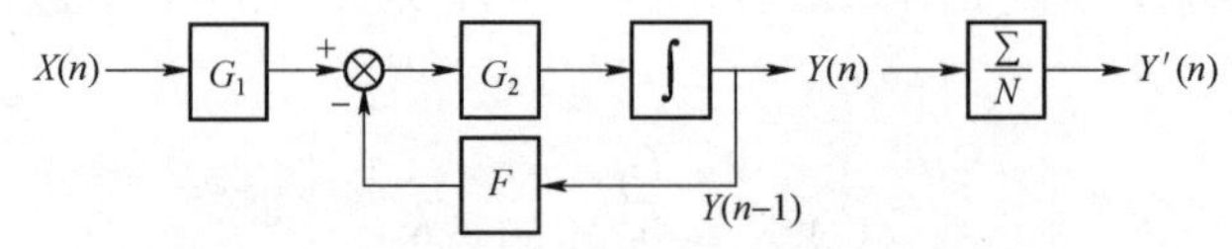

图3－59 FOCT整体传递函数的一阶模型

由图3－59可知，光学相位反馈闭环控制系统整体传递函数的幅频特性为

$$A(f)=A_1(f)A_2(f)=\frac{K_1}{\sqrt{(2\pi T_1 f)^2+1}}\times\frac{1}{\pi f T_2}\sin(\pi f T_2) \tag{3-53}$$

综上分析，全光纤电流互感器的简化动态模型可用一个一阶系统来表示，其响应时间和带宽均与K_1、T_1和T_2有关，通过调节这三个参数可以改变模型特性，从而满足不同高次谐波准确测量的要求。

3.5.1.4 闭环系统的参数设计

电力行业标准中所推荐的光学互感器的数据更新率（即采样率）为4kHz、8kHz、10kHz、12.8kHz或更高至1MHz，从而兼顾了继电保护、测量、电能计量及行波测距等多种应用场合需求。

结合上述电力系统应用场合需求以及装置硬件运算处理能力，将 FOCT 数据更新率选定为 10kHz，则相应输出环节数值平均的时间长度 T_2 为 40μs。根据 GB/T 20840.8—2007 所规定的 50 次谐波的品质测量比值误差小于 5%、相位误差小于 5° 的标准要求，由式（3－53）反推可计算得出 T_1 不应大于 17μs。为保证带宽裕度，可通过对光学相位反馈闭环控制系统有关参数的调整将 T_1 设定为 10μs。将 $T_1=10\mu s$ 代入式 $f_B=\dfrac{1}{2\pi T_1}$ 中，求得 FOCT 传感环节的－3dB 带宽约为 15.9kHz。

设置 $T_1=10\mu s$、$T_2=40\mu s$，由式（3－53）对光学相位反馈闭环控制系统进行数字仿真。FOCT 幅频特性的仿真结果如图 3－60 所示，互感器传递函数输出－3dB，系统带宽降为 12.5kHz。归一化后变比曲线如图 3－61 所示，在 50 次谐波电流时幅值衰减至 97.2%，系统比值误差约为 2.8%，满足电能品质测量的要求。

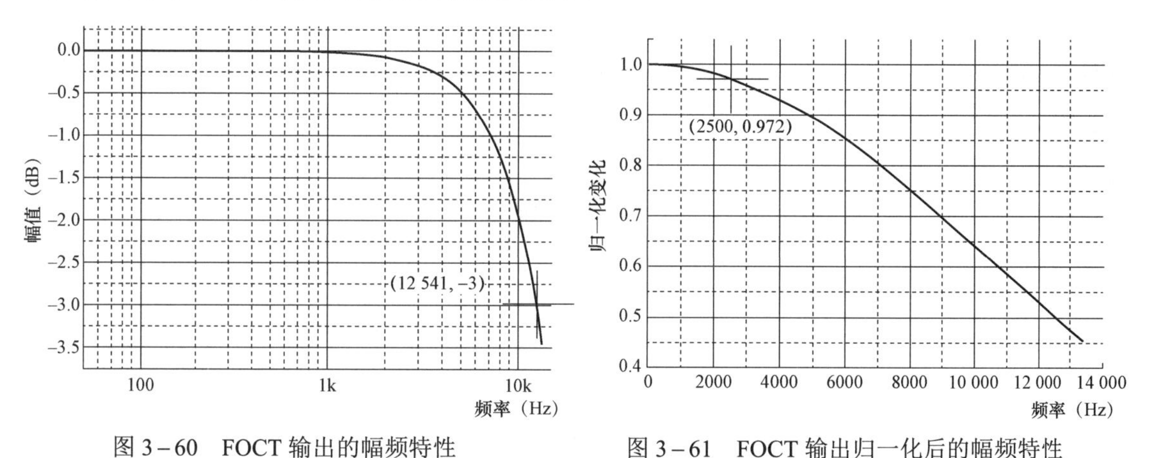

图 3－60 FOCT 输出的幅频特性

图 3－61 FOCT 输出归一化后的幅频特性

3.5.2 FOCT 提升带宽方法

3.5.2.1 快速闭环技术

FOCT 闭环工作原理是将开环检测量作为误差信号进行数字积分后，乘以一个小于 1 的反馈系数再送至反馈通道完成系统闭环。积分可以消除 A/D 转换器的量化噪声，起到数字滤波的效果，但会带来相位延迟，降低系统带宽。

为满足 T_1 约为 10μs 的设计要求，由式 $T_1=\tau/G_2F$ 可知，减小反馈周期 τ 和增加总增益 G_2F 是降低时间常数 T_1 和提高系统带宽的有效途径。

（1）反馈周期。在全光纤电流互感器的调制解调算法中，通常反馈周期选取为 2 倍的本征周期，即有

$$\tau=2nL/c \tag{3-54}$$

式中：L 为传输光纤的路径长度，n 为传输光纤折射率，c 为真空中的光速。

设定传输光纤长度为 130m，则某型全光纤电流互感器的设计参数为：$L=260\text{m}$，$n=1.46$，$c=3\times10^8\text{m/s}$，由式（3－54）计算得到 τ=2.53μs。

（2）总增益。FOCT 系统总增益 G_2F 包括前向通道增益 G_2 和反馈通道增益 F。总增益较

高容易造成系统反馈震荡，导致互感器无法正常工作。按照产品设计经验，通常总增益小于 $1/2^3$，则此时 T_1 为 20.2μs，显然无法满足高次谐波测量要求。为保证系统的稳定性和谐波测量特性，在设计总增益的参数时，需对输出光强、反馈系数和采样点数进行调节。仍选择上述某型全光纤电流互感器有关参数，通过对反馈系数和采样点数调节的仿真结果可知，当设定 $G_2F=0.25$ 时，T_1 为 10.1μs，从而能够满足系统测量要求。

3.5.2.2 带宽稳定技术

在将总增益提高实现所需的带宽后，为保证 FOCT 闭环工作稳定性，需对影响因素进行精确控制。分析可知，在影响 FOCT 的诸多因素中，光源输出强度对稳定影响较大，且最易出现衰减或激射。光源输出强度变大时，系统带宽变高，易对传感器稳定性带来影响；光源输出强度变小时，系统带宽降低，可能无法满足谐波测量性能要求。

对光功率进行在线监控，是避免系统带宽下降的有效措施。在 FOCT 设计时，探测器的输出信号除了经过隔直电容进入高速 A/D 采样电路外，还直接被送至低速 A/D 采样电路，以获取其直流偏置值，并以此代表 FOCT 光路中光功率大小。如果此值变化量超过 10%，则对 SLD 光源驱动电流的大小自动进行调整，以补偿光功率的变化量，保证光路返回功率的稳定。光功率自补偿工作原理如图 3－62 所示。更为详细的光功率监控方法可参见 3.9.2 节。

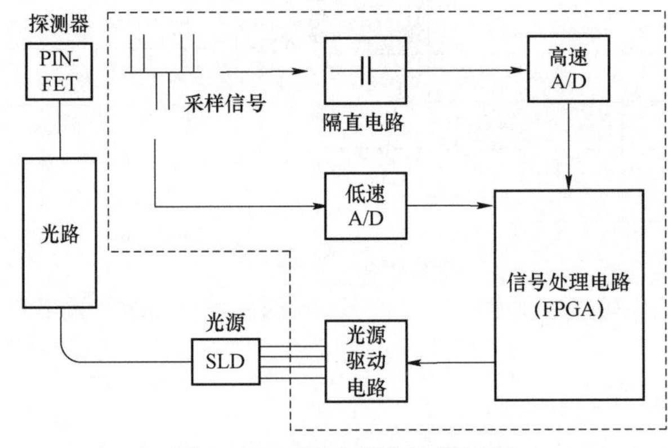

图 3－62 光功率自补偿原理

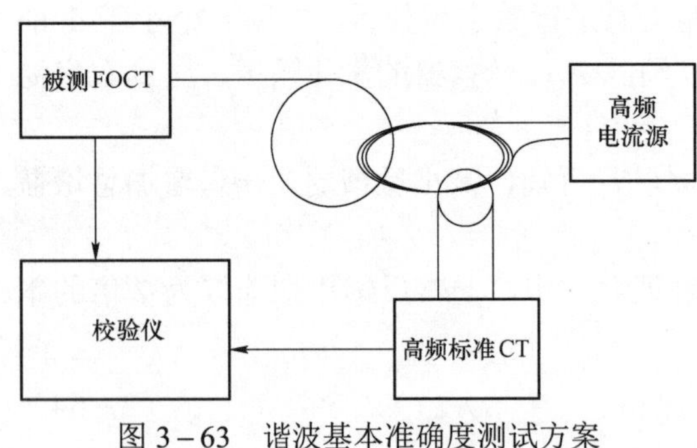

图 3－63 谐波基本准确度测试方案

依照 GB/T 20840.8—2007 中谐波基本准确度要求，对应用上述设计参数的某型 FOCT 样机进行谐波基本准确度测试。谐波基本准确度测试方案如图 3－63 所示，高频电流源由高精度校准源和高精度电流放大器级联而成，提供频率可调节的正弦电流；被测 FOCT 和高频标准 CT 的数据经过校验仪的采样和计算，可得到被测 FOCT 在不同频率下的比值误差和相位误差数据。

谐波基本准确度测试数据统计如表 3－7 所示，在 50Hz～2500Hz 范围内，比值误差小于 3.28%，优于谐波基本准确度 5%比值误差要求。

表3-7　　　谐波测试数据

序号	频率（Hz）	比值误差（%）	相位误差（°）
1	50	-0.00	0.1
2	250	-0.01	0.4
3	500	-0.06	0.2
4	750	-0.22	1.4
5	1000	-0.34	1.6
6	1250	-0.80	1.0
7	1500	-1.12	1.8
8	1750	-1.54	0.6
9	2000	-1.92	4.0
10	2250	-2.56	2.0
11	2500	-3.28	3.6

进一步将测试数据与如图3-61所示的理论仿真曲线进行对比，谐波测试数据拟合的结果如图3-64所示。实验测试结果与模型分析结论一致性较好，但在高频电流下，由于采样点的限制，测量误差有所增大。

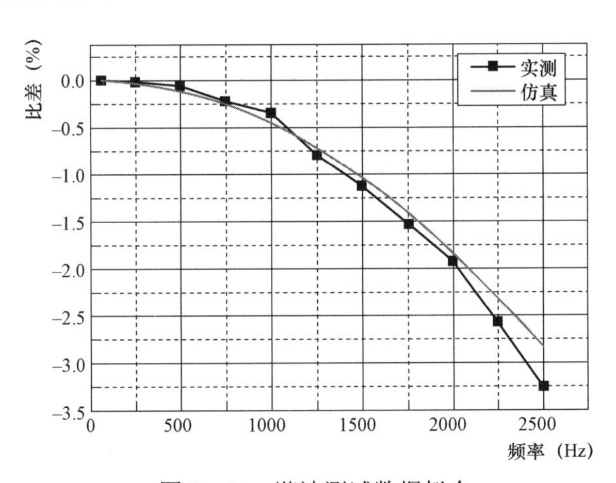

图3-64　谐波测试数据拟合

3.6 温度稳定性提升技术

对于无源光学电流互感器，外界环境温度的变化通过传导和辐射的方式传递到光学传感头上，图3-65给出了温度对静态工作光强和双折射光强的影响过程。其中，全光纤电流互感器易受到温度变化的影响，主要可分为一次传感器和二次转换器在高低温环境下的误差。二次转换器处于低压侧，通常可通过试验建立温度模型并进行补偿，而一次传感器位于高压侧，难以直接测量温度值，因此采用一次传感器温度自补偿技术。相比全光纤电流互感器，磁光玻璃光学电流互感器的温度稳定性较高，其通过应用自愈光学电流传感技术，更好地提升了温度稳定性。

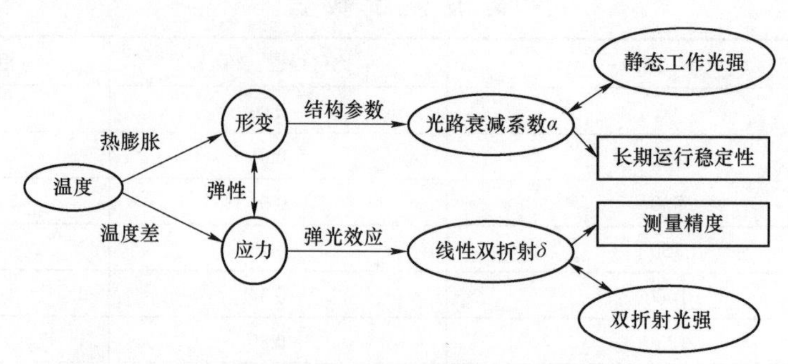

图 3－65　温度对光学电流互感器的影响

3.6.1　光源管芯温度控制

全光纤光学电流互感器采用的光源为超辐射发光二极管（SLD），为宽谱光源，多数情况下光谱宽度超过 30nm。SLD 光源光谱的中心波长对波片、传感光纤等的工作状态都有影响。光谱中心波长改变后，波片的长度无法与之匹配，将对光学互感器测量的性能指标带来影响。

当光源驱动电流恒定时，全光纤光学电流互感器采用的 SLD 光源的中心波长随工作温度的变化而改变。因此，通常采用光源管芯温度控制技术来抑制 SLD 光源中心波长的温度漂移。光源管芯温度控制回路包括 SLD 光源管芯、热敏电阻、温控电路、制冷器，如图 3－66 所示。

采用光源管芯温度控制技术，可以使 SLD 光源管芯在一个比较恒定的温度范围内工作，测试四个不同光源在－40℃～70℃范围内的管芯温度，管芯温度波动都小于 0.35℃。通过控制光源管芯温度，可以稳定光源的中心波长。分别在－40℃、－20℃、0℃、20℃、40℃、70℃六个温度点进行 SLD 光源的光谱测试，测试光源中心波长随温度变化的漂移。SLD 光谱测试如图 3－67 所示。

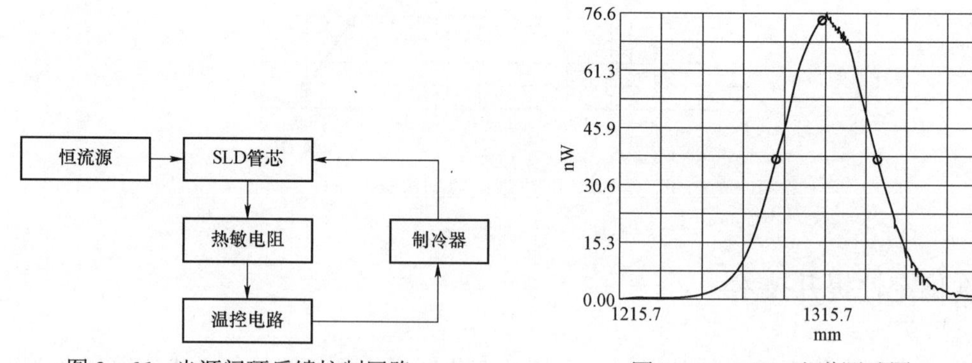

图 3－66　光源闭环反馈控制回路

图 3－67　SLD 光谱测试图

记录光谱的中心波长，并计算全温－40℃～70℃范围内中心波长的变化量，试验数据表明：－40℃～70℃温度范围内，SLD 光源中心波长最大变化量为 1.7nm，与光源 49.5nm 的谱宽相比可以忽略。由此可见采用光源管芯温度控制技术后，光源对全光纤光学互感器温度性能的影响基本可以忽略，具体结果可参见 3.9.1 节。

3.6.2 FOCT 一次传感器温度自补偿

由于全光纤电流互感器的一次传感器中 $\lambda/4$ 波片存在着方位角 θ 和相位延迟 δ 误差，在主波往返 2 次通过 $\lambda/4$ 波片的过程中，除发生正常的偏振态转换外，还有少量的光耦合进入正交偏振模式，从而产生了光程与主波互易的寄生次波，它们与主波相干，因此互感器检测到的相位差也与波片的方位角 θ 和相位延迟 δ 有关。为减小波片相位延迟随温度变化造成的变比误差，通常采用双折射温度系数更低的椭圆芯保偏光纤制作 $\lambda/4$ 波片。椭圆芯光纤 $\lambda/4$ 波片的温度系数约为－0.022°/℃，在－40℃～70℃范围内相位延迟仅变化 2.4°。

此外，$\lambda/4$ 波片的相位延迟与温度之间呈线性关系，且随温度升高而减小。如果变温过程中波片相位延迟 δ 始终大于 90°，则互感器的变比也随温度的升高而减小。与 $\lambda/4$ 波片不同，传感光纤的 Verdet 常数随温度变化的特性是确定的，随着温度升高而增大，具有正温度系数为

$$\frac{1}{V_0}\times\frac{\mathrm{d}V}{\mathrm{d}t}=7\times10^{-4}C^{-1} \tag{3-55}$$

式中：V_0 为 20℃时传感光纤的 Verdet 常数。

因此，通过选择 $\lambda/4$ 波片相位延迟的工作区间，即通过设定波片工作点就可以得出与 Verdet 常数的曲线斜率相反的曲线，使其对互感器变比的影响与 Verdet 常数随温度变化造成的影响相反，两者相互补偿，从而减小互感器的变比误差。$\lambda/4$ 波片温度补偿示意图如图 3－68 所示，通过 $\lambda/4$ 波片和传感元件 Verdet 常数的相互补偿，可以使一次传感器全温度范围内的变比误差控制在 0.1%以内，大大提高了一次传感器的温度稳定性。

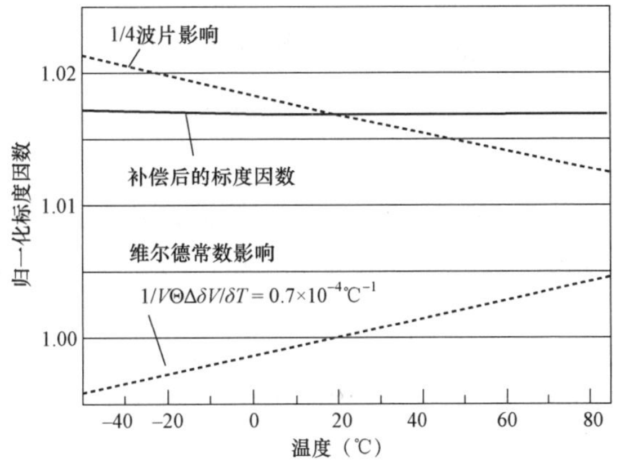

图 3－68 $\lambda/4$ 波片温度补偿示意图

需要指出的是，$\lambda/4$ 波片温度性能的劣化降低了 FOCT 变温环境下的极限精度，增加了变比误差自补偿技术实现的工艺难度，这或许也是目前 FOCT 变温环境下的变比误差不容易达到±0.2%以内的主要原因之一。当波片相位延迟的温度系数小于－0.073°/℃时，FOCT 的极限精度误差将超出±0.2%。

3.6.3 FOCT 二次转换器温度软补偿

采取以上温度补偿措施后，仍然难以满足 0.2 级的测量准确度要求，所以引入整机温度误差模型以及补偿算法。当考虑环境温度影响时，全光纤光学电流互感器的输出可表示为

$$\left.\begin{aligned}I(T,\ i)&=K(T)f(i)\\K(T)&=\frac{1}{1+\varepsilon(T)}\end{aligned}\right\} \tag{3-56}$$

式中：T 为环境温度；i 为一次电流值；$K(T)$为温度系数；$\varepsilon(T)$为全光纤光学电流互感器不同温度下比值误差测试结果。

通过测试不同温度下全光纤光学电流互感器的比值误差数据，便可解算出该互感器的温度系数，从而建立该互感器的温度模型，然后通过软件程序设定方式，实现对全光纤光学电流互感器的温度补偿。同理，该方法也适用于相位误差数据的温度补偿。

全光纤光学电流互感器温度建模试验条件所选择的温度范围为－40℃～+70℃，温变率为20℃/h。在温度建模试验过程中，每 10min 记录一次互感器的基本准确度和温度数据；试验完成后，用最小二乘法将测试数据拟合成全光纤光学电流互感器的温度模型，并将温度模型写入二次转换器软件中温度补偿子程序模块，实现对互感器的温度补偿。某种全光纤光学电流互感器温度补偿前后的比值误差、相位误差测试数据如图 3－69 所示。

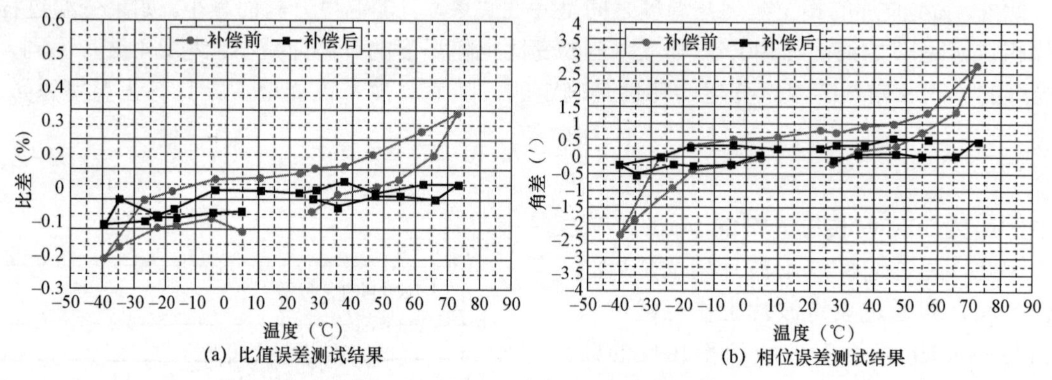

(a) 比值误差测试结果　　(b) 相位误差测试结果

图 3－69　温度补偿前后误差测试结果

如图 3－69（a）所示，在温度补偿前，在－40℃～70℃温度区间内比值误差数据的波动范围为：0.20%～0.46%，仅满足 GB/T 20840.8—2007 中 0.5 级的基本准确度要求；在温度补偿后，同样在－40℃～70℃温度区间内比值误差数据的波动范围为：－0.14%～0.10%，满足 GB/T 20840.8—2007 中 0.2 级的基本准确度要求。如图 3－69（b）所示，在温度补偿前后，在－40℃～70℃温度区间内相位误差数据均能满足 GB/T 20840.8—2007 中 0.2 级的基本准确度要求，但补偿后相位误差数据的波动范围明显优于补偿前。

综上所述，FOCT 光学电流互感器采用温度补偿技术之后，在－40℃～70℃温度范围内，基本准确度性能指标有了明显改善。

3.6.4 MOCT 自愈光学电流传感技术

MOCT 自愈光学电流传感技术构造了两组独立输出量，通过对这两组独立量的运算，获得与干扰（包括温度干扰）无关的测量输出结果。图 3－70 是自愈光学电流传感技术的原理框图。

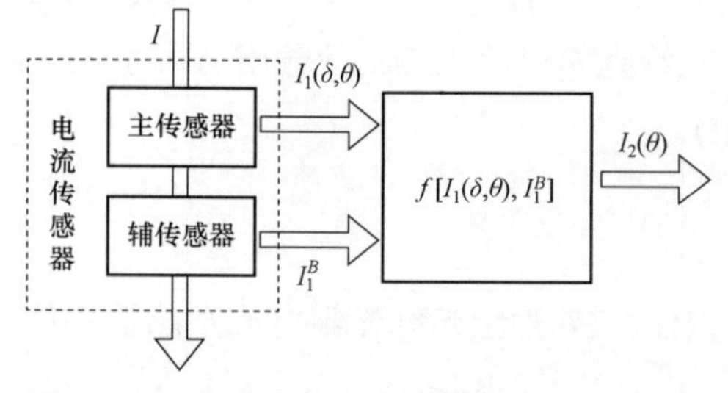

图 3－70　自愈光学电流传感技术的原理框图

采用自愈电流传感技术的电流传感器包括两个相互独立的传感器，一个是主传感器，另一个是辅传感器，分别得到两个相互独立的电流信号：与双折射 δ 和法拉第旋光角 φ_F 有关的电流量 $I_1(\delta, \varphi_F)$ 和与双折射 δ 和法拉第旋光角 φ_F 无关的基波电流量 I_1^B。主传感器连续工作，起测量电流的主体作用；辅传感器间断工作，利用其独立输出的特点与主传感器配合计算温度修正系数，用以修正主传感器的测量值，消除温度的影响。即通过 $f[I_1(\delta,\varphi_F),I_1^B]$ 的运算处理后，得到与温度干扰等无关的高精度测量输出 $I_2(\varphi_F)$。自愈测量技术可以更好地解决磁光玻璃电流互感器测量准确度温度漂移的问题。

3.7 抗外磁场干扰技术

光学电流互感器研究者在很长一段时期内被安培环路定律所束缚，难以脱离闭合光路结构设计的惯性思维。实际上，安培环路定律并非光学电流互感器的必要条件，法拉第磁光效应原理也并未对传感光路的结构提出特别要求。由 3.3.2 节可知，直通光路结构的磁光玻璃光学电流互感器是打破安培环路定律思维束缚的产物，目的是解决闭合光路结构的磁光玻璃光学电流互感器存在的运行可靠性问题。

直通光路结构的磁光玻璃光学电流互感器的传感光路被分割为若干分离的直线段，变成离散环路，失去了连续闭合性，属于离散环路磁场积分的范畴，一般认为它不具备抗外磁场干扰的能力。虽然直通光路结构的磁光玻璃光学电流互感器不再满足安培环路定律，但是在特定条件下离散环路磁场积分与安培环路定律存在着等价关系。利用此关系，提出离散环路磁场积分理论，建立多边形离散环路的零和 P 线模型，采用多个相同结构的光学电流传感单元（OCSC）形成多点传感的多边形离散环路零和御磁结构，使得干扰源位于零和 P 点，利用几何对称性解决磁光玻璃光学电流互感器的外磁场干扰问题。

3.7.1 离散环路磁场积分

（1）定义说明。在特定条件下，离散环路磁场积分与安培环路定律存在着等价关系。为方便对离散环路磁场积分理论的阐述，作如下定义说明。

① 定义离散环路 L 指被断开的、保留了若干相互分离有向线段（直线或曲线）l_k（$k=1$，2，…，m）的环路；② 定义参考方向：相对离散环路 L 内任意一点，取逆（或顺）时针方向为有向线段正方向，如图 3－71 左图；③ 定义 P 点和 P 点张角 α_k：P 点是置放载流导体的几何点，包括环外 P 点和环内 P 点；P 点向离散环路 L 任意有向线段 l_k（$k=1$，2，…，m）的两个端点张开的角度叫 P 点张角，记为 α_k（$k=1$，2，…，m），如图 3－71 右图，正方向有向线段对应的 P 点张角为正；④ 定义零和 P 点：P 点张角 α_k（$k=1$，2，…，m）满足式（3－57）的“零和条件”的点，称为零和 P 点，零和 P 点是对离散环路磁场积分不起作用的几何点。在上述约定下，零和 P 点存在且只存在于离散环路之外。

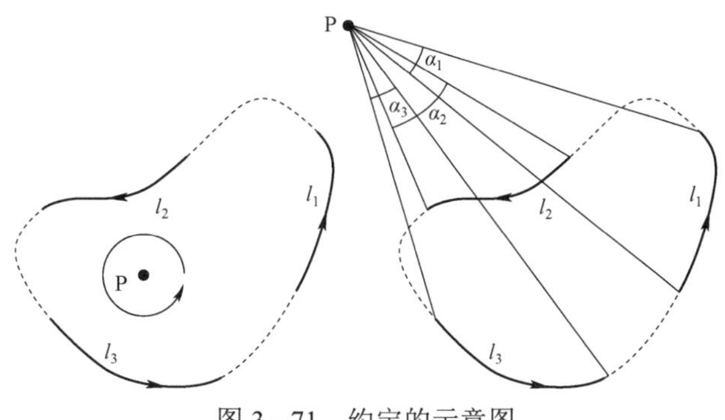

图 3－71 约定的示意图

$$\sum_{k=1}^{m}\alpha_k=0 \tag{3-57}$$

则在特定条件下，即环外无限长载流导体置于零和 P 点的位置上，离散环路磁场积分可表达为如下的形式

$$\sum_{k=1}^{m}\int_{l_k}H\cdot \mathrm{d}l=\begin{cases}\dfrac{I}{2\pi}\sum\limits_{k=1}^{m}\alpha_k & (\mathrm{P}\in \mathrm{L})\\ 0 & (\mathrm{P}\notin \mathrm{L},\ \mathrm{P}\text{为零和}\mathrm{P}\text{点})\end{cases} \tag{3-58}$$

式（3-58）的离散环路磁场积分只反映环内电流信息，不反映环外电流信息，具有与安培环路定律相一致的结论。说明当离散环路内部电流均位于非零和 P 点、外部电流均位于零和 P 点时，离散环路磁场积分规律与安培环路定律等价。

若任意有向线段的间隔趋于无限小，则 $\sum\limits_{k=1}^{m}\alpha_k\to 2\pi$。此时，离散环路闭合起来，离散环路磁场积分的结论就转化为安培环路定律的标准形式。

（2）离散环路模型。构建 m 阶多边形离散环路模型。由 m（$m\geqslant 2$）条有向直线段 l_k（$k=1, 2, \cdots, m$）组成的 m 阶多边离散环路，$2m$ 边形是一个拥有长边和短边的圆内接对称 $2m$ 边形，有向直线段 l_k 隔边相望，离散地取对称 $2m$ 边形的长边或短边，构成对称多边形离散环路模型，记为 S^m 模型，如图 3-72（a）所示；若取长边和短边相等，则构成正多边形离散环路模型，记为 S_Z^m 模型，如图 3-72（b）所示。

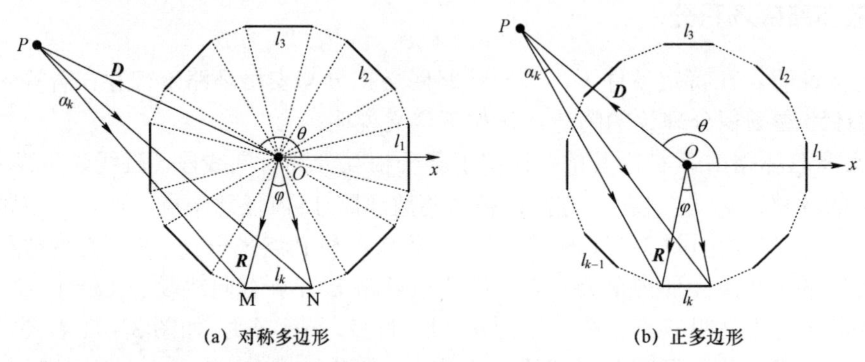

(a) 对称多边形　　(b) 正多边形

图 3-72　m 阶多边形离散环路模型示意图

对于 m 阶多边形离散环路 S^m，若参数 $M=R/D$、θ 和 φ 遵守等式关系

$$M^m\cos\frac{m\varphi}{2}-\cos m\theta=0 \tag{3-59}$$

则磁场强度 $\boldsymbol{H}$ 沿 S^m 的积分满足式（3-58）的结论，也即有如下的零和 P 线方位角 θ

$$\begin{cases}\gamma=\dfrac{2\pi}{m}\\ \theta_0=\dfrac{1}{m}\cos^{-1}\left(M^m\cos\dfrac{m\varphi}{2}\right)\\ \theta_k=(k-1)\gamma\pm\theta_0,(k=1,2,\cdots,m)\end{cases} \tag{3-60}$$

式中：θ_0为基准零和 P 线方位角。

上式表明，离散环路 S^m 在以坐标原点 O 为圆心、D（$D>R$）为半径的圆周上存在 $2m$ 个零和 P 点。

3.7.2 零和御磁屏蔽技术

与如图 3－73（a）所示的传统磁屏蔽技术明显不同，针对磁场积分问题，零和御磁结构技术不是防止外磁场进入，而是让其进入但失去干扰的作用，结构简单、抗干扰效果理想，如图 3－73（b）所示。

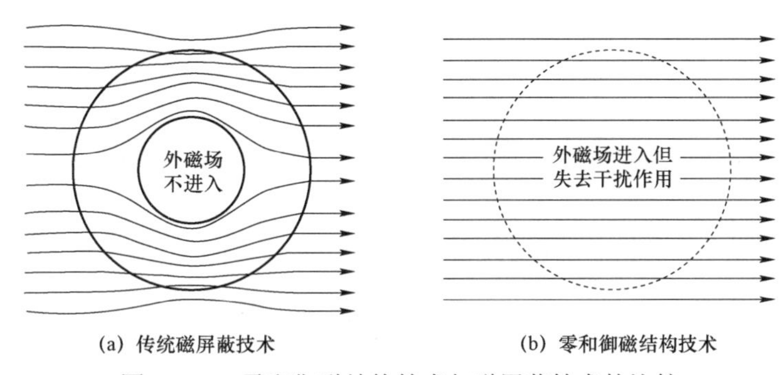

图 3－73　零和御磁结构技术与磁屏蔽技术的比较

以 m 阶正多边形离散环路 S_Z^m 模型为例，基于离散环路磁场积分理论，提出正多边形离散环路零和御磁结构技术，构建由 m（$m\geqslant 2$）个相同的 OCSC 组成的零和御磁光学电流互感器（Zero－sum Optical Current Transformer，ZOCT），且 m 个 OCSC 的传感光路在空间上与正多边形离散环路 S_Z^m 模型的 m 条有向直线段 l_k（$k=1$，2，…，m）重合，光传播方向与 S_Z^m 的正方向相同。根据应用场合的不同，存在两种布置：图 3－74（a）所示的直线布置和图 3－74（b）所示的正多边形布置（对应于三相共箱 GIS）。

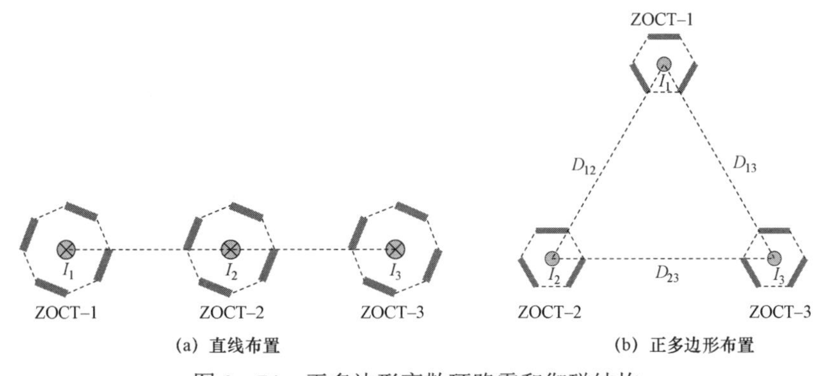

图 3－74　正多边形离散环路零和御磁结构

零和御磁结构技术可以理解为：采用多个 OCSC 测量磁场，各个 OCSC 都受到目标磁场和干扰磁场的作用，各自的测量信号是对目标磁场和干扰磁场的综合反映，且干扰磁场对各个 OCSC 的影响均不为零。也即各个 OCSC 的测量信号都包含干扰磁场信息，但是各个 OCSC 的测量信号相加所得的测量信号中包含的目标磁场信息总和不为零，而包含的干扰磁场信息总和为零，从而测量信号只反映目标磁场信息，据此可以按比例计算出目标电流信息。根据

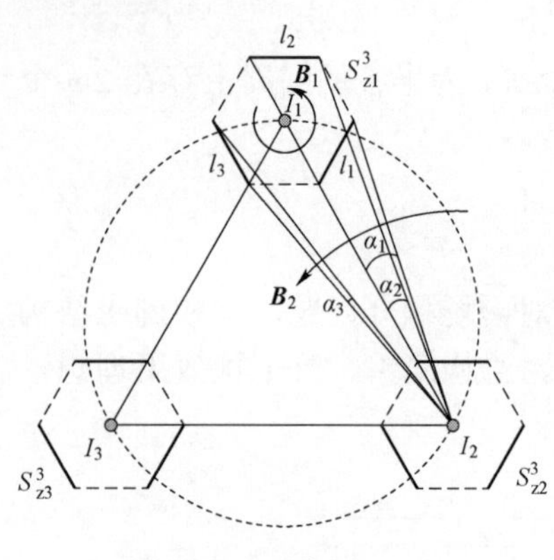

图 3-75 $3S_z^3$ 计算模型

离散环路磁场积分理论，只要使得干扰源位于 ZOCT 的零和 P 点上，就可以实现消除外磁场干扰的目标。

以 $m=3$ 正多边形布置的 $3S_z^3$ 为例分析，如图 3-75 所示，S_{zi}^3（$i=1$，2，3）中心为三相载流导体 I_i（$i=1$，2，3），电流 I_k（$k=1$，2，3；$k\neq i$）处于 S_{zi}^3（$i=1$，2，3）的零和 P 点上。S_{z2}^3 在 S_{z1}^3 的零和 P 点上，考虑几何对称性，有如下数值关系

$$|\alpha_1|-|\alpha_3|=|\alpha_2| \tag{3-61}$$

再考虑磁场 $\boldsymbol{H}_1$ 方向，有

$$\alpha_1+\alpha_2+\alpha_3=-|\alpha_1|+|\alpha_2|+|\alpha_3| \tag{3-62}$$

联立式（3-61）和式（3-62）可得

$$\alpha_1+\alpha_2+\alpha_3=0 \tag{3-63}$$

这样，对 S_{z1}^3 有

$$\sum_{k=1}^{3}\int_{L_1}\boldsymbol{H}_2\cdot \mathrm{d}\boldsymbol{l}=0 \tag{3-64}$$

同理可得

$$\sum_{k=1}^{3}\int_{L_1}\boldsymbol{H}_3\cdot \mathrm{d}\boldsymbol{l}=0 \tag{3-65}$$

从而，对位于 S_{z1}^3 原点的电流 I_1，有

$$\int_{L_1}\boldsymbol{H}_1\cdot \mathrm{d}\boldsymbol{l}=\frac{1}{2}I_1 \tag{3-66}$$

如果 mS_z^m 中任意两个 S_z^m 位置互换，则原点与零和 P 点互换：一个 S_z^m 的原点成为另一个 S_z^m 的零和 P 点，反之亦然。

由此可以看出，只要合理安装 ZOCT，使得邻相载流导体位于本相 ZOCT 的零和 P 点上，就可以实现应用于三相共箱 GIS 的直通光路结构的磁光玻璃光学电流互感器的抗邻相磁场干扰。

3.7.3 零和御磁结构设计

（1）AIS 光学电流传感单元零和御磁结构设计。AIS 光学电流传感单元零和御磁结构设计如图 3-76 所示，在导体两侧的对称位置设计两个相同的光学电流传感单元：磁光传感头 1 和磁光传感头 2，这对光学电流传感单元构成一个零和御磁结构的光学电流传感器。图 3-76 中的虚线为外磁场的平行分量，实线为本相电流产生的磁场的平行分量，称

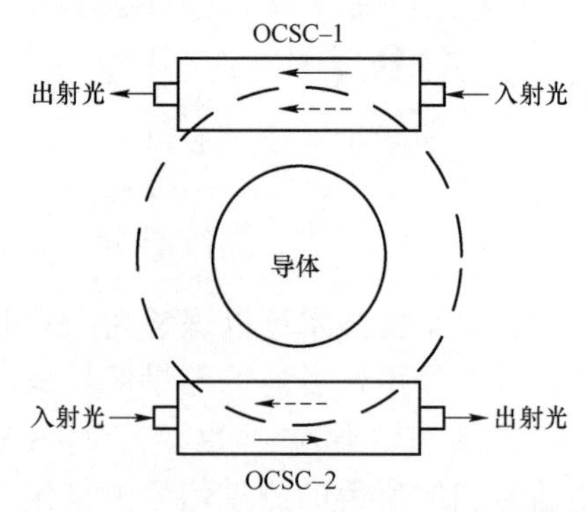

图 3-76 AIS 光学电流传感单元零和御磁结构设计

为内磁场。注意到以下两个事实：与传感光路平行的磁场平行分量起传感作用，垂直分量不起作用；对两个磁光传感头而言，外磁场的平行分量时针反向，内磁场的平行分量时针同向。

磁光玻璃电流互感器两个对称放置的磁光传感头 1 和磁光传感头 2 的光路方程分别为

$$\left.\begin{aligned} I_1 &= \int_0^L k(x)[H_1^i(x)+H_1^o(x)]\mathrm{d}x \\ I_2 &= \int_0^L k(x)[H_2^i(x)+H_2^o(x)]\mathrm{d}x \end{aligned}\right\} \tag{3-67}$$

式中：$k(x)$ 为传感系数；L 为光程长度；$H_{1(2)}^{i(o)}$ 为磁场强度，下标 1 和 2 代表磁光传感头 1 和磁光传感头 2，上标 i 和 o 代表内磁场和外磁场。

磁光传感头 1 和磁光传感头 2 之间的距离比其他相到本相的距离小很多，近似认为 $H_1^o(x) \approx H_2^o(x)$，进一步求得

$$I_1 + I_2 = \int_0^L k(x)[H_1^i(x)+H_2^i(x)]\mathrm{d}x \tag{3-68}$$

式（3－68）表明，磁光传感头 1 和磁光传感头 2 的输出光强之和 I_1+I_2 与外磁场无关。

（2）GIS 光学电流传感单元零和御磁结构设计。GIS 光学电流传感单元零和御磁结构设计如图 3－77 所示，包括 4 个相同的光学电流传感单元，此处省略了具体计算过程。这种结构采用四个完全相同的直通光路结构光学电流传感单元，利用空间布置的对称性，通过四个传感单元输出求和方式将内磁场叠加，外磁场作差分，使得外磁场的影响接近于零，使光学电流传感器满足高压大尺寸和强磁场情况下的抗外磁场干扰要求。

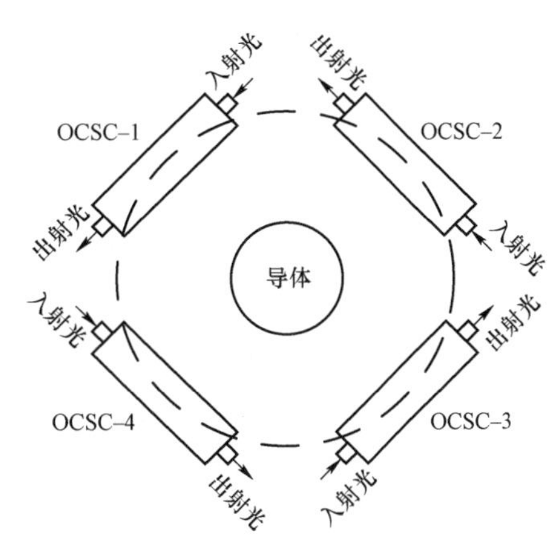

图 3－77　GIS 光学电流传感单元零和御磁结构设计

零和御磁技术是基于多传感单元的测量技术。随着传感单元数量的增加，其传感光路的总长度成倍数增大，可以有效增大测量的灵敏度。零和御磁传感技术可以有效解决直通光路磁光玻璃电流互感器的测量灵敏度小和抗外磁场干扰能力差的问题。

3.8 抗外部振动技术

3.8.1 FOCT 光路结构抗振技术

全光纤电流互感器互易光路是实现高精度干涉相位测量的基础。同时，良好的互易光路能有效抑制受热不均、局部振动等引起的干扰，提高互感器测量稳定性。两束光波经过确定光路的时间差可以用时间互易性来表征，两束光波经过确定光路时在空间上的距离可以用空间互易性来表征。对于理想的全互易方案，外界振动冲击环境所引起的寄生相位调制对两束光波的影响完全一致，在光波干涉的过程中相互抵消，系统测量不受振动冲击干扰。在前面

所述的光路结构中，反射式光路结构比环型光路结构具有更好的互易性。

反射式光路结构最大限度地利用了光路的互易性，正反向传输的光波，经过相同的路径，光纤自身的不均匀或外界的温度和振动等引入的误差可以相互抵消。光路通过传感光纤尾端的反射镜将光通过原光纤反射回去，发射的光和反射的光的路径完全一致，从而实现了光路的完全互易，最大程度抵消了光纤自身不均匀及外界振动、温度的影响，提高了系统的抗干扰能力。

在环型光路结构中，Y 波导调制器输出为两根光纤，分别通过传输光纤和 1/4 波片连接到传感光纤的两端，如图 3－78（a）所示。这样的光路结构与光纤陀螺很接近，环型光路中发射的光和返回的光分别通过了两根光纤，无法实现完全互易，因此系统抗温度、振动干扰的能力较差。

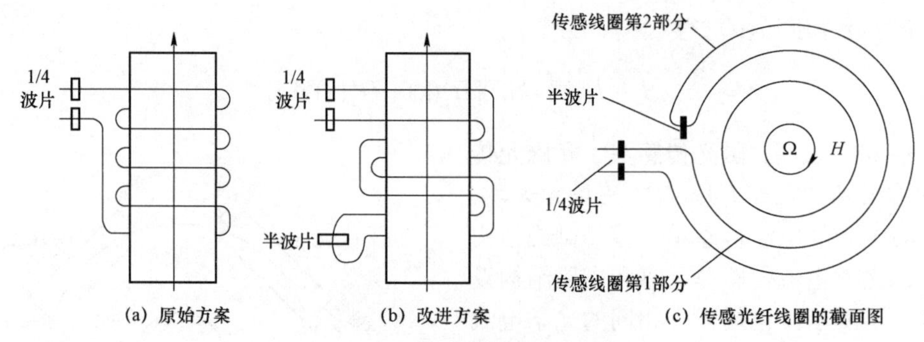

图 3－78 环型光路绕制结构图

为了提高环型光路结构的抗振动性能，考虑到萨格奈克效应仅与光波的传播方向及角速度方向有关，与光的偏振态无关；而法拉第效应与光波的传播方向和光的偏振态均相关，改进结构的光路连接方式如图 3－78（b）所示。具体连接方式为：① 在传感光纤中部耦合一个半波片；② 在两个 1/4 波片中，将其中一个波片的耦合角度转过 90°，将传感光纤双线同向绕制在线圈骨架上，保留原始结构的其余部分不变。采用改进结构的传感光纤圈的截面图如图 3－78（c）所示，通过该绕制方法，可以有效减少萨格奈克效应影响面积，降低振动带来的影响。

3.8.2 MOCT 共模差分消振技术

电力一次设备在操作和故障时存在着机械振动，也会对磁光玻璃光学电流互感器的测量产生影响。磁光玻璃光学电流互感器的非理想光路方程可以表示为

$$I_{D\pm}=\frac{1}{2}I_0[1\pm f(\varphi_F,\delta)] \tag{3-69}$$

式中：I_0 为静态工作光强；$f(\varphi_F,\delta)$为剔除了静态工作光强后的出射光强，与旋光角 φ_F 和线性双折射 δ 有关。

机械振动仅影响静态工作光强 I_0，对 I_{D+} 和 I_{D-} 而言是一个共模量，可以采用共模差分消振方法消除振动的影响。

对两路出射光 I_+ 和 I_- 做差运算 $I_{D+}-I_{D-}=I_0f(\varphi_F,\delta)$ 与和运算 $I_{D+}+I_{D-}=I_0$，从而得到

$$\frac{I_{D+}-I_{D-}}{I_{D+}+I_{D-}}=f(\varphi_F,\delta) \tag{3-70}$$

式（3－70）在保留了旋光角 φ_F 和线性双折射 δ 的条件下，与承载机械振动的静态工作光强 I_0 没有了关系，从而剔除了机械振动对测量的影响。

实际运行中，机械振动对磁光玻璃电流互感器的两路光输出的影响是不同的。线偏振光在通过起偏器和磁光玻璃介质时是一束光，由分束器分成了两束光，分成两束光后振动对它们产生了不同的影响。因此，考虑两路输出光不同的机械振动系数 k_+ 和 k_- 后，实际光路方程为

$$\begin{cases} I_{D+}=\dfrac{1}{2}k_+I_0[1+f(\varphi_F,\delta)] \\ I_{D-}=\dfrac{1}{2}k_-I_0[1-f(\varphi_F,\delta)] \end{cases} \tag{3-71}$$

对两路光进行和、差运算

$$\begin{cases} I_{D+}+I_{D-}=\dfrac{1}{2}I_0[(k_+ +k_-)+(k_+ -k_-)f(\varphi_F,\delta)] \\ I_{D+}-I_{D-}=\dfrac{1}{2}I_0[(k_+ -k_-)+(k_+ +k_-)f(\varphi_F,\delta)] \end{cases} \tag{3-72}$$

从而得到

$$\frac{I_{D+}-I_{D-}}{I_{D+}+I_{D-}}=\frac{(k_+ -k_-)+(k_+ +k_-)f(\varphi_F,\delta)}{(k_+ +k_-)+(k_+ -k_-)f(\varphi_F,\delta)} \tag{3-73}$$

光强的检测结果与 k_+ 和 k_- 有关。为了达到消除机械振动影响的目的，应尽可能地使 k_+ 和 k_- 的数值接近。因此可采用非接触光连接技术，详见 3.10.3 节，并通过硬件技术与软件技术相互配合，共同起到消除机械振动影响的作用。

3.9 状态监测技术

全光纤电流互感器的关键状态量是指对产品运行时的准确性和可靠性产生重大影响的参量，主要包括光源管芯温度、光源发射光功率、探测器接收光功率、相位调制器半波电压和传感环工作温度。

3.9.1 光源管芯温度

（1）管芯温度对测量准确度的影响。SLD 光源管芯温度将引起光源宽带光谱的中心波长发生漂移，导致与中心波长相关的光纤 Verdet 常量也相应改变，并最终引起光纤电流互感器变比的变化，即产生误差。FOCT 变比与光源中心波长的关系式为

$$K=-\frac{2^{m+1}N}{\pi}\times C\times\frac{(n^2-1)^2}{n}\times\frac{1}{\lambda^2} \tag{3-74}$$

式中：m 为 D/A 转换器位数；N 为光纤传感环的光纤圈数；n 为传感光纤的折射率；λ 为光源中心波长；C 为常量。

为验证 SLD 管芯温度对 FOCT 基本准确度的影响，对某型 FOCT 进行管芯温度与 FOCT

误差关系试验。试验中将采集器中的 SLD 光源外接引出，并采用光源驱动仪进行外部驱动。试验前将 SLD 的驱动电流恒定在 140mA，SLD 光源管芯温度控制在 20℃，将此时的 FOCT 误差标定为 0，然后通过调节光源驱动仪的 TEC 温控电流来改变 SLD 的管芯温度，得到其与 FOCT 误差的关系曲线如图 3－79 所示。

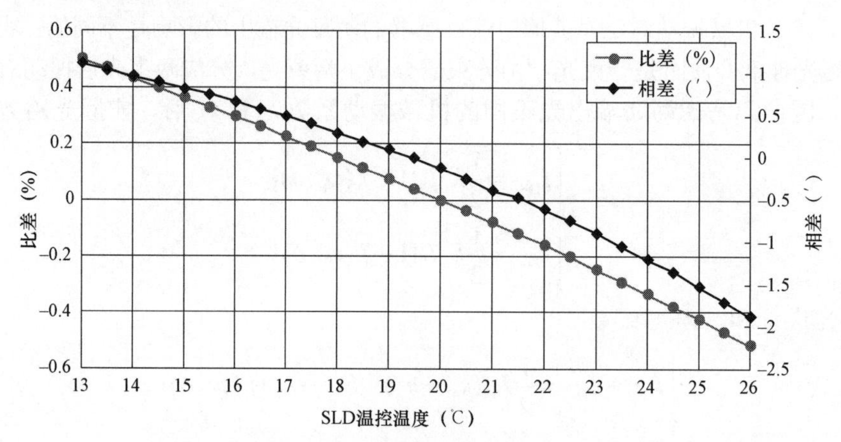

图 3－79　SLD 光源管芯温度与 FOCT 误差曲线

试验结果显示，当 SLD 管芯温度从 13℃升至 26℃时，FOCT 比值误差从 0.5%漂移至－0.5%，相差由 1.11′漂移至－1.87′。比值误差相对于 SLD 管芯温度的变化率约为 0.077%/℃，相差约为 0.23′/℃。SLD 光源中心波长随管芯温度的典型漂移系数为 400ppm/℃，若光源管芯温度偏离初始温度值±2℃时即能引起±0.2%的比差。

（2）光源管芯温度的监控方法。SLD 光源管芯温度可通过安装在管芯表面的热敏电阻进行精确测量，同时使用辅助的 AD 芯片转换为数字信号送到信号处理电路中用于状态监控的辅助 CPU 中进行处理。SLD 光源管芯的工作温度通过专用的温度控制电路进行控制，控制 SLD 光源内部的帕尔贴半导体制冷片的制冷驱动电流将光源管芯的工作温度稳定在某个固定温度。图 3－80 为某型 FOCT 在进行－40℃～+70℃高低温循环试验时，SLD 光源管芯温度状态连续监测曲线。

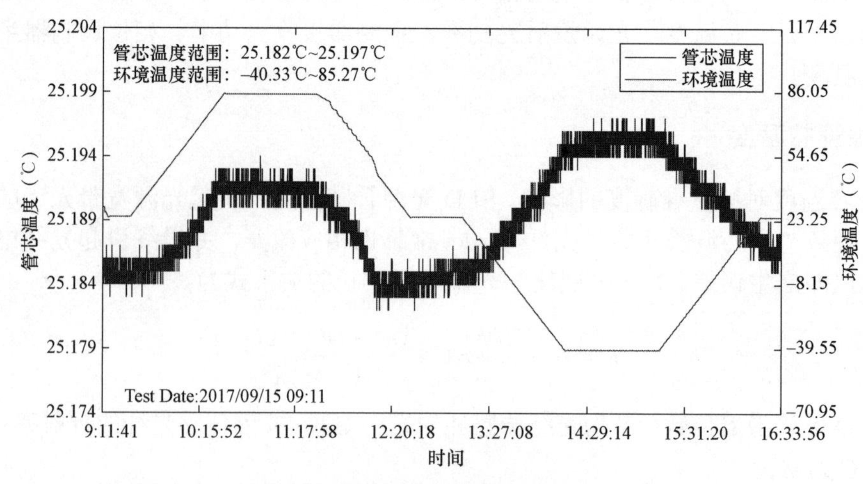

图 3－80　高低温循环过程中光源管芯温度的实时监测曲线

如图3－80所示，通过温控电路自动调节制冷电流，最终将SLD光源管芯温度变化控制在0.1℃范围内。根据上面的分析，此时由于光源管芯温度变化引起的比值误差约为0.007 7%，相差约为0.02′，相对于0.2级互感器的基本准确度要求，该误差基本可以忽略。

3.9.2 光源发射光功率

（1）SLD光源发射光功率对测量准确度的影响。SLD光源输出光功率由光源驱动电流与管芯结温度共同决定，当驱动电流大于阈值电流时，SLD管芯输出功率的经验表达式为

$$P = S_0 \cdot \exp\left[\frac{-(T-25)}{T_1}\right] \cdot \left[I - I_0 \exp\left(\frac{T-25}{T_0}\right)\right] \tag{3-75}$$

式中：I_0为25℃下的阈值电流；S_0为25℃下的P－I曲线斜率；T为工作温度；T_0为阈值电流特性的特征温度；T_1为$P-I$曲线斜率特性的特征温度。

SLD光源在长期运行过程中，输出光功率将发生衰减。为验证SLD光功率对FOCT基本准确度的影响，可在SLD光源后增加光衰减器，通过调节光衰减器参数来模拟SLD光源输出光功率的变化，测得SLD光源发射光功率与FOCT误差的关系曲线如图3－81所示。

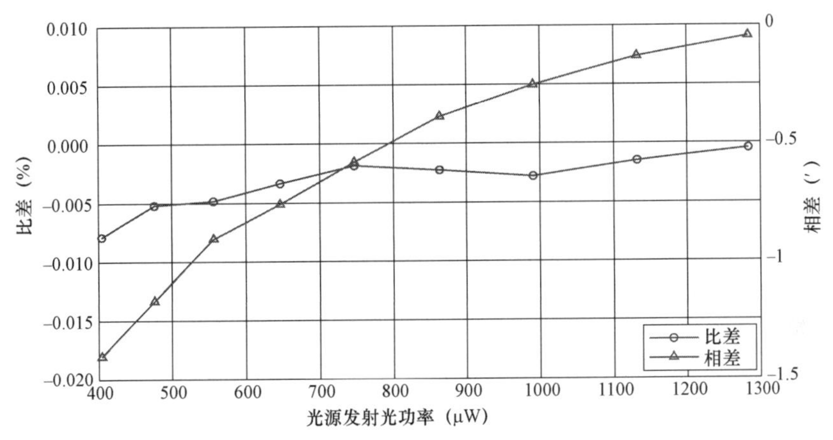

图3－81 SLD光源发射光功率与FOCT误差曲线

试验结果显示，当光源发射光功率从1280μW衰减至400μW时，FOCT的比差从0%漂移至－0.008%，相差从－0.05′漂移至－1.4′，光源发射功率衰减了5dB，引起的比差变化不超过0.01%，而相差变化则接近1.5′。

（2）光源发射光功率的监控方法。SLD光源的发射功率可以通过直接或间接的两种方法来进行监控。直接法是通过在SLD光源后续的耦合器输出端的第二接口处加入用于光功率监测的辅助光电探测器实现光功率监测。直接法监测结果准确，但增加了光路的成本和复杂度；间接法可以通过监测SLD光源的驱动电流，根据光源的驱动电流—功率曲线（$P-I$曲线）推算出光源的驱动电流。间接法使用简单，无需改变现有光路，适合现场在线监测使用。图3－82给出了应用间接监测法的SLD光源输出光功率在线监控原理图，并根据该方法进行了－40℃～+70℃温度范围变化时SLD光源驱动电流的连续监测，试验测试曲线如图3－83所示。

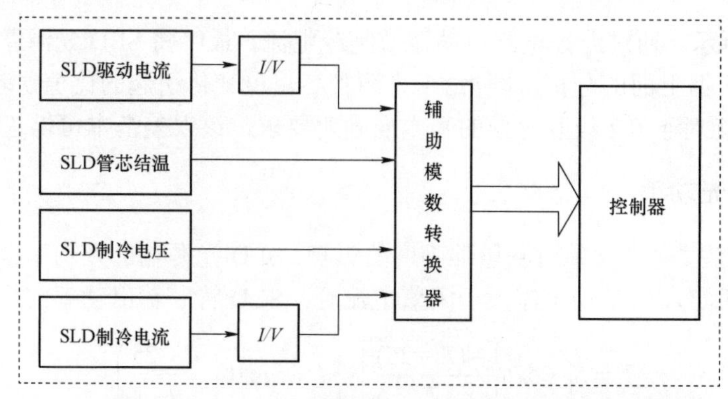

图 3-82 SLD 光源输出光功率在线监控原理图

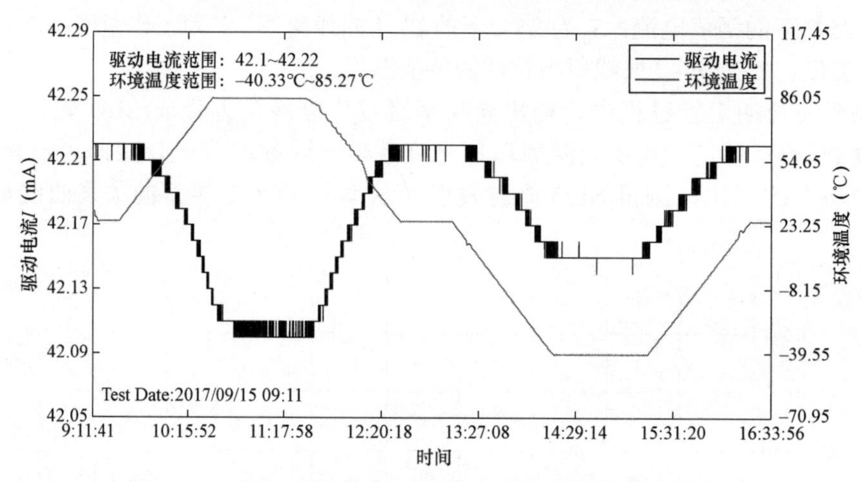

图 3-83 高低温循环过程中光源驱动电流的实时监测曲线

如图 3-83 所示，FOCT 在高低温循环时，光源驱动电流的变化可控制在 0.2mA 以内，引起的光功率变化及其导致的 FOCT 误差可以忽略。

3.9.3 探测器接收光功率

（1）探测器接收光功率对测量准确度的影响。在 FOCT 长期运行过程中，光电探测器接收的光功率除了会因为 SLD 光源芯片的老化出现衰减，还会因为光路损耗的增加而降低。上节已经分析了光源发射光功率变化带来的影响，此处主要分析光路损耗增加引起的探测器接收光功率的影响。

探测器接收光功率的衰减会降低 FOCT 输出信号的信噪比，由于 FOCT 采用闭环反馈信号检测方案，相对开环检测，光功率在一定范围内的下降对系统误差的影响相对较小。为验证探测器接收光功率对 FOCT 系统变比的影响，试验中通过在采集器光路中光电探测器尾纤前面加入可调光衰减器，通过调节光衰减器的衰减系数来改变探测器接收光功率值，从而得到其与 FOCT 误差的关系曲线如图 3-84 所示。

试验结果显示，当探测器接收光功率从 6.75μW 衰减至 0.03μW 时，FOCT 的比值误差从 0 漂移至 -0.17%，比值误差与光功率的关系无明显线性。通过最小二乘法对该曲线进行拟合，得到比值误差相对于光功率的近似变化率约为 0.024%/μW，相差的近似变化率约为

0.82′/μW。

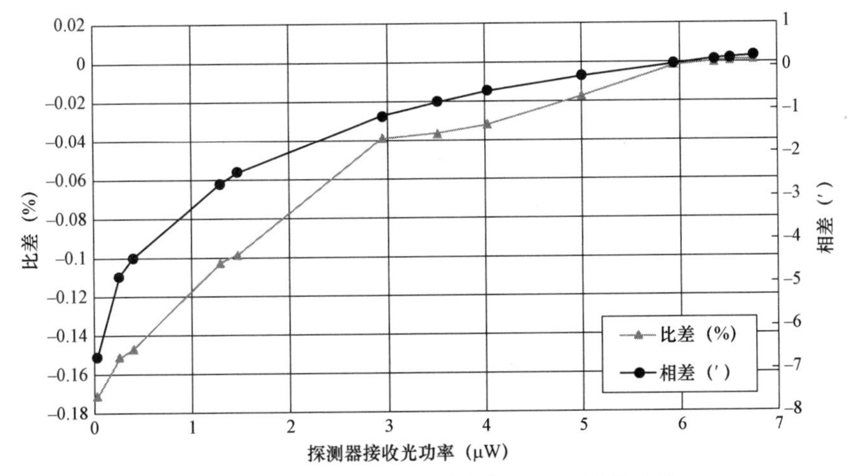

图 3－84　探测器接收光功率与 FOCT 误差曲线

（2）探测器接收光功率监控方法。探测器接收光功率可以通过对探测器光电转换输出的电信号经过 A/D 采样后再进行求和平均来实现监测。根据前面的分析，由于光源老化所引起的探测器接收功率下降可通过调节光源驱动电流来实现光功率自补偿，具体方法参见 3.5.2 节；由于光路熔接损耗增加或光学器件自身插损随温度变化所引起的光路损耗变化带来光功率变化，可通过改变光电探测器后续的放大电路增益来实现自动调节。

需要指出的是，通过调整放大增益来实现探测器接收光功率调整只能在一定范围内有效，一方面光功率下降时通过调整增益来实现功率平衡可适当减小基本准确度的变化，但无法阻止 FOCT 输出信噪比的降低；另一方面，当光功率衰减超出一定范围时，说明光路中某个部分已经发生性能劣化，虽然短时间内不影响 FOCT 性能，但继续运行会带来较大风险，可通过发出维修或告警信号进行提前预警，避免产品彻底失效带来的不良后果。

3.9.4　相位调制器半波电压

（1）调制器半波电压对测量准确度的影响。全光纤电流互感器采用的相位调制器的芯片为 $LiNbO_3$ 电光晶体，光波经过调制后的相位变化可表示为

$$\Delta\varphi=\left(n_e^3\gamma_{33}\frac{\pi l\Gamma}{\lambda G}\right)V_{\text{external}}=K_{\text{fp}}\cdot V_{\text{external}} \tag{3-76}$$

式中：V_{external} 为外加电压，V；G 为平面电极的间距，mm；Γ 为电场与光场的重叠积分因子，取值 0.4～0.65；n_e 为非寻常光折射率；l 为波导长度，mm；γ_{33} 为 LiN_bO_3 的电光系数；λ 为光波波长，mm；K_{fp} 为相位调制器的调制系数。

定义 $\Delta\varphi=\pi$ 时的调制电压为半波电压 V_π。由 3.3.1 节 FOCT 闭环控制原理可知，FOCT 的数字输出信号为

$$S_{\text{out}}=\varphi_R\cdot\frac{2^m}{2\pi} \tag{3-77}$$

式中：m 为 D/A 转换器的位数。

由式（3－3）可知，有 $\varphi_R = \varphi_F = 4VNI$，且当反馈调制相移为 2π 时，满足

$$K_{fp} \cdot V_{pp} = 2\pi \tag{3-78}$$

式中：V_{pp} 为 2π 相位所对应的电压峰值，即两倍半波电压。

把式（3－41）、式（3－78）代入式（3－77）可得

$$S_{out} = 4NV \cdot \frac{2^m}{K_{fp}V_{pp}} \cdot I \tag{3-79}$$

因此，FOCT 闭环控制系统的变比的表达式为

$$K = \frac{S_{out}}{I} = 4NV \cdot \frac{2^m}{K_{fp}V_{pp}} = NV \cdot \frac{2^{m+1}}{K_{fp}V_\pi} \tag{3-80}$$

由上式可知，调制器半波电压与 FOCT 变比有着直接的关系。为验证调制器半波电压对 FOCT 基本准确度的影响，试验中通过控制二次转换器的信号处理单元中 D/A 输出阶梯波的高度，从而改变施加在调制器电极上的半波电压值，得到调制器半波电压与 FOCT 误差的关系曲线如图 3－85 所示。

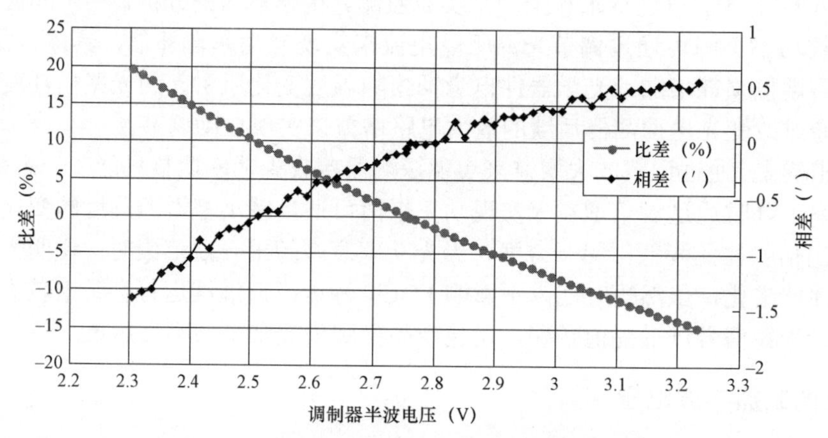

图 3－85 调制器半波电压与 FOCT 误差的曲线

试验结果显示，当调制器半波电压从 2.3V 升至 3.2V 时，FOCT 比值误差从 19.6%漂移至－14.83%，相差从－1.4′漂移至 0.54′。通过误差曲线进行线性拟合，得到该区间内 FOCT 比值误差相对于调制器半波电压的变化率约为－0.037%/mV，相差相对变化率约为 0.002′/mV。由于 $LiNbO_3$ 相位调制器的半波电压在全温（－40℃～70℃）范围内的变化为 6%～8%，如不进行补偿，将会引起较大的系统测量误差。

（2）调制器半波电压的监控方法。独立对相位调制器的半波电压进行监测的方法比较复杂，在 FOCT 运行时，可通过监测相位闭环反馈过程中阶梯波 2π 复位前后产生的信号差的对比来得到半波电压的变化；同时，通过 D/A 转换器对半波电压的变化进行第二路反馈控制，保障半波电压变化时能够及时调整。

相位调制器的调制效率与铌酸锂晶体的电光系数成正比，而随着温度的变化铌酸锂晶体的电光系数将成线性变化，因此半波电压也将随之变化。图 3－86 为 FOCT 在进行－40℃～+70℃高低温循环试验时，通过第二路半波电压自动反馈实时监测得到的调制器半

波电压曲线。

如图 3－86 所示，由于半波电压在发生变化时实现了自动跟踪调整，其对 FOCT 的基本准确度不会产生影响。

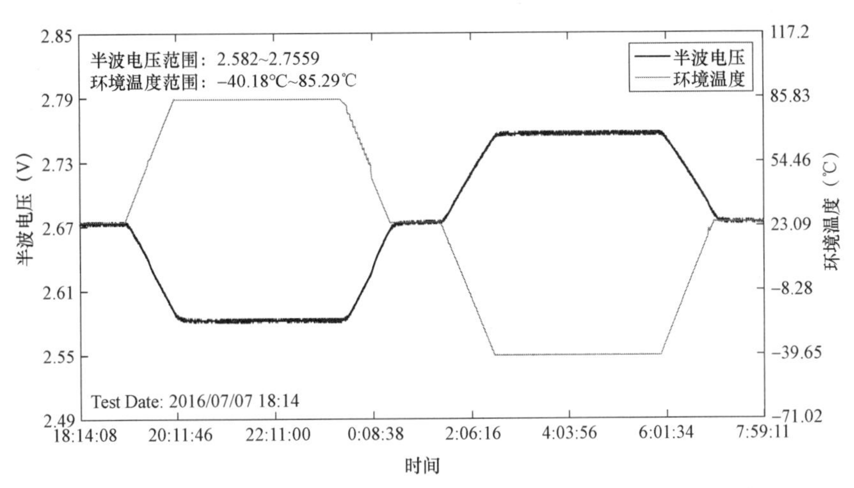

图 3－86 高低温循环过程中调制器半波电压自动跟踪调整曲线

3.9.5 传感环工作温度

（1）传感环工作温度对测量准确度的影响。由 3.6 节温度稳定性提升技术分析可知，FOCT 在运行过程中基本准确度容易受到温度的影响，主要是其中的光学元器件和光纤的特性会受到温度或温度变化引起的额外应力的影响，其中受温度影响最显著的是传感环，因此传感环的工作温度是 FOCT 的关键状态参量。

在 FOCT 研究和应用过程中，国内外大量文献对其光纤传感环的温度特性进行了研究和分析，并从光纤材料、光路设计、封装工艺和电路补偿等方面入手提出了各种温度误差补偿的方法。国内主流全光纤电流互感器厂家通过产品的不断改进升级，目前基本能够在不需要电路补偿的情况下，将光纤传感环引入的 FOCT 全温（－40℃～+70℃）误差控制在 0.5%以内。

为了测试光纤传感环引入的 FOCT 全温误差，将传感环放入高低温试验箱内进行－40℃～+70℃范围内温度循环，并测试 FOCT 误差变化，图 3－87 所示为某光纤传感环由于工作温度变化而引起的 FOCT 误差曲线。

试验结果显示，在温度从－40℃升高到+70℃的过程中，该传感环引起的 FOCT 比值误差由－0.25%变化到+0.3%，且与温度具有较好的线性关系，相差变化较小。

（2）传感环工作温度的监控方法。根据上面的分析，传感环的工作温度对 FOCT 的基本准确度有较大的影响，在－40℃～+70℃范围内，传感环的全温误差通常可控制在 0.5%内，误差曲线与温度有一定的线性关系，且采取合适的封装工艺可保证传感环温度曲线在长期范围内具有较好的重复性。因此可以使用温度传感器测量传感环的工作温度（或环境温度），然后采用事先测量得到的传感环温度—比值误差曲线进行温度补偿的方法对 FOCT 的温度误差进行电路或软件补偿，具体方法参见 3.6.3 节。图 3－88 为某型 FOCT 的传感环经过温度补偿后的比值误差曲线。

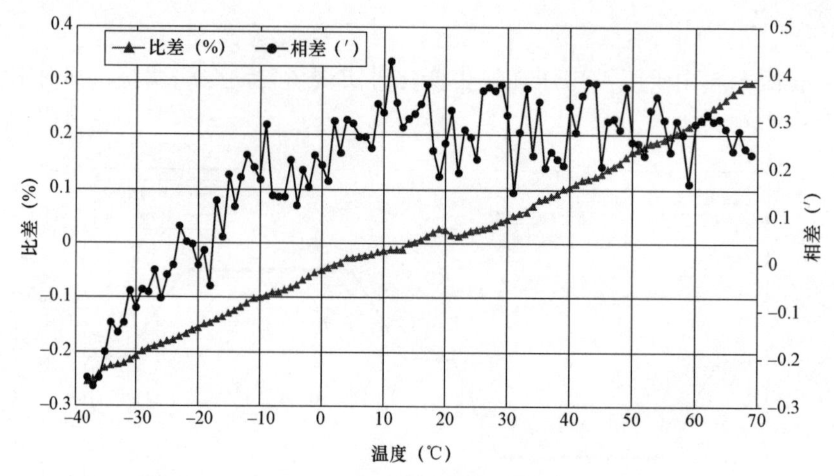

图 3-87　某光纤传感环的工作温度与 FOCT 误差曲线

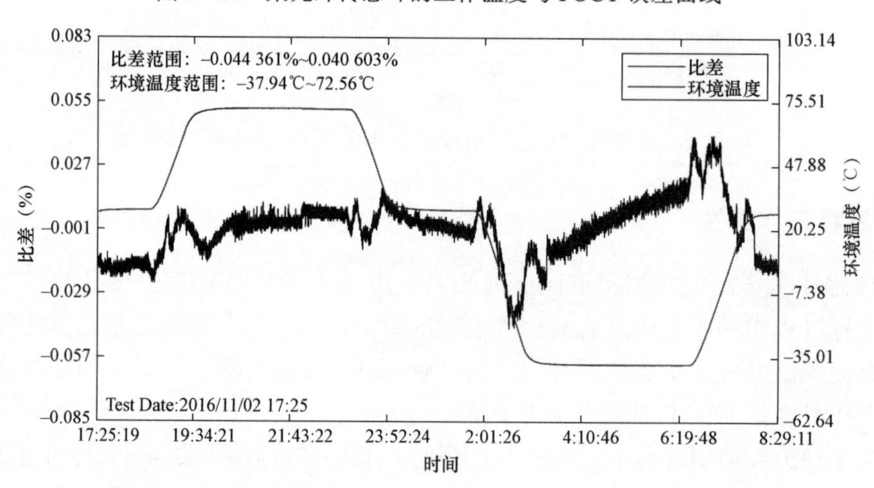

图 3-88　高低温循环过程中传感环温度补偿后的比值误差曲线

如图 3-88 所示，在进行-40℃～+70℃高低温循环试验时，对传感环的温度误差进行补偿后的 FOCT 全温比值误差可控制在 0.05%以内。

综上分析，通过对 FOCT 关键状态参量的分析和测试，定量地给出了五个状态参量对 FOCT 基本准确度的影响，详见表 3-8。

表 3-8　　FOCT 关键状态参量及其对基本准确度的影响汇总表

关键状态量	光源管芯温度	光源发射功率	调制器半波电压	探测器接收功率	传感环工作温度
参考基准值	25℃	1.4mW	2.35mV	5μW	-40℃～+70℃
比值误差变化（率）	0.077%/℃	0.81%/mW	-0.037%/mV	0.024%/μW	<0.5%/℃
相差变化（率）	0.23′/℃	1.69′/mW	0.002′/mW	0.82′/μW	<3′/℃

图 3-89 给出了具备状态监控功能的某型 110kV 独立支柱式全光纤电流互感器的高低温循环基本准确度试验的测试结果。

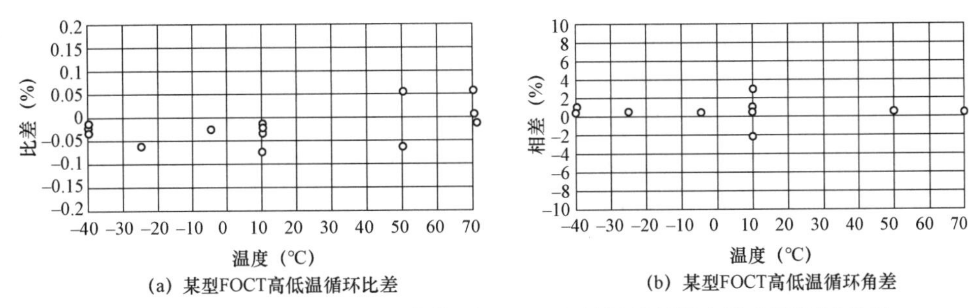

图 3－89 具备状态监控功能的某型 FOCT 高低温循环基本准确度测试结果

如图 3－89 所示，具备状态监控功能的 FOCT 的高低温循环比值误差小于 0.1%，相差小于 3′，通过监控各关键参量的状态可有效地提高 FOCT 产品的性能。

此外，针对 FOCT 在现场长期运行稳定性和可靠性仍需大幅提高的现状，通过对 FOCT 关键状态参量进行分析和监控，可以实现对 FOCT 在现场运行时的工作状态进行自诊断，当某个关键状态参量变化到一定程度时，FOCT 可提前向后续设备发送维修或告警信号，故障发生前实现提前预警，避免造成不良后果。

3.10 高可靠性设计与制造工艺

为提高无源光学电流互感器长期运行可靠性，通常在一次传感光纤拉制、光纤熔接方式和光学器件连接等方面采取特殊工艺措施。其中，高圆双折射光纤在拉制时采用旋转工艺，能够有效抑制线性双折射带来的影响；保偏光纤的显微对轴熔接技术能够在工程现场各种工况下保证熔接质量；磁光玻璃传感单元非接触光连接技术起到了确保运行可靠性和测量准确度的双重作用。

3.10.1 高圆双折射光纤拉制

影响全光纤电流互感器温度特性的一个重要因素是传感光纤中存在的双折射特性。由 FOCT 非理想传感模型可知，光在光纤传播时存在线性双折射和圆双折射。圆双折射由被测电流周围的磁场产生，圆双折射的大小反映了传感光纤对磁场的灵敏度；线性双折射主要由传感光纤内的不对称应力产生，受温度影响，会对测量信息产生干扰，致使互感器产生温漂，影响互感器的测量准确度。由于圆双折射和线性双折射对系统的影响具有互相抑制性，因此可以通过减小线性双折射和提高圆双折射两种手段改善系统的测量准确度和温度性能。

（1）减小线性双折射。量化测量和完全消除线性双折射的影响非常困难，但是由于光纤中的线性双折射与光纤本身特性有关，可以通过挑选合适的光纤类型，从而最大限度地降低光纤中线性双折射的影响。理论上，可以通过增加传感光纤缠绕圈数的手段提高互感器测量灵敏度与信噪比。但是实际上采用低双折射（Low Birefringence，LB）光纤时，随着缠绕圈数增多，光纤中积累的线性双折射越来越大，并会逐渐压制系统中需要的圆双折射，使圈数的增加无法成正比地提高系统的灵敏度，参见 5.4.1 节。试验发现，当光纤环超过 15 圈时，再增加圈数已基本无法提高互感器灵敏度；同时圈数增多后，互感器的温度特性会有较大的劣化。同一段光纤，全温范围内缠绕 4 圈时比值误差波动范围为±2%，缠绕 10 圈时波动范围可能会超过±5%。

（2）提高圆双折射。在制造光纤拉丝的过程中快速旋转光纤预制棒，制成螺旋缠绕光纤（Spun fiber），可引入大量圆双折射从而抑制线性双折射的影响。LB 光纤是在单模光纤的基础上扭转而成，LB 光纤拉制过程如图 3－90 所示。单模光纤引入的圆双折射在长期使用过程中会有退化现象，抗干扰能力较弱，对温度变化较为敏感。

采用高双折射（High Birefringence，HB）光纤制成螺旋缠绕光纤，圆双折射不会随时间的推移而退化，具有很好的稳定性。HB Spun 光纤是用熔融态的 HB 光纤代替单模光纤高速旋转制成，HB 光纤扭转过程如图 3－91 所示。HB 光纤在保留了 LB 光纤很小的固有线性双折射优点的基础上，大幅提高了圆双折射，对线性双折射的增加有很好的抑制作用；同时可以保持量化的线性双折射稳定性，配合合理的缠绕工艺可以有效降低温度的影响。此外，采用 HB Spun 光纤不会因缠绕圈数的增多而急剧压制圆双折射，可以通过增多缠绕圈数提高互感器的灵敏度，试验证实缠绕传感光纤缠绕 100 圈不会导致互感器性能的劣化。经过试验验证，当选用同样缠绕工艺和技术条件，在全温范围内，采用 LB 光纤的比值误差波动超过±2%；而采用 HB Spun 光纤后，比值误差波动则会降低到±0.5%以内。

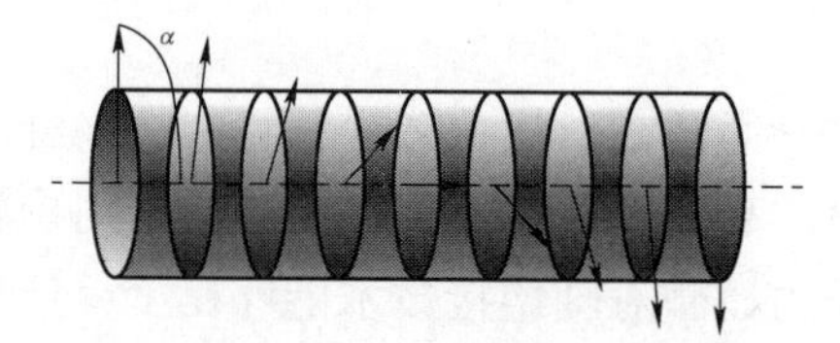

图 3－90 低双折射光纤拉制示意图

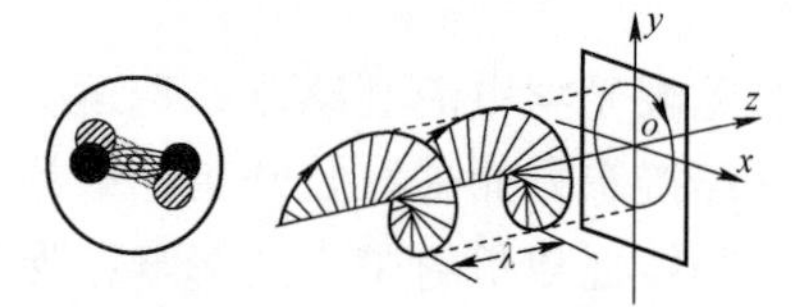

图 3－91 高双折射光纤扭转示意图

3.10.2 保偏光纤显微对轴熔接

为保证光信号良好的线偏振传输状态，全光纤电流互感器一般采用 HB 光纤作为传输光纤，因此 HB 光纤对轴、熔接质量的优劣是互感器可靠性与稳定性的重要影响因素。由于 HB 光纤截面形状的非对称，进行光纤熔接时需要旋转光纤以使两段光纤截面形成一个固定的角度，一般采用保偏熔接机实现。但由于两端熔接光纤种类不同、工程现场环境复杂及熔接机对轴精度的误差，光纤的熔接效果往往不理想，影响了光纤的保偏能力，降低了互感器的准确度与抗干扰能力。

为了解决 HB 光纤的对轴和熔接问题，可采用专用的保偏光纤显微对轴系统。该系统可以实现对各类型光纤截面的显微观察，精密分析光纤截面形状及角度，并通过步进马达系统控制保偏光纤偏转到指定的角度，辅助保偏熔接机进行光纤熔接，甚至可以实现通过普通单模熔接机对保偏光纤进行熔接。

保偏光纤显微对轴系统由显微成像系统、旋轴光纤夹、五轴微位移系统和图像处理程序组成，如图 3－92 所示。其中，显微成像系统包含连续变倍的高倍显微镜、CCD 和照明光源，它的主要功能是放大并采集到光纤端面的图像信息；旋轴光纤夹主要实现保偏光纤的旋转和固定；五轴微位移系统由五个维度的调整支架组成，它的主要功能是保证光纤端面与显微镜光轴垂直，且处于显微镜的焦平面上；图像处理程序可以识别出光纤慢轴方向与预定坐标的夹角。

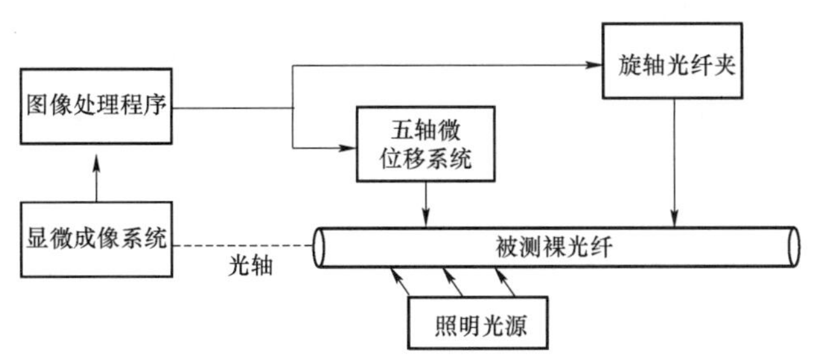

图 3-92　保偏光纤显微对轴系统结构图

应用显微对轴系统进行光纤熔接过程如下：① 首先利用五维微调架将光纤调整至显微镜视场中央，进行对焦。② 然后将光从侧向射入光纤，光在光纤中经反复反射后从光纤端面出射。光纤中不同结构部分折射率不同，出射光的亮暗程度不同，因此光纤中的结构便清晰可见。③ 再后用高倍显微镜对光纤端面放大并由 CCD 记录下图像信息，传递给计算机做图像处理后识别出当前光纤所处位置的慢轴角度方向。④ 最后根据计算机显示的光纤角度，利用旋轴光纤夹将光纤的轴向旋转到预定的角度，锁定光纤的位置进行熔接。

采用了保偏光纤显微对轴系统后，同种类的 HB 光纤或不同种类的 HB 光纤间均可直接使用普通熔接机进行熔接，不受限于保偏熔接机。经反复测试，使用显微对轴系统熔接的光纤，熔接角度误差可以控制在 0.5° 以内，确保了两段光纤熔接时的匹配性，增强了光路的保偏性能，提高了系统的稳定性。

3.10.3　磁光传感单元非接触光连接

由 3.2.2 节直通光路传感技术可知，直通光路方式大大简化了磁光玻璃电流互感器的传感结构，有效提高了其运行的可靠性。但是，若光学元件间采用光学胶粘接，其性能仍然比较容易退化，影响其长期运行的可靠性。光学胶粘接是构成磁光玻璃光学电流互感器的光学器件之间连接的传统工艺，光学胶温度稳定性差，是加剧光学电流互感器测量精度温度漂移和影响长期运行稳定性的又一重要因素。

为了克服光学胶粘接影响，采用现代光学工程的金属化封装技术，将光学传感单元的光学器件采用金属性的机械方式固定在传感单元的金属基板上，并将光学传感单元的光学器件整体密封起来，实现一种非接触光连接，如图 3-93 所示。

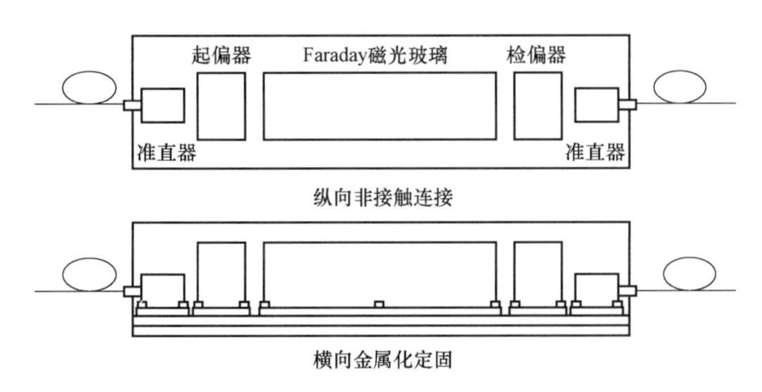

图 3-93　光学传感定固封装技术的示意图

纵向光路上，构成光学电流传感单元的光学器件的连接是非接触的，不需要光学胶的粘结，起到了确保运行可靠性和测量准确度的双重作用。横向布置上，金属基板与外壳之间设置了缓冲层（缓冲垫），有效地减弱机械振动对光学传感单元磁场传感的影响。非接触光连接技术与直通光路传感技术结合，可提高磁光玻璃光学电流互感器的长期运行可靠性。

参考文献

[1] 李红斌，刘延冰. 光学电流传感器的研究进展［J］. 电气应用，1997（1）：7－9.

[2] 刘晔，王采堂，苏彦民，等. 电力系统适用光学电流互感器的研究新进展［J］. 电力系统自动化，2000，24（17）：60－64.

[3] 申烛，罗承沐. 电子式互感器的新进展［J］. 电力系统自动化，2001，25（22）：1－5.

[4] 王政平，康崇，张雪原，等. 全光纤光学电流互感器研究进展［J］. 激光与光电子学进展，2005，42（3）：36－40.

[5] 肖智宏. 电力系统中光学互感器的研究与评述［J］. 电力系统保护与控制，2014，42（12）：148－154.

[6] 宋璇坤，闫培丽，肖智宏，等. 全光纤电流互感器技术应用评述［J］. 电力系统保护与控制，2016，44（8）：150－154.

[7] 李绪友，郝金会，杨汉瑞，等. Sagnac 环形电流互感器的原理与发展研究［J］. 光电工程，2011，38（7）：1－6.

[8] Emerging Technologies Working Group，Fiber Optic Sensors Working Group. Optical Current Transformersfor Power Systems：A Review［J］. IEEE Trans. on Power Delivery，1944，9（4）：1778－1788.

[9] 李传生，张春熹，王夏霄，等. 反射式 Saganc 型光纤电流互感器的关键技术［J］. 电力系统自动化，2013，37（12）：104－108.

[10] 张朝阳，张春熹，王夏霄，等. 数字闭环全光纤电流互感器信号处理方法［J］. 中国电机工程学报，2009，29（30）：42－46.

[11] 张可畏，王宁，段雄英，等. 用于电子式电流互感器的数字积分器［J］. 中国电机工程学报，2004，24（12）：104－107.

[12] 王夏宵. Sagnac 型光纤干涉仪法拉第效应研究［D］. 北京航空航天大学，2006.

[13] 焦斌亮. Sagnac 干涉型光纤电流传感器研究［D］. 燕山大学，2005.

[14] 张国庆，高桦，郭志忠. 光学电流传感头结构设计［J］. 传感技术学报，2000，13（2）：111－116.

[15] 于文斌，杨以涵，郭志忠，等. 光路结构参数对光学电流互感器运行稳定性的影响［J］. 电网技术，2008，32（20）：68－72.

[16] 王夏霄，张春熹，张朝阳，等. 全光纤电流互感器的偏振误差研究［J］. 光子学报，2007，36（2）：320－323.

[17] 罗苏南，叶妙元，徐雁. 光学组合互感器的研究［J］. 电工技术学报，2000，15（6）：45－49.

[18] 马仙云. 磁光式电流互感器的研究［D］. 清华大学，1996.

[19] 张国庆. 光学电流互感器的理论与实用化研究［D］. 哈尔滨工业大学，2005.

[20] 李岩松. 高精度自适应光学电流互感器及其稳定性研究［D］. 华北电力大学（北京），2004.

[21] 罗苏南. 组合式光学电压/电流互感器的研究与开发［D］. 华中科技大学，2000.

[22] 程云国，刘会金，李云霞，等. 光学电压互感器的基本原理与研究现状［J］. 电力自动化设备，2014，24（5）：87－91.
[23] 赵志敏，林湘宁. 电子式电压互感器传感器设计［J］. 电力自动化设备，2009，（8）：32－35.
[24] 罗苏南，南振乐. 基于电容分压的电子式电压互感器的研究［J］. 高电压技术，2004，30（10）：7－9.
[25] 王红星，张国庆，蔡兴国，等. 光学电压互感器精密电容分压器的研制［J］. 电力系统自动化，2009，33（8）：72－76.
[26] 张明明，李红斌，刘延冰. 基于纵向 Pockels 效应的光学电压互感器［J］. 传感器技术，2005，24（6）：58－64.
[27] 李晓楠，刘丰，郑绳楦. 一种新型光纤电压互感器的设计［J］. 电力系统自动化，2006，30（6）：74－78.
[28] 刘丰，毕卫红，于建云. 基于逆压电效应和模间干涉的电压互感器设计［J］. 电网技术. 2008，32（11）：90－94.
[29] 王红星. 电容分压型光学电压互感器研究［D］. 哈尔滨工业大学，2010.
[30] 张朝阳，雷林绪，王成昊. 数字闭环光纤电流互感器小电流测量准确度分析［J］. 仪表技术与传感器，2012（10）：7－10.
[31] 胡蓓，肖浩，李建光，等. 光纤电流互感器的噪声分析与信噪比优化设计［J］. 高电压技术，2017，43（2）：654－660.
[32] 王立辉，伍雪峰，孙健，等. 光纤电流互感器噪声特征及建模方法研究［J］. 电力系统保护与控制，2011，39（1）：62－66.
[33] 董小鹏，颜伟民，朱燕杰，等. 线双折射对高圆双折射光纤电流传感器输出信号的影响［J］. 厦门大学学报，2000，39（4）：463－467.
[34] 肖智宏，程嵩，张国庆，等. 全光纤电流互感器灵敏度特性研究［J］. 电力自动化设备，2017，37（1）：212－216.
[35] 王政平，刘晓瑜. 线性双折射对不同类型光学玻璃电流互感器输出特性的影响［J］. 中国电机工程学报，2006，26（14）：75－79.
[36] 王英利，康梦华，任立勇，等. 用于全光纤电流传感器的扭转高双折射光纤设计［J］. 红外与激光工程，2015，44（1）：170－175.
[37] 程嵩. 线性双折射对全光纤电流互感器传感特性影响的研究［D］. 哈尔滨工业大学，2016.
[38] 王政平，王锋，王晓忠. 光学玻璃电流传感头温度特性分析［J］. 哈尔滨工程大学学报，2006，27（3）：457－460.
[39] 程嵩，郭志忠，张国庆，等. 全光纤电流互感器的温度特性［J］. 高电压技术. 2015，41（11）：3843－3848.
[40] 陈金玲，李红斌，刘延冰，等. 一种提高光学电流互感器温度稳定性的新方法［J］. 电工技术学报，2009，24（4）：97－101.
[41] 肖智宏，于文斌，张国庆，等. 一种提高光学电压传感器温度稳定性的方法［J］. 电工技术学报，2015，30（4）：106－112.
[42] 肖浩，刘博阳，湾世伟，等. 全光纤电流互感器的温度误差补偿技术［J］. 电力系统自动化，2011，35（21）：91－95.
[43] 李传生，张春熹，王夏霄，等. Sagnac 型光纤电流互感器变比温度误差分析与补偿［J］. 电力自动化设备，2012，32（11）：102－106.

[44] 于文斌. 光学电流互感器光强的温度特性研究 [D]. 哈尔滨工业大学，2005.
[45] 李红斌，陈庆，刘延冰，等. 相间磁干扰对点式光学电流互感器影响的研究 [J]. 传感器技术，2004，23（4）：16－18.
[46] 程嵩，郭志忠，张国庆，等. 不闭合全光纤电流互感器相间磁场干扰特性 [J]. 电工技术学报，2017，32（1）：88－96.
[47] 于文斌，张国庆，路忠峰，等. 光学电流互感器的抗干扰分析 [J]. 电力系统保护与控制，2012，40（12）：8－12.
[48] 李深旺，张国庆，于文斌，等. 一种提高差分式光学电流互感器磁场抗扰度的新方法 [J]. 中国电机工程学报，2013，3（36）：157－163.
[49] 程嵩，张国庆，郭志忠，等. 全光纤电流互感器受导体偏心影响的机理 [J]. 电力系统自动化，2015，39（13）：137－143.
[50] 李深旺. 离散环路磁场积分理论及光学电流传感零和御磁技术研究 [D]. 哈尔滨工业大学，2015.
[51] 肖智宏. 不均匀磁场磁致旋光效应及其电流传感技术研究 [D]. 哈尔滨工业大学，2017.
[52] 曹辉，杨一凤，刘尚波，等. 用于光纤电流传感器 SLD 光源的温度控制系统 [J]. 红外与激光工程，2014，43（3）：920－926.
[53] 胡蓓，叶国雄，肖浩，等. 全光纤电流互感器关键状态量及其监控方法 [J]. 高电压技术，2016，42（12）：4026－4032.
[54] 袁玉厂，冯丽爽，王夏霄，等. 全光纤电流互感器监测系统的设计 [J]. 光电工程，2006，33（5）：95－98.
[55] 罗承沐，张贵新. 电子式互感器与数字化变电站 [M]. 北京：中国电力出版社，2012.
[56] 刘延冰，李红斌，余春雨，等. 电子式互感器原理技术及应用 [M]. 北京：科学出版社，2009.
[57] 宋璇坤，刘开俊，沈江. 新一代智能变电站研究与设计 [M]. 北京：中国电力出版社，2014.

第 4 章　中低压电子式互感器

中低压配电网与用户联系较为紧密，同时也是电子式互感器的重要应用场景。中低压电子式互感器具有种类繁多、外形结构差异大、性能需求各异、安装方式多样等特点。本章对典型的中低压电子式互感器的特点、应用模式、结构及部分关键技术进行了详细阐述。首先简述了中低压电子式互感器的应用背景、特点、应用模式以及通用性整体结构；其次针对中低压电子式互感器的特点，对其传感技术、温升控制技术、模拟信号输出转换器技术、环氧浇注工艺进行了分析；最后阐述了电子式互感器的安全使用技术。本章立足于中低压配电网，依托现场实际需求，对中低压电子式互感器的原理、整体性能和设计制造过程进行系统描述，具有较强的生产实践指导意义。

4.1　中低压电子式互感器的特点与应用模式

4.1.1　中低压电子式互感器的特点

中低压电子式互感器一般应用于 35kV 及以下的配电网中。配电网是从输电网、地区发电厂或分布式电源接受电能，并通过配电设施就地或逐级分配给各类用户的电力网络。配电网具有网络分布广、运行结构复杂、用电设备繁多、电流电压波动大、谐波分量较严重、冲击负荷频繁等特点。中低压电子式互感器将大电流、高电压变换成配网设备或二次保护测控所需的模拟小信号或数字信号。配电网使用的中低压电子式互感器品种繁多、外形结构差异大、性能需求各异，同时在各配电设备中的安装方式也不尽相同。

中低压电子式互感器主要应用于环网柜、环网室、环网箱、配电室、箱式变电站等场所以及变电站低压配电装置、专用计量高压表等设备中。中低压电子式互感器的外形结构较多，每种结构又可派生出不同的安装方式和使用方法，形成了结构各异的中低压电子式互感器产品。在使用中，不同的设备性能要求决定了中低压电子式互感器的设计制造方法和使用原则。

随着配电网和用电设备在技术性能方面不断发展，对中低压电子式互感器的性能、结构也提出了更高的要求。主要体现在互感器体积越来越小、准确度要求更高、测量频率范围更宽、过流倍数和过压倍数要求更大、单一电流/电压的测量向电流电压组合的同时测量转变、便于同二次设备接口、带电热插拔检修、能嵌入一次设备中使用等。中低压电子式互感器的基本功能和技术特点详见表 4－1。

表 4-1　　中低压电子式互感器功能与特点

功能	中低压电子式电流互感器	中低压电子式电压互感器
传感器原理	低功率线圈测量原理、空心线圈测量原理	电阻分压原理、电容分压原理、阻容分压原理
准确等级	0.2S，5P30	0.2，3P
测量组合方式	电流电压组合测量	三相电压组合测量、零序电压测量、三相电压和零序电压组合测量等多种测量方式
结构形式	分为支柱式和穿心（母线）式两种。其中，支柱式体积小、结构紧凑、易于集成，但存在动热稳定、发热问题；穿心（母线）式具有不发热、不存在动热稳定、安装方便等优点，但不易和电压测量集成	支柱式。具有体积小、重量轻等特点
输出信号类型	分为模拟信号输出、数字信号输出和信号调理后模拟信号输出三种形式。其中，模拟信号输出指传感头直接输出模拟信号，存在准确度不高和一致差的问题；数字信号输出指一次转换器光纤输出信号，适合于远距离传送；信号调理后模拟信号输出指传感头和调理单元综合整定准确度，具有准确度高，互换性好的优点	
绝缘方式	采用环氧树脂浇注绝缘，具有清洁、易于维护、体积小等优点，但其散热性能较差	
特殊用途	适用于高温、高寒、高海拔、高污秽、大电流测量、宽频测量等特殊用途	

中低压电子式互感器在配电网中应用的主要优点：

（1）中低压电子式互感器易于实现电流电压组合测量，且体积小、重量轻，更能有效地减小集成设备的体积和重量。例如，一台 10kV/600A 集成电阻分压测量电压和空心线圈测量电流的电子式组合互感器，其重量比一台同规格的电磁式电流互感器的重量更轻、体积更小；并且在一个出线开关柜内可完全实现电流电压测量，无需共享母线 PT，使出线开关柜的功能更加齐全、停电检修更加便捷。

（2）中低压电子式互感器易于和一次设备集成，例如集成式高压电能表。一台综合了电子式互感器、电能计量表、取能电源功能的新型 10kV 集成式高压电能表重量（一般小于 20kg）远远小于同电压电流规格、采用 V–V 接法的组合电磁式互感器和计量表箱的重量（约 80kg）；也克服了现场施工必须动用吊车、安装烦琐、工期长等缺点。另外，中低压电子式互感器也更容易和断路器、变压器、穿墙套管等高压设备集成，减小了高压设备的体积和重量，同时易于增加和完善高压设备的自检、控制、保护等功能。

（3）中低压电子式互感器具有内部电场分布较均匀、局部放电小、产品合格率高、成本低和使用寿命长等特点。

（4）中低压电子式互感器耐压和过流的能力更强。配电网负荷波动大、设备操作频繁、电能质量差，操作过电压时常发生，而电子式互感器的耐压能力强于电磁式互感器，受谐波影响较小。例如，单相接地 10kV 电磁式电压互感器仅能进行 3 倍工频耐压试验，而不能直接完成 42kV 工频耐压试验，因为直接加 42kV 的工频耐压试验时，互感器铁芯可能已经饱和（不同厂家生产的互感器饱和电压不同），将会导致互感器损坏，特别是电网中存在低频电压时，其饱和电压更低；而中低压电子式电压互感器不存在饱和现象，其耐压等级远远高于 42kV，并不受频率变化的影响。

4.1.2　中低压电子式互感器的应用模式

在中低压系统中，一般把具有将大电流或高电压传变为小电流或低电压功能的装置称为传感头；把具有信号处理功能的装置称为一次转换器，输出模拟信号的装置称为模拟输出一次转换器，输出数字信号的装置称为数字输出一次转换器；当一次转换器和传感器连接使用时，可将一次转换器作为传感头的一部分，进行整体性能的校验，称为传感器或互感器。在电力系统中，将使用传感器或互感器输出信号的具有一定功能的装置称为二次设备。模拟输出的一次转换器输出为模拟信号，其传送距离受到限制（一般二次设备和一次转换器距离较近时可采用）；一次转换器输出为光纤数字信号，可实现远距离传送（二次设备和一次转换器距离较远时可采用）。电子式互感器和二次设备的连接如图 4－1 所示。

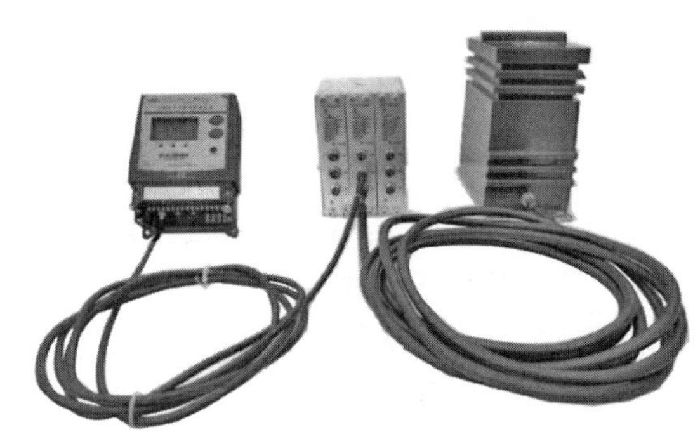

图 4－1　中低压电子式互感器和二次设备的连接

图 4－1 是传感头和模拟输出一次转换器连接的实物照片，传感头输出模拟信号至模拟一次转换器，经处理后，再输出模拟信号给电能计量表、测控保护装置（图中没有连接）。

中低压电子式互感器主要存在以下应用模式：

（1）电流互感器应用模式。在中低压系统中，电子式电流传感头和二次设备的连接使用，具有三种连接应用模式，如图 4－2 所示。

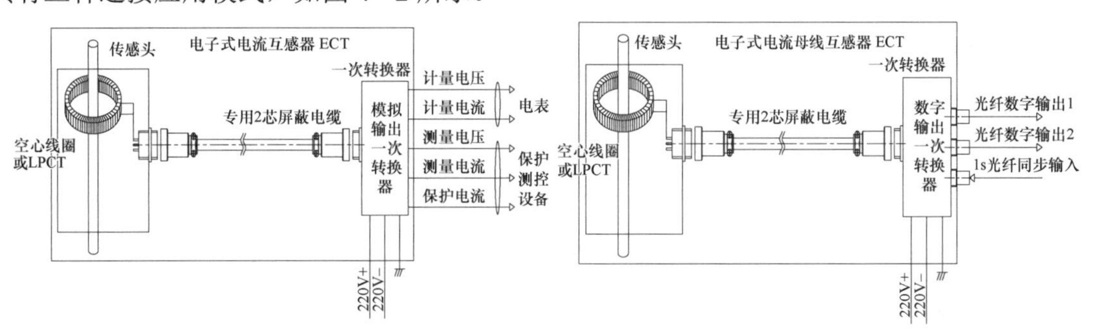

(a) 连接模拟输出一次转换器的应用模式　　(b) 连接数字输出一次转换器的应用模式

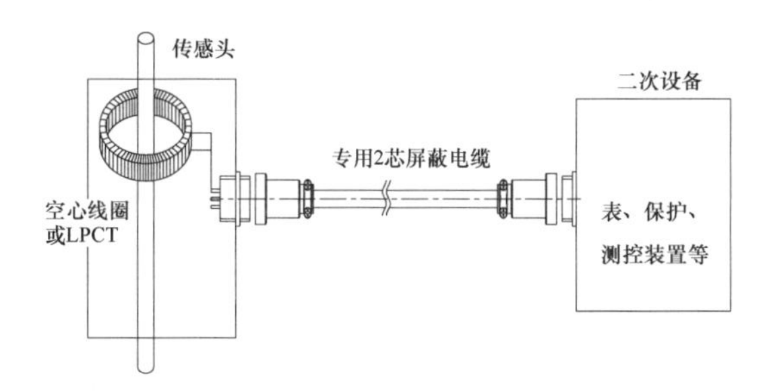

(c) 直接连接二次设备的应用模式

图 4－2　中低压电子式电流互感器的应用模式

1）传感头连接模拟输出一次转换器时，一次电流通过传感头转换成低电压或小电流，再以模拟小信号的方式通过双屏蔽小信号电缆传送到模拟输出一次转换器，经模拟积分或电流转电压、信号放大、移相等处理之后，再以模拟信号通过双屏蔽小信号传送电缆输出，但信号传送距离有限。此应用模式采用整体校验的方式确定互感器的准确级，能保证互感器具有较高准确度。

2）传感头连接数字输出一次转换器时，一次电流通过传感头转换成低电压或小电流，再以模拟小信号的方式通过双屏蔽小信号电缆传送至数字输出一次转换器，经模数转换、模拟（或数字）积分、电流转电压、信号放大、移相等信号处理，再以数字量形式通过光纤输出，可实现信号的远距离传送。此应用模式采用整体校验的方式确定互感器的准确级，也能保证互感器具有较高准确度。

3）传感头直接连接二次设备时，一次电流通过传感头转换成低电压或小电流，再以模拟小信号的方式通过双屏蔽小信号电缆直接传送到二次设备，二次设备内部进行模数转换、模拟（或数字）积分、电流转电压、信号放大、移相等处理。采用此种应用模式时，在采用基于空心线圈的传感头时，由于传感头存在相移和输出阻抗等因素，需要二次设备和传感头整体联调、校准（传感头和二次设备较近时可采用此模式）。

（2）电压互感器应用模式。中低压电子式电压传感头和二次设备的连接使用，也存在三种连接应用模式，如图4－3所示。

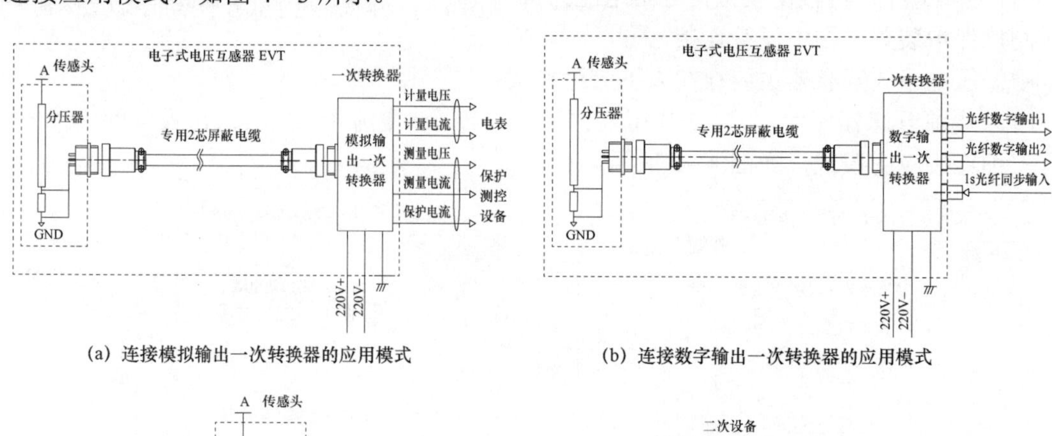

(a) 连接模拟输出一次转换器的应用模式

(b) 连接数字输出一次转换器的应用模式

(c) 直接连接二次设备的应用模式

图4－3 中低压电子式电压互感器的应用模式

1）传感头连接模拟输出一次转换器时，一次电压通过传感头转换成低电压，再以模拟小信号的方式通过双屏蔽小信号电缆传送至模拟输出一次转换器，经阻抗匹配、信号隔离、信号放大等方式处理之后，再以模拟信号通过双屏蔽小信号传送电缆输出，但信号传送距离有限。此应用模式采用整体校验的方式确定互感器的准确级，能保证互感器具有较高准确度。

2）传感头连接数字输出一次转换器时，一次电压通过传感头转换成低电压，再以模拟小信号的方式通过双屏蔽小信号电缆传送至数字输出一次转换器，经阻抗匹配、信号隔离、模数转换、模拟（或数字）移相、信号放大与调理等方式处理之后，再以数字量形式通过光纤输出，可实现信号的远距离传送。此应用模式采用整体校验的方式确定互感器的准确级，也能保证互感器具有较高准确度。

3）传感头直接连接二次设备时，一次电压通过传感头转换成低电压，再以模拟小信号的方式通过双屏蔽小信号电缆直接传送到二次设备，经阻抗匹配、信号隔离、模数转换、信号放大等处理。采用此种应用模式时，由于传感头输出阻抗大，驱动能力差，需要二次设备和传感头整体联调、校准（传感头和二次设备较近时可采用此模式）。

4.2 中低压电子式互感器的整体结构

4.2.1 中低压电子式电流互感器

根据电流互感器本体内部有无一次导电排，中低压电子式电流互感器可分为支柱式和穿心（母线）式。两种结构型式决定了两种电流互感器的生产工艺、技术性能和使用方式。

4.2.1.1 支柱式电流互感器

（1）整体结构。支柱式电流互感器是将一次导电排和电流传感元件使用环氧树脂浇注而成的一个整体，形成完整的具有电流测量功能的单一设备。支柱式电流互感器整体结构如图 4-4 所示，电流互感器内部含有一次电流导电排、电流传感器、环氧树脂等主要元件及固定嵌件、缓冲层等辅助元件。

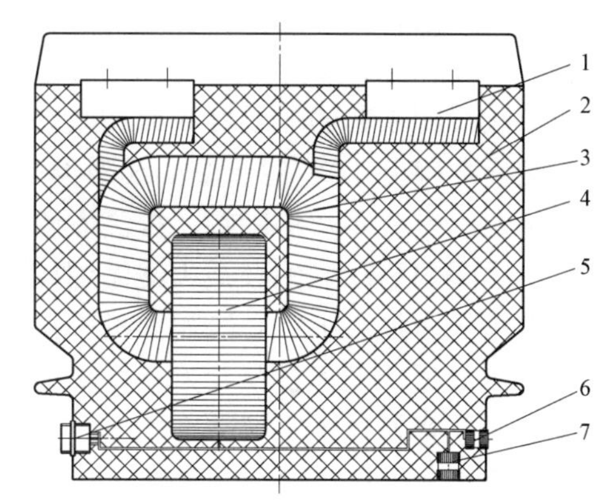

图 4-4 中低压支柱电子式电流互感器结构

1—一次接线端子；2—环氧主绝缘；3—电流一次线圈（复匝）；4—电流二次线圈；5—二次信号输出接口；6—接地螺钉；7—固定螺钉

各电压等级的环氧浇注支柱式电流互感器的内部结构基本相同，如图 4-4 所示，只是外形结构有所区别。耐压能力主要体现在环氧树脂主绝缘层厚度上，例如 10kV 电压等级的环氧树脂主绝缘层厚度要小于 35kV 电压等级的环氧树脂主绝缘层厚度。外形差异主要体现在外观和安装方式的不同。

（2）安装方式。通常将一次接线端子、电流一次线圈、电流二次线圈制作成一个整体，通常称之为器身。器身制作完成之后，再将其装入环氧树脂浇注专用模具，进行环氧树脂加温真空浇注及环氧树脂的固化、脱模、后固化等工序，制造出电子式电流互感器产品。

支柱式电流互感器的一次电流从一个接线端子流入，通过电流一次线圈，再从另一个一次接线端子流出；电流二次线圈（电流测量线圈）套装在电流一次线圈上实现对电流的电磁感应测量；测量得到的二次电流信号通过输出接口以电流信号或电压信号的方式输出。

选用不同电流二次线圈时，输出的信号不同。① 当二次线圈采用 LPCT 且内置取样电阻时，输出信号是和一次电流成比例、同相位的电压信号；② 当二次线圈采用 LPCT 且无内置取样电阻时，输出信号是和一次电流成比例、同相位的电流信号；③ 当二次线圈采用空心线圈时，输出信号是一次电流的微分信号，且相位超前一次电流 90°。

（3）一次线圈设计。电流一次线圈根据导体电流大小，有复匝和单匝两种结构，如图 4-5 所示。其中，复匝结构的电流一次线圈一般采用玻璃丝包扁铜线或漆包线并联绕制而成，单匝结构的电流一次线圈一般采用玻璃丝包扁铜线并联或圆铜棒、铜排制作而成。电流一次线圈的导流面积由通入电流互感器的电流密度确定。电流密度的选取应考虑以下因素：额定电流、最大动热稳定电流和动热稳定电流通过的时间，并计及电流互感器的体积、绝缘层厚度等参数要求。

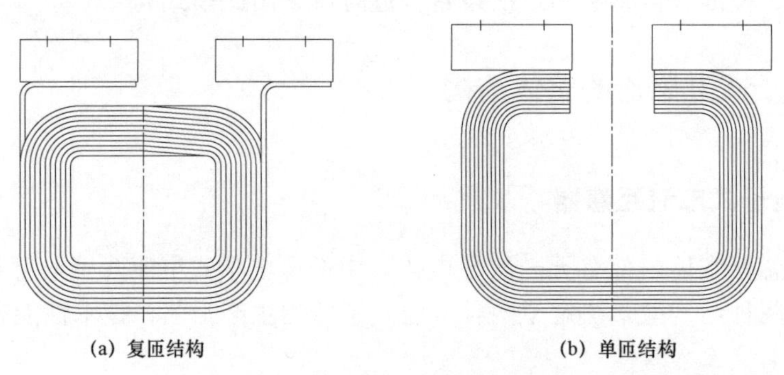

图 4-5　电流一次线圈结构

复匝结构的电流一次线圈主要用于小电流测量，提高了二次线圈的安匝数指标。通常安匝数指电流互感器额定电流和电流一次线圈匝数的乘积。例如一台额定电流为 100 安的电流互感器，一次线圈绕制 6 匝，则其安匝数为 600 安匝。① 对于 LPCT 类型，当通入小电流时，由于二次线圈铁芯的非线性和存在铁芯励磁，很难满足高准确度要求，提高安匝数可以提高电流测量准确度；② 对于空心线圈类型，根据 2.2 节分析可知，由于空心线圈的测量准确级在理论上不受安匝数的影响，提高安匝数的目的是减小二次线圈的匝数和输出阻抗，从而提高空心线圈的驱动能力，减少线圈漏感和层间电容。另外，提高安匝数也相应提高了线圈的输出电压从而提高了空心线圈的抗干扰能力。例如，应用 LPCT 的电流互感器在安匝数小于 50 安匝时，采用单匝测量很难满足 0.2S 级的要求；通常采用增大其铁芯导磁面积的方法，以扩大电流互感器体积来保证准确度。

安匝数的降低导致一次线圈的匝数减小，同时也会降低传感头的温升及成本，提高生产效率。因此电流互感器的安匝数选取需要综合考虑电流互感器的额定电流、体积、过流倍数、二次线圈类型等多种因素。

电流一次线圈采用铜作为导电材料，其膨胀系数大于环氧树脂的膨胀系数，为了减少由于电流一次线圈膨胀对环氧树脂浇注主绝缘层的破坏，需要在电流一次线圈外进行缓冲处理，一般采用硅橡胶作为缓冲介质。电流一次线圈和二次线圈之间的环氧层是电流互感器的主绝缘层，其厚度根据电压等级确定。环氧层中要求没有气泡、龟裂等问题，一般采用高温真空浇注和缓慢降温后固化的生产工艺。若存在上述问题，将会降低互感器的耐压水平，甚至导致互感器局部放电，从而影响使用寿命。此外，考虑一次接线端子和电流一次线圈需要通过大电流，接线端子和线圈之间应采用磷铜焊接，焊接技术要求较高。

4.2.1.2　穿心（母线）式电流互感器

（1）整体结构。穿心（母线）式电流互感器主要由二次线圈、主绝缘环氧树脂、等电位层及其互感器配件构成。穿心式互感器不存在一次导流排，其一次导流排直接采用现场电缆或导流排直接穿过穿心互感器，如图 4-6 所示。等电位层实现电场分布均匀和电场屏蔽的作用；二次线圈主要完成电流的传感，采用空心线圈或 LPCT 线圈；环氧树脂主绝缘主要实现

一、二次的绝缘隔离和支撑作用；互感器配件主要包括线圈缓冲、材料固定结构件等。

图4－6是10kV穿心电流电子式互感器的内部结构图，各电压等级的环氧浇注穿心式电流互感器的内部结构基本相同，只是外形结构不同。为方便现场安装，穿心式电流互感器还存在一种开口穿心式互感器结构，其性能特点和闭合穿心式互感器基本相同。开口穿心式互感器要实现高精度比较困难，工艺制造成本也比闭合穿心式电流互感器高。

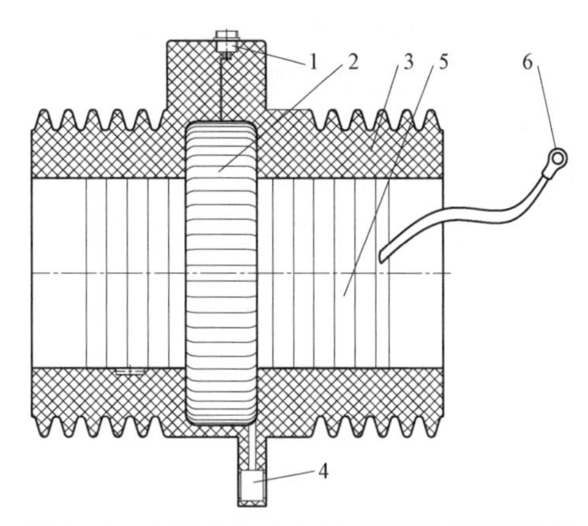

图4－6　中低压穿心电子式电流互感器结构
1—二次信号输出接口；2—二次线圈；3—环氧层主绝缘；4—接地螺钉与固定螺钉；5—高压等电位层；6—等电位连接端子

（2）安装方式。穿心式电流互感器与支柱式电流互感器工作原理相同，穿心式电流互感器的一次电流从中间孔穿过，由LPCT或空心线圈的二次线圈通过电磁感应产生感应信号，再通过二次信号输出接口输出。

根据安装方式不同，穿心式电流互感器有低压穿心式互感器和高压穿心式互感器两种型式。其中，高压穿心式互感器有绝缘耐压要求，导致两者生产工艺有所不同，其使用方法也不同，详见本章4.7.1节。高压穿心式互感器内部需要制作高压等电位层，且通过导线或接线端子引出，使用中需连接到高压一次导线上形成高压等电位。

穿心式电流互感器套装在母线上或电缆上，与母线或电缆之间存在空气间隙，导电排和互感器没有直接接触，一次电流导电排产生的电动力不会传送到互感器本体上。因此，穿心式电流互感器不会承受电动力，可测量大电流。但由于穿心式电流互感器内部没有一次电流排，在结构上无法做得非常紧凑，其体积一般比支柱式电流互感器体积大。

4.2.2　中低压电子式电压互感器

（1）整体结构。中低压电子式电压互感器将一次接线端子、高压阻抗、低压阻抗和保护元件制作成一个整体，形成器身；再将器身装入环氧树脂浇注模具中进行高温真空浇注，经过环氧树脂的固化、脱模、后固化，最终形成电压互感器本体。电子式电压互感器整体结构如图4－7所示。

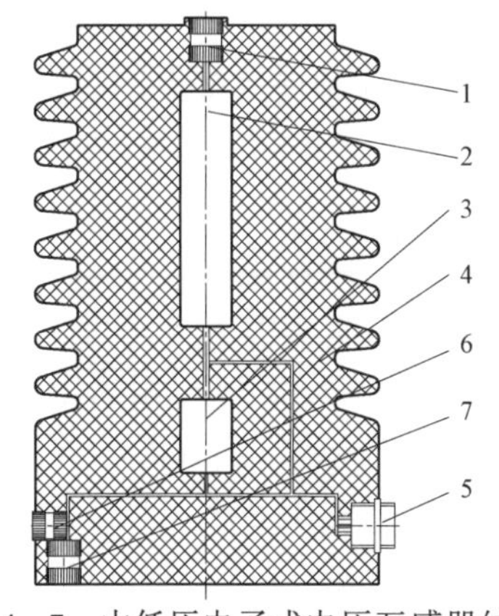

图4－7　中低压电子式电压互感器结构
1—一次接线端子；2—高压阻抗；3—低压阻抗和过压保护元件；4—环氧主绝缘；5—二次信号输出接口；6—接地螺钉；7—固定螺钉

不同电压等级的中低压电子式电压互感器的结构基本相似，主要差别在于绝缘结构和分压器的阻抗类型不同。

（2）安装方式。将被测高电压从电子式电压互感器一次接线端子输入，通过高压阻抗、低压阻抗和接地螺钉，再到大地形成分压回路，分压后的电压通过二次信号输出接口输出。

电压互感器测量高电压，接地与回路设计

非常关键。① 当接地不良或接地断开时，二次信号输出端的输出对地电压升高，将导致二次设备的信号负输入端电压过高，损害二次设备的电子回路，容易造成二次设备接地端对机壳放电等现象。因此电子式电压互感器内部一般采用多重接地的方式来提高互感器接地的安全性。② 当低压阻抗开路，会造成传感头信号输出端电压升高，同样会损害二次设备的电子回路，引起机壳放电等现象。因此，为了提高低压阻抗可靠性和安全性，低压阻抗应采用并联放电管、TVS、冗余设计等措施来保证二次设备运行安全和操作人员人身安全。

（3）器件选择。中低压电子式电压互感器中，电压分压器的选择与分压器型式有关。① 电容分压器。电容分压器的选择需要考虑过压时密封条件下的电容发热问题，即需要考虑高压电容的介质损耗。通常选择介质损耗小、体积大的电容作为高压电容，可有效提高电容分压互感器的可靠性。② 电阻分压器。电阻分压器的选择需要根据互感器整体设计，核算其分布电容影响分压器局部分压不均造成的局部过压，以及分压器产生热量导致的热量失衡问题，保证分压器内部温度不超过分压器的工作温度。因此，电阻分压器的设计与参数选择比电容分压器难度大。但电阻分压器的线性度、温度系数、暂态特性优于电容分压器。③ 低压阻抗与高压阻抗的相关参数。电子式电压互感器传感头输出都是模拟小信号，一般不会超过 10V，因此对低压阻抗的耐压和功耗要求较低，低压阻抗选择相对容易。而高压阻抗基本上承受了测量和试验的全部电压，因此必须着重考虑高压阻抗的耐压和发热等问题。此外，高压阻抗的选择也需要注意其耐压系数、电压系数和体积参数等因素的影响。

（4）浇注工艺。高压阻抗浇注到环氧树脂内部后，整台电压互感器的耐压和寿命主要与以下几个方面有关：① 分压阻抗表面和环氧树脂的黏合程度，即在分压阻抗表面不能形成空气泡，空气泡会产生放电而导致绝缘损坏；② 环氧树脂和电阻的膨胀系数不同，长期运行后，容易在分压阻抗和环氧树脂层之间形成放电回路，严重时形成导电沟道，产生绝缘击穿现象；③ 由于高压阻抗体积和阻抗值较大、存在分布电容，导致分压阻抗不能均匀分压，从而使分压阻抗局部分压过高，造成高压电阻损坏，严重时将导致互感器击穿；④ 在密封条件下还需要考虑由于过电压造成的分压阻抗发热，导致分压器损坏、耐压通不过等问题。因此，在采用阻抗分压器的环氧浇注式互感器中，阻抗分压器的设计选择、封装工艺、浇注前的处理工艺以及互感器整体结构设计等都会对电子式电压互感器的可靠性和使用寿命造成影响，应特别注意。

4.2.3 中低压电子式电流电压组合互感器

中低压电子式电流组合互感器与独立电子式电流互感器相似。电流电压组合互感器根据其内部有无一次电流线圈也可分为两种结构型式，即支柱式电流电压组合互感器和穿心式电流电压组合互感器。其中，支柱式电流电压组合互感器通常用在开关柜、配电柜等；穿心式电流电压组合互感器通常用在充气柜中，其表面不存在电位，具有表面可触摸的特点。

4.2.3.1 支柱式电流电压组合互感器

（1）整体结构。电流电压组合互感器是指将测量电流和测量电压的功能元件组合到一个互感器浇注体内，同时完成电流电压的测量，如图 4－8 所示。

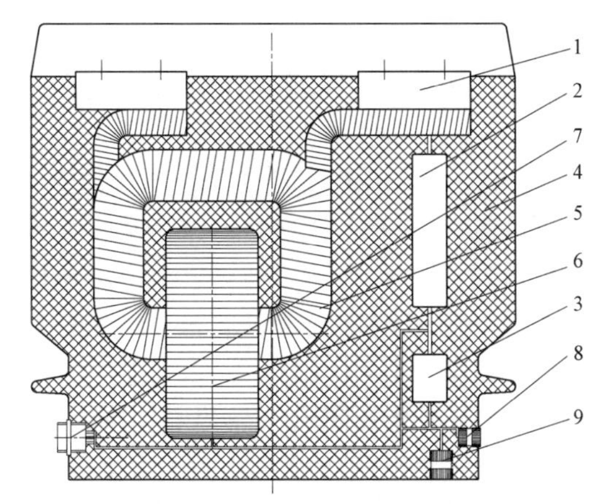

图 4－8 中低压支柱电子式电流电压组合互感器结构

1—一次接线端子；2—高压阻抗；3—低压阻抗和过压保护元件；4—环氧主绝缘；5—电流一次线圈（复匝）；6—电流二次线圈；7—二次信号输出接口；8—接地螺钉；9—固定螺钉

支柱式电流电压组合互感器与电磁式互感器相比，支柱式电流电压组合互感器内部结构更加紧凑，内部电场分布更不均匀，导致其设计和生产制造工艺更为复杂。支柱式电流电压组合互感器一次线圈的结构设计及工艺要求和电流互感器相同，分压阻抗的选型及工艺要求和电压互感器相同，具体可参考4.2.1节和4.2.2节。

（2）安装方式。电流测量时，电流从一个一次接线端子流入，通过一次线圈，再从另一个一次接线端子流出；电流二次线圈（电流测量线圈）套装在一次线圈上对电流进行测量；测量得到的电流信号通过二次信号输出接口输出。电压测量时，电压分压器的高压端和两个一次接线端子中的一个相连接，取得被测电压；再通过高压阻抗、低压阻抗和接地螺钉，与大地形成分压回路；分压后的电压通过二次信号输出接口输出。

电流电压组合互感器集成了电流与电压同时测量功能，在应用中接线更方便、更简化，安装所需的空间更小。

4.2.3.2 穿心（母线）式电流电压组合互感器

（1）整体结构。穿心式电流电压组合互感器既有穿心式电流互感器的结构特点，又有支柱式电压互感器的结构特点，整体结构如图4－9所示。穿心式组合互感器的一次电压接线端子上装配具有弹性的接触触头，通过弹性接触触头和一次电流杆导通，取得被测电压。高压等电位层在互感器内部和一次电压接线端子连接，形成高压等电位，避免了导电杆和环氧树脂绝缘层的绝缘间隙放电问题。互感器裸露

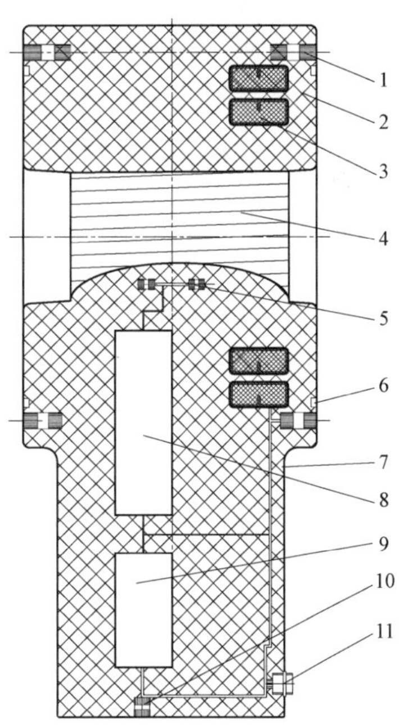

图 4－9 中低压GIS穿心式电流电压组合互感器结构

1—固定螺钉；2—环氧层主绝缘；3—电流二次电流线圈；4—高压等电位层；5—电压一次接线端子；6—密封槽；7—接地层；8—高压阻抗；9—低压阻抗和过压保护元件；10—接地螺钉；11—二次信号输出接口

在外的部分采用接地网形成接地层，然后连接到接地端子，因此不存在对地电位。35kV 穿心式组合互感器可直接安装在 GIS 上，间隙和 GIS 的气室连通，并作为 GIS 气室的一部分。密封槽用来密封气室，以免漏气。

（2）安装方式。图 4-9 是 35kV 穿心式电流电压组合互感器的内部结构图，其直接安装在 GIS 上。电流测量时，一次电流杆从中心孔穿过，采用 LPCT 或空心线圈的测量二次线圈通过电磁感应产生感应信号，再通过二次信号输出接口输出。电压测量时，高电压从互感器的电压一次接线端子输入，通过高压阻抗、低压阻抗和接地螺钉，与大地形成分压回路，分压后的电压通过二次信号输出接口输出。

（3）器件选择。35kV 穿心式电流电压组合互感器与 10kV 组合互感器相比，35kV 组合互感器的耐压水平更高，环氧树脂绝缘层厚度更大。为确保散热效果，35kV 阻抗分压器的体积相对更大，额定工作电流更低。因此，在基于电容分压原理的分压器选型时，应选择介电损耗角更低的电容作为高压电容。此外，35kV 电压分压器的体积和分压阻抗值较大，对分布电容的影响更为敏感，在设计中应特别注意，尤其是应用电阻分压原理的电压互感器。

4.3 中低压电子式互感器的传变特性

4.3.1 电流传感方式与空心线圈设计

4.3.1.1 中低压电子式电流互感器的传感方式

中低压电子式电流互感器的传感方式与高压交流电子式电流互感器的测量传感方式相同。中低压电子式电流互感器所采用的传感方式也可分为有源和无源两种，测量原理主要有带铁芯的电磁式低功率线圈测量原理、不带铁芯的空心线圈测量原理和基于磁光效应的电流测量原理。各类型传感方式的理论分析详见第 2 章和第 3 章。基于磁光效应的光学电流互感器价格昂贵、结构复杂，在中低压系统中应用较少。中低压电子式电流互感器的二次传感器主要采用带铁芯的 LPCT 和不带铁芯的空心线圈两种型式。

（1）LPCT 型式。通常认为 LPCT 属于电磁式互感器在输出功率降低后的特殊应用，内部同电磁式互感器一样存在铁磁材料，存在非线性、易饱和、易出现铁磁谐振等现象，同时由于输出功率降低，二次输出电流减弱，一般为毫安级，导致二次线圈的匝数突增和二次线圈的线径变细，增加了安全隐患和制造工艺难度。其中，二次线圈的匝数突增将导致互感器的开路电压升高，安全性不如传统电磁式互感器。而二次线圈的线径变小将导致线圈防振能力变差，更容易出现二次线圈断线，若要解决上述问题，需要在设计生产中增加防范措施以及增加制造生产工艺环节，比如采用缓冲层加厚等措施。LPCT 的测量准确度在一定测量范围内可以做到很高，具有体积小、二次接口简单等优点。LPCT 的输出信号为弱电流信号，一般采用在输出信号端口并联取样电阻的转换方式实现电流到电压的转换。

（2）空心线圈型式。基于空心线圈测量原理的一次传感器内部不存在铁磁材料，具有线性度好、频率范围宽、无磁路饱和等特点，还具有体积小、线圈发热量小和价格低廉等优点，更适宜中低压配电系统设备高性价比的要求。但由于空心线圈输出信号与一次电流成微分关系，且相位超前 90°，需要后续信号积分处理电路，与 LPCT 相比应用更加复杂；同时，基于空心线圈测量原理的一次传感器需要与信号处理电路结合确定整体准确度，在一致性方面也不如 LPCT。

4.3.1.2 中低压电子式电流互感器的空心线圈设计

（1）线圈结构参数对测量一致性的影响。中低压电子式电流互感器用空心线圈主要由骨架、线圈、缓冲层、屏蔽等构成，如图 4－10 所示。

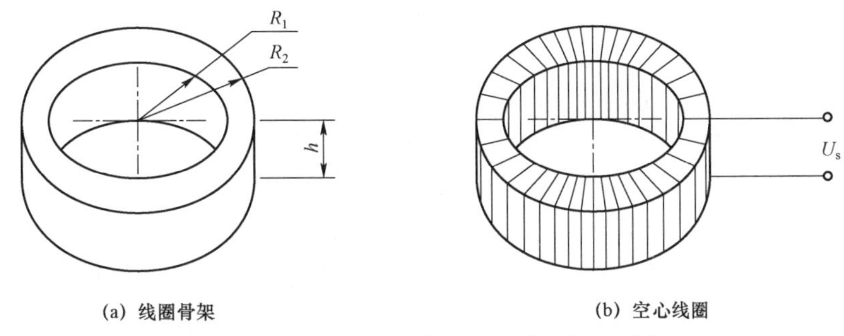

图 4－10 中低压电子式用空心线圈结构示意图

中低压电子式电流互感器用空心线圈的骨架一般采用温度系数小的玻璃丝环氧树脂板（环）加工而成，其加工精度决定着线圈绕制后传感信号的一致性。理论上骨架结构尺寸和设计完全一致时，在相同被测电流下所绕出的线圈感应电压应完全一致，但因加工精度无法达到理论设计值，所以每个线圈的互感系数具有差异性，导致空心线圈输出信号的一致性变差，但可以通过后续电路进行调整。

空心线圈在外形上可分为圆形和矩形两种结构，在安装方式上有闭合式结构和开合式结构，其线圈横截面可分为圆形和矩形两种。从线圈骨架加工工艺难度和精度上考虑，中低压电子式电流互感器用空心线圈一般选用外形为圆形、骨架横截面为矩形的结构。

根据式（2－23）可推导出空心线圈骨架尺寸误差影响互感系数误差的关系式为

$$\frac{\Delta M}{M}=\varepsilon_{\mathrm{h}}+\frac{(\varepsilon_{\mathrm{R_a}}+\varepsilon_{\mathrm{R_b}})}{\ln\left(\dfrac{R_{\mathrm{a}}}{R_{\mathrm{b}}}\right)} \tag{4-1}$$

式中：ε_{h}、$\varepsilon_{\mathrm{R_a}}$、$\varepsilon_{\mathrm{R_b}}$ 分别为空心线圈高度 h（mm）、空心线圈外径 R_{a}（mm）、空心线圈内径 R_{b}（mm）的误差百分数。

取绝对值运算后，式（4－1）进一步改写为

$$\frac{\Delta M}{M}\leqslant\left|\varepsilon_{\mathrm{h}}\right|+\frac{\left|\varepsilon_{\mathrm{R_a}}\right|+\left|\varepsilon_{\mathrm{R_b}}\right|}{\left|\ln\left(\dfrac{R_{\mathrm{a}}}{R_{\mathrm{b}}}\right)\right|} \tag{4-2}$$

在实际应用中，一般 $\ln\left(\dfrac{R_{\mathrm{a}}}{R_{\mathrm{b}}}\right)$ 的绝对值小于 1。由式（4－2）可知，$\left|\ln\left(\dfrac{R_{\mathrm{a}}}{R_{\mathrm{b}}}\right)\right|$ 对 $\varepsilon_{\mathrm{R_a}}$、$\varepsilon_{\mathrm{R_b}}$ 带给 $\dfrac{\Delta M}{M}$ 的误差起到放大作用。因此，互感系数的最大结构误差限制大于空心线圈的骨架尺寸误差限制之和。由式（4－2）也可知，在骨架设计加工时，内外径的尺寸误差影响更大。要保证空心线圈测量的一致性，骨架加工精度应非常高。另外，骨架加工精度所引入的误差

是一个固定误差，可通过后续信号处理电路进行调整，但此方法降低了传感头和信号处理电路之间的互换性。空心线圈骨架不对称也会影响空心线圈输出信号的一致性。

（2）线圈绕制对线圈测量准确度的影响。空心线圈在绕制过程中，需要保证均匀绕制，否则将会导致一次导流排放置在不同位置具有不同的测量值，即存在一次导电排位置引起的误差；同时也将会带来外磁场对线圈的干扰。此外，非均匀绕制会产生漏感，从而影响空心线圈相位差的一致性。

（3）线圈屏蔽对线圈测量准确度的影响。空心线圈不同于电磁式互感器，其输出为小信号，对电场干扰比较敏感，因此空心线圈的电场屏蔽非常重要，且应和信号传送时的抗电磁干扰屏蔽统一考虑。在信号传送时，应采用双层屏蔽：外层屏蔽接地，衰减外部电场的干扰；内层屏蔽和信号处理电路的地相连，衰减剩余外部电场对信号形成的共模干扰。空心线圈密绕后和屏蔽之间将产生寄生电容，为了减少寄生电容的影响，内部还需加入电容屏蔽来保证空心线圈测量的稳定性。

（4）温度对空心线圈测量准确度的影响。由于空心线圈骨架存在温度膨胀系数，由式（4-2）可知，其骨架的形变将导致空心线圈的互感系数产生变化，从而影响空心线圈的测量准确度。为了减少温度的影响，一般采用低温度系数材料作为空心线圈的骨架。目前也在探索采用其他办法实现零温漂的空心线圈。

（5）线圈输出阻抗对线圈测量准确度的影响。当线圈采用大体积骨架或多层绕制时，应考虑线圈等效电气参数对测量准确度的影响，图4-11为中低压电子式空心线圈等效电路。

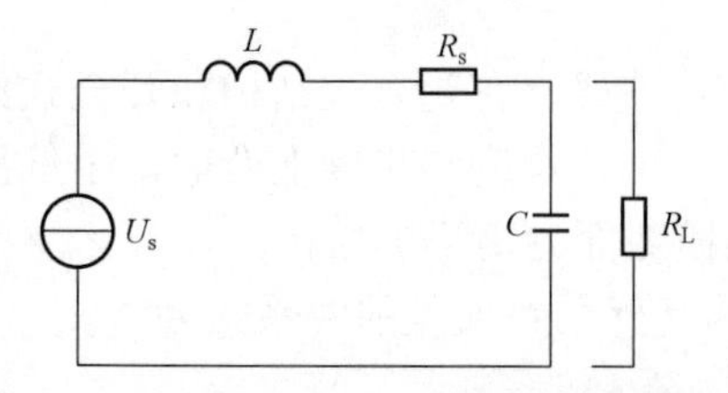

图4-11　中低压电子式空心线圈等效电路

在图4-11中，U_s为空心线圈感应电压，是一次电流的微分信号，V；L为空心线圈等效电感，主要是线圈漏感，H；R_s为线圈内阻，Ω；C为传输线电容，F；R_L为负载电阻，即二次设备输入的等效电阻，Ω。

等效电气参数对测量准确度影响分析如下：① 传输线电容大小跟传输线的结构和长度有关，但一般数值较小，对空心线圈的准确度影响较小，其主要影响相位差，因此可忽略不计。② 线圈等效电感L的大小在空心线圈均匀绕制时较小，其主要影响相位差，也可以忽略。③ 线圈内阻R_s大小跟空心线圈绕制的线径和空心线圈要求输出的感应电压有关，其主要影响比值差，且与信号使用设备输入阻抗R_L的大小有关。

综上分析可知，第一，在实际应用中要做到空心线圈和信号使用设备的相互互换，必须固定信号使用设备的输入阻抗，即具有相同输入阻抗的信号使用设备连接同一个空心线圈互感器时，具有相同的准确等级；第二，当信号使用设备的输入阻抗大于某一个输入阻抗临界值时，需满足相应测量准确等级。

4.3.1.3　中低压电子式电流互感器的积分处理方式

根据空心线圈传变原理可知，线圈输出信号需要进行积分处理。信号积分可分为模拟积分和数字积分两种，并可将积分处理功能做成独立装置，如一次转换器；也可将积分功能集成到二次设备中。目前，中低压电子式电流互感器的积分处理主要有三种方式：① 将积分功能放到模拟一次转换器，在一次转换器内完成信号的积分转换。一次转换器一般采用模拟积分电路进行积分，输出模拟小信号。② 将积分功能放到数字一次转换器，在数字一次转换器内完成信号的积分转换。数字一次转换器可采用模拟积分或数字积分，输出数字信号。③ 将积分功能放到信号使用的二次设备，在二次设备中完成信号的积分转换或不通过积分计算直接进行信号处理与分析。

由于空心线圈的线性好，当采用空心线圈的传感头时，可用一个线圈完成一次电流到二次信号的变换，再通过后续处理电路，将原信号处理成不同类型输出的信号，分别满足计量、测控和保护的要求，既可以节约成本，也可以减小互感器的体积。

4.3.2 电压传感方式与分压器的设计

4.3.2.1 中低压电子式电压互感器的传感方式

中低压电子式电压互感器的传感方式主要有电阻分压、电容分压和阻容分压三种，将高电压转变为低电压的模拟小信号，以便于一次转换器模拟小信号的输入和二次设备接口输出。

（1）线电压测量。测量线电压时，需将分压器接在两相之间，对线电压进行分压可得到模拟小信号。由于分压器输出的模拟小信号相对地存在高电压，低压端二次设备不能直接使用，需要具有耐压功能的信号传输系统将信号传送到低压端之后，再供给二次设备使用。例如，可先将模拟小信号转换为数字信号，再通过光纤或无线通信将数字量传送到低压端二次设备。由于模拟小信号的数字化过程需要处理电路，而处理电路需要供电电源，因此在高压端进行信号数字化时需要有取能（供能）设备，否则只能将二次设备移到高压端，同分压器输出的模拟小信号负端等电位（高压电能表即采用该种处理方式）。电能表直接放置于模拟小信号端，同模拟小信号负端等电位，电能表完成信号采集和电能计量后，再通过光纤或无线通信方式将所得到的电能计量结果发送到地面接收设备。

（2）相电压测量。测量相电压时，需将分压器接在相与地之间进行分压并得到模拟小信号。目前，主要应用两种测量方式：① 低压分压电阻放到高电位端，与线电压的测量方式相同，一般信号使用设备在高压端时多采用该种测量方式，称为倒装方式；② 低压分压电阻放到低电位端，模拟小信号输出在低压端，可直接和二次设备连接。但模拟小信号一端和大地相连，若直接和二次设备连接使用，会导致二次设备的信号地和大地相连，从而降低了二次设备信号输入端口的耐压能力。因此，需要在信号输入端增加信号隔离电路，如线性光电隔离、线性磁隔离放大器等，详见 4.4.3 节。

4.3.2.2 中低压电子式电压互感器的分压器设计

当采用电阻分压测量相电压时，相当于在相和地之间接上了一个电阻，会导致相对地的直流绝缘阻抗降低。当采用电容分压测量相电压时，相当于在相和地之间接上了一个电容，会导致相对地的容抗降低。此外，分压器在测量相对地的电压时，理论上应采用三相同时测量方式，以便三相负载的平衡。因此在设计分压器时，其阻抗值越大越好，从而降低对中低压系统直流阻抗的影响，并且在不平衡测量时，对中低压系统的影响也会降低。但在实际应用中，由于配电网规模大、电缆多，其分布电容所形成的容抗已经很小，因此在单相对地分压测量时，分压阻抗值不需要很大也能满足相电压测量的准确度要求。

4.3.2.3 分压器输出阻抗对一致性的影响

图 4－12 给出了中低压电子式电压互感器的分压器等效电路。

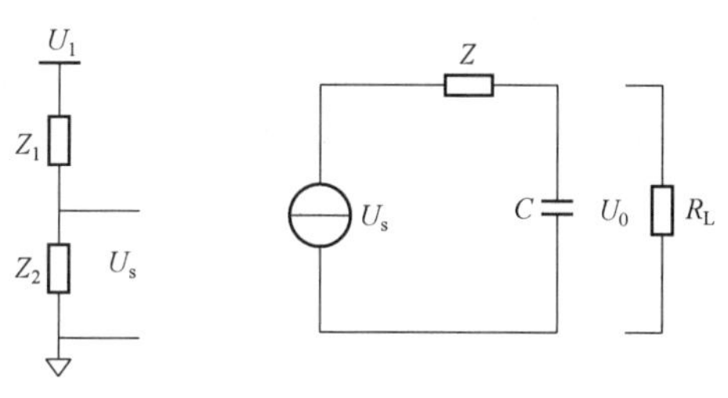

图 4－12 分压器等效电路

如图 4－12 所示，假设 U_1 为一次待测电压，U_s

为分压器分压后的电压（或空载电压），U_0 为分压器带负载时的端口电压，R_L 为二次设备输入的等效阻抗，则有

$$\begin{cases} U_s = \dfrac{Z_2}{Z_1 + Z_2} U_1 \\ U_0 = \dfrac{j\omega C}{Z + j\omega C} U_s \end{cases} \tag{4-3}$$

$$Z = \frac{Z_1 Z_2}{Z_1 + Z_2} \tag{4-4}$$

式中：Z_1 为分压器高压阻抗，Ω；Z_2 为分压器低压阻抗，Ω；Z 为分压器等效输出阻抗，Ω；C 为传输线电容，F。

（1）电阻分压。当分压器为电阻分压时，忽略分布电容的影响，式（4－4）可改写为

$$Z = R = \frac{R_1 R_2}{R_1 + R_2} \tag{4-5}$$

根据分压比可知，$R_1 \gg R_2$，因此式（4－5）所示分压器的等效输出电阻可近似等效为低压电阻的阻值 R_2。此时可将分压器作为电源器件来分析，即可认为分压器为某个电源。根据电路理论，电源的输出电阻随着负载变化影响着电源的端口电压。即当连接不同的 R_L 时，端口电压 U_0 会随着 R_L 的变换而变化。例如，一个变比为 10kV/4V 的电压互感器，假设高压电阻使用 50MΩ，低压电阻约为 20kΩ，且不考虑传输线电容影响时，在满足测量准确级 0.2 级要求之外，负载电阻应不小于 10MΩ。当考虑传输线电容影响时，由于分压器存在输出电阻，传输线的长度和型号对相位也有影响，将产生相位滞后。不同型号的信号传输线，其单位长度电容值不同，对分压器端口电压的相位滞后影响也不同。

（2）电容分压。当分压器为电容分压时，式（4－4）改写为

$$Z = \frac{1}{jwC} = \frac{1}{jw(C_1 + C_2)} \tag{4-6}$$

由式（4－6）可知，电容分压器输出等效阻抗为容抗，其容抗大小与高压电容和低压电容的取值有关。高低压电容的取值又与分压比、互感器要求的无功、体积等因素有关。由于 $C_1 \ll C_2$，其等效输出电容主要由 C_2 的电容值决定。C_1 增大时，互感器消耗无功增大；根据分压比关系，C_2 也会增大，然而等效输出阻抗会减小，互感器带负载能力增强。C_1 减小时，互感器消耗无功减小，根据分压比关系，C_2 也会减小，然而等效输出阻抗会增大，互感器带负载能力减弱。与不同设备连接时，其准确度也不同。

电容分压器对电荷具有记忆特性，当高压断电时，电容上会有滞留电荷存在，形成一个直流电压输出。为了消除此电压，一般在低压电容上并联一个电阻，此时电压互感器将存在一个固有的衰减时间常数，该时间常数是指电容中电荷量衰减为某一固定电荷量的时间值，只与互感器本身的等效电容和并联电阻（含二次设备输入电阻）有关，是电压互感器的固有特征。时间常数将会影响电压互感器的暂态特性，一般暂态特性较好的电压互感器时间常数较小。并联电阻解决了电容分压器在高电压断电时直流电压衰减问题，但也会给分压器带来固定的相移，同时分压器的温度特性变差，影响其准确性。

如图 4－12 所示，并联电阻（含二次设备输入电阻）后，相当于在分压支路之后连接了

一个 CR 电路，将带来分压信号的衰减和相位超前。因此，在后续信号处理电路中还需要进行信号还原，即对信号进行积分转化或移相计算。由于阻抗分压的输出信号一端已经和大地（相对地分压）或高压端（线对线分压或相对地分压倒装）连接，信号另一端通过电阻或电容和高压端连接，对于二次设备是悬浮地的系统而言，该方案并不可取。因此，阻抗分压后续信号处理电路应首先采用信号隔离电路，再进行后续信号的处理。

电容分压器的连接电缆对相位差和准确度的影响与电阻分压器基本相同，都存在相位滞后和比值误差变负的问题。

4.3.3 中低压零序电压测量方法

中低压配电系统需要测量零序电压，一般采用零序电压互感器或三相相序电压合成零序电压。当应用电子式互感器采样技术时，将专门测量零序电压的电子式互感器称为电子式零序电压互感器。零序电压测量原理如图 4－13 所示。

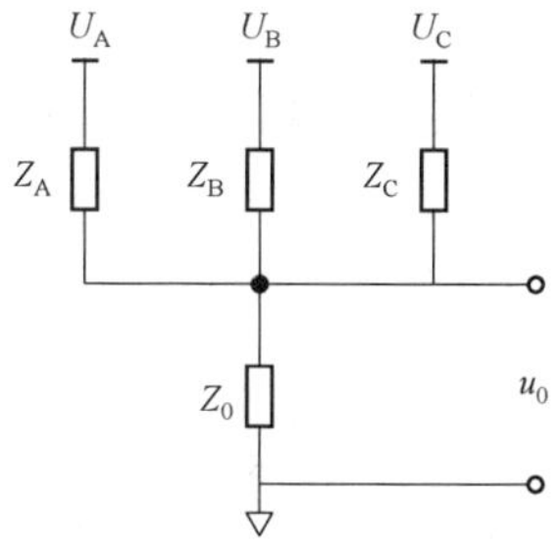

图 4－13 零序电压测量图

如图 4－13 所示，假定 U_A、U_B 和 U_C 分别为三相电压，U_0 为零序电压，Z_A、Z_B、Z_C 是电子式零序电压互感器 A、B、C 三相的高压阻抗，Z_0 是低压阻抗。假设 $Z_A = Z_B = Z_C = Z$，则有

$$u_0 = \frac{Z_0}{Z + 3Z_0}(U_A + U_B + U_C) \tag{4-7}$$

又因为：$U_A + U_B + U_C = 3U_0$，所以

$$u_0 = \frac{3Z_0}{Z + 3Z_0}U_0 \tag{4-8}$$

由式（4－8）可知，若高压阻抗和低压阻抗同为电阻或同为电容时，其分压比为一个常数，即二次输出 u_0 和 U_0 成比例关系，且同相位。若为阻容分压方式，当高压阻容和低压阻容的阻抗角相同时，二次输出和一次零序电压仍成比例关系，从而实现零序电压的准确测量。此外，式（4－8）所成立的前提条件是 $Z_A = Z_B = Z_C$。当三相电阻的阻值不相等且三相电压平衡时，将直接引入或输出零序电压。假设 A 相电阻阻值较其余两相阻值增大 1%，将引起近似 $1\% \times u_0$ 的零序电压输出，因此应尽量确保三相高压阻抗相等。

4.3.4 中低压一次传感器补偿法

影响中低压电子式互感器测量准确度的因素主要包括传变方式、传感器材料、使用环境、加工工艺和使用方法等。在实际应用中，为提高测量准确度，应对电子式互感器比值差和相位差进行补偿，并采用特殊结构设计和加工工艺。

4.3.4.1 基于空心线圈的电子式电流互感器的补偿技术

采用空心线圈传变方式的电子式电流互感器基于法拉第电磁感应原理，不存在励磁和损耗等问题，即空心线圈不存在由于原理带来的误差。但是由于空心线圈内没有聚磁效应的铁磁材料，线圈内磁场为电流在空气中所产生磁场，因此线圈内磁势主要由线圈内磁链和线圈面积决定。相比而言，电磁式互感器内磁势由聚磁效应的铁芯面积决定，空心线圈的加工工艺、加工精度就成为其测量准确度的决定因素之一。

空心线圈结构尺寸变化所引入误差的分析，由 4.3.1 节可知，与此同时，空心线圈绕制质量也会影响互感器产品的一致性，引起外界磁场对线圈的干扰。从理论上分析，空心线圈骨架加工越精确、绕线均匀对称，则空心线圈受外界磁场干扰越小。为了实现空心线圈的高准确度测量以及测量的一致性，在实际应用时采用下列措施：① 提高空心线圈骨架的加工精度，可应用基于激光技术的高精度加工设备进行空心线圈骨架的制作；② 对于绕制型空心线圈，可采用高精度的数控绕线设备进行空心线圈绕制，提高均匀对称绕制工艺；③ 采用印制电路板式的空心线圈；④ 采用温度补偿技术补偿骨架膨胀导致的误差。

负载对空心线圈测量准确度有一定影响，且其为固定误差，可以通过限制或规定负载特性并合理整定提高测量准确度。

4.3.4.2 基于电阻分压的电子式电压互感器的补偿技术

由于电阻材料本身存在温度特性和电压特性，所以分压电阻的选用非常重要，高压和低压电阻一般采用同种材料的电阻，使其温度特性和电压特性完全一致，保证分压比不变。① 对于分压器高压电阻体积大、阻值高，且受分布电容影响大，在制作高准确度电压互感器时，需要处理分布电容对比值差和相位的影响。通常采用加大互感器体积、对称屏蔽等措施来减小分布电容的影响，以提高测量准确度。② 由 4.3.2 分析结果可知，由于分压器输出阻抗较大，存在易受使用对象输入阻抗影响的问题。在影响机理分析时，通常将使用对象输入阻抗并联在分压器的低压电阻上，因使用对象输入阻抗的温度系数与分压器的温度系数不一致，导致分压器低压电阻并联后的整体电阻温度系数变化，变化的大小与低压电阻和使用对象输入阻抗有关，从而使分压器上下电阻的温度系数不同，并表现为非线性，最终导致分压比随温度变化，影响分压器的测量准确度。在实际应用中，需要限制或规定负载特性；采用和分压器高低压电阻具有相同温度系数的使用对象输入阻抗，也可增大输入阻抗，降低使用对象输入阻抗的影响。③ 对于封装在环氧树脂内部受应力影响，导致分压器的分压比和温度特性产生变化的问题，详见 4.5 节论述。

4.4 中低压电子式互感器的一次转换器

4.4.1 基本功能

由 4.3 节中低压电子式互感器的传感原理可知，电流互感器的空心线圈输出为一次电流的微分信号，且由于加工技术方面的原因很难做到每个线圈性能完全一致；电压互感器中存在阻抗分压器的输出信号和大地相关联等问题，均需要对电子式电流和电压互感器的输出信号进行积分处理、信号隔离和信号处理。

中低压电子式互感器的模拟一次转换器将上述信号处理功能集中到一个独立设备中。当模拟一次转换器和一次传感器连接使用时，电子式互感器准确度应为一次传感器和模拟一次转换器的总体准确度。模拟一次转换器的组成结构如图 4－14 所示。

如图 4－14 所示，模拟一次转换器的电流信号输入和电压信号输入为传感头输出的信号。阻抗匹配是模拟一次转换器的输入阻抗，其值和一次传感器中测量元件的传变原理有关。信号积分指对电流信号进行积分计算，主要适用于应用空心线圈检测电流的传感头；LPCT 不需要积分，可将积分环节跳过或设置成比例运算。信号隔离主要对电压输入信号进行隔离，电压分压器采用对地分压，若不隔离，大地和模拟一次转换器将有电气连接。信号调理完成信号幅值和相位的调整。信号输出指信号的驱动输出、信号分离和信号端口的保护等，再分别输出保护电流、测量电流、计量电流、测量电压、保护电压等测量值，供给不同的二次设备使用。

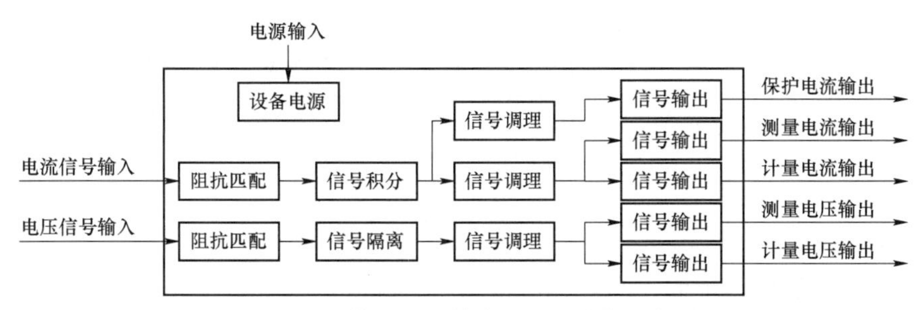

图 4－14 模拟一次转换器组成结构示意图

模拟一次转换器的处理功能可分为以下三类：① 空心线圈一次传感器输出的信号通过阻抗匹配、信号积分之后，调理成保护信号和计量信号，分别送到各个对应的信号输出端口；② LPCT 传感头输出的信号通过阻抗匹配之后，将信号调理成保护信号或计量信号，分别送到各对应的信号输出端口；③ 阻容分压传感头输出的信号通过阻抗匹配、信号隔离之后，将信号调理成保护信号和计量信号，分别送到各对应的信号输出端口。

4.4.2 积分器的时间常数

基于空心线圈的一次传感器输出信号为一次电流的微分信号，其输出信号的微分形式如式（2－1）所示，对其进行拉普拉斯变换后，其传递函数可表示为

$$A_c(S)=\frac{u_2(S)}{I_1(S)}=MS \tag{4-9}$$

式中：M 为空心线圈的互感系数；$A_c(S)$ 为空心线圈传递函数；$I_1(S)$ 为一次电流；$u_2(S)$ 为空心线圈的二次输出信号。

微分信号需要积分计算才能将空心线圈的二次输出还原成和一次电流成比例的信号，假设理想积分器的传递函数为

$$A_i(S)=\frac{u_{20}(S)}{u_2(S)}=\frac{K}{S} \tag{4-10}$$

式中：K 为理想积分器的积分系数；$A_i(S)$ 为理想积分器的传递函数；$u_2(S)$ 为理想积分器输入信号；$u_{20}(S)$ 为理想积分器的输出信号。

式（4－9）与式（4－10）经零点和极点对消后的总传递函数为

$$A=\frac{u_{20}(S)}{I_1(S)}=A_c\times A_i=MK \tag{4-11}$$

由式（4－11）可知，通过理想积分器后，输出信号 u_{20} 和一次电流成比例，从而实现一次电流的准确测量。理想积分器如图 4－15 所示。

图 4－15 中 C 为积分电容；R 为积分电阻；A 为有源运算放大器的开环放大倍数。由图 4－15 可知，当输入信号频率为 0Hz 时，电容容抗为无穷大，相当于运算放大器工作在开环状态，

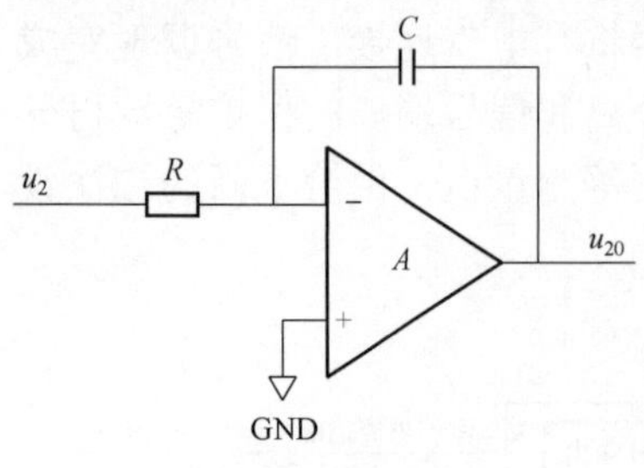

图 4-15 理想积分器的原理图

其放大倍数 A 非常大，一个很小的直流电压 u_2，将输出一个很大的直流电压 u_{20} 或运算放大器处于饱和输出状态，不能正常工作。此外，考虑运算放大器为有源器件，其偏置电流、失调电流电压的不对称也会出现上述情况。因此在应用空心线圈的中低压电子式电流互感器制造过程中，图 4-15 所示电路为不稳定的电路或不能实现积分功能的电路。为了达到实际工作要求，积分器一般采用一个惯性环节代替，具体可参见图 2-25（c）所示的有源外积分等效电路图，其传递函数为

$$A=\frac{e_0(s)}{e_{\mathrm{i}}(s)}=-\frac{R_{\mathrm{f}}}{R}\times\frac{1}{1+R_{\mathrm{f}}CS} \tag{4-12}$$

式中：A 为惯性环节传递函数；$e_0(s)$ 为输出信号；$e_{\mathrm{i}}(s)$ 为输入信号；R 为输入电阻，Ω；R_{f} 为反馈电阻，Ω；C 为反馈电容，F。

设积分器的时间常数 $\tau=R_{\mathrm{f}}\times C$。当 $|\tau S|\gg 1$，式（4-12）可近似为理想积分器，即时间常数越大，积分效果越好，积分的相位误差越小。但时间常数过长则会影响电子式互感器的暂态特性，当做 C-O-C 试验时，积分器可能存在暂时饱和输出，因此可根据相关标准规定的互感器时间常数来设计积分。通用的时间常数一般有 20ms、40ms、80ms、100ms、120ms 等时间序列。

将式（4-9）和式（4-12）合并成总的传递函数，并经归一化计算后有

$$A_{\mathrm{i}}(\mathrm{j}2\pi f)=\frac{\mathrm{j}2\pi f\tau}{1+\mathrm{j}2\pi f\tau} \tag{4-13}$$

若以 50Hz 整定模拟一次转换器并设定不同的时间常数，可计算得到相对 50Hz 时不同频率下积分器的频率误差，详见表 4-2。

表 4-2　积分器的频率误差

时间常数（ms）	误差	信号频率（Hz）				
		45.0	49.5	50.0	50.5	55.0
20	比值误差（%）	-0.288	-0.025	0.000	0.024	0.215
	相位误差（′）	6.078	0.553	0.000	-0.542	-4.973
80	比值误差（%）	-0.019	-0.002	0.000	0.002	0.014
	相位误差（′）	1.520	0.138	0.000	-0.135	-1.243
100	比值误差（%）	-0.012	-0.001	0.000	0.001	0.009
	相位误差（′）	1.216	0.111	0.000	-0.108	-0.995
120	比值误差（%）	-0.008	-0.001	0.000	0.001	0.006
	相位误差（′）	1.013	0.092	0.000	-0.090	-0.829

由表 4-2 可得到以下结论：① 同一时间常数下，积分器在不同频率下存在固定比值误差和相位误差；② 时间常数越小，频率的线性误差越大；③ 在积分常数大于 20ms 时，同一积分器的准确级既能满足保护要求又能满足测量要求，因此可用同一个积分器来完成信号积分。

在实际应用中，由于空心线圈存在漏感，也存在时间常数，但空心线圈的时间常数非常小，相对积分器时间常数可以忽略不计。

综上分析，采用空心线圈的中低压电子式电流互感器具有良好的时间常数调节能力，且其时间常数只和积分器的电容电阻有关，更容易实现中低压配电系统对电子式互感器不同暂态特性的研制要求。与空心线圈不同，采用 LPCT 的电子式互感器的时间常数不易控制，研制相对固定的时间常数比较困难，且分散性较大。因此采用 LPCT 的电子式互感器难以应用到时间常数有特殊匹配需求的应用场景。

4.4.3 光电线性隔离技术

在中低压系统中，电子式电压互感器阻抗分压器的低压端接大地，且作为信号输出的负端，当与保护测控等二次设备直接连接时，会导致二次设备直接和大地相连。考虑多数二次设备的接地端是浮地，为了实现二次设备接地端和大地隔离，电压互感器的一次转换器需要采用光电线性隔离技术实现接地端与大地隔离。

隔离电路有模拟隔离电路和数字隔离电路，其中模拟隔离电路又存在光电隔离电路和电磁隔离电路。中低压电子式互感器的模拟一次转换器内多采用模拟交流光电隔离电路，并满足如下技术要求：① 隔离电压需高于 3000V；② 频率响应速度快；③ 线性准确度较高。

模拟交流光电隔离电路的实现方式包括单光隔和双光隔两种。① 单光隔实现隔离的方式：在交流信号中叠加一个直流偏移信号，再进行直流光电隔离；隔离后再分离出交流。此种方案不会产生交越失真，同时由于正负半波放大比例相同不会产生正负半波不对称失真，但方案中的直流信号很难完全滤掉，且电路复杂。② 交流的正负半波分别隔离再合成的双光隔方式：采用两个线性光隔实现正负半波的隔离。采用双光隔方案的光电隔离原理如图 4－16 所示，每个线性光隔内部均集成了一个发光二极管实现电光转换。其中，一个前向光敏二极管作为隔离前后信号的传送通道，一个反馈光敏二极管作为信号的反馈通道。反馈光敏二极管的反馈信号和输入信号经比较之后控制发光二极管电流，从而实现信号传送与隔离。前向光敏二极管和反馈光敏二极管应具有相同特性，且接收同一个光源，因此采用同封装的光电

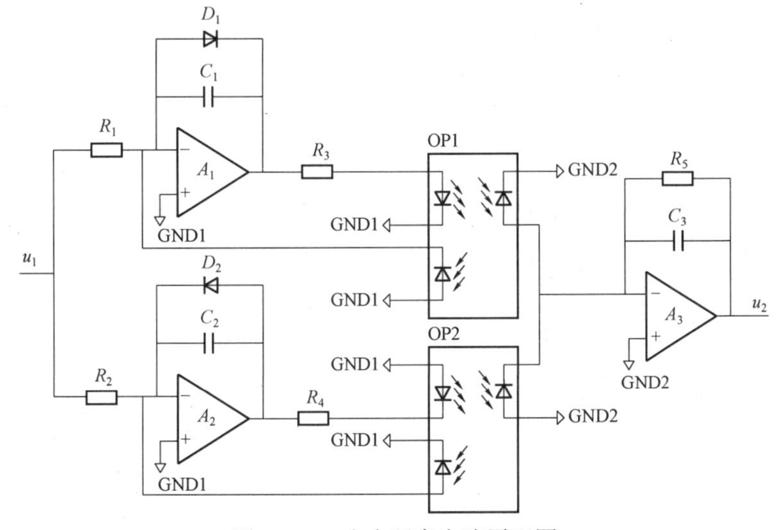

图 4－16 光电隔离电路原理图

隔离芯片来实现光电隔离具有很好的线性度；另外三个二极管集成在同一个 IC 上，容易实现低温漂。双光隔方案信号处理简单，交直流具有相同的传输特性，但也存在交越失真和正负半波不对称失真等问题。

根据对某型电压互感器样机的实测结果，对于选择两片具有相同传输特性的线性光电隔离实现的隔离电路，电压互感器的准确度可满足 0.2 级和 3P 要求。另外，在装置研制中，应挑选两片具有相同传输特性或相同传输增益的线性光电隔离作为同一信号的隔离，以减轻由正负半波不对称所产生的失真。

4.5 温度稳定性提升技术

4.5.1 环氧浇注互感器的温升分析

环氧浇注型中低压电子式互感器包含一次电流排、二次线圈、分压电阻、取样电阻等发热元件。由于环氧树脂的复合传热系数很小，当互感器温度平衡时，环氧树脂内部发热元件的温度会比外部环境温度高。因此，必须控制环氧浇注型电子式互感器内部元件的发热量，使其温升不会超过互感器正常工作的温度限值。目前，控制温升的主要办法有：① 控制各个元件的发热量；② 合理布局加速热量传递；③ 根据短路电流和过电压的时间长短，控制电子式互感器各元件的短时温升，使其不会超过正常工作的最高温度；④ 加装散热器等温升控制装置。

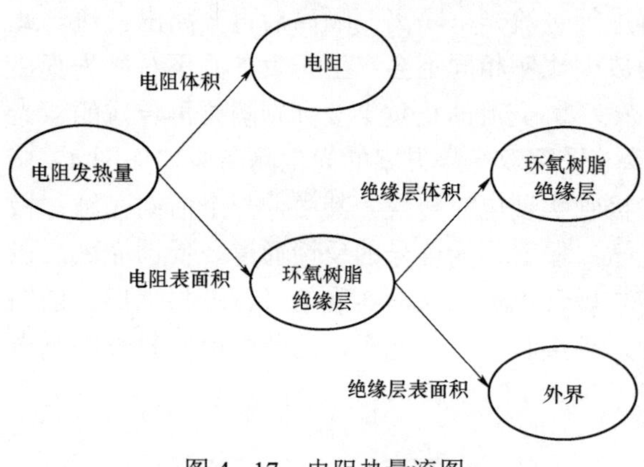

图 4－17　电阻热量流图

在电子式互感器的各种元器件中，电阻是将电能转换为热能的元件。因此，应用浇注制造工艺的中低压电子式互感器必须考虑电阻的温升问题。图 4－17 给出了浇注式互感器中部分电阻的热量流图。

如图 4－17 所示，电阻所产生的热量一部分传递给了电阻本体，相应提升了电阻本体的温度；一部分通过电阻表面传递给了环氧树脂绝缘层，环氧树脂绝缘层所接收热量的一部分又传递给了环氧树脂绝缘层本体并提升了绝缘层本体的温度，另一部分通过环氧树脂绝缘层传递到了互感器外部。由于环氧树脂绝缘层的热容量较小，吸收热量可忽略不计。根据热量守恒定律，电阻所发热量一方面通过环氧树脂绝缘层传递到外界；另一方面存储在电阻中。下面通过一个实例来分析其温升影响。

例如：一台 600A/1V 的传感头，假设线圈的变比为 600A/0.1A，额定电流扩展系数为 15。需要配置的电阻为：$R=1/0.1=10\Omega$。假设采用体积为 5mm×10mm×15mm 的电阻，环氧树脂的导热系数：0.2～2.2W/mK，SiO_2 的导热系数：7.6W/mK，则可计算出

（1）工作在额定电流的功耗：$P=I^2\times R=0.2$W。

（2）工作在短路电流的功耗：22.5W。

（3）电阻四周环氧树脂厚度：8mm。

（4）电阻的表面积：550mm^2。

（5）环氧树脂的树脂热阻：$R=\frac{\delta}{\lambda A}(\mathrm{K/W})=3.3\mathrm{K/W}$（在最坏情况下计算）

式中：δ为材料层厚度（m）；λ为材料导热系数（W/mK）；A为电阻的表面积（m^2）。

同理可计算出：

（1）SiO_2 热阻：0.95K/W。

（2）环氧树脂浇注层的总热阻：4.25K/W。

因此，可计算出电阻的相对于互感器表面的温升：

（1）工作在额定电流时的温升：0.42K。

（2）工作在短路电流时的温升：95.6K。

以上计算过程有两个假设：一是忽略了电阻的热容量，即热量全部采用热传递方式分散；二是假定电阻四周所浇注的环氧树脂厚度均匀，树脂厚度为 8mm，忽略电阻的热容量将导致电阻温度升高过快，对短时故障温升有放大作用。电阻四周的环氧树脂也不仅只有 8mm，并且厚度不均匀，一般只能保证一到三面具有较小的厚度，因此环氧树脂的传热将减小，实际电阻温度比计算值高。

4.5.2 内接采样电阻温升控制技术

采用 LPCT 形式的中低压电子式电流互感器二次信号有电流输出和电压输出两种方式。

（1）电流输出方式。电流输出方式是指电子式电流互感器直接输出一个小电流信号，一次转换器或二次设备再通过取样电阻进行电流到电压的转换，如图 4－18 所示。这种输出方式的优点是能解决电阻的散热问题，即电阻的散热需要同一次转换器或二次设备综合考虑，不需要一次传感器做相应的特殊处理。

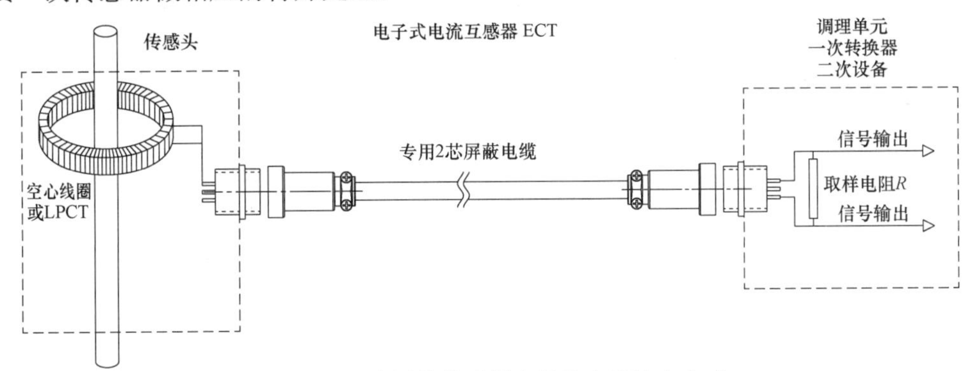

图 4－18 应用外接采样电阻的电流输出方式

（2）电压输出方式。电压输出方式是指互感器直接输出一个电压信号，互感器内通过取样电阻完成电流到电压的转换，如图 4－19 所示。这种输出方式能根据标准统一后续设备的输入接口，但增加了一次传感器的发热，导致一次传感器的温度升高。

由上节电阻温升算例结果可知，电阻在正常工作时满足要求，只有在故障时容易引起电阻温度升高。为了抑制温度过快升高，通常采用以下两种解决方式，一是需要选择大功率电阻，增加电阻本身的热容量，缓解电阻短时间的快速温升问题；二是根据故障电流的持续时间进行计算，保证电阻的安全性，采用大体积电阻，利于散热。另外，电阻发热量和电流的平方成正比，而热容量和电阻体积呈线性关系。当额定电流扩展系数增加一倍时，对应发热量将增加 4 倍，电阻体积也需增加 4 倍，这样将会造成电阻器件成本增大。因此，当必须选用较大额定电流扩展系数的 LPCT 时，应选择取样电阻外置的方式。

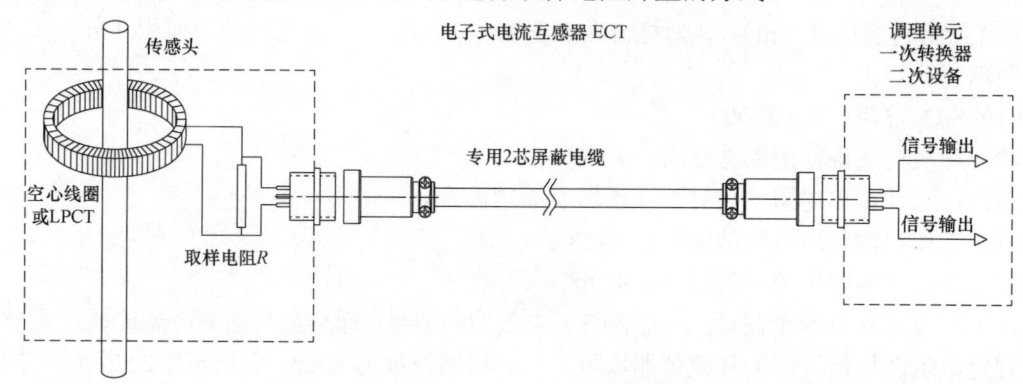

图 4－19　应用内接取样电阻的电压输出方式

LPCT 本身具有铁芯和电磁线圈，其中电磁线圈的匝数多、层数多、电阻大，其发热量在故障电流时也不能忽略。为了减少电磁线圈产生的发热，尽量采用线径大的电磁线圈。LPCT 铁芯的发热主要存在涡流损耗发热和电磁损耗发热，可采用厚度薄的铁磁材料以叠片方式并选择损耗小的铁磁材料制作的铁芯。

4.5.3　一次传感器的温升控制技术

中低压支柱电子式电流互感器内部结构紧凑，体积小，安装方便。由于一次导电元件封装到电流互感器内部，造成内部发热量增加，在短路电流较大和持续时间较长时容易导致浇注环氧树脂层开裂甚至炸开。因此，中低压支柱电子式电流互感器一次导电排的结构设计和加工工艺非常重要。

一次线圈正常工作时通过的一次测量电流及系统短路故障时承受的短路电流、负荷冲击电流一般均会引起电阻发热，因此减小一次线圈发热的主要方法是减少一次线圈的电阻。一次线圈的电阻主要包含两部分：一是一次线圈本身的电阻，二是一次线圈和一次接线端子焊接时产生的接触电阻。

（1）减小一次线圈和一次接线端子连接处接触电阻的措施。① 采用磷铜焊接，且要求满焊，杜绝虚焊，增加焊接点的焊接面积。当焊接处存在虚焊或非满焊时，将会增加一次线圈焊接处的电阻，焊接处的体积小，热容量也小。当一次电流通过该电阻时将产生局部过热并导致导电体局部膨胀，从而造成电流互感器损坏。② 采用加大连接处焊接面积来减小连接处的接触电阻，通常按照焊接处的电流密度远小于一次线圈中的电流密度进行设计。

（2）一次线圈本身具有的电阻，也会导致互感器内部发热，降低一次线圈自身电阻的方式有：① 采用优质导电材料，比如采用 T2、T3 等铜质材料；② 采用低电流密度的设计方法制造一次电流线圈，但由于增大了电流线圈的导流面积，从而增加了设备制造成本；③ 在一次线圈制作时，需要将其折弯，折弯处容易损伤一次线圈的导电能力，相应增大了一次线圈的电阻，可采用小厚度铜排并联方式或采用大折弯过度角方式来解决；④ 当采用单匝一次线圈时，还应考虑电流的趋肤效应，保证电流密度不能过大。

综上所述，一次线圈发热控制技术方法是降低一次线圈的电流密度，通过优化一次电流线圈的结构和生产加工工艺，从而有效降低电流互感器温升。

4.5.4 电阻分压器的温升控制技术

根据电阻的温升分析，控制电阻分压器温升的主要措施包括：① 根据公式$W = Pt = \dfrac{U^2}{R}t$可知，电阻发热和电阻值成反比，与电压平方成正比，并和时间成正比，因此应在电阻电压系数允许的情况下，尽量选择阻值大的电阻，并尽量缩短过电压时间；② 选择热容量大的电阻，比如选择带有散热器或体积较大的电阻，可以避免电阻温度的快速升高，对控制短时温升效果明显；③ 增大电阻表面积或采用电阻串联方式，增加电阻和环氧树脂绝缘层的热交换能力；④ 因环氧树脂绝缘层的传热量和其厚度成反比，尽量减小环氧树脂绝缘层的厚度，以达到快速散热的目的。

4.6 安全使用技术

4.6.1 电流互感器的等电位技术

套装在无绝缘导电排上的穿心电子式电流互感器，设备本体上应考虑互感器的绝缘要求；而套装在有绝缘导电排或电缆上的穿心电流互感器，设备本体上可不考虑互感器的绝缘要求，但要求有绝缘的导电排或电缆的绝缘外层应有接地层，否则导电排或电缆的绝缘层和互感器之间的空气间隙易产生空气放电。图 4－20 为穿心电子式电流互感器安装图。

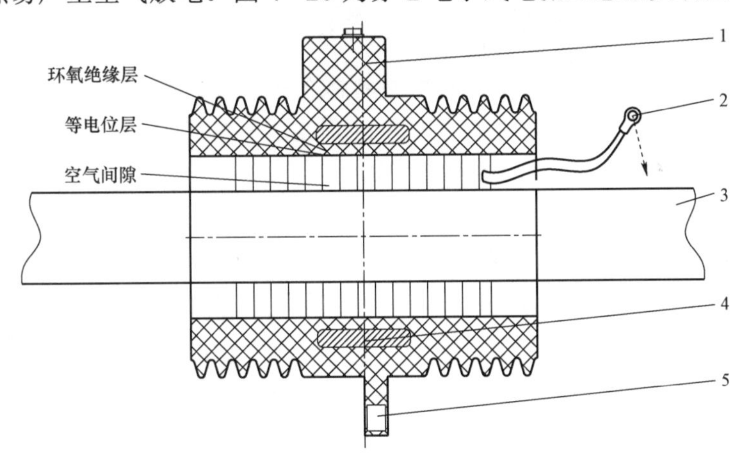

图 4－20　中低压穿心电子式电流互感器安装图

1—电流传感头；2—传感头高压等电位连接端子；3——次导电排；4—二次电流线圈；5—固定和接地孔

如图 4－20 所示，当一次导电排穿过传感器线孔时，二次电流线圈和一次导电排之间存在两种绝缘介质，即空气和环氧树脂。在理论分析时可以看成是空气和环氧树脂两种绝缘介质的组合绝缘。根据电场强度在不同介电常数的分布理论，在两种介质的组合绝缘中，各绝缘材料的电场强度分别为

$$E_1 = \frac{U}{\varepsilon_1\left(\dfrac{d_1}{\varepsilon_1} + \dfrac{d_2}{\varepsilon_2}\right)} \tag{4-14}$$

$$E_2=\frac{U}{\varepsilon_2\left(\frac{d_1}{\varepsilon_1}+\frac{d_2}{\varepsilon_2}\right)} \tag{4-15}$$

式中：U为加在两种组合绝缘材料上的电压，V；d_1、d_2为绝缘材料 1、2 的厚度，mm；ε_1、ε_2为绝缘材料 1、2 的介电常数。

将式（4－14）和式（4－15）改写成比值的关系式为

$$\frac{E_1}{E_2}=\frac{\varepsilon_2}{\varepsilon_1} \tag{4-16}$$

由式（4－16）可知，在两种材料的组合绝缘中，绝缘材料的介电常数越大，绝缘材料中的电场强度越小。由于环氧树脂的介电常数比空气的介电常数大几倍，空气间隙中的电场强度比环氧树脂中的电场强度也大几倍，因此空气间隙更容易产生放电现象。

综上分析，当穿心电子式互感器不做绝缘处理时，环氧树脂和导电排之间的空气间隙更容易产生放电。所以在中低压电子式互感器制造时，套装在无绝缘导电排上的穿心电子式互感器的穿心孔内表面都制造有一层等电位层。等电位层再通过引出线或嵌件与导电排相连，即和一次电流导电排等电位。此时空气间隙不存在电压差，也无承受绝缘的要求，而由互感器本体中的环氧树脂承受全部绝缘耐压的要求。

总之，穿心电子式互感器在使用中的等电位线一定要与高压端连接，或将空气间隙封闭，尤其注意的是，一次导电排和传感器之间的空气间隙越小越容易产生放电现象。

4.6.2　电压互感器的接地点选择

4.6.2.1　正常工作时接地电阻对电子式电压互感器准确度的影响

当考虑接地电阻对电子式电压互感器测量准确度的影响时，计及接地电阻后的电压分压器等效电路如图 4－21 所示。

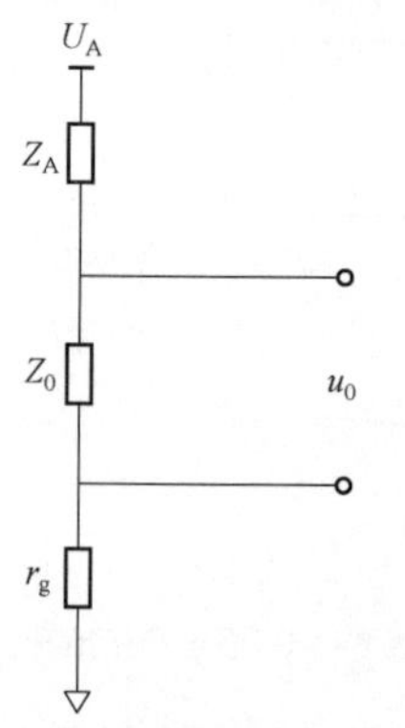

图 4－21　计及接地电阻后电压分压器等效电路图

图 4－21 中，Z_A为电子式电压互感器的高压阻抗，Z_0为低压阻抗，r_g为接地电阻，Ω；U_A为一次电压，u_0为电压输出，V；则由接地电阻r_g引入的误差为

$$E_r=\frac{r_g}{Z_A+Z_0+r_g} \tag{4-17}$$

由于$|Z_A|\gg|Z_0|\gg r_g$，因此$|E_r|$很小。当选择一台中低压电阻分压方式的电压互感器，令$|Z_A|=50\text{M}\Omega$、$|Z_0|=20\text{k}\Omega$，假设接地电阻为 100Ω，其误差为 0.000 2%。当电压互感器采用电容分压方式时，接地电阻对互感器的相位误差影响同样很小，可忽略不计。因此，正常工作时电子式电压互感器的接地电阻对其准确级几乎没有影响。

4.6.2.2　故障时不同接地点对电压互感器测量准确度的影响

电子式电压互感器在现场安装时，接地点的选择非常重要。尤其是在系统故障时，若是零序电压互感器，对其测量准确度影响更大。故障时不同接地点的电压分压器等效电路如图 4－22 所示。

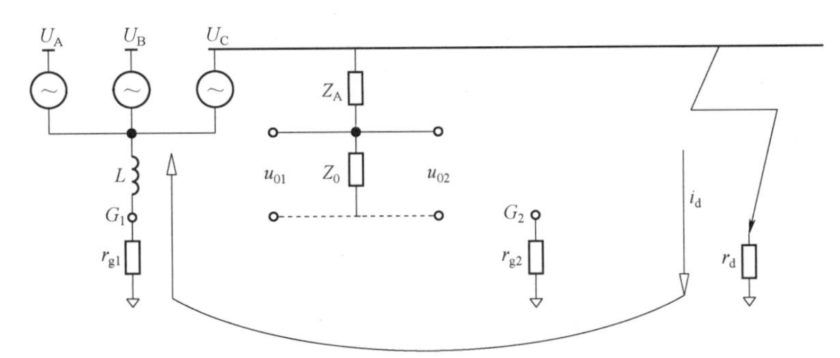

图 4-22 故障时不同接地点的电压分压器等效电路图

图 4-22 中，U_A、U_B、U_C 为三相星型接线的电源，L 为消弧线圈，Z_A 为电子式电压互感器的高压阻抗，Z_0 为低压阻抗，r_{g1}、r_{g2} 为接地点 G_1、G_2 的接地电阻，u_{01}、u_{02} 为电子式电压互感器分别接 G_1、G_2 点时的输出电压，r_d 为短路电阻，i_d 为短路电流。

（1）当电压互感器接 G_1 时，实际测量的电压是 G_1 接地点和短路点的电压差，不是相电压，即

$$u_{01} = \frac{Z_0}{Z_A + Z_0} \times (r_{g1} \times i_d + r_d \times i_d) \tag{4-18}$$

（2）当电压互感器接 G_2 时，电压互感器实际测量的电压为短路点的电压，即为 C 相的对地相电压：

$$u_{02} = \frac{Z_0}{Z_A + Z_0} \times r_d \times i_d \tag{4-19}$$

因为流过 r_{g2} 的电流很小，式（4-19）忽略了 r_{g2} 的影响。

比较式（4-18）和式（4-19），故障时由不同接地点所引入的比值误差为

$$\varepsilon = \frac{r_{g1}}{r_d} \tag{4-20}$$

由式（4-20）可得以下结论：① r_d 为变化值，当 r_d 较小时，因 r_{g1} 的存在而引入的测量误差可能很大；② 由于短路电流很大，G_1 点电位将有较大提升。例如，当 $r_{g1}=0.5\Omega$，$i_d=300\text{A}$，G_1 电位将升高 150V，对电压互感器连接的二次设备的耐压要求也相应提高，因此在实际应用中需要正确选择电子式电压互感器的接地点。

4.7 环氧树脂浇注制造工艺

4.7.1 环氧树脂浇注的方式类别

4.7.1.1 中低压电子式互感器环氧树脂浇注类别

环氧树脂是一种浅黄或黄色的液体或固体，在常温常压时呈现黏稠状。环氧树脂具有绝缘性能强、结构强度大、密封性能好等优点，已在高低压电器、电机和电子元器件的绝缘及封装上得到广泛应用。环氧树脂浇注的互感器又被称为干式互感器，具有较好的绝缘性能、易于维护等优点，在中低压配电系统中得到了广泛的应用。

浇注互感器使用的环氧树脂有户外环氧树脂和户内环氧树脂两种。它们的浇注设备相同，

生产工艺相似。户外环氧树脂具有环境温度宽、抗紫外线辐射、憎水性好等特点，但造价昂贵。而户内环氧树脂造价则相对低廉。根据环氧树脂的耐压特性，有高压环氧树脂和低压环氧树脂之分。一般户外用电子式互感器采用户外环氧树脂浇注，户内用电子式互感器采用户内环氧树脂浇注。此外，若环氧树脂做主绝缘，则应采用高压环氧树脂浇注，其他情况下可采用低压环氧树脂浇注。

要确保环氧树脂的绝缘性能，还需要环氧树脂促进剂、固化剂、增韧剂、填充料、色膏等材料和辅助材料，以及一整套环氧树脂浇注设备和生产工艺。其中，促进剂能加速环氧树脂的反应时间，缩短固化时间，从而减少互感器的生产时间，避免因固化时间过长造成的环氧树脂混合材料的沉淀，防止其影响互感器的外观与绝缘性能；单纯的环氧树脂固化后呈现硬而脆的特性，增韧剂可增加固化后环氧树脂的柔韧性；填充材料一般采用硅微粉、三氧化二铝等材料，需要根据使用环境进行选择；为了使填充料在环氧树脂中均匀分布，防止快速沉淀，一般选用大于 300 目~500 目的填充料；色膏的主要作用是改变产品外观颜色。

4.7.1.2 中低压电子式互感器环氧树脂浇注方式

6～35kV 中压互感器一般采用高压环氧树脂浇注，35kV 以上的互感器很少采用环氧树脂浇注作为主绝缘。中压互感器的电气绝缘要求决定了环氧树脂的浇注工艺，即需要采用高温真空浇注；而 6kV 以下低压互感器一般采用低压环氧树脂浇注，即采用常温常压的浇注生产工艺。

一般认为环氧树脂浇注产品内形成的空气泡处于常温常压状态，而空气在常温常压状态下的击穿电场强度大约在 3kV，如果超过了这一限值，环氧树脂内的空气泡就会击穿放电。当放电产生的能量超过环氧树脂最低碳化能量，将破坏环氧树脂绝缘层，严重时造成绝缘层击穿，从而导致互感器的绝缘短路。此外，放电量大小与空气泡的大小有关，空气泡越大放电量也就越大。采用真空浇注的作用是使环氧树脂浇注产品内部形成的空气泡产生的放电量不足以破坏环氧树脂的绝缘性能。

此外，环氧树脂在常温常压时，呈黏稠状，在温度达到 80℃时，呈现液体状态。因此中压电子式互感器采用高温浇注还可以让环氧树脂和其他材料混合更均匀，并且混合料中的空气排除更为充分，提升成品的绝缘性能。

4.7.2 环氧树脂浇注的工艺过程

中低压电子式互感器环氧树脂浇注的工艺过程主要包括器身制作、浇注模具、整体浇注，如图 4－23 所示。

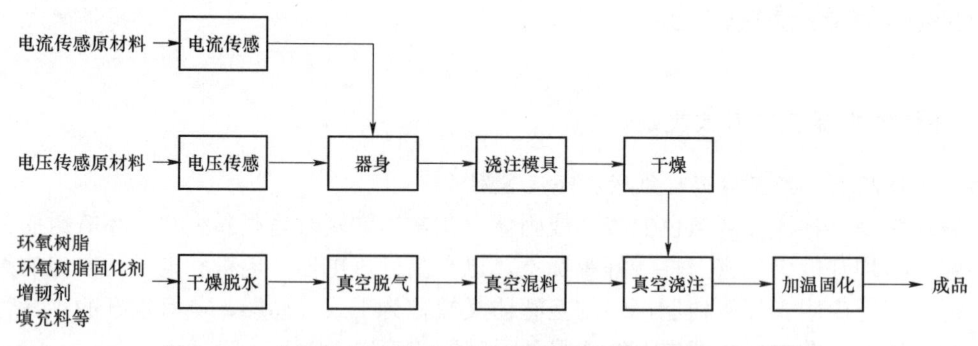

图 4－23 中低压电子式互感器环氧树脂浇注互感器工艺流程图

（1）器身制作。将电子式电流互感器所需的空心线圈（LPCT）、电压互感器所需的电阻（电容）分压器以及一次导电排等原材料加工制作成整体设备，称之为器身。若生产的是单相电流（电压）互感器，则将电流（电压）传感器加工成电流（电压）互感器器身；若是电流电压组合互感器，则将电流传感器和电压传感器加工成电流电压组合互感器器身。将互感器器身装入环氧树脂专用浇注模具中，然后放入温度为 105℃的干燥箱中通风干燥 8h 以上，使器身中的水分充分蒸发，以待后续真空浇注。

（2）浇注模具。环氧树脂浇注模具是浇注过程中的关键设备，决定着产品的外观。使用优良模具浇注的产品光泽度好、憎水性高、表面平整无缺陷。因此，对环氧树脂浇注模具内表面的光洁度要求较高。同时为了配合环氧树脂的浇注工艺，还要求浇注模具具有保温等功能。

（3）整体浇注。如图 4－23 所示，环氧树脂浇注工艺实施步骤如下：① 首先将环氧树脂、固化剂、增韧剂、填充料等主辅材料根据环氧树脂浇注工艺要求，放入干燥箱中干燥并加温稀释，将浇注材料处理之后，放入预混真空罐中进行预混，脱去材料中的空气；② 浇注之前，将装有互感器器身的模具处理之后，放入真空浇注罐中进行抽真空，当真空度达到 50～300Pa 后开始浇注，根据设备的电压等级和外形体积，有些产品浇注后需要进行再次抽真空；③ 浇注完成后，将环氧树脂模具放入烘箱，让环氧树脂和固化剂进行充分反应。加温固化是为了缩短固化反应时间，其中加温温度、加温时间、降温速度需要完全按照浇注互感器的环氧树脂固化工艺曲线进行操作。

参考文献

[1] 方春恩，李伟，王军，等. 10kV 低功率电子式电流互感器 LPCT 的研究［J］. 高压电器. 2008，44（4）：312－314.

[2] 杨洪，方春恩，任晓，等. 35kV 电子式电流互感器的研究［J］. 高压电器. 2011，47（2）：12－16.

[3] 方春恩，李伟，王佳颖，等. 基于电阻分压 10kV 电子式电压互感器［J］. 电工技术学报，2007，22（5）：58－53.

[4] 彭松，张维，王焕文，等. 10kV 电子式电压互感器的研究与设计［J］. 2013，26（1）：74－77.

[5] 彭丽，徐雁，朱明钧. 用于 10kV 线路的电阻分压式电压互感器［J］. 变压器. 2003，40（11）：17－21.

[6] 张贵新，万雄，王强，等. 提高中压电子式电压互感器温度稳定性的新方法［J］. 高电压技术. 2009，35（10）：2434－2439.

[7] 万雄，张贵新，王强，等. 影响中压电子式互感器准确度问题的研究［J］. 高压电器，2009，45（3）：61－65.

[8] 彭丽. 10kV/35kV 电子式电压/电流互感器研究［D］. 华中科技大学，2004.

第5章 特种电子式互感器

特种电子式互感器主要用于对工业以及科研领域中存在的特殊电流和电压信号进行实时精准的测量。需要根据被测信号与测量环境的特点，选择不同类型的特种电子式互感器，以满足特殊的测量需求。本章对几种典型特种电子式互感器的结构及部分关键技术进行了阐述。首先介绍了用于测量脉冲或高频大电流的有源空心线圈互感器，详细阐述了高频空心线圈的结构、参数设计和高速信号处理技术；介绍了用于测量电炉变压器分裂导线工频大电流的分布式空心线圈互感器，分析了其准确度计算方法；介绍了用于冶金行业的直流大电流无源全光纤电流互感器的结构特点，分析了大电流测量时产生的非线性误差；介绍了用于宽频电流信号测量的无源全光纤电流互感器，详细分析了宽频测量时的动态响应特性；最后介绍了用于暂态过电压信号测量的高频光学电压互感器。本章针对一些特殊领域的电流和电压测量需求，详细介绍了特种电子式互感器的结构原理、技术方案和测量性能，对特种电子式互感器的研发设计具有一定的借鉴意义。

5.1 特种电子式互感器的特点与应用模式

大电流和暂态电压是工业生产和科研试验中经常遇到的、具有特殊特征的电流和电压物理量。目前，不仅是在电力、冶金、化工中的电解，机械工业中的电镀，电气机车中的牵引系统、脉冲功率源和等离子体装置等，而且在核物理、大功率电子学等领域，都会涉及特殊电流和电压信号测量问题。例如，在柔性直流输电、行波测距、暂态过电流测量、雷电测量与电磁发射等应用领域，需要测量的频率从零到几万赫兹，甚至兆赫兹量级的宽频或脉冲电流信号；在化工行业广泛应用的电弧炉需要测量的工频交流电流为几万安培；在电解铝冶金行业，需要测量汇流母排的直流电流高达几十万安培；在可控核聚变研究领域，需要测量的等离子体电流甚至达到了兆安量级；在电力行业气体绝缘全封闭组合电器开关操作时，易产生频率极高的快速暂态过电压信号，其带宽达到百兆赫兹量级。

根据电流工作性质状态的不同，大电流可划分为三类，即稳态大电流、暂态大电流和脉冲大电流。其中，稳态大电流是指系统相对平稳、正常运行时的负荷电流，包括直流大电流和交流（工频）大电流；暂态大电流是指系统发生短路或者运行状态发生突变的电流，通常它是非线性变化的，往往比稳态电流大许多倍；脉冲大电流又称高频大电流，是指在较短时间（如数百微秒甚至更短时间）内产生高达数百或者数千安培的瞬间电流。表 5-1 给出了典型大电流和特种电压的物理特征与应用领域。

表 5－1　　典型大电流和特种电压物理特征与应用领域

分类	信号主要特征		应用领域
	幅值范围	频率范围	
交流（工频）大电流	10kA～100kA	50Hz	输配电网，电弧炉冶炼
直流大电流	10kA～750kA	DC	电解铝
暂态大电流	最小短路电流～63kA	50Hz～3kHz	电网母线短路、发电机和变压器短路
脉冲（高频）大电流	100kA～5MA	100kHz～10MHz	行波测距、暂态过电流测量、电磁发射等
宽频大电流	10kA～1MA	DC～200kHz	可控核聚变
高频电压	110kV～1100kV	100kHz～1GHz	暂态过电压测量

由表 5－1 可知，暂态大电流具有幅值高、成分复杂和持续时间短等特点；脉冲（高频）大电流一般具有电流峰值大、上升时间和下降时间均很短（如数十微秒甚至更短）、主脉宽不长（如数十或数百微秒）且变化非常迅速等特点。目前，常规的检测手段主要有电阻分流器、霍尔测量仪和空心线圈，有时也利用电磁式电流互感器，其做法是在其磁路上开一段空气隙，副方能基本无失真地反映暂态电流。表 5－2 给出了上述几种测量脉冲和暂态大电流传感方法的性能比较。

表 5－2　　典型测量脉冲和暂态大电流传感方法性能比较

传感器（方法）	电阻分流器	电磁式电流互感器	霍尔测量仪	空心线圈
测量线性度	优秀	中等	差	优秀
测量瞬变电流能力	好	中等	中等	优秀
大电流测量能力	差	好	中等	优秀
带宽	0～10MHz	0.1～100MHz	＜1MHz	0.1～100MHz
饱和、磁滞现象	无	有	电流过大烧毁	无
温度变化时稳定性	中等	好	中等	优秀
直流偏移	有	无	有	无
输出量	电压量	电流量	电压量	电压量
功耗	高	低	中等	低
低频响应	好	中等	好	优秀
绝缘性能	差	好	好	优秀
对加工材料要求	不高	不高	高	不高

根据表 5－2 可知，使用分流器时，必须要将其串入被测回路中，因此输入与输出没有电气隔离，不能与二次设备相连，并且当测量暂态大电流时，因其杂散电感和集肤效应不容忽略，势必影响被测电流波形。开了空气隙的电磁式电流互感器，虽然也可以测量暂态大电流，

但是其能适应的频宽较窄，副方电流不能无失真地反映被测电流。霍尔元件由于存在磁阻效应、温度误差和对被测电流母线位置敏感等不足，限制了霍尔测量仪在这方面的应用。然而，空心线圈在其结构和测量原理等方面具有上述方法所无法比拟的优点，且高频特性好，是测量脉冲和暂态大电流的首选的敏感器件。此外，利用法拉第磁光效应的光学电流传感器没有铁芯饱和问题，测量范围宽，电气绝缘良好，在原理和技术上均具备了用来测量暂态和脉冲大电流的能力。

第二、三、四章所介绍的交流和直流电子式互感器额定电流通常小于 10kA，测量频率小于 10kHz，无法直接应用于上述脉冲电流和暂态电流等特殊领域。为了满足特殊电流和电压信号的准确测量和控制特性要求，特种电子式互感器需要在传感方式选择、传感器参数设计、积分信号处理等整体结构和关键技术方面进行提升改进。本章将重点介绍几类典型特种电子式互感器的结构与关键技术。

5.2　特种脉冲大电流有源空心线圈互感器

脉冲（高频）大电流一般具有峰值大、上升（下降）时间短、脉宽短且变化非常迅速等特点，行波测距、暂态过电流测量、雷电测量、电磁发射等领域需要测量上升（下降）时间小于 10μs、信号频率大于 100kHz、电流峰值大于 100kA 的脉冲（高频）大电流信号。从各种类型的电子式互感器技术特点可知，采用空心线圈方案的有源电子式电流互感器具有频率响应好、线性度高、暂态特性灵敏的优点。由于其频带较宽、自身的上升时间可以做得非常小，适用于测量快速变化的脉冲（高频）大电流。但是普通的空心线圈存在较大的分布电容，使得空心线圈的上升时间变长，且还会伴随着振荡现象，导致空心线圈的高频响应变差，无法直接用于脉冲（高频）大电流或快速脉冲信号的测量。

特种脉冲（高频）大电流有源电子式互感器，需要对空心线圈的结构参数和高频特性进行优化，同时采用高速自积分式信号处理技术，改进后的空心线圈有源电子式互感器上升时间可达到 10^{-11}s 量级，带宽超过 10MHz，测量电流范围可达到兆安量级，能够满足纳秒级别脉冲大电流或兆赫兹量级高频大电流的测量要求。

5.2.1　高频空心线圈的参数与结构设计

第 2 章中式（2－2）推导所得的空心线圈的互感系数表达式，是没有考虑空心线圈结构参数影响时的理论计算值。实际上空心线圈结构参数是不容忽略的，互感系数与线圈的截面形状、内外半径参数密切相关，尤其在脉冲（高频）大电流测量时，空心线圈结构参数对互感器动态特性有直接影响。

5.2.1.1　高频空心线圈结构参数的影响

（1）高频空心线圈结构参数计算模型

第 2 章中图 2－15 给出了空心线圈的结构示意图，为精确分析线圈结构参数对测量特性的影响，图 5－1 进一步给出空心线圈骨架芯的外形结构和截面尺寸。其中，图 5－1（a）为空心线圈的典型外形结构示意图，空心线圈的骨架横截面有圆形和矩形两种；图 5－1（b）为两种骨架横截面的尺寸参数。

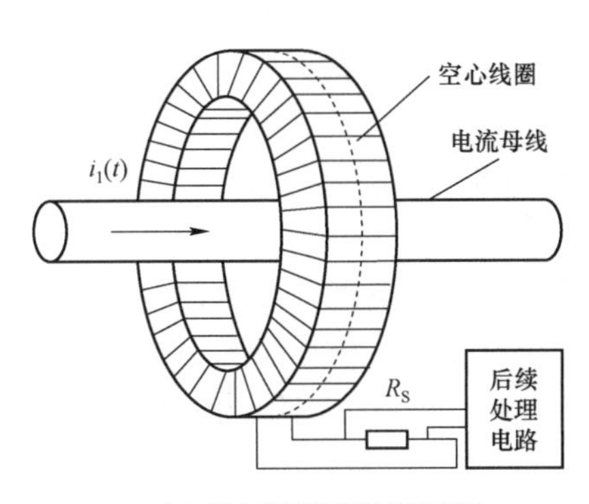

(a) 空心线圈外形结构示意图

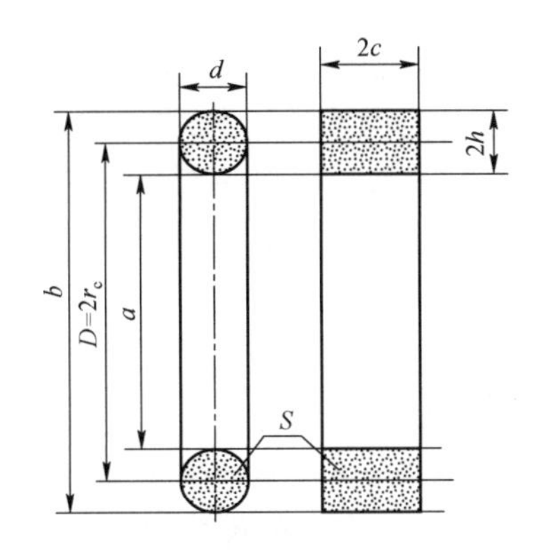

(b) 骨架芯横截面尺寸示意图

图 5－1 空心线圈的外形结构和截面尺寸示意图（单位：mm）

a—线圈内直径；b—线圈外直径；D—线圈中心直径（$D=2r_c$）；d—圆形截面直径；
h—矩形截面的径向厚度；c—矩形截面的轴向高度；S—骨架芯截面面积

根据毕奥—萨伐尔定律，求得空心线圈骨架横截面分别为圆形和矩形时，其对应的互感系数 M_c 和 M_r 分别为

$$M_c = \frac{N\mu_0 S}{\pi D} \frac{2}{1+\sqrt{1-(d/D)^2}} \tag{5-1}$$

$$M_r = \frac{N\mu_0 S}{2\pi r_c} \frac{1}{h/r_c} \ln\sqrt{\frac{1+h/r_c}{1-h/r_c}} \tag{5-2}$$

由式（5－1）和式（5－2）可知，当均匀密绕 N 匝线圈时，圆形截面骨架空心线圈的互感系数取决于线圈圆形截面直径 d 和线圈中心直径 D；矩形截面骨架空心线圈的互感系数取决于线圈矩形截面径向厚度 h 和线圈中心半径 r，而与线圈的轴向高度 c 无关。以式（2－2）中的互感系数 M 作为理论值，可分别获得圆形截面骨架和矩形截面骨架空心线圈的互感系数相对误差为

$$d_c = \frac{M-M_c}{M} = \frac{2}{1+\sqrt{1-(d/D)^2}} - 1 \tag{5-3}$$

$$\delta_r = \frac{M-M_r}{M} = \frac{1}{h/r_c} \ln\sqrt{\frac{1+h/r_c}{1-h/r_c}} - 1 \tag{5-4}$$

假定空心线圈互感系数的相对误差用 δ_M 来通用表示，则线圈自感系数的相对误差为 $\delta_L=\delta_n+\delta_M$。其中 δ_N 为线圈绕线均匀性的相对误差，在理论计算时有 $\delta_n=0$。以 δ_L 为纵轴，以 $x=h/r_c$（矩形截面骨架）或者 $x=d/D$（圆形截面骨架）为横轴，分别做出圆形和矩形截面骨架时 δ_L 与 x 的关系曲线，如图 5－2 所示。

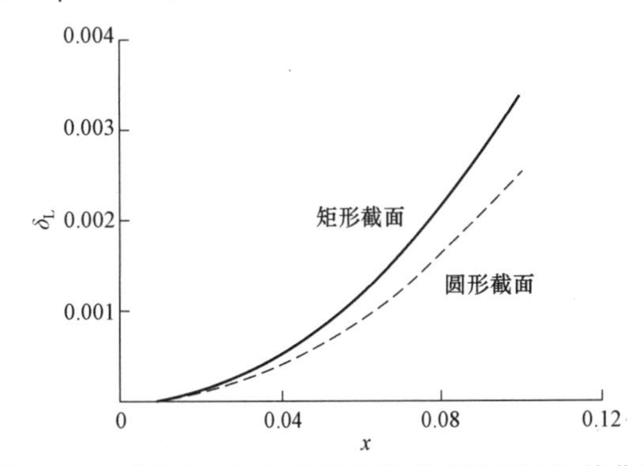

图 5－2 不同截面空心线圈的自感系数相对误差曲线

由图 5－2 可知，圆形截面骨架比矩形更

有利于减小自感系数 δ_L 和互感系数 δ_M 的相对误差，但是在加工方面矩形截面较圆形截面更容易保证截面面积处处相等，所以很多应用场合仍然选择矩形截面骨架芯来制作空心线圈。另外，当空心线圈为矩形截面骨架芯时，在满足线圈互感系数 M_r 的相对误差要求和不改变其他结构尺寸时，可以适当增加骨架芯的轴向高度参数 c，将会因显著增加线圈与磁场所铰链的磁通量，而有利于获得更强的感应信号。

（2）空心线圈结构参数对工作特性影响。为提高脉冲大电流测量的精确性与准确性，需进行空心线圈结构参数对线圈动态性能的影响分析。通过建立空心线圈等效电路模型的传递函数，对不同结构参数的时域和频域仿真结果进行比较，进而得出结构参数对其性能影响的规律，并提出结构参数的优化设计方案。

选取空心线圈结构的基本参数为：中心直径 $D=0.1\text{m}$，径向厚度 $h=0.005\text{m}$ 和轴向高度 $c=0.01\text{m}$，不计及分布电容影响，即 $C_0=0$；分别在不同 n、h、c 时，对线圈动态特性影响进行仿真验证。

1）不同匝数 n。基于基本参数，分别选取匝数 n 为 1000、1500、2000 时，仿真计算空心线圈的阶跃响应、幅频和相频特性如图 5－3 和图 5－4 所示。

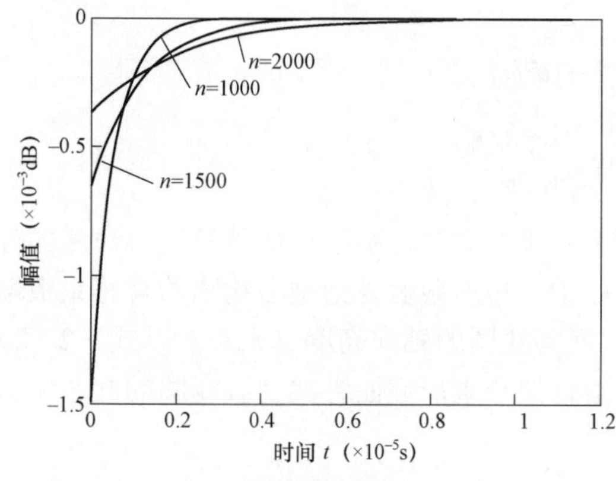

图 5－3　线圈单位阶跃响应（$C_0=0$，n 变化）

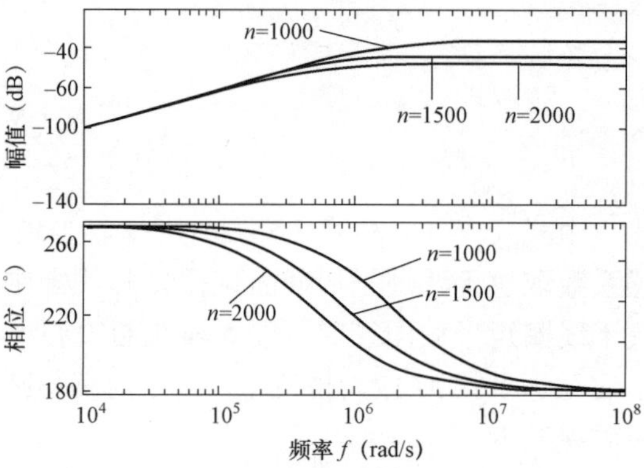

图 5－4　线圈幅频和相频特性（$C_0=0$，n 变化）

由图 5－3 和图 5－4 可知，线圈匝数 n 越少，线圈的上升时间越短，响应速度越快，并且线圈的高频特性越明显。线圈匝数 n 越少，线圈与磁场交链的磁通越小，互感系数 M 也会越小，感应信号也就越弱。

2）不同 c 和 h。基于基本参数，分别选取 c 为 0.01、0.02、0.03m 时，仿真计算空心线圈的阶跃响应曲线如图 5－5 所示；分别选取 $2h/D$ 为 0.05、0.1、0.2 时，仿真计算空心线圈的阶跃响应曲线如图 5－6 所示。

如图 5－5 和图 5－6 所示，参数 c 或 $2h/D$ 越小时，线圈的上升时间越短，响应速度越快。参数 c 或者 $2h/D$ 越小时，线圈与磁场交链的有效面积就越小，磁通量越小，感应信号也就越弱。根据式（5－5）可知，$2h/D$ 越小，对于减小线圈自感和互感的相对误差有利，但是 h 过小时线圈的刚度会明显不足。参数 c 对线圈自感和互感的相对误差虽然没有影响，但是明显影响线圈与磁场所交链的磁通量。因此当线圈截面不允许任意大时，可取较大 c 和较小的 h，即磁场梯度方向的伸展必须尽可能小。

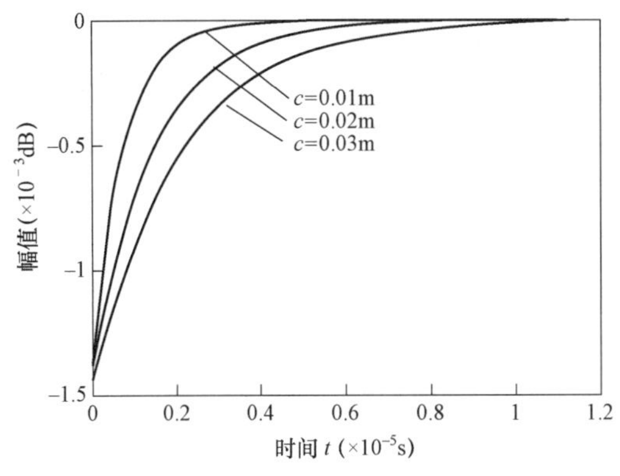

图 5-5　线圈单位阶跃响应（$C_0=0$，c 变化）

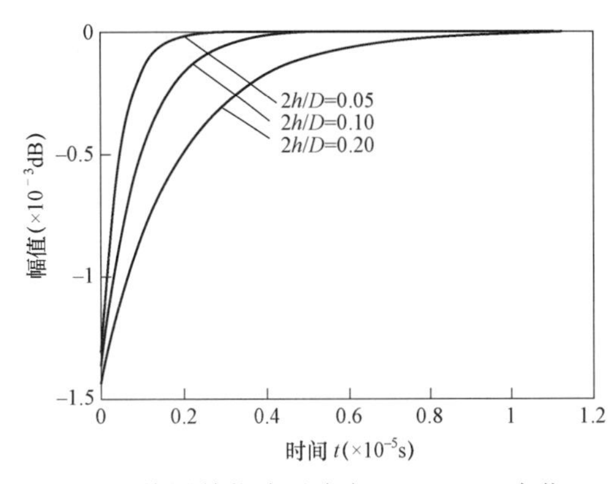

图 5-6　线圈单位阶跃响应（$C_0=0$，h 变化）

（3）空心线圈结构参数的优化选取。综上分析，空心线圈结构参数对其性能均产生直接影响，线圈的动态性能随着 c、h、n 等参数的变化而变化。因此，必须根据被测大电流的特点选取空心线圈合适的结构参数和电磁参数。① 当用空心线圈测量脉冲电流（分短脉宽和长脉宽）时，应该要求线圈具有较好的高频特性，宜选取较小的 c、h、n 等参数；② 当用空心线圈测量稳定交流大电流时，线圈微秒数量级的上升时间一般可以忽略，为增强线圈灵敏度，提高测量准确度，得到尽可能大的感应电势，宜选取较大的 c、n 和较小的 h 等参数；③ 当空心线圈作继电保护用，在进行电流监测时，由于该短路电流的持续时间一般为 10～20ms 甚至更短，应适当限制线圈的上升时间，因此参数 c、h、n 应该视暂态电流幅值而定，以确保获得较大感应电势。

5.2.1.2　高频空心线圈分布电容的影响

（1）高频空心线圈分布电容的模型。除空心线圈结构参数外，其分布电容参数也是影响空心线圈动态特性的重要参量。如图 5-1 所示，空心线圈的导电芯线与外层金属屏蔽层（或金属护套）构成了电容器两个极，因此，空心线圈本身便是一个标准的圆柱形容器。根据高斯定理和电容定义可求得采用矩形截面骨架空心线圈的分布电容 C_0 约为

$$C_0 \approx \frac{8\pi^2(c+h)}{\lambda \ln(b/a)}\varepsilon_0\varepsilon_r \tag{5-5}$$

式中：ε_0 为真空介电常数，$\varepsilon_0=8.83\times10^{-12}$；$\varepsilon_r$ 为绝缘材料的相对介电常数。

因此，考虑分布电容影响后的空心线圈的等效电路模型如图 5-7 所示。

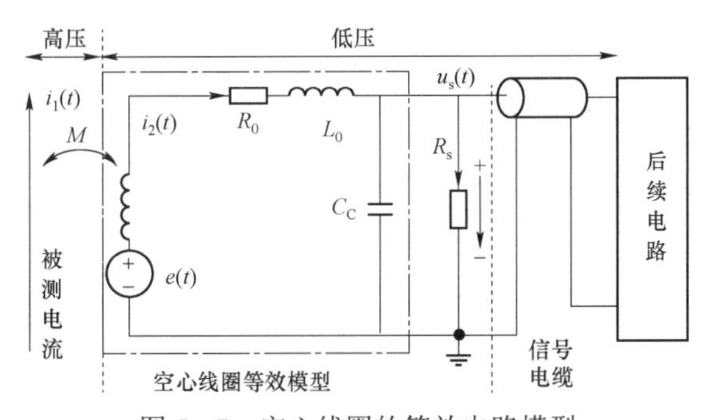

图 5-7　空心线圈的等效电路模型

在等效模型中：$i_1(t)$为一次电流；$i_2(t)$为线圈内阻感应电流；$e(t)$为感应电势；$u_s(t)$为采样电阻的端电压；M为互感系数；R_0为线圈内阻；R_s为采样电阻；C_0为分布电容；L_0为自感系数。

（2）不考虑分布电容的空心线圈动态特性。当不考虑分布电容对模型参数的影响时，即$C_0=0$，在等效模型中电容支路为断开状态，则空心线圈的感应电势为

$$e(t)=-M\frac{\mathrm{d}i_1(t)}{\mathrm{d}t} \tag{5-6}$$

$$e(t)=L_0\frac{\mathrm{d}i_2(t)}{\mathrm{d}t}+(R_0+R_s)i_2(t) \tag{5-7}$$

$$u_s(t)=R_s i_2(t) \tag{5-8}$$

联立式（5-6）～式（5-8），且设初始条件为 0，根据拉氏变换求得不考虑分布电容的空心线圈的传递函数为

$$H(s)=\frac{u_s(s)}{I_1(s)}=\frac{R_s}{n}\frac{s}{s+\alpha} \tag{5-9}$$

式中：$u_s(s)$和$I_1(s)$分别为$u_s(t)$和$i_1(t)$的拉氏变换；s为拉氏算子；$\alpha=(R_s+R_0)/(nM)$。

由式（5-9）可知，不考虑分布电容时，空心线圈传递函数为单极点，并且有$\alpha>0$，因此互感器测量系统是稳定的，其单位阶跃响应的时域表达式为

$$u_s(t)=-\frac{MR_s}{R_s+R_0}(1-e^{-\alpha t}) \tag{5-10}$$

不考虑分布电容的空心线圈动态特性的单位阶跃响应以及幅频和相频特性如图 5-3 和图 5-4 所示。

（3）考虑分布电容的空心线圈动态特性。当考虑分布电容时，式（5-8）改写为

$$i_2(t)=C_c\frac{\mathrm{d}u_s(t)}{\mathrm{d}t}+\frac{u_s(t)}{R_s} \tag{5-11}$$

联立式（5-6）、式（5-7）和式（5-11），且设初始条件为 0，根据拉氏变换求得计及分布电容的空心线圈的传递函数为

$$H_C(s)=\frac{U_s(s)}{I_1(s)}=\frac{Ms}{L_0C_0(s-s_1)(s-s_2)} \tag{5-12}$$

式中：s_1，s_2为两个特征根，$s_{1,2}=-\xi\omega_n+\sqrt{(\xi\omega_n)^2-\omega_n^2}$，其中，$\omega_n^2=(R_0+R_s)/(L_0R_sC_0)$，$\xi$为阻尼系数，并且有$\xi\omega_n=(L_0+R_sC_0R_0)/(2L_0R_sC_0)$。

由式（5-12）可知，考虑分布电容的空心线圈的单位阶跃响应在时域中为双指数形式，由拉氏逆变换可得其时域表达式为

$$u_s(t)=\frac{M}{L_0C_0}\frac{\exp(s_2t)-\exp(s_1t)}{s_1-s_2} \tag{5-13}$$

由式（5-13）可知，考虑分布电容时，空心线圈传递函数为双极点，并且由于$\xi w_n>0$，因此互感器测量系统也是稳定的。选取空心线圈结构的基本参数为：中心直径$D=0.1$m，径向厚度$h=0.005$m和轴向高度$c=0.01$m，计及分布电容影响，在匝数n分别为 1000、1500 和 2000 时，仿真计算空心线圈的单位阶跃响应、幅频和相频特性如图 5-8 和图 5-9 所示。

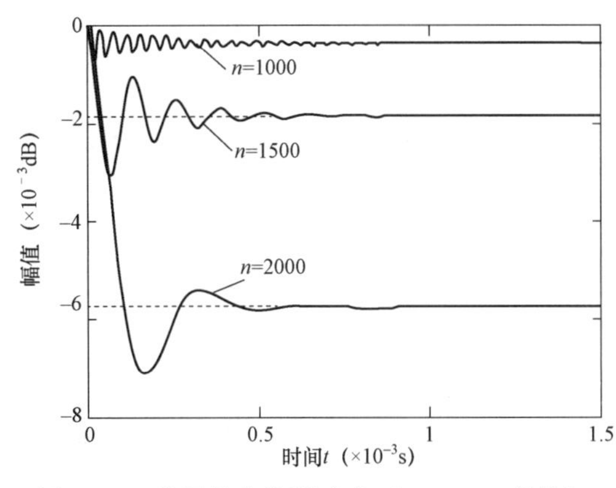

图 5-8　线圈单位阶跃响应（$C_0 \neq 0$，n 变化）

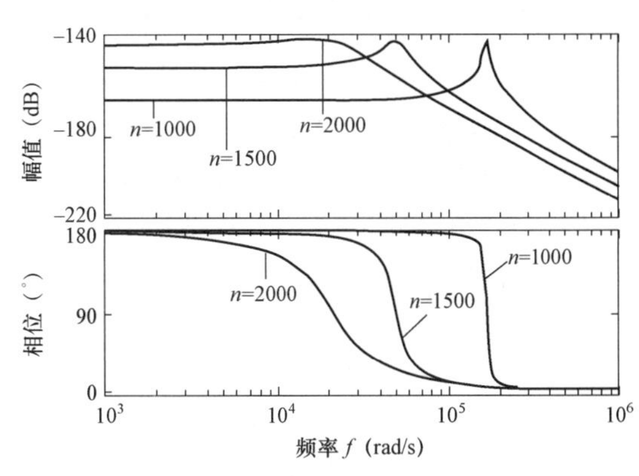

图 5-9　线圈幅频和相频特性（$C_0 \neq 0$，n 变化）

比较不考虑分布电容和考虑分布电容的空心线圈单位阶跃响应图 5-3 和图 5-8 可知，当考虑空心线圈的分布电容时，其单位阶跃响应的上升时间变长且有振荡现象；匝数越多，线圈的上升时间越长，响应速度越慢。比较空心线圈幅频和相频特性图 5-4 和图 5-9 可知，空心线圈的分布电容明显抑制了线圈的高频特性。由于空心线圈的自感 L_0 和分布电容 C_0 起了一个类似于低通滤波器特性作用，如图 5-9 所示，匝数越多，该低通滤波器的截止频率越低，线圈高频特性越差。因此，空心线圈的分布电容对其动态特性的影响不容忽视。

综上分析，在空心线圈的结构尺寸、屏蔽层状况等不改变的前提下，为了有效抑制空心线圈中的自感 L_0、分布电容 C_0 和线圈内阻 R_0 发生谐振，最大限度减小分布电容的不良影响，改善线圈的动态特性，可采取在该空心线圈输出端串接一个合适的阻尼电阻 R_s 的方案来解决。当 R_s 较小时，线圈的单位阶跃响应上升时间变长，并且有振荡现象，稳定时间变长；当 R_s 越大，该线圈的低通滤波器的截止频率越高，线圈的高频特性就能得到改善。

5.2.1.3　高速空心线圈参数优化设计

在选取线圈结构参数时，必须综合考虑被测电流特点、线圈动态性能和感应信号强弱等方面的情况进行设计。根据前述分析结果，高速空心线圈参数优化设计的基本流程如图 5-10 所示。

由图 5-10 可知，空心线圈参数优化设计步骤为：① 综合考虑被测电流的频率特性，确定空心线圈骨架芯的截面形状；② 选取其结构参数 h、c，再根据线圈结构参数确定绕线匝数 n 和导线直径 d；③ 估算空心线圈的互感系数 M、自感系数 L、内阻 R_0、分布电容 R_0 和最佳采样电阻 R_s；④ 根据上述数据利用数值仿真研究空心线圈的动态特性；⑤ 根据以上步骤反复设计与计算，直至满足要求为止。

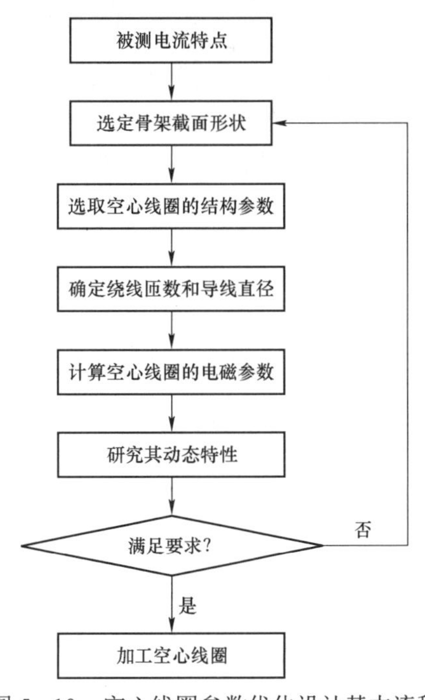

图 5-10　空心线圈参数优化设计基本流程

5.2.2 高频空心线圈的积分信号处理

5.2.2.1 空心线圈的自积分法与外积分法

根据 5.2.1 节中空心线圈的等效电路模型可得感应电势 $e(t)$ 和线圈中流过的感应电流 $i_2(t)$ 分别如式（5-6）～式（5-8）所示。其中，式（5-7）根据被测电流带宽特性不同，可分为两种空心线圈输出信号的处理方法。

1）$L_0[\mathrm{d}i_2(t)/\mathrm{d}t] \gg (R_s+R_0)i_2(t)$ 时，称这种空心线圈为自积分式空心线圈；

2）$L_0[\mathrm{d}i_2(t)/\mathrm{d}t] \ll (R_s+R_0)i_2(t)$ 时，称这种空心线圈为外积分式空心线圈。

对应上述两种空心线圈，后续常见的信号处理方法也分为两种，即自积分法和外积分法，其中的外积分法又分为无源外积分和有源外积分。因此，在对高频电流测量时，要根据被测电流特点和线圈的动态性能，选择线圈合适的积分信号处理方式。

（1）自积分式空心线圈的测量原理。自积分式空心线圈用于被测脉冲电流属于短脉冲宽度电流波形时，在线圈的两出线端接一个小信号电阻 R_s 以及后续处理电路，图 5-11 为自积分式空心线圈及其后续处理的等效电路示意图。

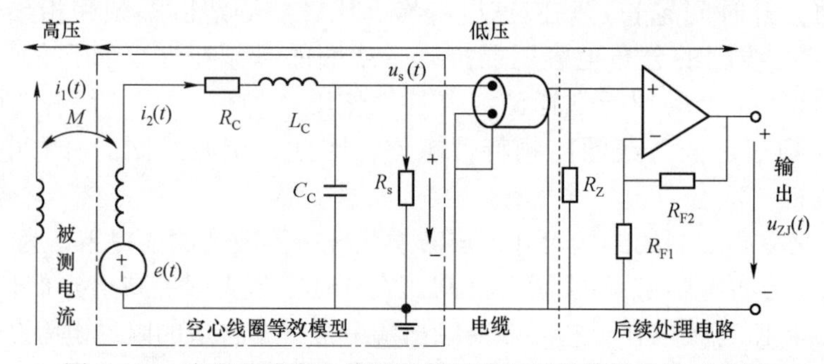

图 5-11 自积分式空心线圈及其后续处理的等效电路示意图

图 5-11 中虚线框表示空心线圈等效电路模型，$u_s(t)$ 为终端电阻 R_s 的端电压，R_Z 为电缆特征阻抗的匹配电阻；后续处理电路为一个同相放大电路，放大倍数为 $1+R_{F2}/R_{F1}$，$u_{ZJ}(t)$ 为其输出电压。根据等值电路图，自积分式空心线圈的感应电势 $e(t)$ 和线圈中流过的感应电流 $i_2(t)$ 满足

$$e(t)=L_0\frac{\mathrm{d}i_2(t)}{\mathrm{d}t}+R_0i_2(t)+i_R(t)R_s \tag{5-14}$$

因电阻 R_s 非常小，通常 $1/\omega C_0 \gg R_s$，有 $i_C\approx 0$ 且 $i_2\approx i_R$，则式（5-14）变为式（5-7）形式；又因为自积分法满足不等式 $L_0[\mathrm{d}i_2(t)/\mathrm{d}t] \gg (R_s+R_0)i_2(t)$，即要求电阻 R_s+R_0 很小或者电流变化率 $\mathrm{d}i_2(t)/\mathrm{d}t$ 很大时，式（5-14）右边的第二项可以略去不计，$e(t)$ 和 $i_2(t)$ 的关系简化为

$$e(t)\approx L_0\frac{\mathrm{d}i_2(t)}{\mathrm{d}t} \tag{5-15}$$

将式（5-6）代入式（5-15）可得

$$-M\frac{\mathrm{d}i_1(t)}{\mathrm{d}t}\approx L_0\frac{\mathrm{d}i_2(t)}{\mathrm{d}t} \tag{5-16}$$

因此被测电流 $i_1(t)$ 可以表示为

$$i_1(t) \approx \frac{L_0}{M} i_2(t) \tag{5-17}$$

当不考虑分布电容参数时，空心线圈的自感和互感系数满足 $L_0 = NM$，其中 N 为空心线圈的匝数，则式（5－17）改写为

$$i_1(t) \approx -Ni_2(t) \tag{5-18}$$

由式（5－18）可知，自积分式空心线圈测量电流的表达式类似于传统电磁式电流互感器，但是两者却存在本质区别：前者输出信号为电压信号，后者输出信号是电流信号；前者的副方可以开路运行，而后者的副方不可以开路运行。考虑采样电阻的端电压，可进一步将式（5－18）写成

$$i_1(t) \approx -N\frac{u_s(t)}{R_s} \tag{5-19}$$

式中：$u_s(t)$ 为采样电阻的端电压；R_s 为采样电阻。

由式（5－19）可知，被测电流 $i_1(t)$ 的幅值与端电压幅值 $u_s(t)$ 以及空心线圈小线匝数目 n 成正比，与采样电阻 R_s 成反比，且与端电压 $u_s(t)$ 反相。此外，$i_1(t)$ 与 $u_s(t)$ 成正比关系的前提条件是要求被测脉冲电流变化非常快，即要求 $\mathrm{d}i_2(t)/\mathrm{d}t$ 很大的强电流脉冲。短脉宽的脉冲电流可以利用自积分式空心线圈进行测量。

（2）外积分式空心线圈的测量原理。外积分式空心线圈用于被测脉冲电流属于较宽脉冲电流波形时，在线圈两出线端接采样电阻 R_s，后续处理电路采用 RC 所组成的积分电路，图 5－12 为外积分式空心线圈及其后续处理的等效电路示意图。

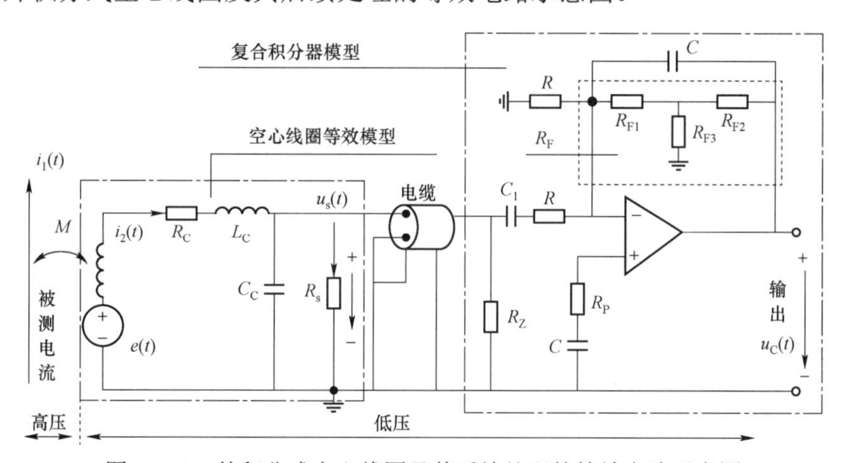

图 5－12 外积分式空心线圈及其后续处理的等效电路示意图

图 5－12 中左边虚线框表示空心线圈的等效电路模型；右边虚线框表示复合积分器，$u_C(t)$ 为积分输出电压，R 和 C 表示积分参数，R_F 为反馈电阻。当采样电阻 R_s 的取值足够大，即满足外积分法不等式 $L_0[\mathrm{d}i_2(t)/\mathrm{d}t] \ll R_s+R_0$ 时，式（5－7）可近似为

$$e(t) \approx (R_0 + R_s)i_2(t) \tag{5-20}$$

联立式（5－6）、式（5－8）和式（5－20）可得

$$-M\frac{\mathrm{d}i_1(t)}{\mathrm{d}t} \approx (R_0 + R_s)\frac{u_s(t)}{R_s} \tag{5-21}$$

因此被测电流 $i_1(t)$ 可以表示为

$$i_1(t) \approx -\frac{(R_0+R_s)}{MR_s}\int u_s(t)\mathrm{d}t \tag{5-22}$$

由式（5－22）可知，外积分式空心线圈外接采样电阻 R_s 实质上相当于一个微分环节，要使输出信号还原为被测电流 $i_1(t)$，就必须后接一个由 R 和 C 组成的积分电路将电压 $u_s(t)=i_2(t)R_s$ 进行积分还原处理。此外，对于这种简单的无源积分器而言，信号周期 $\tau_{Rog}=L_C/(R_s+R_C)$ 要远小于积分电路的时间常数 $\tau_w=RC$ 才可以得到近似的积分效果，且此时积分输出电压 $u_{zj}(t)$ 幅值较小，对提高系统的信噪比不利。如果把简单的 RC 积分回路改为有源积分放大器回路则上述缺点便可基本消除。此外，被测电流 $i_1(t)$ 与积分输出电压 $u_{zj}(t)$ 成正比关系，前提是尽量减少 L_0，选取适当的 R_s、R 和 C 参数。宽度脉冲电流可以利用外积分式空心线圈进行测量。

（3）自积分法与外积分法的技术比较与线圈设计要点。根据应用两种积分法的测量原理对比分析，自积分式空心线圈的频率响应高，是测量纳秒级脉冲大电流信号的理想手段；由于外积分式空心线圈必须经过一个 RC 积分回路，所以其测量的频率响应受到限制，微秒、亚微秒级的电流信号测量可选择外积分法。因此，自积分式信号处理技术适用于测量短脉冲宽度的大电流，外积分信号处理技术适用于测量长脉冲宽度的大电流。自积分式和外积分式空心线圈的技术特点与结构参数对比详见表 5－3。

表 5－3　自积分式和外积分式空心线圈技术特点与结构参数的比较

名称与特点	自积分式	外积分式
骨架芯的横截面面积 S	大	小
内阻 R_C（Ω）	很小	较小
终端电阻 R_s（Ω）	很小	很大
小线匝匝数 n/匝	很少	很多
积分参数特点	短	长
导线外径	粗导线	细导线
骨架芯的轴向高度参数 c	大	大
骨架芯的径向厚度参数 h	小	小
骨架芯的截面周长	小	大
监测对象	高频或窄脉冲电流	低频（ω 要小）或者宽脉冲电流
明显特点	$R_C \gg R_s$	$R_s \gg R_C$
积分时间常数	$\tau_{Rog}=Lc/(R_C+R_s)$	$\tau_W=(1+k_0)RC$
上升时间	$t_{rise(J)} \approx \pi R_s C_C$	$t_{rise(W)} \approx \pi(L_C C_C)^{0.5}$

由表 5－3 可知，在设计高频空心线圈之前，首先要综合考虑被测电流的特点、线圈的动态性能和获得的感应信号强弱，选择合适类型的空心线圈及积分方式进行脉冲大电流测量，避免因空心线圈类型选择不当而增大测量误差。

1）自积分式空心线圈设计要点如下：① 选取高频电流作为监测对象；② 选取粗导线；③ 增大骨架芯的横截面面积 S；④ 增大骨架芯的轴向高度参数 c；⑤ 减小骨架芯的径向厚度参数 h。此外，当 $\omega L_C \gg R_s+R_C$ 时，自积分式空心线圈的相角差才会无限接近 π，因此终端电阻的选择一般远远小于线圈内阻，即有 $R_s \ll R_C$，这有利于提高线圈的高频特性，但是，并非越小越好，还要兼顾传感系统的信噪比。

2）外积分式空心线圈设计要点如下：① 选取宽脉宽的脉冲电流作为监测对象；② 选取细导线；③ 减小骨架芯的横截面面积 S；④ 增大骨架芯的轴向高度参数 c；⑤ 减小骨架芯的径向厚度参数 h。此外，为确保外积分式空心线圈的幅值误差相当小，终端电阻的选择一般要远远大于线圈电阻，即有 $R_s \gg R_C$；确保线圈的相角误差相当小，必须满足条件 $\omega L_C \ll R_s+R_C$。

此外，由于空心线圈是基于电磁感应定律完成电流测量任务，容易受到外界交变磁场的影响，因此必须采取良好的磁屏蔽措施。因为快速变化的磁场总是与快速变化的电场相联系的，尤其是当空心线圈周围有快速变化的载流导体（即 $\mathrm{d}v/\mathrm{d}t$ 较大时），难免会产生电容耦合，所以线圈应有接地的静电屏蔽措施。对于低频或者工频的磁场进行屏蔽时，屏蔽层必须加厚，或者采用高导磁材料，屏蔽层应有开口，不能形成闭合回路，否则屏蔽层中的环流会削弱主磁通，详见 2.6.3 节。

5.2.2.2 高速自积分信号处理技术

（1）自积分式空心线圈测量准确性。通过自积分法，空心线圈可以实现脉冲大电流或高频大电流的准确测量。在理想情况下，自积分式空心线圈的幅值误差和相角差可分别定义为

$$\varepsilon = \left| \frac{I_{1m} - nI_{2m}}{I_{1m}} \right| \tag{5-23}$$

$$\varphi = \pi \tag{5-24}$$

式中：I_{1m} 为被测电流 $i_1(t)$ 的真值的峰值；I_{2m} 为测量电流 $i_2(t)$ 的峰值；nI_{2m} 为 $i_1(t)$ 测量值的峰值。

式（5－24）表明被测电流与实际测量值之间的相角差固定为 π（即 180°）。

联立式（5－6）、式（5－7）和式（5－8），可得到在不做任何近似时 $i_1(t)$ 的输出表达式为

$$i_1(t) = \frac{L_0}{M} i_2(t) + \frac{R_s + R_0}{M} \int i_2(t) \mathrm{d}t \tag{5-25}$$

将式（5－19）、式（5－25）分别代入式（5－23）、式（5－24）中，可得自积分式空心线圈的幅值误差和相角误差分别为

$$\varepsilon = \left| \frac{i_1(t) - n\dfrac{u_s(t)}{R_s}}{i_1(t)} \right| \approx \frac{\int u_s(t)\mathrm{d}t}{\dfrac{L_c}{R_s + R_0} u_s(t) + \int u_s(t)\mathrm{d}t} \approx \frac{\int u_s(t)\mathrm{d}t}{\dfrac{L_0}{R_s + R_0} u_s(t)} \tag{5-26}$$

$$\varphi = \frac{\pi}{2} + \arg\tan \frac{\omega L_0}{R_s + R_0} \tag{5-27}$$

式中：ω 为被测脉冲电流的角频率，rad/s。

由式（5－26）可知，增加时间常数 $L_0/(R_0+R_s)$，减小线圈输出电压 $u_s(t)$，均可减小幅值误差，但 $u_s(t)$ 过小则又会降低传感器的信噪比。比较式（5－24）和式（5－27）可知，当 $\omega L_0 \gg (R_0+R_s)$ 时，自积分式空心线圈的相角差才会趋向于π。

为减小幅值误差并保持相角差为π，自积分式空心线圈设计参数的约束条件为

$$\omega L_0 \gg (R_s + R_0) \approx R_0 \tag{5-28}$$

将自积分式空心线圈的上升时间近似地定义为

$$t_{rise} \approx \pi R_s C_0 \tag{5-29}$$

由式（5－29）可知，选取合适的 R_s（$10^{-3}\Omega$ 量级）和 C_0（10^{-9}F 量级）参数，自积分式空心线圈的上升时间可达到 10^{-11}s 量级，足以测量纳秒级别的脉冲大电流。

（2）应用自积分式空心线圈的高速大功率检测。目前对电压 10kV 以上、电流数十千安以上、电流上升时间数微秒或者数十纳秒以下的超大功率、超高速能量变换装置需求较大。例如，在加速器、电磁炮、大功率激光器、等离子体装置的大功率高速脉冲的产生和开关控制。能完成这种变换的有一种典型开关，叫 RSD（Reversely Switched Dynistor）开关。它的开通和关断时间会以纳秒数量级出现，因此其开关状态时所产生的脉冲电流会呈现很大的变化率，即 di/dt 会相当大。如何快速、准确地检测 RSD 开关的状态电流，对分析开关特性和改善工作性能均很重要。

从原理上讲，开了空气隙的电磁式电流互感器和霍尔元件都可以检测暂态电流，但是其能够适应的频宽较窄，不能反映 RSD 之类的高速大功率开关状态电流，除此之外最常用检测手段是用分流器，由于分流器必须串联在 RSD 开关试验回路中，其与输入和输出没有良好的电气隔离，且当测量暂态大电流时，因分流器的杂散电感和集肤效应不容忽略，势必影响被测电流波形。

为验证自积分式空心线圈和分流器两种检测方式的准确性，采取两个 RSD 串联方式进行试验，每种测量方法分别对应一组 RSD 开关，图 5－13 给出了两种测量方法对 RSD 开关所产生的脉冲电流的实测波形。

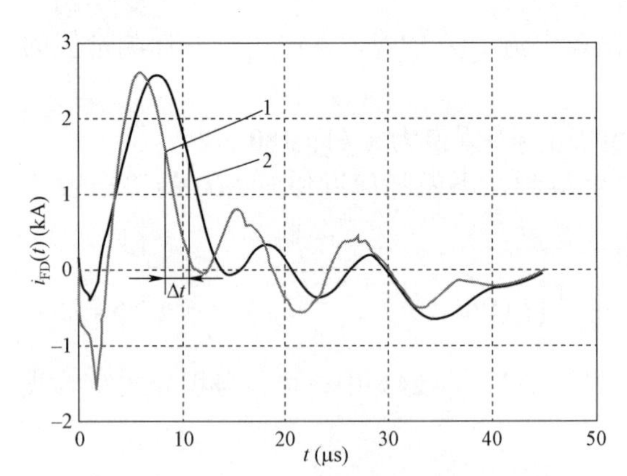

图 5－13　RSD 开关状态电流的试验波形

1—空心线圈测量的电流波形；2—分流器测量的电流波形

如图 5－13 所示，分流器获得的电流波形与空心线圈获得的波形之间存在明显的时间差（即图中的 Δt），说明空心线圈的快速性优于分流器，RSD 开关状态电流的上升时间为 0.5μs，远大于自积分式空心线圈的上升时间（10^{-11}s 量级），而分流器的快速性却明显受到分布电容、杂散电感和集肤效应等不良影响，因此采用自积分式空心线圈可以对被测电流实现快速、准确和可靠测量。

5.3 特种工频大电流有源空心线圈互感器

高功率电弧炉具有较高的能源综合效率，在冶金和化工行业被广泛应用。电炉变压器是

供给电弧炉电源的变压器，其二次侧输出电压较低，通常为几十至几百伏，但输出电流很大，能够达到几万安，在故障时电流甚至超过十万安，需要特种工频大电流互感器来完成其电流测量。与此同时，电炉变压器低压侧运行环境恶劣，空间非常狭窄，存在大电流产生的高温、振动、强磁场干扰，导致常规电磁式互感器无法安装使用。

采用空心线圈式有源电子式互感器可以很好地解决工频大电流的测量问题，但是由于电炉变压器输出电流较大，通常采用分裂导线并联方式。空心线圈直接安装测量很困难，因此需要研制分布式电子式互感器结构并将多个空心线圈传感器连接组成分布式有源空心线圈互感器。

5.3.1 分布式空心线圈的结构设计

5.3.1.1 测量方式

在实际工程中，电炉变压器的低压侧输出一般采用多根独立导体并联输出方式，结构复杂，型式多样，导体占据的空间可达 1m × 2m，图 5－14 为电炉变压器低压侧导体分布图。

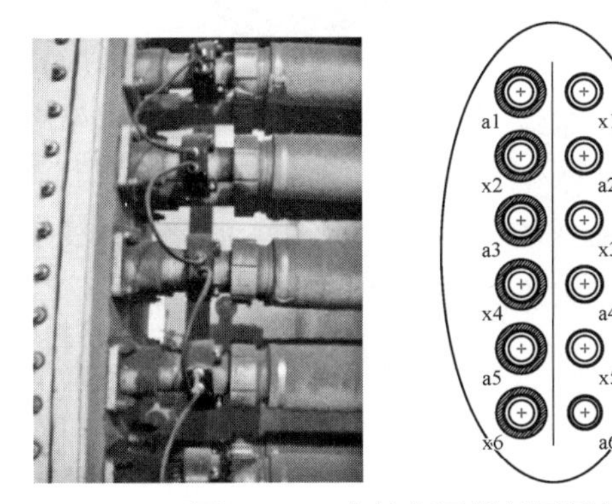

图 5－14 电炉变压器低压侧导体分布图

目前，测量电炉变压器的输出总电流有直接测量和间接测量两种方法：① 直接测量法。制作一个直径很大的空心线圈，对包含所有的被测母线进行直接测量。该方法存在超大空心线圈安装困难和生产工艺复杂、线圈容易变形影响准确度等问题，在工程中较少应用。② 间接测量法。测量各分立母线的电流，再进行累加计算，即一次电流总和是各个单只电流互感器一次电流的总和，二次单只电流互感器输出电压相加为一次电流互感器总和的二次输出值。该方法安装灵活，使用简便，适合工程现场应用。

5.3.1.2 单体结构

分布式电子式互感器中的单只电流互感器空心线圈如图 5－15 所示，单个空心线圈回绕线及线圈端头分别引出，在线圈末端处一端进行短接，则在另一端可得到线圈的输出，每个模块使用环氧树脂浇注成型，并妥善设计紧固措施，以确保牢靠地与一次导体连接固定。

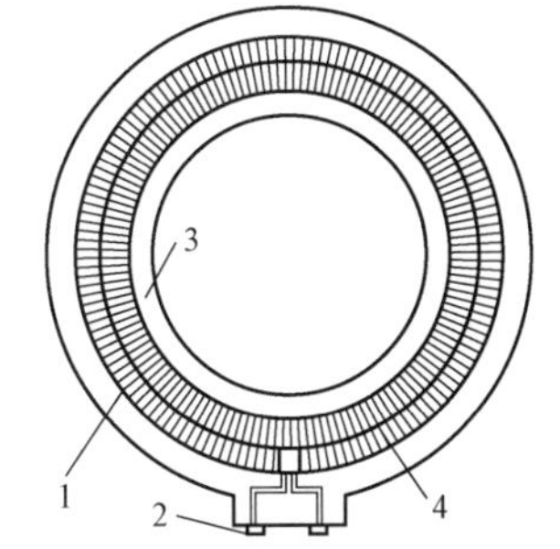

图 5－15 单个空心线圈传感器结构设计

1—线圈；2—线圈末端；3—绝缘浇注体；4—回绕线

5.3.1.3 整体结构

将单只空心线圈传感器连接起来，配套电子单元后，组合成一套测量工频大电流分布式有源电子式互感器，如图 5-16 所示。分布式工频大电流有源电子式互感器整体连接过程为：① 首先将各空心线圈传感器模块始端回绕线与线圈短接，实现空心线圈的闭合；② 然后通过互连接线实现各空心线圈之间的串联输出，构成空心线圈传感器组；③ 最后通过信号传输线将传感器组的输出输送至电子单元，在电子单元处进行积分处理及模数转换，输出至保护测控等二次装置。传感器组可根据导体结构灵活组合，自由扩展，且传感器模块化设计方便维护更换，可适用于不同需求的应用场合。

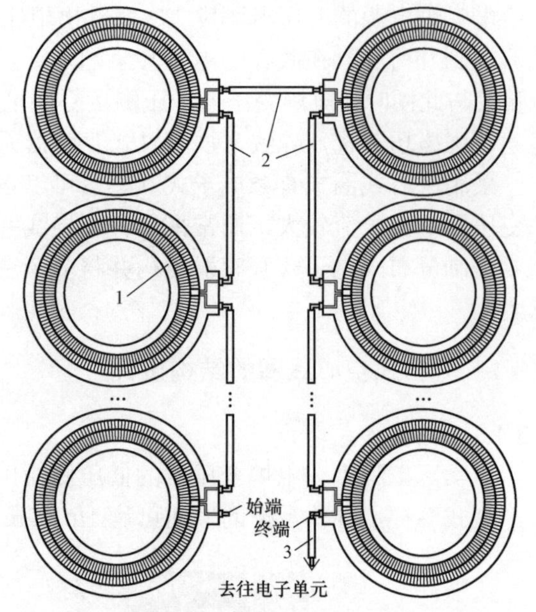

图 5-16 分布式工频大电流有源电子式互感器结构

1—空心线圈传感器；2—互连接线；3—信号传输线

5.3.2 分布式空心线圈的测量准确度

采用空心线圈互感器的分布式组合结构很好地解决了交流大电流多根分裂导线现场安装与测量的问题，但是采用该种结构后，单只互感器准确度对总电流测量准确度有多大影响、总电流测量准确度如何等效计算等问题有必要进一步明确。

假设单只空心线圈的比值差为$\varepsilon_1 \cdots \varepsilon_n$；相位差为$\delta_1 \cdots \delta_n$。在所有空心线圈中，存在一个最大比值差和一个最大相位差，分别满足

$$\varepsilon > \varepsilon_1、\cdots、\varepsilon > \varepsilon_n \text{和} \delta > \delta_1、\cdots、\delta > \delta_n \tag{5-30}$$

设各个空心线圈的标准值为$I_1 \cdots I_n$，则总电流为

$$I = I_1 + \cdots + I_n \tag{5-31}$$

式中：I、I_1、…、I_n为折算到电流互感器二次侧的总电流和各线圈所对应的电流。

通过比值差可算出每个空心线圈的实际二次侧电流大小为$I_1(1+\varepsilon_1)$、…、$I_n(1+\varepsilon_n)$。据此可以将各空心线圈的标准电流、实际电流、比值差和相位差在同［一坐标系标示出，如图 5-17 所示。各空心线圈的输入电流在不考虑导线阻抗影响时与总电流的相位相同。

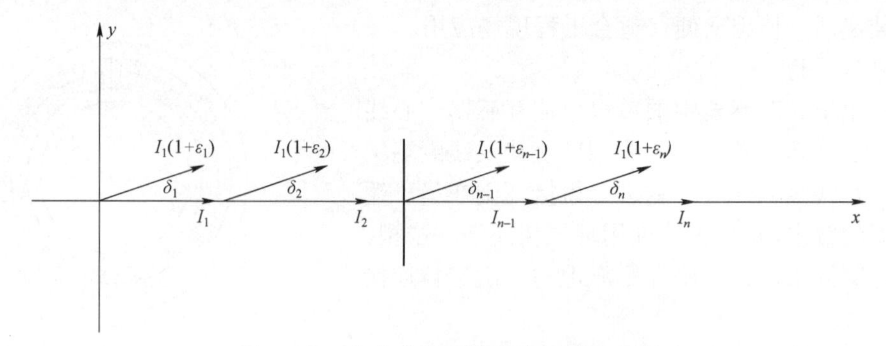

图 5-17 分布式互感器电流误差示意图

如图 5-17 所示，假设总电流的初始相位为零，则各空心线圈的输入电流和总电流同方

向，初始相位为零。当初始相位不同时，可以将空心线圈的实际电流 $I_1(1+\varepsilon_1)$、…、$I_n(1+\varepsilon_n)$ 分解成 x 方向和 y 方向的两个分量。其中，x 方向的电流可表示为：$I_1(1+\varepsilon_1)\cos\delta_1$、…、$I_n(1+\varepsilon_n)\cos\delta_n$，$y$ 方向的电流可表示为：$I_1(1+\varepsilon_1)\sin\delta_1$、…、$I_n(1+\varepsilon_n)\sin\delta_n$。分别计算出两个方向的电流和值为

$$\begin{cases} I_x = I_1(1+\varepsilon_1)\cos\delta_1 + \cdots + I_n(1+\varepsilon_n)\cos\delta_n \\ I_y = I_1(1+\varepsilon_1)\sin\delta_1 + \cdots + I_n(1+\varepsilon_n)\sin\delta_n \end{cases} \tag{5-32}$$

假设 x 方向的电流误差为最大，则有

$$I_1(1+\varepsilon_1)\cos\delta_1 + \cdots + I_n(1+\varepsilon_n)\cos\delta_n < (I_1 + \cdots + I_n)(1+\varepsilon)\cos\delta \tag{5-33}$$

假设 y 方向的电流误差为最大，则有

$$I_1(1+\varepsilon_1)\sin\delta_1 + \cdots + I_n(1+\varepsilon_n)\sin\delta_n < (I_1 + \cdots + I_n)(1+\varepsilon)\sin\delta \tag{5-34}$$

因此，计算出具有最大误差的实际电流 I_{S} 为

$$I_{\mathrm{S}} = (I_1 + \cdots + I_n)(1+\varepsilon)\sqrt{1+(\sin\delta)^2} = (I_1 + \cdots + I_n)(1+\varepsilon) \tag{5-35}$$

进一步可求得总电流的最大比值差和最大相位差分别为

$$\frac{I_{\mathrm{S}} - I}{I} = \frac{(I_1 + \cdots + I_n)(1+\varepsilon) - (I_1 + \cdots + I_n)}{(I_1 + \cdots + I_n)} = \varepsilon \tag{5-36}$$

$$\sin^{-1}\frac{(I_1 + \cdots + I_n)(1+\varepsilon)\sin\delta}{(I_1 + \cdots + I_n) + (1+\varepsilon)} = \sin^{-1}\sin\delta = \delta \tag{5-37}$$

由式（5－36）和式（5－37）可知，总电流测量比值误差不会超过单个空心线圈的最大比值误差，总相位误差不会超过单个空心线圈的最大相位误差。例如，假设其中有一台互感器的比值误差为 0.5%，其余是 0.2%，那么总电流的测量准确度不会超过 0.5%。因此在空心线圈电流互感器并联运行时，决定并联运行总电流准确度的是其中准确度最差的单个空心线圈。

综上所述，在分裂母线上分别安装分布式有源电子式电流互感器并联运行，将互感器的二次输出相加来完成一次总电流测量的方案是可行的，并且决定总电流测量准确度的是其中准确度最低的单台互感器。

5.4 特种直流大电流无源全光纤互感器

传统直流大电流测量装置通常使用分流器或基于霍尔元件的电流传感器。当采用直流分流器测量时需要断开一次导线，无法实现测量装置的在线安装；在电解铝行业中汇流母排总电流甚至超过了 600kA，导致分流器无法使用。基于霍尔元件的直流大电流互感器主要有直测式和零磁通式两种类型。其中，霍尔直测式的直流大电流互感器存在抗周边杂散磁场能力差、温漂较大等缺陷，同时测量误差偏大，通常超过 0.5%；霍尔零磁通式直流大电流互感器测量准确度较高，但是体积庞大，功耗很高，不便安装。

由第 3 章无源光学电流互感器的分析结论可知，相对于传统测量方法，全光纤电流互感器具有明显优势：采用非介入式测量技术，无需开断一次电流；对杂散磁场有较强的抗干扰能力，母线偏心敏感度低；同时具有测量范围大、准确度高、功耗小、安装便捷等优点。因此可采用特种无源全光纤电流互感器实现直流大电流的测量。

5.4.1 大电流非线性误差修正方法

无源全光纤电流互感器具有测量准确度高、动态范围大等特点，在大电流的在线测量方面具有明显优势。但由于其传感光纤的性能参数呈现显著的分布式特性，实际应用中会受到温度场以及应力分布等因素的影响，从而在大电流测量时产生非线性误差，需要进行修正。

5.4.1.1 全光纤电流互感器标度因子

全光纤电流互感器在理想条件下所检测的法拉第相位差 φ_F 如式（3－3）所示，考虑在大电流测量时产生非线性误差后，实际检测相位差 ϕ 不再是法拉第相位差 φ_F。因此定义全光纤电流互感器的标度因子 k 为

$$k=\frac{\phi}{\varphi_F}=\frac{\phi}{4VNI} \tag{5-38}$$

由式（5－38）可知，标度因子 k 表示全光纤电流互感器的检测相位差与电流引起的法拉第相位差的比值。在理想情况下 $k=1$，但受环境温度的影响，实际的标度因子会随温度变化而产生漂移，主要表现在以下方面：

（1）Verdet 常数与传感光纤折射率以及光源波长有关。在实际应用中，由于传感光纤折射率随温度变化，Verdet 常数也会随着温度变化，导致标度因子发生漂移。

（2）光纤在温变的环境下受热应力的影响，会产生温致线性双折射，体现在光纤 $\lambda/4$ 波片中则会改变波片的相位延迟角。无论是光纤中的线性双折射还是光纤 $\lambda/4$ 波片相位延迟角，都会随温度变化，并且改变检测相位差，导致标度因子发生漂移。

综上分析，通过制造一个非标准（初始相位延迟角不等于 90°）光纤 $\lambda/4$ 波片，令其所产生的标度因子温度误差刚好可以对 Verdet 常数和光纤线性双折射引起的标度因子温度误差进行内部补偿，以达到降低一次传感器整体温度误差的目的。该方法即为前文所述的全光纤电流互感器的温度误差自补偿技术，是目前比较常用的温度误差抑制方法，详见 3.6 节所述。

5.4.1.2 大电流非线性误差产生原因

当传感光纤中的圆偏振态偏离理想状态时，将会导致全光纤电流互感器在大电流测量区间内产生明显非线性误差。传感光纤产生非理想圆偏振态的原因主要有两点：一是当利用非标准光纤 $\lambda/4$ 波片进行光纤传感环温度误差自补偿时，光纤 $\lambda/4$ 波片产生了椭圆偏振光；二是传感光纤中的固有线性双折射使得在光纤中传输的圆偏振态变为椭圆偏振态。下面对上述两种误差产生原因进行分析。

（1）非标准光纤 $\lambda/4$ 波片。由式（5－38）可知，标度因子 k 受检测相位差 ϕ、Verdet 常数 V 和被测电流 I 的影响，而检测相位差 ϕ 又与光纤 $\lambda/4$ 波片的相位延迟角 ρ 有关。

考虑非标准光纤 $\lambda/4$ 波片影响时，全光纤电流互感器的检测相位差 ϕ 可表示为

$$\phi=2\arctan\frac{\tan 2\varphi_F}{\sin 2\theta\sin\rho} \tag{5-39}$$

式中：φ_F 为法拉第相移角，rad；θ 为光纤 $\lambda/4$ 波片的方位角，rad；ρ 为光纤 $\lambda/4$ 波片的相位延迟角，rad。

因此，可将标度因子 k 看作是光纤 $\lambda/4$ 波片相位延迟角 ρ、Verdet 常数 V 和电流 I 的函数，即有

$$k = k(\rho, V, I) \tag{5-40}$$

研究标度因子 k 与电流 I 的对应关系时，需考虑传感光纤常温 Verdet 常数 V_0 和光纤 $\lambda/4$ 波片初始相位延迟角 ρ_0 两方面的影响。其中，在 V_0 影响方面，通常 Verdet 常数由传感光纤材质和光源波长决定，一旦选定光路方案，该参数的温度误差就已确定，因此在影响因素分析时可将其看作是系统的固有特性参量。在 ρ_0 影响方面，当选择单匝低双折射光纤、光源中心波长 820nm 器件时，图 5－18 给出了在不同 ρ_0 条件下，标度因子 k 随被测电流 I 所引起相移差 $4\varphi_F$ 的变化曲线。

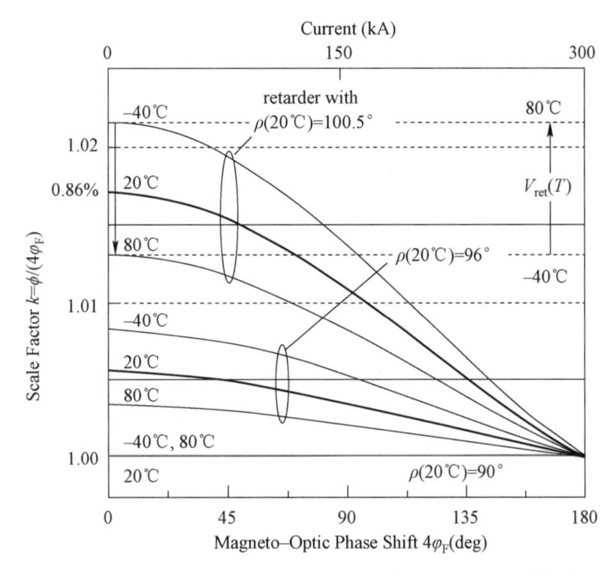

图 5－18　标度因子与温度、法拉第相移角关系曲线

由图 5－18 可知，① 小电流测量，若设定法拉第相移角 $4\varphi_F$ 为固定值，ρ_0 从 90° 增大至 100.5°，标度因子 k 在全温（－40～80℃）范围内的相对变化量逐渐增大。其中在 $\rho_0=100.5°$、$4\varphi_F=0$ 时，标度因子 k 的相对变化量为－0.86%，足以补偿掉 Verdet 常数 V 在－40～80℃内引起的标度因子漂移（约为 $120℃\times0.7\times10^{-4}℃^{-1}=0.84\%$）。因此，在小电流测量时，通过增加光纤 $\lambda/4$ 波片的常温初始相位延迟角 ρ_0 可以实现温度误差自补偿。② 大电流测量，若设定光纤 $\lambda/4$ 波片初始相位延迟角 ρ_0 为固定值，随着法拉第相移角 $4\varphi_F$ 的增大，标度因子 k 在全温－40～80℃范围内的相对变化量逐渐减小。当法拉第相移角 $4\varphi_F>\pi/2$ 时，标度因子的全温变化量减小得更快；而光纤 Verdet 常数 V 引起的标度因子温漂则与法拉第相移角无关。因此，假如采用温度自补偿技术，随着电流 I 增大，尤其当电流引起的法拉第相移角 $4\varphi_F>\pi/2$（对应电流 $I>150$kA）时，自补偿效果将会严重退化，从而引起大电流测量的非线性误差。

（2）传感光纤线性双折射。当需要绕制多匝小直径的传感光纤环用于大电流测量时，传感光纤中的线性双折射随着光纤圈数的累积而逐渐增大，成为引起非线性测量误差的另一主要因素。因此除温度影响外，还需考虑对多匝传感光纤中存在的线性双折射进行有效抑制。

考虑传感光纤中的线性双折射时，全光纤电流互感器的检测相位差 ϕ 可以表示为

$$\phi = 2\arctan\left(\frac{2\varphi_F}{\sqrt{4\varphi_F^2+\delta^2}}\tan\sqrt{4\varphi_F^2+\delta^2}\right) \tag{5-41}$$

由式（5－41）可知，线性双折射改变了检测相位差，从而导致了标度因子的非线性，图 5－19 为不同缠绕圈数下标度因子与电流的仿真关系曲线。

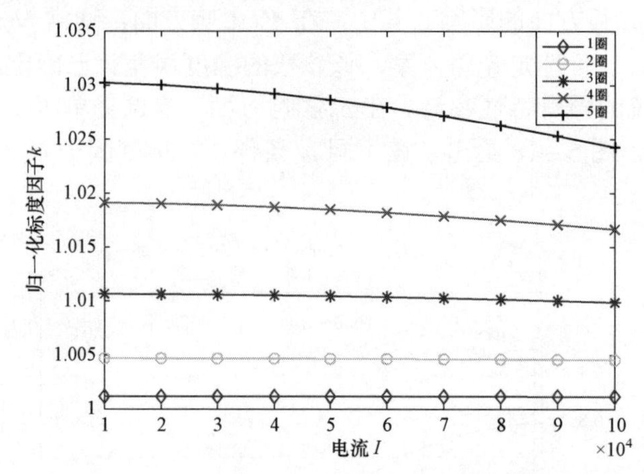

图 5－19　标度因子与传感光纤圈数关系曲线

如图 5－19 所示，随缠绕光纤圈数增加，线性双折射累积值增大，所引入的标度因子非线性误差也增大。

5.4.1.3　大电流非线性误差的修正

（1）因温度误差自补偿引入非线性误差的修正方法。① 当测量电流引起的法拉第相移角 $4\varphi_F>\pi/2$ 时，使用标准光纤波片（室温下的相位延迟角为 90°）制作光纤传感环，并增加一路高精度温度传感器用于采集光纤传感环的实时温度，在信号处理过程中对传感环的温度误差进行在线补偿。② 当测量电流引起的法拉第相移角 $4\varphi_F<\pi/2$ 时，可以使用非标准波片对光纤传感环进行温度自补偿，但需保证光纤波片的方位角（也即波片光纤主轴与传感环平面的夹角）不因重复装卸而发生改变。③ 由于传感光纤的 Verdet 常数正比于 $1/\lambda^2$（λ 为光源中心波长），当选取中心波长更长的光源时，法拉第相移角所对应的测量电流值也将更大。例如，将图 5－18 中光源的中心波长由 820nm 更改为 1310nm 或 1550nm 时，$\pi/2$ 法拉第相移角所对应的电流值分别为 380kA 和 535kA，因此在测量大电流时可选用中心波长为 1310nm 或 1550nm 的光源。

（2）因线性双折射引入的非线性误差的修正方法。目前，实用化的全光纤电流传感器的传感光纤通常包括两种：低双折射光纤（Lo－Bi fiber）和椭圆双折射光纤（Spun Hi－Bi fiber）。它们均通过旋转拉丝工艺制造而成，主要区别在于预制棒的不同。低双折射光纤采用普通单模预制棒，具有极低的本征线性双折射；而椭圆双折射光纤采用保偏预制棒，在旋转拉丝过程中，光纤的双折射主轴沿其轴向连续旋转，呈现螺旋结构，螺距的大小由旋转周期和拉丝速度决定，详见 3.10.1 节所述。在被测电流与传感光纤圈数的乘积 NI 保持不变的条件下，图 5－20 给出了低双折射光纤和椭圆双折射光

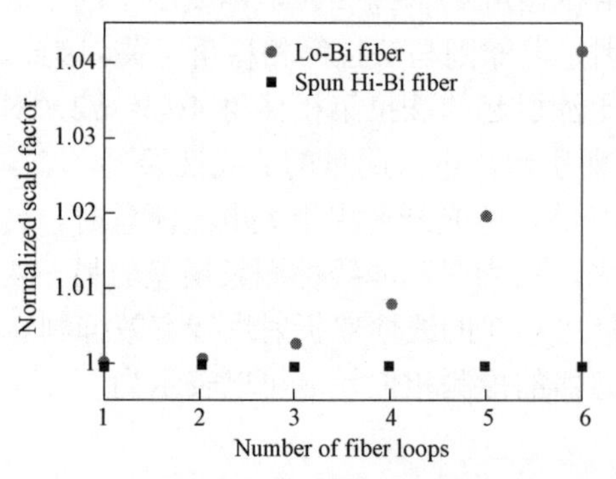

图 5－20　标度因子与传感光纤类型关系曲线

纤在不同光纤匝数下标度因子的变化曲线。

由图 5－20 可知，① 对于低双折射光纤绕制多匝传感环，不同匝数之间的标度因子变化较大，相同法拉第相移情况下传感器的输出还受弯曲线性双折射的影响；② 椭圆双折射光纤则没有体现出显著相关性，相同法拉第相移条件下标度因子随传感光纤圈数的增加几乎保持恒定，说明线性双折射的影响被传感光纤双折射主轴特殊的螺旋结构有效抑制。因此，应用椭圆双折射光纤可以有效抑制线性双折射对标度因子的影响，椭圆双折射光纤更适宜绕制多圈敏感环，实现超大电流的量值传递，并保证传感器具有良好的线性度，避免了非线性补偿。

需要指出的是，对于目前实用化的特种直流大电流光学互感器设备，如 ABB 公司研制的光纤电流传感器，采用低双折射光纤（Lo－Bi fiber）作为传感光纤，敏感环的光纤圈数仅为 1 圈，直径达到米量级，线性双折射对传感器的影响几乎可以忽略。但对于多圈敏感环，如果线性双折射不能被有效抑制，传感器将很难获得高测量准确度。

5.4.2 在线安装的外卡式结构设计

由于直流大电流现场测量要求不能断开原有一次电流回路，因此直流大电流互感器通常采用可在线安装的外卡式结构，如图 5－21 所示。现场安装时先将外卡式骨架固定在被测母排上，然后将用于感应电流的敏感光纤盘绕在骨架中，用于信号采集的电气单元通常安装在控制室内。

为了提高现场安装的便利性和可靠性，敏感光纤通常采用柔性光缆封装，如图 5－22 所示。柔性传感光缆盘绕时使用环路闭合工装保证波片与反射镜位置重合，从而保证光纤传感环的重复装卸准确度和对外界杂散磁场的抗干扰能力。

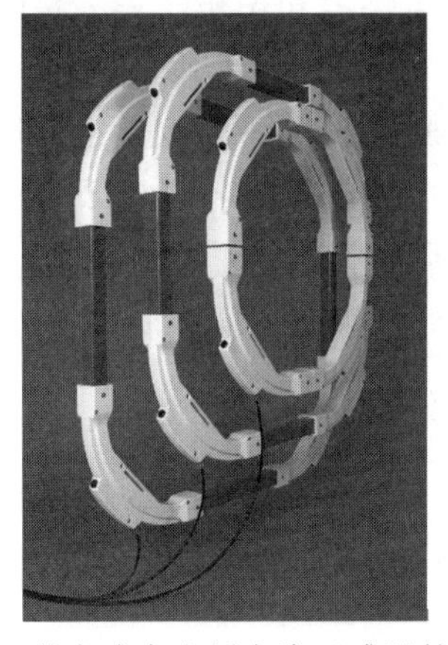

图 5－21 外卡式全光纤电流互感器的外形结构

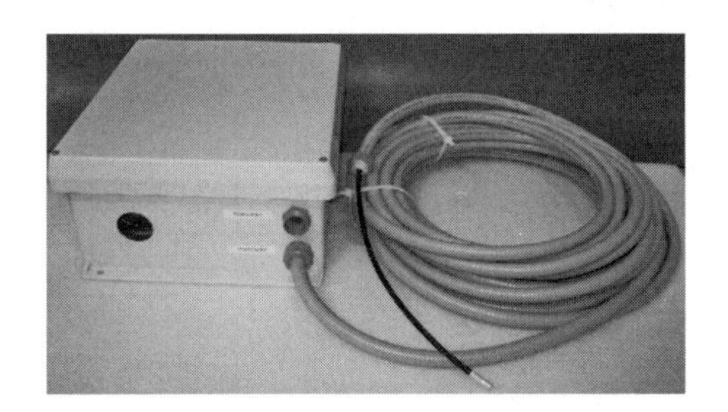

图 5－22 特种全光纤电流互感器的柔性传感光缆

5.5 特种宽频大电流无源全光纤互感器

在可控核聚变领域，等离子体电流是可控核聚变装置（也称作托卡马克装置）的基本参数，并将其作为判断等离子体放电是否成功的标准之一，从测量等离子体电流的波形就可以判断高温等离子体所发生的一些基本过程，其中最核心的就是放电过程的稳定性。因此，等离体电流的准确测量对判断可控核聚变装置是否正常运行非常重要。在可控核聚变研究早期，等离子体电流的直流稳态时间比较短，在秒量级，采用空心线圈电流互感器可以进行测量。随着可控核聚变技术的不断进步，目前等离体稳态放电时间已经可以达到分钟量级，等离子体电流幅值已突破兆安量级。

由于空心线圈无法测量长时间的稳态直流信号，无源全光纤电流互感器体现出其测量频带宽的技术优势，既能够准确测量超大等离子体电流快速上升（或下降）的波形，也能够测量其稳态工作时的直流波形，与此同时，其测量范围大，安装空间小，抗电磁干扰的特点也完全满足可控核聚变研究测试的苛刻要求。

5.5.1 全光纤电流互感器的动态响应模型

无源全光纤电流互感器的测量原理基于法拉第磁光效应，可同时感应直流电流产生的稳恒磁场与交流电流产生的交变磁场，其传感元件——传感光纤的感应频带很宽，能够达到兆赫兹甚至更高。全光纤电流互感器的系统带宽主要受限于后续闭环反馈检测电路的硬件设计和调制解调算法。

5.5.1.1 系统建模

（1）高阶动态数学模型。在 3.5 节中高次谐波测量分析时，将 FOCT 闭环控制系统的响应函数进行了简化。该简化后的 FOCT 闭环控制系统为一阶惯性动态模型，理论上可平稳地跟踪阶跃输入，但实际上 A/D 转换延时将导致系统闭环反馈产生延时；出于噪声抑制的考虑，调制器驱动电路往往呈现低通特性而非简单的比例环节；环路增益选取不当将导致阶跃响应产生振荡超调。这些因素使得 FOCT 的闭环控制成为高阶系统。另外，FOCT 普遍采用数字滤波器对闭环检测系统的输出进行滤波处理，这有助于噪声抑制，但也会对不同频率的信号造成不同程度的衰减和相位延迟，产生与信号频率相关的幅值误差和相角误差，影响互感器的宽频测量性能。

根据全光纤电流互感器的工作原理，依据小偏差线性化原则，将图 5－23 中各环节离散化，并充分考虑闭环信号检测系统的反馈延时、调制器驱动电路的二阶特性以及输出数字滤波器的影响，可以得到全光纤电流互感器闭环控制系统的精确模型。

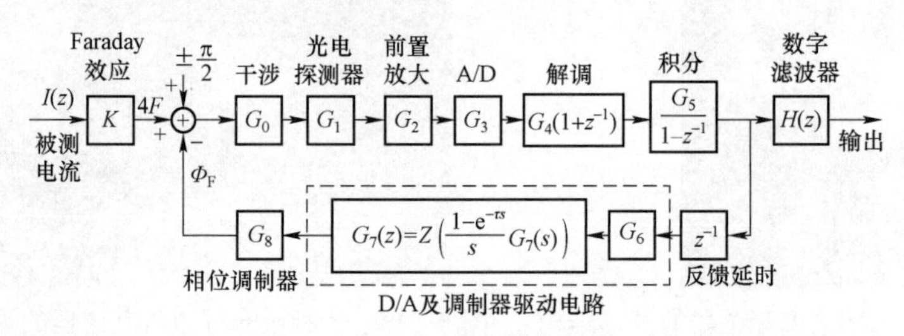

图 5－23 全光纤电流互感器闭环控制系统的精确模型

（2）前向通道环节。如图 5－23 所示，前向通道主要包括光强干涉检测、调制解调、数字积分以及简化比例环节等。① 在引入方波调制和闭环反馈后，光强干涉检测环节可近似为比例环节，比例系数 G_0 由光源功率和光路损耗决定；② 被测电流的解调通过方波信号相邻正负半周采样值之和相减得到，其模型可表示为 $G_4(1+z^{-1})$，G_4 为干涉信号半周期采样点数；③ 积分环节的模型为 $G_5(1+z^{-1})$，G_5 为前向增益调整系数；④ 敏感环的法拉第磁光效应、光电探测器、前置放大、A/D 转换等环节均简化为比例环节。其中，K 由传感光纤的费尔德常数及绕制圈数决定，G_1 由探测器的响应度和跨阻抗决定，G_2 为前置放大器增益，G_3 为 A/D 转换增益。

（3）反向通道环节。如图 5-23 所示，反向通道主要包括反馈延时、D/A 转换、相位调制器及其驱动电路等环节。① 反馈延时。根据 3.3 节中 FOCT 闭环控制原理，调制方波的半周期与反馈阶梯波台阶持续时间均等于互感器的渡越时间 τ，它也是闭环检测系统的反馈控制周期。方波与阶梯波均由现场可编程门阵列（FPGA）产生，数字叠加后通过 D/A 转换为模拟信号，驱动相位调制器。D/A 转换的时钟信号与方波、阶梯波同步。FPGA 控制 A/D 采集探测器输出信号，A 和 B 两个半周期采样值之和相减实现解调，理论上应在 t_1 时刻完成闭环反馈，但 A/D 转换输出通常存在若干个时钟周期的延时，这导致实际解调完成时刻 t_2 错过 t_1 时刻的 D/A 时钟，而只能在 t_3 时刻完成反馈。因此，由于 A/D 转换输出延时的影响，闭环反馈将滞后一个控制周期。② D/A 转换器为比例环节和零阶保持器的级联，G_6 为转换增益。③ 相位调制器为比例环节，增益为调制系数 G_8。为满足半波电压和噪声抑制的要求，调制器驱动电路通常为放大滤波器，其通用传递函数为

$$G_7(s) = \frac{G_{\mathrm{d}}}{(T_1 s+1)(T_2 s+1)} \tag{5-42}$$

式中：G_{d} 为调制器驱动电路的增益；T_1、T_2 分别为两级滤波器的时间常数，并有 $T_1 = R_1C_1$，$T_2 = R_2C_2$。

5.5.1.2 传递函数

设前向增益 $G_{\mathrm{F}} = G_0G_1G_2G_3G_4G_5$，反馈增益 $G_{\mathrm{B}} = G_6G_{\mathrm{d}}G_8$，根据上述各环节的模型，可得到 FOCT 闭环控制信号检测系统的离散传递函数

$$G(z) = \frac{KG_{\mathrm{F}}(z+1)}{\left[\frac{G_{\mathrm{F}}G_{\mathrm{B}}}{G_{\mathrm{d}}}G_7(z)+1\right]z+\left[\frac{G_{\mathrm{F}}G_{\mathrm{B}}}{G_{\mathrm{d}}}G_7(z)-1\right]} \tag{5-43}$$

为了降低系统输出噪声，通常采用滑动平均滤波器对闭环输出信号进行滤波，该滤波器的离散传递函数为

$$H(z) = \frac{1}{M}\frac{1-z^{-M}}{1-z^{-1}} \tag{5-44}$$

式中：M 为滑动平均滤波器的阶数。

FOCT 可看作数字闭环控制系统与输出滤波器的级联，因此，采用闭环控制系统精确模型的全光纤电流互感器的幅频、相频特性可表示为

$$A(\omega) = \left|G(\mathrm{e}^{\mathrm{j}\omega})\right|\left|H(\mathrm{e}^{\mathrm{j}\omega})\right| \tag{5-45}$$

$$\theta(\omega) = \angle G(\mathrm{e}^{\mathrm{j}\omega}) + \angle H(\mathrm{e}^{\mathrm{j}\omega}) \tag{5-46}$$

5.5.2 全光纤电流互感器的宽频测量特性

根据闭环信号检测系统及输出滤波器的离散传递函数，将模型参数代入，可计算出相应的频率响应特性。图 5-24 和图 5-25 为某型号全光纤电流互感器典型参数仿真结果。

5.5.2.1 频率响应特性

（1）在反馈增益恒定的情况下，前向增益的大小直接影响互感器的频率响应特性。① 如

图 5－24（a）所示，当前向增益较小时，虽然系统可以稳定闭环，但带宽较窄，高频信号测量误差较大；当 G_F 小于 96.38 时，带宽小于 3kHz。② 闭环控制系统对被测信号的衰减随频率的提高而增大，为保证 1.2kHz 信号的衰减小于 0.75%，G_F 应大于 286.5，此时相位延迟约为 7.1°。③ 在满足闭环稳定的前提下提高前向增益，将有效改善闭环系统的频率响应特性；当前向增益达到 921.6 时，信号衰减仅为 0.03%，带宽达到了 47kHz。

（2）滑动平均输出滤波器的频率响应特性与滤波器的阶数直接相关。① 如图 5－24（b）所示，当滤波器阶数大于 63 时，带宽小于 7kHz，当滤波器阶数大于 146 时，带宽小于 3kHz。② 在满足噪声抑制的前提下降低滤波器阶数，可提高带宽，降低滤波器对高频信号的衰减。当阶数等于 40 时，滤波器对 1.2kHz 信号的衰减小于 0.4%，相位延迟约为 8.6°，带宽为 10.8kHz。

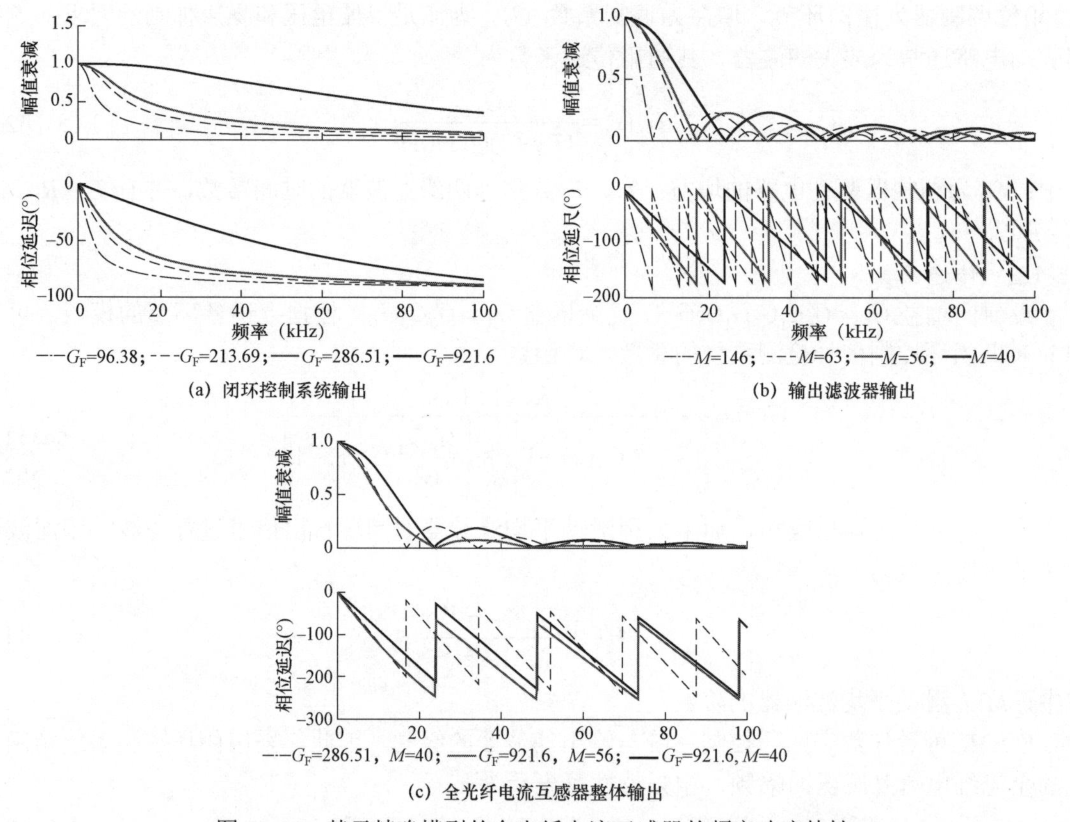

图 5－24 基于精确模型的全光纤电流互感器的频率响应特性

为保证 FOCT 的宽频信号测量准确度及带宽满足国标要求，闭环信号检测系统和输出滤波器各自的频率响应特性均应满足要求，并留出裕量。

5.5.2.2 阶跃响应特性

由于反馈延时、调制器驱动电路二阶特性的影响，互感器的闭环控制系统呈现高阶特性。增大前向增益可提高响应速度，但增益过大将导致系统振荡超调，稳定性变差。① 如图 5－25 所示，当 $G_F \leqslant 1017$ 时，闭环检测系统无超调，上升时间（阶跃值的 10%～90%）最快为 6 个控制周期，即 6.1μs；② 当 $G_F = 1835$ 时，超调达到 20%，上升时间优于 4.1μs，调节时间

（响应降至阶跃电流 1.5%的时间）约为 14.3μs；③ 输出滑动平均滤波器振荡超调具有显著的抑制作用。当滤波器的阶数从 10 增加至 40 时，超调从 60%降低至 1.5%，但同时也会增加上升时间和调节时间，降低动态响应能力。

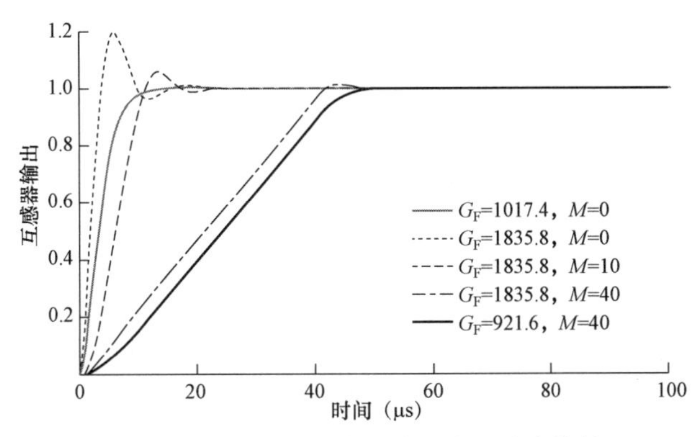

图 5－25　全光纤电流互感器阶跃响应特性

5.5.2.3　离子体电流测量

在托卡马克装置中，等离子体环电流是测量等离子体的基本参数之一，其作为判断等离子体放电是否成功的最基本参数，从测量它的波形就可以大致判断高温等离子体中所发生的一些基本过程。其中，最主要的就是放电过程的稳定性。还可以结合环电压来估算等离子体的电导率，从而根据计算推导出等离子体的另一重要参数电子温度。另外，对于等离子体的控制以及反演，等离子体电流也是一个极为重要的参数。

通常托卡马克装置中的等离子体电流持续时间在数十秒甚至百秒量级，最大电流能接近或达到兆安量级，因此可采用特种宽频大电流无源全光纤互感器进行等离子体电流的测量。如图 5－26 所示为使用特种宽频全光纤电流互感器测量托克马克装置试验中等离子体电流破裂时的快速变化波形。

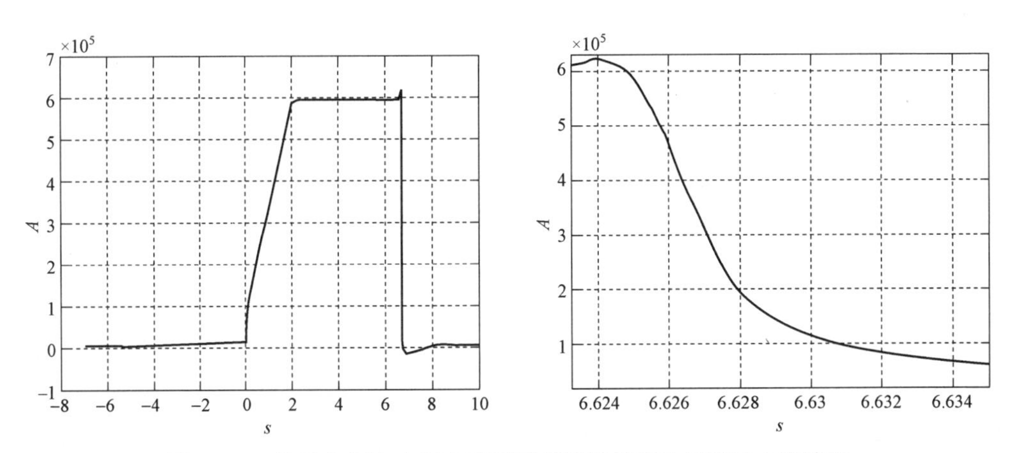

图 5－26　特种宽频全光纤电流互感器测量等离体子破裂电流波形

从测试结果可以看出，在约 10ms 的时间内等离子体电流从稳态 600kA 降低到约 50kA，变化速率很快，全光纤电流互感器真实地还原了等离子体电流破裂的过程。

5.6 特种无源光学电压互感器

5.6.1 特种高频光学电压互感器

快速暂态过电压（VFTO）是高压气体绝缘开关设备设计和运行中十分关心的问题。VFTO信号具有幅值高、陡度大、频率高的特点，会引起GIS主回路的对地故障，还会造成相邻设备的绝缘损坏。由于VFTO的仿真模型还不完善，难以给出准确的计算结果，因此需要进行VFTO测量。传统的测量方法采用电容分压窗口式传感器法，但是其工艺一致性不好，且测量带宽有限。

无源高频光学电压互感器的基本原理是依据Pockels效应，利用偏振光在外电场作用下经过电光晶体时，其偏振角度将发生变化的原理，通过光学元件将相位变化转化为光强的变化，从而实现电场强度与光强值的对应。无源光学电压互感器的电光晶体传感头的带宽很高，可以达到千兆赫兹量级，系统的测量带宽主要取决于后续光电转换元件带宽及信号采样率。

如图5-27所示为一种典型的无源高频光学电压互感器，采用Pockels晶体作为电压传感头，放置在探头表面的中心位置，尾纤通过探头、探头支撑、光纤气密引出装置、光纤保护盒至电气单元。高压母线与光学电压传感头的高度可以通过调节探头支撑的高度来进行灵活调整，达到调节传感器灵敏度的目的。

基于光学电压互感器的VFTO测试系统如图5-28所示，包含一次侧的光学电压传感头和二次侧的电气单元。电气单元中包含光源驱动和高速光接收模块。

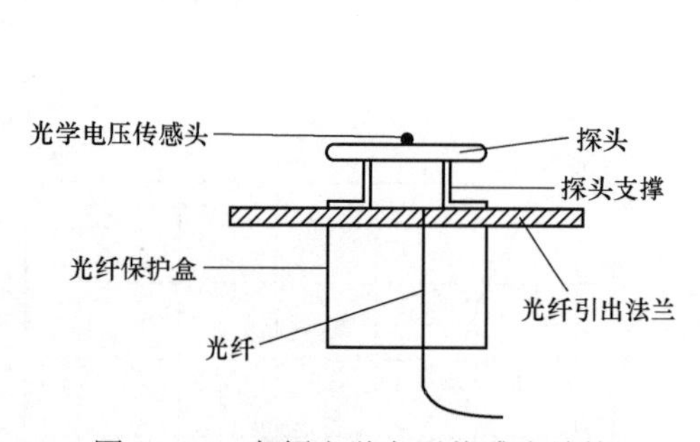

图5-27 高频光学电压传感头结构

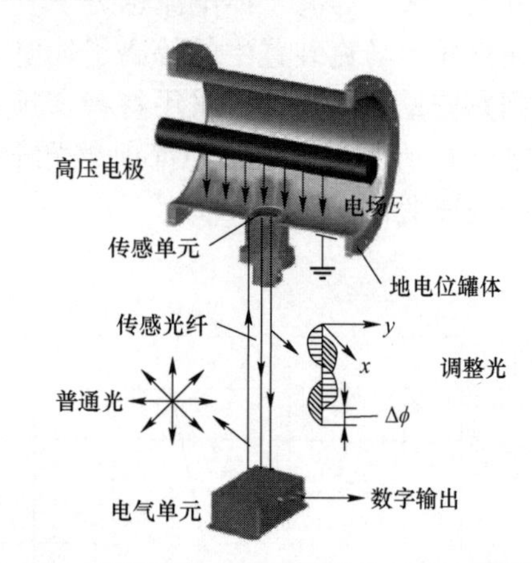

图5-28 基于光学电压互感器的VFTO测量系统

图5-29和图5-30分别给出了应用光学电压互感器和电容式电压互感器测量刀闸合闸、分闸时VFTO时域波形与频谱波形。从图中可以看出，在同等测量条件下，光学电压互感器具有更优的高频电压信号响应能力和更高的频谱分辨率。

对比图中的时域波形可以看出，电容式测量VFTO的方式测得的VFTO振荡幅值明显小于光学方式的测量结果。在同等测试带宽条件下，光学测量方式VFTO的频谱不仅能涵盖电学测量VFTO的频谱范围，且具有更高的频谱分辨率，同时光学测量方式的频谱范围更广。分析其原因，电学测量方式采用的是电容测量，电容的带宽限制导致其高频响应较差，高频分量的衰减导致在时域内的 VFTO 振荡幅值减小。

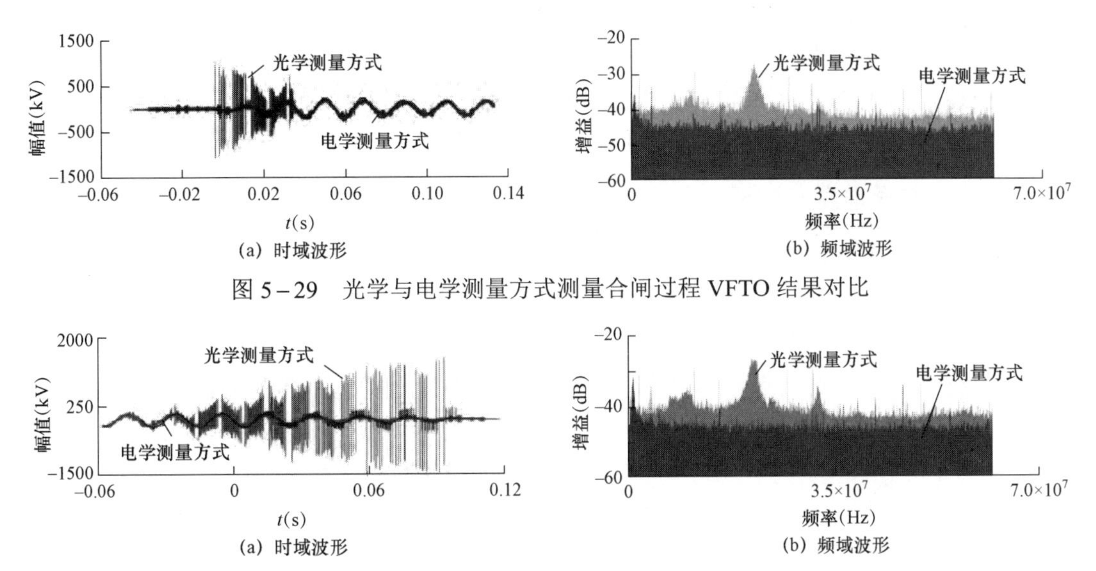

图 5－29　光学与电学测量方式测量合闸过程 VFTO 结果对比

图 5－30　光学与电学测量方式测量分闸过程 VFTO 结果对比

5.6.2　自愈式光学电压互感器

理想传感系统的灵敏度和初始误差项均与时间无关。但在实际应用中，传感光路受到温度等环境因素的影响，且环境因素是随着时间不断变化的，这就导致系统灵敏度和初始误差不再是常数，而是随时间不断变化的。如需对待测电压进行准确测量，应消除环境温度对传感参数的影响。光学电压传感系统的“自愈”是指在外界环境因素发生变化时，通过采取一定的措施或手段，引入外部独立量，将独立量的测量特性反馈给测量通道，从而消除或削弱外界环境因素的影响。

在原有光学电压传感光路结构基础上，构建同载光路结构，引入新的独立变量—基准源电压，利用基准源测量光路（参考光路）传感参数的已知性对测量光路进行实时校正，从而使得传感器获得与环境因素无关的输出。同载光路为同一块电光晶体传感的两路光路，这两路光路具有相同的实时灵敏度和初始误差，一路为测量光路，另一路为对测量光路进行实时校正的参考光路。只需得到参考光路的实时传感参数，即可对测量光路进行实时校正，从而实现传感系统的自愈。自愈式光学电压传感器原理如图 5－31 所示。

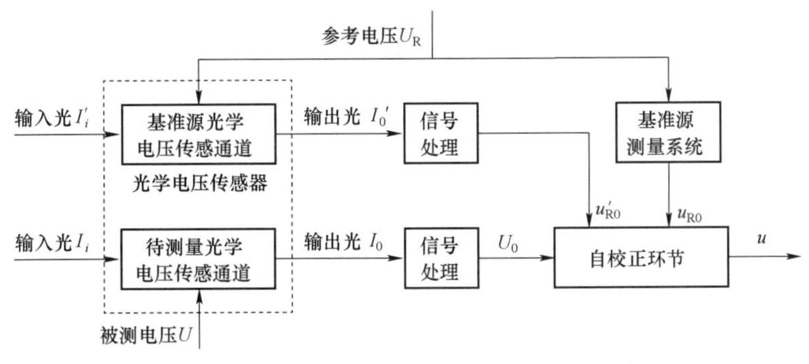

图 5－31　自愈式光学电压传感器原理图

自愈光学电压传感原理的实现以及补偿效果关键取决于如下三个方面：第一，传感系统的两个传感通道是否具有相一致的传感参数，且它们受环境温度等外界因素的影响程度是否相同；第二，检测参考电压的基准源测量系统是否具有高准确度和高稳定度；第三，被测电压与参考电压的两个光学传感通道之间是否相互影响。其中前两条是自愈光学电压传感原理能否实现的先决条件，第三条是影响补偿效果的重要方面。

5.6.3 分布式光学电压互感器

采用电容或电阻分压的光学电压互感器的结构复杂、易受杂散电容的影响，且其测量准确度依赖于电容（阻）分压器的精度。为了简化光学电压互感器的结构，提高其抗干扰能力，因此提出了分布式光学电压互感器。

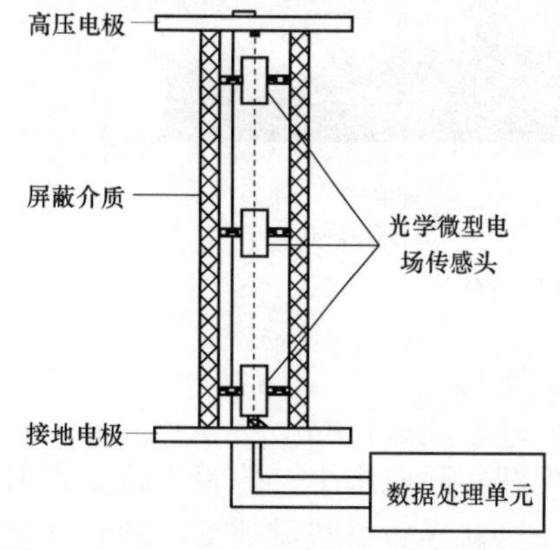

图 5－32　分布式光学电压互感器原理图

分布式光学电压互感器的电气绝缘段由介电材料构成，如图 5－32 所示，被测电压加在分布式光学电压互感器的上、下端电极上，上、下端电极之间用支柱绝缘子隔离。绝缘子内部安装一个介电屏蔽管构成绝缘段，此绝缘段在其内部区域提供对外界杂散电场等干扰的介电屏蔽，n 个利用电光晶体及光学元件构成的光学电场传感器取纵向方位置于此绝缘段内部。n 个光学电场传感器分布在所述电气绝缘段内部区域中轴线上，并基于 Pockles 效应感应其所在处的电场，所测得的电场值作为输出信号通过光纤传输到数据处理单元，数据处理单元采用特定数值积分方法对输出信号进行处理。

数据处理单元依据下式计算待测电压

$$V=\sum_{i=1}^{n}\alpha_i E_i \tag{5-47}$$

式中：n 为大于等于 1 的整数，表示光学微型电场传感器的数目；E_i 为第 i 个光学微型电场传感器所测出的电场值；α_i 为距下端电极 Z_i 距离处的第 i 个光学电场传感器所测出电场值相对应的权重因子。

式（5－47）中，α_i 与极 Z_i 的选择应使得 $\sum_{i=1}^{n}\alpha_i E_i$ 成为极小值，其中 $\mathrm{d}E_i$ 是由于外界杂散电场等干扰而使在 Z_i 处的电场 E_i 产生的变化。通常应用高斯数值积分法来确定 α_i、Z_i。

对于第 i 个光学电场传感器，其测量的输出电压为

$$V_i=-\int_{L_i}E_z(z)\mathrm{d}z \tag{5-48}$$

式中：E_z 为 z 点处电场沿 z 轴的分量，是坐标 z 的函数。

电压可以利用有限个电场取样值来对线积分作有限个加权求和近似得出，从而得到分布式光学电压互感器的系统输出电压

$$V=-\int_{L}E_z(z)\mathrm{d}z=-\sum_{i=1}^{n}\alpha_i E_z(z_i) \tag{5-49}$$

式中：$E_z(z_i)$ 为绝缘段两端电极间中轴线上即 z 轴上 Z_i 点处的电场沿 z 轴的分量；α_i 为 Z_i 点

处光学电场传感器测出的电场值 $E_z(z_i)$ 所对应的权重；Z_i 为微型电场传感器在绝缘段两端电极间中轴线上，即 z 轴上的位置；n 为 z 轴上电场值的取样数目，即分布式光学电压互感器的光学电场传感器的数量。

分布式光学电压互感器通过特定数值积分方法限制外界各种干扰的影响，从而精确地求出待测电压值。

参考文献

[1] 李维波，毛承雄，陆继明，等. Rogowski 线圈的结构、电磁参数对其性能影响的研究. 高压电器，2004，40（2）：94－97.

[2] 刘冬梅，李泽滔，王炳昱. 基于 Rogowski 线圈动态性能的结构、电磁参数研究. 现代机械，2015（01）：71－76.

[3] 李维波，毛承雄，陆继明，等. 分布电容对 Rogowski 线圈动态特性影响研究［J］. 电工技术学报，2004，19（6）：12－17.

[4] WEIBO L，CHENGXIONG M，JIMING L，et al. Study of Novel Measurement Instrumentation Inspecting the State of the Cell During Electrolytic Roasting Process［J］. 2018.

[5] 邹积岩，段雄英，张铁. 罗柯夫斯基线圈测量电流的仿真计算及实验研究［J］. 电工技术学报，2001，16（1）：81－84.

[6] PRETORIUS P H，BRITTEN A C，COLLER J M V，et al. Experience in Measuring Disconnector－generated Interference Currents in a High Voltage Substation Using Rogowski Coils［C］//Communications and Signal Processing，1998. COMSIG'98. Proceedings of the 1998 South African Symposium on. 1998：299－304.

[7] 李维波，毛承雄，余岳辉，等. 罗氏线圈在高速大功率电流检测系统中的特性研究［J］. 电工技术学报，2006，21（6）：49－53.

[8] BOHNERT K，GABUS P，NEHRING J，et al. Nonlinearities in the High－current Response of Interferometric Fiber－optic Current Sensors［C］//International Society for Optics and Photonics，2008，7004：70040E.

[9] MÜLLER G M，GU X，YANG L，et al. Inherent Temperature Compensation of Fiber－optic Current Sensors Employing Spun Highly Birefringent Fiber［J］. Optics Express，2016，24（10）：11164－11173.

[10] 肖浩，刘博阳，湾世伟，等. 全光纤电流互感器的温度误差补偿技术［J］. 电力系统自动化，2011，35（21）：91－95.

[11] BOHNERT K，GABUS P，WIESENDANGER S，et al. Nonlinear Phenomena in the Response of Interferometric Fiber－Optic Current Sensors［C］//Conference on Lasers and Electro－Optics/Quantum Electronics and Laser Science Conference and Photonic Applications Systems Technologies（2007），paper CThKK5. Optical Society of America，2007：CThKK5.

[12] 李传生，邵海明，赵伟，等. 直流光纤电流互感器宽频测量特性［J］. 电力系统自动化，2017，41（20）：151－156.

[13] 王立辉，杨志新，殷明慧，等. 数字闭环光纤电流互感器动态特性仿真与测试［J］. 仪器仪表学报，2010，31（8）：1890－1895.

[14] 王娜，万全，邵霞，等. 全光纤电流互感器的建模与仿真技术研究［J］. 湖南大学学报（自然科学版），2011，38（10）：44－49.

[15] 李传生，张春熹，王夏霄，等. 反射式 Sagnac 型光纤电流互感器的关键技术 [J]. 电力系统自动化，2013，37（12）：104－108.

[16] 王夏霄，张春熹，张朝阳，等. 一种新型全数字闭环光纤电流互感器方案 [J]. 电力系统自动化，2006，30（16）：77－80.

[17] 李传生，邵海明，赵伟，等. 超大电流量值传递用光纤电流传感技术. 红外与激光工程 [J]. 2017，46（7）：122－128.

[18] 邱进，阮江军，吴士普，等. 特快速暂态过电压光学测量系统的设计 [J]. 电力自动化设备，2017，37（2）：205－210.

[19] 李岩松，张国庆，于文斌，等. 自适应光学电流互感器 [J]. 中国电机工程学报，2004，24（12）：104－107.

[20] 赵一男，张国庆，王贵忠，等. 220kV 自愈式光学电压互感器研制 [J]. 高电压技术，2007，39（5）：1135－1141.

第6章　合　并　单　元

合并单元作为电子式互感器与二次保护控制设备的接口，是智能变电站过程层的核心设备，主要实现电流电压信号合并和同步处理功能，具有多任务、大信息量及高通信速度等特点。本章对电子式互感器用合并单元的功能特征、软硬件结构及部分关键技术进行了详细阐述。首先简述了合并单元的主要功能、技术特征、应用模式以及软硬件实现方法；其次针对电子式互感器的需求，对合并单元的电气量采集技术、同步技术、对时技术及差值处理技术进行了详细分析；最后阐述了与电子式互感器的接口协议，给出了不同应用场景下合并单元的设备选型和典型配置方案。本章所述合并单元的实现方案和配置方案，可满足智能变电站数据采样与数据处理的实时性、可靠性、准确性和互操作性等要求。

6.1　合并单元的功能特征

合并单元（merging unit，MU）作为数字化输出的电子式互感器的连接设备，是在 IEC 60044－8 中首次提出的，其主要功能是将 ECT/EVT 输出的数字信号按照标准格式传送给保护和测控设备；同时实现了将不同的电压电流信号合并、同步以及协议转换的功能。目前，合并单元已成为智能变电站过程层中的重要设备，大大改善了传统变电站大量电缆硬接线的局面，转而采用光纤替代传统电缆，并采用数据共享的方式减小了布线的复杂程度和人工维护的工作量，充分体现了数字化采集与传输技术的巨大优势。

根据 IEC 60044－8 技术规范，合并单元是用以对来自二次转换器的电流或电压数据进行时间相关组合的物理单元。合并单元可以是互感器的一个组件，也可以是一个分立单元，是一次设备（电子式电流、电压互感器）与二次设备的接口装置。合并单元的外部数字接口框图，如图 6－1 所示。

合并单元的主要功能是采集多路常规互感器二次侧的模拟信号或电子式互感器的采样光数字信号，并组合成同一时间断面的电流电压数据，最终按照 IEC 61850－9－2 规约以统一的数据格式对外提供采集数据。在某些情况下，合并单元还需以光能形式为电子式互感器采集器提供工作电源。常规变电站无合并单元装置，直接由电缆将互感器输出的模拟信号传输至二次设备。合并单元可以按照输入量类型和功能应用的不同进行分类，详见表 6－1。

表 6－1　　合 并 单 元 的 分 类

分类原则	合并单元类型	实　现　功　能
前端输入不同	模拟量输入式合并单元	接收常规互感器输出的模拟量数据，部分合并单元需级联母线合并单元输出的数字量数据
	数字量输入式合并单元	接收电子式互感器输出的数字量数据，部分合并单元带激光功能

续表

分类原则	合并单元类型	实现功能
功能应用不同	间隔合并单元	用于线路、变压器和电容器等间隔电气量采集，发送一个间隔的电气量数据。对于双母线接线的间隔，间隔合并单元根据间隔隔离开关位置实现母线电压的切换
	母线合并单元	采集母线电压或者同期电压，在需要电压并列时刻实现各段母线电压的并列，并将处理后的数据发给间隔合并单元和其他设备

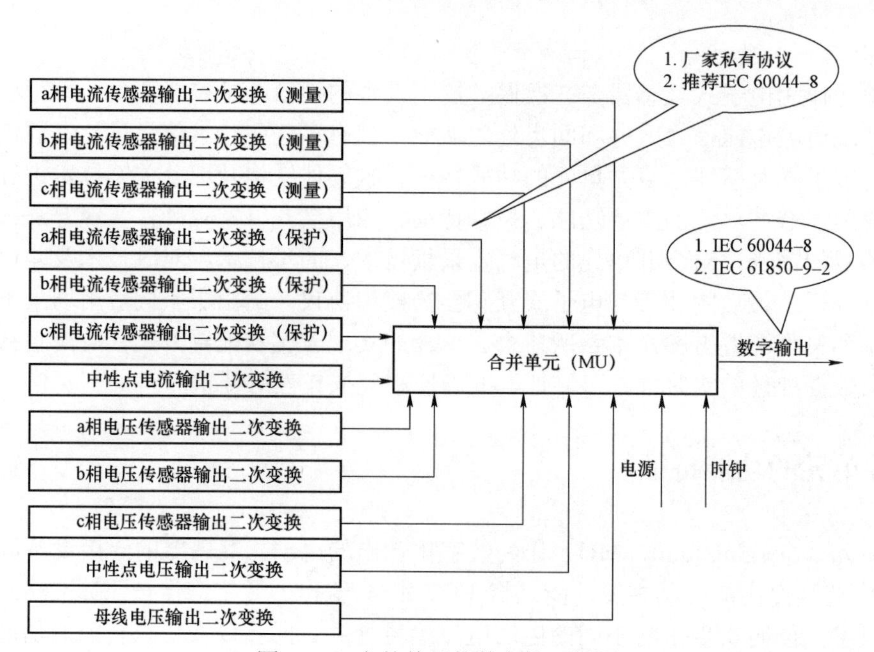

图 6-1　合并单元的数字接口框图

6.2　合并单元的整体结构

6.2.1　硬件结构

合并单元属于过程层设备，是二次保护控制装置与一次互感器设备的接口装置，具备嵌入式结构、背板总线，FPGA 处理与智能 IO 技术等过程层设备的通用硬件结构。

6.2.1.1　嵌入式硬件平台

嵌入式硬件平台采用模块化架构设计，由多处理单元（CPU 单元、DSP 单元、SV 单元等）和智能 IO 单元（开入单元、开出单元、GOOSE 单元等）等单元插件构成。各处理单元间传输采样值、中间计算量和标志量等信息。其中，主处理单元和各智能 IO 单元间的实时通信需要采用高带宽通道和高速串行总线技术，如采用 CAN 总线技术。嵌入式硬件平台的系统结构（图 6-2），可划分为主控管理模块、交流采样模块、直流采样模块、互感器接口模块、ADC 转换模块、智能 IO 模块、SV 通信模块、GOOSE 通信模块和电源模块等模块插件。各插件可灵活配置，在满足装置内部各单元间通信实时性的基础上，保证采样值以及控制命令的快速实时响应。各模块插件所完成功能如下：① 主控管理模块实现装置配置管理、人机界面、SCADA 网络；② SV 通信模块实现 SV 数据接收、合并发送、IEEE 1588 对时和故障录波等功能；③ GOOSE 通信模块实现 GOOSE 信号处理相关功能；④ 交直流采样模块实现交直流量采集；⑤ ADC 转换模块实现模拟量转换功能；⑥ 互感器接口模块实现包括无源光学互感器、有源电子式互感器的采样值接收接口；⑦ IO 模块实现智能开入/开出功能。

以主控管理模块插件为例，该插件包括一个由 FPGA 实现的对时及守时模块；由 DSP 实现的实时测控模块；由 PowerPC 实现的站控层以太网通信管理模块，负责高速数据处理和交换的模块、液晶显示通信模块，以及同步模块和 CAN 通信模块等。主控管理模块插件的硬件原理框图，如图 6－3 所示。

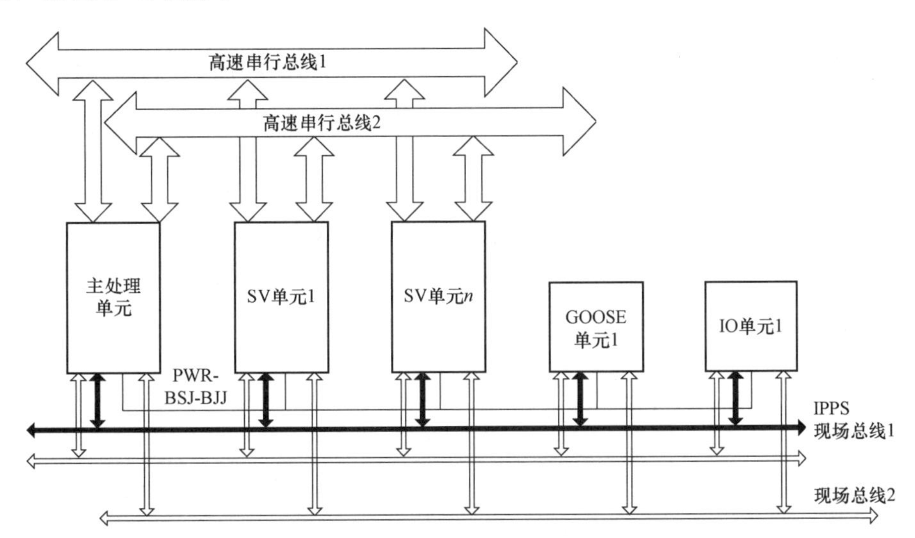

图 6－2　嵌入式硬件平台的系统结构图

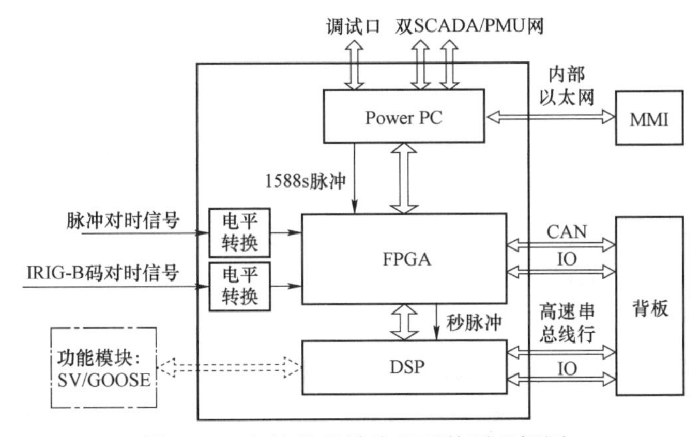

图 6－3　主控管理模块的硬件原理框图

6.2.1.2　背板总线架构

背板总线的主要功能是实现各单元信号互联和为各单元提供电源。背板中主要包括高速串行总线、CAN 现场总线以及 1PPS 差分信号、闭锁与启动出口正电源信号等。各总线所实现功能如下：① 高速串行总线用于连接各处理单元的保护模块或启动模块，实现模拟采样值、中间计算值、中间标志等数据的高带宽实时通信；② CAN 现场总线用于连接各处理单元和 IO 单元，实现主处理单元对扩展处理单元及各 IO 单元的管理配置，处理单元的计算模块对各IO单元的实时通信（开入、开出、单元状态等）。③ 1PPS差分信号是装置内部系统时钟，主处理单元、开入单元、SV单元（IEEE 1588）均可以作为时钟源，默认时钟源为主处理单元的IRIG–B码输入信号，主要用于合并单元的守时，以及锁定开入信号的SOE时标。④ 闭锁与启动出口正电源信号。各单元均包含硬件“看门狗”电路，在任意单元自检发现严重错误时，其硬件“看门狗”均输出“闭锁”信号，闭锁装置；主处理单元的启动模块可输出“启动”信号，启动出口正电源导通。

6.2.2 软件结构

6.2.2.1 整体功能划分

目前对合并单元功能模块的划分方法较为统一，分为同步功能模块、数据采集和处理模块、以太网通信模块（串口发送功能模块），如图6–4所示。各功能模块所完成任务如下：① 同步功能模块接收外部同步输入信号，根据采样率的要求产生采样脉冲发送给各路A/D转换器；② 数据采集和处理模块接收各路A/D转换并处理后的数据，对其进行解析与校验，适当处理（如比例换算、插值处理等）后将并行数据发送给以太网通信模块；③ 以太网通信模块负责按照标准协议对数据组帧，再通过一定介质（光纤或双绞线）将数据发送到以太网上。

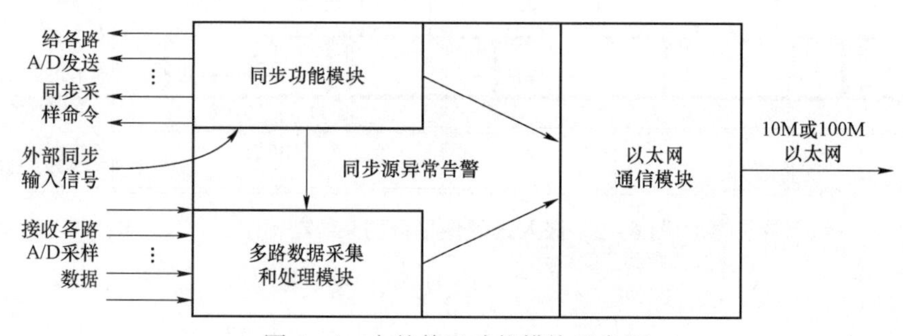

图6–4 合并单元功能模块示意图

上述划分方法具有一定的通用性，但在设计合并单元具体方案时还应考虑到输入信号不确定性、通信协议多样性和通信系统可靠性等问题，对各模块进行功能细化与优化调整。① 合并单元的输入信号具有不确定性，一是采样值信号形式多样，这些信号可能是有源电子式互感器或者无源光学互感器输出的串行编码信号，也有可能是传统电磁式互感器输出的模拟信号（也包括电子式互感器模拟输出情况）。二是采样数据的通道数不是绝对的，根据IEC 61850–9–2协议，数据通道可配置，数目也不再是固定的12路。② 通信协议的多样性，IEC 61850–9–2的映射方法要求支持TCP/IP协议，协议的实现难度高。③ 通信系统的高可靠性与强实时性，合并单元发布的采样值及状态量是后面二次保护设备判别的主要数据来源，其传输的质量将直接影响到保护动作的快速性与可靠性。

6.2.2.2 功能模块设计

根据合并单元整体功能的划分，一般可采用FPGA等可编程逻辑阵列芯片来实现全站采样信号的接收与同步，而且FPGA具有丰富的I/O外设接口和快速的并行处理速度，可满足合并单元多任务处理的要求。基于FPGA所实现的软件功能主要包含数据接收模块和数据处理模块。其中，数据处理模块又可进一步细化为IEEE 1588对时模块、插值重采模块、相位补偿模块等。合并单元数据接收和数据处理功能模块示意图，如图 6－5 所示。

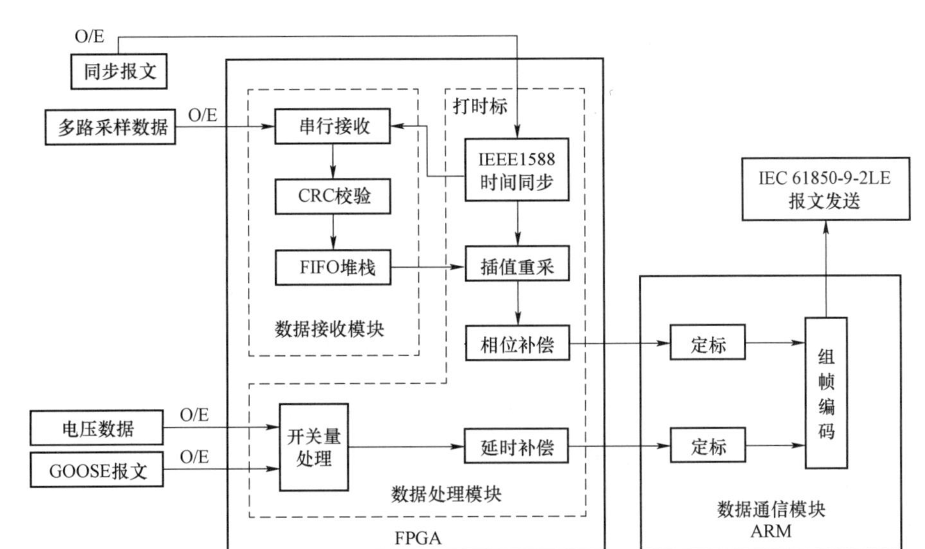

图 6－5　数据接收和数据处理功能模块示意图

（1）数据接收模块从电子式互感器一次转换器或二次转换器所传送来的串行数据进行循环冗余校验（Cyclic Redundancy Check，CRC），在校验正确无误后利用 FPGA 的 FIFO 对采集器所传送的多路数据进行正确排序，即把一组数据按事先设置好的顺序写入 FIFO。当多路采集器采集的数据全部准确无误地写入 FIFO 后，立即通知后续功能模块进行处理。

（2）IEEE1588 对时模块中，FPGA 对报文到达时间进行锁存并生成报文时标，进而可从报文中提取出主从时钟发出的时间信息。根据 IEEE 1588 同步原理图可计算出本地时钟偏移量，从而对本地时钟进行同步补偿，以减小插值重采中的时标误差，提高同步重采精度。

（3）插值重采模块根据某一基准时序，将非同步的多路电流/电压数据重新采样到同一时序，并将数据采样率经插值算法后调整到保护等二次装置所需要的 4kHz，从而确保非同步的多路数据在时序上的一致性。当采用插值同步法时，合并单元所接收的为多路非同步数据，记下每路数据的接收时刻，利用插值公式即可算出多路数据在同一基准时序下的同步采样值。例如采用 Lagrange 插值算法可满足合并单元对数据采样准确度和时间响应的要求。

（4）相位补偿模块一般是通过相角补偿方法来实现不同插值时刻上的相位补偿。为提高测量值在相位和时序上的准确性，合并单元应具备合理的采样延时补偿机制和时间同步机制，确保输出的各类电子式互感器信号的相位差保持一致的要求。

6.3　合并单元的关键技术

6.3.1　合并单元采样处理

合并单元电气量输入可能是数字量，也可能是模拟量，通常采用定时方式进行数据采集。

6.3.1.1　数字量采集

（1）采样通信方式。合并单元采集电子式互感器的数字输出信号有同步和异步两种方式，分别如图 6-6 和图 6-7 所示。

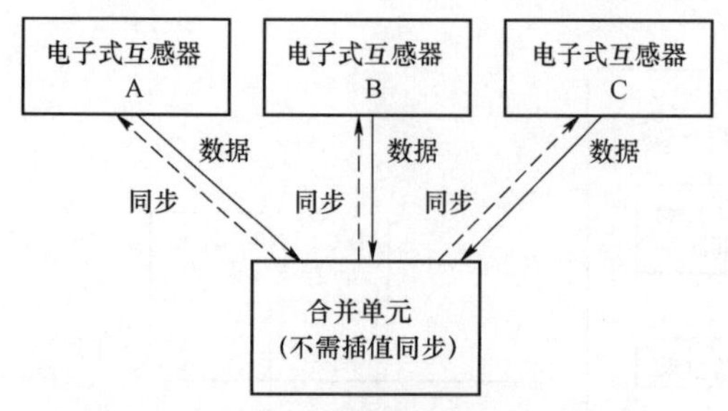

图 6-6 电子式互感器同步模式示意图

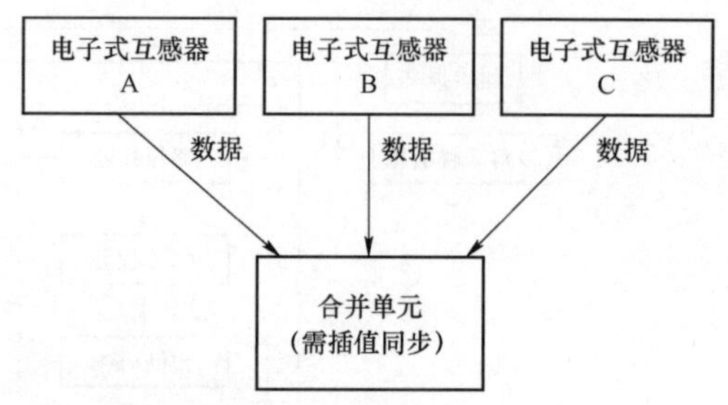

图 6-7 电子式互感器异步模式示意图

1）对于同步模式通信方式：合并单元向电子式互感器发送同步脉冲信号，当电子式互感器接收到同步信号后，对电流/电压开始数据采集并发送至合并单元，由合并单元完成各相采集数据的合并和同步。同步方式的优点为合并单元无需进行插值，各相电子式互感器的采样时刻相同，即各相采集数据是同步的。

2）对于异步模式通信方式：电子式互感器按照自己的采样频率和采样时刻进行数据采集和发送；合并单元接收到电子式互感器的数据后，根据自身的时刻进行插值同步。异步方式的优点为电子式互感器仅需要单芯光纤与合并单元进行通信，并可按照自己的时序进行采样。缺点是合并单元需要进行插值同步，才能获得同一时间断面的各相数据。目前实用化装置基本上都是按照异步方式进行通信的。

（2）数据接收模块设计。对于数字量采集方式的合并单元，数据接收模块主要完成数据校验、排序和写入，根据任务可划分为解码校验子模块、数据排序子模块，如图 6-8 所示。

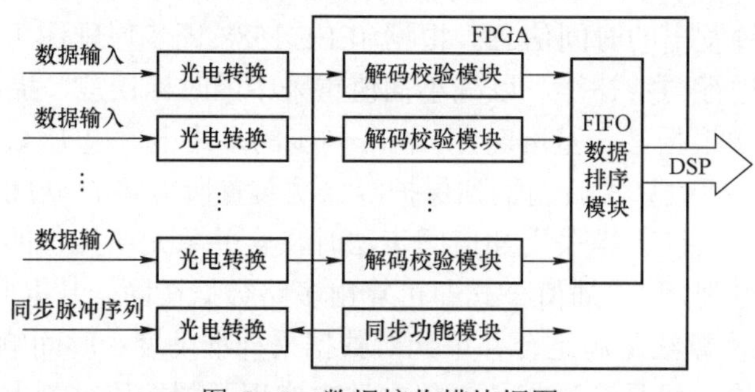

图 6-8 数据接收模块框图

1）解码校验。解码校验主要实现曼彻斯特码解码和循环冗余校验 CRC。根据 IEC 60044-8 标准规定，高压侧数据采集与合并单元间的数据传输应采用曼彻斯特码编码形式，即同步串行通信。曼彻斯特码解码是将输入的曼彻斯特码还原成原始的 NRZ 码，从而还原输出正确的采样数据。同时，在数据采集时还需要加入差错控制码，使一个不可靠的通信链路变成可靠的链路。IEC 60044-8 标准规定使用 CRC 进行差错控制。CRC 校验基本思想是利用线性编码理论，在发送端，将所传送的 k 位二进制序列数值后面附加以一定规则所产生一个校验用 r 位的监督码（CRC），构成一个新的（k+r）位二进制码序列数并发送出去。在接收端，根据信息码与 CRC 码之间的遵循规则进行校验，以确定传送中是否出错。实现 CRC 校验方法很多，考虑到利用 FPGA 实现由异或门和移位器组成的除法电路比较方便和快速，因此合并单元中通常采用基于长除算法的 CRC 校验方法。

2）数据排序。利用 FPGA 能够实现合并单元同时对 12 路数据进行接收和校验，但实际上由于各路通道数据相互独立，其数据信息到达合并单元的时间各不相同，且前后关系也不固定，所以在将 12 路数据传输给数据处理模块前，可利用 FPGA 中的先进先出（FIFO）队列对此 12 路数据进行正确排序，即在第 $k-1$ 路数据（$2 \leqslant k < 12$）写入 FIFO 后，才写入第 k 路数据；这样从 FIFO 输出的数据将是按照第 1、2、…、12 路正确排序。当合并单元与电子式互感器之间的光纤传输出现故障或是由于其他原因导致某路数据无法正常传输时，可通过设置合并单元最长等待时间 t 解决。当等待时间大于 t 时，如果仍没有收到有效的数据信息，则认为此路数据通信出现故障，在 FIFO 中对应此路数据立即输入数值 0，并通过状态信息位告知二次设备此路通道发生故障，准备下一路数据进入 FIFO 模块。

6.3.1.2 模拟量采集

模拟量信号输出的电子式互感器输出为小信号，按照 IEC 60044－7 和 IEC 60044－8 标准要求，目前普遍采用的输出为：① 一次电压额定时，输出相电压的有效值为 4V；② 一次电流额定时，输出测量电压的有效值为 4V；③ 一次电流额定时，输出保护电压的有效值为 225mV。

合并单元可以通过电压、电流变送器，直接对接入的电子式互感器二次模拟量输出或对传统互感器模型量进行采集。模拟信号经过隔离变换、低通滤波后进入 CPU 采集处理并输出至 SV 接口，如图 6－9 所示。

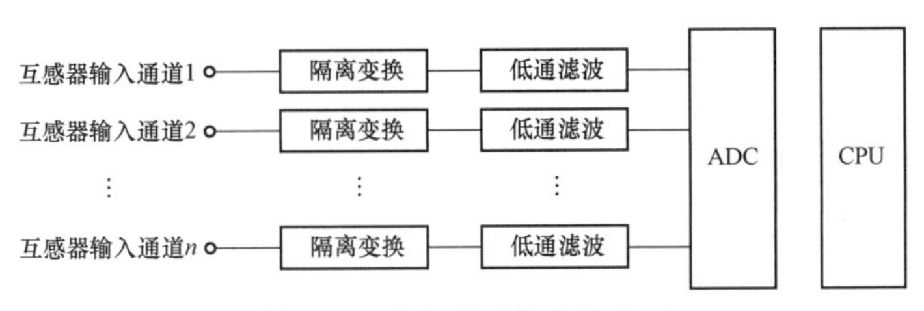

图 6－9　模拟量采集信号处理

由于一般保护装置采用保护+启动的方式进行出口，所以要求合并单元采用双 AD 进行采样，且要求两路 AD 完全独立，并保证规范要求的准确度，以防止任何一路 AD 回路损坏的情况下，保护发生误动。此外对于模拟量信号，合并单元一般采用小 CT 或是小 PT 进行采集，应用小互感器的目的是真实反应原边模拟量的输入，所以应选用暂态 CT，以便保证最大峰值瞬时误差值不大于 10%，非周期数的时间传变常数误差值不大于 10%。

综上所述，电子式互感器的一/二次转换器按设定的频率进行采样，经固定延时后发送至合并单元。合并单元使用 FPGA 硬件逻辑进行一/二次转换器的规约解析，并附加上 FPGA 的运行频率计数值。重采样算法使用同源的 FPGA 时钟对一/二次转换器的数据进行插值运算。重采样算法采用抛物线插值算法，具有很高的精确度。

6.3.2 合并单元采样同步

电子式互感器的数字化采样所引起的同步问题主要表现在如下几个方面：① 同一间隔内的各电压电流量的同步。本间隔的有功功率、无功功率、功率因数、电流电压相位、序分量及线路电压等问题都依赖于对同步数据的测量计算。IEC 60044－8 标准规定，每间隔最多可有 12 路的测量，经同一合并单元处理后送出，这 12 路数据必须是同步的。② 关联多间隔之间的同步。变电站内存在某些二次设备需要多个间隔的电压电流量，典型的如母线保护、主设备纵联差动保护等，相关间隔合并单元送出的测量数据应该是同步的。③ 关联变电站间的同步。输电线路保护采用数字式纵联电流差动保护时，差动保护需要两侧的同步数据，这也将数据同步问题扩展到多个变电站之间。

为了能够给二次设备提供同步的数据输出，需要合并单元对原始获得的采样数据进行数据二次重构，即重采样过程，以保证输出同步数据。目前，合并单元主要使用插值法和时间同步两种方法实现数字化采样同步。

6.3.2.1　插值法

插值法是一种软件同步方法。它的原理是指各路数据采集系统进行采样频率相同的非同步采样，合并单元接收到数据的同时给各个数据帧打入时标，然后利用插值法计算出各路测量在同一时刻的采样值。应用插值法时，必须保证各路测量从采集到合并单元打时标的延时是一样的；如若不同，这些延时时间是可以测量得到的，利用它们进行时间的补偿，然后才能应用插值法进行同步，插值同步法如图 6－10 所示。合并单元对每一路数据依据统一的时钟进行标记，延时补偿后，使各路的数据能够在时间轴上具备可比性。然后，以固定的采样时间序列为标准，各路数据通过插值的方法，将数据变换到该标准时间序列下的计算值，从而实现采样同步计算。

插值同步法实现简单，但它存在方法误差，此误差不影响同步精度，但影响信号的准确度，即存在幅值和相位误差。影响插值误差的因素主要有两个：一是采样率，二是插值方法。不同的插值方法有不同的精度、计算量、可靠性与应用范围。其中，利用线性插值时应提高采样率，且它不适用于要求包含高次谐波的电量的二次设备；二次插值法在高次谐波同步方面相对线性插值法准确度更高；同时，提高采样率可减小插值误差。二次插值法的原理如图 6－11 所示。

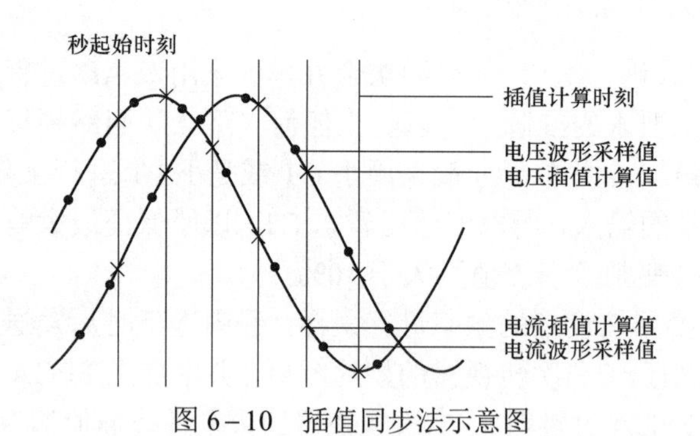

图 6－10　插值同步法示意图

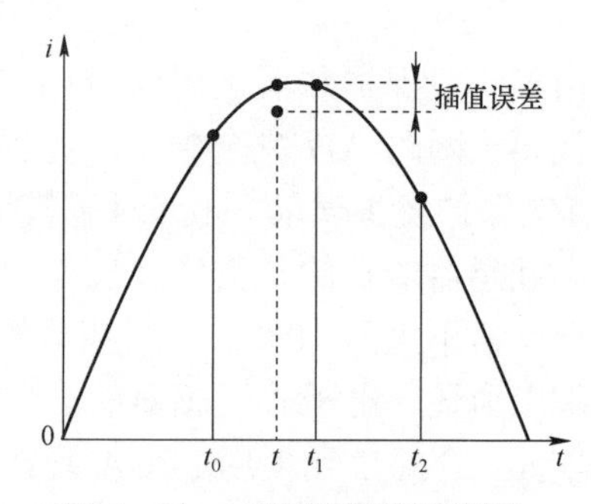

图 6－11　二次插值法原理图

如图 6－11 所示，已知函数 $u(t)$ 的等时间间隔的三个连续离散点 $[t_0, u(t_0)]$、$[t_1, u(t_1)]$ 和 $[t_2, u(t_2)]$，利用插值基函数很容易得到拉格朗日插值多项式

$$u(t)=u(t_0)\frac{(t-t_1)(t-t_2)}{(t_0-t_1)(t_0-t_2)}+u(t_1)\frac{(t-t_0)(t-t_2)}{(t_1-t_0)(t_1-t_2)}+u(t_2)\frac{(t-t_0)(t-t_1)}{(t_2-t_0)(t_2-t_1)} \tag{6-1}$$

式（6－1）在工程计算中很不方便，将其表示为如式（6－2）便于计算的形式

$$u(t)=u(t_0)+\frac{u(t_1)-u(t_0)}{T}(t-t_0)+\frac{u(t_2)-2u(t_1)+u(t_0)}{2T^2}(t-t_0)(t-t_1) \tag{6-2}$$

式中：T 为采样间隔，s，$T=0.02/N$；N 为每周波采样的点数。

通过式（6－2），可以得到区间［t_0, t_2］上的任何一个 $u(t)$ 的近似值。固定传输延时是插值法的基础。对于点对点 FT3 采样和 IEC 61850－9－2 采样的合并单元均可采用插值法来实现同步。

6.3.2.2 脉冲同步法

脉冲同步法是一种硬件同步方法。合并单元接收统一的时钟信号，并按照所确定的被采样电流电压的周期采样点数对统一的时钟信号进行分频；然后，将分频后的同步信号送给各路电子式互感器。各路电子式互感器接收到同步信号后，开始同步地对被测电压电流进行采样、A/D 转换和传输。脉冲同步法的工作原理如图 6－12 所示。

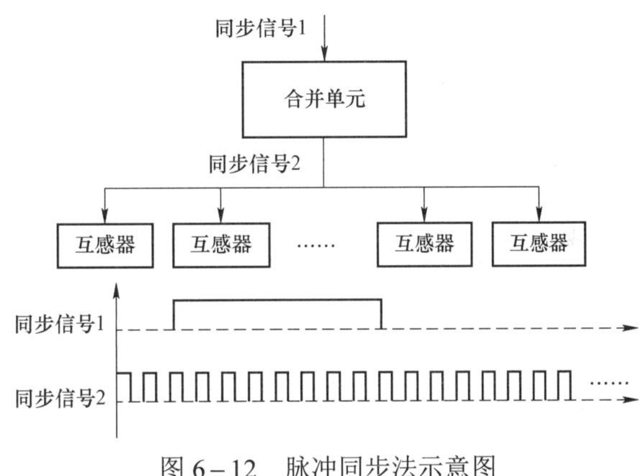

图 6－12 脉冲同步法示意图

对于 4k 采样率的 IEC 61850－9－2 采样，在 0s 脉冲时刻触发 0 序号的采样数据，间隔 250μs 触发 1 序号的采样数据，以此类推，在 999750μs 时刻触发 3999 序号的采样数，在 1s 脉冲时刻触发 0 序号的采样间隔。合并单元接收到经过未知的传输延时后的采样数据，可以根据同步时钟和采样序号得到采样数据对应的本地时间，进而得到想要时刻的数据，实现采样同步。基于网络的 IEC 61850－9－1 或 IEC 61850－9－2 采样的保护装置均可采用脉冲同步法实现同步。

6.3.3 合并单元时钟同步

保护、测控等二次设备正常运行需要高精度的时间同步，否则会因为时间不确定性引发诸多问题，这就对电子式互感器及其合并单元的采样同步提出了相关要求。IEC 61850 标准定义了 T3、T4 和 T5 等 3 个等级的采样值同步准确度。其中，T3 等级要求为 25μs，用于配电线路保护；T4 等级要求为 4μs，用于输电线路保护；T5 等级要求为 1μs，用于计量。

目前，电力系统采用的基准时钟源有北斗卫星定位系统和全球定位系统（GPS）发送的标准时间信号。变电站采用北斗或 GPS 作为基准源，由站内时钟接收装置通过天线获得基准源，再通过主时钟向其他装置发送准确的时钟同步信号进行对时。目前，典型的时钟同步（对时）方式主要有 IEEE 1588 协议、IRIG－B 码和 NTP/SNTP 网络时间协议等。其中，IEEE 1588 的同步精度小于 1μs，IRIG－B 码的同步精度为 1μs～1ms，NTP/SNTP 网络时间协议的同步精度为 0.2～10ms。

6.3.3.1 IEEE 1588 同步协议

IEEE 1588 为精密时钟同步协议（Precision Time Protocol，PTP），用于在局域网中不同设备在亚微秒级精度的时间同步。该协议具有如下技术特点：一是 IEEE 1588 使用原有以太网

的数据线传送时钟信号，无需额外的对时，使组网连线简化、成本降低；二是 IEEE 1588 对时由硬件和软件配合，从而可获得更高的对时精度。

IEEE 1588 采用分层主从模式进行时钟同步。PTP 协议的基本原理是主从时间之间进行同步信息包的发送，对信息包的发出时间和接收时间信息进行记录，并且对每一条信息包加入时间标签。根据时间标签，从时钟可以计算出网络中的传输延时以及与主时钟的时间差，从而完成时钟的校准同步。

为了描述和管理时间信息，协议主要定义了同步报文 Sync、跟随报文 Follow Up、延迟请求报文 Delay Req 和延迟回应报文 Delay Resp 等 4 种多点传送的时钟报文类型。同步信息包传递的机制称为“延时－请求响应机制”，下面简单论述 IEEE 1588 网络对时的步骤：① 首先，由系统默认的主时钟以多播形式周期性地（一般为 2s）发出时间同步报文 Sync，所有挂在默认主时钟网段内并且与主时钟所在域相同的 PTP 终端设备都能够接收到 Sync 报文，并准确记录下接收时间。Sync 报文包含了一枚时间戳，它描述了 Sync 报文发出的预计时间。② 由于 Sync 报文所包含的是预计时间并不是真正的发出时间，因此主时钟会在 Sync 报文后发出一个 Follow Up 报文。该报文返回一个时间，它准确地记录了 Sync 报文发出的真实时间，这样 PTP 从终端就可以利用 Follow Up 报文中的返回时间和 Sync 报文的接收时间，计算出主时钟与从时钟之间的时间偏差 Offset。但是，由于主时钟与从时钟之间的传输延迟 Delay 在初始化阶段是未知的，此时 PTP 终端所计算出的时间偏差包含了网络传输延迟。③ 再后从时钟会向主时钟发送 Delay Req 报文，并精确记录下报文发出时间，主时钟收到 Delay Req 报文后会精确记录报文到达时间。④ 最后通过 Delay Resp 报文将 Delay Req 报文到达的准确时间发送给从时钟。通过这种“乒乓”方式，可计算出主从时钟之间的时间偏差 Offset 和网络延时 Delay。

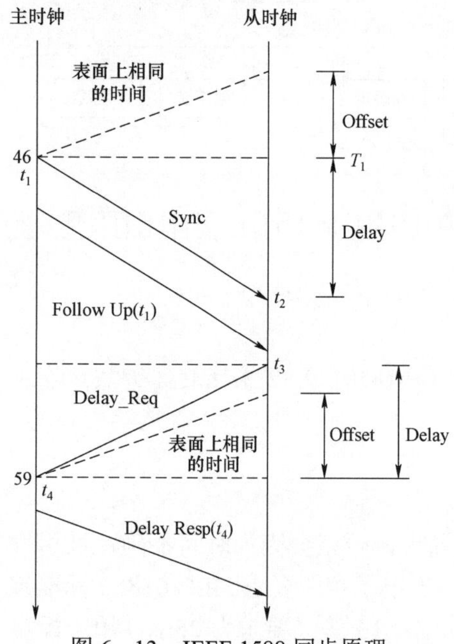

图 6－13　IEEE 1588 同步原理

IEEE 1588 同步原理如图 6－13 所示。主时钟 t_1 时从时钟相对时间为 T_1，主从时钟之间存在时间偏差 Offset 需要进行补偿。但是由于 PTP 从时钟端是以本地时钟为基准进行时间同步计算，以从时钟的角度分析，Follow Up 报文的返回时间所反映的是在 t_1 时刻发出的 Sync 报文时间，因此网络传输延迟的时间偏差为

$$t_2 - t_1 = \text{Delay} - \text{Offset} \tag{6-3}$$

为进一步准确获得 Offset 和 Delay，从终端在接收到 Sync 报文后，会随机向主时钟发出一个 Delay Req 报文。和 Sync 报文一样，PTP 从时钟会准确记录 Delay Req 报文的发出时间，接收方（主时钟）会准确记录接收时间，并发回包含准确接收时间的 Delay Resp 报文。由于主从时钟之间的时间偏差仍存在，因此从时钟在利用 Delay Resp 报文的返回时间进行计算时，Offset 和 Delay 的差值计算如下

$$\text{Offset}=[(t_4-t_3)-(t_2-t_1)]/2 \quad (6-4)$$

$$\text{Delay}=[(t_4-t_3)+(t_2-t_1)]/2 \quad (6-5)$$

由式（6－4）和式（6－5）即可计算出主从时钟之间差，据此调整从设备的本地时钟并完成一次时间同步。

由于 IEEE 1588 采用主从方式对时，需要介质访问控制（MAC）层能够标记时间戳，这对硬件提出了较高的要求。目前基本采用高性能 FPGA 芯片，在满足 IEEE 1588 对时功能的同时，实现合并单元的精确守时、输出与接收同步采样脉冲，时钟误差不大于 1μs。

6.3.3.2 IRIG－B 码秒脉冲同步

合并单元采样同步对时的作用是调整合并单元的采样时间体系和外部时钟系统进行同步，在外部时钟引导下调整装置的中断时刻，从而达到对采样时刻调整的目的，最终做到多间隔合并单元之间的同步采样。合并单元的同步依赖于外部时钟，通过接收 GPS 秒脉冲信号实现同步。

合并单元在对时状态下从授时源输出的 IRIG－B 码中，解析得到秒脉冲作为产生本地秒脉冲信号的依据，授时源的性能会影响合并单元的对时精度与稳定度。对时秒脉冲如图 6－14 所示。双对时脉冲输入，互为备用，自动切换。时钟频率为 1Hz（秒脉冲），同步时刻为信号上升沿；触发光功率为最大功率的 50%，脉冲发送器在有 GPS 信号时脉冲持续期 t_h＞10μs，脉冲间隙 t_l＞500ms。

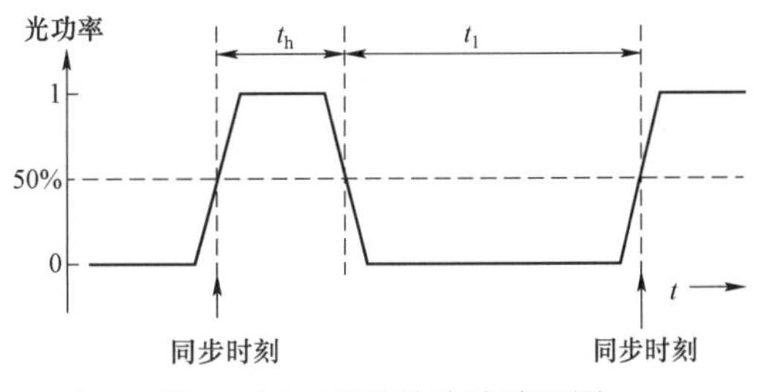

图 6－14 对时秒脉冲波形图

合并单元首先根据固定延时修正来自各一/二次转换器输入数据的采样时标，并将采样时标插值同步到各采集器的实际采样时刻；其次根据接收的秒脉冲确定重采样时刻，秒脉冲到的时刻采样计数为 0；最后根据采样率要求等间隔重采样，同时递增采样计数，到下一个秒脉冲重采样时刻再次翻转到 0。不同合并单元的不同间隔通道的采样计数相同即为同一时刻数据。

各合并单元采用同一套 GPS 对时系统，即具有统一时间源；各合并单元对 GPS 信号的同步误差不大于 1μs。当外部时钟时间丢失或异常的时候，合并单元依据原来统计的数据按照原来的正常时钟时序进行守时，在失去同步信号的 10min 以内的守时误差应小于 4μs，从而使装置对外部时钟出错具备一定的容错能力。

6.4 合并单元的接口协议

6.4.1 与电子式互感器的接口协议

电子式互感器接入合并单元的信号，通常为光纤串口传送的数字量信号，协议视不同的厂家而定，目前尚无统一标准。国家电网公司 Q/GDW 441—2010《智能变电站继电保护通用技术条件》中，推荐采用 IEC 60044－8 中 FT3 帧格式的同步串行接口。某型电子式电流互感器与合并单元通信数据帧结构见表 6－2。

表 6-2　　某型电子式电流互感器与合并单元通信数据帧结构

<table>
<tr><th>字节</th><th>含义</th><th>内　容</th><th>备　注</th></tr>
<tr><td>1～2</td><td>起始符</td><td>0354H</td><td></td></tr>
<tr><td>3～4</td><td>额定延迟</td><td>仅对插值法有用</td><td>高 8 位—低 8 位</td></tr>
<tr><td>5～6</td><td rowspan="9">数据集</td><td>A 相电流、保护数据（1）</td><td>高 8 位—低 8 位</td></tr>
<tr><td>7～8</td><td>A 相电流、保护数据（2）</td><td>高 8 位—低 8 位</td></tr>
<tr><td>9～10</td><td>A 相电流、计量数据</td><td>高 8 位—低 8 位</td></tr>
<tr><td>11～12</td><td>B 相电流、保护数据（1）</td><td>高 8 位—低 8 位</td></tr>
<tr><td>13～14</td><td>B 相电流、保护数据（2）</td><td>高 8 位—低 8 位</td></tr>
<tr><td>15～16</td><td>B 相电流、计量数据</td><td>高 8 位—低 8 位</td></tr>
<tr><td>17～18</td><td>C 相电流、保护数据（1）</td><td>高 8 位—低 8 位</td></tr>
<tr><td>19～20</td><td>C 相电流、保护数据（2）</td><td>高 8 位—低 8 位</td></tr>
<tr><td>21～22</td><td>B 相电流、计量数据</td><td>高 8 位—低 8 位</td></tr>
<tr><td>23～28</td><td>状态字
（6 字节）</td><td>自诊断信息</td><td>第 1 字节—第 6 字节</td></tr>
<tr><td>29</td><td rowspan="2">帧校验</td><td rowspan="2">CRC，16 位，生成多项式与 IEC 60044-8 中 FT3 的校验生成多项式一致，并按位取反</td><td>高 8 位</td></tr>
<tr><td>30</td><td>低 8 位</td></tr>
</table>

6.4.2　与二次设备的接口协议

合并单元的数字量输出接口，先后有四种结构标准。第一种是在 IEC 60044-8 标准中发布的采用 IEC 60870-5-1 中 FT3 链路帧格式的同步串行接口；第二种是采用 IEC 61850-9-1 的以太网接口；第三种是采用 IEC 61850-9-2 通信协议。其中，前两种接口标准的物理层、链路层不同，但应用层相同。第四种标准在 Q/GDW 441—2010《智能变电站继电保护通用技术条件》中进行了明确，对 IEC 60044-8 的 FT3 帧格式同步串行接口和 IEC 61850-9-2 两种接口协议分别作了扩展和补充规定，现在所应用的合并单元输出接口就采用 Q/GDW 441—2010 中所规定的两种形式：① 支持通道可配置的扩展 IEC 60044-8 协议帧格式；② IEC 61850-9-2 协议格式。

6.4.2.1　IEC 60044-8 协议

（1）物理层与链路层。IEC 60044-8 规约是指 IEC 60044-8 中定义的电子式互感器数字输出接口的通信规约，因其帧格式是采用 IEC 60870-5-1 定义的定长 FT3 格式，所以也常称为 FT3 规约。FT3 规约有光接口和电接口两种方式，通信速率最高可达 10Mbits/s（数据时钟）。当采用光接口时，串行通信光波长范围为 820～860nm（推荐 850nm）；光纤类型为 62.5/123μm 多模光纤，允许使用 BFOC/2.5 塑料光纤和玻璃光纤；光纤接口类型为 ST/ST，一对一输出。当采用电接口时，电接口应采用 EIA RS-485 接线。

FT3 规约的链路层采用 Manchester 编码。首先传输最高位（MSB），最后传输最低位（LSB）。连接服务类别为 S1：发送/不回答（SEND/NO REPLY），表明电子式互感器连续和周期性地传输采样数值并不需要二次设备的任何认可或应答。CRC 校验码由下列多项式生成：

X16+X13+X12+X11+X10+X8+X6+X5+X2+1。所生成的16比特校验码需按位取反。

（2）应用层通信格式。应用层报文模型定义和通信格式与IEC 61850－9－1兼容。FT3帧格式中包括起始符帧和4个数据块帧，帧结构详见表6－3。

表6－3　IEC 60044－8应用层FT3帧结构

<table>
<tr><th>字节</th><th>数据块</th><th>bit7</th><th>bit6</th><th>bit5</th><th>bit4</th><th>bit3</th><th>bit2</th><th>bit1</th><th>bit0</th></tr>
<tr><td>字节1</td><td rowspan="2">起始符</td><td>0</td><td>0</td><td>0</td><td>0</td><td>0</td><td>1</td><td>0</td><td>1</td></tr>
<tr><td>字节2</td><td>0</td><td>1</td><td>1</td><td>0</td><td>0</td><td>1</td><td>0</td><td>0</td></tr>
<tr><td rowspan="3">字节3
…
字节20</td><td>数据块1</td><td colspan="8">～数据块1（16个字节）～</td></tr>
<tr><td rowspan="2">CRC</td><td>msb</td><td colspan="6" rowspan="2">数据块1的CRC码
（2字节）</td><td></td></tr>
<tr><td></td><td>lsb</td></tr>
<tr><td rowspan="3">字节21
…
字节38</td><td>数据块2</td><td colspan="8">～数据块2（16个字节）～</td></tr>
<tr><td rowspan="2">CRC</td><td>msb</td><td colspan="6" rowspan="2">数据块2的CRC码
（2字节）</td><td></td></tr>
<tr><td></td><td>lsb</td></tr>
<tr><td rowspan="3">字节39
…
字节56</td><td>数据块3</td><td colspan="8">～数据块3（16个字节）～</td></tr>
<tr><td rowspan="2">CRC</td><td>msb</td><td colspan="6" rowspan="2">数据块3的CRC码
（2字节）</td><td></td></tr>
<tr><td></td><td>lsb</td></tr>
<tr><td rowspan="3">字节57
…
字节74</td><td>数据块4</td><td colspan="8">～数据块4（16个字节）～</td></tr>
<tr><td rowspan="2">CRC</td><td>msb</td><td colspan="6" rowspan="2">数据块4的CRC码
（2字节）</td><td></td></tr>
<tr><td></td><td>lsb</td></tr>
</table>

由表6－3可知，① 起始符帧为2个字节16bit，从上到下，从左向右发送，光纤接口上的数据编码从先到后依次为0000 0101 0110 0100。起始符的作用是标定一帧数据的开始，在连续发送的帧之前作出分解。② 后续为4个数据块帧，其中，数据块1传送内容包括数据集长度、逻辑节点名、数据集名、额定相电流、额定相电压等；数据块2～4传送内容为各采样数据通道测得的实时值。③ 对于测量值的数据通道分配如下：报文数据通道1～12依次是保护用A、B、C相电流、零序电流、测量用A、B、C相电流、A、B、C相电压、零序电压、母线电压。④ 数据块4中包括2个二字节长的状态字传送了如下监视信息：通信正常/告警/测试/激发状态、同步/插值方式、CT输出类型、标度因子选择、各数据通道的数据有效状态。

早期的IEC 60044－8规约，通道内容1～12的内容是固定的，即按照"保护用A、B、C相电流、零序电流、测量用A、B、C相电流、A、B、C相电压、零序电压、母线电压"传输，在一定程度上限制了工程应用的灵活性。Q/GDW 441—2010规范对IEC 60044－8规约进行了扩展，支持通道可配置，可灵活应用，方便了现场施工。

6.4.2.2　IEC 61850－9－2协议

（1）物理层与链路层。IEC 61850－9－2规约是完全依照IEC 61850－7－2规定的采样值数据模型，及相关ACSI服务定义的过程层与间隔层之间通信传送采样值的特定通信服务映射。它是一个基于混合协议栈的抽象模型，所支持的模型和服务有基于MMS的Client/Server服务以及数据链路层的采样值的服务，采样值的传送采用直接访问ISO/IEC 8802－3链路映射。IEC 61850－9－2 规约支持 IEC 61850－7－2 中定义的采样值模型 ACSI 服务中的全部服务。同时，广义来说它还支持数据通信的服务器、关联、LD、LN、DATA 和 DATASet 的全部相关 ACSI 服务。

IEC 61850－9－2 规约采用以太网 VLAN 技术实现，采用组播传送，因此可由交换机进行组网实现。考虑到电磁环境的要求，IEC 61850－9－2 推荐采用 100Mbit/s 传送速率的光纤以太网接口、ST 型光纤接口连接器，符合 ISO/IEC 8802.3 中 100Base－FX 光纤传输系统标准要求。由于 IEC 61850－9－2 采用以太网络方式，可以面向任意一个间隔，灵活地支持任意组织所需采样通道数据的传送组合方式，同时便于实现跨间隔采样值的传送。

（2）应用层通信格式。IEC 61850－9－2 规约在使用中应根据应用需求配置数据模型。基于 IEC 61850－9－2 采样值报文在链路层传输都是基于 ISO/IEC 8802－3 的以太网帧结构，详见表 6－4。

表 6－4　　　　IEC 61850－9－2 规约帧结构

<table>
<tr><th rowspan="2">字节</th><th rowspan="2">字段</th><th colspan="8">Bit</th></tr>
<tr><th>2^7</th><th>2^6</th><th>2^5</th><th>2^4</th><th>2^3</th><th>2^2</th><th>2^1</th><th>2^0</th></tr>
<tr><td>1</td><td rowspan="4"></td><td colspan="8" rowspan="4">前导字节
Preamble</td></tr>
<tr><td>2</td></tr>
<tr><td>⋮</td></tr>
<tr><td>7</td></tr>
<tr><td>8</td><td></td><td colspan="8">帧起始分隔符字段 Start－of－Frame Delimiter（SFD）</td></tr>
<tr><td>9</td><td rowspan="5">MAC 报头
Header MAC</td><td colspan="8" rowspan="3">目的地址
Destination address</td></tr>
<tr><td>10</td></tr>
<tr><td>⋮</td></tr>
<tr><td>19</td><td colspan="8" rowspan="2">源地址
Source address</td></tr>
<tr><td>20</td></tr>
<tr><td>21</td><td rowspan="4">优先级标记
Priority
tagged</td><td colspan="8" rowspan="2">TPID</td></tr>
<tr><td>22</td></tr>
<tr><td>23</td><td colspan="8" rowspan="2">TCI</td></tr>
<tr><td>24</td></tr>
<tr><td>25</td><td rowspan="2"></td><td colspan="8" rowspan="2">以太网类型 Ethertype</td></tr>
<tr><td>26</td></tr>
<tr><td>27</td><td rowspan="8">以太网类型 PDU
Ether－type
PDU</td><td colspan="8" rowspan="2">APPID</td></tr>
<tr><td>28</td></tr>
<tr><td>29</td><td colspan="8" rowspan="2">长度 Length</td></tr>
<tr><td>30</td></tr>
<tr><td>31</td><td colspan="8" rowspan="2">保留 1 reserved1</td></tr>
<tr><td>32</td></tr>
<tr><td>33</td><td colspan="8" rowspan="2">保留 2 reserved2</td></tr>
<tr><td>34</td></tr>
</table>

续表

字节	字段	Bit							
		2^7	2^6	2^5	2^4	2^3	2^2	2^1	2^0
35		APDU							
⋮									
		可选填充字节							
1525									
1526		帧校验序列 Frame check sequence							
1527									
1528									
1529									

由表 6－4 可知，① 前导字节（Preamble）：为 7 字节，1 和 0 交互使用，接收站通过该字段判断导入帧，并且该字段提供了同步化接收物理层帧接收部分和导入比特流的方法。② 帧起始分隔符字段：为 1 字节，字段中 1 和 0 交互使用。③ 以太网 mac 地址报头：包括目的地址（6 个字节）和源地址（6 个字节）。目的地址可以是广播或者多播以太网地址；源地址应使用唯一的以太网地址。由于 IEC 61850－9－2 多点传送采样值，建议目的地址为 01－0C－CD－04－00－00 到 01－0C－CD－04－01－FF。④ 优先级标记：为了区分与保护应用相关的强实时高优先级的总线负载和低优先级的总线负载，采用了符合 IEEE 802.1Q 的优先级标记。⑤ 以太网类型：应用标识 APPID。其中，为采样值保留的 APPID 值范围是 0x4000－0x7fff；为 GOOSE 保留的 APPID 值范围是 0x0000－0x3fff。⑥ 应用协议数据单元 APDU：采用与基本编码规则（BER）相关的 ASN.1 语法对通过 ISO/IEC 8802－3 传输的采样值信息进行编码。APDU 映射报文结构如图 6－15 所示，其中采样序列值的内容由工程应用中的模型数据集决定。⑦ 帧校验序列：4 个字节。该序列包括 32 位的循环冗余校验（CRC）值，由发送 MAC 方生成，通过接收 MAC 方进行计算得出，以校验被破坏的帧。

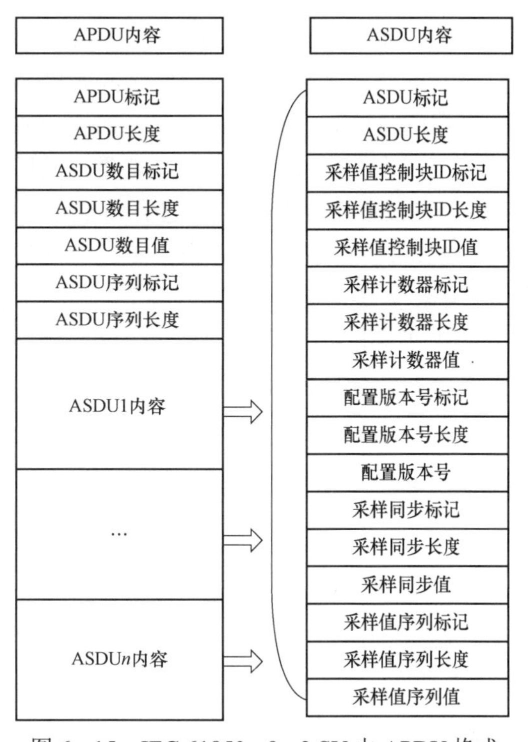

图 6－15　IEC 61850－9－2 SV 中 APDU 格式

6.5 合并单元的工程应用方案

6.5.1 技术参数与设备选型

6.5.1.1 技术参数

（1）使用环境条件。合并单元使用环境条件一般小于海拔1000m。户内安装时，环境温度为-5～+45℃；户外安装时，环境温度一般为-25～+55℃，最大日温差为 25K。日平均最大相对湿度为95%，月平均最大相对湿度为90%。大气压力为86～106kPa。具备水平加速度0.30*g*、垂直加速度0.15*g*的抗震能力。当使用条件超出上述环境参数时，可根据具体工程进行调整。

（2）基本型式选择。根据电子式互感器的型式选择适当的合并单元，以分别提供接收电子式互感器、常规互感器或模拟小信号互感器输出的信号接口。适用范围应根据接入电流、电压量的不同需求，选择间隔合并单元、母线电压合并单元。

（3）输入输出接口。应根据主接线型式选择输入通道的数量和类型。① 在输入接口方面，合并单元与电子式互感器之间的通信协议宜采用IEC 60044－7/8的FT3格式，接收电子式互感器的原始采样信号，经同步和合并之后对外提供采样值数据。合并单元应具备对电子式互感器的传输时延补偿功能。② 在输出接口方面，合并单元应能够提供点对点和组网接口，接口数量和规约形式应满足工程需要。采样值报文从输入结束到输出结束在MU的总传输时间应小于0.5ms。装置的网络通信介质宜采用多模光缆，波长1310nm。

（4）对时与采样频率。合并单元应能够接收IRIG－B码同步对时信号。根据同步对时信号，应能够实现采集器间的采样同步功能，同步误差应不大于±1μs。在外部同步信号消失后，至少能在10min内继续满足±4μs同步精度要求。合并单元采样频率应满足保护、测控、电能质量分析、故障测距等不同应用要求。

合并单元基本技术参数详见表6－5。

表6－5　合并单元技术参数

序号	名　称	单位	需求值	引用标准或文献
1	型式		常规电子式互感器接口/电子式互感器接口	
2	安装方式		嵌入式	
3	电源额定电压	V	110/220	Q/GDW 1426—2016
4	电源电压允许偏差		-20%～+15%	Q/GDW 1426—2016
5	电源纹波系数		≤5%	Q/GDW 1426—2016
6	装置功率消耗	W	≤50	Q/GDW 1426—2016
7	模拟量输入额定电流值	A	5/1	
8	模拟量输入额定电压值	V	100/57.7	

续表

序号	名称		单位	需求值	引用标准或文献
9	通信规约			IEC 61850-9-2 GB/T 20840.7/8	Q/GDW 1426—2016
10	输出接口			点对点/组网	Q/GDW 441—2010
11	SV、GOOSE 接口类型			ST/LC	通用设备（2012）
12	输入通道数量		路	≤12	Q/GDW 441—2010
13	输出端口数量		个	≥8	Q/GDW 441—2010
14	本地接口（调试口）数量		个	1	Q/GDW 1426—2016
15	输出采样频率		kHz	4（用于保护、测控）	DL/T 282—2012
				12.8（用于电能质量分析、行波测距）	
16	模拟量测量精度	保护通道误差		≤±1%	通用设备（2012）
		测量通道误差		≤±0.2%	通用设备（2012）
17	采样延迟时间	TV 合并单元	ms	≤1	通用设备（2012）
		间隔合并单元	ms	≤2	通用设备（2012）
18	采样值发送间隔离散值		μs	＜10	Q/GDW 441—2010
19	对时方式			IRIG-B	Q/GDW 1426—2016
20	对时精度误差		μs	＜1	Q/GDW 1426—2016
21	对时接口类型			ST	通用设备（2012）
22	交流模拟量输入回路工作范围	相电压	V	0.2～120	通用设备（2012）
		同期电压	V	0.2～120	通用设备（2012）
		电流	A	0.04～40I_n	通用设备（2012）
23	装置平均故障间隔时间（MTBF）		h	＞50 000	Q/GDW 1426—2016

6.5.1.2 设备选型

（1）合并单元应接收本间隔电流互感器的电流信号，并按照本间隔二次设备的需求接入电压信号。若本间隔设有电压互感器，合并单元接收本间隔电压互感器的电压信息；若本间隔未设置电压互感器，合并单元接收母线电压合并单元的电压信息。母线应配置单独的母线电压合并单元，接收来自母线电压互感器的电压信号。① 对于单母线接线，一台母线电压合并单元对应一段母线；② 对于双母线接线，一台母线电压合并单元宜同时接收两段母线电压；③ 对于双母线单分段接线，一台母线电压合并单元宜同时接收三段母线电压；④ 对于双母线双分段接线，宜按分段划分为两个双母线来配置母线电压合并单元。对于接入了两段及以上母线电压的母线电压合并单元，母线电压并列功能宜由合并单元完成，合并单元通过 GOOSE 网络获取断路器、刀闸位置信息，实现电压并列功能。

（2）合并单元应具有完善的自诊断功能，能够输出各种异常信号和自检信息，实时监视光纤通道接收到的光信号强度，并根据检测到的光强度信息提前报警，确保合并单元在电源中断、电压异常、采集单元异常、通信中断、通信异常、装置内部异常等情况下不误输出。另外，由于合并单元不具备液晶显示屏，合并单元的装置面板 LED 指示灯要能够表示出重要的信息。

（3）合并单元输入接口应满足如下要求：① 合并单元应支持可配置的采样频率，采样频率应满足保护、测控、录波、计量及故障测距等采样信号的要求。② 合并单元与电子式互感器之间的通信协议宜采用 IEC 60044－7/8 的 FT3 格式，接收电子式互感器的原始采样信号，经同步和合并之后对外提供采样值数据。合并单元应具备对电子式互感器的传输时延补偿功能。③ 合并单元应能够接收 IEEE 1588 或 IRIG－B 码同步对时信号。根据同步对时信号，应能够实现一/二次转换器间的采样同步功能，同步误差应不大于±1μs。在外部同步信号消失后，至少能在 10min 内继续满足±4μs 同步精度要求。

（4）合并单元输出接口应满足如下要求：① 合并单元应能提供输出 IEC 61850－9－2 协议的接口，能同时满足保护、测控、录波、计量设备的使用要求。输出协议采用 IEC 61850－9－2 时，采样数据值为 32 位，其中最高位为符号位，交流电压采样值一个码值（LSB）代表 10mV，交流电流采样值一个码值（LSB）代表 1mA。② 对于采样值组网传输的方式，合并单元应提供相应的以太网口。对于采样值点对点传输的方式，合并单元应提供足够的输出接口分别对应保护、测控、录波、计量等不同的二次设备。③ 合并单元应提供调试接口，可以根据现场要求对所发送通道的比例系数等进行配置。

6.5.2 交流变电站典型配置方案

6.5.2.1 110kV 变电站

（1）除主变压器外 110kV 电压等级各间隔合并单元宜单套配置。① 110kV 母线合并单元宜双套配置，集成母线 TV 智能终端功能。② 主变压器各侧合并单元宜双套配置，中性点合并单元宜独立配置，也可并入相应侧合并单元。③ 35（10）kV 及以下配电装置采用户内开关柜布置时不宜配置合并单元（主变压器间隔除外）；采用户外敞开式布置时宜配置单套合并单元，合并单元宜集成智能终端的功能。

（2）同一间隔内的电流互感器和电压互感器宜合用一个合并单元，宜采用合并单元智能终端一体化装置。35（10）kV 及以下配电装置采用户内开关柜布置时，可采用多合一装置，即在 35（10）kV 常规装置的基础上集成 SV 输出、GOOSE 开入开出功能。单母线接线合并单元典型配置图如图 6－16 所示。合并单元按间隔分散布置于配电装置场地智能控制柜内。

（3）线路保护等保护装置以点对点方式直接采样，测控装置、电能表采用网络采样方式。当采用保护测控集成装置时，保护模块和测控模块共用 SV 通信接口；当采用合并单元智能终端集成装置时，合并单元模块、智能终端模块共用 SV 通信接口。单母线接线合并单元 SV 信息流图如图 6－17 所示。

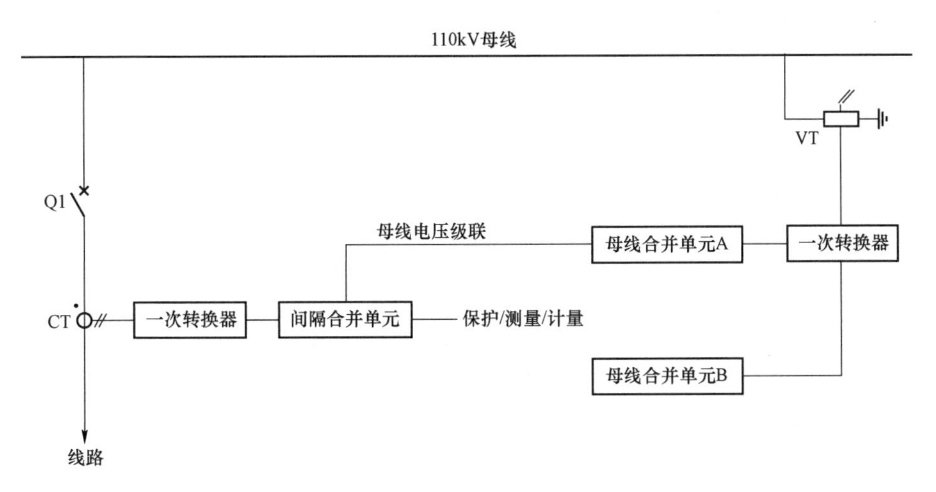

图6-16 单母线接线合并单元典型配置图

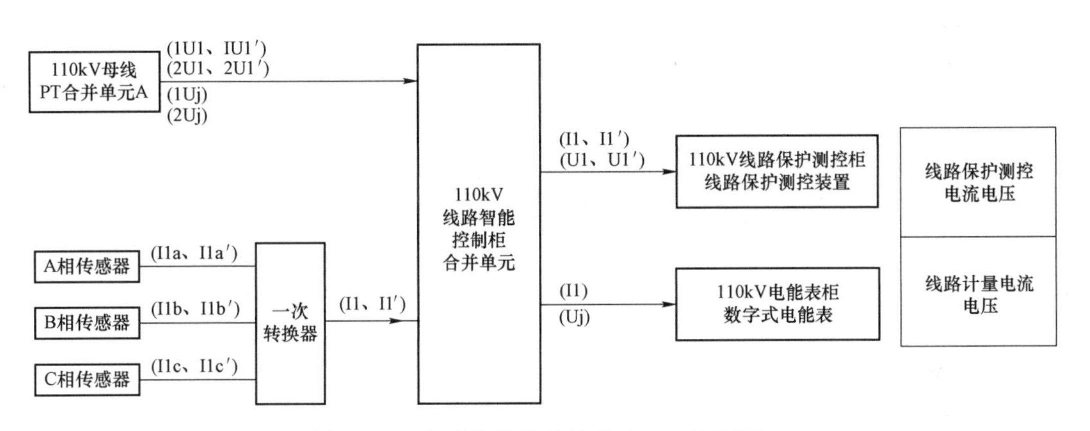

图6-17 单母线接线合并单元SV信息流图

6.5.2.2 220kV变电站

（1）220kV变电站根据电压等级和设备类型确定合并单元配置情况。① 220kV线路、母联（分段）间隔电流互感器合并单元按双重化配置；110（66）kV线路、母联（分段）间隔电流互感器合并单元按单套配置；35kV及以下电压等级除主变压器间隔外不配置合并单元。② 主变压器各侧、中性点（或公共绕组）合并单元按双重化配置；线变组、扩大内桥接线主变压器高压侧合并单元按双重化配置；中性点（含间隙）合并单元宜独立配置，也可并入相应侧合并单元，公共绕组合并单元宜独立配置。③ 220kV双母线、双母单分段接线，按双重化配置2台母线电压合并单元；220kV双母双分段接线，Ⅰ－Ⅱ母线、Ⅲ－Ⅳ母线按双重化各配置2台母线电压合并单元。

（2）220kV线路、110（66）kV线路、主变压器低压侧电流互感器和电压互感器宜合用一个合并单元；110（66）kV合并单元可与智能终端采用一体化装置；35（10）kV及以下配电装置采用户内开关柜布置时，可采用多合一装置，即在35（10）kV常规装置的基础上集成SV输出、GOOSE开入开出功能。双母线接线合并单元典型配置图如图6－18所示。合并单元按间隔分散布置于配电装置场地智能控制柜内。

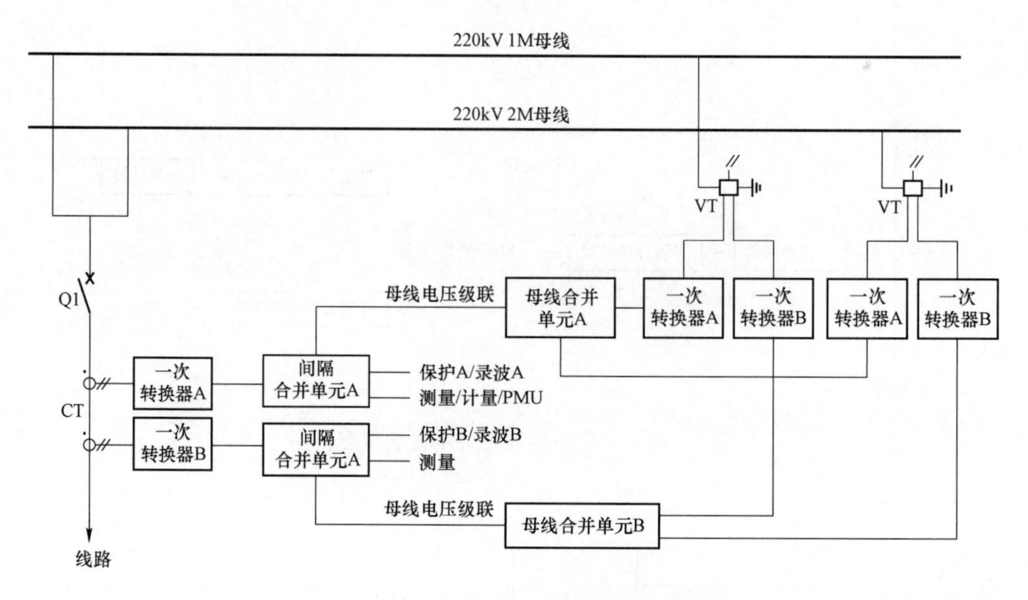

图6－18 双母线接线合并单元典型配置图

（3）线路保护、母线保护等保护装置以点对点方式直接采样，测控装置、电能表、故障录波、网络分析记录装置采用网络采样方式。各间隔合并单元通过级联至母线合并单元的方式获取母线电压，电压并列功能由母线合并单元实现，电压切换功能由间隔合并单元实现。双母线接线合并单元SV信息流图如图6－19所示。

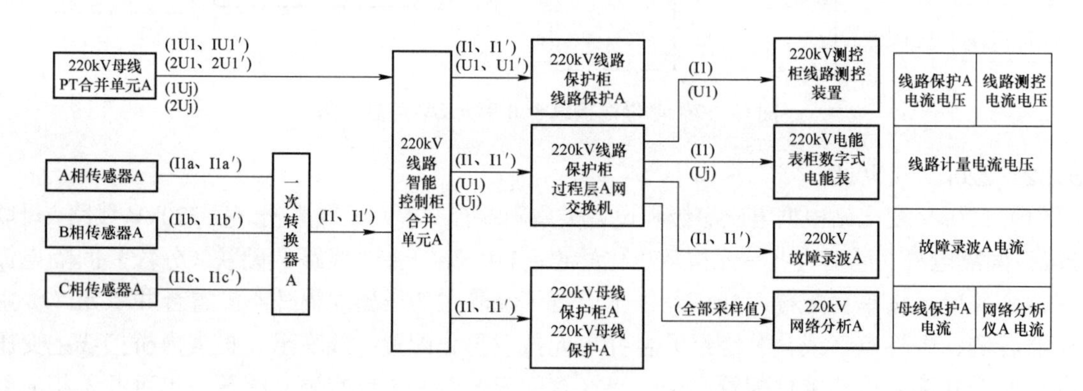

图6－19 双母线接线合并单元SV信息流图

6.5.3 直流换流站典型配置方案

6.5.3.1 双端直流换流站

对于双端直流换流站，合并单元宜按极、按通道配置。不同极的合并单元应分别配置，同一个极内的测点可共用合并单元，但同一测点的不同测量通道应采用不同的合并单元；根据直流控保系统要求，部分测点如极中性线、金属回线等测点的电压电流需同时接入极 1、极 2 合并单元，其余测点的电压电流仅需发送至各自的极合并单元。

根据直流保护三重化配置的需求，每个极的合并单元也按三重化配置，由于同一个极内测点数量一般大于单台合并单元的最大通道接入数，因此，每个极的每组合并单元一般包括多台装置，电流电压合并单元可分别独立配置，也可共用，每组合并单元的装置总数量视直流场的测点数量和每台装置可接收的最大通道数而定。此外，每台装置均有多路独立的数据输出端口，每个输出端口可输出该装置所有测点的数据。

合并单元一般组柜布置于二次设备室内，三重化配置的合并单元独立组柜，每极各配置三组合并单元。双端直流换流站的合并单元典型配置及直流区电流电压信息流图分别如图 6－20 和图 6－21 所示。

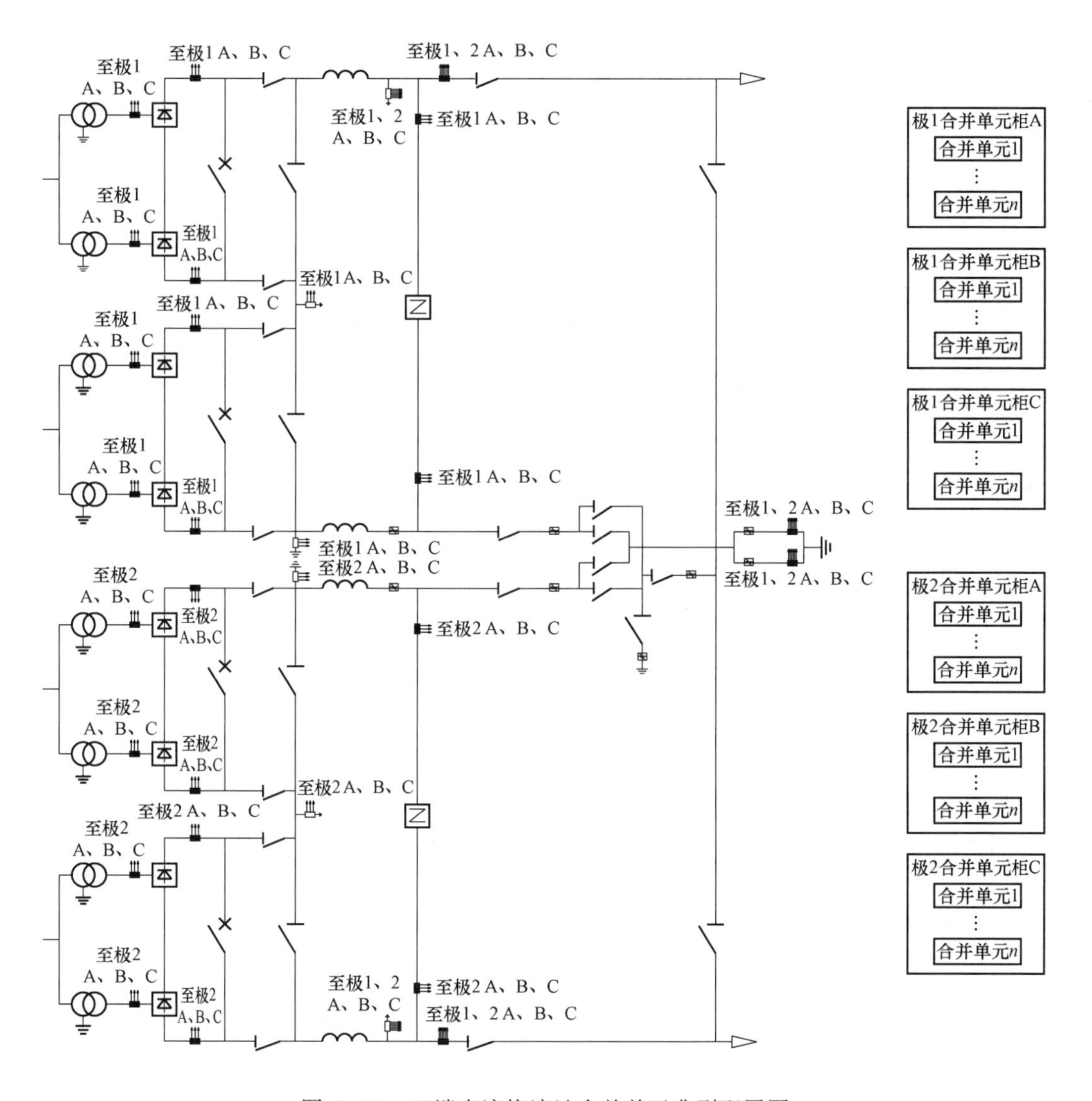

图 6－20 双端直流换流站合并单元典型配置图

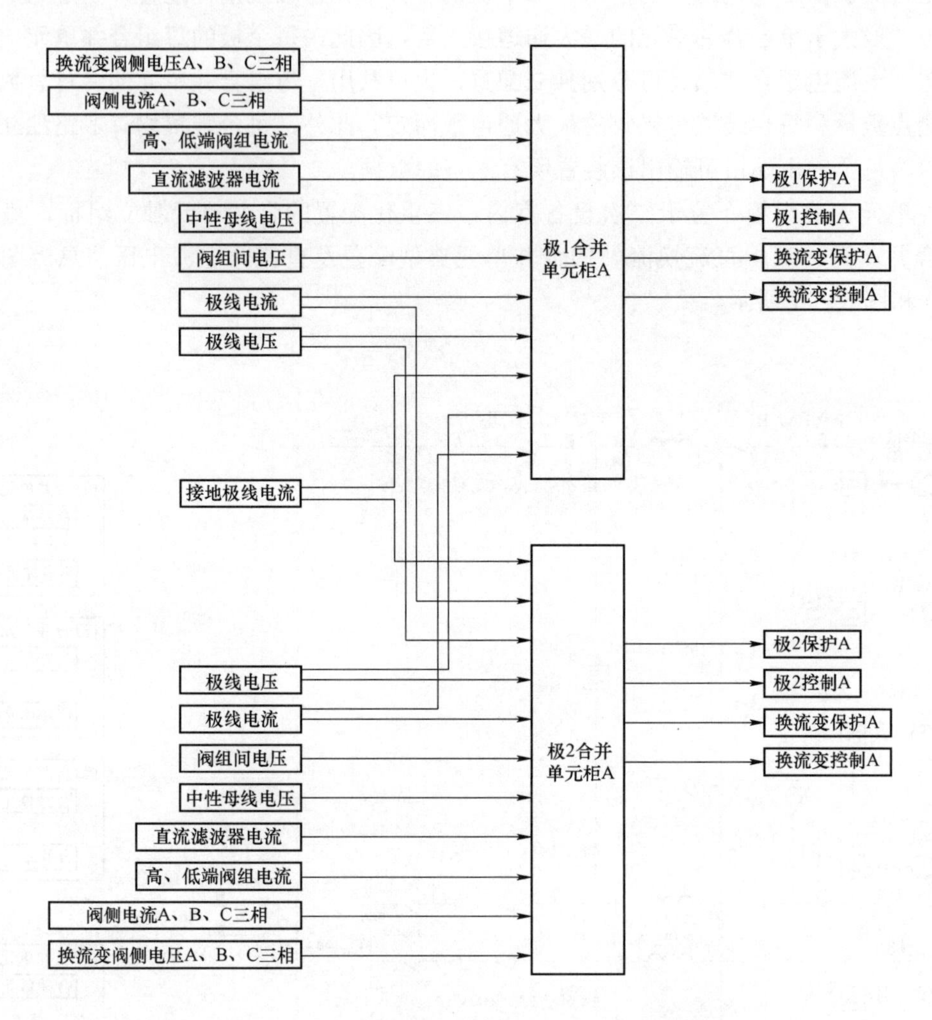

图 6－21 双端直流换流站直流区电流电压信息流图

6.5.3.2 多端直流换流站

对于多端直流换流站，合并单元宜按极、按间隔配置。不同极不同间隔的合并单元应分别独立配置以利于设备检修，单间隔内测点数量一般不大于单台合并单元的最大接入通道数，因此，同一间隔的电流电压合并单元宜共用或共同组柜以便于运维。

多端直流换流站每极每个间隔的合并单元同样按三重化配置，其间隔划分原则一般与保护分区原则相对应，分别包括换流阀间隔（含换流阀本体、换流阀网侧和换流阀直流测、极母线、极中性母线）、线路间隔（含极线和金属回线）、母线设备间隔（含极汇流母线、中性线汇流母线及接地点设备）。多端直流换流站的合并单元典型配置及直流区电流电压信息流图分别如图 6－22 和图 6－23 所示。

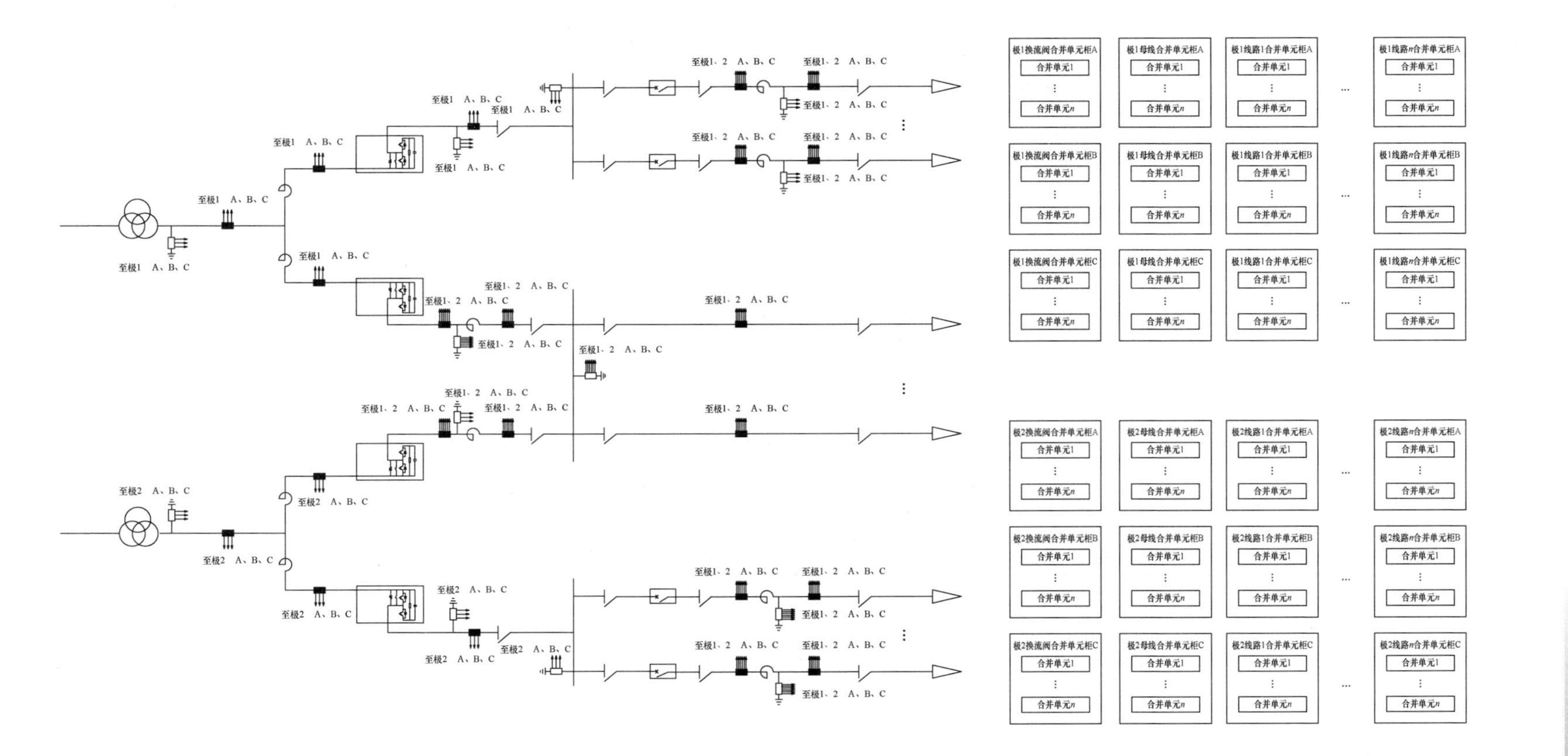

图6-22 多端直流换流站合并单元典型配置图

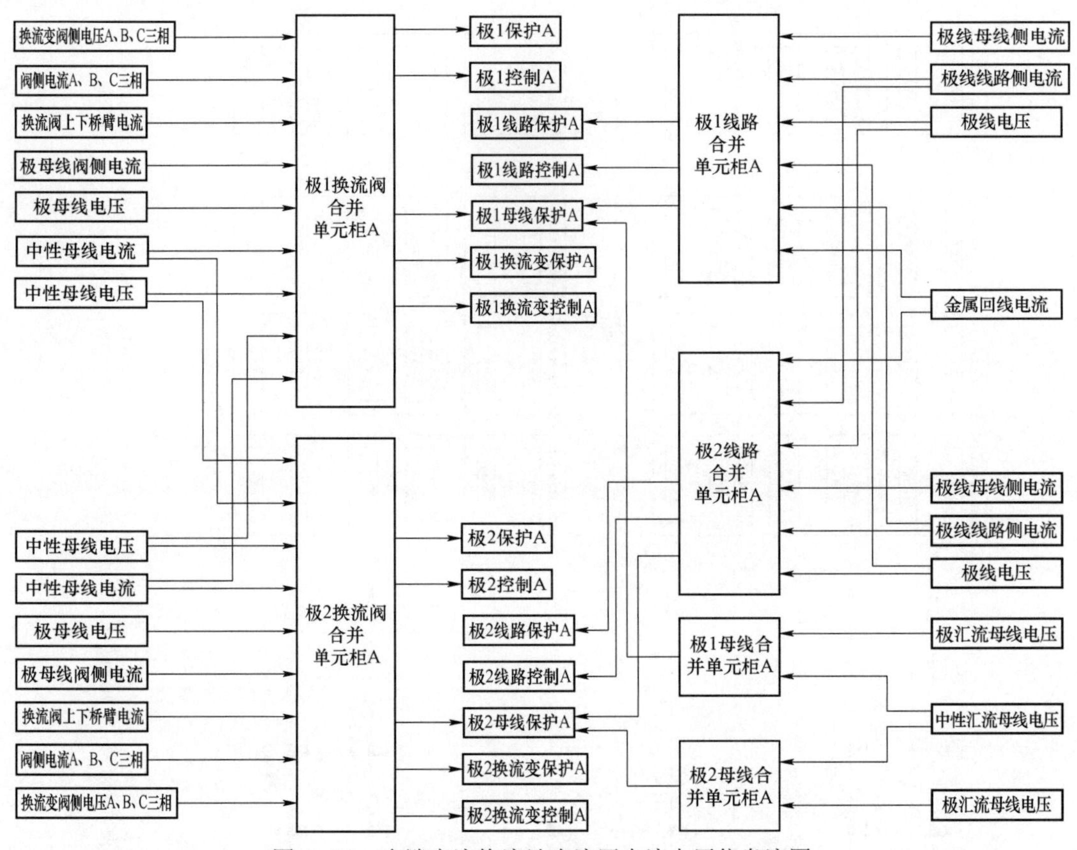

图6-23　多端直流换流站直流区电流电压信息流图

参考文献

[1] 邢立功，黄毅，叶罕罕，等. 数字化变电站中保护装置与电子式互感器的接口方式 [J]. 电力系统自动化，2008，32（16）：94-97.

[2] 刘琨，周有庆，彭红海，等. 电子式互感器合并单元（MU）的研究与设计 [J]. 电力自动化设备，2006，26（4）：67-71.

[3] 夏梁，梅军，郑建勇，朱超，等. 基于 IEC 61850-9-2 的电子式互感器合并单元设计 [J]. 电力自动化设备，2011，31（11）：135-138.

[4] 李英明，郑拓夫，周水斌，等. 一种智能变电站合并单元关键环节的实现方法 [J]. 电力系统自动化，2013，37（11）：93-98.

[5] 殷志良，刘万顺，杨奇逊，等. 一种遵循 IEC 61850 标准的合并单元同步的实现新方法 [J]. 电力系统自动化，2004，28（11）：57-61.

[6] 曹团结. 电子式互感器数据同步的研究 [J]. 电力系统及其自动化学报，2007，19（2）：108-113.

[7] 洪新，黄少锋，刘勇. 基于二次插值理论的电子式互感器数据同步的研究 [J]. 电力系统保护与控制，2009，37（15）：48-52.

[8] 阳靖，周有庆，刘琨. 电子式互感器相位补偿方法研究［J］. 电力自动化设备，2007，27（3）：45－48.
[9] 周斌，黄国方，王耀鑫，等. 在变电站智能设备中实现B码对时［J］. 电力自动化设备，2005，25（9）：86－88.
[10] 宋璇坤，刘开俊，沈江. 新一代智能变电站研究与设计［M］. 北京：中国电力出版社，2014.
[11] 曹团结，黄国方. 智能变电站继电保护技术与应用［M］. 北京：中国电力出版社，2013.
[12] 郑玉平. 智能变电站二次设备与技术［M］. 北京：中国电力出版社，2014.

第7章 电子式互感器工程应用方案

工程设计是电子式互感器实用化的首要环节，同时工程设计中的应用需求也是促进电子式互感器技术进步的重要动力。电子式互感器的种类繁多、性能各异、结构多样、采样配置不尽相同，在工程应用中应根据变电站型式、环境条件等因素选择合理的电子式互感器类型，并根据二次系统保护、测量、计量、自动装置等的采样需求配置相应的采样系统方案。本章对前文中不同原理、不同应用场合的电子式互感器工程应用方案进行了阐述。首先分别介绍了交流、直流和中低压电子式互感器的技术参数、设备选型、安装设计、采样系统配置方案和典型工程中电子式互感器的配置应用方案；然后介绍了电子互感器的输出接口方案，包括电子式互感器的输出格式、通信规约、通道要求等；最后建立了电子式互感器接地模型，介绍了工程应用中电子式互感器的接地设计方案。本章所述配置方案涉及交直流变电站及中低压配网，涵盖了不同原理、不同类型的电子式互感器典型应用方案，为电子式互感器在实际工程中的应用配置提供参考。

7.1 交流电子式互感器

7.1.1 技术参数与设备选型

7.1.1.1 技术参数

（1）总体要求。

1）电压等级与额定电流。交流电子式互感器的电压等级主要和绝缘要求有关；一次额定电流主要和电流互感器的缠绕匝数有关。

2）准确级。交流电子式电流互感器测量准确级为：0.2S、0.2、0.5S、0.5；电子式电流互感器保护准确级为：5TPE、5P；交流电子式电压互感器测量准确级：0.2、0.5；电子式电压互感器保护准确级为：3P。

3）安装和配置方式。交流电子式电流互感器有AIS、GIS和DCB安装方式；电子式电压互感器有AIS、GIS安装方式。根据二次系统要求决定传感线圈及一次转换器的配置方式。

4）一次转换器安装位置。一次转换器可以在高压侧安装也可以在低压侧安装，具体安装位置与电子式互感器的结构型式、一次转换器供能方式的选取、系统抗干扰措施实施难度与效果等有关。

5）二次输出规约及接口。交流电子式电流电压互感器二次输出规约为IEC 61850－9－2或基于IEC 60044－8的FT3。当采用IEC 61850－9－2规约时，数据采用1310nm多模光纤传输，LC或ST接口；当采用FT3规约时，数据采用850nm多模光纤传输，ST接口。

除上述具体技术参数要求外，交流电子式互感器在安装环境、绝缘水平方面的技术要求与传统互感器相同，但由于采用了数字输出和网络通信，所以还需关注在测量、通信等方面的指标要求。

1）在测量方面。额定一次测量值为可供选择的电流或电压额定值；额定二次输出值应根据使用要求，为可供选择的数字或模拟额定输出值。对于电子式电流互感器的数字输出，计量使用时一般标为 2D41H，保护使用时一般标为 01CFH；对于电子式电压互感器的计量和保护均标为 2D41H。测量误差与传统互感器标准相同，但电子式电流互感器的暂态保护误差级可选 5TPE（等效 TPY 标准）。

2）在通信方面。合并单元额定数字输出延迟指可供选择的数据传输延迟值，有级联时一般选择 2ms，无级联时一般选择 1ms。数据采样率通常选 4kHz，即每秒采样 4000 次。通信协议通常选 IEC 61850－9－2 或 IEC 60044－8_FT3。

3）在辅助电源方面。二次辅助电源电压一般选 DC 220V 或 DC 110V。最大功耗一般选 10～50W。

（2） 性能指标。以 220kV 和 110kV 电压等级为例，交流电子式电流互感器和交流电子式电压互感器技术参数分别详见表 7－1 和表 7－2。

表 7－1　交流电子式电流互感器技术参数

序号	名称	单位	220kV 电子式电流互感器	110kV 电子式电流互感器
1	设备最高电压	kV	252	126
2	额定一次电流	A	根据工程确定	根据工程确定
3	型式或型号		电子式	电子式
4	安装方式		AIS 独立、GIS 集成、DCB 集成	AIS 独立、GIS 集成、DCB 集成
5	一次传感器原理		有源/无源	有源/无源
6	一次传感器数量	个/相	无源 2/4，有源 2/3	主进：无源 2/4、有源 2/3 其他：无源 1/2、有源 2
7	采样回路输出数	个	无源 4、有源 6（4 保护；2 测量）	主进：无源 4、有源 6（4 保护；2 测量） 其他：无源 2、有源 3（2 保护；1 测量）
8	激光器预期寿命（有源）	年	≥5	≥5
9	二次转换器安装方式		本体	本体
10	合并单元输出		保护、测量（计量）	保护、测量（计量）
11	准确级输出（含合并单元输出）		5TPE、0.2（0.2S）	5TPE、0.2（0.2S）
12	额定相位偏移		0°	0°
13	采样频率		支持可配置/4kHz/12.8（10）kHz	支持可配置/4kHz/12.8（10）kHz
14	静态工作光强变化率		＜10%	＜10%
15	同步精度	μs	≤1	≤1
16	额定扩大一次电流值（%）		120（互感器应满足在 120%扩大一次电流工况下可长期正常运行的要求，并满足本表 12 条之测量精度要求）	120（互感器应满足在 120%扩大一次电流的工况下可长期正常运行的要求，并满足本表 12 条之测量精度要求）

续表

序号	名称		单位	220kV 电子式电流互感器	110kV 电子式电流互感器
17	准确限值系数			25/30/40	25/30/40
18	对称短路电流倍数 *K*ssc			15/20	15/20
19	暂态特性	唤醒时间	s	0	0
		额定一次时间常数	ms	≥100	≥100
		工作循环（ms）		C－100－O C－100－O－300－C－50－O	C－100－O C－100－O－300－C－50－O
20	短时热稳定电流及持续时间	热稳定电流（方均根值）	kA	50	40
		热稳定电流持续时间	s	3	3
21	额定动稳定电流（峰值）		kA	125	100
22	低压元器件	冲击耐压（1.2/50μs）	kV	5	5
		1min 工频耐压	kV	2（交流）/2.8（直流）	2（交流）/2.8（直流）
23	温升限值	一次传感器	K	75（环境最高温度 40℃时）	75（环境最高温度 40℃时）
		一次转换器	K	75（环境最高温度 40℃时）	75（环境最高温度 40℃时）
		二次转换器	K	50（环境最高温度 40℃时）	50（环境最高温度 40℃时）
		其他金属附件		不超过所靠近的材料限值	不超过所靠近的材料限值

表 7－2　　交流电子式电压互感器技术参数

序号	名称		单位	220kV 电子式电压互感器	110kV 电子式电压互感器
1	设备最高电压		kV	252	126
2	额定一次电压		kV	$220/\sqrt{3}$	$110/\sqrt{3}$
3	型式或型号			电子式	电子式
4	安装方式			AIS 独立、GIS 集成	AIS 独立、GIS 集成
5	一次传感器原理			分压型	分压型
6	一次传感器数量		个/相	1	1
7	采样回路输出数		个	4	2
8	二次转换器安装方式			本体	本体
9	合并单元输出			保护、测量（计量）	保护、测量（计量）
10	准确级输出（含合并单元输出）			3P、0.2	3P、0.2
11	额定相位偏移			0°	0°
12	采样频率			支持可配置/4kHz/10（12.8）kHz	支持可配置/4kHz/10（12.8）kHz
13	静态工作光强变化率			<10%	<10%
14	同步精度			≤1μs	≤1μs
15	低压元器件	冲击耐压（1.2/50μs）	kV	5	5
		1min 工频耐压	kV	2（交流）/2.8（直流）	2（交流）/2.8（直流）
16	额定电压因数及持续时间			1.2 倍、连续	1.2 倍、连续
				1.5 倍、30s	1.5 倍、30s

（3）环境条件。交流电子式互感器的运行环境主要包括以下几个因素：

1）环境温度：－40～+70℃；

2）最大风速：一般不超过35m/s；如果要超过35m/s，可按照特殊要求来计算；

3）相对湿度：最大日平均一般不超过95%，最大月平均一般不超过90%；

4）污秽情况：一般不超过Ⅲ级，对于特殊地区可用于Ⅳ级污秽，这主要取决于电子式互感器运行的环境地区；

5）海拔：一般不超过1000m。如果要超过1000m，可按照特殊要求来计算；

6）地震烈度：一般不超过GB/T 17742—2008规定8度的地震烈度。

此外，当在屋内使用时，可不校验最大风速和污秽情况；当在屋外使用时，可不校验相对湿度。

7.1.1.2 设备选型

交流电子式电流互感器配置时应注意：① 电子式电流互感器二次绕组的数量和准确级应满足继电保护、自动装置、电能计量和测量仪表的要求；② 在确定各类保护装置的电子式电流互感器二次绕组分配时，应尽量避免出现保护死区，应特别注意避免一套保护退出运行时可能出现的电流互感器内部故障死区问题。由于线路保护和母线保护共用二次绕组，双母线接线的电子式电流互感器应布置于断路器的线路侧；③ 对中性点有效接地系统电流互感器宜按三相配置；④ 电子式电流互感器传感元件精度宜同时满足保护和测量要求，当不能同时满足两种精度要求时，应为保护和测量功能分别配置传感元件。

交流电子式电压互感器配置时应注意：① 电子式电压互感器二次绕组的数量和准确级应满足电能计量、测量、保护和自动装置的要求；② 220、110kV母线应装设三相电压互感器，35/10kV母线宜装设三相电压互感器；③ 当安装条件允许时，220、110kV进出线可配置电流电压组合互感器。采用该配置方式时，由于继电保护装置需要使用出线间隔的三相电流，因此应选用三相电流电压组合互感器；④ 电子式电压互感器传感元件精度宜同时满足保护和测量要求；⑤ 高、中压侧电压并列由母线合并单元完成，电压切换由进出线合并单元完成。交流电子式电流和交流电子式电压互感器选型主要关注问题详见表7－3。

表7－3 交流电子式互感器选型关注问题

结构型式	选型重点关注的问题	
	交流电子式电流互感器	交流电子式电压互感器
AIS独立支柱式	供能切换可靠性问题	绝缘可靠性问题
GIS集成式	抗VFTO干扰问题，尤其在330kV及以上电压等级应用时	抗VFTO干扰问题；三相共箱时，相间互扰引起的精度问题
DCB集成式	供能切换可靠性、抗干扰等问题	—
35kV及以下等级开关柜式	设备体积、抗干扰、与多合一装置配合等问题；用于主变压器低压侧时，与高压侧电子式电流互感器特性一致性问题	设备体积、抗干扰、与多合一装置配合等问题

7.1.2 有源交流电子式电流互感器

7.1.2.1 结构安装设计

（1）AIS独立支柱式。此类有源交流电子式互感器为独立支柱式结构，可与断路器分体安装，其精度不受邻近电场影响。外观结构主要包括高压侧头体、中间复合套管、低压侧底座三部分。ECT 的一次电流传感头位于高压侧头体内部；绝缘子为内嵌光纤的支柱式复合绝缘子，用以传输激光及数字信号。EVT 的一次电压传感器则贯穿高压侧头体与中间复合套管内部；ECVT 兼具 ECT 与 EVT 的一次传感器结构。ECT 和 ECVT 的一次转换器有高压侧头体内部安装与低压侧底座安装两种方式；而 EVT 的一次转换器均安装于低压侧底座。一次传感器与一次转换器均可根据保护双重化原则采用双套配置，保证互感器的可靠性。

1）一次转换器高压侧安装的 ECT。一种一次转换器高压侧安装的 AIS 独立支柱式 ECT 的整体结构如图 7－1 所示。组成部分有空心线圈一次传感器、LPCT 一次传感器、取能线圈、一次转换器等，它们均安装在高压侧头体内部，整机精度均满足 0.2S 级要求。LPCT 传感器用于传感测量电流信号，空心线圈传感器用于传感保护电流信号。一次转换器直接与传感器连接，将模拟信号转换为数字信号，再经由中间复合套管内部的光纤输出数字信号至合并单元。取能线圈用于从一次电流获取电能给一次转换器供电。

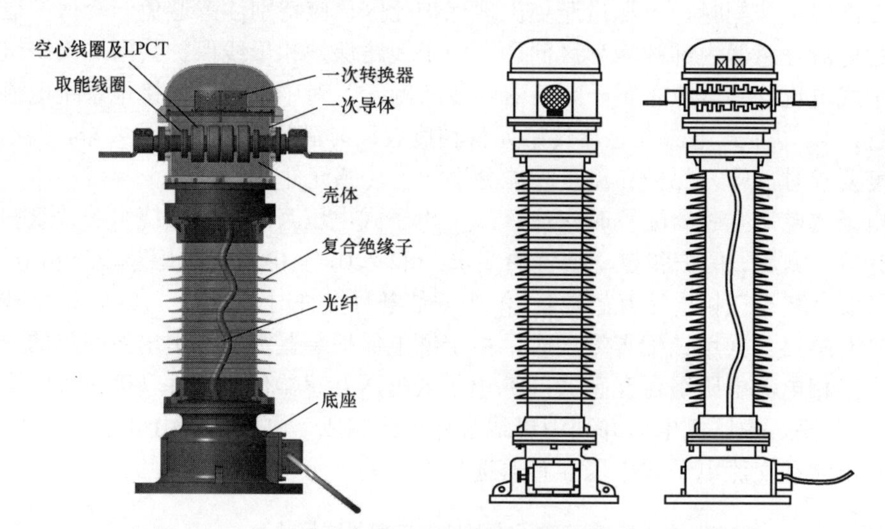

图 7－1　一次转换器高压侧安装的电子式互感器结构图

此类一次转换器高压侧安装方式中，高压侧“有源”，一次转换器工作电源可由取能线圈或合并单元内的激光器提供，两种供电方式可无缝切换。由于信号采集与处理位于高压侧，需要加强一次转换器的抗电磁干扰能力。此种方式的有源电子式互感器绝缘结构简单，高压侧和低压侧通过复合绝缘子分隔开，体积小、重量轻，对模拟量信号就近采集，抗干扰能力强。

2）一次转换器低压侧安装的有源电子式互感器。一次转换器低压侧安装的 AIS 独立支柱式 ECT、EVT 和 ECVT 的信号传输模式分别如图 7－2（a）、（b）和（c）所示。其组成部分包括一次传感器、一次转换器与屏蔽电缆。ECT 采用空心线圈或空心线圈结合低功率线圈（LPCT）的一次电流传感器；EVT 采用电容分压的一次电压传感器；ECVT 则结合了 ECT 与 EVT 的一次传感器。电流和电压的测量精度分别满足 0.2S 级和 0.2 级。

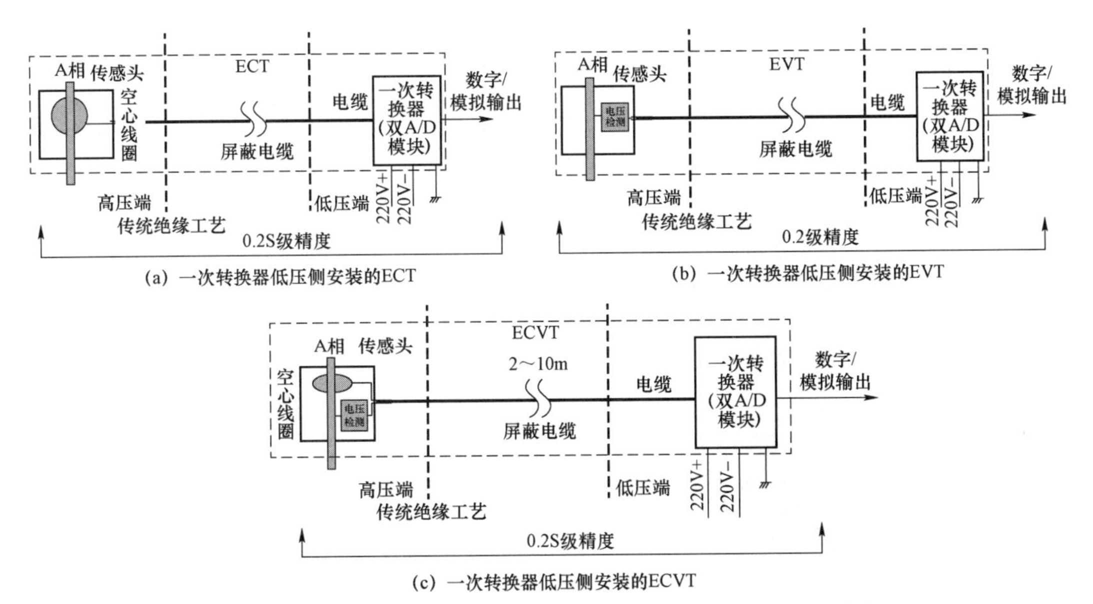

(a) 一次转换器低压侧安装的ECT

(b) 一次转换器低压侧安装的EVT

(c) 一次转换器低压侧安装的ECVT

图7-2 一次转换器低压侧安装的电子式互感器信号传输模式

ECT高压侧头体内部空心线圈的引出线采用小信号屏蔽电缆并外套屏蔽管，连接到底座内一次转换器。EVT中间复合套管内的电容分压器将一次高电压分压为小电压，并由屏蔽电缆连接到底座内一次转换器。ECVT结合了以上ECT与EVT的结构，将传感器输出的模拟电流电压信号输出至底座内一次转换器。一次转换器将模拟信号转换为数字信号后再经光缆输出至合并单元。一次转换器低压侧安装的电子式互感器结构如图7-3(a)、(b)和(c)所示。

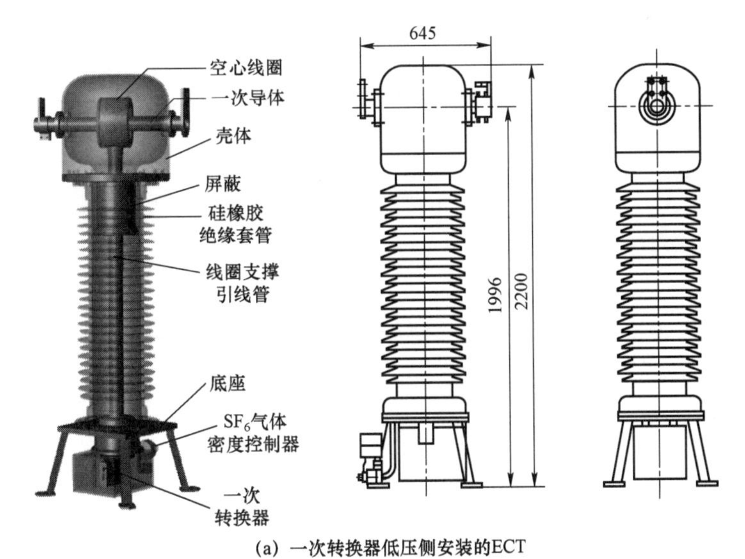

(a) 一次转换器低压侧安装的ECT

图7-3 一次转换器低压侧安装的电子式互感器结构图（一）

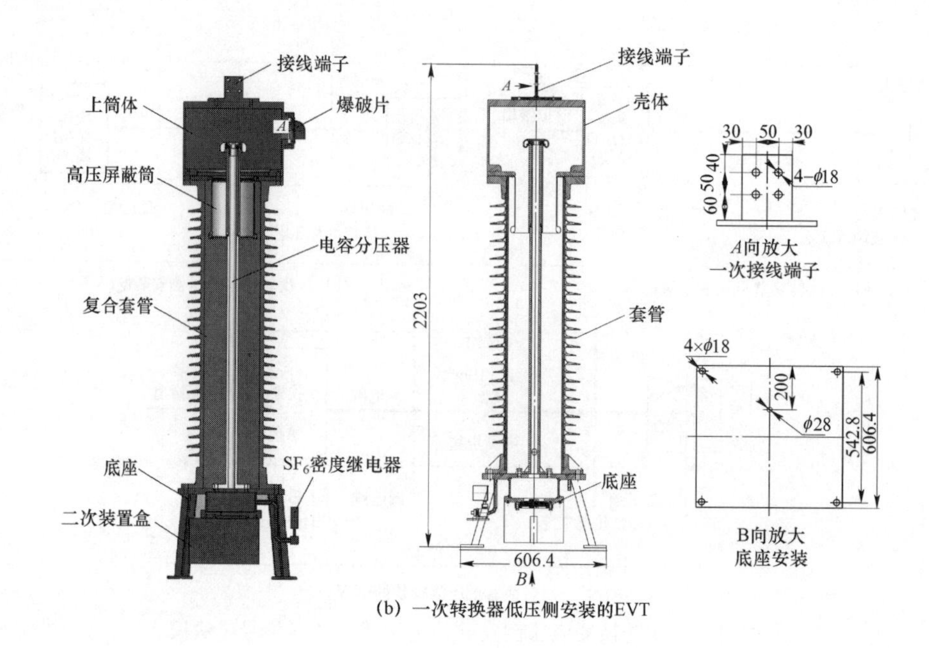

(b) 一次转换器低压侧安装的EVT

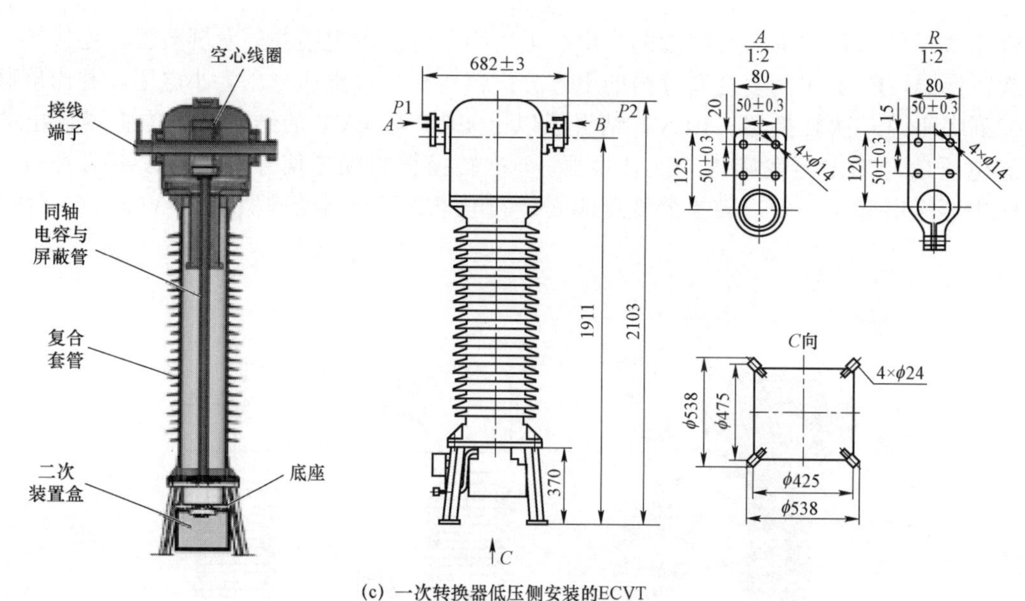

(c) 一次转换器低压侧安装的ECVT

图 7-3　一次转换器低压侧安装的电子式互感器结构图（二）

这种一次转换器低压侧安装的方式，可以实现高压侧“无源”，能由 110V 或 220V 站用直流电源为低压侧的一次转换器供电，改善运行环境。同时，采用能够无差别匹配的空心线圈传感器和一次转换器，可以在现场一次侧不断电情况下快速维护与更换一次转换器。由于高压侧一次传感器与一次转换器通过电缆连接，因此需要加强小信号传输电缆的抗干扰能力。

（2）GIS 集成式。此类电子式互感器包括互感器罐体、变径壳体、盆式绝缘子、一次导线等。互感器罐体接地，内装传感元件，变径壳体的主要作用是使电子式互感器能够适用于不同厂家的 GIS，一次导体固定于盆式绝缘子上，一次导体与互感器罐体间充 SF_6 绝缘气体。一次转换器采集接收并处理传感单元的输出信号，一次转换器输出的串行数字光信号由光缆送至合并单元。一次转换器的工作电源由站内直流电源提供。一次传感器及一次转换器均位于低压侧，采用双重化冗余布置。电子式互感器应在 GIS 出厂前完成与 GIS 的配套组装，并与 GIS 一起进行气密性及绝缘性能等出厂试验。按安装方式不同，主要分为单相环形外部安装、三相共箱内部安装和三相垂直外部安装三种。

1）单相环形外部安装。该类电子式互感器主要有单相 ECT、EVT 与 ECVT，安装于 GIS 壳体外部，包括一次结构主体、一次传感器与一次转换器三部分，其外观示意如图 7－4 所示。

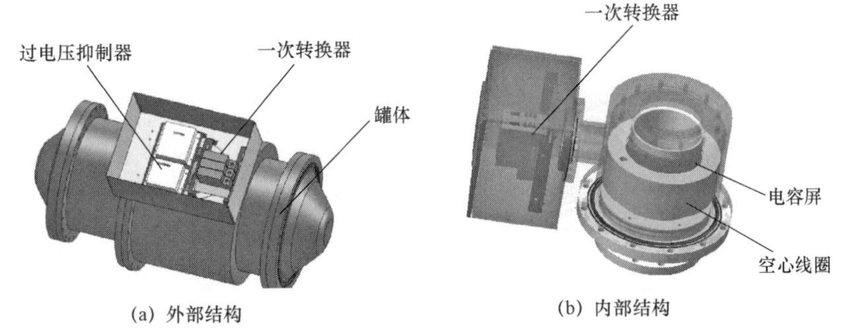

图 7－4　单相环形安装的 GIS 电子式电流电压组合互感器示意图

一次结构主体包括互感器罐体、变径壳体、绝缘盆子、一次导体等。互感器罐体内装有电流、电压传感器等部件，接地安装；变径壳体使电子式互感器能够适用于不同厂家的 GIS 设备；绝缘盆子与 GIS 相同型号可以方便地与 GIS 配合与安装，能够保证气密性及绝缘性能；两端的绝缘盆子一个为实心盆子，一个为通孔盆子，通过通孔盆子使互感器与 GIS 相应部件处于同一气室。

一次传感器根据需要将低功率线圈（LPCT）、空心线圈、电容分压传感器组合搭配，构成 ECT、EVT 或 ECVT。单相环形安装的 GIS 电子式电流电压组合互感器结构如图 7－5 所示，LPCT 和空心线圈电流传感器嵌在接地罐体内，用于感应流过一次导体中的被测电流。一次导体、中间电极和接地罐体构成同轴电容分压器，感应一次导体上的被测电压。

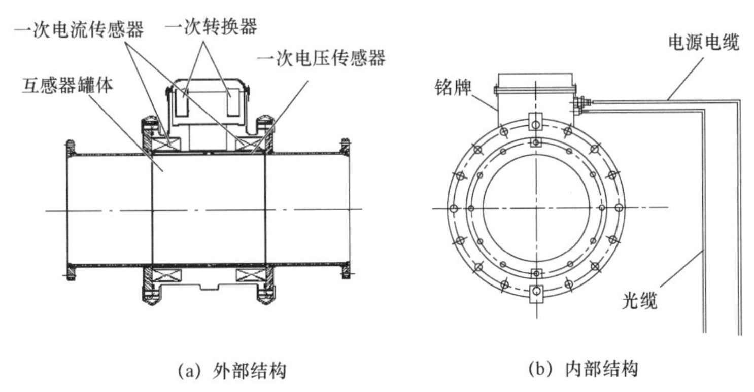

图 7－5　单相环形安装的 GIS 电子式电流电压组合互感器结构图

一次转换器安装于互感器罐体外部箱体，接收并处理一次传感器的模拟信号，由光缆输出串行数字光信号至合并单元。一次转换器工作电源由GIS汇控柜内的直流源提供。合并单元置于控制室或就地放置于户外的智能终端柜中，接收并处理三相电流互感器及三相电压互感器的一次转换器下发的数据，并转换为特定协议输出供二次设备使用。此类安装方式中，一次传感器与一次转换器均为低压侧安装，位于GIS壳体外部，实现高压侧“无源”，可以在现场一次侧不断电情况下快速维护与更换一次转换器。一次传感器与一次转换器可根据保护双重化需求，双套冗余配置。

2）三相共箱内部安装。三相共箱内部安装的GIS电子式电流电压互感器的电容分压器采用凸环屏蔽设计技术，很好地解决了三相电压测量间易相互影响的问题，其外观示意如图7-6所示。

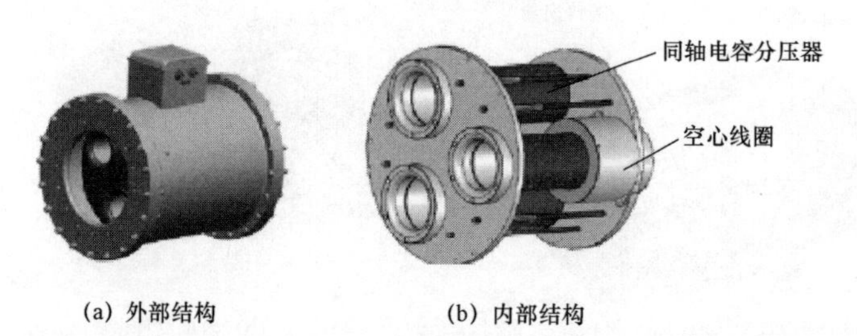

图7-6　三相共箱环形安装的GIS电子式电流电压组合互感器示意图

三相共箱内部安装的GIS电子式电流电压互感器主要有三相ECT、EVT与ECVT，结构如图7-7所示，以GIS绝缘结构为基础，安装于GIS内部，利用SF_6绝缘气体。同轴电容分压器与空心线圈电流互感器安装于GIS壳体内部，感应三相一次导体的被测电压与电流。每相电流、电压传感器的安装方式与单相环形外部安装方式类似。三相共箱内部安装的电子式互感器结构紧凑，与GIS高度集成，能大幅减少互感器的空间占地。

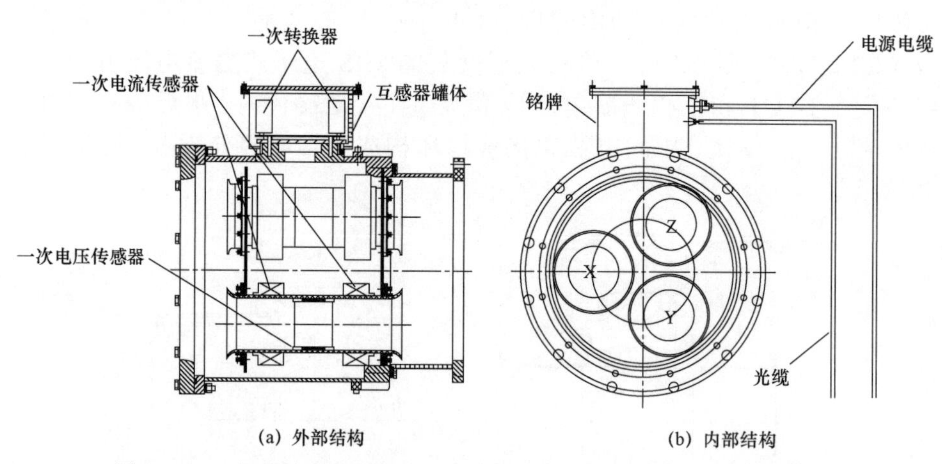

图7-7　三相共箱内部安装的GIS电子式电流电压组合互感器结构图

3）三相垂直外部安装。该类电子式互感器主要为三相EVT，互感器罐体垂直于GIS一次母线安装，有正立安装和倒立安装两种安装方式。典型的110kV GIS三相共箱电子式电压互感器正立安装方式如图7-8（a）所示，图中EVT为电子式电压互感器，ES为接地开关，

DS 为隔离开关，M 为母线。互感器内部结构如图 7－8（b）所示，一次电压互感器采用同轴电容分压器，同时用作保护和测量。一次转换器安装于互感器壳体上的端子箱内，采用 110V 或 220V 站用直流电源供电。传感器输出电压信号接至一次转换器进行模数转换并输送至合并单元。

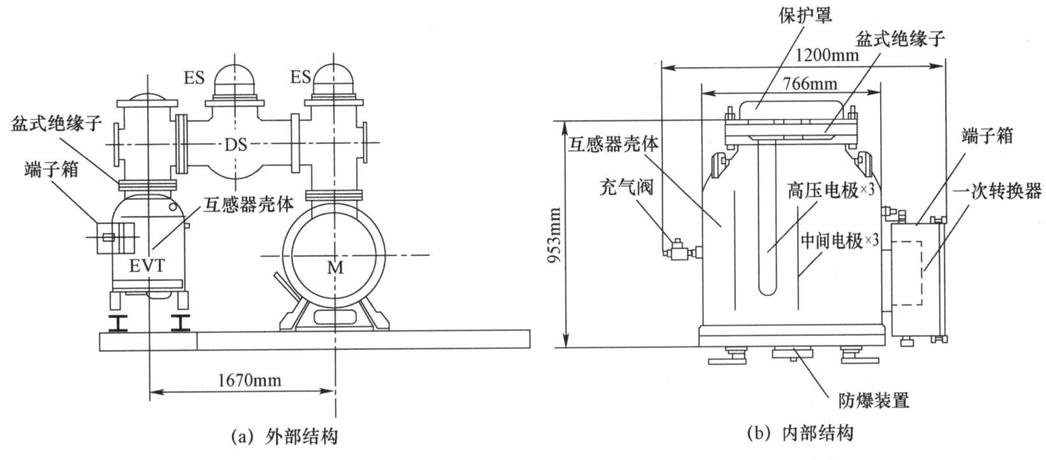

图 7－8　三相共箱垂直外部安装的 GIS 电子式电压互感器结构图

此类互感器接口尺寸灵活，改变互感器盆式绝缘子和安装法兰的尺寸，可实现 EVT 和各厂家 GIS 的集成安装。一次转换器为外部低压侧安装，因此实现了高压侧“无源”，与互感器环形外部安装的方式具有相同的运维、安装便利。

（3）隔离断路器和主变压器套管集成式。用于 AIS 站中隔离断路器的 ECT，将 ECT 与隔离断路器整合为一体，集成度高、占地面积更小。利用光纤传送信号，抗干扰能力强，适应变电站技术发展要求。一体化集成方式中，将 ECT 罐体套于隔离断路器外，组成集成式隔离断路器，产品的结构如图 7－9 所示，一次传感器由空心线圈和 LPCT 组成，分别用作保护与测量。一次转换器为高压侧安装，采用激光和取能线圈双路供电，互为备用、无缝切换。

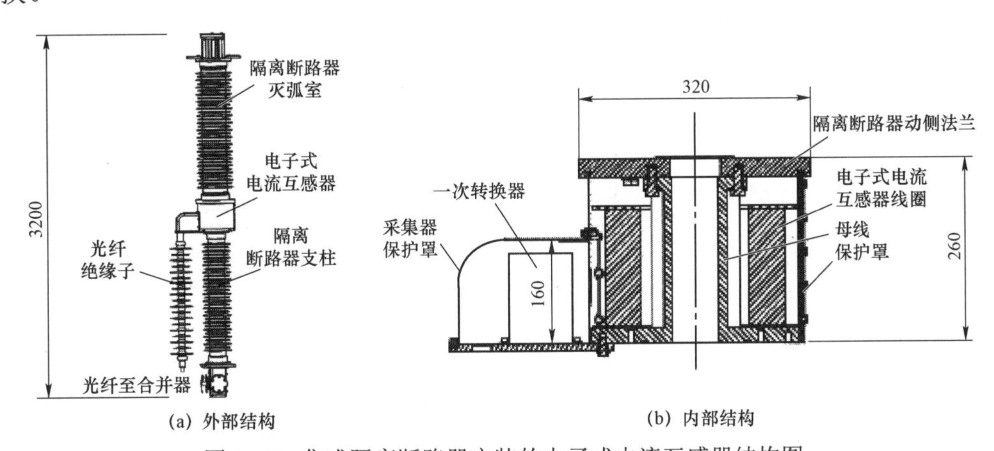

图 7－9　集成隔离断路器安装的电子式电流互感器结构图

用于主变压器套管与主变压器中性点的 ECT 罐体套于变压器套管升高座外，实现与变压器的集成安装，功能、结构、尺寸与GIS单相环形外部安装的ECT类似。因主变压器、高压并联电抗器在运行中油温较高，安装于套管外部的套管式电流互感器需考虑减小因变压器或高压并联电抗器工作发热造成的影响。可考虑用支撑架或升高座使其与主变压器或高压并联电抗器本体隔开，最大限度地降低变压器发热对电子电路的影响。套管型结构主体内装传感元件，结构主体的尺寸可调，使电子式互感器能够适用于不同主变压器厂家的出线套管。由于互感器罐体整体处在地电位，所以此安装方式对互感器整体无绝缘要求，一次传感器和一次转换器之间通过屏蔽双绞线连接，一次转换器采用110V或220V站用直流供电方式。

7.1.2.2 采样系统配置

在智能变电站设计时，Q/GDW 441—2010《智能变电站继电保护技术规范》对电子式互感器采样系统配置方式提出了相关要求。技术规范规定“电子式互感器内应由两路独立的采样系统进行采集，每路采样系统应采用双A/D系统接入MU，每个MU输出两路数字采样值由同一路通道进入一套保护装置，以满足双重化保护相互完全独立的要求”。据此，对于有源交流电子式互感器，每套ECT内应配置两个保护用传感元件，每个传感元件由两路独立的采样系统进行采集（双A/D系统），两路采样系统数据通过同一通道输出至MU，如图7－10所示。

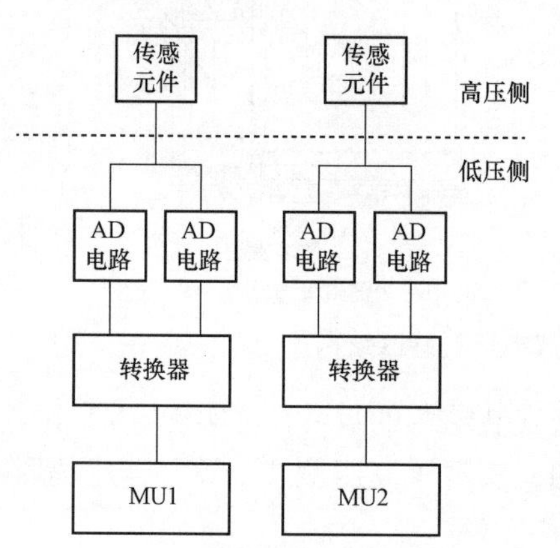

图7－10　电子式互感器采样系统示意图

在传感部分和转换部分的具体配置中，当继电保护需双重化配置时，每套电子式电流互感器具备两个保护用空心线圈传感器，每套电子式电压互感器具备一个保护用传感器。继电保护单套配置时，可采用上述配置方案中的单路系统，即每套电子式电流互感器只含1个保护用空心线圈传感器。对AIS和GIS形式，有源电子式互感器详细的采样系统配置略有不同。

（1）对于AIS独立支柱式，电子式互感器的空心线圈和一次转换器是否双重化配置，取决于继电保护是否双重化配置。当保护单配时，空心线圈、LPCT、电容分压器及一次转换器均单配，如图7－11所示。当保护双重化配置时，空心线圈及一次转换器均双配，LPCT一般单套配置（也可双配），电容分压器单套配置，如图7－12所示。

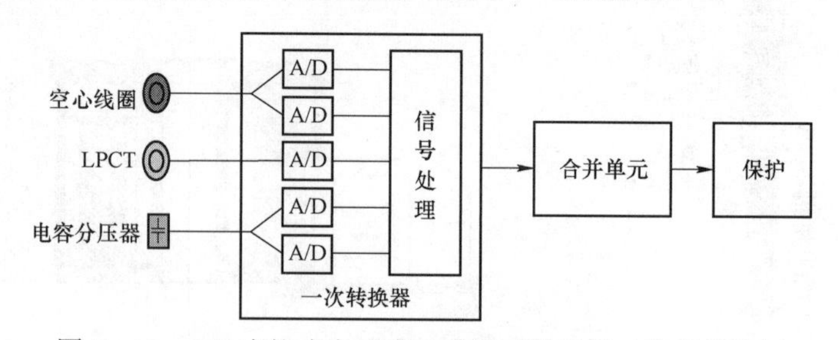

图7－11　AIS支柱式电子式互感器采样系统（单套保护）

（2）对于GIS集成式，有源电子式互感器的空心线圈和一次转换器是否双重化配置，也取决于继电保护是否双重化配置。对于分相式GIS，当保护双重化配置时，空心线圈、LPCT、电容分压环及一次转换器均可双重化配置，如图7－13所示。对于三相共箱GIS应区分保护配置形式：当保护单套配置时，空心线圈、LPCT、电容分压环、一次转换器均单套配置；当保护双重化配置时，空心线圈和一次转换器双重化配置，LPCT一般单套配置（也可双套），电容分压环单套配置（也可双套），如图7－12所示。

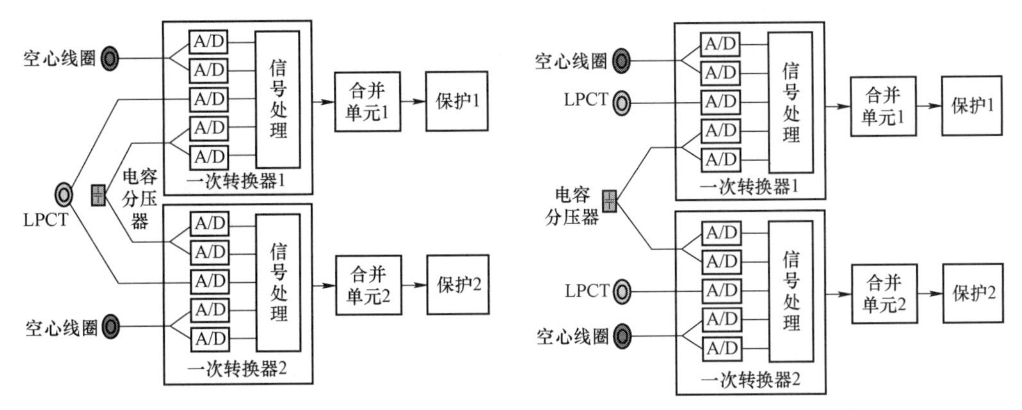

图7－12　AIS支柱式与三相共箱GIS电子式互感器采样系统（双重化保护）

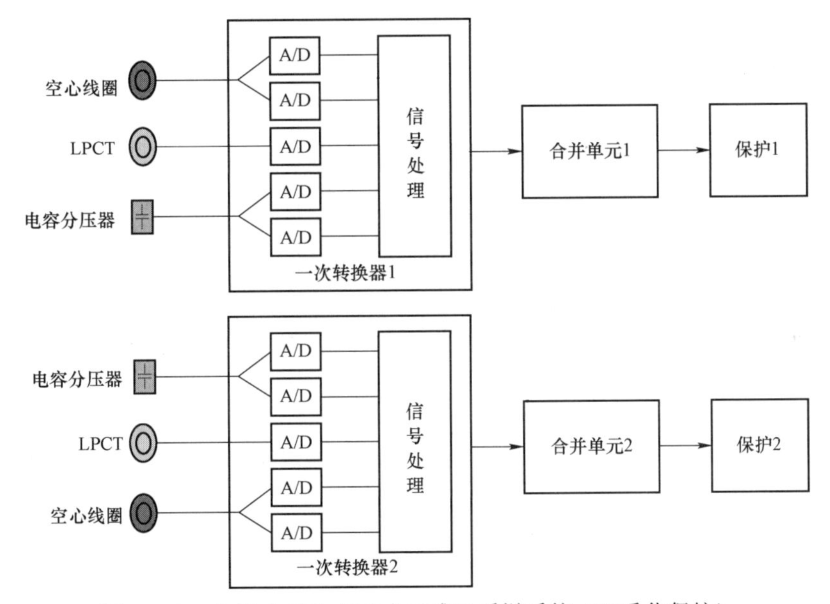

图7－13　分相式GIS电子式互感器采样系统（双重化保护）

7.1.3　无源磁光玻璃光学电流互感器

7.1.3.1　结构安装设计

有源磁光玻璃光学电流互感器主要包括以下几种类型：独立支柱式光学电流互感器，主要用于AIS场合；外卡式光学电流互感器，主要用于GIS、HGIS、罐式断路器和主变压器套管等场合；集成式光学电流互感器，主要用于隔离断路器场合。

（1）AIS独立支柱式。此类光学互感器整体结构由一次互感器部分、光缆和二次装置部分构成。其中，一次互感器部分位于户外，二次装置部分可安装于控制室内，也可增加二次就地安装柜进行户外就地配置。

独立支柱式光学电流互感器的外部结构如图 7-14 所示，其一次互感器部分主要包括电流传感部分、光纤绝缘子和底座。其中，电流传感部分主要包括一次导体、高压壳体和电流传感器（Optical Current Sense，OCS）。220kV 及以上电压等级，电流传感器采用双重化配置，即含有两套独立的光学电流传感器 OCS1 和 OCS2，其光信号传输链路也为相互独立的链路。为提高电流传感器的抗干扰能力，形成零和御磁结构，每套 OCS 一般由 2 个光电流传感单元 OCSC 组成相互对称的结构。220kV 电压等级以下则采用单套配置，即只含一套 OCS。光纤绝缘子采用光纤复合绝缘子，内埋信号传输光纤束用作光信号传输。二次装置部分主要是二次转换器装置，实现一个电气间隔的 A、B、C 三相光学电流传感器的光信号发射、接收和处理，实现对一次电流信号的采集和与合并单元的通信。若采用户外集中装配，增设二次就地安装柜，一个电气间隔的 A、B、C 三相光学电流互感器的一次互感器部分分别通过三根光缆与二次装置部分连接。

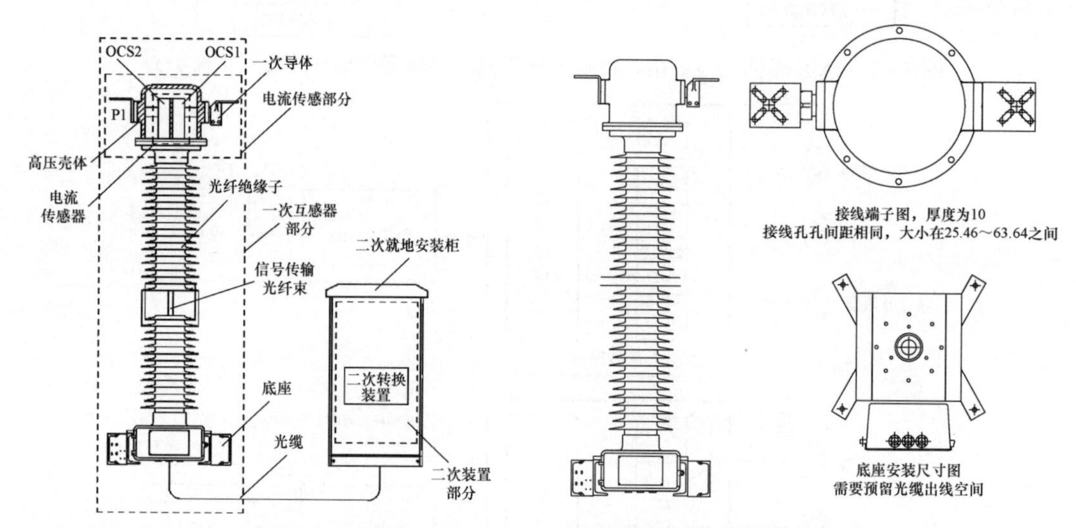

图 7-14　独立支柱式磁光玻璃光学电流互感器结构图

（2）GIS 外卡式。外卡式光学电流互感器与 AIS 独立支柱式不同，由于 GIS 外径较大，为提升电流互感器的抗干扰能力，每套 OCS 一般由四个光电流传感单元 OCSC 组成，形成环形卡箍结构，如图 7-15 所示。不同电压等级和不同应用场合的外卡式光学电流互感器的区别在于半环的内外径。两组光学电流互感单元的光信号传输链路为独立链路，通过航空光纤连接器经光缆与远端的二次转换装置连接。220kV 及以上电压等级，电流传感器采用双重化配置，即含有两套独立的 OCS。二次转换装置及其安装方式与独立支柱式的光学电流互感器类似。

外卡式光学电流互感器安装时先“卡”后“箍”，可以安装在罐式断路器、GIS、HGIS 和主变压器套管等封闭电器设备的低压壳体外部，具有高压非接触性，可带电检修，运行安全性更好，安装、检修和替换更便捷等特点。图 7-16 为外卡式光学电流互感器与 HGIS 和罐式断路器的集成安装示意图。

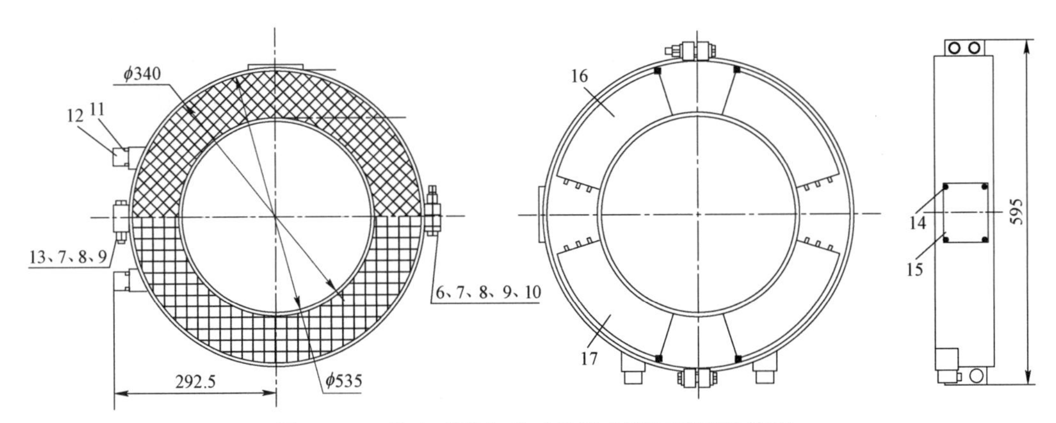

图 7－15 外卡式磁光玻璃光学电流互感器结构图

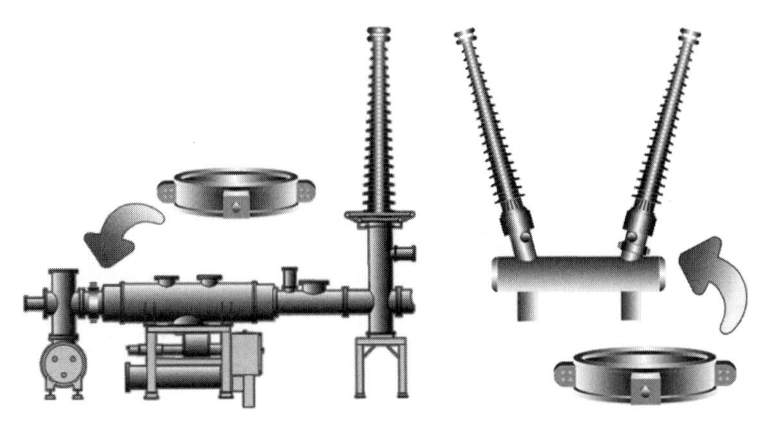

图 7－16 外卡式磁光玻璃光学电流互感器 GIS 集成安装方式示意图

（3）隔离断路器集成式。用于隔离断路器的磁光玻璃光学电流互感器的集成方式是采用外卡式光学电流互感器的结构，将外卡式光学电流互感器卡接在隔离断路器外，通过悬式光纤绝缘子将光信号传输至低压侧的二次转换装置。二次转换装置及其安装方式与独立支柱式的光学电流互感器类似。

7.1.3.2 采样系统配置

根据智能变电站保护配置技术规范要求，对于磁光玻璃光学电流互感器的采集系统，每套 OCT 内应配置两个保护用传感元件，由两路独立的采样系统进行采集（双 A/D 系统），两路采样系统数据通过同一通道输出至 MU，如图 7－17 所示。

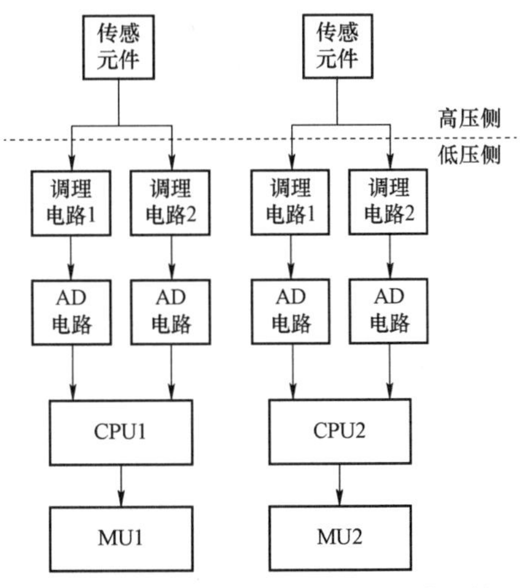

图 7－17 磁光玻璃光学电流互感器的采样系统示意图（双重化保护）

在传感部分和转换部分的具体配置中，当继电保护装置双重化配置时，所采用的磁光玻璃光学电流互感器、二次转换器及合并单元应双重化配置。每台 OCT 内配置两套独立的光学电流元件 OCS；每套 OCS 具备两个独立的采样系统进行采集（双 A/D 系统），两路采样系统数据通过同一通道输出至合并单元，每个合并单元通过一路光纤通道传输两路数字采样值给一套保护装置，以满足双重化保护相互完全独立的要求。当继电保护单套配置时，采用上述配置方案中的单路系统。

7.1.4 无源全光纤光学电流互感器

7.1.4.1 结构安装设计

（1）AIS 独立支柱式。AIS 独立支柱式全光纤电流互感器可以独立安装，也可与一次设备如断路器、隔离开关等集成组合安装，方便灵活，因地制宜，便于站内改造。结构主要包括高压侧一次金具、中间复合套管及底座三部分。全光纤电流互感器的传感元件安装在高压侧一次金具内部；绝缘子为内嵌光纤的支柱式复合绝缘子。因采用安全性高、绝缘性能良好的复合绝缘子实现支撑及绝缘隔离，绝缘安全可靠。独立支柱式全光纤电流互感器结构如图 7-18 所示。

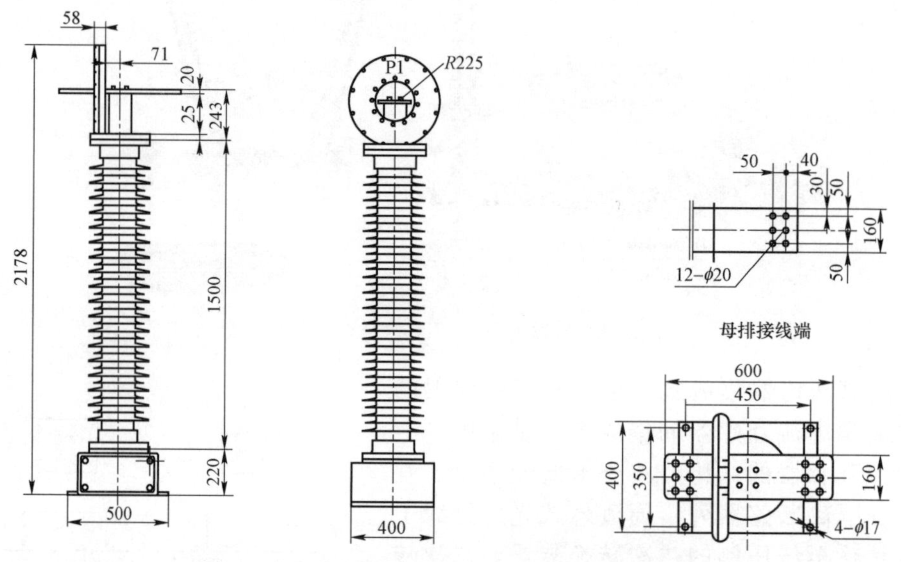

图 7-18 独立支柱式全光纤电流互感器结构图

（2）GIS 集成式。集成安装在 GIS 中的全光纤电流互感器，传感元件安装在法兰结构中，如图 7-19 所示。此法兰位于 GIS 两段筒体法兰对接处。法兰处在零电位，传感元件安装在 GIS 气室外，对 GIS 本体设备密封无任何影响，安全可靠。一次转换器安装于 GIS 附近的汇控柜内，二者之间连接的传输光缆按照 GIS 桥架线槽等合适的位置进行走线。

安装在 GIS 法兰中的传感元件可以根据工程配置要求确定安装数量，图 7-20 为 GIS 全光纤电流互感器三相共箱与单相安装方式示意图。此安装方式优点在于结构紧凑、占地面积小、可靠性高和配置灵活。

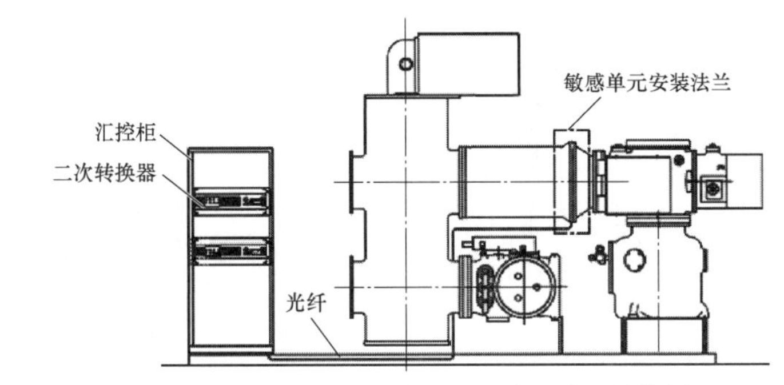

图 7-19 GIS 集成式全光纤电流互感器结构图

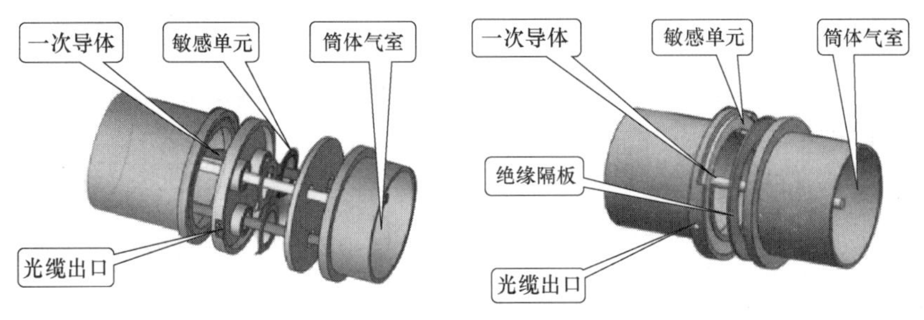

图 7-20 GIS 集成式全光纤电流互感器安装方式示意图

（3）隔离断路器集成式。全光纤电流互感器易于与一次设备集成安装，与智能隔离断路器的集成安装方式具有以下突出优点：一是高压侧传感器无源，可靠性高，全寿命周期内无需维护；二是体积小、结构简单、安装灵活，集成度高，与断路器共享绝缘；三是对电磁干扰完全免疫，测量性能优异。

将全光纤电流互感器的传感元件内嵌于隔离断路器支撑绝缘套管顶部法兰内部，将传输光纤预埋在支撑绝缘套管中。预埋在绝缘套管中的传输光纤在套管顶部法兰中与传感元件的传感光纤熔接，绝缘套管下部传输光纤再与采集单元光纤熔接。一次转换器安装于隔离断路器智能控制柜中，二者之间连接的传输光缆通过镀锌钢管及电缆沟光缆夹层进行走线。

（4）与其他一次设备集成设计。全光纤电流互感器也非常易于与其他一次设备如变压器、罐式断路器等高压设备进行集成安装。在集成方案中，可将全光纤电流互感器传感元件安装在变压器或罐式断路器套管升高座处，传感元件尺寸可根据套管升高座尺寸调整设计安装，利用升高座外壳进行防护。二次转换器可以就近挂置，也可以安装在就近的控制柜中。二者之间连接的光缆按照走线槽等合适的位置进行走线。集成变压器套管安装的全光纤电流互感器的安装方式示意图，如图 7-21 所示。

7.1.4.2 采集系统配置方式

在传感部分和转换部分的具体配置中，根据传感光路的数量，全光纤电流互感器的采集系统包括两种配置方式：一种是每套保护装置对应 4 路传感光路，分别由四路独立的采样系统进行采集（单 A/D 系统），每两路采样系统数据通过各自通道输出至同一 MU，每个 MU 输出两路数字采样值由同一路光纤通道进入一套保护装置，以满足双重化保护相互完全独立的要求，如图 7-22 所示。该种方案所用光纤传感单元数量加倍，使得成本加倍。

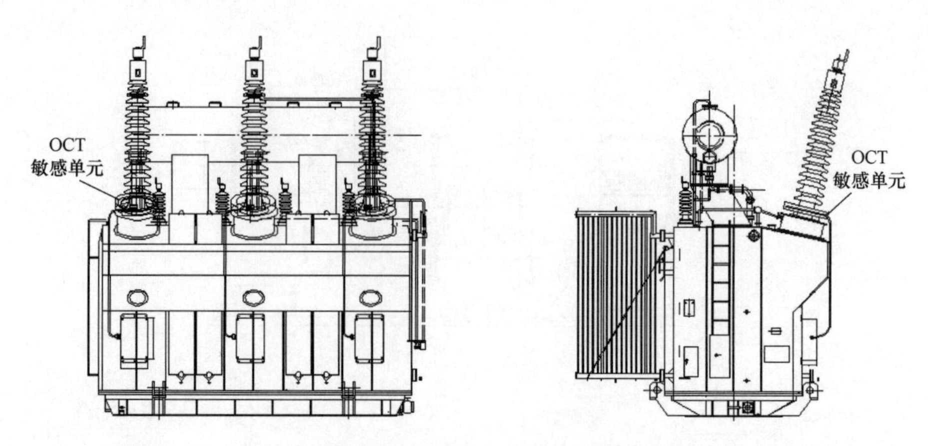

图 7-21 集成变压器套管安装的全光纤电流互感器安装方式示意图

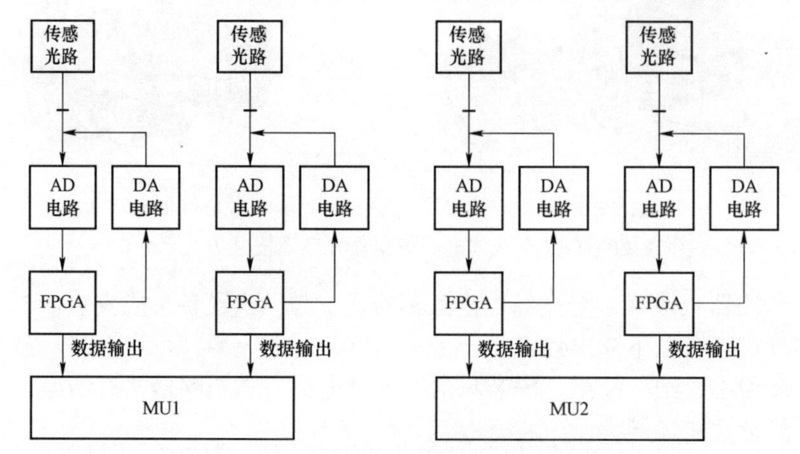

图 7-22 全光纤光学电流互感器的采样系统（双重化保护）方案一

另一种是每套保护对应 2 个光纤传感元件，如图 7-23 所示。每台全光纤电流互感器配置 2 路传感光路，由 4 路独立的采样系统进行采集，每路采样系统应包括 A/D、D/A，且每路采样系统应能独立工作。每两路采样数据进入同一 MU，每个 MU 输出两路数字采样值，由同一路光纤通道进入一套保护装置。本配置方案可满足继电保护双采样的技术要求，但对二次传感器中闭环控制算法支持双路 AD/DA 输出方式的软件实现有特殊要求。

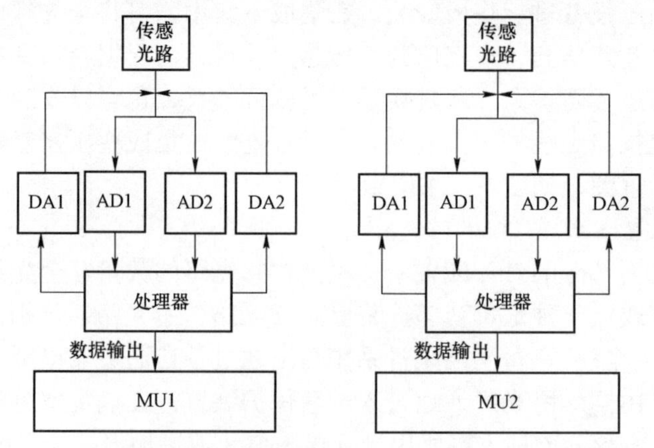

图 7-23 全光纤光学电流互感器的采样系统示意图（双重化保护）方案二

7.1.5 无源光学电压互感器

7.1.5.1 结构安装设计

目前，可实用化的光学电压互感器主要是采用电容分压器的无源独立支柱式光学电压互感器，主要用于 AIS 变电站。独立支柱式光学电压互感器结构如图 7–24 所示，一次互感器部分主要包括电容分压器部分、光学电压传感部分和底座。其中，电容分压器部分的分布式电容分压器由单节或多节耦合电容器串联叠装组成，耦合电容器则主要由电容芯体和金属膨胀器组成，由电容分压器从电网高电压抽取一个适当的中间电压，送给光学电压传感部分。光学电压传感部分采用基于 Pockels 电光效应原理的电光晶体作为传感单元。220kV 及以上电压等级，电压传感器采用双重化配置，即含有两套独立的光学电压传感器（Optical Voltage Sense，OVS）OVS–1 和 OVS–2，其光信号传输链路也为独立链路。220kV 电压等级以下则采用单套配置，即电压传感器只含有一套独立的 OVS。光学电压传感器采用硅橡胶灌封安装于底座内。

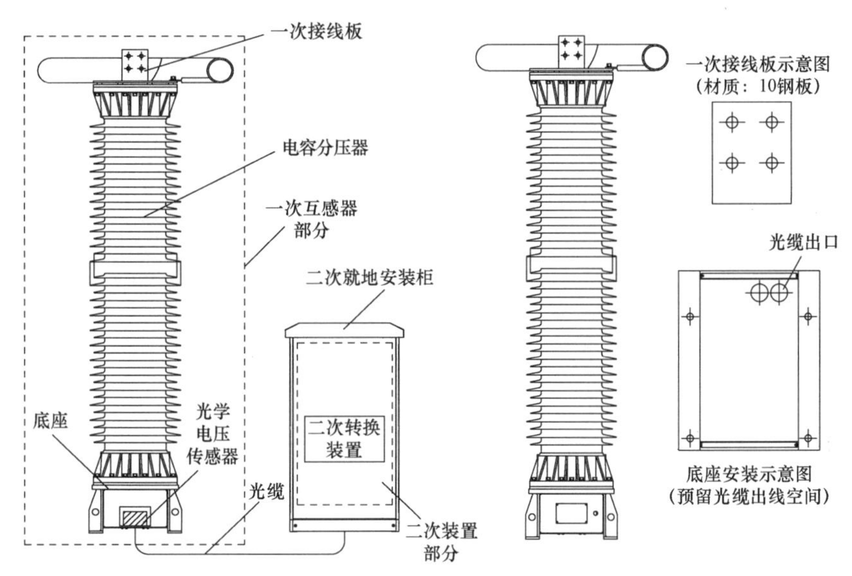

图 7–24 独立支柱式光学电压互感器结构图

7.1.5.2 采样系统配置

对于无源光学电压互感器，每套 EVT 应由两路独立的采样系统进行采集（双 A/D 系统），两路采样系统通过同一通道输出数据至 MU，如图 7–25 所示。

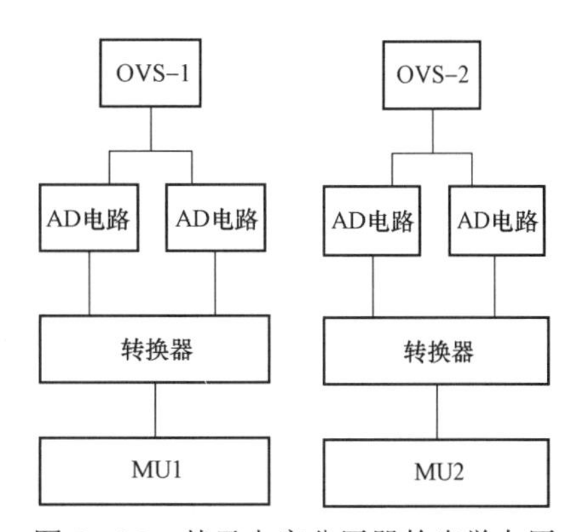

图 7–25 基于电容分压器的光学电压互感器采样系统示意图（双重化保护）

在传感部分和转换部分的具体配置中，对于采用电容分压器的光学电压互感器，当继电保护需双重化配置时，每台 OVT 配置一个电容分压器，配置两套独立 OVS，每套 OVS 具备两路独立的采样系统，每路采样系统采用双 A/D 系统接入一台 MU，每个 MU 由一路光纤通道传输两路数字采样值给一套保护装置，以满足双重化保护相互完全独立的要求；当继电保护单套配置时，每台 OVT 仍配置一个电容分压器，但配置一套独立 OVS，该 OVS 也具备两路独立的采样电路，每路采样系统采用双 A/D 系统接入一台 MU，每个 MU 由一路光纤通道传输两路数字采样值给一套保护装置。

7.1.6 交流变电站典型配置方案

7.1.6.1 110（66）kV 变电站

110（66）kV 变电站电压等级主接线为内桥接线时，电子式互感器与合并单元的推荐配置方案如图 7-26 所示。110（66）kV 线路、桥开关、主变压器的合并单元采用合并单元智能终端集成装置（简称合智一体装置），母线 PT 采用合并单元，均双套配置。各间隔第一套合智一体装置级联至第一套母线合并单元，第二套合智一体装置级联至第二套母线合并单元。当 110（66）kV 出线需配置线路电压互感器时，可采用电流电压组合互感器。

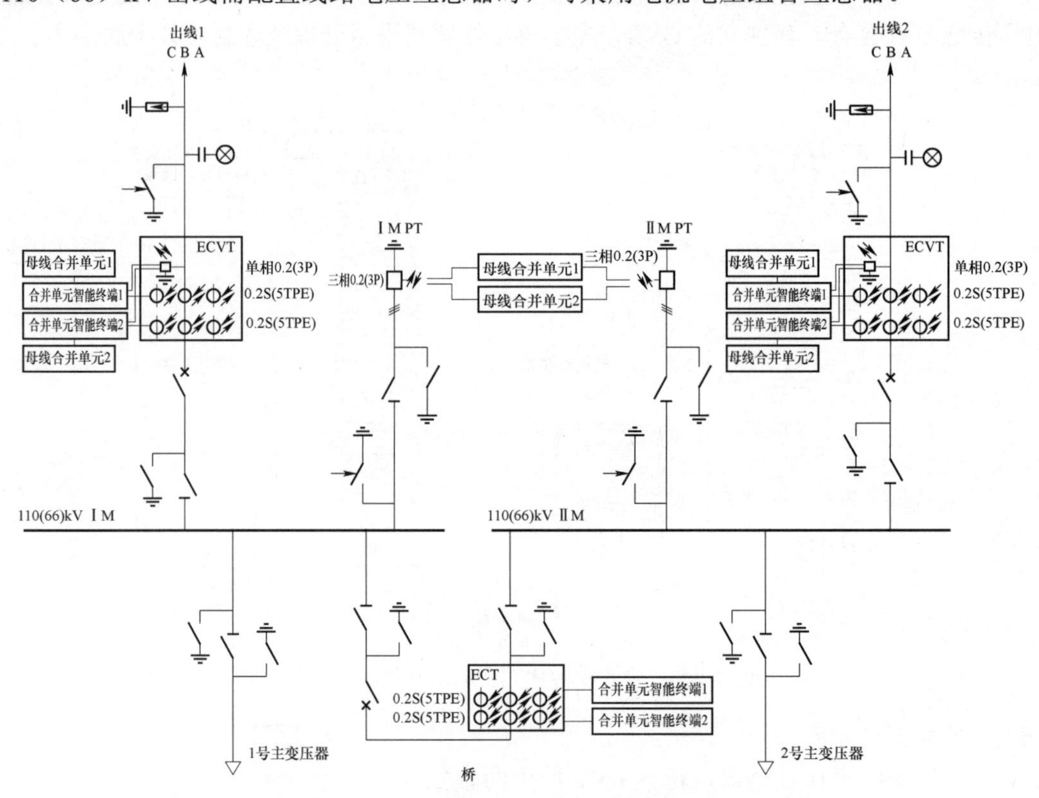

图 7-26 110（66）kV 内桥接线电子式互感器与合并单元配置方案

110（66）kV 电压等级主接线为单母线分段接线时，电子式互感器与合并单元的推荐配置方案如图 7-27 所示。110（66）kV 线路、分段、主变压器的合并单元采用合智一体装置，母线 PT 配置合并单元。其中，主变压器 110（66）kV 侧合智一体装置与母线合并单元双套配置，线路、分段合智一体装置单套配置。各间隔第一、二套合智一体装置分别级联至第一、二套母线合并单元；合智一体装置单套配置的间隔只级联至第一套母线合并单元。当 110（66）kV 出线需配置线路电压互感器时，可采用电流电压组合互感器。

对于全光纤电流传感器，根据传感头元件数量配置的不同，工程应用中有两种配置方式，一种是每台电流互感器单传感头配置，其配置方案与图 7-26、图 7-27 相同；另一种是每台电流互感器双传感头配置，以单母线分段接线为例，电子式互感器与合并单元的推荐配置方案如图7－28所示，传感器数量增加，合并单元数量不变。

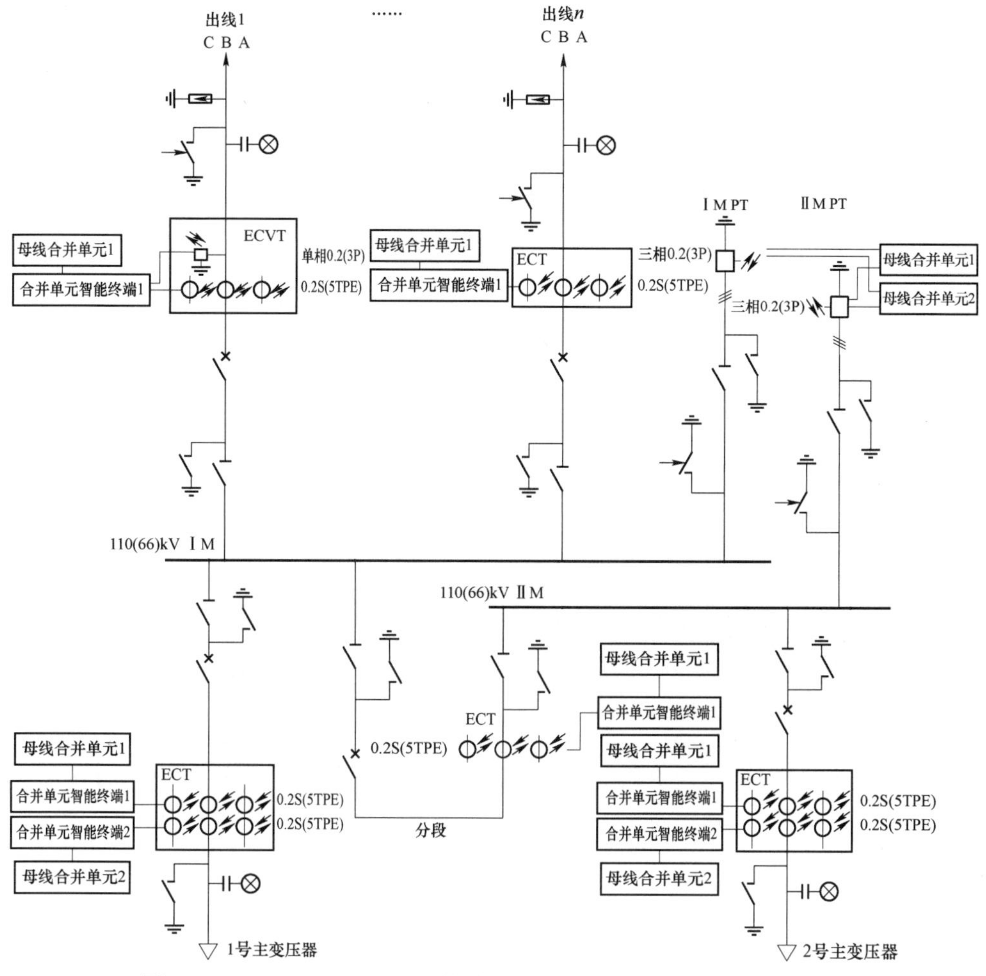

图7－27 110（66）kV分段接线电子式互感器与合并单元配置方案

7.1.6.2 220kV变电站

220kV变电站电压等级主接线为双母线接线时，电子式互感器与合并单元的推荐配置方案如图7－29所示。220kV线路、母联、主变压器、母线PT合并单元均双套配置。各间隔第一、二套合并单元分别级联至第一、二套母线合并单元。当220kV出线需配置线路电压互感器时，可采用电流电压组合互感器。

若220kV电压等级电子式电流互感器采用全光纤传感器双传感头配置，单间隔传感器数量翻倍，合并单元数量不变，方案可参考图7－28。若全光纤传感器采用单传感头配置，方案与图7－29相同。

7.1.6.3 500（330）kV变电站

500（330）kV变电站电压等级为3/2接线时，电子式互感器与合并单元的推荐配置方案如图7－30所示。500（330）kV线路、主变压器、断路器、母线PT合并单元均双套配置。IM边断路器间隔第一、二套合并单元分别级联至IM第一、二套母线合并单元。IIM边断路器间隔第一、二套合并单元分别级联至 IIM 第一、二套母线合并单元。

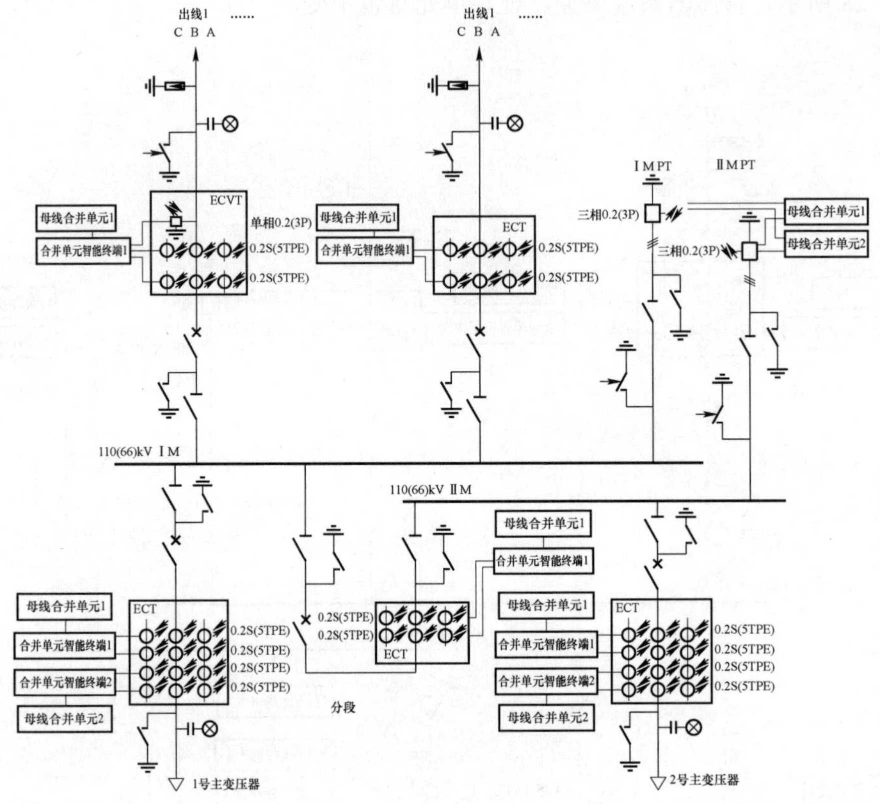

图 7－28　110（66）kV 分段接线电子式互感器（全光纤型）与合并单元配置方案

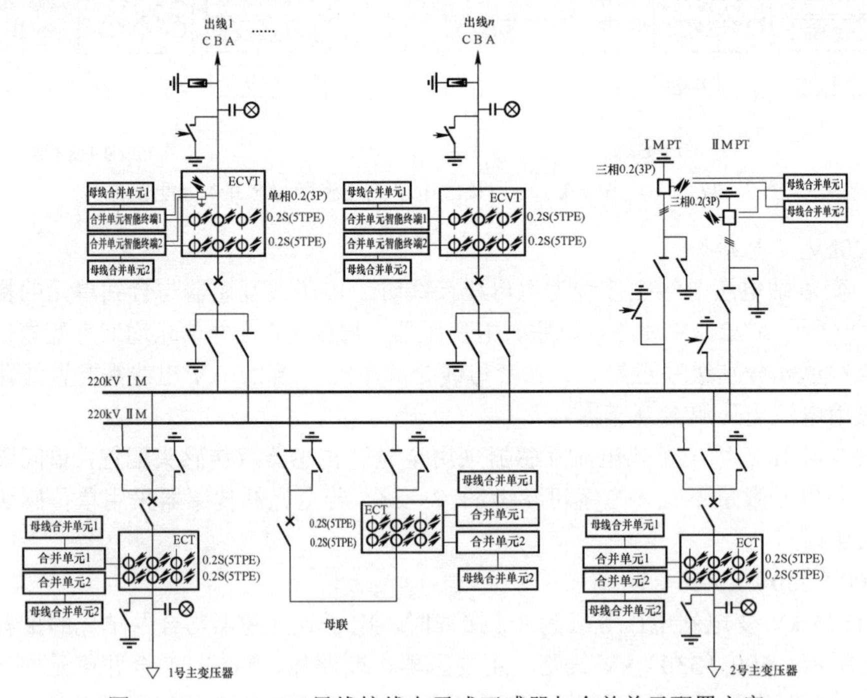

图 7－29　220kV 双母线接线电子式互感器与合并单元配置方案

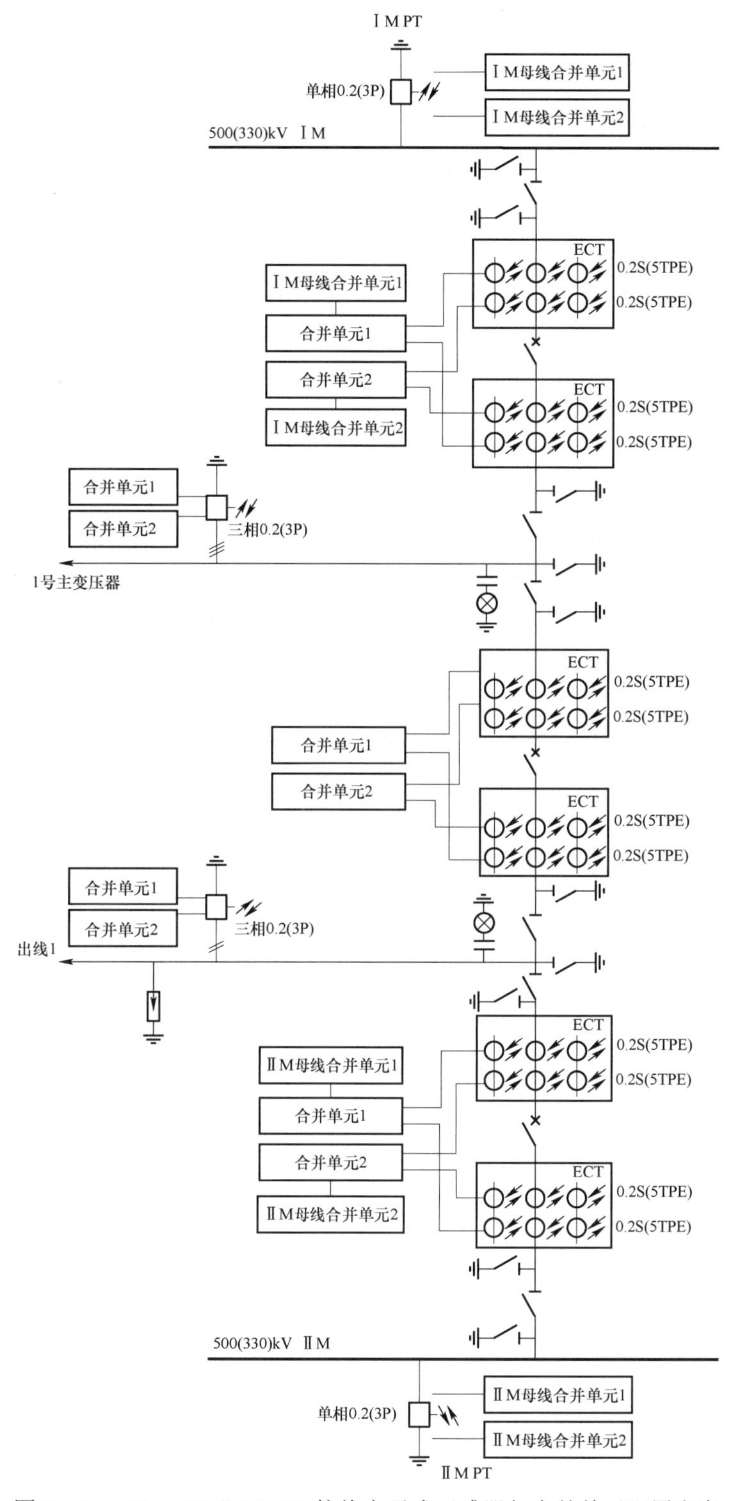

图 7－30 500（330）kV 3/2 接线电子式互感器与合并单元配置方案

若 500（330）kV 电压等级电子式电流互感器采用全光纤传感器双传感头配置时，单间隔传感器数量翻倍，合并单元数量不变，方案可参考图 7－28。若全光纤传感器采用单传感头配置，方案与图 7-30 相同。

7.2 直流电子式互感器

7.2.1 技术参数与设备选型

7.2.1.1 技术参数

（1）总体要求。

1）电压等级与额定电流。直流电子式互感器的电压等级主要和绝缘要求相关；额定直流电流主要和分流电阻或光纤缠绕匝数的选取有关。

2）准确级。直流电子式电流互感器准确级为 0.5；直流电子式电压互感器准确级为 0.2。

3）安装与配置方式：直流电子式电流互感器有 AIS 支柱式、AIS 悬挂式，直流无源光学电流互感器还包括套管盘绕式。直流电子式电压互感器均为 AIS 支柱式安装。具体配置方式应根据二次系统要求，决定传感线圈及一次转换器的配置方式。

4）一次转换器安装位置。一次转换器一般靠近互感器本体就地安装。当直流电子式电压互感器采用模拟量传输时，二次分压模块也可组柜安装于二次设备室。

5）二次输出规约及接口。直流电子式互感器可模拟量输出，也可数字量输出。当采用数字量输出时，二次输出规约为基于 TDM 或 IEC 60044-8 的 FT3，数据采用 850nm 多模光纤传输，并选择 ST 接口。

6）采样率。直流电子式互感器数据输出采样率应满足控制保护、录波等二次设备要求，目前对采样率尚无统一要求，常规直流工程实际应用主要有 50kHz 和 10kHz 两种类型，柔性直流工程实际应用有 100、50、10kHz 等类型，设备选型时应注意数据输出与接收端采样率的统一。

（2）性能指标。用于不同电压等级的直流电子式电流和电压互感器性能指标参数主要在额定电压、额定电流、绝缘耐压水平等方面有差异，其余参数基本相同。考虑到直流系统额定电压与具体工程规模相关，仅以 40、800kV 和 1100kV 等几种典型电压等级为例，直流电子式电流互感器和直流电子式电压互感器的技术参数详见表 7-4 和表 7-5。

表 7-4　直流电子式电流互感器技术参数

序号	参数名称		单位	典型参数		
1	额定电压 U_d		kV	40	800	1100
2	设备最高电压 U_m		kV	40	816	1122
3	额定直流电流		A	6250	5000	5455
4	一次最大持续直流电流（2h）		A	6693	5335	5839
5	测量极限			600%I_{dn}	600%I_{dn}	600%I_{dn}
6	绝缘水平	雷电波全波冲击耐压（1.2/50μm）	kV	125	1950	2600
7		操作波冲击耐压	kV	—	1675	2100
8		1min 工频耐压	kV	—	880	1238
9	额定短时热电流（1s）		kA	—	40	40

续表

序号	参数名称		单位	典型参数		
10	额定动稳定电流		kA	—	100	100
11	直流电流测量系统频率响应	最大允许幅值比偏差（300Hz 以下在 400A，rms 条件下，300～1200Hz 在 100A，rms 条件下）		0.75%	0.75%	0.75%
		最大允许相位移（300Hz 以下在 400A，rms 条件下，300～1200Hz 在 100A，rms 条件下）	μs	500	500	500
12	直流电流测量系统的阶跃响应	响应时间	μs	＜400	＜400	＜400
		最大超调量		20%	20%	20%
		响应降至阶跃电流的 1.5%范围处的时间	ms	5	5	5
13	直流电流测量系统的精度	10%～134%I_d		0.50%	0.50%	0.50%
		134%～300%I_d		1.50%	1.50%	1.50%
		300%～600%I_d		2%	2%	10%
14	截止频率（－3dB）		kHz	7	7	7
15	最大允许光纤传输信号衰减	总衰减	dB	＜4.5	＜4.5	＜4.5
		传感器至连接部分之间	dB	＜1	＜1	＜1
16	一次接线端子机械强度	水平纵向	N	3000	3000	3000
		垂直方向	N	2000	2000	2000
		水平横向	N	2000	2000	2000

表 7－5　　直流电子式电压互感器技术参数

序号	参数名称			单位	典型参数			
1	额定电压 U_d			kV	150	550	800	1100
2	设备最高电压 U_m			kV	150	561	816	1122
3	电压测量范围			kV	±200	±850	±1400	±1800
4	直流电压耐受及局部放电水平（60min）			kV	225	842	1224	1683
5	A/D 转换系统为额定输出时母线电压			kV	100	550	800	1100
6	高压臂电阻稳定性				＜0.1%	＜0.1%	＜0.1%	＜0.1%
7	低压臂电阻稳定性				＜0.05%	＜0.05%	＜0.05%	＜0.05%
8	绝缘水平	雷电波冲击耐压（1.2/50μs）峰值		kV	650	1450	1950	2600
		操作波冲击耐压峰值		kV	550	1250	1620	2100
		1min 工频耐压	高压端对地有效值	kV	275	632	880	1264
			分压抽头对地有效值（低压臂断开）	kV	3	3	3	3
			末屏小套管对地有效值	kV	3	3	3	3
9	直流电压分压器频率响应（50～2000Hz）			μs	＜250	＜250	＜250	＜250

续表

序号	参数名称		单位	典型参数			
10	直流电压分压器的阶跃响应（10%～90%）		μs	<250	<250	<250	<250
11	直流电压测量系统的精度			0.20%	0.20%	0.20%	0.20%
12	无线电干扰试验电压		kV，rms	—		669	1287
13	分压器本体的截止频率（－3dB）		kHz	100	100	100	100
14	传输系统的截止频率	10kHz 采样频率	kHz	4	4	4	4
		50kHz 采样频率	kHz	12	12	12	12
15	一次接线端子机械强度	水平纵向	N	3000	3000	3000	3000
		垂直方向	N	1500	1500	1500	1500
		水平横向	N	2000	2000	2000	2000
		其静态安全系数	N	2.5	2.5	2.5	2.5

（3）环境条件。直流电子式互感器环境使用条件参见交流电子式互感器的相关参数。

7.2.1.2 设备选型

（1）设备选型中的测点。在常规直流换流站中，直流电子式电流互感器主要用于测量阀进线、阀顶、直流滤波器、极线、中性母线、金属回线及接地点等测点的电流；直流电子式电压互感器主要用于测量阀进线、阀顶极母线、极汇流母线、极线、中性母线、中性汇流母线等测点的电压。

在柔性直流换流站中，直流电子式电流互感器主要用于测量阀进线、启动电阻、桥臂、极汇流母线进线、中性线汇流母线进线、极线、金属回线（若有）等测点的电流；直流电子式电压互感器主要用于测量阀进线、桥臂、极母线、中性母线、极汇流母线、中性汇流母线、极线等测点的电压。

（2）设备选型中的注意事项。直流电子式电流互感器选型时应注意：一是认清测点电流的性质，上述测点中阀进线、启动电阻和桥臂电流同时含有直流量和交流量，其余测点处的电流均只含直流量；二是应结合电气总平面布置选择合适的安装型式；三是传感元件类型应同时满足保护、测量准确级的要求；四是应根据保护控制设备的要求选择互感器二次侧的数字量或模拟量输出；五是自一次传感器输出后的电流的转换回路从设备到传输介质均应多重化冗余配置，冗余回路间的电源、数据传输均完全独立；六是转换回路应具备故障报警功能，防止保护误动作。

直流电子式电压互感器选型时应注意：一是认清测点电压的性质，上述测点中阀进线和桥臂电压同时含有直流量和交流量，其余测点处的电压均为直流量；二是准确级应满足保护、测量准确级的要求；三是根据保护控制设备的要求选择互感器二次侧的数字量或模拟量输出；四是从互感器的二次分压回路开始，至最终的电压输出，均需要多重化冗余配置，冗余回路间的电源、数据传输均完全独立；五是转换回路应具备故障报警功能，防止保护误动作；六是高压阻容模块应具备 SF_6 气体泄漏报警功能，防止绝缘持续破坏。

直流电子式电流互感器、电压互感器选型关键问题详见表7-6。

表7-6 直流电子式互感器选型关注问题

互感器类型	互感器型式	选型重点关注的问题
直流电子式电流互感器	有源式	一次转换器激光供能可靠性问题
	无源式	采样精度稳定性问题、小电流测量精度问题
直流电子式电压互感器	光缆输出式	一次转换器激光供能可靠性问题
	电缆输出式	信号传输抗干扰问题

7.2.2 有源直流电子式电流互感器

7.2.2.1 结构安装设计

（1）AIS支柱式。AIS支柱式有源直流电子式互感器包括互感器本体、就地光纤熔接箱、合并单元三部分，如图7-31所示，“支柱式”是指互感器本体采用独立支柱式安装。互感器本体及就地光纤熔接箱安装于配电装置场地，合并单元组柜安装于控制室内。

互感器本体部分包括高压传感器及引接端子、一次转换器、均压环、光纤绝缘子、光纤熔接盒及安装底座，如图7-32所示。传感元件包括一个鼠笼式的分流器和空心线圈，串联于一次回路中，并对外引出引接端子与其他配电装置相连；该传感元件与一次转换器通过屏蔽双绞线连接，一次转换器把信号转化为光信号并通过光纤传输至低压侧。

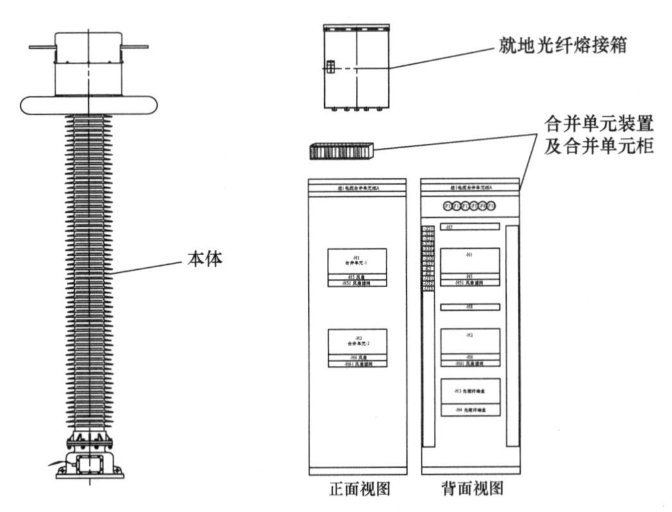

图7-31 AIS支柱式有源直流电子式互感器整体结构

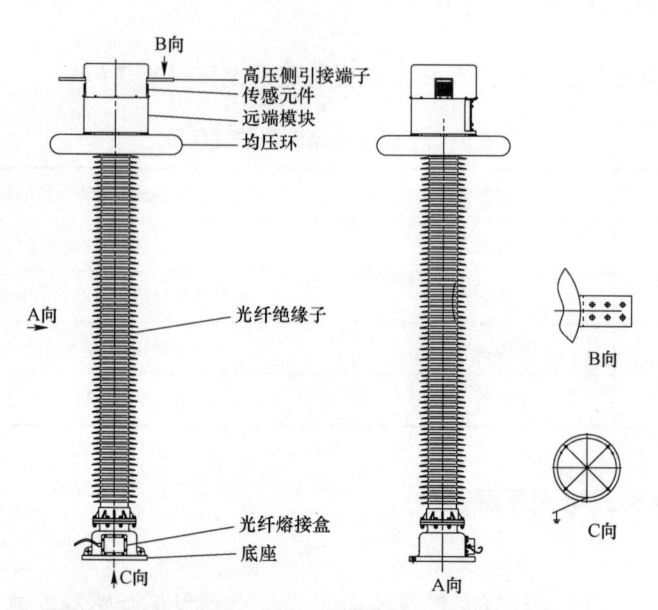

图 7-32　AIS 支柱式有源直流电子式互感器本体结构

支柱式安装方式施工工艺简单，适用于户内或户外安装，但对场地面积要求较大，设备成本也更高。在进行本体安装时，应综合考虑与其他配电装置高度的配合，选择支柱支撑式安装或直接固定于地面安装。当采用支柱支撑安装时，就地光纤熔接箱可直接安装于支柱上；当互感器本体直接安装于地面时，就地光纤熔接箱可就近安装于互感器本体附近的空地上。两种安装方式分别如图 7-33（a）和图 7-33（b）所示。

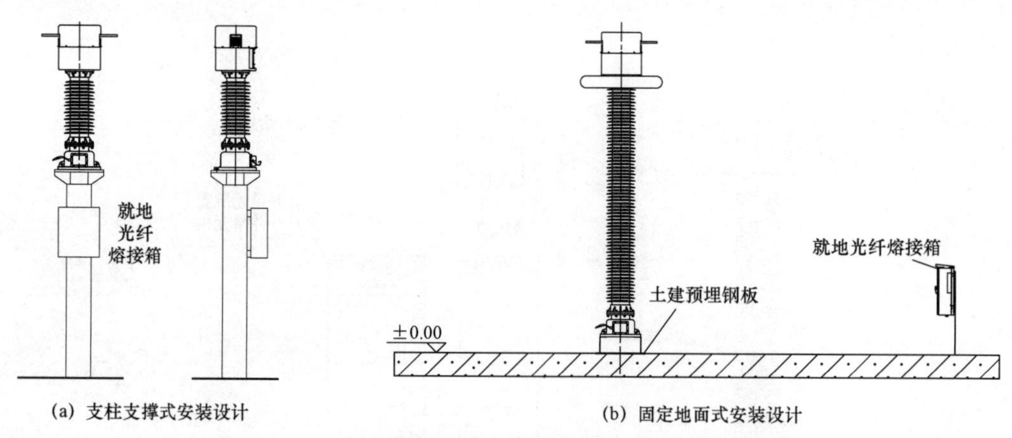

图 7-33　AIS 支柱式有源直流电子式互感器安装设计图

（2）AIS 悬挂式。AIS 悬挂式有源直流电子式互感器与支柱式组成基本相同，区别在于互感器本体部分采用悬挂式安装结构，如图 7-34 所示。AIS 悬挂式可划分为倒挂式和正挂式两种安装结构。

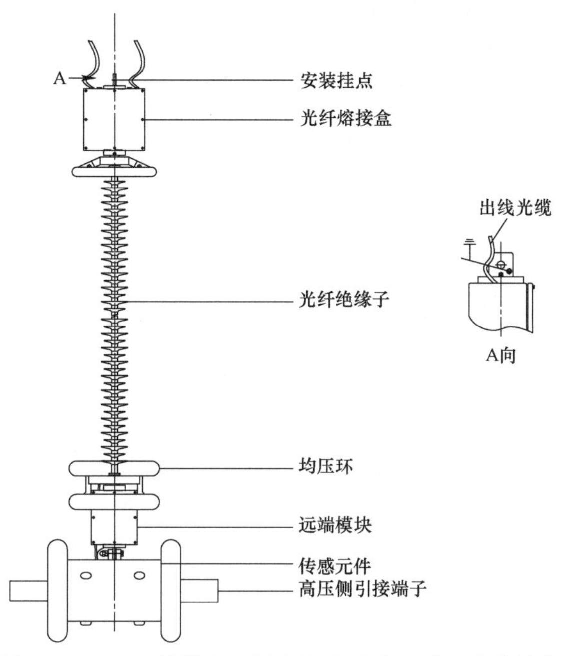

图7-34　AIS悬挂式有源直流电子式互感器本体结构

互感器整体采用倒挂式安装结构如图7-35（a）所示。倒挂式安装时，上端通过螺栓与结构预留的挂点固定连接，下端传感元件通过外引端子与一次回路中的其他配电装置连接。采用该种安装方式，电流互感器下方场地可兼作检修通道等，能有效节省建筑面积。悬挂式安装的施工工艺相对复杂，需在建筑物上装设钢梁，以提供固定挂点，一般适用于户内。此外，倒挂式安装中就地光纤熔接箱一般直接安装于建筑物的钢屋架上。

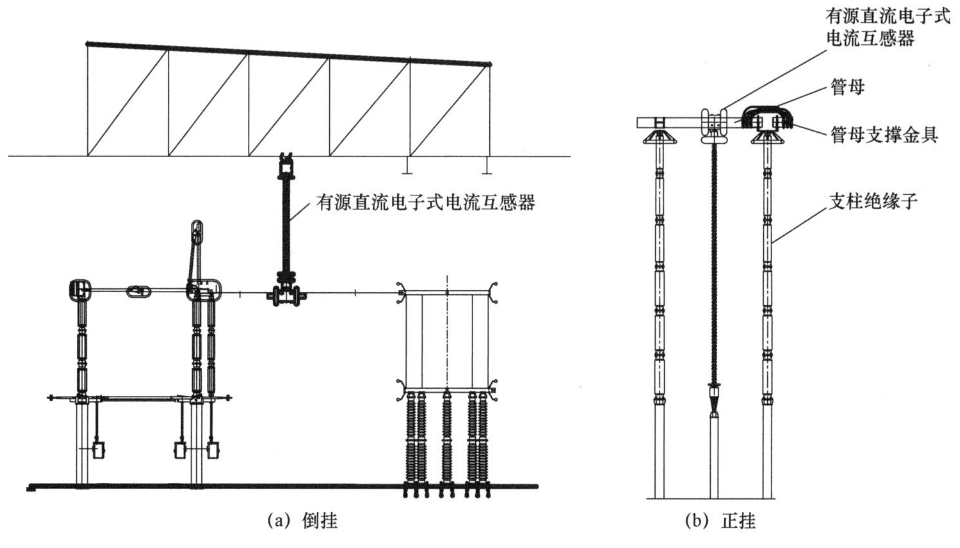

图7-35　AIS悬挂式有源直流电子式互感器安装设计图

互感器整体采用正挂式安装结构如图 7－35（b）所示。正挂式安装时，上端传感元件通过管母与一次回路中的其他配电装置连接。采用该种安装方式，一般设置两个支柱绝缘子支撑一段管母线，电流互感器直接吊装于管母上，可适用于户外也可适用于户内。当用于户外时，就地光纤熔接箱可直接安装于支柱上；当用于户内时，就地光纤熔接箱可直接安装于支柱上或就近安装于互感器本体附近的空地上。

7.2.2.2 采样系统配置

直流换流站在一次主接线型式、二次控保设备配置原则等方面不同于交流变电站，与电子式互感器的传感器原理也有所区别。因此直流换流站的电子式互感器电流采样配置方案与交流变电站也存在以下差异：一是直流电子式互感器的传感器采用的是鼠笼式电阻分流器，运行时串联在一次回路中，因此一般按单套配置，空心线圈仅用于检测谐波电流，也按单套配置；二是直流电子式电流互感器采样回路通过一次转换器冗余配置保证可靠性，一次转换器内部未设置双 A/D 采样回路；三是合并单元按极、按通道配置，每一个测点的测量通道采用不同的合并单元，多个测点可对应同一个合并单元；四是直流控制保护装置配置原则不一样，保护装置一般采用三重化配置，控制装置一般采用双重化配置。直流换流站的直流采样配置方案如下：

（1）单测点的采样配置方案。单测点的采样配置方案如图 7－36 所示，每台直流电子式互感器配置一个分流器传感器，当需要测量谐波电流时，需额外配置一个空心线圈传感器。每个分流器对应一个电阻盒，电阻盒可输出多路相同电流信号，每路信号对应一个一次转换器，电阻盒输出及一次转换器的数量可根据需要灵活增减。每个一次转换器通过独立的通道将处理后的电流信号传输至合并单元，在保证一次转换器与合并单元一一对应的基础上，应额外设置至少一个一次转换器和一路光纤通道作为热备用；最后，通过合并单元，将电流信号发送至保护控制设备。

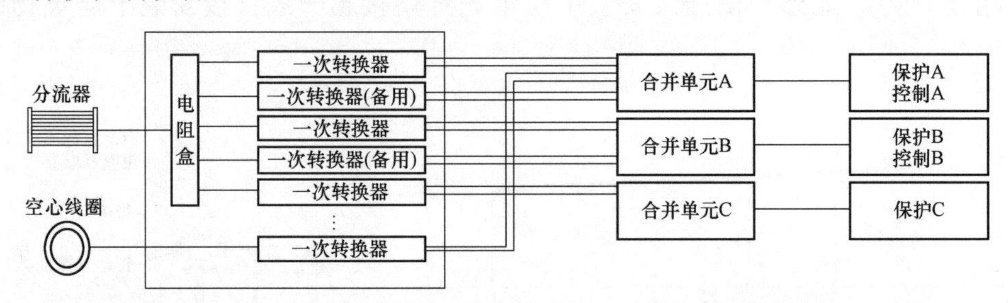

图 7－36　有源直流电子式电流互感器单测点的采样配置方案

（2）多测点的采样配置方案。多测点的采样配置方案如图 7－37 所示，基本采样过程与单测点相同，但多个测点可以对应同一组合并单元，合并单元按极、按直流线路间隔设置，并与保护设备对应，满足三重化配置的要求。

7.2.3 无源直流光学电流互感器

7.2.3.1 结构安装设计

（1）AIS 支柱式。AIS 支柱式无源直流光学电流互感器包括互感器本体、就地光纤熔接箱、合并单元三部分，如图 7－38 所示。

互感器本体部分包括光纤传感器、均压环、光纤绝缘子、光纤熔接盒及安装底座。光纤传感器由光纤多圈绕制构成，位于光纤绝缘子上方，无需供能，有良好的抗干扰能力。安装时，一次导体从上端的光纤环中穿过，下端安装底座通过支柱固定或直接固定安装于地面上。

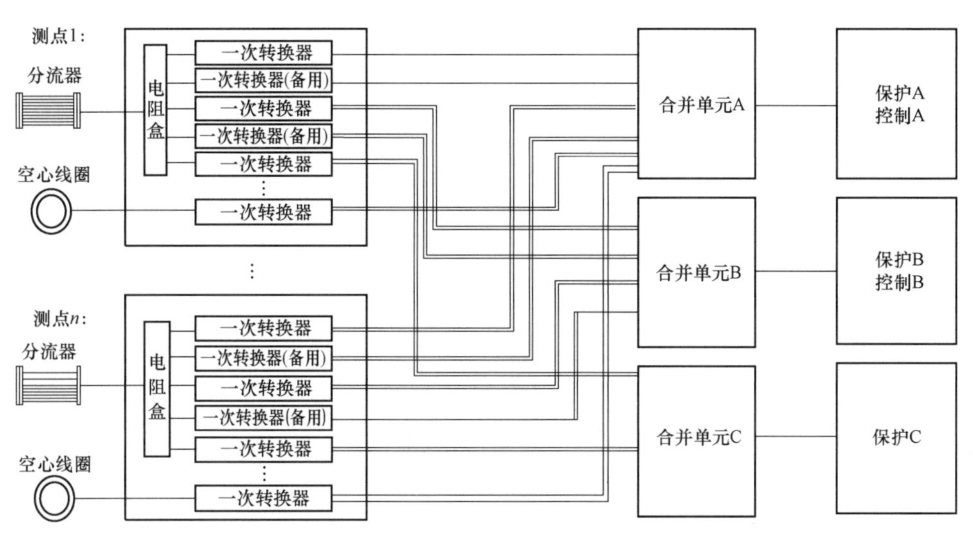

图 7－37　有源直流电子式电流互感器多测点的采样配置方案

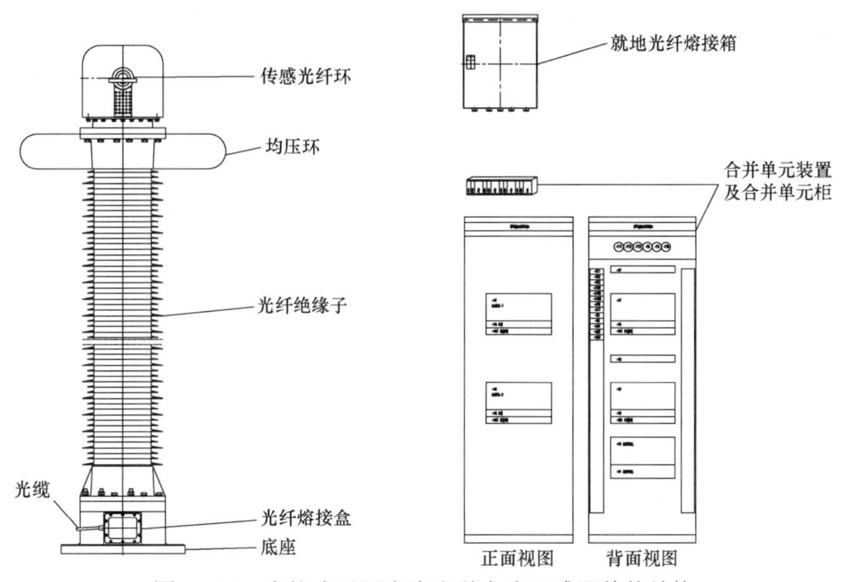

图 7－38　支柱式无源直流光学电流互感器整体结构

（2）AIS 悬挂式。AIS 悬挂式无源直流光学电流互感器的组成与支柱式基本相同，区别在于互感器本体部分采用悬挂式安装结构，如图 7－39 所示。

悬挂式无源直流光学电流互感器整体一般采用正挂式安装结构。安装方式与有源直流电子式电流互感器相同，如图 7－40 所示。

（3）套管盘绕式。由于直流光学电流互感器体积较小，安装灵活，一般通过盘绕、外卡等方式附着于穿墙套管等设备上，其就地光纤熔接箱可就近安装于互感器本体附近的空地上。套管盘绕式直流光学电流互感器安装示意图如图 7－41 所示，其显著优点是占用安装空间小。

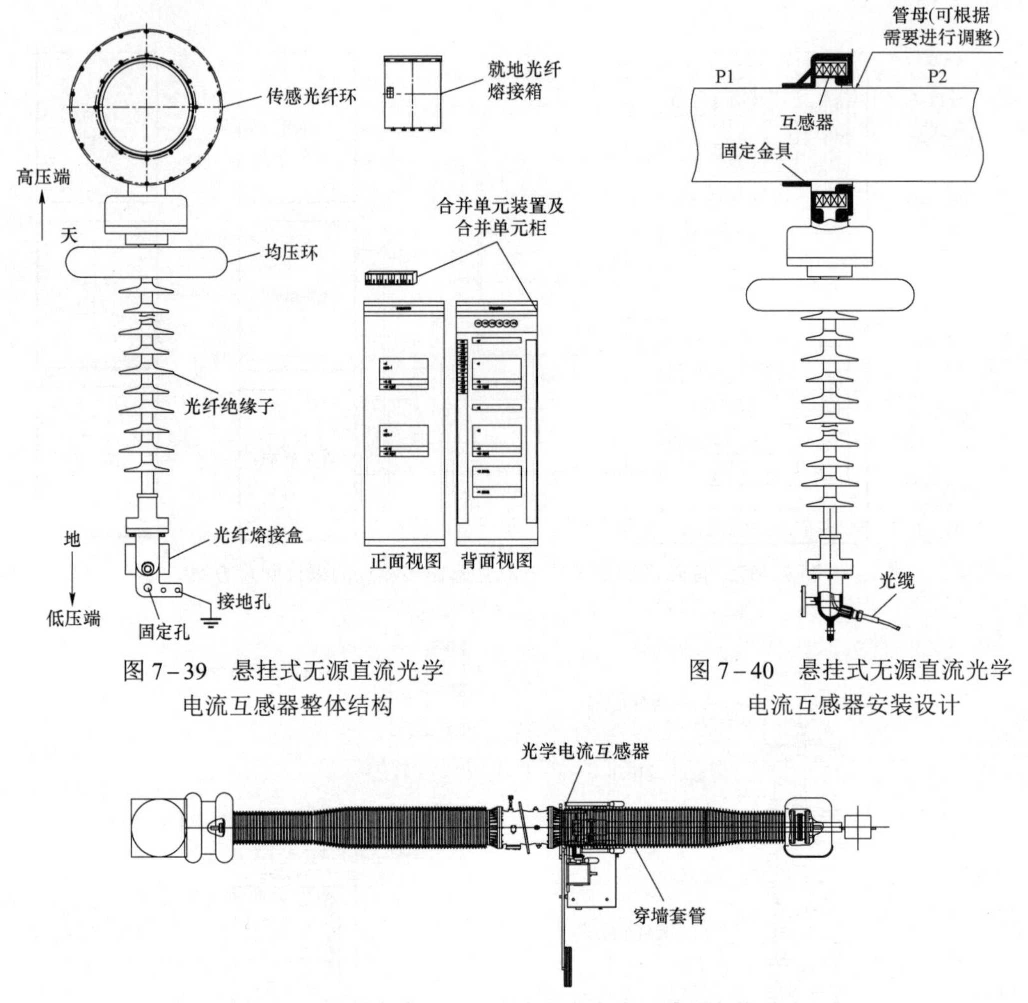

图 7－39　悬挂式无源直流光学电流互感器整体结构

图 7－40　悬挂式无源直流光学电流互感器安装设计

图 7－41　套管盘绕式无源直流光学电流互感器安装设计

7.2.3.2　采样系统配置

（1）单测点的采样配置方案。与分流器类型的传感元件不同，采用光纤传感器的无源直流光学电流互感器传感元件安装方便，可多重化配置，每一个传感光纤环对应一台就地一次转换器，就地一次转换器亦可冗余配置。每一个就地一次转换器包括光路处理及信号处理模块，就地一次转换器模块与合并单元一一对应，根据保护三重化的配置需求，合并单元一般也按三重化配置，单测点的采样系统配置方案如图 7－42 所示。

（2）多测点的采样配置方案。多测点的采样配置方案如图 7－43 所示，基本采样过程与单测点相同，但多个测点可以对应同一组合并单元，合并单元按极、按直流线路间隔设置，并与保护设备对应，满足三重化配置的要求。

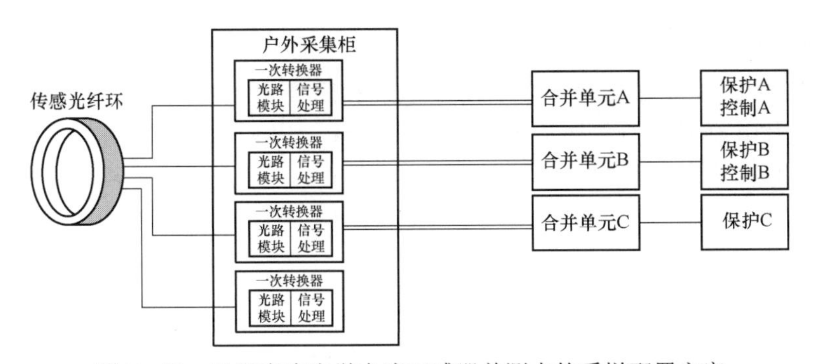

图 7-42　无源直流光学电流互感器单测点的采样配置方案

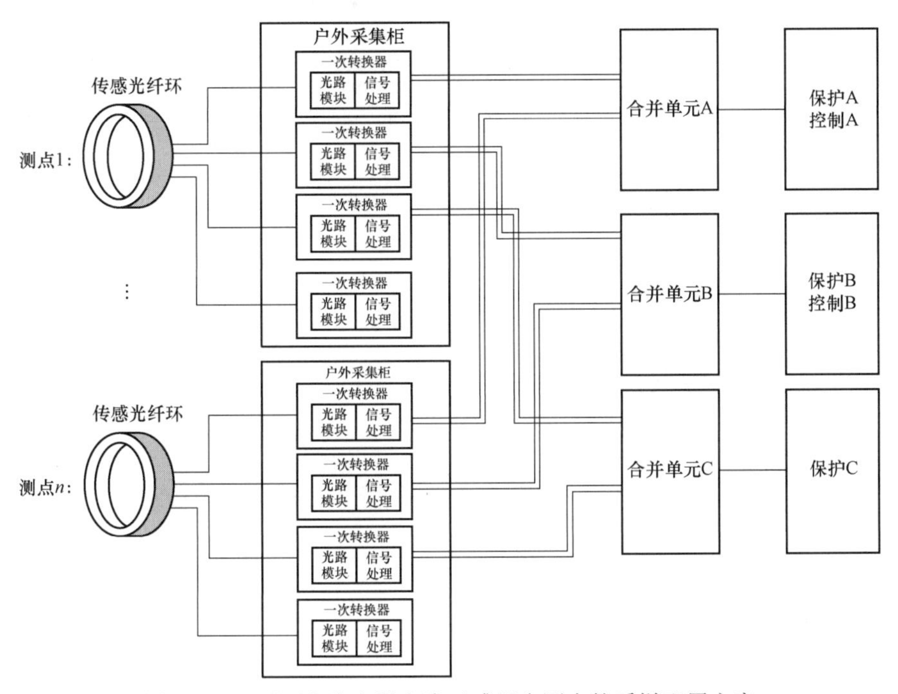

图 7-43　无源直流光学电流互感器多测点的采样配置方案

7.2.4　直流电压分压器

7.2.4.1　结构安装设计

目前工程应用中的直流分压器均采用支柱式安装方式，根据信号传输形式可分为同轴电缆模拟量传输和光纤数字量传输两种型式。

（1）模拟量传输直流分压器。电压采用模拟量信号输出的直流分压器由互感器本体、二次分压板和隔离放大器组成。其中，互感器本体安装于配电装置场地；二次分压板和隔离放大器可分体设计，也可一体化设计，组柜安装于控制室。互感器本体与二次分压板通过屏蔽电缆连接，如图 7-44 所示。应用中应注意二次分压板、隔离放大器及其互感器本体连接用的屏蔽电缆均应多重化冗余设计，冗余回路间完全独立，任意传输回路中的任意器件故障，不影响其他回路正常工作。

互感器本体部分包括高压接线端子、均压环、阻容分压模块及安装底座，如图 7-45 所示。阻容分压模块由多个并联阻容子模块串联而成，串联个数取决于测点处电压高低，阻容模块中分别选取温度系数低的大功率精密电阻和耐高温的电容，保证分压器的均压和频率特性，模块整体外套复合绝缘子内部采用 SF_6 绝缘。安装时，上端高压接线端子通过导线和金具与回路其他配电装置相连，下端安装底座通过支柱固定或直接固定在地面上，分别如图 7－46、图 7－47 所示。

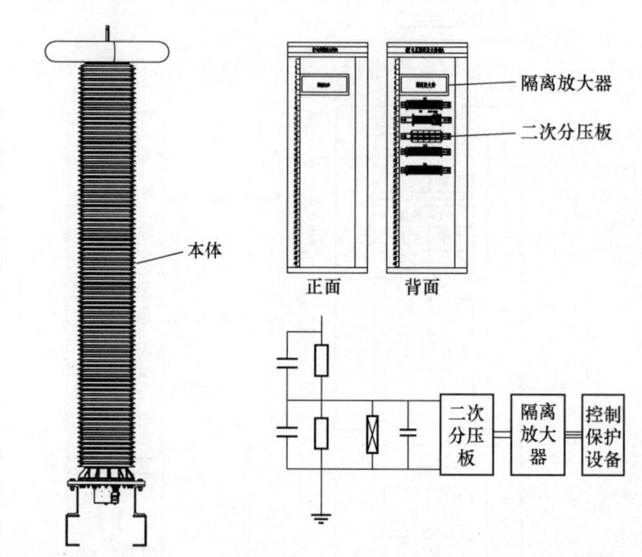

图 7－44　基于模拟量传输直流分压器的电子式互感器整体结构

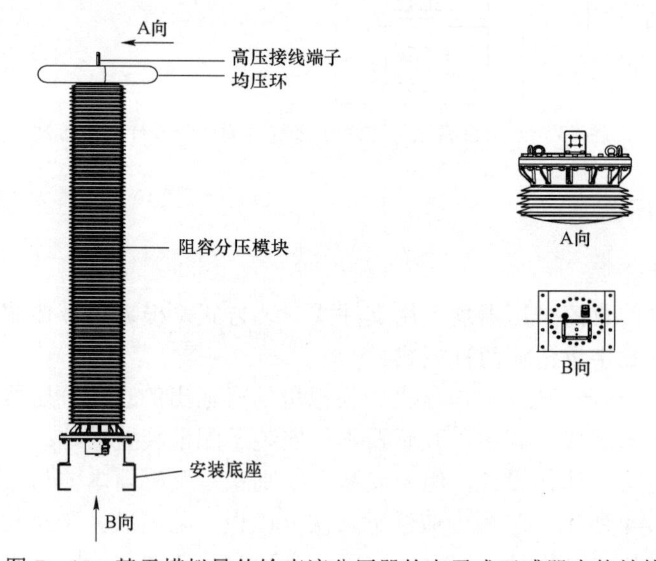

图 7－45　基于模拟量传输直流分压器的电子式互感器本体结构

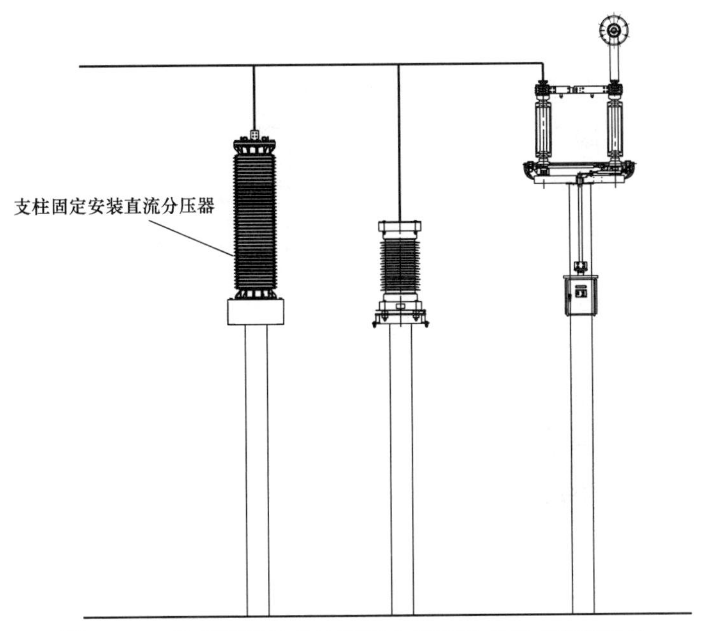

图 7-46　基于模拟量传输直流分压器的支柱式安装设计

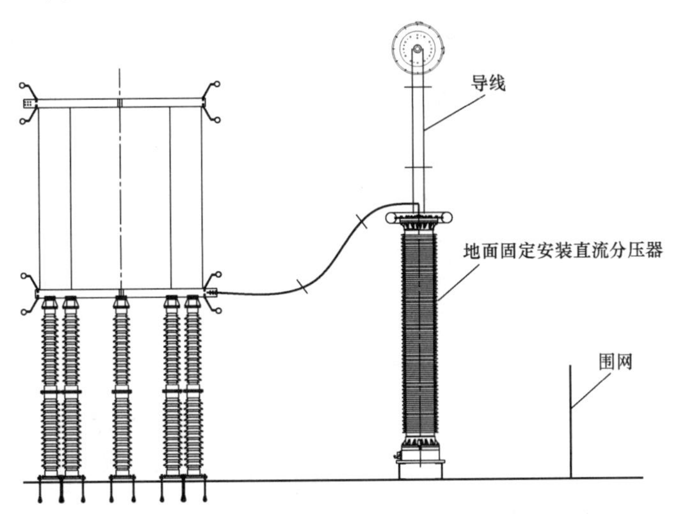

图 7-47　基于模拟量传输直流分压器的地面固定安装设计

（2）数字量传输直流分压器。电压采用数字信号输出的直流分压器由互感器本体、电阻盒、一次转换器、就地光纤熔接箱和合并单元组成，其中互感器本体、电阻盒、一次转换器和就地光纤熔接箱安装于配电装置场地，合并单元组柜安装于控制室。互感器本体的结构与模拟量传输的直流分压器基本相同，电阻盒相当于二次分压板，与互感器本体通过双套屏蔽双绞线连接，一次转换器需外部供能，采用合并单元激光供电方式，与合并单元之间通过光缆连接，如图 7-48 所示。应用中应注意，自互感器本体信号输出后的信号传输回路，包括电阻盒内的阻容分压模块、一次转换器、传输光缆和合并单元均应多重化冗余设计，冗余回路间完全独立，任意传输回路中的任意器件故障，不影响其他回路正常工作。

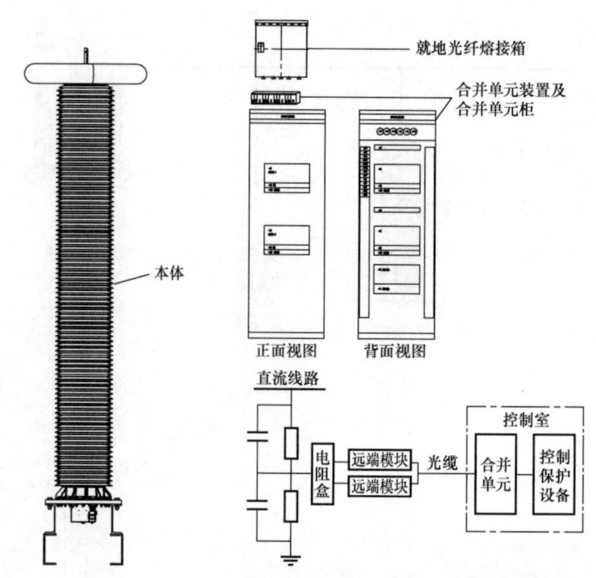

图 7-48　基于数字量传输直流分压器的电子式互感器整体结构

光纤数字量传输直流分压器的安装方式与模拟量传输的直流分压器基本相同，区别在于光纤数字量传输直流分压器需额外安装就地光纤熔接箱，可挂装在互感器本体支柱上，也可独立安装于互感器附近。

7.2.4.2　采样系统配置

（1）模拟量传输采样系统。模拟量传输是指直流分压器的电压输出为模拟量，经 4 芯双屏蔽电缆传输至二次采样系统，经二次分压、滤波、隔离、放大等处理后转化为标准模拟量输出至保护测控等二次设备。二次采样系统内设备一般组柜安装于二次设备室，采样模块根据保护三重化配置要求冗余配置，每个采样模块可接收多个测点的电压，但每路采样信息的传输介质、采样模块、辅助电源等均独立配置，如图 7-49 所示。

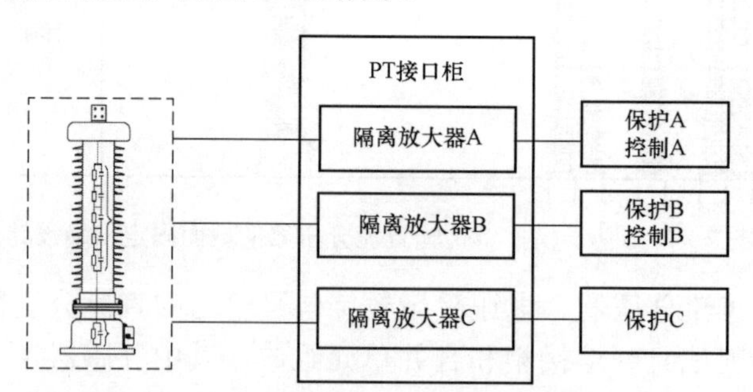

图 7-49　模拟量传输直流分压器采样配置方案

（2）数字量传输采样系统。数字量传输是指直流分压器的电压输出经就地采样并 A/D 转换和电/光变换后通过光缆传输至合并单元，经信号处理后，按约定的协议输出至保护测控等二次设备，如图 7-50 所示。电阻盒相当于二次分压器，单输入多输出，一次转换器冗余配置，通过光缆与合并单元相连，一方面将测点电压数据传输至合并单元，并同时从合并单元获取激光供能，合并单元与二次设备冗余度要求配置，每个合并单元可对应多个一次转换器。

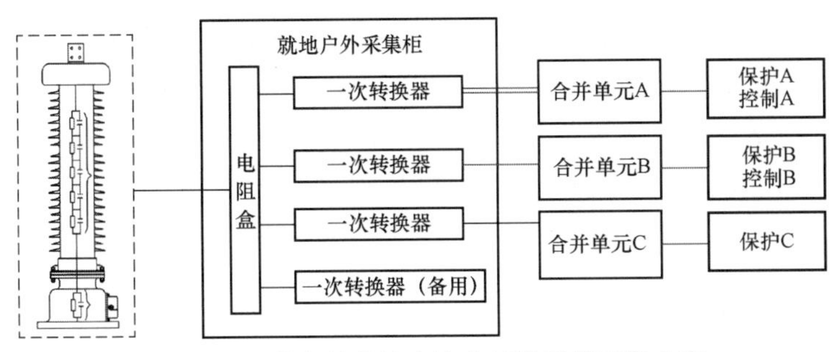

图7－50 数字量传输直流分压器采样配置方案

7.2.5 直流换流站典型配置方案

双极接线的换流站中的直流电子式互感器配置方案如图7－51所示。① 应根据直流控制保护系统的成套设计要求在换流阀进线、换流阀组、直流极线、直流中性线、直流接地极线、直流滤波器组（如有）等处配置直流电流互感器，在换流阀进线、换流阀组连接母线、直流

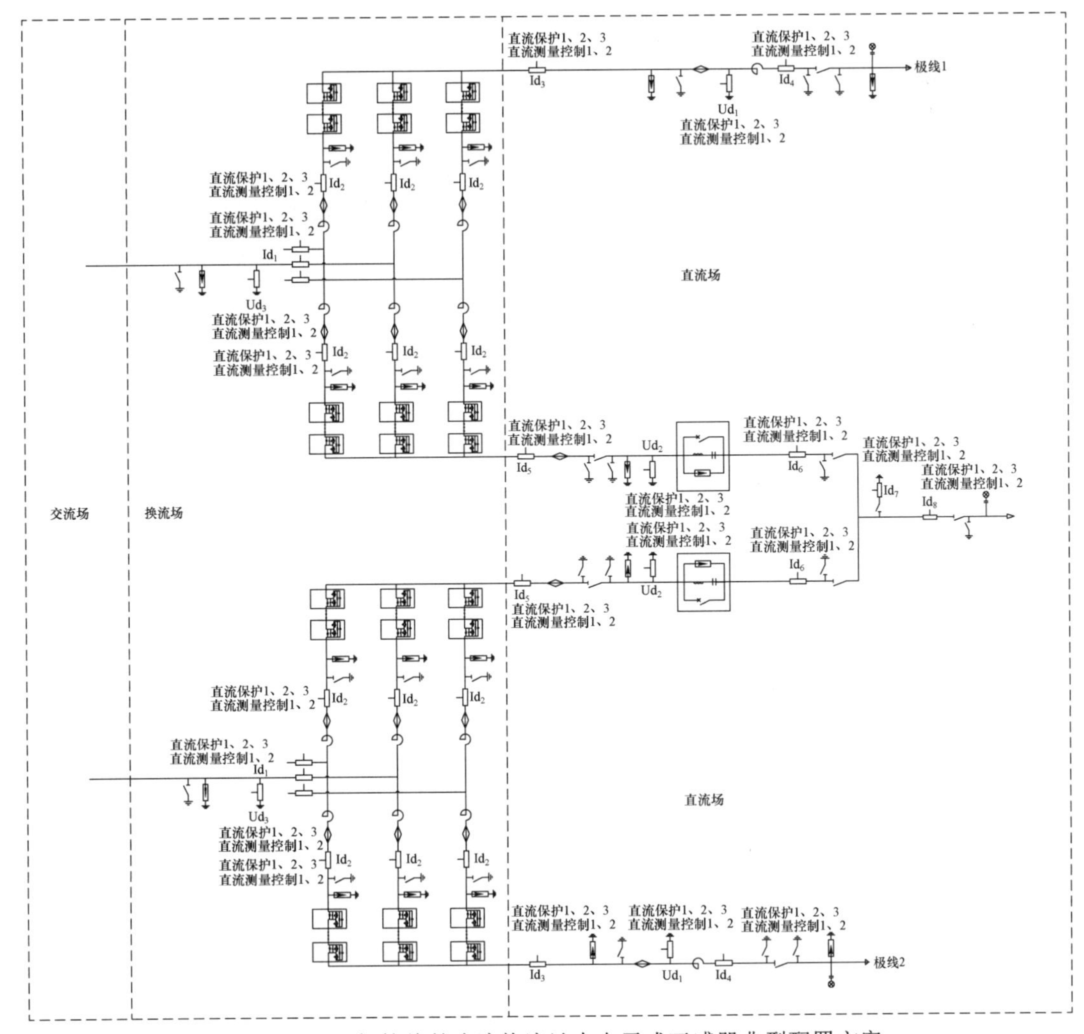

图7－51 双极接线的直流换流站中电子式互感器典型配置方案

极线、直流中性线等处配置直流电压互感器。② 合并单元按极、按通道设置，电流电压合并单元独立设置，每极设置三套独立电流合并单元、三套独立电压合并单元，分别接入各极的电流电压互感器，根据直流控保系统要求，部分测点如极中性线、金属回线等的电压电流需同时接入极 1、极 2 合并单元。当设置直流线路时，直流线路应按线路间隔分别独立设置合并单元。

7.3 中低压电子式互感器

7.3.1 技术参数与设备选型

7.3.1.1 技术参数

（1）总体要求。中低压电子式互感器技术参数相关要求与高压电子式互感器基本相同，但需要注意中压电子式互感器主要以模拟量输出为主，仅在二次设备集中布置，需远距离传输时，采用数字量输出。原因如下：① 中低压电子式互感器一般为开关柜内使用，信号传输距离近，一般在 10m 以内。② 中低压电子式互感器的二次小电压信号可直接接进保护测控一体化装置。③ 若改为数字输出，将增加 A/D 转换模块、电源供电模块等，造成装置成本和故障率增加。

（2）性能指标。中低压电子式互感器所涉电压等级种类较多，以常用的 35kV 和 10kV 为例，列出其典型性能指标参数，中低压电子式电流互感器和电压互感器的技术参数分别见表 7－7 和表 7－8。

表 7－7　　中低压电子式电流互感器技术参数

序号	名称	单位	35kV 电子式电流互感器	10kV 电子式电流互感器
1	设备最高电压	kV	40.5	12
2	额定一次电流	A	根据工程确定	根据工程确定
3	型式或型号		电子式	电子式
4	安装方式		支柱式、穿心式	支柱式、穿心式
5	一次传感器原理		空心线圈/低功率线圈	空心线圈/低功率线圈
6	一次传感器数量（或调理单元）	个/相	1	1
7	采样回路输出数（或调理单元）	个	3	3
8	一次转换器获取能量方式（有源）		直流/交流	直流/交流
9	准确级输出		5P、0.5、0.2S	5P、0.5、0.2S
10	额定相位偏移		90°（空心线圈）、0（LPCT）	90°（空心线圈）、0（LPCT）
11	额定扩大一次电流值（%）		120（互感器应满足在 120% 扩大一次电流的工况下可长期正常运行的要求，并满足本表 10 条之测量精度要求）	120（互感器应满足在 120% 扩大一次电流的工况下可长期正常运行的要求，并满足本表 10 条之测量精度要求）
12	准确限值系数		20/30	20/30

续表

序号	名称		单位	35kV 电子式电流互感器	10kV 电子式电流互感器
13	短时热稳定电流及持续时间	热稳定电流（方均根值）	kA	根据工程确定	根据工程确定
		热稳定电流持续时间	s	1、3	1、3
14	额定动稳定电流（峰值）		kA	额定热稳定电流的 2.5 倍	额定热稳定电流的 2.5 倍
15	低压元器件	冲击耐压（1.2/50μs）	kV	5	5
		1min 工频耐压	kV	2（交流）/2.8（直流）	2（交流）/2.8（直流）
16	温升限值	一次传感器	K	75（环境最高温度 40℃时）	75（环境最高温度 40℃时）
		一次转换器	K	75（环境最高温度 40℃时）	75（环境最高温度 40℃时）
		其他金属附件		不超过所靠近的材料限值	不超过所靠近的材料限值

表 7-8　　中低压电子式电压互感器技术参数

序号	名称		单位	35kV 电子式电压互感器	10kV 电子式电压互感器
1	设备最高电压		kV	40.5	12
2	额定一次电压		kV	$35/\sqrt{3}$	$10/\sqrt{3}$
3	型式或型号			电子式	电子式
4	安装方式			开关柜内安装/断路器集成安装	开关柜内安装/断路器集成安装
5	一次传感器原理			电阻分压/电容分压/阻容分压	电阻分压/电容分压/阻容分压
6	一次传感器数量（或调理单元）		个/相	1	1
7	采样回路输出数（或调理单元）		个	3	3
8	准确级输出			0.2、0.5、3P	0.2、0.5、3P
9	额定相位偏移			0	0
10	低压元器件	冲击耐压（1.2/50μs）	kV	5	5
		1min 工频耐压	kV	2（交流）/2.8（直流）	2（交流）/2.8（直流）
11	额定电压因数及持续时间			1.2 倍、连续	1.2 倍、连续
				1.9 倍、30s 或 8h	1.9 倍、30s 或 8h

7.3.1.2 设备选型

中低压电子式互感器类型较多，设备选型时应注意以下事项：一是应根据应用场合选取合适的结构型式；二是绕组的数量与准确级应满足继电保护、自动装置、电能计量和测量仪表的要求，当绕组精度不能同时满足保护和计量准确级时，应分别独立配置相应绕组；三是应根据互感器与二次设备间距离合理选取模拟信号或数字信号的传输方式。

（1）典型中低压电子式电流互感器如表 7-9 所示。

表 7–9　　典型中低压电子式电流互感器

分类	功能特点	用途类别	样式外观
支柱式电流互感器	采用LPCT或空心线圈测量电流，户内环氧树脂浇注，具有体积小、重量轻、结构紧凑、信号带电插拔等特点	户内使用，主要应用于环网柜、环网室、环网箱、配电室、箱式变电站、开关等设备中	
支柱式电流互感器	采用LPCT或空心线圈测量电流，户外环氧树脂浇注，具有体积小、重量轻、爬电大、结构紧凑、信号带电插拔等特点	户外使用，主要应用于变电站中	
穿心式电流互感器	采用闭合式结构和LPCT或空心线圈测量电流，户内环氧树脂浇注，具有重量轻、测量电流大、不发热、不承受电动力影响、信号带电插拔等特点	主要应用于环网柜、环网室、环网箱、配电室、箱式变电站、开关等设备中	
穿心式电流互感器	采用开合式结构和LPCT或空心线圈测量电流，户内环氧树脂浇注，具有体积小、重量轻、测量电流大、不发热、不承受电动力、安装方便、信号带电插拔等特点	主要应用于环网柜、环网室、环网箱、配电室、箱式变电站以及有特种互感器需求的场所中	 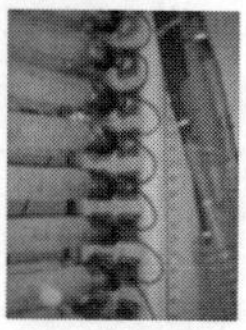

（2）典型中低压电子式电压互感器如表7–10所示。

表 7–10　　典型中低压电子式电压互感器

分类	功能特点	用途类别	样式外观
普通型电压互感器	采用电阻分压或电容分压测量电压，户内环氧树脂浇注，具有体积小、重量轻、结构紧凑、信号带电插拔等特点	户内使用，主要应用于环网柜、环网室、环网箱、配电室、箱式变电站、开关等设备中	
普通型电压互感器	采用电阻分压或电容分压测量电压，户外环氧树脂浇注，具有体积小、重量轻、爬电大、结构紧凑、信号带电插拔等特点	户外使用，主要应用于变电站中	
可触摸型电压互感器	采用电阻分压或电容分压测量电压，户外或户内环氧树脂浇注，具有表面可触摸、体积小、重量轻、更换方便、信号带电插拔等特点	主要应用于环网柜、箱式变电站等充气设备中	

（3）典型中低压电子式电流电压组合互感器如表 7－11 所示。

表 7－11　　典型中低压电子式电流电压组合互感器

分类	功能特点	用途类别	产品样式外观
支柱式电流电压组合互感器	采用 LPCT 或空心线圈测量电流、电阻分压或电容分压测量电压，具有体积小、重量轻、结构紧凑、信号带电插拔等特点	户内使用，主要应用于环网柜、环网室、环网箱、配电室、箱式变电站、开关等设备中	
穿心式电流电压组合互感器	采用 LPCT 或空心线圈测量电流、电阻分压或电容分压测量电压，具有体积小、重量轻、测量电流大、不发热、不承受电动力、安装方便、信号带电插拔、表面可触摸等特点；可前面和锥形绝缘子连接，后面与电缆头直接连接，形成级联方式运行	户内外使用，主要应用于 35kV 电压等级 GIS 和充气环网柜中	
高压电能表	电子式高压表是将电子式互感器、电能计量表、取能电源合三为一的一种新型测量电能的设备。采取整体校准精度的方式进行准确度校准，相比互感器和电能表分别校准方式准确度要高，且具有体积小、重量轻、GPRS 无线抄表、自动抄表等特点	主要应用于 10kV 电压等级户内或户外需要电能计量的场所	

（4）中低压电子式电流、电压互感器选型关键问题如表 7－12 所示。

表 7－12　　中低压电子式互感器选型关注问题

互感器类型	互感器型式	选型重点关注的问题
中低压电子式电流互感器	开关柜式	额定电流大于 3000A 或冲击负荷频繁的选用穿心式，额定电流 3000A 及以下时支柱式和穿心式均可
	柱上断路器式	柱上开关一般选用户外穿心式，穿心孔应和导电排紧密配合，以免间隙产生电晕
中低压电子式电压互感器	开关柜式	一般采用三只电压互感器组成星型连接，尾端应可靠接地
	柱上断路器式	选用户外穿心式、小功率电子式互感器

由表 7－12 可知，支柱式电流传感头将一次线圈和二次线圈封装为独立的设备，具有体积小、安装更换方便、可复匝测量等优点，但同时导致传感头需要承受电动力、温升高等缺点。穿心式电流传感头中只有二次线圈，具有温升低、不需要承受电动力、测量电流大等优点，但同时导致传感头的体积大、安装更换难等缺点。因此，在测量电流比较小、安装空间有限、电流扩展倍数较小时，宜选用支柱式电流传感头；需要测量大电流，比如额定电流超过 3150A，电流扩展倍数较大时，宜选用穿心式电流传感头。

7.3.2 开关柜用电子式互感器

7.3.2.1 结构安装设计

（1）独立式。独立式中低压电子式互感器的结构独立设计安装，为方便灵活配置，常采用分相式结构。电流互感器传感头采用空心线圈和低功率线圈组合方式，同时满足保护、测控、计量的要求，经由调理单元、一次转换器后测量信号的整体精度可满足0.2S、0.2、5P、3P级等准确度的要求。目前安装在开关柜内的电子式电流互感器外形种类较多，按照安装方式可划分为支柱式和穿心式两种结构，均可通过螺栓固定安装或直接套在开关柜内的绝缘套筒或母线铜排上，并支持多个互感器并联安装。中低压穿心式电子式电流互感器的整体结构和开关柜内安装示意分别如图7－52和图7－53所示。

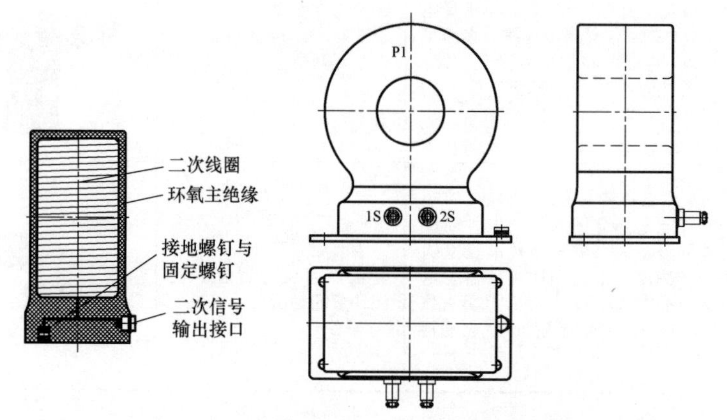

图7－52　中低压穿心式电流互感器整体结构

开关柜内安装的独立式电子式电压互感器的分压器包括电阻分压、电容分压和阻容分压三种类型，采用环氧树脂绝缘，整体测量准确级0.5。不同原理的电压互感器外形结构无显著差异，均采用支柱式安装结构，可通过螺栓直接固定安装在开关柜进线、母线铜排上，也可安装于开关柜面板，通过外引线引接至导线上，安装灵活简便。中低压电子式电压互感器整体结构和开关柜内安装示意分别如图7－54和图7－55所示。

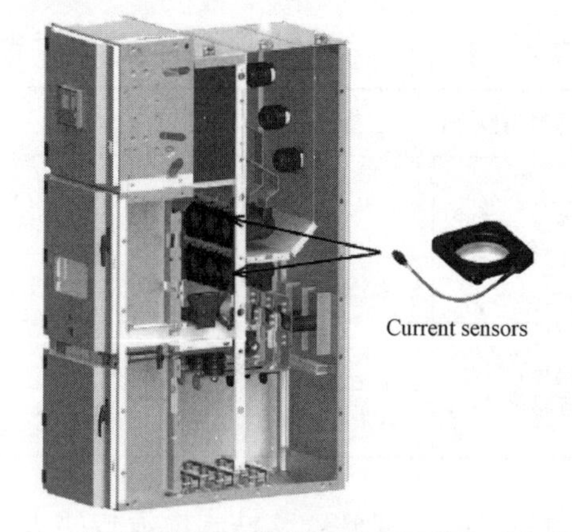

图7－53　中低压电子式电流互感器开关柜内安装示意

（2）组合式。组合式中低压电子式互感器采用电压电流传感器一体化设计，三相分体结构，共用绝缘介质和信号对外输出接口，可显著减小互感器的体积和安装空间，整体上分别满足电压和电流信号测量精度的要求。电流电压组合互感器通过螺栓固定安装方式，其整体结构如图7－56所示。

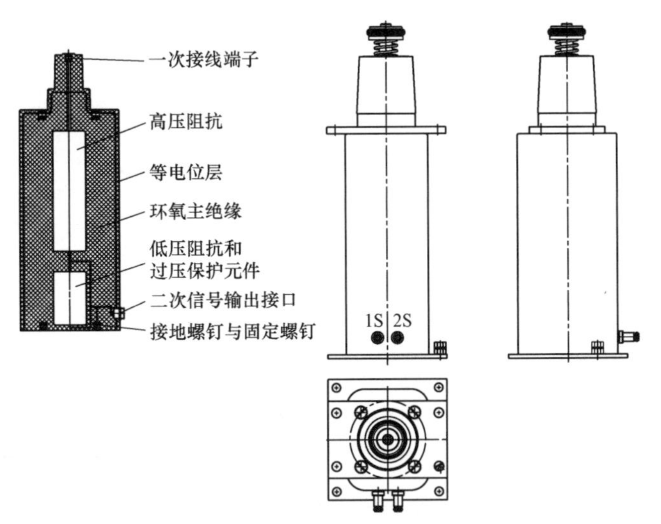

图7－54　中低压支柱式电压互感器整体结构

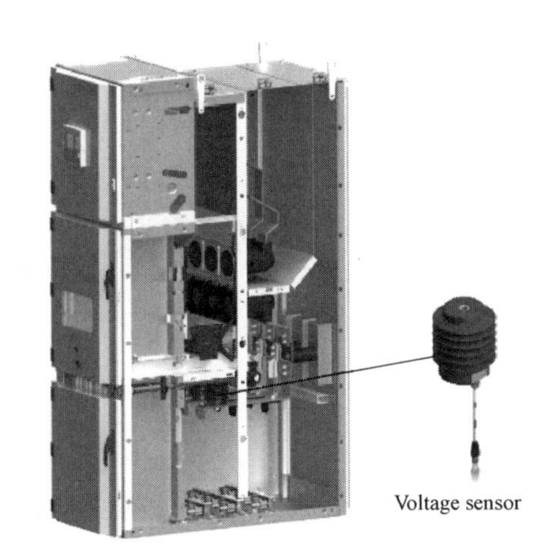

图7－55　中低压电子式电压互感器开关柜内安装设计

7.3.2.2　采样系统配置

中低压电子式互感器根据二次侧接收装置及信号类型处理方式的不同，采样系统配置方案可分为三种：

（1）模拟信号调理采样方案。采样回路如图7－57所示，互感器传感头输出模拟量后，通过双屏蔽电缆传输至一次转换器，经信号调理回路进行滤波、积分、隔离、放大等处理后，输出保护、测量、计量等二次设备所需的电流电压模拟信号，以上所有采样环节设备均单套配置。这种方式省去了A/D转换环节，回路简单，成本较低，但传输距离较短，仅适用于保护测控装置与互感器设备共同安装于开关柜内的情况。

（2）数字信号变换采样方案。这种方式采样原理与模拟信号采样方式基本相同，仅信号传输方式及对应的信号处理方式不同，采样回路如图7－58所示，互感器传感头输出信号经屏蔽电缆传输至一次转换器，经过滤波、A/D转换、数字信号处理、电光变换后，信号转换为光信号并通过光缆传输至二次设备。由于经过了 A/D 转换，装置整体成本增加，但输出信号的抗干扰能力显著增强，可适用于远距离传输。

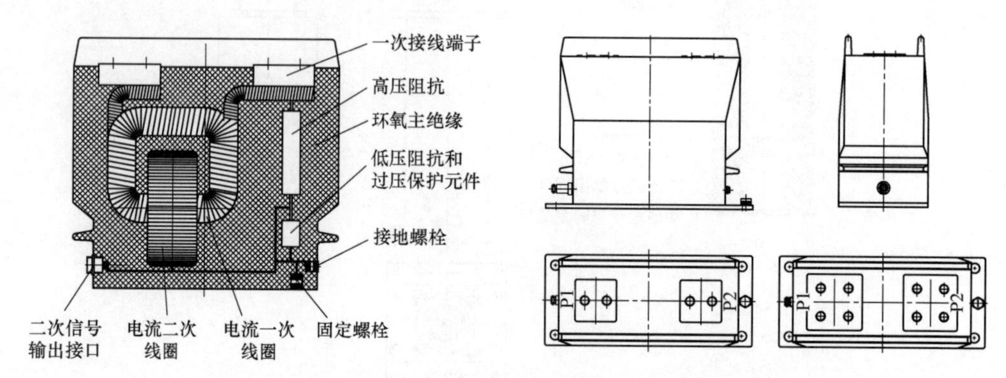

图 7-56　中低压电子式电流电压组合互感器整体结构

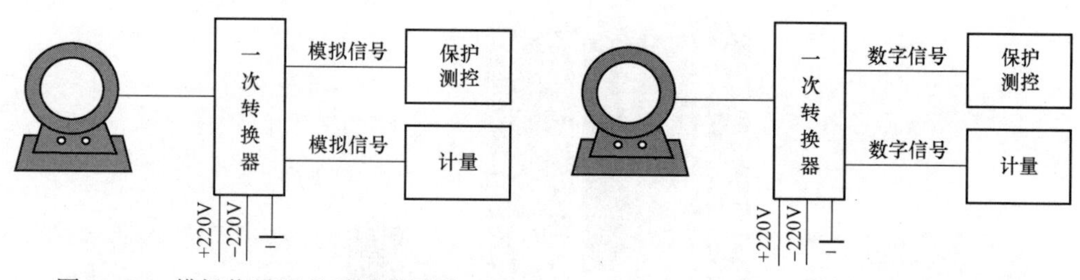

图 7-57　模拟信号调理采样配置图　　图 7-58　数字信号变换采样配置图

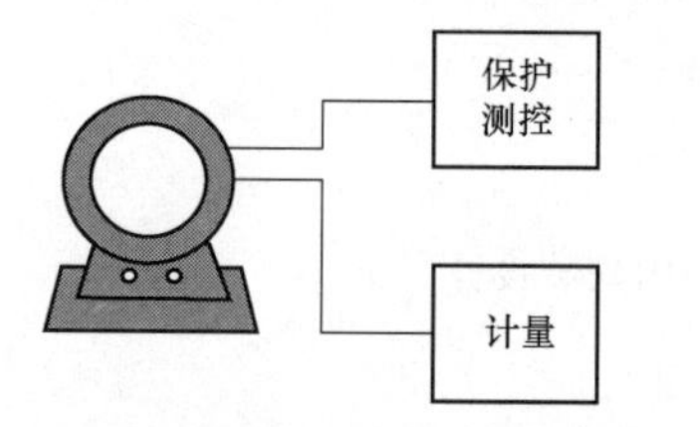

图 7-59　二次设备直接连接采样配置图

（3）二次设备直接连接方案。这种方案相当于将外置的信号采集调理回路整合至二次设备内部，采样回路如图 7-59 所示，系统整体提升了装置功能集成度，同时避免给外置的信号调理和变换回路单独提供电源，提升了系统可靠性，但对二次设备提出了更高的要求，且仅适用于互感器信号单路输出的情况，对于母线 PT 回路等需要多路输出时，不同间隔的二次设备只能通过网络方式共享数据，存在传输延时不确定、网络风暴等问题。

7.3.3　柱上断路器用电子式互感器

7.3.3.1　结构安装设计

柱上断路器用电子式互感器的传感原理与置于开关柜中的相同，区别在于结构安装设计需满足柱上断路器的安装要求，一般为三相一体结构。电子式电流和电压互感器有独立式结构和组合式结构两种，安装形式也有外置式和内置式两种。柱上断路器外置式和内置式电子式互感器的整体结构分别如图 7-60 和图 7-61 所示，其选型原则主要取决于断路器的本体结构。

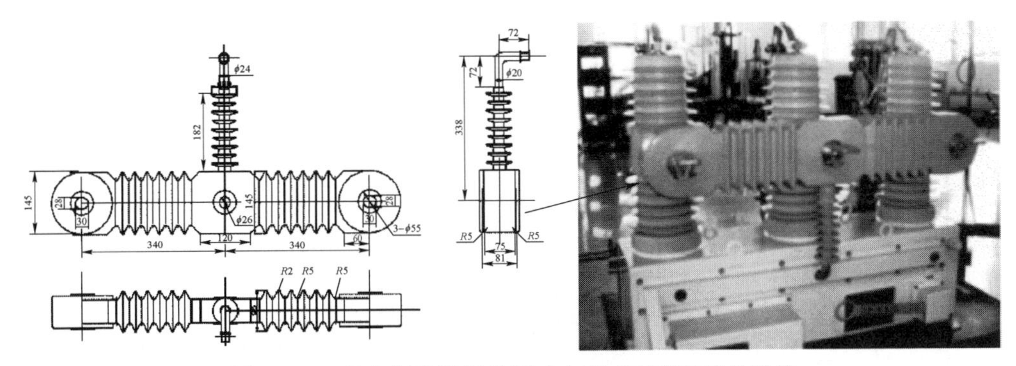

图 7－60　柱上断路器用外置式电子式互感器整体结构

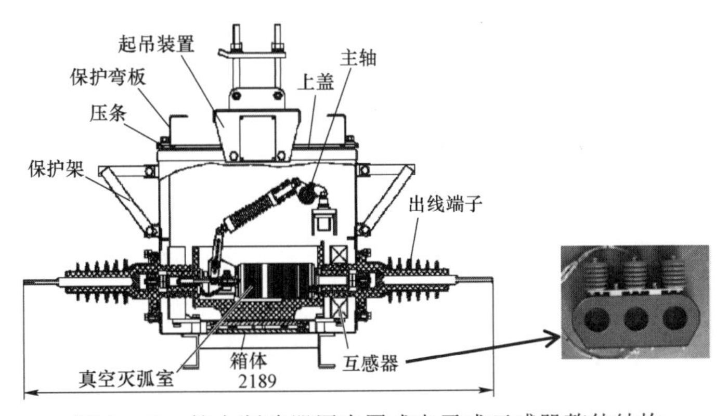

图 7－61　柱上断路器用内置式电子式互感器整体结构

7.3.3.2　采样系统配置

柱上断路器一般用于配网架空线路，数量较多，一般仅在关键线路分界处配置互感器，并将所测电压和电流量通过光缆或无线网络传输至配电自动化主站，实现数据的监视与采集、故障定位等功能。另外，也可根据配电系统需求在互感器二次侧同步配置保护、测量、计量等二次设备，实现线路故障跳闸、重合闸、远程遥控、自动抄表等功能。柱上断路器用电子式互感器配置专用取能互感器，为无线网络传输设备、配电自动化终端设备等提供电源，为提高系统可靠性，电源可双重化配置。

7.3.4　配电网工程典型配置方案

用于配网开关柜的电子式互感器典型配置方案如图 7－62 所示，柜内回路可单独配置电子式电压互感器，不需共用母线电压互感器；当电子式电流互感器单线圈可同时满足保护、测量、计量要求时，可只配置单线圈；互感器与二次设备间通过屏蔽电缆连接即可。

主母线（1250A）		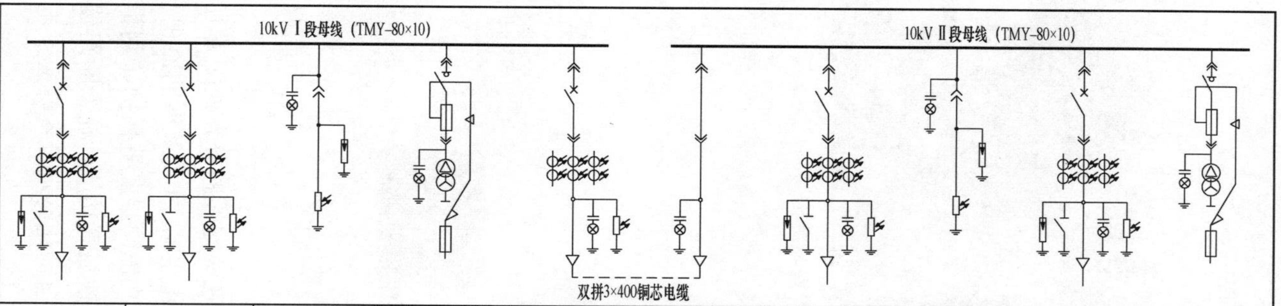 10kV Ⅰ段母线（TMY-80×10）						10kV Ⅱ段母线（TMY-80×10）			
KYN□-12型开关柜接线图						双拼3×400铜芯电缆					
柜体尺寸（宽×深）mm		800×1500	800×1500	800×1500	800×1500	800×1500	800×1500	800×1500	800×1500	800×1500	800×1500
开关柜编号		G1～G6	G7	G8	G9	G10	G11	G12	G13	G14～G19	G20
开关柜名称		馈线柜	Ⅰ段进线柜1	Ⅰ段母线设备柜	Ⅰ段站用变柜	分段柜1	分段隔离柜1	Ⅱ段进线柜1	Ⅱ段母线设备柜	馈线柜	Ⅱ段站用变柜
额定电流（A）		1250	1250	1250	1250	1250	1250	1250	1250	1250	1250
额定电压（kV）		12	12	12	12	12	12	12	12	12	12
主要设备元件	电流互感器 5P/0.5	22.5mV	22.5mV			22.5mV		22.5mV		22.5mV	
	电压互感器0.2/3P	4/3V	4/3V	4/3V				4/3V	4/3V	4/3V	4/3V
	电流表	电子式（可选）	电子式（可选）			电子式（可选）		电子式（可选）		电子式（可选）	
	电压表			电子式					电子式		
	电操机构	1副	1副			1副		1副		1副	
	真空断路器/隔离手车	1250A，25kA	1250A，25kA			1250A，25kA	1250A，25kA	1250A，25kA		1250A，25kA	
	真空负荷开关				1台						1台
	接地开关 JN15-12	1组	1组					1组		1组	
	站用变熔断器				10/5A，0.4/63A						10/5A，0.4/63A
	压变熔断器			10/1A					10/1A		
	避雷器 YH5WZ-17/45	1组	1组	1组				1组	1组	1组	
	带电显示器	1组	1组	1组	1组	1组	1组	1组	1组	1组	1组
	消谐器 LXQ-10			1组					1组		
	干式变压器				SC10-30kVA D，yn11 10.5±5%/0.4kV						SC10-30kVA D，yn11 10.5±5%/0.4kV
	一次转换器	1套（可选）	1套（可选）			1套（可选）		1套（可选）		1套（可选）	
	微机保护测控装置	1套	1套			1套		1套		1套	

图7-62　配电网开关柜的电子式互感器典型配置方案

7.4 电子式互感器的输出接口

7.4.1 输出接口的参数设置

电子式互感器的端口包括输出端口和调试端口。电子式互感器的输出形式分为模拟输出和数字输出，根据接口不同又分为计量用模拟输出、计量用数字输出、保护用模拟输出和保护用数字输出。其中，计量用输出应独立。对于模拟输出，保护和计量分别用两路模拟信号输出；对于数字输出，保护和计量分别用两路独立的光纤信号引出。

7.4.1.1 模拟输出接口

（1）电子式电流互感器的额定二次电压输出值。① 对于中低压系统中不使用二次转换器的情况，电子式电流互感器的标准输出值为225mV。其中，当用于输出电压正比于电流的电子式电流互感器，如应用低功率线圈时选择225mV；当用于电压正比于电流导数的电子式电流互感器，如空心线圈选择 150mV。② 对于使用二次转换器的情况，电子式电流互感器的标准输出值为200mV（保护使用）和4V（测量使用）。

（2）电子式电压互感器的额定二次电压输出值。① 对于单相系统或三相系统线间的单相互感器及三相互感器，标准输出值为1.625V、2V、3.25V、4V、6.5V；② 对于三相系统线对地的单相互感器，其额定二次电压输出值为 $1.625/\sqrt{3}$ V、$2/\sqrt{3}$ V、$3.25/\sqrt{3}$ V、$4/\sqrt{3}$ V、$6.5/\sqrt{3}$ V；③ 对于开口三角的额定二次电压，对三相有效接地系统电网为1.625V、2V、3.25V、4V、6.5V，对三相非有效接地系统电网为1.625/3V、2/3V、3.25/3V、4/3V、6.5/3V，对二相电网为1.625/2V、2/2V、3.25/2V、4/2V、6.5/2V。

（3）接线形式。① 单相电流互感器和单相电压互感器连接的合并单元采用双芯航空插座，三相电流互感器和三相电压互感器连接的合并单元采用六芯或八芯航空插座。② 单相电流电压组合互感器连接的合并单元采用四芯航空插座，三相电流电压组合互感器连接的合并单元采用八芯航空插座。③ 外部连接线应采用单侧接地方式的屏蔽电缆（接地端推荐在合并单元侧）。

7.4.1.2 数字输出接口

电子式互感器与合并单元间的交互规约物理层符合GB/T 20840.8—2007中光纤传输系统的相关规定，链路层采用 IEC 60870-5-1 的 FT3 或 IEC 61850-9-2 帧格式，详见6.4节。数字输出接口可采用同步方式传输，也可采用异步方式传输。

（1）同步方式采用曼彻斯特编码，每个字符由8个数据位组成，首先传输MSB（最高位），高位定义为“光纤亮”，低位定义为“光纤灭”。曼彻斯特编码格式如图7-63所示，数据传输速率为2.5M（时钟传输速率为5M）或其整数倍。

（2）异步方式采用工业标准UART电路进行异步数据流通信，每个字符由11位组成，1个启动位为“0”，8个数据位，1个偶校验位，1个停止位为“1”。高位定义为“光纤灭”，低位定义为“光纤亮”。异步通信单字节数据流如图7-64所示，数据传输速率为2M或其整数倍。

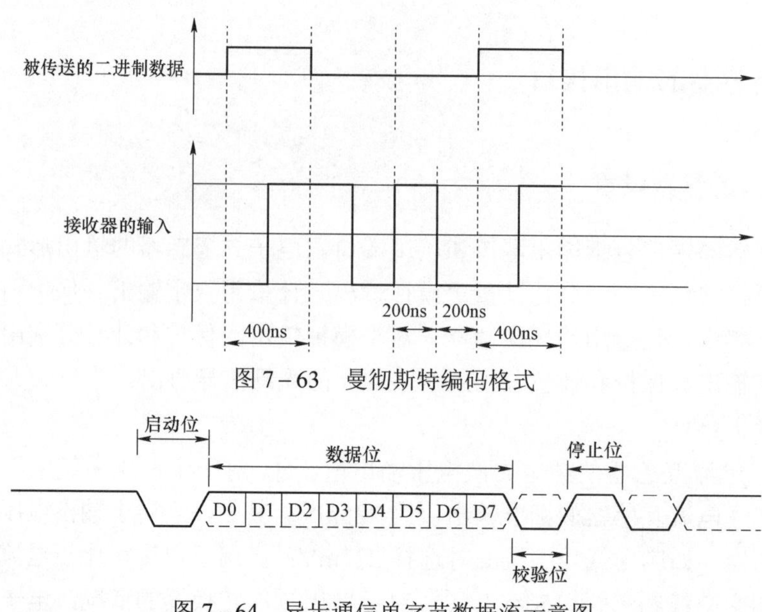

图 7-63　曼彻斯特编码格式

图 7-64　异步通信单字节数据流示意图

7.4.2　输出接口的技术要求

7.4.2.1　交流电子式互感器接口要求

（1）交流电子式电流互感器的数据输出应满足保护、测量、计量等装置的采样要求，互感器应具有保护数据双 AD 采样功能，双 AD 功能应由两个独立的 AD 芯片分别完成，在准确度和特性满足要求的情况下，其中一路保护用 AD 可以与测量（计量）用 AD 共用。

（2）互感器应能判断异常状态，并置数据无效标志，应能保证在电源中断、电源电压异常、装置异常、通信中断、通信异常等情况下不误输出；应能输出自检信息；采样数据的品质标志应实时反映自检状态，不应附加延时或展宽。

（3）一次转换器采用数字输出的应采用光纤传输同合并单元（MU）连接，每根光缆应备用 2～4 芯；光纤熔接点的防护应满足户外长期工作环境要求；对于高压侧传感环不易维护的应用场合中，应对传感光纤进行不少于 1 根的冷备份，备份光纤连接至二次控制柜并做好标识。

（4）对于 SF_6 气体绝缘互感器，应设置便于取气样的接口，同时应装有压力表和气体密度继电器。

（5）交流电子式电流互感器应有直径不小于 8mm 的接地螺栓，接地处金属表面平整，连接孔的接地板面积足够，并在接地处旁标有明显的接地符号。

7.4.2.2　直流电子式互感器接口要求

（1）直流电子式互感器每个极的每个测点的通道配置应满足控制保护系统的采样要求，同时应至少配置一个热备用通道，用于直流场直流极线线路侧的电流测量；装置还应提供一个谐波电流测量通道。每个通道采用数字信号或模拟信号输出，数字信号传输满足 TDM 协议或 IEC 60044-8 协议要求。

（2）直流电子式电压互感器本体与控制柜之间信号传输应采用光缆或屏蔽电缆。当采用光缆传输时，互感器的数据通道除满足控制保护系统采样需求外，还应至少配置一个热备用通道；当采用电缆传输时，每个互感器应为每个电压信号提供6路独立的模拟信号输出。

（3）每通道相互间独立，任一路输出通道故障都不应导致其他输出通道信号异常。所有通道均应有自检报警信号输出，当测量回路或电源异常时，应发出报警信号并给控制或保护装置提供防止误出口的信号。

（4）每一个通道由独立的一次转换器、独立的传输光缆、独立的合并单元构成。任何一个通道故障不应影响其他通道的信号输出，不允许有多个通道共用的环节。

（5）合并单元按极、按通道配置，每一个测点的每个测量通道采用不同的合并单元，合并单元数量不少于通道数。每个合并单元应包含不少于5路输出端口，每一个输出端口均应能输出所有测点的电流电压数据。

（6）直流电子式电流互感器应有直径不小于8mm的接地螺栓或其他供接地用的零件，如面积足够且有连接孔的接地板，接地处应有平坦的金属表面，并在其旁标有明显的接地符号。

7.5 电子式互感器的接地设计

7.5.1 电子式互感器接地的技术特征

电子式互感器测量回路中涉及了一次传感元件和二次集成电子电路，其信号输出与常规互感器有以下不同：一是无二次开路问题；二是不会因二次回路没有等电位而影响保护测量等二次设备的数据精度；三是电子电路中传输的均是小电流、小电压信号，极易受到电磁干扰，当干扰过大时，电子元器件甚至会被击穿。因此，对于电子式互感器而言，抗电磁和静电干扰是接地的主要目的。另外，由于整个测量回路所涉及的组件较多，每个子部件的接地设计需分别考虑。

7.5.2 电子式互感器接地的功能分类

从广义上理解，接地可视为相互间存在电磁关联的多个系统的公共参考电位。相互关联的各子系统间必须共地，才能保证无电位差，从而避免相互干扰。干扰源与干扰度大小不同，相应的接地措施也会有所差别，接地所体现的功能作用也有所不同。因此，分析一个系统的接地方案，首先应明确各子系统的组成及其相互关系，分析可能出现的干扰源，并在此基础上制定相应的接地措施。

（1）变电站接地的功能分类。根据不同的接地功能需求，变电站内设置了多种不同类型的参考地型式，主要包括：① 一次接地网，也称变电站主接地网，用于一次设备的工作接地、设备金属外壳的保护接地、防雷设备泄流接地，以及其他地网的等电位接地；② 二次等电位接地网，用于继电保护装置与计算机监控系统等电子设备、二次电压电流回路的工作接地；③ GIS设备局部接地网，用于GIS设备的接地；④ 建筑物内接地网，用于建筑物内设备的接地。以上二次等电位接地网、GIS设备局部接地网、建筑物内接地网均应与变电站主接地网可靠连接。

电子装置内部地，指与外系统无联系的独立的电子设备内部回路参考地。除电子装置内部地外，其余地网均需与变电站主接地网进行等电位连接。通过设置不同的接地网，可实现变电站内设备不同功能需求的接地。

（2）电子式互感器接地的功能分类。变电站内电子式互感器的接地形式根据功能需求可大致划分为工作接地、保护接地、防雷接地、防静电接地和电磁屏蔽接地。考虑电子式互感器的防雷接地主要由专门的防雷设备实现，此处重点分析其他四种类型的接地。

1）工作接地。工作接地指工作回路的接地，包括一次回路中性点工作地和二次回路逻辑地。其中二次回路逻辑地又包括两种类型：一是多个装置的逻辑地分别独立，无需连接至外界等电位接地网；二是多个装置组成一个系统，逻辑地均连接至二次等电位接地网。电子式互感器的工作回路可划分为高压侧回路、一次转换回路、合并单元回路等。当不同回路间存在电路联系时，必须共用工作地，比如有源电子式电压互感器、有源电子式电流互感器的高压侧回路与一次转换回路，共用变电站主接地网作为工作地；当不同回路间彼此绝缘，不存在电路联系时，工作地可相互独立，比如无源光学互感器，光纤数字式输出的一次转换回路与合并单元回路间，其工作地可分开，位于高压侧的可利用变电站主接地网或装置独立的逻辑地作为工作地，位于低压侧的可利用二次等电位接地网或装置独立的逻辑地作为工作地。

2）保护接地。保护接地指为防止设备绝缘破坏而危及人身或其他设备安全的设备金属外壳接地。比如，电子式互感器的设备支架、一次转换器的外壳、二次侧机柜的接地，均接入变电站主接地网。

3）防静电接地。防静电接地指为泄放设备表面累积的电荷而设置的接地，接地型式与保护接地基本相同，均接入变电站主接地网。

4）电磁屏蔽接地。电磁屏蔽接地指信号传输电缆或电子设备为保护内部传输信号或工作回路免受外界电磁环境干扰而设的接地，比如，电子式电流互感器信号传输所用屏蔽控制电缆屏蔽层的接地。

7.5.3 电子式互感器接地的设计方案

电子式互感器的接地设计方案如图 7－65 所示。

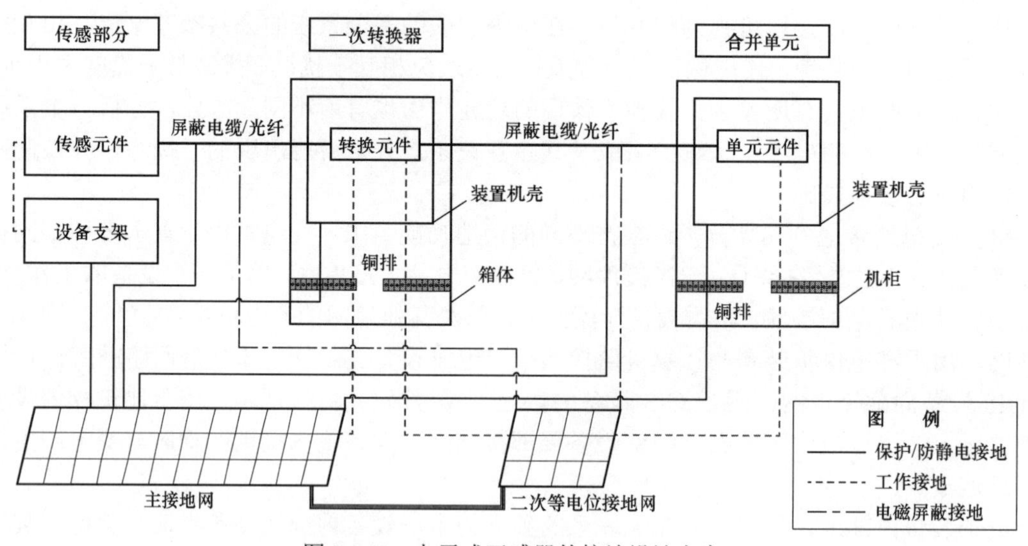

图 7－65 电子式互感器的接地设计方案

（1）传感部分。包括传感元件与设备支架两部分。设备支架只需设置保护接地即可，通过接地扁钢将设备支架与变电站主接地网相连。传感元件是否接地取决于互感器的工作原理，如有源电子式电压互感器，电压测量回路中包含工作接地，则需要将传感元件低压侧接地，一般将接地点引至设备支架，进而引至变电站主接地网，实现工作接地；而对于无源光学互感器等测量回路中不需要接地时，传感元件无需接地。

（2）一次转换器部分。包括箱体、装置机壳及转换元件三部分。一次转换器的箱体通常挂装于一次设备上，可通过铜缆与一次设备支架或导电外壳相连，装置机壳则通过绝缘铜绞线与箱体上的接地铜排相连，均接至主接地网。转换元件前端与传感元件相连，后端与合并单元相连，其工作接地可分三种情况：一是单端对外有电的联系，另一端绝缘，则应和与之存在电联系回路侧的元件共地；二是双端均存在电的联系，此时，为避免将一次侧高压引入二次侧，转换元件中应设置隔离装置，并以隔离装置为界，双端分别接至主接地网和二次等电位接地网；三是转换元件对双端均绝缘，不存在电的联系，此时转换元件可不与变电站任何接地网相连，仅设装置内部独立的逻辑地。

（3）合并单元部分。包括机柜、装置机壳与合并单元元件三部分。当机柜置于户外时，通过接地扁钢与主接地网相连，当机柜置于二次设备室内时，柜内设总接地铜排，与其他屏柜的接地铜排首末可靠连接成环网，并在一点引出与变电站主接地网相连。装置机壳通过铜绞线与机柜内的总接地铜排相连，接至主接地网。合并单元元件与转换元件类似，前端与转换元件相连，后端与保测装置等二次设备相连，同样分三种情况：一是单端对外有电的联系，另一端绝缘，则应和与之有电联系的回路侧元件共地；二是双端均存在电的联系，此时已在转换元件中设置了隔离装置，因此，合并单元侧接至二次等电位接地网即可；三是对双端均绝缘，此时合并单元元件可不与变电站任何接地网相连，仅设装置内部独立的逻辑地。

（4）屏蔽电缆。电子式互感器的电流电压测量传输回路有两部分应采用屏蔽电缆：一是传感元件与一次转换器之间，一般有源电子式互感器均采用屏蔽电缆传输；二是一次转换器与合并单元或二次设备之间，当距离较近时也采用屏蔽电缆传输。

屏蔽电缆分为单层屏蔽和双层屏蔽，屏蔽层一般需要接地才能起到良好的屏蔽效果，其接地又可分为单点接地和双点接地。对于单层屏蔽电缆，当电磁干扰较强时，宜选用双点接地，当静电感应干扰较强时，宜选用单点接地；对于双层屏蔽电缆，外屏蔽层采用双点接地，以防止电磁干扰，内屏蔽层采用单点接地，以尽快释放静电，起到静电屏蔽的效果。无论是单层屏蔽还是双层屏蔽，当采用双点接地时，在强电磁干扰的环境下，为防止屏蔽层的感应电流过大，烧毁屏蔽层，宜紧靠屏蔽电缆敷设截面不小于100mm^2、两端接地的铜导线，起到分流的效果。位于110kV及以上配电装置区的电缆，一般选用双层屏蔽电缆以提升屏蔽效果，此时应将屏蔽电缆的外屏蔽层双点接地，内屏蔽层单点接地；位于110kV以下配电装置区的传感元件与一次转换器之间则可选用单层屏蔽电缆，仅在信号源端单点接地即可。

（5）传输光纤。光纤本身无绝缘或抗电磁干扰问题，但当采用铠装光缆时，应将光缆的铠装层接入主接地网。

交流、直流和中低压电子式互感器接地措施详见表7－13。

表 7-13　　电子式互感器接地措施

电子式互感器类型			传感部分		信号传输线（传感～一次转换器）		一次转换器部分			信号传输线（一次转换器～合并单元/二次设备[①]）		合并单元部分/二次设备部分[①]		
			传感元件	设备支架	光缆	屏蔽电缆	箱体	装置机壳	转换元件	光缆	屏蔽电缆	箱体	装置机壳	合并单元/二次设备元件
交流	电流	有源	不接地	接地	—	接地	接地	接地	接地	铠装接地	—	接地	接地	不接地
		无源	不接地	接地	铠装接地	—	接地	接地	不接地	铠装接地	—	接地	接地	不接地
	电压	有源	接地	接地	—	接地	接地	接地	接地	铠装接地	—	接地	接地	不接地
		无源	不接地	接地	铠装接地	—	接地	接地	不接地	铠装接地	—	接地	接地	不接地
直流	电流	有源	接地	接地	—	接地	接地	接地	接地	铠装接地	—	接地	接地	不接地
		无源	不接地	接地	铠装接地	—	接地	接地	不接地	铠装接地	—	接地	接地	不接地
	电压	模拟输出	接地	接地	—	接地	接地	接地	接地	—	接地	接地	接地	接地
		数字输出	接地	接地	—	接地	接地	接地	接地	铠装接地	—	接地	接地	不接地
中低压	电流	模拟输出	不接地	接地	—	接地	—	接地	接地	—	接地	接地	接地	接地
		数字输出	不接地	接地	—	接地	—	接地	接地	铠装接地	—	接地	接地	不接地
	电压	模拟输出	接地	接地	—	接地	—	接地	接地	—	接地	接地	接地	接地
		数字输出	接地	接地	—	接地	—	接地	接地	铠装接地	—	接地	接地	不接地

① 对于合并单元部分/二次设备部分列，合并单元适用于交流、直流电子式互感器及配置了合并单元的中低压电子式互感器的方案，一次设备元件适用于未配置合并单元的中低压电子式互感器的方案。

参考文献

[1] 李九虎，郑玉平，古世东，等. 电子式互感器在数字化变电站的应用 [J]. 电力系统自动化，2007，31（7）：94-98.

[2] 徐大可，赵建宁，张爱祥，等. 电子式互感器在数字化变电站中的应用 [J]. 高电压技术，2007，33（1）：78-82.

[3] 黄灿，郑建勇，苏麟，等. 电子式互感器配置问题探讨 [J]. 电力自动化设备，2010，30（3）：137-140.

[4] 徐兵. 电子式电流互感器在政平换流站的应用与分析 [J]. 高电压技术. 2006，32（9）：170-172.

［5］ 王红星，张国庆，郭志忠，等. 电子式互感器及其在数字化变电站中应用［J］. 电力自动化设备，2009，29（9）：115－120.

［6］ 徐建锋. 数字化变电站中中压低功率电子式互感器应用的研究［D］. 上海交通大学，2011.

［7］ 国网北京经济技术研究院. 新一代智能变电站典型设计 220kV 变电站分册［M］. 北京：中国电力出版社，2015.

［8］ 国网北京经济技术研究院. 新一代智能变电站典型设计 110kV 变电站分册［M］. 北京：中国电力出版社，2015.

［9］ 中国电力工程顾问集团中南电力设计院有限公司. 高压直流输电设计手册［M］. 北京：中国电力出版社，2017.

第 8 章　电子式互感器试验与调试

试验与调试是电子式互感器实践应用的重要环节，不仅需要根据设备种类和实际运行情况选择试验类型，同时在操作过程中也必须遵守一定的试验规程。本章承接前文的基础理论知识，重点阐述了电子式互感器强制性要求通过的试验。首先简述了电子式互感器试验分类、试验要求及必要流程等基础知识；其次分别对交流电子式互感器（准确度试验、复合误差试验和暂态性能试验等）和直流电子式互感器（准确度试验、极性反转试验、阶跃响应试验和频率响应试验等）的各项相关试验进行论述；最后结合现场检验与调试验收情况介绍了各试验项目的标准要求以及相关注意事项。试验与调试不仅验证了电子式互感器的使用性能，而且对设计、研发和制造等全过程均具有严格的规定及依据。

8.1　整体试验

8.1.1　试验分类

电子式互感器试验的目的是为了验证产品的性能是否符合用户的使用要求，属于强制性要求通过的试验。电子式互感器试验在型式鉴定、出厂、使用现场进行，但是试验要求应该贯穿电子式互感器的设计、研发和制造整个过程。

电子式互感器要进行三种试验：例行试验、型式试验和特殊试验。例行试验是每台电子式互感器都应承受的试验；型式试验是对每种型式互感器所进行的试验，用以验证按同一技术规范制造的所有互感器均应满足，且在例行试验中未包括的要求；特殊试验是在型式试验或例行试验之外制造方和用户协商同意的试验。试验项目按 GB/T 20840.8—2007《互感器　第 8 部分：电子式电流互感器》、GB/T 20840.7—2007《互感器　第 7 部分：电子式电压互感器》和《国家电网公司电子式互感器性能检测方案》（国网科智〔2012〕24 号）执行，详见表 8-1 和表 8-2。本书中仅对与传统互感器存在较大差异的试验项目进行说明。

表 8-1　　电子式互感器例行试验项目表

序号	例行试验项目
1	端子标志检验
2	一次端的工频耐压试验
3	局部放电测量
4	低压器件的工频耐压试验
5	准确度试验

续表

序号	例行试验项目
6	密封性能试验
7	电容量和介质损耗因数测量（仅适用于设备最高电压 U_m≥40.5kV 的油浸绝缘电子式互感器）
8	传输功率的测量（适用于数字光纤输出）
9	线路驱动器输出信号幅值的测量（适用于数字铜线输出）
10	二次直流偏移电压（U_{sdc0}）的测量（适用于模拟输出）
11	保证电子式电流互感器（由线路电流供给电源）正常性能所需的最小一次电流的测量

表 8-2　　电子式互感器型式试验项目表

交流电子式电流/电压互感器	直流电子式电流/电压互感器
（1）额定雷电冲击试验	（1）雷电冲击试验
（2）操作冲击试验	（2）操作冲击试验
（3）户外型电子式互感器的湿试验	（3）户外式互感器的湿试验
（4）准确度试验	（4）直流测量准确度试验
（5）无线电干扰电压试验	（5）无线电干扰电压试验
（6）传递过电压试验	（6）直流电压耐受试验
（7）温升试验	（7）温升试验
（8）电磁兼容试验	（8）电磁兼容抗扰度试验
（9）低压器件的冲击耐压试验	（9）低压器件耐压试验
（10）暂态性能试验	（10）局部放电试验
（11）防护等级的验证	（11）极性反转试验
（12）密封性能试验	（12）阶跃响应试验
（13）振动试验	（13）频率特性试验
（14）驱动器特性的验证试验（适用于数字输出）	（14）温度对测量精度影响试验
（15）接收器特性的验证试验（适用于数字输出）	（15）防护等级验证试验
（16）定时准确度的验证试验（适用于数字输出）	（16）机械强度试验
（17）短时电流试验（适用于电子式电流互感器）	（17）短时电流试验（适用于电子式电流互感器）
（18）短路承受能力试验（仅适用于模拟量输出电子式电压互感器）	（18）密封性能试验（适用于绝缘介质为充气式或充油式直流电子式电压互感器）

由于电子式互感器所采用的技术种类很多，而且随着技术的进步还会有新的技术应用到电子式互感器中，标准列出的项目应根据互感器不同的技术特点进行取舍。对于标准未列出而又有必要进行的项目应执行特殊试验的最后一条“依据采用技术所需的试验”，如采用电容分压且用 SF_6 作为绝缘介质的电子式电压互感器应考虑 SF_6 气体压力的变化对准确度的影响，采用分压器结构的电子式电压互感器（GIS 型的除外）应考虑杂散电容对准确度的影响等；为提升电子式互感器的长期可靠性和稳定性所进行的长期性能带电考核试验，详见 8.2.4 节；考核暂态强干扰条件下电子式互感器电磁防护性能所进行的暂态电磁干扰试验，详见 8.2.5 节。

8.1.2 准确度试验

准确度试验是对电子式互感器的基本要求。电子式互感器的误差等级要求大致与传统互感器一致。电子式互感器的原理多样，且产品大多含有电子元器件，准确度试验的要求比传统互感器更为复杂。一是测量方法上，电子式互感器的二次输出与传统互感器的二次输出不同，分为数字输出和模拟输出两种。电子式互感器的模拟输出不同于传统意义上的模拟输出，它的输出容量比传统输出小许多。对于数字输出的电子式互感器，其输出是数字序列，误差采用绝对测量法检测，对电源的稳定性有要求。误差测量系统与传统互感器测差原理完全不同，必须开发新的校准系统。二是试验要求上，加强了对温度、频率变化影响的考核，增加了元器件更换准确度试验、信噪比试验。

8.1.2.1 基本准确度试验

基本准确度试验指在额定频率、额定负荷（如果适用）和常温下进行测量级和保护级准确度试验，试验结果应满足标定准确级对应的准确级限值。互感器的额定一次电压/电流系数大于 1.2 时，试验应以额定扩大一次电压/电流代替 1.2 倍额定一次电压/电流。对于规定了额定延时的电子式互感器，试验时可采用纯延时装置插入基准互感器与误差测量系统之间。

8.1.2.2 温度循环准确度试验

温度循环准确度试验验证电子式互感器的传感器部分和二次部分，在各自规定的温度范围内仍然满足标定准确级对应的准确级限值要求。相对于电磁式互感器，电子式互感器传感器和二次部分的电子元器件可能对温度更敏感。温度循环准确度试验应在下列条件下进行：额定频率；连续施加额定电压/电流或额定扩大一次电压/电流；额定负荷（对于模拟输出）；户内和户外的元器件处在其规定的最高、最低和环境温度。温度循环试验应按图 8－1 进行。

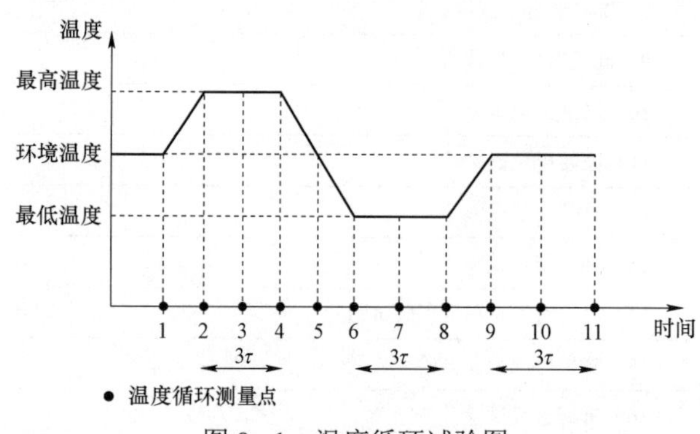

图 8－1 温度循环试验图

温度循环准确度试验温度的变化速率为 20K/h，热时间常数 τ 为 2h。电子式电流互感器达到温度稳定所需的时间主要取决于互感器的尺寸和结构。

对于部分为户内和部分为户外的电子式电流互感器，试验应对户内和户外两部分各自在其有关温度范围的两个极限值下进行，但遵循以下规则：两部分皆处于环境温度；户外部分处于其最高/最低温度时，户内部分也处于其最高/最低温度。

在正常使用条件下，各测量点测得的误差应在相应准确级的限值以内。每一个电流误差测量点，以每一秒钟前十个周波作为 1 组误差数据，连续测量 20 组误差数据，并满足“|平均值|+3 ×(平均值的试验标准差)≤最大允许误差”的要求。

8.1.2.3 误差与频率关系试验

误差与频率关系试验验证电子式互感器在两个极限频率条件下满足标定准确级对应的准确级限值要求。误差与频率关系试验应在下列条件下进行：两个极限频率；额定电压/电流或额定扩大一次电压/电流；额定负荷（如果适用）；恒定环境温度。

试验所用的误差测量系统可以在额定频率下校验。不同频率下的测量用同一试验电路进行。

8.1.2.4 元器件更换的误差试验

电子式互感器应能在某些元器件因内部元器件丧失或元器件故障而更换后无需校准仍能保持其准确级。电子式互感器制造方应指明哪些元器件现场可更换且无需校准，其余的元器件更换时需要整个电子式互感器重新校准。

现场可更换且无需校准的元器件应由试验验证。电子式互感器在某些元器件更换后，应仍能满足其准确级的工作能力，并在下列条件下进行验证：室温、额定频率、额定电压/电流和额定负荷（对于模拟输出）。

8.1.2.5 信噪比试验

电子式互感器的输出可能包含某些扰动，往往在无任何一次电流时加在所有电子系统共有的白噪声上。电子式互感器产生的这种扰动占有很宽的频带，这些扰动源可能是转换器的时钟信号、多路开关的换向噪声、直流/直流转换器、整流频率。信噪比试验验证在制造方规定的频带宽度内，相对于额定二次输出，电子式互感器输出的最小信噪比应为 30dB。

8.1.2.6 谐波准确度试验

由于使用非线性负荷，电网上会产生谐波。谐波量与电网和电压水平有关。谐波对计量、品质测量和继电保护都有影响。

（1）对功率计量要求。进行谐波准确度试验时，对功率计量的要求如表 8－3 所示。

表 8－3 谐波影响功率计量误差限值表

准确级	在下列谐波下的电流（比值）误差				在下列谐波下的相位误差							
	±%				±（°）				±crad			
	2～4 次	5 次和 6 次	7～9 次	10～13 次	2～4 次	5 次和 6 次	7～9 次	10～13 次	2～4 次	5 次和 6 次	7～9 次	10～13 次
0.1	1	2	4	8	1	2	4	8	1.8	3.5	7	14
0.2	2	4	8	16	2	4	8	16	3.5	7	14	28
0.5	5	10	20	20	5	10	20	20	9	18	35	35
1	10	20	20	20	10	20	20	20	18	35	35	35

（2）品质测量要求。根据 EN 50160 和 GB/T 17626.7 规定，某些用途时测量的谐波高达 40 次，有些情况甚至达到 50 次。GB/T 17626.7 规定其相对误差（相对于被测值）应不超过 5%。如果还需要测量相位角，相应的误差应不超过 5%，如表 8－4 所示。

表 8－4 谐波影响品质测量误差限值表

准确级	在下列谐波下的电流（比值）误差		在下列谐波下的相位误差			
	±%		±（°）		±crad	
	1～2 次谐波	3～50 次谐波	1～2 次谐波	3～50 次谐波	1～2 次谐波	3～50 次谐波
品质测量专用	1	5	1	5	1.8	9

（3）常规继电保护。对于常规用途，有关的谐波不超过 5 次序列。16.66Hz 或 20Hz 适合

于包含铁道工频的各种现象，如表 8-5 所示。

表 8-5　　谐波影响常规继电保护误差限值表

准确级	在下列谐波下的电流（比值）误差		在下列谐波下的相位误差			
	±%		±（°）		±crad	
	1/3 次谐波（仅 16.7Hz 或 20Hz）	2～5 次谐波	1/3 次谐波（仅 16.7Hz 或 20Hz）	2～5 次谐波	1/3 次谐波（仅 16.7Hz 或 20Hz）	2～5 次谐波
所有保护级 XP××	10	10	10	10	18	18

（4）宽频带保护专用准确级要求。某些用途（如行波保护继电器）需要的频率高达 500kHz。例如，使用依据行波分析原理的保护可实现精确的故障定位。适用于这些保护与故障定位装置所使用的电流互感器和电压互感器应具有很宽的频率范围，其“扩展”范围高达 500kHz，如表 8-6 所示。

表 8-6　　宽频带保护误差限值表

准确级	在下列频率下的最大峰值误差 ±%
宽频带保护专用	f_{τ}～50kHz
	10

注　f_{τ}为额定频率。

电子式互感器的频带宽度（-3dB 截止频率）：至少应为 500kHz。

（5）电子式电压互感器的直流保护专用准确级。电子式电压互感器应能对线路上的直流电压给出适当指示，例如，出现滞留电荷时。对这种情况，并不要求反应的电压很准确，重要的信息是线路上残余电压的极性。具体要求如表 8-7 所示。

表 8-7　　电子式电压互感器的直流保护误差限值表

准确级	在下列频率下的最大峰值误差 ±%
直流保护专用（对 EVT）	0Hz（直流）～f_{τ}
	10

8.1.3　温升试验

温升试验是为了验证电子式互感器能否满足温升限值的标准要求。

8.1.3.1　试验要求

试验过程中应尽可能减小环境温度变化的幅度。在试品区周围不得有热源，外来的热辐射和气流等热干扰源。试品离开周围的建筑物 2m 之外，且在该范围内不得存放其他产品和杂物，防止影响试品散热。如果产品安装地点的海拔超过 1000m，而试验是在海拔低于 1000m 处进行，则试验结果应按下面公式进行校正

$$\Delta\theta_c = \Delta\theta_m\left(1-0.03\times\frac{H-1000}{1000}\right) \tag{8-1}$$

式中：$\Delta\theta_c$为校正后的温升值；$\Delta\theta_m$为低海拔处测得的温升值；H为使用地区的海拔。

试验时，互感器应按代表实际使用情况的状态放置。连接一次出线端子的导线，单根长度应不小于 1.5m，并应选取合适的截面，使在试验时导线距出线端子的 0.75～1m 处的温升为（40±3）℃。辅助电源电压和二次负荷同时作用，使二次转换器具有最大的内部功率消耗。对于电子式电流互感器施加额定频率、额定连续热电流。对于电子式电压互感器施加额定频率、1.2 倍额定一次电压。对多电流比互感器应选取最大额定电流值的接线进行试验。试验中，若温升变化值每小时不超过 1K 时，即认为电子式电流互感器已达到稳定温度。电子式电流互感器具有多个二次转换器时，应对每一个二次转换器进行试验。

温升测量可以用温度计、热电偶或其他适当装置。测量各部分温度的温度传感器必须事先经过计量校验，其测量温度范围内的准确度不得超过±0.5℃。所使用的温度传感器应具有抗电磁场干扰能力。

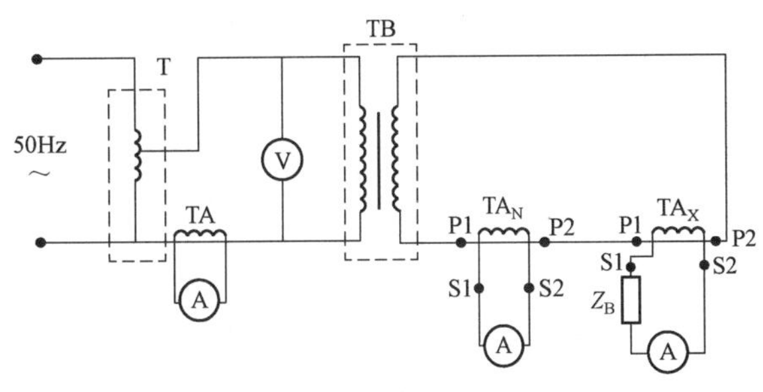

图 8-2　温升试验回路接线原理图

8.1.3.2　试验回路

温升试验回路接线原理图如图 8-2 所示。试验电源可选用容量足够大的调压器加升流器或采用发电机组。试验回路中的标准互感器的准确度不低于 0.2 级，电流表、电压表的准确度应不低于 0.5 级。电流互感器试验回路的一次铜导线的截面尺寸可参考表 8-8。

表 8-8　　一次铜导线截面尺寸参考表

试验电流（A）	200	300	400	500	600	800	1000	1500
导线截面面积 $A\times B$（mm²）	15×3	25×3	40×3	40×4	50×4	50×6	60×8	100×8

注　当电流超过 1500A 时，导线电流密度应小于等于 2A/mm²。

8.1.3.3　试验结果判定

互感器的温升限值应符合表 8-9 规定的值。

表 8-9　　互感器的温升限值表

绝缘等级（依据 GB/T 11021）	最高温升（K）
浸于油中的所有等级	60
浸于油中且全密封的所有等级	65
充填沥青胶的所有等级	50
不浸油或不充沥青胶的各等级（Y/A/E/B/F/H）	45/60/75/85/110/135

注　对某些材料（例如树脂），制造方应指明其相当的绝缘等级。

冷却到室温后，电子式互感器应能满足下列要求：无可见损伤；其误差与试验前的差异不超过其准确级相应误差限值的一半，且满足相应的准确度限值。

8.1.4 振动试验

电子式互感器在运行过程中会存在各种不同原因所引起的振动，这些振动会对电子式互感器的正常运行产生一定的影响，因此需要对电子式互感器进行振动试验。标准规定，保护用电子式互感器的输出，应在承受与其使用状态相应的振动水平时仍运行正确。电子式电流互感器的不同部件可以承受不同的振动水平。测量用电子式电流互感器的输出，仅进行振动寿命试验。

电子式互感器的振动试验分为两部分，一是针对电子式互感器一次设备的振动试验，二是针对电子式互感器二次部件的振动试验。具体的装配组合关系如图 8－3 所示。

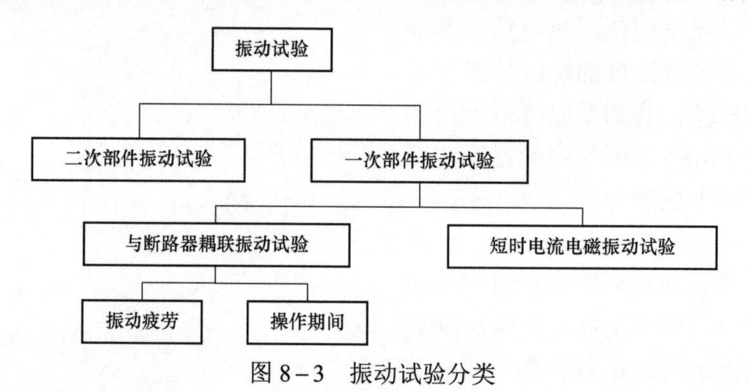

图 8－3　振动试验分类

8.1.4.1 二次部件的振动试验

二次部件主要包括二次转换器、合并单元和二次电源，与变电站的电子式二次设备相类似，应按 GB/T 2423.10—2008《电工电子产品环境试验（正弦）》对正常使用条件下运行的二次部件进行试验。

8.1.4.2 一次部件的振动试验

一次部件的振动试验布置应尽量符合实际所要求的最恶劣振动运行情况。振动水平是随联结布置、绝缘类型以及断路器的动作原理不同而变化的。一次部件的振动试验又可分为短时电流期间的一次部件振动试验和一次部件与断路器机械耦联时的振动试验两种。

（1）短时电流期间的一次部件振动试验。实际现场运行中，断路器与电子式互感器之间的连接线路如图 8－4 所示。本试验是在短时电流电磁力造成母线振动时，确定受振动的电子式电流互感器是否能正确运行。本试验可与短时电流试验、复合误差试验、暂态峰值误差试验结合进行。在断路器最后一次分闸经 5ms 后，在额定频率一个周期计算出的电子式电流互感器二次输出信号方均根值，理论上应该是“0”，实际上应不超过额定二次输出的 3%。为体现最恶劣的振动情况，电子式电流互感器应与断路器作刚性连接。

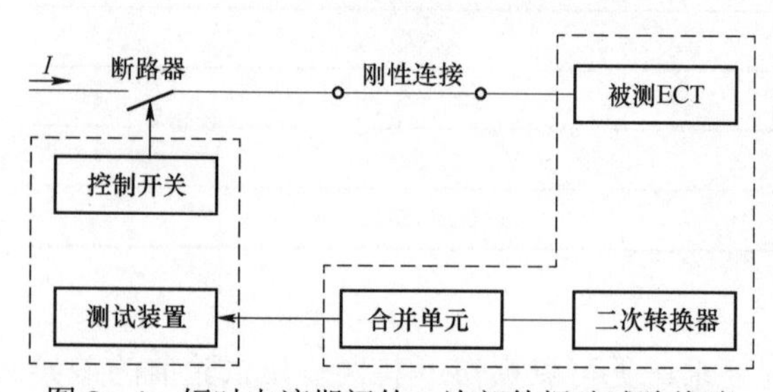

图 8－4　短时电流期间的一次部件振动试验线路

具体试验程序为：① 按照振动试验线路连接好电子式互感器，并将电子式互感器的输出接入振动试验测试装置。② 对电子式互感器进行复合误差试验，测试装置记录操作过程中电子式互感器的输出波形。③ 测试装置对上述结果进行统计分析，在整个操作过程及操作结束5s之内，每一周期计算出的电子式互感器二次输出信号方均根值均不得超过额定二次输出的3%。

（2）一次部件与断路器机械耦联时的振动试验。实际现场运行中，断路器与电子式互感器之间的连接线路如图8-5所示。与短路电流时一次部件振动不同的是，电子式互感器振动不再是导线电磁力引起的，而是开关操作的机械力引起的振动。

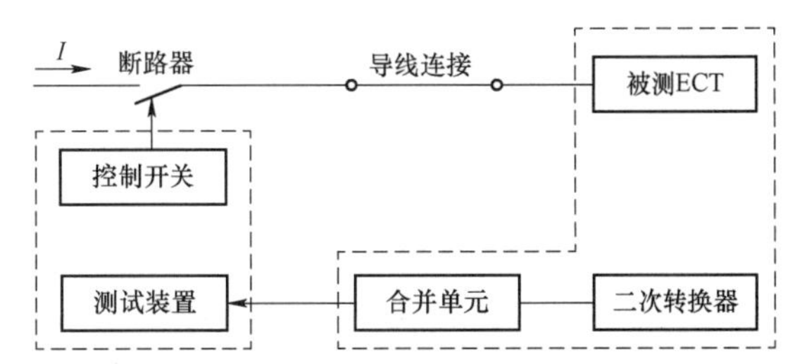

图8-5 一次部件与断路器机械耦联时振动试验线路

1）操作振动试验。本试验的目的是确定电子式电流互感器在断路器操作造成的振动下是否能正常运行。断路器应做无电流操作一个工作循环（分—合—分）。在断路器最后一次分闸5ms后，在额定频率一个周期计算出电子式电流互感器二次输出信号方均根值，理论上应该是“0”，实际上应不超过额定二次输出的3%。为体现最恶劣的振动情况，断路器应通过硬导体连接。在整个操作过程及操作结束后，对每一操作周期所计算出的互感器二次输出信号方均根值均不得超过额定二次输出的3%。

2）疲劳振动试验。断路器应按GB 1984—2003《高压交流断路器》的规定，在无一次电流的情况下操作3000次，电子式电流互感器应在此试验前、后测量额定电流下的准确度。试验后电子式电流互感器的误差与试验前的差异，应不超过其准确级相应误差限值的一半，才可判定为合格。

8.2 交流电子式互感器相关试验

8.2.1 测量级准确度试验

8.2.1.1 测量用电子式电流互感器准确级

对于测量用电子式电流互感器的标准准确级如下：0.1、0.2、0.5、1、3、5级。

（1）对于0.1、0.2、0.5、1级准确度，额定频率下的电流误差和相位误差不超过表8-10所规定值。

表8-10 测量用电子式电流互感器准确度误差限值表（0.1、0.2、0.5、1.0级）

准确度等级	在下列额定电流（%）时比值误差				在下列额定电流（%）时相位误差							
	±%				±′				±crad			
	5	20	100	120	5	20	100	120	5	20	100	120
0.1	0.4	0.2	0.1	0.1	15	8	5	5	0.45	0.24	0.15	0.15
0.2	0.75	0.35	0.2	0.2	30	15	10	10	0.9	0.45	0.3	0.3
0.5	1.5	0.75	0.5	0.5	90	45	30	30	2.7	1.35	0.9	0.9
1.0	3.0	1.5	1.0	1.0	180	90	60	60	5.4	2.7	1.8	1.8

（2）对于 0.2S 和 0.5S 级准确度，电流互感器的电流误差和相位误差对于在规定频率特定的应用（即连接特殊电表，要求在额定电流 1%和 120%之间的电流下测量准确）不能超过表 8－11 所规定值。

表 8－11　　　测量用电子式电流互感器准确度误差限值表（0.2S/0.5S 级）

准确度等级	在下列额定电流（%）时比值误差					在下列额定电流（%）时相位误差									
	±%					±′					±crad				
	1	5	20	100	120	1	5	20	100	120	1	5	20	100	120
0.2S	0.75	0.35	0.2	0.2	0.2	30	15	10	10	10	0.9	0.45	0.3	0.3	0.3
0.5S	1.5	0.75	0.5	0.5	0.5	90	45	30	30	30	2.7	1.35	0.9	0.9	0.9

（3）对于 3 级和 5 级准确度，规定频率时的电流误差不能超过表 8－12 所规定值。等级 3 和等级 5 不作相位误差要求。

表 8－12　　　测量用电子式电流互感器准确度误差限值表（3/5 级）

准确度等级	在下列额定电流（%）时比值误差	
	±%	
	50	120
3	3	3
5	5	5

8.2.1.2　测量用电子式电压互感器准确级

对于测量用电子式电压互感器的标准准确级如下：0.1、0.2、0.5、1、3、5 级。

电压处于额定电压的 80%～120%之间、功率因数为 0.8（滞后）、负荷水平为额定负荷的 25%～100%时，额定频率下的电压误差和相位误差分别不超过表 8－13 所规定值。

表 8－13　　　测量用电子式电压互感器准确度误差限值表

准确度等级	在下列额定电压（比值）误差	相位误差	
	±%	±′	±crad
0.1	0.1	5	0.15
0.2	0.2	10	0.3
0.5	0.5	20	0.6
1.0	1.0	40	1.2
3.0	3.0	无规定	无规定

8.2.2　保护级准确度试验

8.2.2.1　保护用电子式电流互感器准确级

保护用电子式电流互感器的准确级是以该准确级在一次电流额定准确限值下所规定最大允许复合误差的百分数来标称，其后标以字母“P”（表示保护）或字母“TPE”（表示暂态保护电子式互感器准确级）。

保护用电子式电流互感器的标准准确级为：5P、10P 和 5TPE 级。

在额定频率下的电流误差、相位差和复合误差，以及规定暂态特性时在规定工作循环下的最大峰值瞬时误差，应不超过表 8－14 所规定值。误差限值表中所列相位差是对额定延迟时间补偿后余下的数值。

表 8－14　　保护用电子式电流互感器准确度误差限值表

准确度等级	在额定一次电流时比值误差	在额定一次电流时相位误差		在额定准确限值一次电流下复合误差	在准确限值条件下最大峰值瞬时误差
	±%	±′	±crad	%	%
5TPE	1	60	1.8	5	10
5P	1	60	1.8	5	—
10P	3	—	—	10	—

8.2.2.2　保护用电子式电压互感器准确级

对于保护用电子式电压互感器，准确度等级的标定用在 5%额定电压至额定电压因数相对应的电压及标准规定参考范围负荷下，该准确级的最大允许误差百分数来表示，并在其后标以字母“P”。

保护用电子式电压互感器标准准确级等级为 3P 和 6P。其中，在 5%额定电压至额定电压因数相对应的电压下，两者的电压误差和相位误差的限值相同；在 2%额定电压下的误差限值为 5%额定电压下的误差限值的 2 倍；若电子式电压互感器在 5%额定电压下和在上限电压下，误差限值不同，由制造厂和用户协商规定。额定频率下的电压误差限值和相位误差限值如表 8－15 所示。

表 8－15　　保护用电子式电压互感器准确度误差限值表

准确度等级	在下列额定电压（%）时								
	2			5			X′		
	比值误差	相位误差		比值误差	相位误差		比值误差	相位误差	
	±%	±′	±crad	±%	±′	±crad	±%	±′	±crad
3P	6	240	7	3	120	3.5	3	120	3.5
6P	12	480	14	6	240	7	6	240	7

8.2.3　复合误差和暂态性能试验

8.2.3.1　复合误差试验

为验证是否满足复合误差限值，一般采用直接法。试验时一次端子通过实际正弦波电流，其值应等于额定准确限值一次电流，并连接额定负荷（如果适用）。校准线路同数字输出电子式电流互感器误差校准线路，标准电磁式电流互感器取用额定准确限值一次电流，校准软件采用复合误差计算软件。对于铁磁传感器产品，一次返回导体与电子式电流互感器之间的距离应注意模拟实际运行情况。

8.2.3.2 暂态性能试验

电磁式电流互感器由 GB 16847—1997《保护用电流互感器暂态特性技术要求》标准规定了特殊的 TPS、TPX、TPY、TPZ 级，对应不同用途所要求的暂态特性。电子式电流互感器的暂态保护 TPE 级定义为：在准确限值条件、额定一次时间常数和额定工作循环下的最大峰值瞬时误差为 10%。峰值瞬时误差同时包含暂态直流分量和交流分量的误差。此定义等同于常规电流互感器 TPY 级定义。所以，TPE 级 ECT 满足继电保护用途和故障暂态录波的通用要求。因此，相对于电磁式电流互感器，电子式电流互感器的暂态保护性能更加优越。电磁式电流互感器对一次时间常数极为敏感，而采用一定技术的电子式电流互感器可以忽略一次时间常数对交流分量测量的影响。同时，对于模拟量输出，还相对削弱了准确度受二次电路负荷的影响；在数字量输出时，则准确度与其输出无关。

8.2.4 长期性能带电考核试验

8.2.4.1 试验目的

为提升电子式互感器的长期可靠性和稳定性，应进行长期性能带电考核试验。电子式互感器可安装于 GIS 平台、独立支架或与隔离断路器集成。电流准确级为 0.2/5P 或 0.5/5P，电压准确级为 0.2/3P 或 0.5/3P。长期施加 100%额定电压，施加 100%额定电流以 8h 和 5%额定电流 16h 为一循环，循环连续进行，考核周期为一年。通过网络分析仪与故障录波仪监视合并单元二次输出，检验仪实时监测电子式互感器误差，状态监测设备监视电子式互感器实时状态，通过电能表监测电子式互感器电能量。

8.2.4.2 试验结果判定

要求电子式互感器在一年期的运行过程中，不允许出现器件损坏、采样异常、通信异常等故障，不允许输出与实际信号不符而可能导致保护误动、闭锁等。详细试验过程、方法及测试要求如表 8－16 所示。

表 8－16　　电子式互感器长期性能考核试验

序号	测试项目	测试方法	测试要求	备注
1	准确度试验	在试品完成安装调试后，按基本准确度试验要求测量误差，每三个月进行一次，共进行五次	每次测量均满足相应准确级的要求，第五次测量误差相对第一次测量误差变化值不超过误差限值（环境条件一致的条件下）	考核长期运行过程中的稳定性。每一个误差测量点，以每一秒钟前十个周波作为 1 组误差数据，测量 20 组误差数据，每一组误差数据均不能超过误差限值
		通过平台分别施加 5%、80%、100%、120%和 150%的额定电压，分别测量电流互感器的基本准确度。在投入运行前和结束前各测量一次	满足相应准确级要求	考核在不同运行工况下对测量准确度的影响。每一个误差测量点，以每一秒钟前十个周波作为 1 组误差数据，测量 20 组误差数据，每一组误差数据均不能超过误差限值
		通过平台分别施加 5%、20%、80%、100%与 150%的额定电流，分别测量电压互感器的基本准确度。在投入运行前和结束前各测量一次	满足相应准确级要求	考核在不同运行工况下对测量准确度的影响。每一个误差测量点，以每一秒钟前十个周波作为 1 组误差数据，测量 20 组误差数据，每一组误差数据均不能超过误差限值

续表

序号	测试项目	测试方法	测试要求	备注
1	准确度试验	通过校验仪实时监测误差	满足相应准确级要求	考核长期运行过程中的稳定性。以每一秒钟前十个周波作为 1 组误差数据，连续测量 5 组误差数据取平均值，所有平均值均不超过误差限值
2	隔离开关操作抗干扰试验	在 120%的额定电压，无电流条件下，依次操作平台四个隔离开关分合各三次	试品不允许出现损坏、通信异常等异常状态，电流互感器二次输出单点不允许超过额定二次输出（有效值）的 100%，连续两点不允许超过额定二次输出的 40%	考核运行过程中开关操作对稳定性与可靠性的影响
3	状态监测要求	电子式互感器应具备状态监测功能，无源电子式互感器必须具备总状态、光路状态、电路状态、温度状态及通信状态监测；有源电子式互感器应具备总状态、采集单元状态、温度状态及通信状态监测。其他状态由厂家自定义。对带有激光器的合并单元，要求监测激光器温度、驱动电流或光功率、一次采集器转换电压等	电子式互感器状态监测应能正确反应其当前状态	考核长期运行中电子式互感器关键状态的变化及与稳定性、可靠性的关系
4	电能监测要求	通过模拟量电能表监测电磁式互感器电能量，数字量电能表监测电子式互感器电能量，用于试验比对	暂不评价	研究电子式互感器测量准确度对电能计量的影响
5	温度循环试验	在带电运行一年后进行，要求温度范围（含合并单元）为 −40～+70℃	所有测量点均满足相应准确级要求	考核运行一年后测量准确度的稳定性
6	复合误差试验	在带电运行一年后进行，在 30 倍额定电流下进行	复合误差不超过 5%	考核在运行一年后，在短路电流下的可靠性
7	供能可靠性试验	对于线路取能和激光功能互为备用的互感器，两种供能方式各运行半年。试验中通过接入升流回路与不接入升流回路来实现	互感器性能正常，供能可靠	考核供能可靠性

8.2.5 暂态电磁干扰试验

8.2.5.1 试验目的

在试验室搭建隔离开关分合容性小电流试验回路，同时将电子式互感器接入试验回路，模拟现场隔离开关开合空母线及容性小电流负荷过程，产生类似现场暂态强干扰，考核在该条件下电子式互感器的电磁防护性能。

8.2.5.2 试验回路

GIS 隔离开关分合容性试验回路如图 8－6 所示。

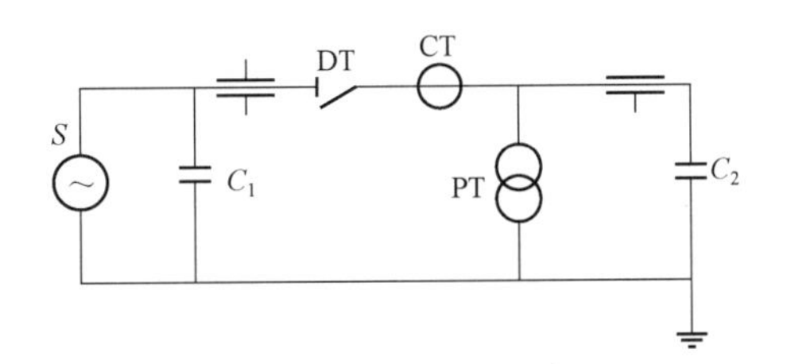

图 8－6 GIS 隔离开关分合容性小电流试验回路

S—试验电源 $U_m/\sqrt{3}$；C_1—电容 5000pF；C_2—负载电容 5000pF；DT—隔离开关；CT—被试电子式电流互感器；PT—被试电子式电压互感器

8.2.5.3 试验测量

（1）测量一次参数。电源侧电压、负荷侧电压和电流、外壳电位升。负荷侧测量采用内置宽带电压和电流探头及光纤式电压电流测量系统。

（2）测量二次参数。电子式互感器输出波形数据。

（3）试验次数。试验总数为10次合分。

（4）试验要求。试品不损坏；不出现通信中断、丢包、品质改变等；不允许输出异常。其中电子式电流互感器输出异常包括单点输出超过额定二次输出的100%或连续两点输出超过额定二次输出的40%。

8.3 直流电子式互感器相关试验

8.3.1 测量准确度试验

8.3.1.1 直流电子式电流互感器

（1）试验要求。直流电子式电流互感器直流电流测量误差限值应满足表8－17要求。

表8－17 直流电子式电流互感器测量误差限值

一次电流	误差限值
$10\%I_n \sim 120\%I_n$	0.2%
$120\%I_n \sim 300\%I_n$	3%
$300\%I_n \sim 600\%I_n$	10%

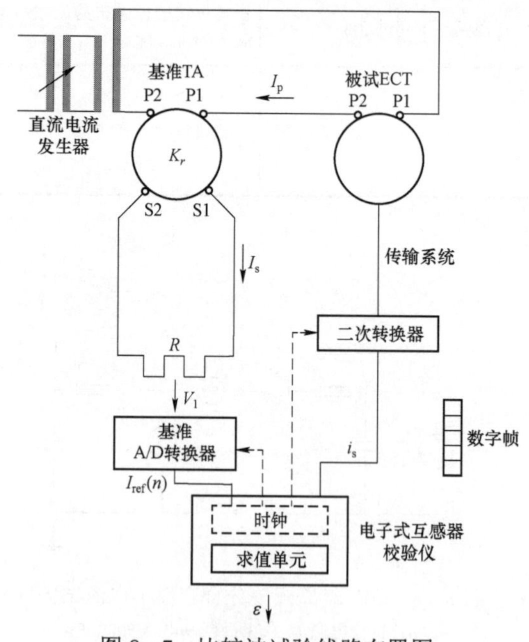

图8－7 比较法试验线路布置图

K_r—基准电流互感器的额定变比；V_1—基准A/D转换器的输入电压；R—基准电流互感器的额定二次负荷，要求R是高精度的负荷

（2）直流电流测量准确度试验。

1）直流电流测量准确度试验可以采用比较法或稳流法进行。其中，比较法的基本思想是将被试电子式电流互感器与基准电流互感器进行比较，从而求得被试电子式电流互感器的误差。比较法试验线路布置如图8－7所示。稳流法的基本思想是对被试直流电子式电流互感器施以高精度直流稳定电流，由合并单元直接读取测量值从而求得直流电子式电流互感器的误差。稳流法要求直流稳流源的准确度高于0.05%。

2）分别测试直流电子式电流互感器在如下各电流点的误差（I_n为额定一次电流）：$0.1I_n$、$0.2I_n$、I_n、$1.2I_n$、$2I_n$、$3I_n$、$4I_n$、$6I_n$。若各测量点的误差满足表8－17的要求，则电子式互感器通过本试验。

3）由于有源光电式直流电流互感

器采用分流器作为直流电流传感元件，需要对互感器施加额定电流一段时间使得分流器单元达到热稳定，该时间一般为 0.5h。对电子电路来说，一般也应进行预热。

在额定电流的 10%、20%、50%、80%、100%和 110%下进行校准，对于负极性电流有要求的直流电流互感器还应施加负极性电流进行校准。直流电流互感器要求能够测量 6 倍额定电流，100%～600%额定电流下互感器的误差测定可以仅对电子电路部分进行。给一次转换器施加等效直流电压来测定电子电路部分的误差。测量电压标幺值至少应选取±1、±2、±3、±6。

由于试验条件限制，试验电源可能无法提供高达 600%额定电流的稳态直流电流，可以选取脉冲电流作为试验电流，但其脉宽应不小于 20ms。

8.3.1.2 直流电子式电压互感器

（1）试验要求。直流电子式电压互感器直流电压测量误差限值应满足表 8－18 要求。

表 8－18 直流电子式电压互感器测量误差限值

一次电压	误差限值
$10\%U_n$～$120\%U_n$	0.2%
$120\%U_n$～$150\%U_n$	0.5%

（2）直流电压测量准确度试验。试验直流电子式电压互感器在下列各电压点的误差：$0.1U_n$、$0.2U_n$、$1.0U_n$。若误差小于 0.2%，则互感器通过本试验。

8.3.2 极性反转试验

8.3.2.1 直流电子式电流互感器

按如下方式进行极性反转试验（U_n 为额定运行电压）：

（1）施加－$1.25U_n$ 直流电压，90min；在 1min 内极性反转至+$1.25U_n$。

（2）施加+$1.25U_n$ 直流电压，90min；在 1min 内极性反转至－$1.25U_n$。

（3）施加－$1.25U_n$ 直流电压，45min。

如果试验结果无可见损伤并且电压测量准确度满足要求，则认为互感器通过本试验。

8.3.2.2 直流电子式电压互感器

按如下方式进行极性反转试验（U_n 为额定运行电压）：

（1）施加－$1.25U_n$ 直流电压，90min；在 1min 内极性反转至+$1.25U_n$。

（2）施加+$1.25U_n$ 直流电压，90min；在 1min 内极性反转至－$1.25U_n$。

（3）施加－$1.25U_n$ 直流电压，45min。

如果试验结果无可见损伤并且电压测量准确度满足要求，则认为互感器通过本试验。

8.3.3 阶跃响应试验

8.3.3.1 直流电子式电流互感器

直流电子式电流互感器应对电子电路部分进行下列电压阶跃试验：$0U_1$～$1U_1$，$1U_1$～$0U_1$，$0.5U_1$～$0.25U_1$，$0.5U_1$～$0.75U_1$（U_1 代表一次额定直流电流下相应的分流器输出电压）。

除上述电压阶跃外，还应整体进行下列电流阶跃试验：$0I_{N1}$～$0.1I_{N1}$，$0.1I_{N1}$～$0I_{N1}$（I_{N1}

代表一次额定直流电流)。

(1)阶跃响应要求。最大过冲小于10%,上升时间(达到阶跃值90%的时间)小于150μs,建立时间(幅值误差不超过阶跃值1.5%)小于5ms。

(2)阶跃响应试验。阶跃响应试验需分别进行如下两项试验:① 在一次转换器的模拟信号输入端施加如下阶跃电压信号测试电流互感器的阶跃响应:0~1(标幺值),1~0(标幺值),0.5~0.25(标幺值),0.5~0.75(标幺值)。此处,1(标幺值)对应电流互感器一次端施加额定一次电流时一次转换器的模拟输入电压信号。② 在电流互感器的一次端施加如下电流测试电流互感器的阶跃响应:0~1(标幺值),1~0(标幺值)。此处,1(标幺值)对应电流互感器的额定一次电流。

8.3.3.2 直流电子式电压互感器

(1)阶跃响应要求:

1)最大过冲。阶跃响应最大过冲应小于阶跃的10%。

2)上升时间。阶跃响应的上升时间应小于150μs。

(2)阶跃响应试验。阶跃响应试验需分别进行如下两项试验:① 在一次转换器的模拟信号输入端施加如下阶跃电压信号测试电压互感器的阶跃响应:0~1(标幺值),1~0(标幺值),0.5~0.25(标幺值),0.5~0.75(标幺值)。此处,1(标幺值)对应电压互感器一次端施加额定一次电压时一次转换器的模拟输入电压信号。② 在电压互感器的一次端施加如下阶跃电压测试电压互感器的阶跃响应:0~1(标幺值),1~0(标幺值)。此处,1(标幺值)对应电压互感器的额定一次电压。

8.3.4 频率响应试验

8.3.4.1 直流电子式电流互感器

(1)频率特性要求。

1)幅频特性。在50~1200Hz频率范围内,对于有效值为额定一次电流20%以上的交流电流,直流电子式电流互感器的幅值误差应小于0.5%。

2)相频特性。在50~1200Hz频率范围内,对于有效值为额定一次电流20%以上的交流电流,直流电子式电流互感器的相位偏移应小于500μs。

对直流电子式电流互感器通以有效值为额定一次电流20%的交流电流时,分别测试电流互感器在50、100、200、300、400、500、600、700、800、900、1000、1200Hz各频率下的幅值误差和相位偏移。若幅值误差小于0.5%、相位偏移小于500μs,则互感器通过本试验。

(2)频率响应试验。直流电子式电流互感器频率响应试验测试其对频率为1200Hz及以下的正弦输入电流的幅值和相位的测量偏差,可以仅在50Hz及偶次谐波频率下进行试验。标准器推荐采用准确度高于0.1%的同轴分流器。

当频率为50~300Hz时,施加方均根值为10%I_N对应的谐波电流;当频率为300~1200Hz时,施加方均根值为100A的交流电流。频率响应试验准确度要求为所测量的幅值误差不超过0.75%,相角误差不超过500μs,具体参照GB/T 26216.1—2010中相关规定。

8.3.4.2 直流电子式电压互感器

(1)频率特性要求。在50~1200Hz频率范围内,对于有效值为额定一次电压的交流电压,直流电子式电压互感器的误差应小于1%。

（2）频率响应试验。直流电子式电压互感器频率响应试验是为了检查直流电压测量装置的不同频率的交流特性。在测量系统输入端分别施加频率为50、100、200、300、400、500、600、700、800、900、1000、1200、1400、1600、1800、2000Hz的正弦试验电压，对直流电压测量装置输入/输出端之间的交流变比进行测量，包括幅值和相位移。

直流电子式电压互感器频率响应试验应在低输入电压下进行，输入电压值根据具体试验条件确定。

8.4 现场检验与调试验收试验

8.4.1 电子式互感器的现场检验

电子式互感器的现场试验和检测项目，逐渐淡化了传统互感器绝缘性能、功率容量等方面的传统内容，强化了EMC、网络通信等方面的内容。现场检验和试验包含两个目的：一是检查新到产品是否符合供货协议约定的技术参数和供需双方约定的特殊订货要求，判据应是协议中约定的技术条件、指定的国家标准或行业标准以及供需双方约定的特殊试验项目；二是故障诊断类试验，通过试验达到对故障寻迹、定位的目的。

（1）一般性试验项目。

1）工频耐压试验。独立支柱式ECT或EVT，自身含有绝缘结构，作为重要的安全保障措施，需要做工频耐压试验，它是一种绝缘结构的极限试验，可按相应标准的80%电压值做试验。对于附配在一次电器（例如变压器、断路器、GIS）上的ECT、EVT，依赖或共享一次电器既有的绝缘结构，可与一次电器本体一起做工频耐压试验。

2）测量准确度试验。测量准确度试验是互感器最基本的功能试验，鉴于ECT的保护测量范围往往在数万安培，现场无法发生大电流，进行测量准确度试验可检验采集器部件大电流反应能力。

3）极性检查试验。极性检查试验可与准确度试验合并进行，当不作准确度试验时，需单独做极性检查试验。

4）通信连接试验。数字化输出和网络化接线是电子式互感器的特点之一，通信连接试验是一个新增的现场检验项目，用于检验通信系统的物理连接、链路协议、差错控制的有效性以及不同设备的兼容性。

5）空母带压分合操作试验。隔离开关对空母线分合操作是变电站上产生电磁干扰最强的一种试验，它是检验电子式互感器抗干扰能力最有效的方法，尽管这已经是变电站的运行操作之一，但鉴于在目前的试验室条件下还没有等效的试验方法代替这种操作，国际EMC试验也无法代替此种试验，所以在变电站具备条件时，此试验可作为现场检验内容之一，当然也兼有系统性投运试验的双重作用。

（2）诊断试验项目。诊断试验并非规定的试验项目，可以根据需要选择进行，其目的是对故障现象进行特别设计的寻迹、定位试验，这些试验可以是非协议约定的检验范围，但对确保互感器的安全投运有保障作用，它涉及部件之间的传递参数，是对例行检验项目的补充，甚至达到例行检验不可能达到的技术层面。同时，电子式互感器由多个部件相互配合进行工作，部件之间是可以拆分的插接式组合，所以可以进行一些针对部件的中间试验，这些中间试验的方法对检验互感器的潜在性能和暴露潜在故障更为有效。

按照互感器体系结构和分类，电子式互感器部件级试验可分为四个段（部件），并可在三个接口上进行：① 传感参数试验。针对传感器输出模拟量的直接测试，包括电流传感线圈输出端子、光纤传感头的电接口、电压分压器分压点的直接测量。当有传感器故障判断时，可考虑此试验。② 一/二次转换器模拟试验。由信号发生器代替传感器的输出，接入到转换器输入端检验转换器的转换性能，鉴于在现场条件下，无法产生万安以上的大电流，所以保护测量范围往往无法检验，采用间接模拟二次输出的方法，可检查转换器对大电流的反应能力。当有转换器故障判断时，可考虑此试验。③ 光纤传输性能试验。检查光纤传输接收端的实际光强，对能否满足设备间的通信要求作出评估和判断。当发生通信误码故障时，可考虑此试验。④ 合并单元通信状态试验。考察合并单元（MU）对不同的通信故障状态（加掉电、断线、数据无效、误码等）的反应能力。

8.4.2 电子式互感器的调试试验

电子式互感器现场交接和正常检修后的主要调试项目按例行试验项目进行。故障修复后的主要调试项目有：一次端工频耐压检测、低压器件工频耐压、准确度检测、极性检查等。

8.4.3 电子式互感器的验收试验

电子式互感器验收内容主要有：① 电子式互感器极性、准确度、零漂及暂态过程测试结果应满足 GB/T 20840 和 GB/T 22071 相关标准要求，并符合工程技术协议要求。② 电子式互感器的工作电源在正常工作电压范围内应输出正确，非正常工作电源应不输出错误数据；加电或掉电瞬间应正常输出数据或关闭输出。③ 有源电子式互感器应能在供能（激光/线路取电）切换时不输出错误数据。④ 检查合并单元与转换器通信正常。⑤ 检查合并单元和保护、测控等通信正常，守时准确度满足要求。

电子式互感器竣工验收试验项目和标准要求参见 Q/GDW 1544—2016《电子式互感器现场交接验收规范》，部分内容见表 8－19。

表 8－19　　电子式互感器竣工验收试验项目和标准要求

序号	试验项目	标准要求	说　明
1	外观、标志检查	铭牌标识应清晰，铭牌应具有产品编号、出厂日期、接线图或接线说明，有额定一次值、准确度等级等明显标志；一次接线端子应具有极性标志、电流或者电压接线符号标志，接地端子应具有接地符号标志；设备外绝缘无破损、开裂，爬电距离及伞形、伞裙间距符合招标技术文件要求，金属部分无锈蚀	
2	绝缘电阻	① 电子式电流互感器一次端子对地的绝缘电阻值不小于 1500MΩ；② 电子式互感器及合并单元的供电端口两极对外壳之间的绝缘电阻不小于 500MΩ	电子式电压互感器的绝缘电阻值由业主与互感器制造商协商确定，但与出厂试验值相比不能有明显变化
3	电容量和介质损耗因数测量	电子式互感器一次端子对本体外壳间的电容量和介质损耗因数值与出厂测量值比较，两者间的比值应在 0.8～1.2 之间	
4	一次端子的工频耐压试验	一次端子工频耐压试验按出厂值的 80%进行	

续表

序号	试验项目	标准要求	说　明
5	检查接线组别和极性	电子式互感器的实际极性与标识相符；合并单元输出数据反映出的极性应与互感器的极性标识相符，若不相符则应改变一次侧实际极性，不应通过软件进行更正	
6	准确度试验	试验结果满足 GB 20840.7 和 GB 20840.8 的准确度要求	电子式互感器与合并单元按照现场安装方式，组合接线完毕后整体进行准确度试验
7	自诊断功能测试	电子式互感器具有自诊断及掉电保持功能，能够对自检事件进行记录、追溯，并通过直观方式显示。记录的事件包括：电子式互感器通道故障、时钟失效、网络中断、参数配置改变等重要事件	
8	光通信接口收发功率裕度测试	光纤类型宜采用多模光纤，光纤芯径宜采用 62.5/125μm（或 50/125μm）。对于光波长 1310nm 的光纤，其光纤发送功率为−20～−14dBm，光接收灵敏度为−31～−14dBm。对于光波长 850nm 的光纤，其光纤发送功率为−19～−10dBm，光接收灵敏度为−24～−10dBm。1310nm 光纤和 850nm 光纤回路（包括光纤熔接盒）的衰耗不大于 0.5dB	使用光纤功率计对正常工作的电子式互感器与合并单元的所有光纤出口处的发送功率进行测试。使用光功率衰减器对光通信口的接受功率裕度进行测试
9	时钟同步测试	合并单元的对时误差不大于 1μs；在失去同步信号 10min 内，守时误差不大于 4μs	对时和守时误差通过 MU 输出的秒脉冲或者采样同步脉冲信号与参考时钟源秒脉冲信号比较获得。具体测试方法参照 DL/T 281—2012 的 6.5 部分
10	通信协议测试	合并单元的通信接口可以实时有效地接收电子式互感器输出的数据，能够按照规定的协议输出数据。电子式互感器二次和合并单元输出应满足设计的要求，能够按规定的语法语义输出数据，合并单元应能够正确输出品质字与同步位标志	
11	合并单元模拟量输入采集测试	若合并单元需要采集模拟量则进行测试，可以准确地进行模拟量的数据采集并能够按要求的协议输出数据	使用电子式互感器校验仪或者合并单元测试仪配合交流采样基准或者标准功率源对合并单元模拟量输入采集功能进行试验。具体测试方法参照 DL/T 281—2012 的 6.2 部分
12	合并单元额定延时测试	合并单元每个采集板的采样延时时间不大于 1ms，级联母线合并单元的间隔合并单元每个采集板的采样响应时间不大于 2ms，最大延时测试值与最小延时测试值之差不超过 20μs	
13	现场机械振动影响试验	试验前后电子式互感器合并单元平均输出值的相对变化应低于其额定输出值的 3%，最大相对变化不超过其额定输出值的 5%	
14	密封性能试验	油浸式互感器密封良好，油位指示与环境温度相符，无渗漏油。SF_6 互感器气体年泄漏率应不大于 0.5%	

参考文献

[1] 刘彬，叶国雄，郭克勤，等. 电子式互感器性能检测及问题分析 [J]. 高电压技术，2013，38（11）：72－80.

[2] 余春雨，叶国雄，王晓琪，等. 电子式互感器的校准方法与技术 [J]. 高电压技术，2004，30（4）：20－22.

[3] 于文斌，李岩松，张国庆，等. 光学电流互感器的性能分析与试验研究 [J]. 哈尔滨工业大学学报，2006，

38（3）：353－356.

［4］ 任稳柱，冯建强，袁渊，等. 电子式互感器校验系统的误差分析方法［J］. 高压电器，2011，47（4）：64－68.

［5］ 胡蓓，叶国雄，黄华，等. 电子式电流互感器振动试验方法研究［J］. 电测与仪表，2013，50（8）：62－67.

［6］ 刘延冰，李红斌，余春雨，等. 电子式互感器原理技术及应用［M］. 北京：科学出版社，2009.

［7］ 胡灿. 超/特高压直流互感器现场校验技术及装置［M］. 北京：中国电力出版社，2013.

第 9 章　电子式互感器运维与检修

电子式互感器前期的设计选型、安装调试与后期开展的运行维护、装置检修联系紧密。运行维护及检修工作有效、及时地开展，为提高电子式互感器安全可靠运行提供了有效保障。本章主要针对目前工程已实用化的交流电子式互感器和直流电子式互感器的运行维护及检修的相关知识与操作规程进行阐述。首先在运维方面对比了电子式互感器与传统互感器的异同点，提出了电子式互感器在停电计划、倒闸操作、缺陷分类和运行巡视等方面的新要求；其次在检修方面详细说明了电子式互感器的检修类别、检修策略、检修调试、设备评价等相关内容与注意事项；最后对电子式互感器设备本体和合并单元等重要元器件的巡视与维护进行了介绍。由于电子式互感器缺乏长期运行的实践经验，其运行稳定性、可靠性还有待进一步验证。随着电子式互感器技术的成熟化，工程应用将逐渐增多，其运维检修方式与手段面临着新的挑战与突破。

9.1　交流电子式互感器

9.1.1　运行维护影响

应用交流电子式互感器，对运行维护的影响主要包括停电计划、倒闸操作、缺陷分类和运行巡视等方面。

（1）对停电计划的影响。交流电子式互感器采集系统开展维护工作，可能影响继电保护系统正常运行时，应将相关保护进行调整。在进行维护工作中与带电设备安全距离不足或可能造成无保护运行时，应将有关运行设备停运。交流电子式互感器检修维护时，应做好与其相关联的保护、测控等设备的安全措施。

（2）对倒闸操作的影响。一般情况下对于母线用电子式电压互感器和母线同时进行停送电。单独停用电子式电压互感器时，应考虑其对相关保护影响。线路电子式电压互感器的正常操作应跟随其间隔的线路进行。不应用隔离开关拉开有故障的电子式电压互感器。倒闸操作时应考虑对继电保护及安全自动装置的影响，防止造成继电保护装置误动、拒动。

（3）对缺陷分类的影响。交流电子式互感器缺陷分类有异于常规互感器，缺陷可划分为危急、严重和一般缺陷三类，详见表 9－1。

表 9－1　　交流电子式互感器典型缺陷

序号	缺陷类别	缺陷内容
1	危急缺陷	合并单元检测到通信丢帧和装置故障，SV 采样异常，总告警和采样链路中断，传感器异常，电源异常，采样无效以及其他直接威胁安全运行的缺陷

续表

序号	缺陷类别	缺陷内容
2	严重缺陷	合并单元装置异常，光源驱动电路状态异常，采集卡温度异常，激光驱动电流异常，合并单元对时异常以及其他不直接威胁安全运行的缺陷
3	一般缺陷	同步采样的互感器同步信号丢失，激光器温度异常以及其他不威胁安全运行的缺陷

（4）对运行巡视的影响。有源交流电子式互感器运行中不得断开其工作电源。交流电子式互感器的激光供能电源在运行中不能空载，严禁用眼观察激光孔和激光光缆。运行时，严禁投入检修压板。电子式电流互感器的末屏（若有）应可靠接地。

9.1.2 设备检修与操作

9.1.2.1 检修类别

按检修内容、工作性质及涉及范围，交流电子式互感器检修类别分成A类检修、B类检修、C类检修和D类检修四类。其中，A、B、C类属停电检修，D类属不停电检修。具体要求：① 当A类检修时，交流电子式互感器需整体返厂解体检查和更换；② B类检修时，应进行局部性的检修，部件的解体检查、维修、更换和试验；③ C类检修时，应进行常规性清扫、检查、维护和例行试验；④ D类检修时，可在不停电状态下进行带电测试、外观检查和维修。

9.1.2.2 检修策略

交流电子式互感器整体检修决策应综合各部件状态量情况，确定整体检修类别、内容及时间。一般情况下，整体检修类别只选择A类检修、B类检修、C类检修，如互感器存在问题需要加强D类检修，在检修内容中需明确D类检修的具体项目。交流电子式互感器各状态量的检修决策参照Q/GDW 11512—2015《电子式电压互感器检修决策导则》和Q/GDW 1148—2014《电流互感器检修决策导则》。

（1）被评价为“正常状态”的交流电子式互感器，执行C类检修。C类检修可按照正常周期或延长1年并结合例行试验安排。在C类检修之前，应根据检修周期和实际需要适当安排D类检修。

（2）被评价为“注意状态”的交流电子式互感器，执行C类检修。如果单项状态量扣分导致评价结果为“注意状态”时，应根据实际情况提前安排C类检修。如果仅由多项状态量合计扣分导致评价结果为“注意状态”时，可按正常周期执行，并根据设备的实际状况，增加必要的检修或试验内容。在C类检修之前，可根据实际需要适当加强D类检修。

（3）被评价为“异常状态”的交流电子式互感器，根据评价结果确定检修类型，并适时安排检修。实施检修前应加强D类检修。

（4）被评价为“严重状态”的交流电子式互感器，根据评价结果确定检修类型，并尽快安排检修。实施检修前应加强D类检修。

（5）此外，还应注意如下事项：① 需“立即”安排的检修，检修工作应于24小时内实施或设备退出运行；② 若属于停电检修时发现的设备缺陷或异常，则应在设备重新投运前实施检修；③ 需“尽快”安排的检修，检修工作应于1月内实施检修；④ 需“适时”安排的检修，若需停电处理，则宜在C类检修最长周期内实施检修；⑤ 若不需停电处理，宜在1～

6 个月内实施检修。

9.1.2.3 检修调试

交流电子式互感器检修过程中需要注意的整体事项如下：每个间隔需装配符合本间隔参数要求的交流电子式互感器，安装前需按清洁规程对其内部进行清洁；交流电子式互感器安装应注意极性的正确性；交流电子式互感器设计有接地端，要求通过接地线将互感器与地网直接相连；注意保护好交流电子式互感器的光缆接头及电源滤波器接头；不要随意开启交流电子式互感器远端模块箱盖等。

交流电子式互感器各部分检修事项如下：

（1）一次设备。

1）GIS 集成电子式互感器。GIS 集成电子式互感器应在开关厂完成安装联调，开关厂负责将互感器装配于相应间隔的 GIS 中，各间隔 GIS 需按主接线图标识装配相应编号的电子式互感器。GIS 集成电子式互感器安装的极性要求应便于各电流电压互感器安装的一致性及采集单元的辨识，GIS 集成电子式互感器出厂前应在罐体上标注有 P1、P2 标识。线路间隔要求 P1 朝向母线侧，P2 朝向线路侧；主变压器间隔要求 P1 朝向母线侧，P2 朝向主变压器侧；母联间隔要求 P1 朝向Ⅰ（IA）段母线，P2 朝向Ⅱ（IB）段母线。GIS 集成电子式互感器外壳应有接地端，互感器外壳应通过接地线与地网直接相连；GIS 有多个接地点时，应将电子式互感器接到最近的接地点。

2）AIS 独立电子式互感器。AIS 独立电子式电压互感器安装需要选择合适的起吊方法，注意避免碰撞，严禁互感器倾斜吊装。AIS 独立电子式电压互感器本体在安装到基础上后，应立即按要求力矩拧紧底座与基础之间的固定螺栓。若该互感器为三相互感器，则三相的中心应在同一直线上，铭牌应位于易于观察的同一侧。AIS 独立电子式电压互感器外壳接地要求底座设计有接地端，要求通过接地端子使互感器可靠接地。

3）DCB 集成电子式互感器。DCB 集成电子式电流互感器的安装需要在互感器顶部左右两侧与一次端子连接的接线板上均匀涂上导电脂，使之与导线接触良好。安装时应先安装绝缘子并将下端螺钉预紧，使绝缘子垂直，随后安装上端套管式互感器，同时将光纤穿入方箱，吊装过程中要注意保护好光纤。

（2）一/二次转换器。

1）配置数量。交流电子式互感器的一/二次转换器的配置数量取决于相关保护装置及合并单元是否双重化配置。220kV GIS 电子式互感器为三相分箱结构，每台交流电子式互感器配置 2 个一/二次转换器；110kV GIS 交流电子式互感器为三相共箱结构，线路间隔、母联间隔及 PT 间隔的交流电子式互感器一般配置一个一/二次转换器，主变压器间隔交流电子式互感器一般配置 2 个一/二次转换器。

2）安装方式。AIS 独立电子式电压互感器的一/二次转换器安装于互感器底座内；GIS 或 DCB 用电子式互感器就近安装在互感器端子箱内，一/二次转换器采用 220V 或 110V 直流电供电。一/二次转换器的安装应固定在底座或机箱上，同时注意一/二次转换器接地，其接在互感器外壳上的端子应紧固牢固。当安装在机箱时，机箱应做好电磁屏蔽与防护，同时预留传输光纤安装孔，并做好安装孔的防尘与防水。

3）接线形式。每个间隔三相互感器的光缆应汇集到光缆熔接挂箱中，熔接挂箱中配置 1 个（一/二次转换器单配时）或 2 个（一/二次转换器双配时）光缆终端箱。三相互感器的光缆汇总后以 1 根光缆（合并单元单配时）或 2 根光缆（合并单元双配时）输出至合并单元。三相互感器的电缆汇集到就地智能终端柜中，智能终端柜中配置 1 组（每组 3 个，一/二次转换器单配）或 2 组（一/二次转换器双配）空气开关。

（3）线缆敷设。

1）电缆敷设。有源交流电子式互感器现场电缆敷设主要步骤如下：根据走线槽的长度确定电缆长度，并截取电缆，上端多留 0.5m，下端多留 3m；将电缆穿过走线槽，截取相应长度的波纹管从电缆上端套入电缆；根据接线情况截取一定长度电源线，并将两根线接入滤波器 2 芯端子内，固定于采集单元箱体上。

2）光缆敷设。现场互感器所用光缆一般为 4 芯多模软装光缆，使用 2 芯、备用 2 芯，光缆一端 4 芯应做好 ST 光纤接头，另一端光纤接头可现场制作。有源交流电子式互感器现场光缆敷设主要步骤如下：将一端已做好 ST 光纤接头的 4 芯光缆穿过方箱上的光缆接口，并用光缆锁紧接头，截取相应长度的上端波纹管，从光缆下端套入光缆，并将上端波纹管与锁紧接头连接好，将光缆沿走线槽穿至汇控柜，固定光缆走线；截取相应长度的下端波纹管，并从光缆下端套入光缆，在汇控柜底部固定波纹管，预留 1m 左右的光缆与 4 根 ST 头尾纤在光缆终端盒内对熔，并做好标记。

（4）设备接口。交流电子式互感器罐体宜由一次设备生产厂家提供，装入一次设备需要的一次组件，如导体、绝缘盆子、触头及螺栓，密封圈、防爆膜组件、充气阀、吸附剂等配件也宜由一次设备生产厂家提供。交流电子式互感器如为单独罐体，且接地采用一个接地块，需要一次设备生产厂家提供接地铜排及与主地网连接的接地块；如组合安装在一次设备内，则由一次设备生产厂家完成设备接地要求。此外，一次设备生产厂家需要考虑电源电缆及光缆的走线布置。

（5）检查调试。查看一/二次转换器输出光串口是否有光输出。核对一/二次转换器与合并单元之间连接跳线是否正确，并记录跳线对应关系。核查一/二次转换器与合并单元面板指示灯显示是否正常，通信是否正常。核实额定电流、额定电压、同步方式选择、输出数据帧格式、传输速率选择、同步频率选择、板卡通道设置等参数是否满足技术要求。

（6）带电检修。对于电子式互感器，当低压侧部件（例如一/二次转换器电路等）远离一次高压设备时，在特殊情况下允许短时间带电做参数调整和小件更换类维修。在维修时，相关保护装置需转入闭锁态；在保护双重化配置时，可以暂时闭锁其中一路，短期维修完成后再恢复双套保护运行。

9.1.3 设备巡视与维护

9.1.3.1 设备巡视

交流电子式互感器巡视包括例行巡视（正常巡视、熄灯巡视、全面巡视）和特殊巡视，巡视周期也有别于常规互感器，巡视对象主要是交流电子式互感器本体和合并单元。

（1）巡视周期。鉴于目前越来越完备的在线监测手段，需要人工巡视的项目减少，巡视周期应按“先严后宽”的原则逐渐转入正常巡视周期。新投运电子式互感器应至少监视运行 48h，未发现异常之后转入正常巡视。监视运行期间，应执行有人值守变电站工作规程，值班人员应对设备运行情况进行现场监视，及时处理异常情况。转入正常巡视后，应有定期的人工巡视，无人值守变电站至少每周人工巡视一次，根据运行状态逐渐转入无人值守运行。高温、高湿、气象异常、高负荷、自然灾害期间和事故后，应及时巡视。

（2）本体巡视。电子式互感器本体巡视项目和巡视内容应遵循Q/GDW 11510—2015《电子式互感器运维导则》，巡视内容详见表9-2。

表9-2　交流电子式互感器本体巡视

序号	巡视项目	巡视内容
1	标识与外观	设备标识齐全、清晰、正确，设备出厂铭牌齐全；设备外观无损伤、闪络、锈蚀和异常振动、本体无异常声响或放电声、无异味；架构、遮栏外涂漆层清洁完好
2	外绝缘	外绝缘表面清洁、无破损或裂纹，无影响设备运行的异物，瓷外绝缘单个缺釉小于25mm²，釉面杂质总面积小于100mm²，复合绝缘外套无电蚀痕迹；均压环固定良好，无倾斜；法兰无开裂和锈蚀，与绝缘件浇装部位黏合牢固，无明显电腐蚀
3	光缆与线缆	光缆防护设施应完好，固定牢靠，封堵良好，无变形和无锈蚀；信号引线端子盒安装牢靠，接地良好，无明显松动、倾斜、脱落，且密封良好
4	基础与接地	安装可靠、基础牢固，设备架构无倾斜、下沉和锈蚀；高压引线、接地线等应连接可靠，无发热、断股；设备各组成部分及连接点无异常温升；各部位接地良好，无锈蚀、脱焊现象；有末屏时，末屏应接地可靠，无锈蚀、无脱落、无断股
5	充油与充气	充油的交流电子式互感器应无渗漏油，油位正常，膨胀器无异常升高；充气的交流电子式互感器气体密度值应正常，气体密度表（继电器）应无异常

（3）合并单元巡视。交流电子式互感器的合并单元巡视项目和巡视内容详见表9-3。

表9-3　合并单元巡视

序号	巡视项目	巡视内容
1	设备标识	合并单元无异常发热，各指示灯指示正常，无异常告警信号；后台检查电流、电压采样数据显示正常
2	硬压板	合并单元正常运行时，应检查合并单元检修压板在退出位置；各间隔电压切换指示与实际一致
3	光缆与线缆	光纤连接可靠牢固，无光纤损坏、弯折现象；光纤接头（含光纤配线架侧）完全旋进或插牢，无虚接现象；光纤备用芯及光口无破裂、脱落，密封良好
4	汇控柜	汇控柜柜门密封良好，接线无松动和断裂，无进水受潮和凝露现象；柜内加热器、工业空调、风扇等温、湿度控制装置工作正常，柜内温度在+5～+45℃（户内柜）、+5～+55℃（户外柜），相对湿度在90%以下，无告警，温、湿度与后台显示一致

9.1.3.2　设备维护

由于交流电子式互感器具有全新的技术特征，在设备维护方面也表现出一些新的问题：传统的工作界面分工已不适应新的需求；光纤断面污染、光纤接插件清洁度降低导致的损耗变大，误码率增高；光纤尾纤受挤压、扎带过紧，光纤盘放置不满足转弯半径要求，导致数据通道异常；光纤熔接点质量不过关造成的损耗偏大；户外一次侧外壳密封性不满足要求导致的互感器一次转换器损坏或数据通道异常；激光器的驱动电流或数据接收电平异常；软件积分器产生的电流波形拖尾对继电保护的影响；振动、温度对交流电子式互感器测量准确度及长期稳定性的影响；光纤电流互感器小信号信噪比低；组合电器配套交流电子式互感器抗电磁干扰能力差等。

结合以上问题，交流电子式互感器运行维护应重点关注以下几个方面：

（1）明晰工作界面职责界定。交流电子式互感器的一/二次转换器及转换器至智能组件柜之间光纤等设备应纳入一次或二次班组进行运维管理与检修，杜绝因管理疏漏留下事故隐患的可能。

（2）加强交流电子式互感器监测和试验。运维人员可通过后台检查电子式互感器输出数据的有效性与工作状态；日常巡视检查 SF_6 压力表值，注意气体是否有泄漏；对本体、引线、接头、二次回路进行红外精确测温，对温度和温升超出规定值异常现象及时分析处理；产品运行一年及以上建议进行短时工频耐压、密封性检测、SF_6 气体水分含量试验、接地点是否可靠、互感器误差测试等预防性试验。

（3）加强本体及合并单元的日常维护。应将交流电子式互感器的一/二次转换器巡视检查列入重点巡视内容，确保转换器无尘，光缆无脱落、箱内密闭完好、无进水、无潮湿、无过热现象，防止转换器由于运行环境恶劣而发生故障。特别是对有源交流电子式互感器，应重点检查供电电源工作有无异常，防止电子式互感器失去工作电源后采集不准确引起保护误动或拒动。加强交流电子式互感器的一/二次转换器至合并单元光纤传输回路维护工作，防止光纤受损引起交流电子式互感器功能异常。

（4）其他注意事项。电子式互感器投运一年后应进行停电试验。停电试验项目及标准应符合制造厂有关规定和要求；电子式互感器检修维护应同时兼顾合并单元、交换机、测控装置、系统通信等相关二次系统设备的校验；电子式互感器检修维护时，应做好与其相关联保护测控设备的安全措施；电子式电压互感器在进行工频耐压试验时，应防止内部电子元器件损坏；无源光学电流互感器根据其设备特点可不进行绕组的绝缘电阻测试。

9.1.3.3 故障与异常处理

（1）一般性处理原则。

1）交流电子式电流互感器运行过程中，当发生内部有放电声、冒烟、异味或严重过热等情况时应将其停运。当发生电量信号丢失、准确度不满足要求时应将其停运；当高压侧熔断器熔断时，不得擅自增大熔断器容量，如再次熔断，应将交流电子式互感器停运，并查明原因处理后方可投入运行。

2）交流电子式互感器的采集卡、合并单元以及连接的光纤发生异常或故障时，影响相关的保护、测控、计量装置采样，则视具体情况申请退出相关保护装置或停用一次设备。一次设备停运进行交流电子式互感器的采集卡、合并单元校验和消缺时，应退出对应的线路保护、母线保护的软压板。

（2）交流电子式互感器及其转换器故障及异常处理。

1）电子式互感器及其转换器故障，影响双重化配置的两套保护或单配置保护电流电压采样时，应停运相关一次设备；仅影响双重化配置中的单套保护电流电压采样时，应首先停用受影响的保护装置，故障处理时根据具体情况申请停运相关一次设备。

2）双母线接线的母线电子式电压互感器及其转换器故障，影响各间隔电压采样时，申请停用故障电压互感器，待电压互感器故障处理后恢复正常运行方式。

（3）合并单元故障及异常处理。

1）双重化配置的间隔合并单元，单套合并单元故障导致输出电流、电压异常，相关保护装置告警时，应退出对应间隔的线路保护、母线保护等接入该合并单元采样值信息的保护装置。待合并单元故障处理完毕，应先检查合并单元检修压板已退出后，再检查对应线路保护、母线保护等电流、电压无异常，投入相关保护装置。

2）双重化配置的间隔合并单元双套均发生故障或单配置的间隔合并单元故障影响保护采样时，应视作该间隔失去保护，需停用相关一次设备。一次设备停运进行合并单元、转换器校验和消缺时，应退出对应的线路保护、母线保护的软压板。

3）双母线接线的母线电压合并单元为双重化配置，单套母线电压合并单元故障时，应采取“电压并列”措施恢复电压或尽快恢复故障合并单元，如无法恢复，应退出该系统中受影响的所有间隔对应保护中与电压相关的保护功能。

（4）光纤故障及异常处理。

1）当交流电子式互感器及其转换器、合并单元、二次设备间连接光纤故障时，应申请退出相关保护装置。当发生电子式互感器至合并单元间光纤故障，按合并单元故障处理方式处理。当发生合并单元至保护装置 SV 采样光纤故障，直采光纤应按合并单元故障处理方式处理，网采光纤应根据现场具体情况进行处理。

2）有源交流电子式互感器的电源空开跳闸时，应查明原因，在排除空开自身及电源故障后，应按照电子式互感器的转换器的故障处理方式进行处理。

9.1.3.4 设备评价

交流电子式互感器的状态分为正常、注意、异常和严重状态。一般应按照原始资料（如铭牌参数、型式试验报告、订货技术协议、出厂试验报告、运输安装记录、交接验收报告等）、运行资料（如运行工况记录信息、历年缺陷及异常记录、巡检情况、不停电检测记录、设备隐患信息等）、检修资料（如检修报告、例行试验报告、诊断性试验报告、带电检测报告、在线监测报告及有关反措执行情况、部件更换情况、检修人员对设备的巡检记录等）、其他资料（如同型/同类设备的运行、调试、缺陷和故障的情况、相关反措执行情况、其他影响电子式互感器安全稳定运行的因素等）开展交流电子式互感器的状态评价工作，但对于集成式隔离断路器、智能 GIS 等设备，电子式互感器应作为一个重要部件纳入评价。当所有部件评价为正常状态时，整体评价为正常状态；当任一部件状态为注意状态、异常状态或严重状态时，整体评价应为其中最严重的状态。同时，在评价状态量制定过程中，将带电检测结果纳入评价范围，且将在线监测装置作为电子式互感器的一部分纳入评价。

交流电子式互感器评价标准可参考 Q/GDW 11510—2015《电子式互感器运维导则》、Q/GDW 11511—2015《电子式电压互感器状态评价导则》等相关部分。

9.2 直流电子式互感器

9.2.1 运行维护影响

应用直流电子式互感器，对运行维护的影响主要包括对异常处理、缺陷分类和运行巡视等方面。

（1）对异常处理的影响。直流电子式互感器通常暴露出干扰能力差、远端模块损坏、传输误码率高、光纤受压变形等设备异常或故障，处理时应将相关保护进行调整。直流电子式互感器检修维护时，应着重做好与其相关联的保护、测控等设备的安全措施。

（2）对缺陷分类的影响。与交流电子式互感器相同，直流电子式互感器缺陷也划分为危急、严重和一般缺陷三类，详见表 9-4。

表 9-4　　直流电子式互感器典型缺陷

序号	缺陷类别	缺陷内容
1	危急缺陷	二次接线端子由于松动或者锈蚀导致电流互感器二次开路；二次接线端子排由于绝缘不良导致直流电子式电压互感器二次短路接地；直流测量装置二次读数异常波动或相互冗余的数值差别较大，已接近报警值；其他直接威胁安全运行随时可能造成设备损坏、人身伤亡、大面积停电和火灾等事故的缺陷
2	严重缺陷	直流测量装置远端模块、合并单元、板卡、电子模块或者光接口板故障；红外测温发现电子模块内部发热异常；光纤通道关断或者误码率急剧增大；直流测量装置光功率、光电流超出范围，二次读数异常波动或相互冗余的数值差别较大；其他不直接威胁安全运行的缺陷
3	一般缺陷	光电流测量装置奇偶校验值缓慢变化；其他不威胁安全运行的缺陷

（3）对运行巡视的影响。除对本体巡视外，增加了二次部分（光纤、板卡、远端模块、合并单元）相关内容，需要巡视不同控制保护系统中的电压量、电流量。其中，不同控制保护系统应包括控制主机和保护主机；对于一个直流测量装置的测量，会对应四台主机，两两主机相互冗余。后续运行维护章节中对直流测量装置维护项目分类做了详细的描述，包括一次设备、二次设备以及后台监测数据，并应对冗余系统间的数据进行对比。

9.2.2　设备检修与操作

9.2.2.1　检修类别

直流电子式互感器应用较多的有高压直流分压器和光电式直流电流互感器，其检修周期取决于测量装置的性能状况、运行环境，以及历年运行和预防性试验等情况。根据 DL/T 353—2010《高压直流测量装置检修导则》相关规定，可划分为日常维护、例行维修和特殊检修三类，详见表 9-5。

表 9-5　　高压直流电子式互感器维护项目与周期

序号	分类	设备	项目	周期
1	日常维护	高压直流分压器	外观检查	1~7 天
			红外热像检测	1 个月或必要时
		光电式直流电流互感器	光电流/功率/奇偶校验错误等参数监视	1 个月
2	例行维修	高压直流分压器	外观检查	1 年
			红外热像检测	1 个月
			电压限制装置功能验证	2 年
			分压电阻、电容值测量	4 年
		光电式直流电流互感器	外观检查	1 年
			红外热像检测	1 个月
3	特殊检修	高压直流分压器	本体绝缘油（气）渗漏检查及处理	必要时
			直流分压二次测量板卡异常及处理	必要时
		光电式直流电流互感器	远端模块更换	必要时
			光接口板更换	必要时
			光纤接头/本体故障处理	必要时
			本体更换	必要时

9.2.2.2 检修内容

（1）日常检修。

1）外观检查。检查外绝缘表面清洁、无裂纹及放电现象；设备外涂漆层清洁、无锈蚀，漆膜完好；SF_6气体密度继电器、压力表检查，指示应正常；检查油位正常；各部位密封良好无渗漏现象；底座、支架牢固，无倾斜变形。

2）光电流、功率、奇偶校验错误次数等参数监视。检查光通道光功率、光电流在设备运行正常范围内；检查光通道奇偶校验错误次数，如果奇偶校验错误次数增加较快，检查光通道以及相关板卡。

（2）例行维修。

1）高压直流分压器。① 外观检查：检查表面清洁、绝缘外护套无损伤，憎水性抽查合格，各部位应无渗漏；检查所有机械连接应可靠，否则应按技术要求进行紧固；检查引线接头、接地连接应正确、牢固；检查二次端子盒接线，密封良好、连接紧固。② 红外热像检测：检查红外热像检测无异常温升。③ 电压限制装置功能验证：每2年或有短路操作时，进行本试验。一般是用不超过1000V绝缘电阻表施加于电压限制装置的两个端子上，应能识别出电压限制装置内部放电。④ 分压电阻、电容值测量：定期或二次侧电压值异常时，测量高压臂和低压臂电阻阻值，所用测量仪器的不确定度不大于0.5%，同等测量条件下，初值差不应超过±2%；如属阻容式分压器，应同时测量高压臂和低压臂的等值电阻和电容值，所用测量仪器的不确定度不大于1%；同等测量条件下，初值差不超过±3%或符合设备技术文件要求。

2）光电式直流电流互感器。① 外观检查：检查所有机械连接应可靠，检查引线接头、接地连接应正确、牢固；检查光纤等外观无机械损伤，复合绝缘子无异常；检查本体接线盒、光纤接线盒密封良好、连接紧固。② 红外热像检测：检查红外热像检测电气连接处、电流互感器各部件等无异常温升。

（3）特殊检修。

1）高压直流分压器。高压直流分压器主要异常现象为一次系统绝缘油（气）渗漏以及二次系统测量故障。① 更换本体（本体绝缘油/气渗漏）：首先直流系统停运，拆除高压引线，做好标记；然后更换直流分压故障本体，按照标记恢复二次接线；最后对直流分压器进行检查和一次注流试验，确证所有功能正常；恢复高压引线。② 更换直流分压器二次测量板卡：首先将受影响的系统打至“检修”状态，做好防静电措施，关闭该电压测量板电源；然后拔下该电压测量板对应电缆，做好防护措施，取出该板卡；核对新板卡型号和参数等，满足板卡正常运行要求；恢复该电压测量板对应电缆接线和电源，检查无异常报警；最后按照要求进行试验，停电时，在该直流分压器一次侧加压，检查测量值在正常范围内；运行时，将该系统与冗余系统测量值进行比较，在正常范围内；恢复系统正常运行。

2）光电式直流电流互感器。光电式直流电流互感器主要异常现象表现为：光电式直流电流互感器监视异常、奇偶校验错误值快速增加、光通道关断及直流电流测量错误。① 远端模块更换：首先关闭对应主机，断开主机电源，关闭对应板卡的光通道；然后做好防静电措施，更换远端模块；最后重启主机，利用控制系统光监视功能，对光参数进行检查，应满足有关技术要求。② 光接口板更换：首先关闭主机电源，打开机箱，做好防静电和光纤保护措施；检查并记录相关光纤、跳线等初始位置，以便正确恢复；然后更换光接口板，检查新板卡光纤、跳线位置，确认正确无误；最后修改相关参数，满足板卡正常运行要求；重启主机，恢复系统运行。③ 本体更换：首先将直流系统停运，拆除高压引线、光纤，做好标记；然后更换本体，清洁光纤接头，按照标记恢复光纤和二次接线；再结合控制系统光监视功能，对光参数进行检查，应满足技术要求；最后对光电式互感器进行检查和一次注流试验，确证所有功能正常；恢复高压引线。

9.2.3 设备巡视与维护

9.2.3.1 设备巡视

直流电子式互感器与交流电子式互感器相同，直流电子式互感器巡视也包括例行巡视（正常巡视、熄灯巡视、全面巡视）和特殊巡视，巡视周期也有别于常规互感器，巡视对象主要是直流电子式互感器本体和合并单元。

（1）巡视周期。新投运互感器应至少监视运行 48h，未发现异常之后转入正常巡视。监视运行期间，值班人员应对设备运行情况进行现场监视，及时处理异常情况。转入正常巡视后，应有定期的人工巡视，每天至少一次正常巡视；每周至少进行一次熄灯巡视，检查设备有无电晕、放电、接头有无过热现象；每月进行一次全面巡视，主要是对设备进行全面的外部检查，对缺陷有无发展作出鉴定，检查接地网及引线是否完好。

以下情况应及时开展特殊巡视：在高温、大负荷运行前；大风、雾天、冰雪、冰雹、地震及雷雨后；设备变动后；设备新投入运行后；设备经过检修、改造或长期停运后重新投入运行。异常情况下的巡视，包括设备发热、系统冲击、内部有异常声音等。设备缺陷近期有无发展、法定节假日及其他有重要供电任务时的巡视。

（2）本体巡视。直流电子式互感器本体巡视项目和巡视内容遵循 Q/GDW 1532—2014《高压直流输电直流测量装置运行规范》，具体巡视内容详见表 9-6。

表 9-6　直流电子式互感器本体巡视

序号	巡视项目	巡视内容
1	标识与外观	检查设备外观完整无损；金属部位无锈蚀，底座、支架牢固，无倾斜变形；架构、遮栏、器身外涂漆层清洁、无爆皮掉漆
2	外绝缘	检查瓷套清洁、无裂痕，复合绝缘子外套无电蚀痕迹及破损、无老化迹象；瓷套和底座等部位应无渗漏油现象；支撑绝缘子表面憎水性良好
3	均压环与引流线	检查均压环安装牢固，外观完好，无断裂、松动迹象；检查引流线无异常，检查接地引下线无松动或脱落；一、二次引线接触良好，接头无过热，各连接引线无发热、变色
4	直流测量装置	检查直流测量装置二次设备运行正常，无故障及报警指示灯；装置无异常振动、异常声音；接线盒密封完好；装置端子排及接头无熔化、老化痕迹，二次接线无变色
5	光缆与线缆	光纤保持在拉直状态，光纤护套外观应整洁，无损伤，未与设备或均压环接触
6	充油与充气	检查油位正常或 SF_6 压力正常

（3）合并单元巡视。直流电子式互感器的合并单元巡视项目和巡视内容详见表 9-7。

表 9-7　直流电子式互感器的合并单元巡视

序号	巡视项目	巡视内容
1	设备标识	合并单元无异常发热，各指示灯指示正常，无异常告警信号；后台检查电流、电压采样数据显示正常；合并单元驱动电流、数据电平、远端模块温度、激光器温度、奇偶校验错误次数以及丢帧次数无异常

续表

序号	巡视项目	巡视内容
2	远端模块	远端模块测量温度、光功率、光电流、采样脉冲峰值、数据脉冲峰值以及奇偶校验误码率无异常
3	监控系统	工作站各电压、电流值显示正常；直流测量装置不同控制保护系统间的电压、电流值对比无异常

9.2.3.2 设备维护

（1）一般要求。① 直流测量装置应有标明基本技术参数的铭牌标志，其技术参数必须满足装设地点运行工况的要求。② 装置双重名称标识齐全、清晰、无损坏；装置本体无异响，无放电痕迹，设备外涂漆层清洁、无锈蚀；装置瓷套清洁、无裂痕，复合绝缘子外套无电蚀痕迹及破损；装置油位指示正常，密封良好，无渗油现象。③ 检查电气连接件，包括高压引线、双接地线连接应接触良好、牢固，无温升。④ 气体密度表指示正常，密封良好，无渗漏现象。⑤ 直流测量装置的二次接口屏外观完好，标识齐全，无锈蚀，无受潮，无杂物；二次接线牢固、无松动、无焦煳味；二次电压、电流无异常，相互冗余系统的测量值定期对比无异常。

（2）直流电子式电压互感器。① 直流电子式电压互感器低压端电容器在运行前已经调整好，运行中如果更换了二次电缆后，应重新调整低压端电容器值。② 检查均压环安装牢固、水平，未与高压引线接触，无附着物。③ 电缆传输的直流电子式电压互感器其分压板或者放大器运行正常。④ 光缆传输的直流电子式电压互感器光纤护套外观应整洁，无损伤，外绝缘良好；光纤应尽量保持在拉直状态，不应有大幅度的弯曲；其光通道光功率、光电流（电压）等参数在运行正常范围内，无异常变化。⑤ 运行中直流分压器底部结构也有高电压，禁止一切维护性工作。

（3）直流电子式电流互感器。① 直流电子式电流互感器光纤护套外观应整洁，无损伤，外绝缘良好；光纤护套不得触碰互感器外壳及均压环，应保持一定距离。互感器本体及户外接口盒应密封良好，能够防止雨水或潮气进入；光纤应尽量保持在拉直状态，不应有大幅度的弯曲；接线盒内光纤盘绕的弯曲半径应满足相关要求，备用光纤满足要求。② 合并单元应由两路独立电源或两路电源经 DC/DC 转换耦合后供电，正常运行时应保证均在运行状态；合并单元故障、光接口板故障处理过程中应注意采取防静电措施。光接口板应整洁、无积尘杂物，无异常报警；光通道光功率、光电流等参数应在运行正常范围，无异常变化，若光功率异常增大或者奇偶检验值增加较快，检查光通道以及相关板卡。

（4）带电检测维护要求。① 直流测量装置的红外热像检测要重点检查装置本体、高压引线连接处及电缆等，红外热线图显示应无异常温升、温差或相对温差。要求运维单位每周测温一次，每月安排精准测温一次；在高温大负荷时应缩短周期。② 直流测量装置的紫外检测要求设备无异常电晕。要求运维单位每六个月至少检测一次。

9.2.3.3 故障及异常处理

（1）直流电子式电压互感器。直流电子式电压互感器常见异常为二次电压异常降低或异常升高。

1）直流电子式电压互感器二次电压异常降低可能原因为二次接线盒受潮、传输电缆绝缘降低、套管绝缘下降、二次板卡或者合并单元异常。若二次电压异常降低，需检查直流分压器是否存在放电现象，若放电严重，则申请将相应直流系统降压运行；若二次电压异常降低是由于二次接线端子受潮引起，则需在电压未降至跳闸级别时，带电对接线盒进行烘干处理；若二次回路接线异常或者锈蚀引起电压降低时，应将相应的控制保护退出运行后进行处理。运行中直流电子式电压互感器底部结构也有高电压，禁止一切维护。

2)直流电子式电压互感器二次电压异常升高可能原因为直流分压器内部电容短路或者二次板卡异常。若二次电压异常升高，则通过红外热像及紫外电晕检测直流分压器；若分压器内部电容存在短路，则申请将相应直流系统停运；若二次电压异常波动是由于二次板卡或者合并单元故障引起，则将相应的主机切至 TEST 状态，将故障设备进行更换。

（2）直流电子式电流互感器。直流电子式电流互感器常见异常为光电流/光功率等参数异常、光通道关断、电流测量异常。

1）若光电流/光功率过高、误码率异常，可能原因是远端模块、光接口板、传感器故障，或者光纤通道衰耗增大。此时应将相应主机切至 TEST 状态，通过对主机侧光纤清洁、重新拔插以及交叉等方式进行故障判断。若为光接口板或光纤引起，则更换故障设备；若由于远端模块、传感器故障引起，不停电无法处理者，则加强监视，待停电后处理。

2）若光通道关断，可能原因为光通道回路中断或者光纤传输回路设备异常。需首先将相应主机切至 TEST 状态，进行清洁光纤等简单处理后，重新启动该通道。若启动正常，则加强监视；若无法启动，则申请停运滤波器或者相应直流系统，并通过对调各通道光纤和测量光纤通道衰耗值进行故障元件判别，使用备用光纤或者更换远端模块、合并单元、传感器进行故障排除。

3）若相互冗余系统间的电流测量异常，则可能是由于一次设备故障、合并单元故障、远端模块故障以及光接口板故障引起，需要确定异常原因，将故障设备更换。

（3）气体/油绝缘直流测量装置泄漏处理。出现气（油）压低报警信号，应检查设备是否有明显漏气（油）点，如果未发现明显漏气（油）点，且无下降趋势，则加强监视；若有明显漏气（油）点或气（油）压持续下降，则应在气（油）压降至直流系统闭锁前，将相应直流系统停运；若相应直流系统已经闭锁，则对相应直流测量装置进行检查更换。

（4）其他异常情况。若直流测量装置出现下述情况，应进行更换：瓷套出现裂纹或破损；直流测量装置严重放电，已威胁安全运行时；直流测量装置内部有异常响声、异味、冒烟或着火等现象；经红外热像检测发现内部有过热现象。

9.2.3.4 设备评价

直流电子式互感器的设备评价原则与交流电子式互感器相同，评价标准可参考 Q/GDW 500—2010《高压直流输电直流测量装置状态评价导则》、Q/GDW 1957—2013《电流互感器状态评价导则》、Q/GDW 11511—2015《电子式电压互感器状态评价导则》等相关部分。

参考文献

[1] 周小勇. 电子式互感器运检技术的研究 [D]. 东南大学，2014.
[2] 李震宇，刘前卫，徐明. 电子式互感器工程应用技术问答 [M]. 北京：中国电力出版社，2016.
[3] 邓威，毛娟. 智能变电站电子式互感器故障分析及建议 [J]. 中国电力，2016，48（2）：180－184.

[4] 宋璇坤，闫培丽，吴蕾，等. 智能变电站试点工程关键技术综述[J]. 电力建设，2013，37（7）：10－16.
[5] 李一泉，杨荷娟，王慧芳，等. 电子式互感器状态评价及可靠性计算研究[J]. 广东电力，2012，25（11）：10－15.
[6] 欧朝龙，徐先勇，万全，等. 智能变电站中电子式互感器运行可靠性分析及故障预防［J]. 湖南电力，2014，34（1）：27－29.
[7] 方丽华. 数字化变电站运行维护分册［M]. 北京：中国电力出版社，2010.
[8] 中国南方电网超高压输电公司. 高压直流输电系统设备典型故障分析［M]. 北京：中国电力出版社，2009.

第10章 工 程 案 例

智能电网建设是我国电力发展史上的里程碑事件，标志着我国电网发展水平迈上了新的台阶。不仅拉开了智能变电站、直流输电系统和配电自动化建设的序幕，同时也加快了电子式互感器的工程化应用，推动了电子式互感器向多类型、多用途、智能化、集成化方向发展。本章介绍了交流、直流、中低压配电网和特种电子式互感器的工程案例及其工程化应用的技术特点。首先介绍了第一代智能变电站和新一代智能变电站中交流电子式互感器的使用情况，分析了不同应用场景下的使用原则和技术创新；其次介绍了直流输电系统中直流电子式互感器的使用情况和配置方案；最后介绍了中低压配电网和特殊领域中电子式互感器的工程应用情况。本章以实际工程案例为基础，通过对工程建设概况与现场应用图片的解读，生动地展现了电子式互感器的结构外观、安装配置等情况，为深入了解电子式互感器的实用化提供了丰富的第一手资料。

10.1 智能变电站工程案例

智能变电站由先进、可靠、节能、环保、集成的设备组合而成，以高速网络通信平台为信息传输基础，自动完成信息采集、测量、控制、保护、计量和监测等基本功能，并可根据需要支持电网实时自动控制、智能调节、在线分析决策、协同互动等高级应用功能。智能变电站作为坚强智能电网的重要基础节点，是实现变换电压、交换功率和汇集、分配电能的重要设施。我国于 2009 年启动了智能变电站试点工程的研究与建设工作，至今已历时 9 年，截至 2017 年底，共计建设 66～750kV 智能变电站 4900 座。

智能变电站的研究与建设先后经历了智能变电站试点建设、智能变电站大规模建设、新一代智能变电站试点建设和模块化智能变电站试点建设等不同发展阶段。其中，在智能变电站试点建设开始尝试应用电子式互感器技术方案，并且在新一代智能变电站试点建设阶段全面采用了电子式互感器技术，对有源、无源电子式互感器均进行了扩大推广应用。

10.1.1 新一代智能变电站示范工程

10.1.1.1 工程建设概况

国家电网公司于 2012 年初启动了新一代智能变电站的研究与建设工作，按照建设“资源节约型、环境友好型、工业化变电站”的技术原则和设计要求，先后安排了两批示范工程的试点建设。其中第一批六座示范工程于 2014 年底全部建成投运，具体示范工程为：重庆大石、北京未来城 220kV 变电站，湖北未来城、上海叶塘、天津高新园、北京海鹊落 110kV 变电站。四座示范工程建设效果分别如图 10－1～图 10－4 所示。

图 10-1　重庆大石 220kV 智能变电站效果图

图 10-2　北京未来城 220kV 智能变电站效果图

图 10-3　上海叶塘 110kV 智能变电站效果图

图 10-4　天津高新园 110kV 智能变电站效果图

新一代智能变电站示范工程充分考虑技术创新与安全可靠的协调统一，实现了安全可靠、先进适用、经济合理、节能环保的建设目标。示范工程按照模块化设计、紧凑化布局、插拔式连接及装配式安装的建设理念，针对不同示范工程的技术特点，通过合理选择应用电子式互感器等新技术和新设备，优化设计方案、创新建设模式，在设备小型化、智能化、接线简化、布局紧凑、系统集成、功能整合等方面成效显著。

10.1.1.2　设备技术特征

新一代智能变电站示范工程中的户外站建设模式，采用了集成式隔离断路器，集成断路器、隔离开关、接地开关等功能，实现与电子式电流互感器的集成安装。

（1）智能化集成配电装置应用。以重庆大石 220kV 智能变电站工程为例，每台集成式隔离断路器配置状态监测 IED，实现分合闸线圈电流、储能电机回路、断路器位移及 SF_6 气体密度等在线监测功能；220kV 每间隔配置 2 套智能终端、2 套合并单元，110kV 每间隔配置 1 套智能终端、1 套合并单元，分别与状态监测 IED 共组 1 面智能控制柜，就地布置于配电装置场地；主要设备技术参数详见表 10-1。

表 10-1　重庆大石智能变电站 220kV 和 110kV 互感器及开关设备主要技术参数

	220kV	110kV
SF_6 断路器	额定电压：252kV 额定电流：4000A 额定开断电流：50kA	额定电压：126kV 额定电流：2500A 额定开断电流：40kA
隔离开关	额定电压：252kV 额定短时耐受电流：50kA，电动操作	额定电压：126kV 额定短时耐受电流：40kA，电动操作
接地开关	额定电压：252kV 额定电流：4000A 额定开断电流：50kA	额定电压：126kV 额定电流：2500A 额定开断电流：40kA

续表

	220kV	110kV
电子式电流互感器	额定电压：252kV 额定电流：1200A，5TPE/5TPE/0.2S/0.2S，额定一次扩大电流倍数 200% 额定开断电流：50kA	额定电压：126kV 额定电流：600A，5TPE/0.2S，额定一次扩大电流倍数 200% 额定开断电流：40kA

重庆大石与湖北未来城两座新一代智能变电站示范工程中的220kV与110kV集成式隔离断路器为国内首次应用。重庆大石变电站的220kV集成式隔离断路器如图10－5（a）所示，为国外进口设备，工程应用中，在隔离断路器的基础上集成了状态监测传感器与IED，实现分合闸线圈电流、储能电机回路、断路器位移及 SF_6 气体密度的在线监测。重庆大石变电站与湖北未来城变电站的110kV集成式隔离断路器如图10－5（b）所示，为国内自主研发设备，在隔离断路器的基础上集成了电子式电流互感器、在线监测传感器与IED等。

(a) 220kV 集成式隔离断路器

(b) 110kV 集成式隔离断路器

图10－5　集成式隔离断路器

（2）有源电子式互感器性能优化提升。电子式互感器在其结构、测量精度和测量范围等方面与带铁芯的传统互感器相比，具有明显优势。在吸收了第一代智能变电站前期运行经验的基础上，通过不断的技术优化与攻关，电子式互感器在工程应用中存在的问题得到有效控制。国家电网公司在2011年组织了电子式互感器技术比武，该工作在基本准确度、温度循环准确度等基本测试项目上提出了高于国标的要求，增加了部分非国家标准要求的检测项目，使电子式互感器的安全性和可靠性得到大幅提高。六座新一代变电站示范工程中均采用了通过入网测试及比武试验的有源电子式互感器。

1）电子式电流互感器。新一代各变电站中电子式电流互感器采用基于空心线圈原理与低功率线圈原理的电流传感器，运用等匝数密度及回绕线技术，有效提高了抗外磁场干扰性能。北京海鹊落变电站110kV GIS、北京未来城变电站、重庆大石变电站与湖北未来城变电站全站均采用空心线圈结合低功率线圈原理的传感器，其中空心线圈用于保护，低功率线圈用于测量与计量。北京海鹊落变电站主变压器套管、天津高新园变电站及上海叶塘变电站110kV GIS的电子式电流互感器还创新应用了兼具保护、测量与0.2S级计量功能的空心线圈传感器，取消了低功率线圈传感器，使每组互感器重量降低约20kg。重庆大石变电站与湖北未来城变电站创新性地将电子式电流互感器与110kV隔离断路器集成，从而大幅降低了110kV配电装置的占地面积。集成于110kV隔离断路器的电子式电流互感器如图10－6所示。

图10－6　集成于110kV隔离断路器的电子式电流互感器

2）电子式电压互感器。新一代变电站中电子式电压互感器采用同轴电容及精密电阻构成的微分电压传感器，运用凸环屏蔽设计技术以及软硬件相结合的积分技术还原被测电压信号，有效提升了测量精度、温度特性及暂态特性。除上海叶塘变电站采用了电子式电流电压组合互感器外，其他示范工程均采用单独的阻容分压式互感器。重庆大石变电站的220kV AIS独立支柱式电压互感器与110kV绝缘管母线电压互感器如图10－7所示。

(a) 220kV AIS独立支柱式电压互感器

(b) 110kV绝缘管母线电压互感器

图10－7　重庆大石变电站电子式电压互感器

3）电子式电流电压组合互感器。电子式电流电压组合互感器的罐体、电流传感器、电压传感器及远端模块采用一体化设计，其充分利用了GIS气体绝缘的结构特点，绝缘简单可靠、结构紧凑、抗干扰性好。由于上海叶塘110kV变电站电气主接线采用单母线单元接线，所以110kV出线GIS应用该互感器采集线路电压和电流，节省了50%的互感器配置。上海叶塘110kV GIS电子式电流电压组合互感器如图10－8所示。

图10－8　上海叶塘110kV GIS电子式电流电压组合互感器

（3）电气设备全面实现在线监测。示范工程深化提升了一/二次设备在线监测，一是实现了集成式隔离断路器机械特性、SF_6气体密度、分合闸线圈电流的全面监测；二是全面应用二次设备及二次回路在线监测，实现站内保护逻辑及状态的可视化；三是首次应用了电子互感器在线监测，实现了整站设备的全面在线监测。针对电子式互感器可靠运行的要求，电子式互感器状态监测装置通过交换机接入过程层网络，采集 SV 报文，对运行中的电子式互感器进行实时的数据采样、监测、储存及告警，分析序分量、变压器差流、母线差流等，结合触发双 A/D 不一致、采样点单点畸变等判据，及时发现并记录互感器运行中的数据异常情况，可采取措施减少或避免发生保护误动或拒动造成的严重后果。上海叶塘 110kV 变电站的电子式互感器状态监测装置及监测界面如图 10-9 所示。

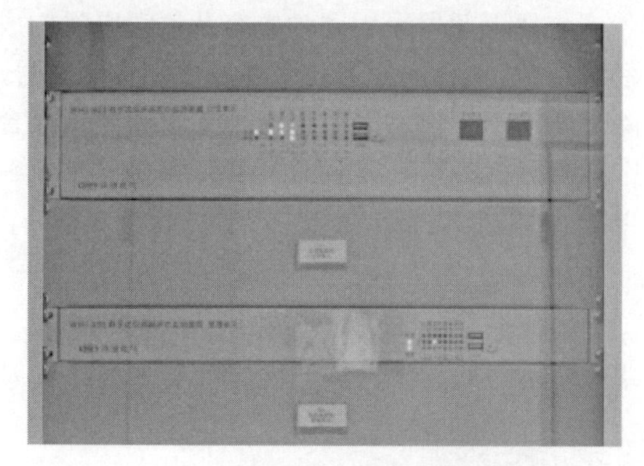

(a) 电子式互感器在线监测装置

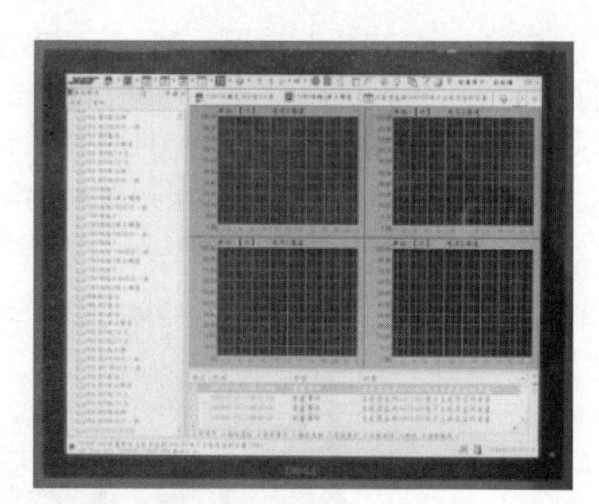

(b) 电子式互感器在线监测界面

图 10-9　上海叶塘 110kV 变电站电子式互感器在线监测

10.1.2　许昌皓月 220kV 智能变电站

10.1.2.1　工程建设概况

首批六座新一代智能变电站示范工程中应用了大量新技术和新设备，第二批 50 个新一代智能变电站扩大示范工程延续了其技术路线，继续应用了有源电子式互感器，并且在五座站中首次应用了无源电子式互感器。河南许昌皓月 220kV 智能变电站是第 2 批 50 个扩大示范工程之一，站内采用无源光学电流互感器。该工程于 2015 年 5 月 8 日正式开工建设，于 2016 年 3 月 31 日建成投运，现已连续稳定运行近 3 年，顺利通过了 2018 年的年检。工程建设效果预想及实景如图 10-10 所示。

(a) 效果图

(b) 实景图

图 10-10　许昌皓月 220kV 智能变电站

河南许昌皓月 220kV 智能变电站中的 220kV 和 110kV 电压等级采用了集成式智能隔离断路器，所集成电子式互感器为无源全光纤光学电流互感器，充分发挥了全光纤电流互感器的智能化、易维护、高性能和全绝缘等技术优势。

10.1.2.2 设备技术特征

（1）集成全光纤电流互感器的隔离断路器。许昌皓月变电站示范工程中的 220kV/110kV 开关设备选用集成式智能隔离断路器，集成断路器、隔离开关、接地开关、电子式互感器等功能，主要开关技术参数见表 10－2。配置 1 台状态监测 IED，实现分合闸线圈电流、储能电机回路、断路器位移及 SF_6 气体密度的在线监测。每间隔配置 1 面智能控制柜，含 2 套智能终端、2 套合并单元及状态监测 IED 等二次设备。

表 10－2 许昌皓月变电站 220/110kV 开关设备技术参数表

技术参数 电压等级	额定电压	额定电流	额定开断电流	热稳定电流	关合电流峰值	互感器准确级
220kV 开关	252kV	4000A	50kA	50kA/3s	125kA	5TPE/5TPE/0.2S/0.2S
110kV 开关	126kV	3150A	40kA	40kA/3s	100kA	5TPE/0.2S

许昌皓月变电站示范工程中的全光纤电流互感器与隔离断路器的集成，采用一次本体传感单元与二次采集器分体安装，一次敏感单元高度集成于隔离断路器支撑绝缘子法兰内部，一次侧无源，抗干扰能力强，可靠性高，节约占地面积。二次采集单元安装于就地智能汇控柜内部，二次电路可以有效防护，设备运维检修便捷。数据传输采用 IEC 60044－8（GB/T 20840.8）中规定的 FT3 协议，互感器与合并单元间只有一根数据光缆。数据进入合并单元后，合并单元通过参数配置的办法，根据互感器的延时信息，进行软件插值与重采样，得出同步的互感器数据。全光纤电流互感器与隔离断路器的集成方式如图 10－11 所示。

图 10－11 集成于 220kV 隔离断路器的全光纤电流互感器

在许昌皓月变电站示范工程现场实施过程中，全光纤电流互感器与隔离断路器的集成方案主要包括以下安装操作过程：二次转换器及柜内光纤熔接盒组屏安装及接线、柜外光纤熔接盒安装、保偏铠装光缆及信号传输多模光缆敷设、保偏光纤及多模光纤熔接、电子式互感器准确度及极性校验、其他现场交接试验等。

（2）柜内光纤熔接盒组屏安装。柜内光纤熔接盒组屏安装时主要考虑了施工可靠、布线合理、外形美观等因素。在光纤熔接时，严格按照光缆标识进行一对一熔接，避免出现不同采集器与传感环之间的交叉错熔，熔接后测试返回光功率等关键参数，并与设备出厂时进行对比，最大程度排除了熔接隐患。组屏与布线时保留裕度，布线整洁美观，便于运行维护，线缆标识清楚完整。组屏安装及接线如图 10－12 所示。

（3）全光纤电流互感器准确度和极性校验。遵循安全规程进行了全光纤电流互感器准确度和极性校验。操作时，确保一次侧接线接触良好，施加电流达到要求值并稳定后进行读取数据。极性校验时，互感器极性符合图纸要求，修改极性需经业主方、设计方、厂家确认后进行。河南皓月变电站互感器现场准确度和极性校验操作照片如图 10－13 所示。

图 10－12　全光纤电流互感二次转换器柜内光纤熔接盒安装及接线

图 10－13　全光纤电流互感器准确度和极性校验操作

10.1.3　朝阳何家 220kV 智能变电站

10.1.3.1　工程建设概况

辽宁朝阳何家 220kV 智能变电站位于辽宁省朝阳市朝阳县二十家子镇颜家窝铺村朝阳有色金属产业园内，该工程为国家电网公司科技项目依托工程，于 2011 年 11 月施工，2012 年 11 月顺利并网运行。朝阳何家 220kV 智能变电站效果预想及实景如图 10－14 所示。

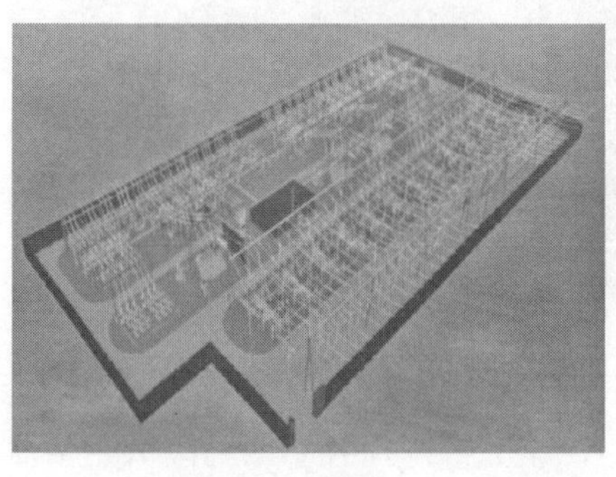

(a) 效果图

(b) 实景图

图 10－14　朝阳何家 220kV 智能变电站

辽宁朝阳何家 220kV 智能变电站的 220kV 和 66kV 电压等级均采用 HGIS 结构。其中，220kV 电压间隔采用外卡式磁光玻璃光学电流互感器，66kV 电压间隔采用空心线圈电子式电流互感器。220kV 进出线间隔、220kV 母联间隔和主变压器高压侧间隔的磁光玻璃光学电流互感器的电流测量准确级均为 5TPE/5TPE/0.2S/0.2S。

10.1.3.2 设备技术特征

朝阳何家变电站选用的外卡式磁光玻璃光学电流互感器，采用双半环咬合卡箍结构的安装方式，卡箍集成于 HGIS 的壳体外部，二次转换器安装于智能终端柜中。

（1）地电位卡箍安装。集成于封闭电器的电流互感器是国外大公司倡导的嵌入式结构，嵌入式电流互感器被密封在封闭电器内部，不利于电流互感器维护，不可能实现带电检修和更换。智能变电站迫切需要与封闭电器分离集成的、易于带电检修和更换的电子式电流互感器。因此，采用双半环咬合卡箍结构的外卡式磁光玻璃光学电流传感器，充分发挥了卡箍相对独立性的技术优势。卡箍集成于 HGIS 的壳体外部，图 10－15 为运行在辽宁朝阳何家智能变电站的 220kV 外卡式磁光玻璃光学电流互感器。由于 HGIS 壳体外部是地电位，因此可实现电流互感器的不停电检修和更换，满足了智能变电站带电检修运维的要求。

图 10－15 运行中的 220kV 外卡式磁光玻璃光学电流互感器

（2）可靠性能优化提升。为保证外卡式磁光玻璃光学电流互感器的运行可靠性，在传感单元配置上，采取多光学电流传感单元容错部署方案；在结构工艺上，光学电流传感单元采用铝质气密性封装工艺和金属化封装工艺，以适应现场运行环境；在寿命评估上，对光学电流传感单元进行了基于加速老化的可靠性试验和可靠性评估。此外，为确保外卡式磁光玻璃光学电流互感器检修的便捷性，采用插拔式航空光纤插头的光信号连接方案实现一次光学电流传感器与二次转换器之间的光信号传输；为适应状态检修的运维需求，外卡式磁光玻璃光学电流互感器配备了运行状态自诊断功能。

（3）抗外部振动试验检验。验证在断路器操作时振动对外卡式光学电流互感器的输出影响大小，并分析是否会对保护的正确动作造成影响。试验时将磁光玻璃光学电流互感器安装在 GIS 和 AIS 上，按照振动试验线路连接，并将光学电流互感器的输出接入测控装置。对光学电流互感器进行分－合－分操作循环试验，模拟故障重合再跳闸的工况，共进行三次，验证操作过程中光学电流互感器的输出对母线保护、线路保护、重合闸的影响。被试互感器振动期间输出满足性能标准要求则通过振动测试。磁光玻璃电流互感器抗外部振动试验照片如图 10－16 所示。

除朝阳何家变电站外，河南鄢陵兴国寺 220kV 智能变电站也采用了外卡式磁光玻璃光学电流互感器，并首次应用于 AIS 变电站。

如图 10－17 所示，鄢陵兴国寺变电站 220kV、110kV 共 9 个间隔采用了隔刀组合式磁光玻璃光学电流互感器，110kV 和 66kV 变压器中线点套管采用了套管外卡式磁光玻璃光学电流互感器。该变电站磁光玻璃光学电流互感器与隔离开关共支架组合安装，双半环咬合卡箍结构外卡式磁光玻璃光学电流互感器与变压器中线点套管安装，使互感器依附于隔离开关和主变压器套管，减少互感器安装支架，设备整体结构紧凑，全站构支架和总平面布置深度优化。

(a) GIS 组合式

(b) AIS 组合式

图 10－16　磁光玻璃光学电流互感器抗外部振动试验

(a) 套管外卡式

(b) 隔离开关组合式

图 10－17　运行中的 AIS 外卡式磁光玻璃光学电流互感器

10.2　直流输电工程案例

直流输电工程是以直流电的方式实现电能传输的工程。直流输电工程的系统结构可分为两端（端对端）和多端直流输电系统两类。其中，两端直流输电系统只有一个整流站（送端）和一个逆变站（受端），又可分为单极系统、双极系统和背靠背直流系统三种类型；多端直流输电系统与交流系统有 3 个或 3 个以上连接的换流站。直流换流站电气主设备除换流变压器和开关以外，还有换流器、平波电抗器、交流滤波器、直流滤波器、直流互感器、无功补偿设备以及各种类型的交流和直流避雷器。直流输电系统控制功能由高到低分为直流站控、极控和组控，控制方式包括定功率控制、直流电压控制、直流电流控制和定关断角控制。

直流输电工程采用的直流电流互感器主要有磁调制型和光电型两种结构。其中，磁调制型是基于直流比较仪原理，又称为零磁通型；光电型分为基于分流器的有源直流电子式电流互感器和基于光学效应的无源直流光学电流互感器。按照应用于直流场中的位置区分，零磁通型一般用于直流中性线上，而光电型一般用于直流极线上。直流电压互感器多采用分压器型，一般安装在直流极线和中性线上。

10.2.1 沂南特高压换流站工程

10.2.1.1 工程建设概况

上海庙—山东±800kV 特高压直流输电工程额定电压为±800kV，直流输电容量为10 000MW，起于内蒙古鄂尔多斯上海庙换流站，止于山东省临沂市沂南县临沂换流站，途经内蒙古、陕西、山西、河北、河南和山东6省（自治区）。双极直流线路长度1239.5km，导线截面8×1250mm^2；每极2个12脉动换流器串联。沂南换流站工程于2017年12月25日建成投运。工程建设效果预想如图10－18所示。

图10－18 沂南±800kV特高压换流站

上海庙换流站通常为整流站运行，沂南换流站通常为逆变站运行。工程是双极直流系统，系统包括2个完整单极，每个完整单极由2个12脉动换流单元串联组成。换流变压器采用单相双绕组型式，送、受端换流站极线和中性母线各布置3台50mH干式平波电抗器。

10.2.1.2 设备技术特征

沂南换流站阀厅及直流场所用的直流电流和电压互感器均为有源电子式互感器，交流滤波器不平衡电流互感器、1000kV交流滤波器高压侧电流互感器、1000kV交流滤波器低压侧电流互感器也是有源电子式互感器，全站配置使用的有源电子式互感器详见表10－3。

表10－3 沂南换流站配置使用的电子式互感器

类型	额定一次电压	额定一次电流	数量	测点
直流电子式电流互感器	DC800kV	6250A	6	阀组800kV极线直流电流 直流场800kV极线直流电流 直流滤波器高压侧回路电流
直流电子式电流互感器	DC400kV	6250A	4	阀组400kV母线直流电流
直流电子式电流互感器	DC100kV	6250A	6	阀组中性母线直流电流 直流滤波器低压侧回路电流
直流电子式电流互感器	DC24kV	2000A	4	直流场中性母线电容电流 直流场中性母线避雷器电流
滤波器不平衡电子式电流互感器	DC408kV	1A	6	直流滤波器不平衡电流
滤波器不平衡电子式电流互感器	AC300kV	1A	42	500kV交流滤波器不平衡电流

续表

类型	额定一次电压	额定一次电流	数量	测点
滤波器不平衡电子式电流互感器	AC800kV	1A	36	1000kV 交流滤波器不平衡电流
滤波器不平衡电子式电流互感器	AC400kV	1A	36	1000kV 交流滤波器不平衡电流
交流滤波器高低压侧电子式电流互感器	AC24kV	500A/1000A	39	1000kV 交流滤波器低压侧 HP12/24 滤波器接地电流 1000kV 交流滤波器低压侧 HP12/24 滤波器避雷器电流 1000kV 交流滤波器低压侧 HP3 滤波器接地电流 1000kV 交流滤波器低压侧 SC 并联电容器电流
交流滤波器高低压侧电子式电流互感器	AC1000kV	2000A/1000A	36	1000kV 交流滤波器高压侧 HP12/24 滤波器电流 1000kV 交流滤波器高压侧 HP3 滤波器电流 1000kV 交流滤波器高压侧 SC 并联电容器电流
直流电子式电压互感器	DC800kV	—	2	直流 800kV 极线电压
直流电子式电压互感器	DC400kV	—	2	直流 400kV 极线电压
直流电子式电压互感器	DC100kV	—	2	直流中性母线电压

（1）直流电子式电流互感器应用。由表 10－3 可知，沂南换流站阀厅中性母线、阀厅 400kV 母线、阀厅 800kV 极线、直流场 800kV 极线、直流滤波器高压侧、直流滤波器低压侧、直流场中性线等测点配置了直流电子式电流互感器，涉及 800、400、100、24kV 四个电压等级，额定一次电流均为 6250A，测量精度为 0.2 级。

沂南站直流电子式电流互感器多采用悬挂式结构，大大减小了互感器的体积并减轻了互感器的重量，如图 10－19 和图 10－20 所示。一次转换器置于独立的密封屏蔽箱体内，可有效避免分流器发热对一次转换器的影响，分流器的输出信号通过屏蔽双绞线送至一次转换器，一次转换器的输出信号通过光纤下送，一次转换器的工作电源通过合并单元内的激光器提供，屏蔽结构的设计保证一次转换器具有很好的抗干扰性能，每台直流电子式电流互感器配置多个一次转换器，并配置有热备用一次转换器，合并单元输出的数据采样率为 10kHz。

图 10－19　±800kV 直流电子式电流互感器

图 10－20　±100kV 直流电子式电流互感器

（2）滤波器不平衡电子式电流互感器应用。沂南换流站直流滤波器和交流滤波器不平衡支路电流互感器均采用了有源电子式电流互感器，额定一次电流均为 1A，测量精度为 0.2 级，数据输出采样率为10kHz。滤波器不平衡电子式电流互感器采用LPCT传感被测电流，采用基于激光供能的一次转换器就地采集LPCT的输出信号，利用光纤传送信号，利用光纤复合绝缘子保证绝缘。本站滤波器不平衡电子式电流互感器均为悬挂式结构，如图10-21所示，具有测量精度高、稳定性好、绝缘简单可靠、安装方便等特点。

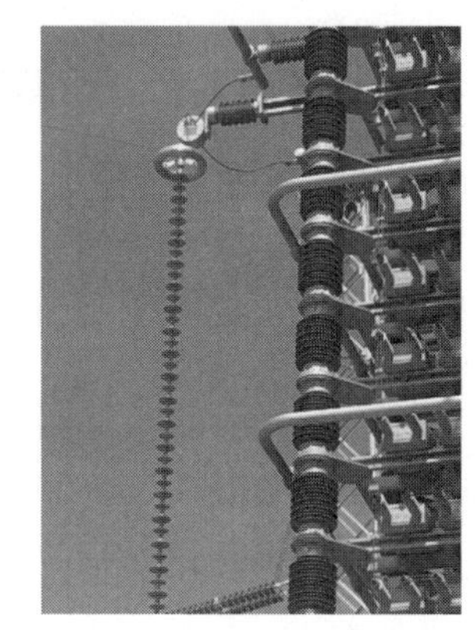

图10-21 滤波器不平衡支路电子式电流互感器

（3）交流滤波器高低压侧电子式电流互感器应用。沂南换流站1000kV交流滤波器高压侧、低压侧采用了有源电子式电流互感器，额定一次电流分别为2000A/1000A、500A/1000A，测量精度分别为5TPE/5P30、0.2/5P30，数据输出采样率为10kHz。交流滤波器高低压侧电子式电流互感器采用LPCT传感被测电流，采用基于激光供能的一次转换器就地采集LPCT的输出信号，利用光纤传送信号，利用光纤复合绝缘子保证绝缘。该站交流滤波器高低压侧电子式电流互感器均为悬挂式结构，如图10-22和图10-23所示。

图10-22 交流滤波器高压侧电子式电流互感器

图10-23 交流滤波器低压侧电子式电流互感器

（4）直流电子式电压互感器应用。沂南换流站直流场800kV极线、400kV极线、中性母线配置了直流电子式电压互感器，电压等级分别为800、400、100kV，电压测量精度为0.2级。直流电子式电压互感器利用精密电阻分压器传感直流电压，利用并联电容分压器均压并保证频率特性。直流电子式电压互感器均为支柱式结构，如图10-24和图10-25所示。

图10-24 800kV直流电子式电压互感器

图10-25 400kV直流电子式电压互感器

10.2.2 厦门柔性直流输电工程

10.2.2.1 工程建设概况

厦门柔性直流输电工程，位于福建沿海厦门市，是世界上第一个采用真双极接线、投运时电压和容量均达到国际之最的柔性直流输电工程，也是国内第一个用于验证柔性直流输电技术在大容量输电、城市电网扩容技术先进性的科技示范工程。工程包括厦门彭厝换流站、湖边换流站、直流电缆线路和10.7km金属回流线。其中彭厝和湖边两个换流站工程分别位于厦门市岛外翔安区和岛内湖里区，围墙内占地面积分别为1.8231hm^{2}和1.6769hm^2，工程于2014年7月21日开工，2015年12月28日竣工。该工程替代了原规划的厦门电网进岛四通道Ⅱ回线路，加强岛内电网与主网的联系，同时有效弥补厦门岛作为无源电网的缺陷，既可补充岛内电力缺额，还具备动态无功补偿作用，能快速调节无功功率、稳定电压，提高厦门岛内供电可靠性。换流站建设效果如图10－26所示。

图10－26 厦门柔性直流输电工程换流站建设效果

彭厝换流站和湖边换流站两个换流站的主接线基本相同，采用双极接线方式。两端换流站之间由两回直流线和一回金属回流线形成回路，当一极停运时，另一回直流线同金属回流线形成回路，可继续输送50%的额定功率。

10.2.2.2 设备技术特征

厦门柔性直流换流站自换流变阀侧至直流线路出线部分的电流电压测点均采用有源直流电子式互感器，并根据电气总平布置条件选择了支柱式或悬挂式。彭厝换流站和湖边换流站配置使用的有源电子式互感器如表10－4所示。

表10－4 厦门柔性直流换流站工程配置使用的电子式互感器

类型	测点与选型形式	额定参数	配置数量
直流电子式电流互感器	用于双极直流电流测量 型号：PCS－9250－EACD－320	设备最高运行电压 U_m：324kV DC 额定一次电流 I_{dN}：1600A DC	两站各4台
直流电子式电流互感器	用于换流器桥臂电流测量 型号：PCS－9250－EACD－330	设备最高运行电压 U_m：62kV DC+120kV AC 额定一次电流 I_N：33A DC+919A AC	两站各12台
直流电子式电流互感器	用于中性线电流测量、金属回线电流测量 型号：PCS－9250－EACD－50	设备最高运行电压 U_m：50kV DC 额定一次电流 I_{dN}：1600A DC	两站各6台
直流电子式电流互感器	换流变阀侧电流测量 型号：PCS－9250－EACD－330	设备最高运行电压 U_m：330kV DC 额定一次电流 I_{dN}：1850A AC	两站各6台

续表

类型	测点与选型形式	额定参数	配置数量
直流电子式电压互感器	用于极线直流电压测量 型式：复合材质/SF_6气体绝缘	额定电压：320kV	两站各2台
直流电子式电压互感器	用于中性线直流电压测量 型式：复合材质/SF_6气体绝缘	额定电压：50kV	两站各2台
直流电子式电压互感器	用于换流变阀侧出口电压测量 型式：复合材质/SF_6气体绝缘	额定电压：160kV DC+120kV AC	两站各6台

（1）有源电子式电流互感器应用。柔性直流系统故障电流上升很快，对直流测量设备的响应时间有较高要求。彭厝换流站和湖边换流站中直流极线电流测量、换流器桥臂电流测量、中性线电流测量、金属回线电流测量、换流变阀侧电流测量均配置了有源直流电子式电流互感器。配置的直流电子式电流互感器利用分流器传感直流电流，线性度好、动态范围大，无磁路饱和问题；利用光纤传送信号和复合绝缘子绝缘，信号传输距离远，无电磁干扰问题，绝缘简单可靠；设备整体结构紧凑，可根据现场安装需求选择支柱式或悬挂式。该工程所配直流电子式电流互感器的测量精度为0.2级，采样率为50kHz，响应时间小于100μs，很好地满足了柔直系统对测量设备高速测量的需求。图10－27和图10－28所示分别是阀厅内悬挂式和支柱式直流电子式电流互感器。

图10－27　悬挂式直流电子式电流互感器

图10－28　支柱式直流电子式电流互感器

（2）有源电子式电压互感器应用。彭厝换流站和湖边换流站工程中极线直流电压测量、中性线直流电压测量、换流变阀侧出口电压测量均配置了有源直流电子式电压互感器。配置使用的直流电子式电压互感器利用精密电阻分压器传感直流电压，利用并联电容分压器均压并保证频率特性，线性度好，动态范围大，保证对高压直流电压的可靠监测，测量精度为0.2级；直流分压器输出信号采用光缆传输，高低压有效隔离；利用复合绝缘子绝缘，绝缘结构简单可靠。目前直流电子式电压互感器仅有支柱式安装方式的设备类型，其装配方式如图10－29所示。

图10－29　直流电子式电压互感器装配方式

10.3 中低压配电网工程案例

电子式互感器不仅在高电压等级变电站使用，在中低压配电系统也得到了广泛应用，主要应用场景涵盖了配电网、工矿企业以及特种行业的各中低压供电系统，具有应用数量更大、故障率低、一/二次设备融合后性价比更高、监测功能更全等特点。从国内第一座中压数字化变电站河南金谷园 110kV 变电站投运开始，到目前柳州桥兴 35kV 变电站建设中，中低压电子式互感器使用数量达到几千只，且最长运行时间接近 10 年。此外诸如宁夏英力特宁东煤化工程、重庆正阳新材料循环产业一体化项目等十余个特种和冶金行业的供电工程中也使用了中低压电子式互感器。

由于中低压电子式互感器体积小，易与一次设备融合，大大缩小一次设备的体积以及系统结构；其测量的动态范围宽，更适合电网容量大、短路电流大的配电网使用。由于中低压电子式互感器的外形结构和型式类别比较繁杂，本节仅按使用对象列举了部分中低压电子式互感器的现场应用案例。

10.3.1 开关柜用电子式互感器

10.3.1.1 开关柜设备概况

高压开关柜是中低压电网的主要配电设备，其数量大、品种多、型号各异。高压开关柜主要由柜体、断路器、隔离开关、TA（电流互感器）、避雷器、操作机构、母线、保护装置、仪表（电流、电压）、电能表、开关、灯具、二次回路（防跳闭锁）、机械防误、防潮装置、高压检测仪、照明灯等功能部件组成。随着技术的进步，开关柜向智能化、网络化、小型化方向发展。根据开关柜的功能不同，存在进线柜、出线柜、PT柜（安装电压互感器的开关柜）、母线联络柜、计量柜等，根据供电系统结构由不同功能的开关柜再组成整个配电系统。其中 PT 柜主要完成一次电压的传变，再将其传变后的电压信号送到不同功能的开关柜中，供二次设备使用，因此，在以前配电系统中 PT 柜输出的电压信号是公用的。随着电子式互感器的应用，各个间隔采用独立的电子式电压互感器，完成各个间隔电压的独立测量，那么 PT 柜存在的必要性就有待进一步探讨。图 10－30 中左侧是一台开关柜，右侧上为穿心电子式电流互感器现场安装效果图、右侧中为电子式电压互感器现场安装效果图、右侧下为电子式电流电压组合互感器现场安装效果图。

图 10－30 中低压电子式互感器在开关柜中的应用

10.3.1.2 设备技术特征

电子式互感器具有体积小、测量范围宽、电流电压更容易组合到一个实体中，如图 10－30 右侧下图所示。在进线柜中因电流大一般采用穿心式电流互感器，尤其是电磁式互感器，很少采用支柱式互感器，其主要原因为互感器发热严重，应从安全考虑。因电子式互感器仅存在一次发热，也有很多采用支柱式电流电压组合互感器。从温升试验、现场运行情况来看，其安全性和可靠性也很高。采用穿心式电流互感器需要另外装配电子式电压互感器，完成每个间隔电流电压的测量。

开关柜用电子式互感器，从目前使用的情况来看，存在以下两种方式：① 安装模拟信号输入的保护的开关柜，多采用电流电压组合互感器。在开关柜内，电流信号和电压信号同时存在，二次设备采集的信号更全和信息量更大，使得开关柜功能更加完善，减少了各个开关柜之间的信号互联，具有提高开关柜的可靠性和独立性、减少检修时的停电范围等优点，如郑州吴河变电站、山东禹城变电站就使用这种结构的开关柜；② 安装数字输入信号的保护或测控设备的开关柜，多采用电流互感器和共享电压互感器的方式，即专门设置 PT 柜或将 PT 柜放置在进线柜中，将 PT 信号数字化后，以信息共享的方式传送到各个间隔的保护设备或测控设备，如杜尔伯特变电站中的 35kV 配电开关柜就采用此种方式。电子式互感器在开关柜中的应用，增强了开关柜的检测功能以及各个间隔功能的独立性，方便检修和维护。

10.3.2 环网柜用电子式互感器

10.3.2.1 环网柜设备概况

环网是指环形配电网，即供电干线形成一个闭合的环形，供电电源向这个环形干线供电，从干线上再一路一路地通过高压开关设备向外配电。这样每一个配电支路既可以从它的左侧干线取得电源，又可以由它右侧干线取得电源。当左侧干线存在故障，它就从右侧干线继续得到供电，而当右侧干线存在故障，它就可从左侧干线继续得到供电。因此，尽管总电源是单路供电的，但从每一个配电支路来说却得到类似于双路供电，从而提高了供电的可靠性。环网柜主要用于分合负荷电流，开断短路电流及变压器空载电流，一定距离架空线路、电缆线路的充电电流，起控制和保护作用。环网柜是环网供电和终端供电的重要开关设备。

环网柜有空气绝缘、固体绝缘和 SF_6 绝缘三种绝缘方式，其中所使用互感器的结构差异大，互感器的绝缘方式也不同，涵盖了不带主绝缘的互感器、带主绝缘的互感器，还有带主绝缘表面不存在对地电位的表面可触摸的互感器等形式。图 10－31 为中低压互感器在环网柜中的应用。

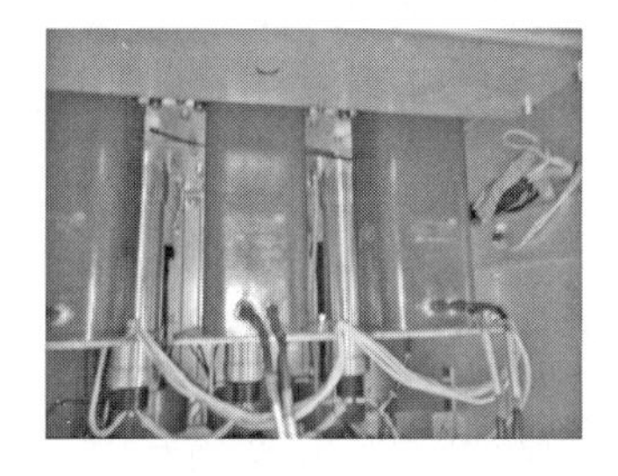

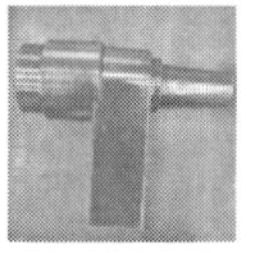

图 10－31　中低压电子式互感器在环网柜中的应用

10.3.2.2 设备技术特征

图 10－31 左侧图为一台 10kV 的充气环网柜的实物效果图，其环网柜和电缆的连接采用

电缆肘型头过渡进行连接；右侧上是安装在充气环网柜上的电子式电压互感器现场安装效果图；右侧下左是右侧上的电子式电压互感器的一次插拔端子实物照片效果图，其一次接线端子和充气柜中的锥形绝缘子的带电端子连接，互感器的锥形绝缘面通过锥形密封圈和开关柜内的锥形绝缘子的锥形面紧密结合，起到高压绝缘和隔离的作用，高电压通过环网柜中锥形绝缘子的带电端子和互感器的活动高压触头接触连接得到高电压，再到互感器中进行分压得到电压测量信号。

右侧下图是 10kV 电子式电流电压组合互感器的实物照片，其可以直接安装在充气环网柜的穿墙套管上，其后可级联带电缆肘型头的输入电缆或输出电缆，安装使用和电缆肘型头一样简单方便。环网柜中电压互感器的工作方式为：高压通过互感器的高压弹片和一次导电排接触连接得到高压，再到互感器中进行分压得到电压测量信号；电流互感器的工作方式和穿心式电流互感器相同。由于同时具有电流电压组合测量的功能，可在环网柜中实现功率测量、零序电压电流保护功能，强化了环网柜的测量保护功能。

10.3.3 充气配电设备用电子式互感器

10.3.3.1 充气配电设备概况

充气配电设备在中低压的应用也比较多，如上面提到的充气环网柜、35kV GIS 等，其使用的电流、电压互感器的结构差异较大，且电流和电压互感器都分别设置，增加了设备的体积和加工难度。当选择穿心式电流电压组合电子式互感器时，技术参数可实现额定电压 $35/\sqrt{3}$ kV，分压器输出电压 $4/\sqrt{3}$ V，额定电流 2000A，空心线圈输出电压 2V，有效减少了单独电压互感器的安装设置，实现了各个间隔的独立测量功能。图 10－32 左图是 35kV 充气配电设备的现场效果图，右图是电流电压组合电子式互感器在其上安装使用的效果图。

图 10－32　中低压电子式互感器在充气配电设备中的应用

10.3.3.2 设备技术特征

充气配电设备用电子式互感器，在结构上采用电流电压组合的方式，且和一次开关设备、气体绝缘、一次电压对互感器高压端子的传递有机融合，具有安装方便、使用安全可靠等特点。电流电压组合电子式互感器采用一个空心线圈对电流进行测量，采用电阻分压对电压进行测量，将一次电流和电压传变为模拟小信号，并通过专用信号电缆和模拟一次转换器连接，模拟一次转换器再将模拟电流和电压信号转换成数字信号。该互感器在绝缘材料的使用上采用高压户外用环氧树脂和氧化铝，且一次真空高温浇注而成，充分保证了产品的绝缘性能和产品的光洁度。表面通过等电位处理，不存在对地电势，可带电触摸其表面，保证接触人员的人身安全。上述特征降低了整个系统的构造成本和维护成本。

10.3.4 柱上开关用电子式互感器

10.3.4.1 柱上开关设备概况

柱上开关是指用在输配电电线杆上保障用电安全的一类安全开关，主要作用是配电线路区间分段投切、控制以及保护，能开断和关合短路电流。早期柱上开关采用的电流互感器主要有 600/1 和 1000/1 两种规格，没有配置电压互感器，导致柱上开关功能不全，误动多。二次设备的供能采用传统电磁式互感器从一次高压线获得。

从 2015 年开始实施的配电网一/二次融合的柱上开关设备中，在柱上开关本体内配置了相序和零序电子式电流互感器以及取能设备。取能可采用传统电磁式电压互感器或电容分压原理的取能设备。采用传统电磁式电压互感器作为取能设备，具有体积大、电压互感器需要外置安装、安装烦琐等不足，且很难实现一/二次的真正融合；采用电容分压原理的取能设备可以和电子式电压互感器集成到一起，具有体积小、重量轻、易集成等优点，达到一/二次设备的真正融合。另外，一/二次融合方式还包含其他配电变压器和开关设备的一/二次融合。图 10－33 为中低压电子式互感器在柱上开关中的应用。

图 10－33　中低压电子式互感器在柱上开关中的应用

10.3.4.2 设备技术特征

图 10－33 中左图是现场安装的一台 ZW32 的 10kV 柱上开关，开关的电流输出信号和开关的控制输入信号与下面安装的 FTU 通过多芯电缆连接，FTU 的电源采用外置安装的电磁式电压互感器从一次线路取得。图 10－33 中中图为一台装有电子式电流互感器的 ZW20 柱上开关，右图为其内部结构，电子式电流互感器安装在图中下方黑色部分。电子式电流互感器具有相序电流和零序电流的检测功能。其中相序电流准确度为 0.5 级，零序电流准确度为 1 级，采用 LPCT 原理的电流互感器，输出信号为转换后的电压信号。

柱上开关为高空户外使用设备，其运行环境温度变化大，一般要求在－40～70℃。因此，柱上开关用电子式互感器生产加工难度较大，要求一/二次融合（含柱上开关）的互感器应具有可靠安全性高、体积小、安装方便、能适用复杂运行环境的特性。

10.3.5 接地故障指示器用电子式互感器

10.3.5.1 接地故障指示器设备概况

在配电网系统中，线路分支多、运行情况复杂，发生短路、接地故障时，故障区段（位置）难以确定，给检修工作带来不小的困难，尤其是偏远地区，查找起来更是费时费力。线路故障指示器可以做到在线路发生故障时及时确定故障区段，并发出故障报警指示（或信息）。安装线路故障指示器后，在配电线路出现故障时，检查人员通过指示器的报警装置或系统对线路故障指示器输出的录波信号进行分析判断，可及时准确的找出故障区域，并查处故障点，减少停电时间，提高检查故障点的工作效率，减轻了配电线路运行检查人员和线路巡检人员的工作强度，让供电更加可靠。如图 10－34 左图是装在架空线路上具有故障数据远程传送的广域录波型故障指示器的现场安装效果图，图 10－34 右图是传感头照片。

图 10－34 中低压电子式互感器在广域录波型故障指示器中的应用

10.3.5.2 设备技术特征

广域录波型故障指示器主要由传感头和信号处理装置组成。传感头通过 LPCT 和电阻分压完成电流电压的检测，得到三相电流信号和零序电压信号，以及信号处理装置所需电源，其电源从线路上通过电容分压的原理取得；信号处理装置完成电流电压的采集、处理以及故障情况下的录波，然后通过无线或公网通信将数据传送到远端的数据接收装置并进行故障判断与定位。传感头具有体积小、重量轻的特点，整只传感头只有 16kg，传感头和信号处理装置之间采用专用电缆，在工厂完成信号、电源传输线的加工制作，方便现场人员的施工安装。其电压测量准确度为 0.2 级，电流测量准确度为 0.2S 级，在额定电压下，功率提取为 5W，设备无功消耗为 30VA。故障指示器的类型较多，测量原理差异也大，故障判定方法不唯一，这里仅仅列举了具有录波功能的远传型故障指示器。

10.4 特种电流测量工程案例

目前在电力、冶金、化工中的电解，机械工业中的电镀，物理研究与应用中的脉冲功率源和等离子体装置等领域，都会涉及特殊电流和电压信号测量问题。例如，在化工行业广泛应用的电弧炉需要测量的工频交流电流为几万安培；在电解铝冶金行业，需要测量汇流母排的直流电流高达几十万安培；在可控核聚变研究领域，需要测量的等离子体电流甚至达到了兆安量级。

特种电子式互感器主要用于对工业以及科研领域中存在的特殊电流和电压信号进行实时精准的测量。在某种特殊的测量需求时，应根据被测信号与测量环境的特点，选择不同类型的特种电子式互感器。下面分别介绍用于电炉变的工频大电流分裂导线电流测量的分布式空心线圈互感器、用于电解铝行业的直流大电流全光纤电流互感器和用于托卡马克等离子体电流测量的无源全光纤电流互感器的三个案例。

10.4.1 某电石冶炼炉工程

10.4.1.1 工程建设概况

电石生产方法有氧热法和电热法。一般多采用电热法生产电石，即生石灰和含碳原料送入电石炉内，依靠电弧高温熔化反应而生成电石。图 10-35 为某电石冶炼炉工程，通过电炉上端的入口或管道将混合料加入电炉内，当电炉加热时，三相电极伸入混合料中，通过电极之间产生的电弧来熔化混合料，熔化后的碳化钙从炉底出，经冷却、破碎后产出成品。

图 10-35 运行中的某电石冶炼炉

三相电极分别通过三台专用电炉变压器提供电流，且成品字形分布在电炉的周围，如图 10-36（a）所示。电炉变接入电压为 35kV～220kV，经变压后由低压端供给电炉电极加热，电炉变中压端连接补偿电容。现有电炉变容量达到几千兆伏安，低压侧电流达到几万安培或更大。每台电炉变压器采用分裂式母线给电炉的三个电极供电，图 10-36（b）是一台输出总电流 60kA 的电炉变压器，采用 8 根内带水冷铜排并联运行输出大电流。

(a) 运行中的电炉变压器

(b) 单相电炉变压器

图 10-36 电石冶炼炉供电变压器

10.4.1.2 设备技术特征

电石冶炼炉工程中需测量电炉变压器的三侧电流值来实现变压器差动保护。工程中电炉变高、中压侧采用了传统电磁式电流互感器，低压侧采用了电子式电流互感器。表 10-5 给出了各侧互感器主要技术参数。

表 10-5 电石冶炼炉工程用互感器的主要技术参数

电压等级	互感器类型	准确级	采样率
110kV	电磁式电流互感器	5TPE/5TPE/0.2S	保护直采
10kV	电磁式电流互感器	5TPE/0.2S	保护直采
低压侧	特种大电流有源空心线圈互感器	5TPE/0.5	采集器采样率 4kHz

如图 10－35 和图 10－36 所示，冶炼炉周围环境恶劣，变压器低压侧输出空间狭小，仅能应用特种工频大电流有源空心线圈互感器来测量低压侧电流。如图 10－37 所示，本案列采用了分裂母线大电流测量技术，在电炉变压器低压侧输出的分裂母线上分别安装电子式电流互感器，测量每条电流排的电流，然后将每只电子式互感器的二次输出串联达到测量电炉变压器低压侧总电流的目的。现场安装时，由于采用了开口穿心式结构，降低了现场安装的难度，只需通过电子式互感器上的固定螺钉就可以直接套装固定在分裂母线上，大大缩小了现场安装改造的时间。每只电流传感头的变比为 8000A/0.3V，电流传感头的总变比为 64000A/2.4V，总的测量精度 0.3 级。

图 10－37　电炉变压器低压侧安装的特种大电流电子式互感器

由于电炉变压器低压侧在电炉的四周，距离变电站中控室引线距离 1.5km，无法采用模拟信号传送，因此工程中就地将低压侧的电流信号数字化，通过安装一次转换器进行信号处理和模数变换，再通过光纤传送到电炉变压器保护和测控设备。如图 10－38 所示，一次转换器直接安装在电炉变压器附近的配电箱中，信号转换后的总变比为 64 000A/01CFH。

图 10－38　运行中的一次转换器

通过采用分裂母线大电流测量技术的实施，完成了分裂母线中电流的检测以及电炉变压器低压侧总电流的测量；实现了电炉变压器的差动保护功能（原无法安装差动保护），起到电炉变压器匝间短路的监测作用，避免故障进一步扩大而导致线圈全部损毁或形成一次短路的现象；此外通过对电炉变压器低压侧电流的直接测量，可实现电炉的优化控制，从而提高电炉运行效率。

10.4.2　某 600kA 电解铝工程

10.4.2.1　工程建设概况

铝在工业界被誉为万能金属。由于铝的化学性质十分活泼，故自然界极少发现元素状态的铝，目前最为普遍的金属铝制取方法为电解法，图 10－39 为某 600kA 特大型电解铝工程电解槽。电解铝的原理是将直流电通过以氧化铝为原材料，冰晶石为溶剂组成的电解质，在

图 10－39 运行中的某 600kA 特大型电解铝工程电解槽

950～970℃的温度下使电解质溶液中的氧化铝分解为铝和氧。由于比重的差别在阴极上析出的铝液汇集在电解槽槽底，被吸出后铸成电解铝锭，而在阳极上析出二氧化碳和一氧化碳气体。

10.4.2.2 设备技术特征

电解铝工程对直流大电流测量装置要求较高：① 测量准确度高，一般要求测量电流准确度在 0.2%以内；② 抗磁场干扰能力强，一般要求抗磁能力在 0.02T 以上；③ 拆装方便。由于被测母线截面尺寸大、承载电流大，无法轻易断开和连接，因此要求互感器在被测母线不停电、不断开条件下完成拆装；④ 环境适应力强。由于铝电解时将产生腐蚀性气体、粉尘并具有高温、潮湿等现象，要求互感器在恶劣环境中应具备足够的防护能力。

特种直流大电流无源全光纤互感器具有结构简单、抗电磁干扰能力强、便于拆装等特点，是电解铝工程中直流大电流测量装置的首选方案。如图 10－40 所示，工程现场外卡式全光纤互感器安装在 600kA 汇流母排上，其传感光缆盘绕在外卡式金属骨架中，使用绝缘树脂条将骨架固定在被测母排上。如图 10－41 所示，全光纤互感器的采集单元采用壁挂式安装方式，机箱正面液晶屏实时显示电流值，同时采集单元将电流信号接入电源系统的控制回路，以保证铝电解电流的稳定工作。

图 10－40 运行中的外卡式特种直流大电流全光纤互感器

图 10－41 无源全光纤互感器壁挂式采集单元

10.4.3 某超导托卡马克实验装置

10.4.3.1 实验装置概况

核聚变能由于具有原材料储备丰富、无污染、能量密度高等独有优势，是一种清洁理想型能源。实现受控核聚变反应的条件相当苛刻，磁约束核聚变被认为是最有可能实现核聚变能应用的途径。磁约束核聚变是利用强磁场约束低密度高温等离子体实现核聚变反应，目前的主要实验装置是托卡马克，作为一种环形强磁场装置，其利用由外部线圈产生的环向磁场和由等离子体电流感应的极向磁场组成的螺旋形磁场位型来约束高温等离子体。

由 5.5.2 节论述可知，在托卡马克装置中，等离子体环电流是测量等离子体的基本参数之一，也是判断等离子体放电是否成功的最基本参数。如图 10－42 所示为某超导托卡马克装置结构示意图（左）和等离子体电流测量用宽频无源全光纤互感器安装示意图（右）。将用于感应等离子体电流产生磁场的敏感光纤穿入不锈钢管中，不锈钢管固定在超导线圈内壁。传感光纤端面的反射镜位置与波片位置重合，从而形成闭合的环路。该封闭环路中磁场的总和与环路内部的等离子体电流成正比，磁场的大小决定了传感光纤中两束光的相位差，并通过后续的采集单元检测出该相位差，从而计算出等离子电流大小。

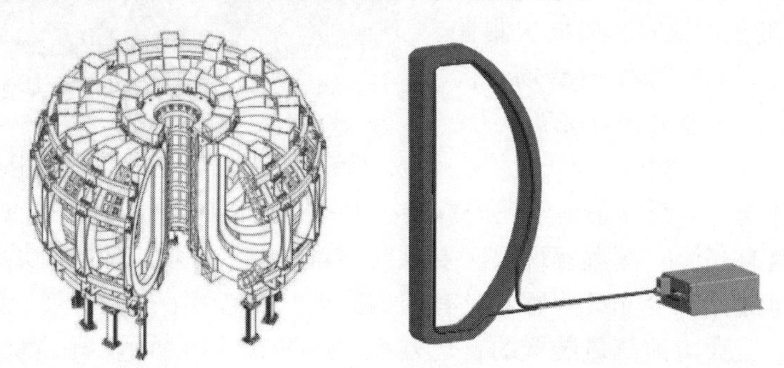

图 10－42　某超导托卡马克装置结构示意图与全光纤电流互感器安装示意图

10.4.3.2　设备技术特征

如图 10－43 所示为某超导托卡马克装置等离子体电流测量用特种宽频大电流无源全光纤互感器安装现场。敏感光纤长度约为 12m，穿入不锈钢管，布置在托卡马克装置内部，通过特种光纤真空贯通器引出并接入采集单元。采集单元就地安装，采用磁屏蔽外壳，输出信号用通信光纤传输给后续的测控平台。

图 10－43　某超导托卡马克装置等离子体电流测量用特种宽频大电流无源全光纤互感器安装现场

为了实现该超导托卡马克装置的宽频等离子体电流精确测量，特种无源全光纤电流互感器除了采用第 5 章介绍的宽频大电流测量技术外，还必须解决以下问题：

（1）高真空密封。托卡马克装置工作时处于高度真空状态，由于内部安装空间狭窄无法将采集装置安装在真空腔内，只能将敏感光纤沿着狭窄的空间缝隙围绕产生等离子体的腔体形成闭合的环路，因此需要解决特种光纤的真空密封问题。为此设计加工了低应力高密封度的特种光纤真空贯通器，在保证了贯通器的高度真空密封性的同时，又能保证在高低温变化时对穿过的保偏光纤应力较小，不会产生额外的比差。

（2）耐高温。托卡马克装置在工作之前需要进行数周时间的高温烘烤，目的是为了加速空气扩散速度，提高腔内真空度，烘烤温度高达 250℃，而普通光纤的涂覆层为丙烯酸酯，其耐温只能达到 140℃，因此必须解决敏感光纤的耐高温问题。为此选用了特种耐高温涂层的光纤并采用低应力封装结构，保证光纤在高温烘烤后还能正常工作。

（3）抗辐照。托卡马克装置在工作时会产生大量的辐射，大剂量的中子将引起基于二氧化硅材料的光纤损耗增加，降低探测器接收光功率，从而影响互感器的性能。为了克服辐照带来的影响，在设备制造时，一方面将敏感光纤封装在不锈钢管中，有效减缓辐照的强度；另一方面采用多闭环反馈的解调算法，减少光路损耗引起的误差。

参考文献

[1] 宋璇坤，闫培丽，吴蕾，等. 智能变电站试点工程关键技术综述 [J]. 电力建设，2013，37（7）：10－16.

[2] 国家电网公司. 智能变电站试点工程评价报告. 北京：国家电网公司，2011.

[3] 国家电网公司. 新一代智能变电站示范工程（一年期）总结报告. 北京：国家电网公司，2015.

[4] 国网经济技术研究院有限公司. 沂南±800kV 特高压直流换流站阀厅成套设计报告. 北京：国网经济技术研究院有限公司，2015.

[5] 福建省电力勘测设计院有限公司. 厦门柔性直流输电科技示范工程初步设计报告. 福州：福建省电力勘测设计院有限公司，2014.

[6] 宋璇坤，刘开俊，沈江. 新一代智能变电站研究与设计 [M]. 北京：中国电力出版社，2014.

索　引

H

J

K

L

M

N

P

Q

S

T

W

X

Y

Z